Leitfäden der Informatik

Klaus Waldschmidt (Hrsg.)
Parallelrechner:
Architekturen – Systeme – Werkzeuge

Leitfäden der Informatik

Herausgegeben von

Prof. Dr. Hans-Jürgen Appelrath, Oldenburg
Prof. Dr. Volker Claus, Stuttgart
Prof. Dr. Günter Hotz, Saarbrücken
Prof. Dr. Lutz Richter, Zürich
Prof. Dr. Wolffried Stucky, Karlsruhe
Prof. Dr. Klaus Waldschmidt, Frankfurt

Die Leitfäden der Informatik behandeln

– Themen aus der Theoretischen, Praktischen und Technischen Informatik entsprechend dem aktuellen Stand der Wissenschaft in einer systematischen und fundierten Darstellung des jeweiligen Gebietes.
– Methoden und Ergebnisse der Informatik, aufgearbeitet und dargestellt aus Sicht der Anwendungen in einer für Anwender verständlichen, exakten und präzisen Form.

Die Bände der Reihe wenden sich zum einen als Grundlage und Ergänzung zu Vorlesungen der Informatik an Studierende und Lehrende in Informatik-Studiengängen an Hochschulen, zum anderen an „Praktiker", die sich einen Überblick über die Anwendungen der Informatik(-Methoden) verschaffen wollen; sie dienen aber auch in Wirtschaft, Industrie und Verwaltung tätigen Informatikern und Informatikerinnen zur Fortbildung in praxisrelevanten Fragestellungen ihres Faches.

Parallelrechner:

Architekturen – Systeme – Werkzeuge

Von
Prof. Dr. Arndt Bode, TU München
Prof. Dr. Ulrich Brüning, Univ. Kiel
Barbara M. Chapman, Univ. Wien
Prof. Dr. Mario Dal Cin, Univ. Erlangen-Nürnberg
Prof. Dr. Dr. h.c. mult. Wolfgang Händler, Univ. Erlangen-Nürnberg
Prof. Dr. Friedrich Hertweck, MPI für Plasmaphysik, Garching
Prof. Dr.-Ing. Ulrich Herzog, Univ. Erlangen-Nürnberg
Prof. Dr. Fridolin Hofmann, Univ. Erlangen-Nürnberg
Dr.-Ing. Rainer Klar, Univ. Erlangen-Nürnberg
Dr. Claus-Uwe Linster, Univ. Erlangen-Nürnberg
Prof. Dr. Wolfgang Rosenstiel, Univ. Tübingen
Prof. Dr. Hans J. Schneider, Univ. Erlangen-Nürnberg
Dipl.-Inform. Jörg Wedeck, Univ. Tübingen
Prof. Dr. Klaus Waldschmidt, Univ. Frankfurt/Main
Prof. Dr. Hans Peter Zima, Univ. Wien

Herausgegeben von
Prof. Dr. Klaus Waldschmidt, Univ. Frankfurt/Main

 B. G. Teubner Stuttgart 1995

Die Deutsche Bibliothek – CIP-Einheitsaufnahme

Parallelrechner:
Architekturen – Systeme – Werkzeuge / von
Arndt Bode . . . Hrsg. von Klaus Waldschmidt. – Stuttgart :
Teubner, 1995
  (Leitfäden der Informatik)
  ISBN 3-519-02135-8
NE: Bode, Arndt; Waldschmidt, Klaus [Hrsg.]

© B. G. Teubner Stuttgart 1995
Printed in Germany
Gesamtherstellung: Druckerei Hubert u. Co., Göttingen
Einband: Peter Pfitz, Stuttgart

Vorwort

Als vor fast 40 Jahren ein Entwicklungsteam seiner hohen Direktion das Konzept und Teile einer neuen Rechenanlage vorstellte, machte das Wort vom „Elefanten" die Runde. Dessen ungeachtet machten sich einige Entwickler bereits Gedanken darüber, wie man ein „Team" von etwa vier solchen „Elefanten" zusammenbringen könnte, um die damals anstehende Aufgabe einer automatisierten Flugsicherung bewältigen zu können.

Eine Elefantenherde? Mitnichten — schon damals gab es „Konzeptionisten", welche den „Elefanten" der äußeren Dimension nach schrumpfen sahen. Allerdings gab erst die Technik integrierter Bauteile die Möglichkeit, den Elefanten bzw. Monoprozessor auf einem Chip zu realisieren und ihn damit auf die ihm gemäß Grösse zu reduzieren: Ein Chip als Ausgangspunkt bzw. als Einzeller einer neuen Generation von Automaten-Wesen, die sich aus Tausenden von solchen Einheiten zusammensetzt. Der Vergleich mit der Darwin'schen Evolution liegt nahe. Die Natur benötigte einige Milliarden von Jahren für eine entsprechende Entwicklung vom Einzeller zu höheren Organismen.

Rechnerarchitekten der Pionierzeit um das Ende des II. Weltkrieges stellten die gescheite Frage: „Mit wie wenigen Bauteilen läßt sich ein arbeitsfähiger Computer bauen?" (Zuse, von Neumann, Fromme, van der Poel u.a.). Die Antwort auf diese Frage war oft strukturell verblüffend. Theodor Frommes Antwort wurde „Minima" getauft und war in Hochschulkreisen als Z 22 lange Jahre hindurch sehr beliebt. Der geniale John von Neumann schließlich lieferte ideenmäßig so etwas wie einen „klassischen Universal-Rechenautomaten", der eine ganze Generation von Rechnern prägte, die nur rein äußerlich den „Elefanten" ausmachten, von dem gerade die Rede war. In Wirklichkeit handelte es sich, wie gesagt, um eine konzeptionelle Minimallösung. Allerdings war das Konzept so faszinierend und genial, daß eine ganze Generation von Rechnerarchitekten nur in diesen vorgezeichneten Bahnen zu denken schien. Es war die Zeit der raffinierten Verbesserungen am Grundkonzept, der Ergänzungen und des sanften Parallelismus, in dem insbesondere Instruktionen überlappend, d.h. zeitsparend durchgeführt werden konnten.

Die genialen Pionier-Computer stellten die kleinsten autonomen Einheiten dar, die darüber hinaus den Vorstellungen der Algorithmentheoretiker und der wachsenden Generation der Programmierer entgegenkamen. Weder die Turing-Maschine noch Programmiersprachen wie FORTRAN und ALGOL suggerierten irgendeine weiterreichende Parallelisierung. Manches Hindernis baute sich so noch auf dem Wege zur parallelen Verarbeitung auf. Insbesondere Rechenzentren des Dienstleistungstyps hatten es mit Programmierern zu tun, die mit FORTRAN, ALGOL, COBOL und ähnlichen Sprachen aufgewachsen waren und nun den sicheren Pfad nicht verlassen wollten. Eine Automatisierung, wie sie sich bis dahin für die sequentielle Verarbeitung aufgetan hatte, zeichnete sich für die parallele Verarbeitung noch nicht ab. Damit wurde sogar das Personal und das Management von namhaften Rechenzentren oft zum Hemmschuh der Entwicklung. Erst langsam konnten Vorbehalte und Hindernisse überwunden werden.

Ein Zeichen für die Entwicklung zur parallelen Verarbeitung setzte Konrad Zuse bereits 1956 mit dem Konzept des sogenannten „Feldrechners", der eine Vielzahl von Rechenwerken unter einem Programm betreiben sollte. Leider konnte der Feldrechner nicht realisiert werden. Aufwandfragen waren ja in dieser Phase auch ein Hindernis für Gedankenausflüge in die parallele Verarbeitung. John von Neumann wies 1958 auf die Möglichkeit der parallelen Verarbeitung in dem Buch „The Computer and the Brain" hin. Auch in dem Projekt „DORA" wurden ab 1968 z.B. Erlanger Studenten in diese fakultätsübergreifenden Ideen eingeführt und sind heute in der Forschung zur parallelen Verarbeitung tätig.

Es schälte sich für die Wegbereiter der parallelen Verarbeitung noch ein anderes Trauma heraus: Es wurde auf den vermeintlich so schlechten Wirkungsgrad der parallelen Verarbeitung hingewiesen. Die massivsten Bedenken kamen mit der sogenannten Amdahl'schen Abschätzung auf. Die strenge Formel besagt, daß für den Fall eines zu 50% parallelisierbaren Codes in einem Programm sich nur eine Steigerung der Leistung höchstens auf das Doppelte einstellen kann. Ebenso ergibt sich für den Fall eines zu 90% parallelisierbaren Codes, daß sich nur maximal das Zehnfache der Leistung eines entsprechenden sequentiellen (Mono-) Prozessors erzielen läßt — gleichgültig wieviel Prozessoren eingesetzt werden. Die Abschätzung wurde in der Folgezeit immer herangezogen, wenn es Gegnern und Skeptikern darum ging,

nachzuweisen, daß das Mühen um die parallele Verarbeitung nicht sinnvoll
sei und, daß das Heil vielmehr allein in der Steigerung von Schaltgeschwin-
digkeiten zu suchen sei (was aus physikalischen Gründen letztlich eine Sack-
gasse ist). Inzwischen existieren Untersuchungen und Interpretationen zur
Amdahl'schen Aussage, die zeigen, daß man nur dann vernünftige Leistungen in parallelen Verarbeitungs-Systemen erhält, wenn man auch die potentielle Leistung einfordert. Die Belastung eines Systems muß der jeweiligen
Leistungsfähigkeit entsprechen.

Vergleiche seien gestattet, obgleich bekanntlich kein Vergleich vollkommen
ist: Man setzt keinen 100t Kran an, um gelegentlich 5t schwere Träger zu he-
ben bzw. zu bewegen. Im Zusammenhang mit 3-Satz-Aufgaben der Schulzeit
spricht man auch von Milchmädchenrechnung, etwa der: 1 Gärtner pflanzt
einen Baum pro Minute. 60 Gärtner pflanzen einen Baum in der Sekunde.
Auch hier ist klar, daß sich eine sinnvolle Leistungs-Steigerung erst beim
Pflanzen von tausenden oder zehntausenden von Bäumen einstellen kann.

Inzwischen setzten in aller Welt Forschungsarbeiten und Projekte ein, die
sich des Problems der parallelen Verarbeitung annahmen. Neben praktischen
Ansätzen sind hierbei vor allem auch theoretische Ansätze zu erwähnen,
etwa die PETRI-Netze, die Carl Adam Petri im Jahre 1962 vorstellte, die
sich bei der funktionellen Analyse im Bereich zwischen Schaltkreistechnik
und Programmtechnik bewährten. Zu nennen sind auch konzeptionelle Hilfsmittel wie die Semaphore von E.W. Dijkstra (1958), eine klassische Arbeit
über „Parallel Program Schemata" von R.M. Karp und R.E. Miller (1968),
oder die Arbeiten von C.A.R. Hoare.

Es gibt an der Existenz-Berechtigung der parallelen Verarbeitung kaum noch
Zweifel. Zum einen kann eine Leistungssteigerung angesichts der physikalischen Grenzen (Lichtgeschwindigkeit/Molekülgrößen) nur noch auf dem
Wege der Vervielfachung von Prozessoren (oder Rechenwerken bzw. ALUs)
erreicht werden. Zum anderen beruht die gleichzeitig anzustrebende Zuverlässigkeit und Verfügbarkeit überwiegend auf dem Vorhandensein einer Vielzahl von gleichartigen Elementen, die einander im Notfall ersetzen können.

Die Zahl der Veröffentlichungen, der Tagungen und Workshops zu diesem
Thema nimmt zur Zeit stark zu, während es im Jahre 1969 eine erste und
damals einzige internationale Tagung in Monterey, Kalifornien, gab. Immer
mehr Teilgebiete der Informatik, etwa die künstliche Intelligenz oder neuronale Netze, können in sehr natürlicher Weise parallel konzipiert werden.

Die Parallelisierung von Rechenprozessen ist nicht ein Ziel an sich. Ohne parallele Verarbeitung jedoch geht heute kaum noch etwas — allenfalls auf dem Gebiet der Personal Computer (PC) kann man zunächst darauf verzichten. In diesem Sinne gibt es heute keine Fachtagung in der Informatik mehr, auf der nicht der eine oder andere Vortrag über eine parallele Lösung der jeweils angeschnittenen Problematik angekündigt wird.

Ein chinesisches Sprichwort besagt, daß „Prophezeiungen sehr schwierig seien, insbesondere dann, wenn sie die Zukunft betreffen". Auch im Computerwesen bzw. in der Informatik sind die Vorhersagen oft fehlgeschlagen. Es gehört allerdings nicht viel dazu, vorherzusagen, daß uns das Bemühen um befriedigende Bewältigung der parallelen Verarbeitung noch viele Jahre in Anspruch nehmen wird. Vielleicht werden hierzu auch Errungenschaften im Zusammenhang mit optischen Elementen beitragen.

Alle Autoren des vorliegenden Werkes verfügen über langjährige Erfahrungen mit dem Thema „Parallele Datenverarbeitung". In Erlangen gehen z.B. die ersten Überlegungen zum Projekt EGPA auf das Jahr 1974 zurück. Pläne der Industrie für schüchterne „Multiprozessoren" (timids) stammen aus den Jahren 1958/59 (bis zu 4 Prozessoren als „Team" arbeitend). Auch diese Überlegungen sind in der einen oder anderen Form in den Erfahrungsschatz mit eingeflossen. Inzwischen würde es sich zudem lohnen, gewissen Querbezügen bei den Entwicklungen in aller Welt nachzuspüren. So tritt etwa die Idee der EGPA-Pyramide deutlich wieder im Aizu-Super-Computer (Japan) zutage.

Die Lektüre wird man sehr individuell gestalten können. Jeder Beitrag ist in sich geschlossen, womit allerdings auch die Tatsache verbunden ist, daß Einführungen, Definitionen etc. zu jedem Beitrag aus unterschiedlichen Gesichtswinkeln formuliert werden. Damit kann der Leser je nach seinen Bedürfnissen die Reihenfolge der Beiträge, die er lesen will, nahezu beliebig wählen.

Es liegt in der Natur dieses relativ neuen Forschungsgebietes, daß die einzelnen Gebiete, Resultate, Paradigmen unterschiedlich gewichtet werden. Vielleicht vermißt man sogar die Behandlung oder gar Erweiterung der einen oder anderen Fragestellung. Stets darf man aber über die Fülle an Information und an gebotenem Material staunen. Was bleibt, wird sich in Zukunft erweisen. Man wird dann in einer zweiten Auflage über notwendige Umstellungen, Ergänzungen oder neue Resultate reden können. Der heutige

Stand allerdings ist in hervorragender Weise durch den jetzt vorliegenden Band repräsentiert worden. Dieser Band ist gegenwärtig neben vielen Tagungsberichten und Einzeldarstellungen sehr notwendig geworden, gibt eine Gesamtschau und kann Startpunkt für weitere Forschung sein.

Erlangen, Dezember 1994

Wolfgang Händler

Kurzbiographien der Autoren

Prof. Dr. Arndt Bode

Geboren 1948 in Augsburg. Studium der Informatik von 1966 bis 1972, Promotion 1975 Technische Universität Karlsruhe. Tätigkeiten als wiss. Mitarbeiter, Privatdozent, Professor für Informatik an der Universität Gießen, Universität Erlangen-Nürnberg (1975–1987). 1984 Habilitation in Technischer Informatik in Erlangen. Seit 1987 Inhaber des Lehrstuhls für Rechnertechnik und Rechnerorganisation und Direktor des Instituts für Informatik, Technische Universität München.

Prof. Dr. Ulrich Brüning

Geboren 1954 in Bad Pyrmont. Studium der Elektrotechnik an der TU Berlin (1974–1980), wiss. Mitarbeiter im Institut für Technische Informatik an der TU Berlin, zuerst im Forschungsprojekt STARLET, ab 1981 wiss. Mitarbeiter mit Lehrtätigkeit. 1987 Promotion an der TU Berlin, seit 1983 auch Bereichsleiter für Hardwaretechnologie am Forschungsinstitut der GMD (FIRST), Hardwarebetreuung von Rechnerarchitekturprojekten und Forschungsprojektmanagement, 1994 Habilitation an der TU Berlin. Seit April 1995 Prof. an der Technischen Fakultät der Universität in Kiel, Lehrstuhl für „Computer Engineering".

Barbara M. Chapman

Geboren 1954 in Dunedin, Neuseeland. Studium der Mathematik an der Universität Canterbury von 1972 bis 1975, anschließend an der Victoria Universität Wellington und an der Universität Bonn. Mitarbeiterin am Institut für Informatik an der Universität Bonn von 1985 bis 1990, danach Forschungsassistentin am Institut für Softwaretechnik und Parallele Systeme der Universität Wien. Seit Anfang 1995 Leiterin des European Centre of Excellence for Parallel Computing at Vienna, Universität Wien.

Prof. Dr. Mario Dal Cin

Geboren 1940 in Bad Wörishofen. Studium der Physik von 1960 bis 1967 an der Universität München. 1967 Diplom in Theoretischer Physik, Tätigkeit als wiss. Mitarbeiter, 1969 Promotion über Symmetrien in der Hochenergiephysik. Von 1969 bis 1971 Postdoctoral Fellow am Center for Theoretical Studies der Universität Miami. Von 1971 bis 1972 Assistent an der Universität Tübingen, 1975 Habilitation für Informatik in Tübingen, von 1973 bis 1985 Professor für Informatik an der Universität Tübingen, Arbeiten über Fehlertolerante Rechnersysteme. Von 1985 bis 1989 o. Prof. für Praktische Informatik an der Universität Frankfurt, seit 1990 o. Prof. für Informatik an der Universität Erlangen-Nürnberg, Inhaber des Lehrstuhls für Rechnerstrukturen.

Prof. Dr. Dr.h.c. mult. Wolfgang Händler

Geboren 1920 in Potsdam. Studium (1940–1944) Maschinenbau/Elektrotechnik an der Techn. Hochschule Danzig. Studium (1945–1948) Mathematik, Universität Kiel, Dipl.-Math. 1948. Laborleiter in der Hauptabteilung Forschung des NWDR, Hamburg (Theoret. Untersuchungen zur Fernsehübertragung); 1948 bis 1956. Laborleiter bei der Fa. Telefunken GmbH (Entwicklung des Rechners TR4), von 1957 bis 1959, Promotion Dr. rer. nat. 1958 an der TH Darmstadt. Wiss. Assistent Universität des Saarlandes (1959–1963), Habilitation, a.o. Professor, Lehrstuhlinhaber TH Hannover (1963–1966), o. Professor, Universität Erlangen-Nürnberg, Institutsvorstand Institut für Mathematische Maschinen und Datenverarbeitung, Ehrenpromotion Dr. rer. nat. h.c. 1991 Universität Karlsruhe, Ehrenpromotion Dr. h.c. 1992 Universität Novosibirsk, Russland. Bundesverdienstkreuz 1. Kl. 1982.

Prof. Dr. Friedrich Hertweck

Geboren 1930. Studium der theoretischen Physik (1950–1956); Promotion Dr. rer. nat. 1960 Universität Göttingen. Wiss. Mitarbeiter des Max-Planck-Instituts für Physik, später Plasmaphysik. Seit 1972 wissenschaftliches Mitglied und Direktor am Max-Planck-Institut für Plasmaphysik, Garching, und Leiter des Bereichs Informatik. Seit 1973 Honorarprofessor für Informatik an der Technischen Universität München.

Prof. Dr.-Ing. Ulrich Herzog

Geboren 1938 in Stuttgart. Studium der Nachrichtentechnik an der Universität (TH) Stuttgart. Ab 1964 wiss. Mitarbeiter am Institut für Nachrichtenvermittlung und Datenverarbeitung der Universität Stuttgart (Prof. Dr. Lotze). Promotion 1968, Habilitation 1973. Anschließend knapp zweijähriger Forschungsaufenthalt am IBM Thomas J. Watson Research Center, Teleprocessing System Optimization Group. 1976 als C3-Professor an die Universität Erlangen-Nürnberg, Lehrstuhl für Rechnerstrukturen (Prof. Dr. Händler) berufen. Seit 1981 Inhaber des Lehrstuhls für Rechnerarchitektur und Verkehrstheorie an der Universität Erlangen-Nürnberg.

Prof. Dr. Fridolin Hofmann

Geboren 1934 in Bamberg. Studium der Mathematik und Physik von 1954 bis 1958, Promotion 1960 Universität Erlangen-Nürnberg. Wiss. Assistent am Mathematischen Institut der Universität Erlangen-Nürnberg von 1960 bis 1963. Mitarbeiter in der Forschung und Entwicklung der Siemens AG von 1963 bis 1972. Seit 1972 Inhaber des Lehrstuhls für Betriebssysteme an der Universität Erlangen-Nürnberg.

Dr.-Ing. Rainer Klar

Geboren 1936 in Standorf/Schlesien. Studium der Physik von 1958 bis 1964 an der Universität Saarbrücken und der TU Berlin. 1965/66 wiss. Mitarbeiter an der TU Hannover und ab 1966 an der Universität Erlangen-Nürnberg. Dort 1971 Promotion in Informatik. 1974 Akademischer Direktor am Institut für Mathematische Maschinen und Datenverarbeitung. 1980 Visiting Professor an der University of Colorado, Boulder, USA. Seit 1981 Abteilungsleiter am Lehrstuhl für Rechnerarchitektur und Verkehrstheorie der Universität Erlangen-Nürnberg.

Dr. Claus-Uwe Linster

Geboren 1941 in Westerland/Sylt. Studium der Elektro- und Nachrichtentechnik an der Technischen Universität Berlin. Seit 1973 tätig als wiss. Mitarbeiter am Lehrstuhl für Betriebssysteme der Universität Erlangen-Nürnberg. Dort Promotion 1981 und Forschungsgruppenleiter am Lehrstuhl für Betriebssysteme, seit 1988 als Akademischer Direktor.

Prof. Dr. Wolfgang Rosenstiel

Geboren 1954 in Geisingen. Studium der Informatik an der Universität Karlsruhe, Diplom 1980 Universität Karlsruhe, Fakultät für Informatik, und Promotion 1984. Abteilungsleiter des Bereichs Automatisierung des Schaltkreisentwurfs am Forschungszentrum Informatik (FZI) an der Universität Karlsruhe (1986–1990). Direktor des Bereichs „Systementwurf in der Mikroelektronik" am FZI seit 1990. Inhaber des Lehrstuhls für Technische Informatik an der Universität Tübingen seit 1990.

Prof. Dr. Hans J. Schneider

Geboren 1937 in Saarbrücken. Studium der Angewandten Mathematik in Saarbrücken (1956–1961), Promotion in Hannover (1965) bei W. Händler. Ordentlicher Professor für Informatik an der TU Berlin (1970–1972) und an der Universität Erlangen-Nürnberg (seit 1972).

Prof. Dr. Klaus Waldschmidt

Geboren 1939 in Leipzig. Studium der Elektrotechnik/Nachrichtentechnik von 1959 bis 1967, Promotion 1971 an der Technischen Universität Berlin. Tätigkeiten als wiss. Mitarbeiter am Lehrstuhl für Informationsverarbeitung der TU Berlin (Prof. Dr. K. Giloi), Stellvertretender Abteilungleiter am Heinrich Hertz Institut Berlin, Professor (C3) für Schaltungen der Datenverarbeitung im Fachbereich Elektrotechnik der Universität Dortmund. Seit 1982 Inhaber der Professur (C4) für Technische Informatik im Fachbereich Informatik an der Universität in Frankfurt/Main.

Jörg Wedeck

Geboren 1964 in Herford. Studium der Informatik in Karlsruhe von 1983 bis 1990. 1990 wiss. Mitarbeiter am Forschungszentrum Informatik in Karlsruhe, seit Ende 1990 wiss. Mitarbeiter an der Universität Tübingen, Arbeitsbereich Technische Informatik.

Prof. Dr. Hans Peter Zima

Geboren 1941 in Wien. Studium der Mathematik, Physik und Astronomie (1959–1964), Promotion in Mathematik 1964 an der Universität Wien. Industrietätigkeit als wiss. Mitarbeiter und Manager in Deutschland und USA (1964–1973), wiss. Mitarbeiter an der Universität Karlsruhe (1973–1975), ordentlicher Professor für Informatik an der Universität Bonn (1975–1989). Seit 1989 ordentlicher Professor für Angewandte Informatik an der Universität Wien; seit 1993 Vorstand des Instituts für Softwaretechnik und Parallele Systeme an der Universität Wien.

Gastprofessuren an der Universität Sao Paulo (1976), TU Wien (1978/79), IBM San Jose Research Laboratory (1983/84), und Rice University, Houston (1988/89). Adjunct Professor for Computer Science, Rice University (seit 1990).

Inhalt

Abbildungen

Tabellen

1 Einleitung

Wenn man die Rechnerentwicklung der letzten fünfzig Jahre betrachtet, ist man zweifellos beeindruckt von der gewaltigen Leistungssteigerung der Prozessoren: Anfänglich noch mit Elektronenröhren aufgebaut, wurden in den sechziger Jahren die Transistoren eingeführt, von denen im Laufe der Jahre immer mehr zu einem integrierten Baustein verschaltet wurden, bei gleichzeitig abnehmender Größe, steigender Leistung, abnehmender Leistungsaufnahme und — vor allem — abnehmendem Preis. Die dadurch möglich gewordene Revolution der Personal Computer in den späten siebziger und achtziger Jahren haben wir meist selbst miterlebt. Der heutige Stand der Technik sind einige Millionen Gatter auf einem Chip — genug, um leistungsfähige 1-Chip-Mikroprozessoren und große Speicher für sog. 'Workstations' damit zu bauen. Die typische Leistung ist etwa 100 Millionen Festkomma-Instruktionen je Sekunde (100 MIPS) und oft auch 100 Millionen Gleitkomma-Operationen je Sekunde (100 MFLOPS). Das heute vorherrschende Architekturprinzip sind die RISC-Prozessoren (reduced instruction set computer). Gleichzeitig sind Arbeitsspeicher von 32–64 MByte je System normal.

Wenn man die Entwicklung der Rechner-Architekturen betrachtet, so sieht man, daß sich die (hardwaremäßige) Parallelisierung von Funktionen wie ein roter Faden durch die Generationenfolge von Rechnern zieht. Zunächst wurden die Eingabe-/Ausgabe-Operationen durch eigene Rechner (die sog. Kanal-Prozessoren) unabhängig vom Rechnerkern gemacht; dies erforderte gleichzeitig die software-mäßige Verwaltung der Ressourcen, um durch 'Multiprogramming' den freiwerdenden Rechnerkern nutzen zu können. Die ersten Betriebssysteme entstanden.

Das immer besser werdende Preis-/Leistungsverhältnis erlaubte, immer mehr Anwendungen auf die Rechner zu bringen, mit dem Ergebnis, daß der Bedarf nach hoher Rechenleistung noch schneller stieg als die Leistungsfähigkeit der Rechner selbst. So entstanden die ersten Multiprozessor-Systeme mit zwei bis vier Prozessoren, die über einen gemeinsamen Speicher gekoppelt waren. Um den höheren Speicheranforderungern durch mehrere Prozessoren gerecht zu werden, fing man damit an, die Speicher zu parallelisieren, indem mehreren Speicherbänken aufeinanderfolgende Adressen zyklisch zugeteilt wurden, wodurch sich zwar nicht die Latenzeit, jedoch die Speicherbandbreite entsprechend erhöhen ließen.

Ende der sechziger Jahre waren zwei Architekturen für den Einsatz im technisch-wissenschaftlichen Bereich bahnbrechend: die Rechner CD-6600 von der Control Data Corporation (1964), und die IBM 390/91 (1968). Bei der CD-6600 wurden zehn Funktionseinheiten für verschiedene Befehle in der CPU (der Zentraleinheit) eingesetzt. Diese waren imstande, mehrere Befehle gleichzeitig abzuarbeiten. Zusätzlich wurde für Eingabe-/Ausgabe-Aufgaben ein eigener Satz von zehn Prozessoren verwendet (in Wirklichkeit war es nur ein Prozessor mit zehn Registersätzen, der in jedem Maschinentakt einen Befehl aus einem von zehn Instruktionsströmen verarbeitete). Bei der IBM 390/91 gab es nur drei Funktionseinheiten, nämlich eine Integereinheit und eine Gleitkommaeinheit mit parallel arbeitenden Addier- und Multiplizierwerken. Der Addierer, der zwei Taktzyklen brauchte, konnte in jedem Takt eine neue Addition anfangen: eine der ersten Implementierungen des 'pipelining'.

Ein weiterer Meilenstein in der Entwicklung der Rechnerarchitekturen war die Einführung der ersten Vektorrechner (Cray-1 von Seymour Cray, 1976). Hier wurde das 'pipelining' konsequent für die Durchführung von Gleitkomma-Operationen eingesetzt. Die Zahl der pipeline Stufen war bei den meisten Operationen zehn und mehr, mit entsprechenden Leistungssteigerungen für *Vektor-Operationen* von 10–15 gegenüber den *Skalar-Operationen* herkömmlicher Rechner. Der Erfolg der Vektorrechner rührt her von der Struktur vieler technisch-wissenschaftlicher Anwendungen, bei denen gleichartige Rechenoperationen auf eine Vielzahl von Daten („Vektoren") angewendet werden können. Heute, in der beginnenden Ära der Parallelrechner spricht man von *Datenparallelität* (data parallelism). Es nimmt nicht wunder, daß der nächste Schritt wieder eine — zunächst wieder mit zwei bis vier Prozessoren bescheidene — Vervielfachung der Rechnerkerne war: die Multiprozessor-Vektorrechner wurden immer häufiger. Die Vektorrechner haben wiederum zu einem erheblichen Ansteigen des Rechenbedarfs auf technisch-wissenschaftlichem Gebiet geführt, da neue Anwendungen möglich wurden: 48-stündige Wettervorhersage, Berechnung von ganzen Tragflügeln, Modellierung von Erdöl-Lagerstätten, usw.

Die jüngste technische Entwicklung, nämlich die Einführung von RISC-Hochleistungsrechnern (auf der Basis der CMOS-Technologie), hat seit etwa 1985 etliche Hersteller dazu veranlaßt, sog. „parallele" Rechnersystem zu entwickeln; Pioniere waren vor allem Intel und nCUBE mit Implementierungen von 'hypercube' Systemen (Seitz, [1]) mit typischerweise einigen hundert Prozessorknoten, und Thinking Machines Corporation mit der Connection Machine CM-2 (Hillis, [2]) mit tausenden von — allerdings sehr einfachen — Prozessorelementen. Während von Intel Standard-Mikroprozessoren verwendet wurden, haben die anderen beiden Hersteller spezielle Prozessorchips entwickelt, wobei ihnen natürlich die Preisvorteile der CMOS-Technologie zum Vorteil gereichten. Heute haben eigentlich alle führenden Hersteller einen Parallelrechner mehr oder weniger hoher Leistung im Angebot. Die Verwendung der preiswerten und leistungsfähigen Mikroprozesso-

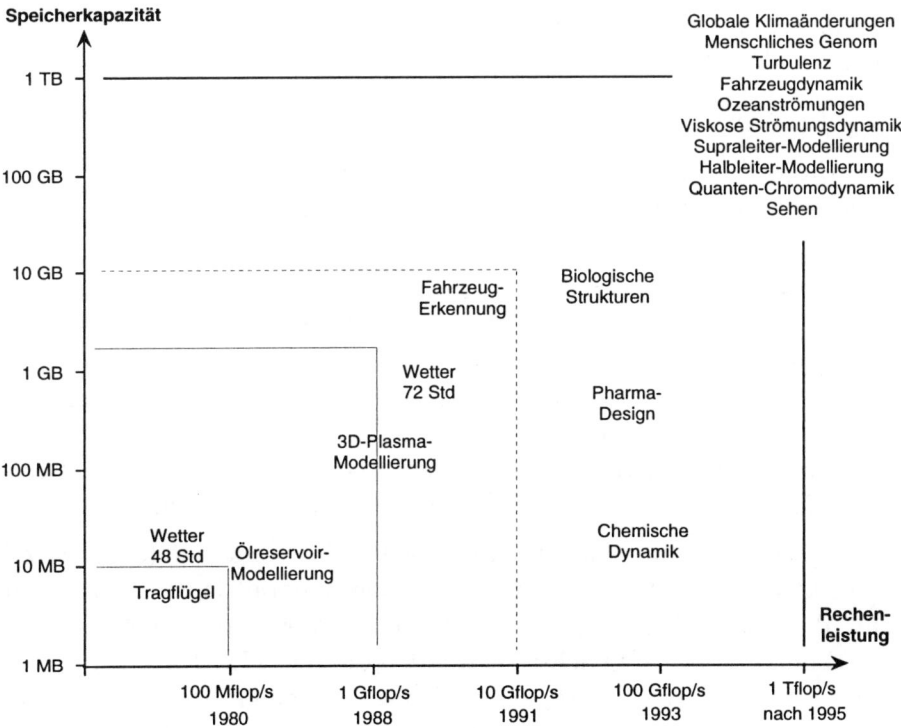

Abb. 1.1: Die großen Herausforderungen (Grand Challenges)

ren läßt eine weitere Steigerung der Rechenleistung von Parallelrechern um Größenordnungen erhoffen. Diese Hoffnung wird sichtbar in dem HPCC-Programm der US Regierung (High Performance Computing and Communications), dem sog. 'Grand Challenges' Programm (die „großen Herausforderungen"), in dem eine ganze Reihe von Aufgaben angesprochen werden, die eine Rechenleistung von 10^{12} Gleitkomma-Operationen je Sekunde (Teraflop/s), und Arbeitsspeicher von 10^{12} Bytes erfordern; vgl. das Diagramm in Abb. 1.1.

1.1   Einige Meilensteine auf dem Weg zum parallelen Rechner

Wir haben einen kurzen Abriß der Entwicklung der Rechner-Architekturen gegeben, wobei wir uns in diesem Buch vor allem mit den neueren Entwicklungen auf dem Gebiet der Architektur, der Systeme und der Werkzeuge für Parallelrechner beschäftigen wollen. Es sollen deshalb noch einige Meilensteine der Entwicklung bis heute erwähnt werden, für die im Hauptteil des Buches kein Platz sein wird. Ausführlichere Darstellungen finden sich in: Hertweck [3], Hwang [4], Trew und Wilson [5].

Die CRAY-1 hatte einige Vorläufer in Gestalt des ASC (advanced scientific computer) von Texas Instruments (1972) und des STAR-100 (String/Array Processor) von Control Data (1973). Beide Maschinen waren nicht direkt als kommerzielle Produkte gedacht; die späteren Maschinen Cyber 205 (1980) und ETA10 (1988) von Control Data jedoch schon (sie waren allerdings nicht sehr erfolgreich). Die CRAY-1 hat die Japaner (Fujitsu, Hitachi, NEC) zum Nachahmen veranlaßt, wobei oft das japanische Design ausgefeilter und leistungsfähiger war. Die Cray-Linie ist heute marktführend.

Ende der sechziger und Anfang der siebziger Jahre begannen (an Universitäten) auch die ersten Entwicklungen mit massiv-parallelen Rechensystemen — für die damalige Zeit waren 16 bis 64 Prozessorknoten in einem System schon „massiv". Zunächst entstanden die sog. SIMD-Maschinen (nach der Klassifikation von Flynn, siehe Kapitel 2): 'single instruction stream, multiple data stream' — bei denen alle Prozessorelemente synchron die gleiche Operation ausführen. Allen voran zu erwähnen ist hier die Illiac IV (1972), eine Maschine mit 64 Prozessorelementen (ein Vorläufer ist der Solomon-Rechner von Slotnik, Univ. of Illinois, 1962 [6]), ferner der ICL

DAP (distributed array processor, Flanders et al., 1977, [7]), und der Goodyear MPP (massively parallel processor, Batcher 1980, [8]). Wir haben schon die Connection Machine CM-2 der Thinking Machines Corporation erwähnt (64K Prozessoren; Hillis, 1985, [2]). Die drei zuletzt genannten Rechner haben Prozessorknoten mit einer „Wortlänge" von einem Bit, d.h. sie arbeiten intern sequentiell. Wir erwähnen noch die GF11 von IBM Research (Beetem et al., 1985, [9]), eine experimentelle SIMD-Maschine mit einer Leistung von etwa 11 Gflop/s, die für quantenchromodynamische Rechnungen verwendet wird.

Erst Anfang der achtziger Jahre, nachdem die leistungsfähigen und preiswerten RISC Mikroprozessoren zur Verfügung standen, wurden die ersten größeren MIMD-Rechner entworfen (multiple instruction stream, multiple data stream). Diese Rechnersysteme haben eigenständige Mikroprozessoren als Knoten, d.h. jeder Prozessorknoten kann selbständig Operationen ausführen. Eines der ersten Systeme war der C.mmp mit 16 PDP/11-40 Prozessoren (Carnegie-Mellon University, Wulf und Bell, 1972, [10]). Weitere Beispiele sind der an der Universität Erlangen entwickelte EGPA (Händler, 1984, [11]), eine Pyramiden-Topologie mit Mini-Rechnern als Rechnerknoten, der NYU Ultracomputer (bis zu 4096 Prozessoren geplant, New York University, Gottlieb et al. 1983, [12]), der daraus abgeleitete RP3 (mit bis zu 512 Prozessoren; IBM Research, Pfister et al. 1985 [13]), und der Cedar (University of Illinois, Kuck et al. 1987, [14]). Das erste kommerzielle Produkt in dieser Klasse war der KSR-1 von Kendall Square Research (1992; inzwischen ist die Firma vom Markt verschwunden). Alle diese Systeme versuchen einen gemeinsamen Adreßraum für alle Prozessoren zu schaffen, was bei steigender Prozessorzahl zunehmend schwieriger wird (vgl. Kapitel 4).

Eine andere Klasse von Rechnern verzichtet auf den gemeinsamen Adreßraum und verwendet von vornherein das Prinzip der Nachrichtenübermittlung (message passing). Ein Vorläufer und das wohl bekannteste System dieser Art war der Cosmic Cube (Caltech, C.L. Seitz et al. 1981, [1]), mit den kommerziellen Nachfolgern Intel iPSC und die nCUBE-Rechner. Zu dieser Gruppe gehört auch der SUPRENUM-Rechner, ein vom BMFT gefördertes Projekt unter der Federführung der GMD (Gesellschaft für Mathematik und Datenverarbeitung) unter Beteiligung vieler Partner an Universitäten und der Industrie(vgl. Trottenberg, [15], und Giloi, [16]). Das Projekt hat viele Anstöße für Entwicklungen gegeben, insbesondere im Software- und Anwendungsbereich. (Es war leider nicht kommerziell erfolgreich.) Weitere neuere Systeme in dieser Gruppe sind der Intel Paragon XP/S und IBM SP-2.

Der CRAY T3D, ein seit 1994 verfügbarer Rechner, nimmt eine Zwischenstellung ein: er besitzt zwar keinen globalen Adreßraum, aber er kann auf diese Weise verwendet werden, wenn geeignete Instruktionen abgesetzt werden.

1.2   Die Probleme mit parallelen Rechnern

Intuitiv scheint die Entwicklung eines parallelen Rechners einfach: man nehme eine große Zahl (z.B. hunderte bis tausende) von Mikroprozessoren, versehe jeden mit einem hinreichend großen Speicher, und verbinde alles mit einem geeigneten Koppelnetz, und man ist am Ziel. Leider ist dies weit entfernt von der Realität, wie die obigen Ausführungen gezeigt haben sollten. Es fällt auch auf, wie viele verschiedene Architekturen bisher entworfen wurden. In Kapitel 2 wird eine Taxonomie zur Klassifikation vorgestellt.

Die Vielzahl der Projekte an Universitäten zeigt, daß es nicht nur einen und schon gar keine geraden Wege zu dem Ziel eines Parallelrechners gibt. Universitätslaboratorien beschränken sich oft auf spezielle Fragestellungen und können so mit erträglichem Aufwand Rechnersysteme entwickeln, um diese Probleme zu studieren. Der Aufwand, den andererseits Firmen treiben müssen, da sie ja in irgend einem Sinne „universelle" Rechner liefern müssen, ist um ein Vielfaches höher und bewegt sich bei zwei bis dreistelligen Millionenbeträgen an Entwicklungskosten. Und selbst dann ist der Erfolg nicht garantiert, wie sich an der Anzahl der Firmen zeigt, die bisher schon aufgeben mußten (und weitere werden wahrscheinlich folgen).

Wir können und wollen hier nicht alle Faktoren analysieren, die dazu beigetragen haben mögen. Eine Unterschätzung der Probleme bei der Entwicklung sowohl der Hardware als auch der Software und leichtfertiges Marketing (insbesondere nicht erfüllbare Versprechen bezüglich der Leistung der Systeme) haben jedoch sicher dazu beigetragen.

Hier geht es uns um die technischen Probleme, die sowohl Entwickler als auch Anwender lösen müssen, wollen sie parallele Rechnersysteme erfolgreich einsetzen. Zunächst einmal ist festzuhalten, daß wir uns wegen der endlichen Lichtgeschwindigkeit (und damit auch Signalgeschwindigkeit) mehr und mehr den physikalischen Leistungsgrenzen bei Rechnern nähern. Ein schneller Prozessor nützt wenig, wenn er nicht hinreichend schnell die zu verarbeitenden Daten laden kann — ein bereits bei Cache-Speichern oft auftretendes Problem, welches durch die Verbindungsnetze der Parallelrechner nicht einfacher wird. Andererseits werden die Parallelrechner letztendlich als Höchstleistungsrechner konzipiert — es sollen ja die 'grand challenges', die „großen Herausforderungen", bewältigt werden. Deshalb werden in Kapitel 3, bevor in den Kapiteln 4 bis 6 die Grundlagen von parallelen Rechner-Architekturen entwickelt werden, die Grundbegriffe der Leistungsbewertung eingeführt.

Kapitel 7 stellt eine Reihe von heute auf dem Markt verfügbaren Rechnern vor, die sehr schön die Vielzahl der möglichen Wege zur Konstruktion von Parallelrechnern widerspiegeln. Einige Firmen sind inzwischen vom Markt verschwunden; da es sich jedoch um innovative Produkte handelt, werden diese Architekturen gleichwohl beschrieben.

Bei Betrachtung der angebotenen Rechner fällt auf, daß die in Kapitel 8 dargestellten fehlertoleranten Architekturprinzipien nur wenig — zu wenig — angewandt werden. Bei einer kleinen Zahl von Rechnerknoten mag man vielleicht hoffen, irgendwie die gewünschte Zuverlässigkeit zu erhalten, doch ist dies bei tausenden von Knoten nicht mehr zu erwarten. Wenn einer von tausend Prozessoren versagt und die anderen 999 mit in den Abgrund reißt, hat man wirklich ein Problem.

Parallelrechner sind nur brauchbar, wenn sie programmiert werden können. In den nächsten Kapiteln werden die damit zusammenhängenden Probleme angesprochen. Zunächst werden in Kapitel 9 einige einfache Algorithmen diskutiert, die vor allem dem Leser helfen sollen, die Wirkungsweise und die Leistungsprobleme von Parallelrechnern zu verstehen. Es wird sich als wesentliches Problem herausstellen, daß die Kommunikationsleistung, und zwar sowohl die Übertragungsrate als auch die Anlaufzeit (Latenzzeit), immer wieder Probleme bereiten. Dies tritt besonders klar zutage, wenn die „Körnigkeit" des Problems (granularity) klein ist, d.h. wenn zwischen Datentransfers nur wenige Rechenoperationen ausgeführt werden können.

In Kapitel 10 werden dann Betriebssysteme für Parallelrechner vorgestellt. Ein wichtiger Aspekt dabei ist die Frage der Reduzierung des Verwaltungsaufwandes (overhead) für die Generierung von Prozessen bzw. Unterprozessen. Man sieht bei den meisten Rechnern, daß der Hardwareaufwand für die Kommunikation durch den Software-Aufwand bei weitem übertroffen wird. Die letzten vier Kapitel befassen sich mit Fragen, die für den Anwender unmittelbar wichtig und interessant sind: die Frage der Verfügbarkeit von Programmiersprachen zur Beschreibung paralleler Algorithmen, der Verfügbarkeit von Werkzeugen zur Entwicklung paralleler Programme, und der Möglichkeit, bereits vorhandene sequentielle Programme automatisch zu parallelisieren, der Traum jeden Anwenders (der ja normalerweise bereits eine lange Reihe wichtiger Programme hat). In Kapitel 14 werden die Prinzipien hierfür entwickelt. Die automatischen Methoden finden ihre natürliche Grenze in Algorithmen, die inhärent sequentiell sind. In direktem Zusammenhang mit der Programmierung steht die Frage nach der Leistung des parallelen Systems. Dies wird in Kapitel 12 angesprochen, eine Ausarbeitung der in Kapitel 3 eingeführten Grundbegriffe. War schon die Leistungsbewertung klassischer (sequentieller) Rechner nicht einfach, so ist dies bei parallelen Systemen um Größenordnungen schwieriger.

Zum Schluß sei noch die von allen Autoren dieses Bandes geteilte Ansicht vorgebracht: Die Entwicklung der Parallelrechner wird weiter fortschreiten, weil es für Höchstleistungsrechner und preiswerte Hochleistungsrechner vor dem Hintergund gegenwärtiger Technologie keine Alternative zu geben scheint. Wenn man als Anwender nicht so sehr die vorhandenen Programme betrachtet, als sich vielmehr auf die zukünftigen großen Herausforderungen konzentriert, so scheint es sehr wohl möglich zu sein, innerhalb von fünf bis zehn Jahren diese Ziele zu erreichen. Es ist zu erwarten, daß die Verfügbarkeit der hohen Rechenleistung, verbunden mit großen Speichern, auch einen qualitativen Schub in der Komplexität der lösbaren und zu lösenden Aufgaben hervorrufen wird.

Literaturverzeichnis

[1] C. L. Seitz: The Cosmic Cube; *Communications of the ACM*, 28,1 (1985)

[2] W. D. Hillis: *The Connection Machine*; The MIT Press, Cambridge, Massachusetts (1982)

[3] F. Hertweck: *Vektor- und Parallel-Rechner: Vergangenheit, Gegenwart, Zukunft*; Informationstechnik it 31, 1 (1989)

[4] K. Hwang, F. A. Briggs: *Computer Architecture and Parallel Processing*; McGraw-Hill, New York (1984)

[5] A. Trew, G. Wilson (Ed): *Past, Present, Parallel*; Springer (1991)

[6] D. L. Slotnik, et al: The SOLOMON Computer; *Proc. of AFIPS Fall Joint Comp. Conf.*, Washington, DC, S. 97-107 (1962)

[7] P. M. Flanders, et al: Efficient high-speed computing with the distributed array processor; in: *High Speed Computer and Algorithm Organisation*, Academic Press, London (1977)

[8] K. E. Batcher: Design of a Massively Parallel Processor; *IEE Trans. Computers*, S. 836-840 (1980)

[9] J. Beetem, et al: The GF11 Supercomputer; *Proc. 12th Annual Int. Symp. Computer Arch.*, S. 363-376, Boston, MA (1985)

[10] W. A. Wulf, C. G. Bell: C.mmp – a Multi-Miniprocessor; *Proc. Fall Joint Computer Conf.*, S. 765-777 (1972)

[11] W. Händler, U. Herzog, F. Hofmann, H. J. Schneider: Multiprozessoren für breite Anwendungsbereiche – Erlangen General Purpose Array; in Architektur und Betrieb von Rechensystemen (ed. H. Wettstein) *8. GI/NTG-Fachtagung Karlsruhe 1984*, Informatik-Fachberichte 78, Springer, S. 195-208 (1984)

[12] A. Gottlieb, et al: The NYU Ultracomputer – Designing a MIMD Shared Memory Parallel Computer; *IEEE Trans. on Comp.*, S. 175-189 (1983)

[13] G. F. Pfister et al: The IBM Research Parallel Processor Prototype (RP3); *Proc. Int. Conf. Parallel Processing*, S. 764-771 (1985)

[14] D. J. Kuck, et al: *Parallel Supercomputing Today – The Cedar Approach*; Science, 231(2), (1986)

[15] U. Trottenberg: Some remarks on the SUPRENUM project; *Parallel Computing 20*, S. 1397-1406 (1994)

[16] W. K. Giloi: The SUPRENUM supercomputer: Goals, achievements, and lessons learned; *Parallel Computing 20*, S. 1407-1425 (1994)

2 Klassifikation paralleler Architekturen

2.1 Einführung

Eine Klassifikation heterogener Objekte unterteilt diese in Klassen, die aufgrund von Eigenschaften der Objekte definiert sind. Die Klassifikation ist dann gelungen, wenn eine eindeutige Zuordnung der Objekte zu Klassen möglich ist und die einzelnen Klassen eine etwa gleiche Anzahl von Objekten beinhalten. Die Klassifikation ist eine Denkhilfe. Bei geeigneter Auswahl der Eigenschaften zur Einteilung der Objekte strukturiert sie ein Wissensgebiet. Sie ist damit nicht nur didaktische Hilfe beim Erlernen des Gebietes, sondern ermöglicht - insbesondere bei der Klassifikation komplexer technischer Systeme - den raschen Vergleich der Objekte und gegebenenfalls sogar das Auffinden neuer Lösungen dort, wo eine Klasse keine Objekte beinhaltet.

Mehr noch als die Sprache prägt die Klassifikation das Denken. Um für die Entwicklung der Wissenschaft nicht hinderlich zu sein, sollte sie also historische und aktuelle Techniken vollständig beschreiben, darüber hinaus aber für zukünftige Entwicklungen erweiterbar sein.

Die Informatik befaßt sich seit ihren Anfängen mit parallelen Architekturen und ihren Anwendungen. Es handelt sich um ein Gebiet der Informatik, auf dem nach zögerlichem Anfang im Wissenschaftsbereich inzwischen intensiv geforscht wird und bei dem nunmehr auch die Umsetzung in die industrielle Praxis verstärkt erfolgt. Wie bei vielen technisch neuartigen Bereichen ist das Gebiet durch eine sehr große Zahl von Vorschlägen und Einzelrealisierungen in Prototypen gekennzeichnet. Einige der Prototypen sind auch als kommerzielle Systeme verfügbar. Allerdings ist wegen der sehr kurzen Innovationszyklen auch große Dynamik im Markt der Hersteller paralleler Architekturen. Anders als im Bereich der klassischen Großrechner, Arbeitsplatzrechner und Personal Computer haben sich Standards angesichts der großen Dynamik der Entwicklung im gesamten Bereich paralleler Architekturen und ihrer Anwendungen noch nicht durchgesetzt. Kompatibilität zwischen den verschiedenen Ansätzen ist im allgemeinen noch nicht gegeben. Es ist typisch für das Gebiet, daß aufeinanderfolgende parallele Systeme ein und desselben Herstellers unterschiedliche, nicht binärkompatible Prozessoren verwenden, unterschiedliche Verbindungsstrukturen mit verschiedenem Zeitverhalten beinhalten, das Betriebssystem wechseln und unterschiedliche Ebenen der Parallelisierung unterstützen. Aus Unkenntnis oder aus Werbungsgründen werden gleichartige Sachverhalte oder Techniken mit unterschiedlichen Begriffen gekennzeichnet. In dieser Situation der allgemeinen Begriffsverwirrung ist eine angemessene Klassifikation besonders notwendig, um Klarheit zu schaffen.

Im Gegensatz zu einigen früheren Klassifikationen, die sich ausschließlich auf einen Teilaspekt der Hardware paralleler Architekturen beziehen, nämlich die Anordnung und Betriebsart der Verarbeitungseinheiten, wird hier versucht, das Gesamtsystem zu klassifizieren. Dies bedeutet, daß alle Komponenten der Systemhardware, der Systemsoftware und der Anwendungssoftware hinsichtlich ihrer Parallelität berücksichtigt werden. Die ausschließliche Konzentration auf die Hardware paralleler Architekturen war in den Anfängen der Forschung auf diesem Gebiet adäquat, weil die zu beschreibenden Systeme Spezialrechner mit voll transluzenter Hardwarestruktur waren, also Systeme, deren Hardwarestruktur bei der Programmierung stets in ihrer Gesamtheit berücksichtigt werden mußte. Anwendungsprogramme für solche Rechner reflektierten daher weitgehend die Hardware-Architektur der parallelen Systeme, auf denen sie ausgeführt wurden. Moderne parallele Architekturen sind aus Gründen der Flexibilität, Portabilität und Skalierbarkeit zunehmend durch Virtualität gekennzeichnet: Mechanismen in Hardware und Systemsoftware machen die zugrundeliegende Architektur weitgehend transparent für die Anwendung, die Berücksichtigung der Architektur durch den Programmierer ist also weitgehend überflüssig. Beispiele hierfür sind: optimierende Compiler für superskalare und VLIW-Rechenwerke (Very long Instruction Word, vgl. unten und Kapitel 5), automatische Datenaufteilung für SPMD-Programmierung (Single Program Multiple Data, vgl. unten und Kapitel 14), virtuell vollständige Verbindungsstrukturen durch Kommunikationsprozessoren auf Basis eingeschränkter physikalischer Verbindungen, architektur-unabhängige Programmiermodelle und transparent verteilende parallele Dateisysteme. Für die Gesamtbewertung einer parallelen Architektur — insbesondere aus der Sicht des Benutzers — ist es also notwendig, sowohl Eigenschaften der Systemhardware als auch der zugehörigen Software zu betrachten.

2.2 Varianten und Ebenen der Parallelität

In modernen Rechensystemen durchlaufen vom Anwender formulierte Algorithmen vielfältige Transformationsprozesse zwischen der ursprünglichen Berechnungsvorschrift im Quellsprachformat bis zur letztendlichen Ausführung auf der Rechnerhardware. Als Beispiel sei hier ein in High Performance FORTRAN entwickeltes Programm genannt (vgl. Kapitel 11 und 14). Ist als Zielsystem ein Multiprozessor mit nachrichtenorientierter Kommunikation vorgesehen, durchläuft das Programm bei derzeit verfügbaren Implementierungen mindestens die folgenden drei Transformationsstufen:

- Wandlung des Quellprogramms durch den High Performance FORTRAN-Compiler in replizierte FORTRAN 77-Programme mit automatisch generierten Kommunikationsanweisungen sowie durch Annotationen gesteuerte Datenverteilung.

- Wandlung des einzelnen FORTRAN 77-Programms in sequentiellen Maschinencode des Zielprozessors durch Codegenerierer des FORTRAN 77-Compilers.

- Wandlung des sequentiellen Maschinencodes in feinkörnig parallelen Maschinencode durch Optimierer des FORTRAN 77-Compilers, gegebenenfalls auch Hardware-unterstützt durch das Leitwerk des Zielprozessors.

Jede Ebene der Darstellung des Programms kann durch eine abstrakte (oder reale) Maschine interpretiert bzw. ausgeführt werden. Jede abstrakte Maschine ist charakterisiert durch die von ihr ausführbaren Instruktionen (I) und die durch die Instruktionen verarbeiteten Objekte (O). Für jede abstrakte Maschine bestimmt die zeitliche Abfolge der Ausführung der einzelnen Instruktionen I und die Anzahl der gleichzeitig verarbeiteten Objekte O, ob diese als parallele Maschine bezeichnet werden kann. Parallelität bezieht sich also sowohl auf die Reihenfolge der Abarbeitung der verschiedenen Elemente der Rechenvorschrift wie auch auf die durch die Rechenvorschrift betroffenen Elemente (Datenobjekte).

Man unterscheidet:

- Sequentielle Arbeitsweise
- Parallele Arbeitsweise.

Sequentielle Arbeitsweise liegt vor, wenn die Instruktionen I der abstrakten Maschine streng nacheinander ausgeführt werden und — bei binären Operationen — maximal ein Paar von Objekten gleichzeitig verknüpft wird. Parallele Arbeitsweise liegt vor, wenn entweder zu einem Zeitpunkt mehr als eine Instruktion der abstrakten Maschine ausgeführt wird oder — bei binären Operationen — mehr als ein Paar von Objekten verknüpft wird.

Zwei Varianten paralleler Arbeitsweisen sind zu unterscheiden:

- Nebenläufigkeit
- 'pipelining'.

Man spricht von Nebenläufigkeit, wenn entweder mehr als eine Instruktion der abstrakten Maschine oder ein und dieselbe Operation auf mehreren Operandenpaaren zu einem Zeitpunkt auf asynchron oder synchron arbeitenden Werken ausgeführt wird.

'Pipelining' (Fließbandverarbeitung) liegt vor, wenn die Ausführung der Instruktionen der abstrakten Maschine in synchron getaktete, sequentiell zu durchlaufende Teilausführungsschritte zerlegt ist (die Phasen der Pipeline), die gegeneinander überlappt bearbeitet werden.

'Pipelining' und Nebenläufigkeit sind einander ergänzende Prinzipien, die beide in einer abstrakten Maschine realisiert sein können.

Parallele Architekturen sind Systeme sich wechselseitig interpretierender abstrakter Maschinen, die jeweils durch die zwei Varianten der Parallelität Nebenläufigkeit und 'pipelining', charakterisiert sein können. Die Hierarchie der abstrakten Maschinen entspricht dabei den in Kapitel 1.2 eingeführten Ebenen der Parallelität. Diese beschreiben Parallelität auf Ebene von

- Benutzerprogrammen
- Kooperierenden Prozessen
- Datenstrukturen
- Anweisungen der Quellsprache (z.B. Schleifen)
- Maschinenbefehlen.

Die so definierten Ebenen der Parallelität sind heterogen, weil sowohl Elemente vom Typ O (Datenstrukturen) als auch Elemente vom Typ I (alle anderen) Ausgangspunkt der Betrachtung sind. Dies ist dadurch gerechtfertigt, daß in Rechnerarchitekturen Parallelität in der Kontrollstruktur (Befehlsverarbeitung im Leitwerk) und in der Datenstruktur (Zugriff auf Daten im Speicher gesteuert durch Adreßrechnungs- und Speicherzugriffswerk) durch Hardware unterstützt werden kann. Im weiteren zeigt sich jedoch, daß die Parallelität auf der Ebene der Datenstrukturen gemeinsam mit der Ebene der (Gruppen von) Maschinenbefehlen betrachtet werden kann.

Abhängig von der Implementierung einer Architektur können auch tieferliegende Schichten Parallelitätseigenschaften aufweisen, z.B. die Ebene der Mikroprogrammierung. Da diese Schichten bei der Anwendung heutiger Technologie im allgemeinen für den Anwender verborgen sind, sollen sie hier nicht weiter betrachtet werden.

Die vollständige Beschreibung der Parallelitätseigenschaften einer konkreten Architektur muß also für jede abstrakte Maschine die Parallelität spezifizieren. Dennoch hat es sich im Sprachgebrauch eingebürgert, dann von einem Parallelrechner zu sprechen, wenn auf mindestens einer der Ebenen abstrakter Maschinen parallele Arbeitsweise vorliegt.

Parallele Architekturen werden aus folgenden Gründen vorgeschlagen:

- zur Steigerung der Rechenleistung
- zur Steigerung der Zuverlässigkeit/Verfügbarkeit.

Die jeweils angewandten Techniken und Ziele sind teilweise durchaus gegensätzlich. Sie werden daher in diesem Buch auch in getrennten Kapiteln (Techniken zur Steigerung der Rechenleistung in den Kapiteln 3 bis 7, solche zur Steigerung von Zuverlässigkeit/Verfügbarkeit in Kapitel 8) beschrieben. Im Rahmen der Klassifikation sollen Systeme nur unter strukturellen Gesichtspunkten betrachtet werden. Die Einteilung in Systeme hoher Leistung bzw. hoher Zuverlässigkeit wird daher in diesem Kapitel nicht weiter berücksichtigt.

2.3 Parallele Anwendungen

Die Formulierung von Algorithmen setzt im allgemeinen ein abstraktes Maschinenmodell für die Ausführung des Algorithmus voraus. Parallele Anwendungen lassen sich in eine der vier folgenden Klassen einteilen:

- Datenparallelität

- Funktionsparallelität

- Redundante Parallelität

- Mischformen.

Datenparallelität liegt vor, wenn die Einzelschritte des Algorithmus in gleicher Weise auf eine große Menge von Daten angewendet werden, die sich alle im selben Bearbeitungszustand befinden. Typisches Beispiel ist die numerische Simulation, bei der kontinuierliche physikalische Phänomene durch diskrete Punktdarstellungen in Raum und Zeit nachgebildet werden. Die Berechnung interessierender Werte erfolgt dabei für die einzelnen Punkte in gleicher Weise. Je größer die Anzahl der Punkte und je kürzer die Zeitschritte, desto genauer erfolgt die Berechnung. Man spricht von SPMD-Programmierung (Single Program Multiple Data).

Funktionsparallelität liegt vor, wenn verschiedene Teile des Algorithmus („Funktionen") auf Teilmengen der Daten gleichzeitig ausgeführt werden, die sich in unterschiedlichen Bearbeitungszuständen befinden. Funktionsparallelität entspricht dem Prinzip des 'pipelining', angewandt auf den Algorithmus. Es setzt voraus, daß der Algorithmus auf einem kontinuierlichen Strom von Objekten arbeitet.

Redundante Parallelität oder Wettbewerbsparallelität wendet auf eine Menge von Datenobjekten im selben Bearbeitungszustand gleichzeitig verschiedene Algorithmen an, die um die Lösung konkurrieren. Die Rechenvorschrift bricht ab, wenn der schnellste Algorithmus eine Lösung gefunden hat.

Für die meisten Anwendungen liegt es nahe, die Parallelisierung durch Mischformen aus den oben genannten Klassen zu erreichen. Darüber hinaus enthalten parallele Algorithmen in den meisten Fällen auch streng sequentielle Abschnitte. Kapitel 9 gibt einen Überblick über Algorithmen für Parallelrechner.

2.4   Parallele Programmiersprachen

Programmiersprachen sind die Formulierungsmittel für Berechnungsvorschriften. Moderne Programmiersprachen sind problemorientiert, also der Anwendung zugewandt. Inwieweit Programmiersprachen die explizite Berücksichtigung der Parallelität der Zielarchitektur ermöglichen sollten und

welche Details der Architektur dabei im Programm sichtbar sein sollten, ist
heftig umstritten. Aus Gründen der Portabilität und der Einfachheit der
Programmierung wird völlige Architekturunabhängigkeit gefordert, andererseits ist hohe Effizienz sicher nur durch explizite Berücksichtigung der
Parallelität der Architektur zu erzielen. Eine ausführliche Diskussion dieser
Fragestellung kann an dieser Stelle nicht geleistet werden. Es wird auf Kapitel 11 und 14 dieses Buchs verwiesen. Hier soll nur zu Klassifikationszwecken
das Spektrum existierender Programmiersprachen für parallele Systeme dargestellt werden.[1]

Prinzipiell unterscheidet man vier Sprachparadigmen:

- Imperative Programmiersprachen (FORTRAN, C etc.)

- Logische, relationale Programmiersprachen (PROLOG etc.)

- Objektorientierte, direktive Programmiersprachen (SMALLTALK etc.)

- Funktionale, applikative Programmiersprachen (LISP etc.).

Zu allen oben genannten Beispielen von Programmiersprachen existieren Erweiterungen für die Programmierung paralleler Architekturen. Keines der
Sprachparadigmen scheint also prinzipiell ungeeignet für die Parallelverarbeitung.

Für alle Sprachparadigmen existieren ferner unterschiedliche Ansätze für die
Formulierung der Parallelität. Man unterscheidet:

- Implizite Parallelität

- Explizite Parallelität.

Unter impliziter Parallelität versteht man die vollautomatische Generierung
parallelen Zielcodes aus einer sequentiellen Darstellung durch den Compiler
bzw. Optimierer der Programmiersprache. Die Parallelität ist hier transparent für die Anwendung, d.h. der Programmierer berücksichtigt sie nicht im
Quellprogramm. Implizite Parallelität findet sich vorwiegend bei feinkörniger Parallelität und bei verschiedenen Varianten von 'pipelining'. Bei expliziter Parallelität beinhaltet die Programmiersprache Konstrukte zur Berücksichtigung der Verteiltheit der Architektur. Mischformen zwischen expliziter

---

[1]Der Begriff „parallele Programmiersprache" wird in der Überschrift des Abschnitts
verwendet, weil sich sein Gebrauch als Übersetzung von 'parallel programming language'
eingebürgert hat, obwohl die Bezeichnung streng genommen irreführend ist. Korrekt ist
dagegen die Bezeichnung „Programmiersprache zur Beschreibung paralleler Algorithmen".

und implizierter Parallelität existieren. High Performance FORTRAN erfordert z.B. explizite Verteilung der Daten (durch Annotationen gesteuert)und implizite Verteilung der Programme durch den Compiler.

Bei explizit parallelen Programmiersprachen unterscheidet man:

- Spracherweiterungen bekannter Programmiersprachen um parallele Konstrukte (z.B. DO ... ALL für FORTRAN)

- Ergänzungen bekannter Programmiersprachen um Kommunikationsbibliotheken

- Spezielle parallele Programmiersprachen (z.B. OCCAM für den Transputer).

Ein weiteres wesentliches Unterscheidungsmerkmal paralleler Programmiersprachen ist das zugrundegelegte Kommunikationsmodell. Hier unterscheidet man:

- Kommunikation über gemeinsamen Speicher (implizite Kommunikation)

- Nachrichtenorientierte Kommunikation (explizite Kommunikation).

Die zu den meisten Parallelrechnern angebotenen Kommunikationsbibliotheken als Ergänzung klassischer Programmiersprachen umfassen im allgemeinen Konstrukte für die Kommunikation, die Synchronisation, das Starten und Stoppen von Prozessen und sonstige Verwaltungsaufgaben. Die Abbildung von Programm und Daten auf Prozessoren und Speicher ist in der Regel nicht durch die Kommunikationsbibliotheken möglich, sondern muß explizit durch getrennte Kommandos bzw. Konfigurationssprachen realisiert werden.

Bezüglich der Realisierung der Kommunikationsbibliotheken unterscheidet man:

- Architektur- bzw. Hersteller-spezifische Kommunikationsbibliotheken

- Architektur-unabhängige Kommunikationsbibliotheken (PVM, MPI, PARMACS, EXPRESS etc.).

Die Hersteller von Parallelrechnern haben für ihre Produkte in der Vergangenheit aus Effizienz- und Marketinggründen meist nichtkompatible Kommunikationsbibliotheken als Erweiterung klassischer Programmiersprachen angeboten. Programme sind daher selbst zwischen Systemen gleicher Klassen im allgemeinen nicht portabel, oft sogar nicht konfigurationsinvariant.

Erst in letzterer Zeit sind mit PVM, LINDA u.a. auch Architektur- und Herstellerunabhängige Spracherweiterungen aufgekommen.

Programmiersprachen unterstützen bisweilen spezielle parallele Anwendungsalgorithmen oder Maschinenmodelle. Zur Unterstützung datenparalleler Anwendungen ist vor allem High Performance FORTRAN zu nennen. Ein Konzept der Bereitstellung eines virtuell gemeinsamen Speichers auf der Basis des Tupel-Modells in Software stellt die Kommunikationsbibliothek LINDA zur Verfügung.

2.5 Parallele Betriebssysteme

Betriebssysteme sind die Menge aller Programme, die zur Ausführung von Benutzerprogrammen benötigt werden, die Verteilung der Betriebsmittel auf die Programme steuern und die Betriebsarten steuern und überwachen. Betriebssysteme für parallele Architekturen unterscheiden sich von solchen für sequentielle Architekturen vorwiegend dort, wo grobkörnige Parallelität gegeben ist. Parallelität innerhalb von Prozessen ist auf der Ebene des Betriebssystems im allgemeinen nicht sichtbar.

Parallele Betriebssysteme werden in diesem Abschnitt nur in bezug auf die Klassifikation betrachtet. Eine ausführliche Behandlung des Themas findet sich im Kapitel 10. Der Bezug von Parallelität und Betriebssystem kann in zwei Weisen hergestellt sein, die sich auch gegenseitig ergänzen können:

- Betriebssysteme für parallele Architekturen
- Betriebssysteme, die selbst als parallele Programme gestaltet sind.

Der Begriff „paralleles Betriebssystem" hat sich für beide Varianten eingebürgert, obwohl er streng genommen nur die letztere richtig bezeichnet. Die erste Variante muß korrekt als „Betriebssystem für parallele Architekturen" bezeichnet werden.

Bezüglich des Ortes der Ausführung von Betriebssystemen unterscheidet man:

- Betriebssysteme auf Wirtsrechnern oder Steuerrechnern für parallele Architekturen, die selbst nur rudimentäre Knotenbetriebssysteme beinhalten
- Betriebssysteme, die voll auf die Knoten des Parallelrechners verteilt sind.

Sind die Betriebssysteme verteilt, so sind sie in der Regel nach einer Kern-Technik implementiert, bei der nur die Grundfunktion des Betriebssystems auf jedem Prozessor vorhanden ist (Kern), die übrigen Dienste als verteilte Programme auf der parallelen Architektur implementiert sind.

Bezüglich der Betriebsarten unterscheidet man:

- Einprozeßbetrieb
- Mehrprozeßbetrieb
- Mehrprogrammbetrieb bzw. Mehrbenutzerbetrieb.

Mehrprozeß- und Mehrprogrammbetrieb können durch:

- 'time sharing' auf den einzelnen Knoten
- 'space sharing' in der Gesamtkonfiguration

erreicht werden.

Bei parallelen Betriebssystemen liegt es nahe, für Programme von Anwendern und für solche des Betriebssystems zur Ausführung unterschiedliche Betriebsarten und gegebenenfalls auch Betriebsmittel zu verwenden, da Anwenderprogramme und Programme des Betriebssystems unterschiedliches Verhalten aufweisen.

Betriebssysteme unterstützen unterschiedliche Prozeßkonzepte, die auch in Kombination auftreten können:

- Schwergewichtige Prozesse haben einen umfangreichen Prozeßkontext und verfügen über einen individuell zugeordneten Adreßraum.
- Leichtgewichtige Prozesse sind gekennzeichnet durch einen kleineren Kontext und arbeiten auf einem gemeinsamen Adreßraum.

Ferner unterscheidet man bezüglich der Gültigkeit von Identifikatoren:

- Lokalen Prozeßraum
- Globalen Prozeßraum.

2.6   Parallele Hardware

Wie in Abschnitt 2.1 bereits diskutiert, berücksichtigen viele der aus der Literatur bekannten Parallelrechner-Klassifikationen ausschließlich die Anordnung der verarbeitenden Elemente der Hardware. In diesem Unterkapitel wird aufgezeigt, daß selbst bei Konzentration auf die Hardware-Aspekte neben den Verarbeitungseinheiten (Prozessoren) auch die Parallelität von Speichern, Peripherie und der Verbindungsstruktur behandelt werden muß. Tatsächlich erweist sich beim Einsatz paralleler Architekturen, daß die Leistungsfähigkeit dieser Klasse von Systemen in der Regel weniger durch die Leistungsfähigkeit der Verarbeitungseinheiten als durch die der Komponenten Speicher, Peripherie und Verbindungsstruktur beschränkt ist.

Wie die getrennte Betrachtung von Hardware und Software ist auch die getrennte Betrachtung der einzelnen Elemente der Hardware, etwa Speicher und Prozessoren, die hier aus Klassifikationsgründen vorgenommen wird, künstlich. Eine ausgewogene parallele Architektur wird sich gerade dadurch auszeichnen, daß die verschiedenen Komponenten der Hardware und Software aufeinander abgestimmt sind. Gewisse Systemmerkmale werden daher in den verschiedenen Unterabschnitten dieses Kapitels mehrfach behandelt.

2.6.1 Parallele Verarbeitungseinheiten

Als parallele Verarbeitungseinheiten werden hier Prozessoren und deren Teilwerke betrachtet. Prozessoren bestehen aus einem Leitwerk für die Steuerung und Rechenwerk(en) für die Verarbeitung von Daten. Parallelismus in der Ausführung kann sich sowohl auf das Leitwerk, also den Interpretationsprozeß von Rechenanweisungen, als auch auf das Rechenwerk, also die eigentliche Verknüpfung von Daten, beziehen. Beide Varianten von Parallelismus sind kombinierbar und werden teilweise durch zusätzliche Steuerungshardware ermöglicht, auf die im Rahmen der Klassifikation jedoch nicht näher eingegangen werden soll (vgl. hierzu Kapitel 4 bis 8)

Der grundlegende Mechanismus zur Verarbeitung von Daten durch Rechner wird als Ausführungsmodell bezeichnet. Das Ausführungsmodell beschreibt, in welcher Weise Programme zu formulieren und auszuführen sind und wie die einzelnen Anweisungen die zugehörigen Daten verarbeiten. Man unterscheidet:

- Von Neumann-Ausführungsmodell

- Nicht von Neumann-Ausführungsmodell (Datenflußprinzip, Reduktionsprinzip, neuronales Netz, systolisches Prinzip, assoziatives Prinzip)

Das von Neumann-Ausführungsmodell ist gekennzeichnet durch die implizit sequentielle Programmfortschaltung, die durch explizite Kontrollflußbefehle (Sprünge, Verzweigungen, Aufrufe) modifiziert sein kann. Der Befehlszähler

zeigt dabei jeweils auf genau einen nächsten auszuführenden Maschinenbefehl. Man spricht daher auch von Befehlszähler-getriebener Ausführung.
Nicht von Neumannsche-Ausführungsmodelle sind im allgemeinen Befehls-
zähler-frei, wie das Daten-getriebene Datenflußprinzip, und weisen inhärent
höheren Parallelismus auf. Wegen der nicht gegebenen Kompatibilität zum
von Neumann-Ausführungsmodell haben diese Prinzipien kommerziell jedoch nur wenig Beachtung gefunden. Die nachfolgende Klassifikation bezieht
sich daher vorwiegend auf das von Neumann-Ausführungsmodell (Für die
Beschreibung nicht von Neumannscher-Architekturen mit Parallelität vgl.
Kapitel 4 bis 8). Dieses wird dabei als verallgemeinertes Prinzip aufgefaßt,
so daß auch ursprünglich bei von Neumann nicht vorgesehene Eigenschaften Berücksichtigung finden, sofern sie von der Befehlszähler-getriebenen
Ausführung nicht abweichen. Solche verallgemeinerten Varianten des von
Neumann-Ausführungsmodells, auf die im weiteren nicht mehr detailliert
eingegangen wird, können z.B. sein:

- Prinzip der Hardware-unterstützten Typenkennung und gegebenenfalls -wandlung in Datentypenarchitekturen (tagged architectures)

- Erweiterte Ausführungsmodelle für logische und funktionale Programmiersprachen (Beispiele: Warren Abstract Machine WAM für PRO-
  LOG, SECD abstrakte Maschine für LISP)

Die nachfolgende Klassifikation für die Hardware paralleler Prozessoren beschreibt deren Parallelismus qualitativ (Ebene, Variante des Parallelismus)
und quantitativ (Parallelitätsgrad). Die Klassifikation geht zurück auf Händler, 1977 ([8], [1]). Tabelle 2.1 gibt eine Übersicht über die wesentlichen
Varianten paralleler Prozessoren.

Tabelle 2.1 beinhaltet entsprechend der Darstellung in Abschnitt 2.1 als Varianten des Parallelismus Nebenläufigkeit und 'Pipelining' sowie als Ebenen
des Parallelismus die Programm- und Prozeß-Ebene, die Ebene einzelner
oder Gruppen von Maschinenbefehlen (Anweisungen der Quellsprache) sowie die Ebene der Teilelemente von Maschinenbefehlen. Jeder Variante des
Parallelismus ist für jede Ebene des Parallelismus eine Konstante im Sinne
des Parallelitätsgrades der Hardware zugeordnet. Die Beschreibung der Parallelitätseigenschaften eines Prozessors ist somit durch ein Tripel von Paaren
entsprechender Parallelitätsgrade gegeben. Ferner beinhaltet die Tabelle die
üblichen Bezeichnungen für Prozessoren, die Parallelität auf der entsprechenden Ebene und in der entsprechenden Variante aufweisen. Die diesbezügli-

Varianten des Parallelismus

Ebene des Parallelismus	Nebenläufigkeit	Pipelining
Programm Prozeß	K Multiprozessor Multirechner(netz)	K' Makropipelineprozessor
Maschinenbefehle Gruppen von Maschinenbefehlen Datenstruktur	D Feldrechner Assoziativer Feld- rechner	D' Instruktionspipelining (Superskalar, VLIW)
Teilelemente von Maschinenbefehlen Datenwort	W Parallelwortrechner	W' Phasenpipelining (Pipelining des Maschinenbefehlszyklus, Arithmetisches) Pipelining

Prozessor-Klassifikation $= (K \times K', \ D \times D', \ W \times W')$
INTEL PARAGON XP/S $= (1840 \times 2, \ 1 \times 2, \ 64 \times 3)$

Tab. 2.1: Nebenläufigkeit und Pipelining auf verschiedenen Ebenen paralleler Prozessoren.

che Terminologie ist in der Literatur uneinheitlich, weil man sich nicht auf ein gemeinsames Klassifikationssystem einigen konnte.

Die Ebenen der Parallelität von Programm- und Prozeßebene sowie von Maschinenbefehlen, Gruppen von Maschinenbefehlen bzw. Datenstrukturen sind in der Darstellung zusammengefaßt, da sie, abgesehen von speziellen Steuerelementen, keine unterschiedliche Hardwarerealisierung implizieren. So sind Systeme mit Parallelismus auf Programm- bzw. Prozeß-Ebene gekennzeichnet durch mehrere Leitwerke, die mehrere Befehlsströme gleichzeitig interpretieren. Rechner mit Parallelismus auf Maschinenbefehlsebene bzw. Datenstrukturebene sind gekennzeichnet durch ein gemeinsames Leitwerk, das mehrere Rechenwerke aus einem Befehlsstrom steuert. Rechner mit Parallelismus auf der Ebene von Teilelementen von Maschinenbefehlen

bzw. Datenstrukturen sind gekennzeichnet durch gleichzeitige Ausführung mehrerer Komponenten eines Maschinenbefehls.

Über Speicheranordnungen (gemeinsamer Speicher, verteilter Speicher, virtuell gemeinsamer Speicher), Verbindungsstruktur und Peripherie ist durch die Klassifikation paralleler Rechner nichts ausgesagt.

Als Beispiel wird in Tabelle 2.1 die Klassifikation des Multiprozessors Intel Paragon XP/S in der derzeit größten Konfiguration in den Sandia Labs beschrieben: Es handelt sich um einen Multiprozessor mit 1.840 Prozessorknoten ($K = 1840$), von denen jeder mit zwei Intel i860 Prozessoren ausgestattet ist ($K' = 2$), wobei einer der Prozessoren als Arbeitsprozessor, der andere Prozessor als Kommunikationsprozessor vorgesehen ist. Diese Form der funktionsorientierten Multiprozessor-Struktur kann auch als Makropipeline aufgefaßt werden. Wegen seines 'Dual Instruction Mode' wird der einzelne Knotenprozessor als Rechner mit Instruktionspipelining beschrieben, wobei maximal zwei Befehle gleichzeitig ausgeführt werden ($D' = 2$). Die Rechenwerke arbeiten maximal 64 Bit-parallel ($W = 64$) und es wird ein maximal 3-stufiges arithmetisches Pipelining durchgeführt ($W' = 3$). Sonderfunktionen einzelner Knoten, wie parallele Peripheriesteuerung und paralleler Zugangsknoten sind an dieser Hardwareklassifikation nicht erkennbar. Zugangsrechner (im Fall der Intel Paragon XP/S: beliebige, Telnet- oder Rlogin-fähige Rechner bzw. über VME-Bus) sind in der Klassifikation der Konfiguration aus Gründen der leichteren Verständlichkeit nicht beschrieben. Sie lassen sich jedoch grundsätzlich mittels der nachfolgend eingeführten Verbindungsoperatoren für die Klassifikation erfassen.

Für die Klassifikation von inhomogenen parallelen Architekturen werden die Verbindungsoperatoren „+", „∨" und „×" eingeführt. Typische inhomogene Strukturen finden sich in Rechnernetzen, bei denen Rechner unterschiedlicher Hersteller, Architektur und Leistungsfähigkeit miteinander verbunden sind. Es bietet sich an, diese Einzelcharakterisierungen durch „+" zu verknüpfen:

$$
\begin{aligned}
\text{Rechnernetz} = \ & (K_1 \times K_1',\ D_1 \times D_1',\ W_1 \times W_1') \\
& + (K_2 \times K_2',\ D_2 \times D_2',\ W_2 \times W_2') \\
& + \cdots \\
& + (K_N \times K_N',\ D_N \times D_N',\ W_N \times W_N')
\end{aligned}
$$

Der Operator „∨" wird verwendet, um Rechnerstrukturen zu klassifizieren, die alternativ in verschiedenen Betriebsarten arbeiten können, die durch

verschiedene Charakterisierungen beschrieben werden. Beispiele für solche flexiblen Architekturen sind Rechenwerke, die wahlweise als ein Rechenwerk doppelter Genauigkeit oder als zwei unabhängige Rechenwerke einfacher Genauigkeit benutzt werden können und fehlertolerante Systeme, die den Ausfall einzelner Komponenten tolerieren:

$$\begin{aligned} \text{Rechner} = &(K_1 \times K_1', \; D_1 \times D_1', \; W_1 \times W_1') \\ &\vee \; (K_2 \times K_2', \; D_2 \times D_2', \; W_2 \times W_2') \\ &\vee \cdots \\ &\vee \; (K_N \times K_N', \; D_N \times D_N', \; W_N \times W_N') \end{aligned}$$

Sind die verschiedenen inhomogenen Komponenten im Sinne einer Makropipeline miteinander verbunden, wie z.B. die Wirtsrechner von parallelen Architekturen, so bietet es sich an, die Strukturen von Wirts- und Parallelrechner durch „$\times$" miteinander zu verknüpfen.

$$\begin{aligned} \text{System} = &(K_w \times K_w', \; D_w \times D_w', \; W_w \times W_w') \\ &\times \; (K_p \times K_p', \; D_p \times D_p', \; W_p \times W_p') \end{aligned}$$

Die durch w indizierten Komponenten beschreiben dabei den Wirtsrechner, die durch p indizierten Komponenten den Parallelrechner.

Inhomogenitäten treten auch innerhalb vollständiger Prozessoren, also z.B. bezüglich der Wortlänge und der Stufigkeit der arithmetischen Pipeline, auf. So bieten viele superskalare RISC-Prozessoren der zweiten Generation zwei Rechenwerke, von denen das Festkomma-Rechenwerk eine 32 Bit-Struktur ohne arithmetisches Pipelining, das Gleitkomma-Rechenwerk eine 64 Bit-Struktur mit arithmetischem Pipelining aufweist. Hier bietet es sich an, entweder nur das Maximum der Leistungsfähigkeit der jeweiligen Komponenten oder — exakter — unter Verwendung des Operators „$+$" die Rechenwerke getrennt zu beschreiben:

$$\begin{aligned} \text{AM\,29050} &= (1 \times 1, \; 1 \times 2, \; 64 \times 5) \\ \text{AM\,29050} &= (1 \times 1, \; 1 \times 2, \; [32 \times 1] + [64 \times 5]) \end{aligned}$$

Vor allem moderne superskalare Mikroprozessoren kombinieren arithmetisches Pipelining und Pipelining des Maschinenbefehlszyklus. Die Beschreibung solcher Strukturen ist schwierig, weil mit W' die Stufigkeiten beider Pipelines beschrieben werden müssen. Man kann daher entweder — wie hier bei der Beschreibung von i860 und AM 29050 geschehen — ausschließlich das arithmetische Pipelining beschreiben (als weitergehendes Prinzip), oder

— wie von Karl, 1993 [23] vorgeschlagen — das Pipelining des Maschinen-befehlszyklus im Leitwerk (ICU: Instruction Control Unit) als zusätzliches superskalares „Rechenwerk" auffassen. Im Falle des AM 29050 handelt es sich um ein 4-stufiges Verfahren:

$$\text{AM}\,29050 = (1 \times 1,\, 1 \times 3,\, [32 \times 4] + [32 \times 1] + [64 \times 5])$$

Zur Schreiberleichterung bietet es sich ferner an, in Tripeln führende Einsen oder am Ende stehende Komponenten „×1" wegzulassen:

$$\text{AM}\,29050 = (1 \times 1,\, 1 \times 3,\, [32 \times 4] + [32 \times 1] + [64 \times 5])$$
$$\text{AM}\,29050 = (1,\, \times 3,\, [32 \times 4] + 32 + [64 \times 5])$$

Verfeinerungen der vorgeschlagenen Klassifikation zur Beschreibung der Fe-instruktur von superskalaren und VLIW-Rechenwerken, wie die von Karl, 1993 [23] vorgeschlagenen, sollen an dieser Stelle nicht weiter diskutiert wer-den. Es liegt jedoch nahe, daß die Feinstruktur paralleler Architekturen auf Basis von Ergänzungen der vorgeschlagenen Beschreibungsmethode genauer spezifiziert werden kann.

2.6.2   Verbindungsstrukturen

Der Verbindungsstruktur kommt in parallelen Architekturen besondere Be-deutung zu. Sie vermittelt Kommunikation und Synchronisation zwischen den verteilten Einheiten der Systeme. Aufgabe der Rechnerarchitektur ist es, beim Entwurf von Verbindungsstrukturen einen geeigneten Kompromiß zwischen Sparsamkeit einerseits und Universalität, Leistung, Zuverlässigkeit und Programmierbarkeit andererseits zu finden. Vom Standpunkt der Uni-versalität, Leistung und Programmierbarkeit wäre sicherlich eine vollständi-ge, bidirektionale Vernetzung aller Komponenten untereinander wünschens-wert. Da bei dieser vollständigen Vernetzung jedoch für N Komponenten $O(N^2)$ Verbindungen zu realisieren sind, ist diese Lösung zu teuer bzw. für größere N nicht realisierbar. Die Lösung des Problems, mit eingeschränk-tem Verbindungsaufwand eine möglichst universelle und programmierba-re Rechnerstruktur zur Verfügung zu stellen, ist jedoch nicht nur von der Klasse möglicher Anwendungen, sondern auch von der Art der verwendeten Technologie abhängig. So ist es nicht verwunderlich, daß speziell im Bereich der Verbindungsstrukturen eine besondere Vielfalt von Lösungen sowohl in der Literatur als auch bei kommerziellen Systemen vorzufinden ist. Der in

Abschnitt 4.8 (Abbildung 4.17) dargestellten Systematik der Verbindungs-netzwerke seien hier noch einige globale Gesichtspunkte vorangestellt.

Wesentlich für den Anwender ist zunächst das im Abschnitt 2.4 bereits be-handelte Kommunikationsmodell, wobei Kommunikation über gemeinsamen Speicher (implizite Kommunikation) und nachrichtenorientierte Kommuni-kation (explizite Kommunikation) zu unterscheiden sind. Die Anwendung des Prinzips der Virtualität auf die Verbindungsstruktur führt dazu, daß für beide Kommunikationsmodelle Programmiermodell und physikalische Ver-bindungsstruktur auseinanderfallen können. Beispiele hierfür sind:

- Virtuell gemeinsamer Speicher (Programmiermodell gemeinsamer Spei-cher, jedoch physikalisch verteilte Speicher)

- Nachrichtenorientierte Kommunikation mit virtuell vollständiger Ver-bindungsstruktur (anwendungstransparente Vermittlung von entfern-ter, mehrschrittiger Kommunikation auf physikalisch eingeschränkter Verbindungsstruktur).

Vor allem bei Systemen mit physikalisch verteilten Speichern erfordert die Abwicklung der Kommunikation aufwendige Arbeitsschritte durch das Sy-stem (z.B.: Vermittlung des Kommunikationspfades, Pufferung der Informa-tion). Vom Standpunkt der Rechnerarchitektur liegt es daher nahe, ähnlich wie bei den Peripheriesteuerungen, diese Aufgaben auf weitgehend autono-me Einheiten zu übertragen, die damit den Arbeitsprozessor für die Abar-beitung der Anwendungsprogramme frei machen. Im einzelnen unterscheidet man:

- Systeme mit durch Software des Zentralprozessors gesteuerter Kom-munikation ('store & forward' Systeme)

- Systeme mit Kommunikationswerken (meist realisiert als kundenspe-zifische Schaltkreise, ASICs)

- Systeme mit autonomen Kommunikationsprozessoren oder Kommuni-kationsrechnern (die Prozessorknoten werden hier zu funktionsorien-tierten Multiprozessoren).

Neuere Systeme tendieren zu stärkerer Autonomie der Kommunikations-komponenten (Kommunikationsprozessoren oder Kommunikationsrechner), weil damit unter anderem eine stärkere Anpassung an die Kommunikations-bedürfnisse der Anwendung durch Variation der Parameter der Kommuni-kationsart ermöglicht wird (z.B. Wahl der Paketgröße bei Paketvermittlung,

Anpassung des Kommunikationspfades an die Kommunikationslast, Implementierung von Fehlertoleranzmechanismen).

Eine Sonderstellung nimmt der INMOS-Transputer [2] ein, der schon früh in der Entwicklung der Mikroprozessoren eine Vereinigung von Kommunikationskomponenten und Arbeitsprozessor auf einem Mikroprozessorbaustein vorsah. Die Ausgewogenheit zwischen Verarbeitungsleistung und Kommunikationsleistung ergibt sich hier nicht nur aus den vier bidirektionalen bitseriellen Kommunikationskanälen und den Puffern für Nachrichten auf dem Prozessorbaustein, sondern auch aus der mikroprogrammierten Prozeßverwaltungsstrategie und dem speziellen Registerkonzept (workspaces), das bei synchroner nachrichtenorientierter Kommunikation einen schnellen Prozeßwechsel ermöglicht. Ähnliche Konzepte finden sich inzwischen in weiteren Prozessoren, wie iWARP für systolische Anwendungen, Analog Devices SHARC und TMS 320C40 für digitale Signalprozessoranwendungen etc. Während in diesen Fällen die Implementation der Kommunikationsfunktionen auf dem Prozessorbaustein integriert ist, werden bei einer Reihe von Multiprozessoren mit verteiltem Speicher (stellvertretend sei die Intel PARAGON XP/S genannt) diese Funktionen durch einen über Speicher gekoppelten zweiten Prozessor im wesentlichen in Software realisiert (abgesehen von zusätzlichen Hilfseinheiten in Hardware). Die bei diesen funktionsorientierten Multiprozessorverbünden eingesetzten Varianten der Konfiguration sind vielfältig:

- identische Prozessoren (z.B. PARAGON XP/S: jeweils i860 XP) oder verschiedene Prozessoren (z.B.PARSYTEC POWERXplorer: Power PC für Berechnung, Transputer für Kommunikation)
- Verhältnis von Rechenprozessor zu Kommunikationsprozessoren 1:1, n:1 oder 1:m (m, n>1).

Die weiteren Fortschritte der Halbleitertechnologie lassen erwarten, daß in Zukunft auf einem Halbleiterbaustein mehrere Prozessoren und ein gemeinsamer (Cache)-Speicher implementiert werden. Für Systeme mit großer Prozessoranzahl und physikalisch verteiltem Speicher ist daher eine Inhomogenität in der Verbindungsstruktur naheliegend: Diese Systeme werden voraussichtlich in Zukunft nachrichtenorientierte Verbände von speichergekoppelten Multiprozessoren sein. Es ist daher eine Verschmelzung von Speicherabbildungseinheit (MMU: Memory Management Unit) und Kommunikationsprozessor zu erwarten, mit der auch eine Verschmelzung der Programmiermodelle (nachrichten- und speicherorientierte Kommunikation) einhergeht.

2.6.3 Speicherstruktur

Durch die gestiegene Rechenleistung der Verarbeitungseinheiten ist bereits der Entwurf geeigneter kostengünstiger Speicherstrukturen für Einprozessorsysteme eine schwierige Aufgabe. In Parallelrechnern wird der Speicher zusätzlich durch Kommunikations- und Synchronisationsaufgaben belastet (z.B. Pufferung von Nachrichten). Für die Steigerung der Leistung werden daher folgende Techniken, die alle spezielle Formen der Parallelisierung des Speichers darstellen, angewendet:

- Funktionale Auftrennung der Adreßräume für Ein-/Ausgabe, Daten, Befehle,Kommunikation etc. Realisierung durch getrennte Speicher, getrennte Zugriffspfade und asynchrones Zeitverhalten.

- Räumliche Aufteilung des Speichers auf Basis von Zugriffsrechten (lokale Daten, gemeinsame Daten für Teilmengen der gesamten Rechnerstruktur, global gemeinsame Daten).

- Räumliche Aufteilung in der Gesamtarchitektur: verteilte Speicher.

- Parallelisierung des einzelnen Speichermoduls in der Binnenstruktur: Verbreiterung des Speicherwortes auf N-Prozessor-Worte (N>1), verschränkter Speicherzugriff (interleaving und 'banking'), Zugriff in Blöcken (burst), Zugriff mit Pipelining (Überlappung von Zugriff und Übertragung).

- Vertiefung der Speicherhierarchie (1- und mehrstufige Registerdateien, 1- und mehrstufige Cachespeicher, Peripheriespeicher-Caches etc.).

Ferner werden an vielen Stellen Spezialspeicher funktionsorientiert eingesetzt. Beispiele hierfür sind assoziativ organisierte Adreßumsetzungseinheiten in der Speicherverwaltungseinheit (TLB: Translation Look Aside Buffer in MMUs), Sprungzielkeller (BTC: Branch Target Caches) und andere Befehlspuffer (z.B. IPB: Instruction Prefetch Buffer), Schattenregister für die Unterstützung des Pipelinings, des Testens und für die spekulative Befehlsaus-führung, Pufferspeicher in den Zugangswerken zu Kommunikationseinrichtungen etc. Es ist die spezialisierte Nutzung von Speichern, die viele moderne RISC-Architekturen in ihrer internen Struktur außerordentlich komplex macht (vgl. auch Kapitel 5).

2.6.4 Peripheriestruktur

Parallelrechner wurden historisch zunächst als Spezialrechner-Zusätze konzipiert, bei denen ein geeigneter Vorrechner die Aufgaben der Ausführung des Betriebssystems und der Steuerung der Peripherie übernimmt. Mit wachsender Leistung der verarbeitenden Komponenten der Parallelrechner wird dabei jedoch der Vorrechner unmittelbar zum Peripherie-Flaschenhals. Dies trifft insbesondere dann zu, wenn auf dem einzelnen Knoten des Parallelrechners sehr große Datenmengen verarbeitet werden und das Betriebssystem eine Speicherseitenauslagerung (paging) der Einzelknoten ermöglicht. Ferner entsteht der Peripherie-Flaschenhals dann, wenn große Datenmengen in Realzeit aus der Umgebung des Rechners auf die einzelnen Knoten verteilt werden müssen. Moderne Parallelrechnerarchitekturen sehen daher die Integration der Peripherie in die Gesamtarchitektur vor, wobei unterschiedliche Lösungsmöglichkeiten gegeben sind.

Hellwagner [9] unterscheidet Parallelisierung auf

- Geräteebene: Verteilung von Blöcken bzw. Dateien: Disc Arrays, Disc Striping, Interleaving, sowie Redundanztechniken (RAID: Redundant Arrays of Inexpensive Discs, vgl. Kapitel 8)

- Architekturebene: 'File Declustering', Parallelisierung der Zugriffe auf eine Datei

- Softwareebene: parallele Software, die effizient und effektiv Dateizugriffe auf parallele Peripherie abbildet.

Unterschiedliche Gesamtarchitekturen weisen meist vernetzte und enggekoppelte Systeme auf. Bei vernetzten Systemen ist die Peripherie den einzelnen Knotenrechnern oder speziellen Servern zugeordnet. Bei enggekoppelten Systemen ist die Peripherie zwar verteilt, wird aber von speziellen Peripherieprozessoren verwaltet. Dabei wird im allgemeinen darauf geachtet, daß die Peripherieprozessoren voll in das Schema der Verbindungsstruktur integriert und möglichst auf Basis von Varianten der Rechnerknoten aufgebaut sind und sich nur durch entsprechende physikalische Schnittstellen unterscheiden (aus Gründen der Einfachheit und der standardisierten Zugriffsstruktur). Ein Beispiel ist das System PFS (Parallel File System) des PARAGON-Multiprozessors, bei dem auf jedem Rechen-Knoten ein Element der Laufzeitbibliothek die E/A-Aufträge aufspaltet und sie an die entsprechenden E/A-Knoten versendet. Information über die Dateistruktur und -verteilung liegt dabei in einem lokalen Verwaltungs-Cache. Auf jedem E/A-Knoten verwaltet ein Platten-Prozeß die Dateien sowie die Einträge des Platten-Caches. Der E/A-Knoten führt alle Aufträge für die ihm zugeordneten Platten aus. Es handelt sich hier um eine Vereinigung der Technik des 'disc striping' und des 'file declustering'.

2.7 Klassifikationen

Wie bereits im Abschnitt 2.1 dargestellt, sind die aus der Literatur bekannten Klassifikationsansätze gekennzeichnet durch einen starken Bezug zur Hardware und speziell zu den Verarbeitungseinheiten von Rechnern. Im nachfolgenden Abschnitt 2.7.1 werden die in der Literatur gebräuchlichsten Ansätze zur Klassifikation kurz beschrieben. Der Unterabschnitt 2.7.2 beinhaltet einen umfassenderen Vorschlag zur gemeinsamen Beschreibung von Hardware und Software paralleler Architekturen.

2.7.1 Übersicht über Klassifikationen paralleler Architekturen

Die älteste und wegen ihrer Einfachheit zugleich immer noch am häufigsten angewendete Klassifikation stammt von Flynn [5], der Rechner als Verarbeitungseinheiten von zwei Arten von Informationsströmen auffaßt:

- Befehlsströme
- Datenströme.

Er unterscheidet qualitativ nach Einfach- und Mehrfach-Strömen, so daß vier Typen von Rechnern entstehen:

- SISD (single instruction stream, single data stream)
- SIMD (single instruction stream, multiple data stream)
- MISD (multiple instruction stream, single data stream)
- MIMD (multiple instruction stream, multiple data stream).

Flynn unterscheidet nicht zwischen 'pipelining' und Nebenläufigkeit. Die Bedeutung von MISD ist umstritten. Quantitative Aspekte sowie Anordnung der Speicher, Peripherie und Verbindungsstruktur und alle Software-Kompontenen bleiben unberücksichtigt. Dennoch wird die Klassifikation

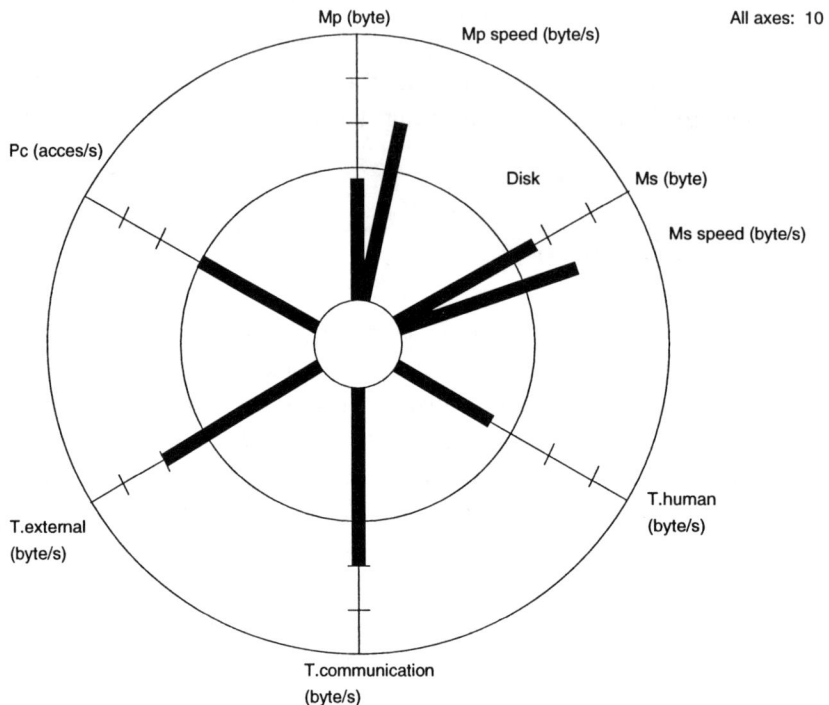

Abb. 2.1: Rechnerklassifikation mittels Kiviat-Graph (nach Ferrari [4])

häufig verwendet, vor allem, um feldrechnerartige Parallelrechner (SIMD)
von Multiprozessorsystemen (MIMD) zu unterscheiden. Einige Autoren haben kleine Erweiterungen zu Flynn vorgeschlagen wie Higbie [10] und Kuck
[12] zur weiteren Unterscheidung der Feldrechner bzw. zur Einführung von
nichtskalaren Datenelementen. Allerdings haben sich diese Erweiterungen in
der Literatur nicht durchgesetzt.

Eine weitere heute weit verbreitete 'Four letter' Abkürzung liegt mit SPMD
vor: Single Program Multiple Data. Damit wird die Datenparallelisierung
als eine Parallelisierungsmethode beschrieben, bei der auf Multiprozessorsystemen oder Feldrechnern ein (repliziertes) Programm ausgeführt wird,
das in den verteilten Elementen jeweils auf verschiedenen Untermengen der
Daten synchron oder asynchron arbeitet.

Feng schlägt in [3] eine zweidimensionale Klassifikation nebenläufiger Prozessoren vor, die quantitativ die folgenden Größen berücksichtigt:

- Anzahl der Rechenwerke des Prozessors

- Wortlänge des einzelnen Rechenwerkes.

Wegen der quantitativen Präzisierung kann der Ansatz von Feng als unmittelbarer Vorläufer des in Abschnitt 2.6.1 vorgeschlagenen Erlanger Klassifikationssystems ECS betrachtet werden. Allerdings wird bei Feng nicht zwischen Nebenläufigkeit und 'pipelining' unterschieden und die Ebene der Parallelität von Prozessoren wird nicht betrachtet.

Eine quantitative Beschreibung von Rechnern liegt mit den Kiviat-Graphen nach Ferrari vor [4]. Dabei werden die folgenden sechs Größen graphisch dargestellt (vgl. Abbildung 2.1):

- Prozessorleistung, gemessen in verarbeiteten Bytezugriffen des Prozessors auf den Speicher pro Sekunde

- Hauptspeicherkapazität und Zugriffszeit

- Peripheriespeicherkapazität und Zugriffszeit

- Übertragungsrate der verschiedenen Kommunikationskanäle für Peripheriegeräte für die menschliche Ein-/Ausgabe

- Übertragungsrate der Verbindungen zu weiteren Rechnern

- Übertragungsrate der Verbindung zu zusätzlichen externen Geräten.

Die Darstellungsweise der Kiviat-Graphen erlaubt bei entsprechender Normierung der einzelnen Größen die unmittelbare Überprüfung der Ausgewogenheit der Leistungsfähigkeit der verschiedenen Komponenten des Rechners wie sie in den zwei Amdahl-Regeln zur Systembalance festgelegt wird:

Regel 1: Die Kapazität des Hauptspeichers in Bytes sollte mindestens der Anzahl der auszuführenden Befehle pro Sekunde entsprechen.

Regel 2: Die Ein-/Ausgabe-Übertragungsrate in Bit pro Sekunde sollte mindestens der Anzahl der auszuführenden Befehle pro Sekunde entsprechen.

Die Kiviat-Graphen haben den Vorteil, daß sie alle wesentlichen Komponenten der Hardware von Rechnerarchitekturen berücksichtigen. So ist das Zusammenspiel der verarbeitenden, transportierenden und speichernden Werke auch quantitativ gut beschrieben. Software-Aspekte sind allerdings nicht berücksichtigt.

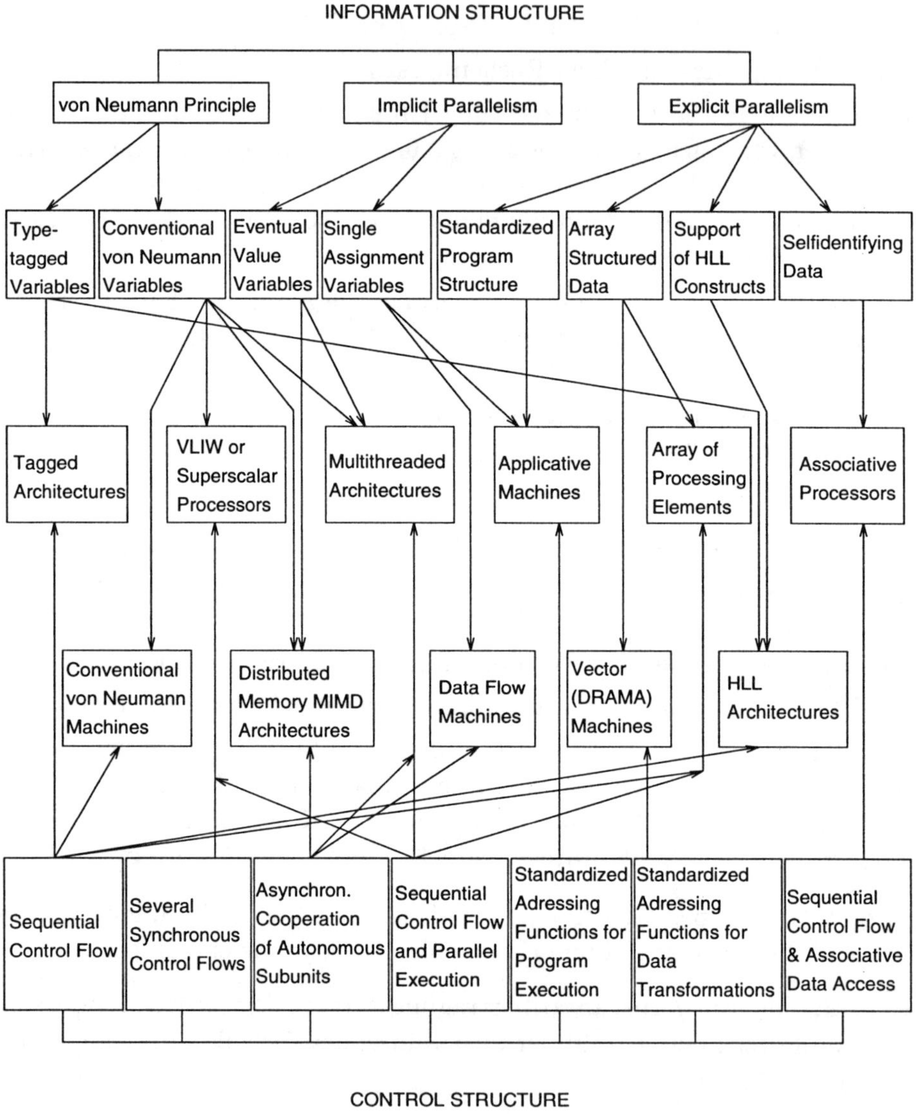

INFORMATION STRUCTURE

von Neumann Principle	Implicit Parallelism	Explicit Parallelism

Type-tagged Variables	Conventional von Neumann Variables	Eventual Value Variables	Single Assignment Variables	Standardized Program Structure	Array Structured Data	Support of HLL Constructs	Selfidentifying Data

Tagged Architectures	VLIW or Superscalar Processors	Multithreaded Architectures	Applicative Machines	Array of Processing Elements	Associative Processors

Conventional von Neumann Machines	Distributed Memory MIMD Architectures	Data Flow Machines	Vector (DRAMA) Machines	HLL Architectures

Sequential Control Flow	Several Synchronous Control Flows	Asynchron. Cooperation of Autonomous Subunits	Sequential Control Flow and Parallel Execution	Standardized Adressing Functions for Program Execution	Standardized Adressing Functions for Data Transformations	Sequential Control Flow & Associative Data Access

CONTROL STRUCTURE

Abb. 2.2: Taxonomie der Operationsprinzipien von Rechnerarchitekturen (nach Giloi)

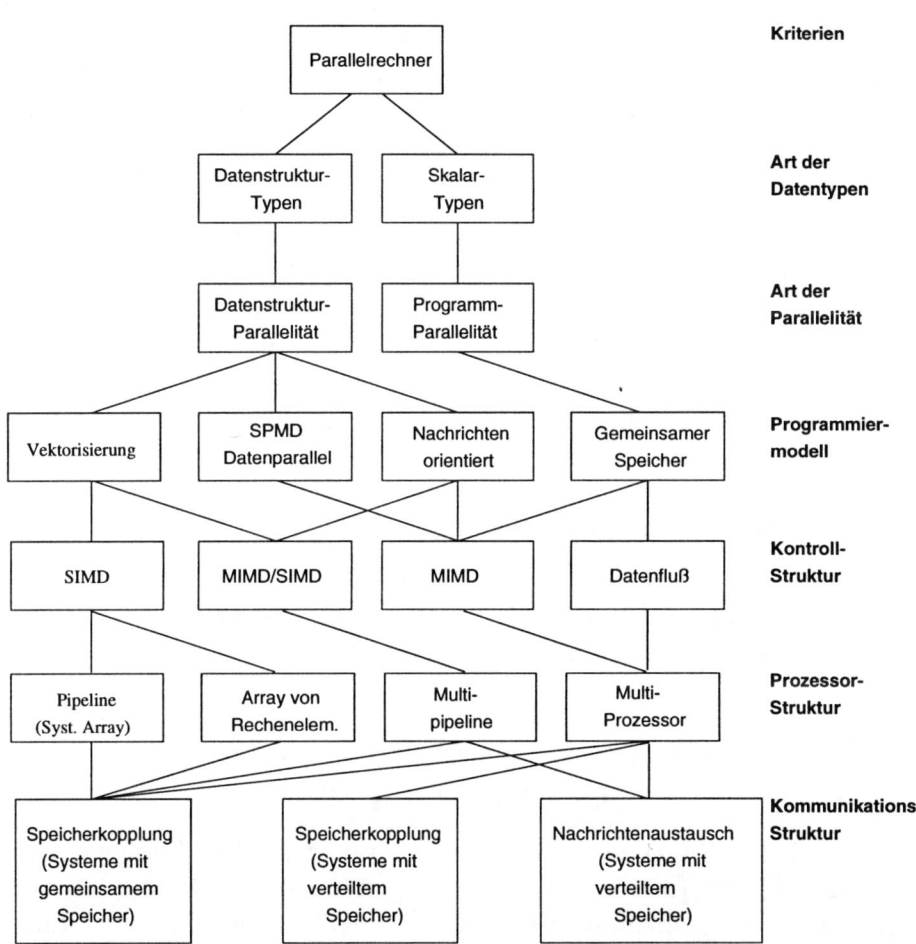

Abb. 2.3: Taxonomie von Parallelrechnerarchitekturen (nach Giloi)

Giloi[6, 7] gibt zwei Arten von Taxonomien an:

- Taxonomie der Operationsprinzipien von Rechnerarchitekturen

- Taxonomie von Parallelrechnerarchitekturen.

Die Taxonomie der Operationsprinzipien von Rechnerarchitekturen ist eine qualitative Beschreibung von Architekturen mit den zwei wesentlichen Klassifikationskriterien Informationsstruktur und Steuerstruktur. Aus diesen werden weitere Unterstrukturen abgeleitet (vgl. Abbildung 2.2). Die Taxonomie beschreibt eine große Anzahl möglicher Architekturtechniken, eine Quantifizierung erfolgt nicht.

Die Taxonomie von Parallelrechnerarchitekturen nach Giloi unterscheidet diese nach den Kriterien: Art der Datentypen, Art der Parallelität, Programmiermodell, Kontrollstruktur, Prozessorstruktur und Kommunikationsstruktur (vgl. Abbildung 2.3). Eine Darstellung dieser Art erscheint am besten geeignet, alle Aspekte der Hard- und Software paralleler Architekturen zu beschreiben. Der Bezug zur Taxonomie der Operationsprinzipien von Rechnerarchitekturen ist allerdings nicht ganz geklärt. Auch die Anordnung und Auswahl der Klassifikationskriterien ist nicht ganz eindeutig. Dennoch wurde eine ähnlich geartete Darstellung im Abschnitt 2.7.2 gewählt.

Eine weitere mögliche Klassifikation aus der Sicht der Betriebssysteme paralleler Rechner wird in Kapitel 10 angegeben (vgl. Abbildung 10.1). Wesentliche Gesichtspunkte der Klassifikation sind:

- Lokaler oder globaler Adreßraum

- Uniforme, nichtuniforme und partiell globale Adreßräume

- Globalorganisation des Betriebssystems.

Aus dieser Betrachtung lassen sich die Abkürzungen UMA (uniform memory access), NUMA (non-uniform memory access) und NORMA (no remote memory access) ableiten. Für Architekturen mit virtuell gemeinsamem Speicher werden in der Literatur auch die Abkürzungen CC-NUMA (cache Coherent NUMA, z.B. für Stanford DASH) und COMA (cache only memory access, z.B. für KSR-1, KSR-2) verwendet.

Eine weitere formale Methode, Rechnerarchitekturen zu beschreiben, sind die Rechnerentwurfssprachen. Diese ermöglichen im allgemeinen eine exakte Spezifikation des Rechners auf verschiedenen hierarchischen Ebenen von der Ebene der Teilwerke der Gesamtstruktur als oberste Hierarchiestufe bis

Typen paralleler Algorithmen

Datenparallelität
Funktionsparallelität
Redundante Parallelität
Mischformen

Parallele Programmiersprachen (PS)

Paradigma	Parallelität	Kommunikation	Sprachtyp	Kommunikationsbibliothek
Imperativ	Implizit	Gemeinsamer Speicher	Erweiterung seq. PS	Architekturabhängig
Logisch, relational	Explizit	Nachrichtenorientiert	Parallele PS	Architekturunabhängig
Objektorientiert, direktiv				
Funktional, applikativ				

Parallele Betriebssysteme (BS)

Ausführungsort	Betriebsart	Mehrproz/prog.betrieb	Prozeßmodell/raum	Speicherzugriff
Wirtsrechner	Einprozeßbetrieb	Timesharing	Schwergewichtig	UMA
Parallelrechner	Mehrprozeßbetrieb	Spacesharing	Leichtgewichtig	NUMA
	Mehrprogrammbetrieb		Global	NORMA
			Lokal	

Parallele Hardware: Verarbeitende Elemente

Ausführungsmodell	Art des Parallelismus	Ebene des Parallelismus
Von Neumann	Nebenläufigkeit	Programm/Prozeß
Nicht von Neumann	Pipelining	Maschinenbefehl/Gruppen/Datenstruktur
	Kombination	Teile von Maschinenbefehlen/Datenwort

Tab. 2.2: Entwurfsraum paralleler Anwendungen

Parallele Hardware: Verbindungsstrukturen

Kommunikationssteuerung	Topologie	Verbindungsart	Verbindungsaufbau	Arbeitsweise
Prozessorknoten	Regulär	Leitungsvermittlung	Verteilt	Synchron
Kommunikationswerk	Irregulär	Paketvermittlung	Zentral	Asynchron
Autonomer Kommunikations-	Statisch			Gemischt
Prozessor/Rechner	Dynamisch			
	Einstufig			
	Mehrstufig			

Parallele Hardware: Speicherstruktur

Parallelisierung
Funktionale Auftrennung der Adreßräume
Räumliche Aufteilung auf Basis von Datenzugriffen
Verteilung des Speichers
Parallelisierung der Speicher-Binnenstruktur
Speicherhierarchie

Parallele Hardware: Peripheriestruktur

Parallelisierung
Geräteebene
Architekturelemente
Softwareebene

Tab. 2.2 (Fortsetzung): Entwurfsraum paralleler Anwendungen

hin zum Layout und physikalischen Verhalten von Halbleiterbausteinen als unterster Stufe. Diese Beschreibungen sind formal exakt, für die Zwecke der Klassifikation sind sie jedoch zu ausführlich. Sie werden daher an dieser Stelle nicht weiter betrachtet.

2.7.2 Integrierte Klassifikation von Hardware und Software paralleler Architekturen

Der hier geschilderte Ansatz für eine integrierte Klassifikation von Hardware und Software paralleler Architekturen versucht, alle in diesem Kapitel angesprochenen Kriterien dieser Systeme zu berücksichtigen. Dabei wird ein Ansatz gewählt, der — soweit möglich und sinnvoll — quantitative Präzisierungen vornimmt, ansonsten qualitative Unterscheidungen bietet. Tabelle 2.2 gibt die Übersicht über den Entwurfsraum paralleler Architekturen. Eine stärkere Untergliederung des Entwurfsraumes, etwa in Form eines Entwurfsbaumes, ist nicht möglich, da die angegebenen Alternativen sich im allgemeinen nicht wechselseitig ausschliessen und auf den verschiedenen Betrachtungsebenen unterschiedliche Kombinationen realisierbar sind. Zwar legen Entscheidungen auf einer Ebene der Architektur im allgemeinen Lösungen auf der nächsten Ebene nahe, jedoch bieten viele Architekturen aus Gründen der Kompatibilität und unter Nutzung des Implementierungsprinzips der Virtualität auch andere Kombinationen der Komponenten des Entwurfsraums an. Als Beispiel sei hier die Wahl der Implementierung physikalisch verteilten Speichers genannt. Hierzu bietet sich das Betriebssystem-Konzept NORMA, das explizite Kommunikationsmodell und Programmiersprachen mit Kommunikationsbibliotheken zur Unterstützung des Datenparallelismus an. Beim Rechner KSR-1, der physikalisch verteilte Speicher besitzt, ist jedoch das Betriebssystem vom Typ NUMA und es existiert ein implizites Kommunikationsmodell. Zusätzlich bietet der Rechner KSR-1 auf Basis des in Hardware unterstützten NUMA-Prinzips wiederum eine nachrichtenorientierte Kommunikationsbibliothek an, um mit für diesen Programmierstil entwickelten Anwendungen kompatibel zu bleiben.

Literaturverzeichnis

[1] A. Bode/W. Händler: *Rechnerarchitektur II, Strukturen*, Berlin: Springer, 1983

[2] P. Eckelmann: Die Transputer von INMOS: nach RISC-Gesichtspunkten entwickelt, in: A. Bode (ed.): *RISC-Architekturen*, Mannheim: BI-Wissenschaftsverlag, Reihe Informatik, Bd. 60, 2. Auflage, S. 228-244

[3] T.Y. Feng: Some Characteristics of Associative/Parallel Processing, in: *Proc. of the 1972 Sagamore Computer Conference*, 1972, S. 5-16

[4] D. Ferrari: *Computer Systems Performance Evaluation*, Prentice Hall, 1978

[5] M. Flynn: Some Computer Organizations and their Effectiveness, in: *IEEE TC*, Bd. C-21, Nr. 9, (1972) S. 948-960

[6] W. K. Giloi: *Rechnerarchitektur*, Springer 1980

[7] W. K. Giloi: *Rechnerarchitektur*, 2. Auflage, Springer 1993

[8] W. Händler: The Impact of Classification Schemes on Computer Architecture, in: J. L. Baer (ed.), *Proc. 1977 ICPP*, S. 7-15, IEEE, 1977

[9] H. Hellwagner: Design Considerations for Scalable Parallel File Systems, *The Computer Journal*, Bd. 36, Nr. 8, S. 741-755, 1993

[10] L. C. Higbie: Supercomputer Architecture, *Computer*, Bd. 6, Nr. 2, S. 48-58, 1973

[11] W. Karl: *Parallele Prozessorarchitekturen - Codegenerierung für superskalare, superpipelined und VLIW-Architekturen*, Mannheim: BI-Wissenschaftsverlag, Reihe Informatik, Bd. 93, 1993

[12] D. J. Kuck: *The Structure of Computers and Computations*, John Wiley and Sons, 1978

3 Grundbegriffe der Leistungsbewertung

Das Bemühen um eine objektive Bewertung bzw. Analyse solcher Strukturen kann als besonders wichtig eingestuft werden, damit die PARALLELE DATENVERARBEITUNG nicht wie bisher häufig Fehleinschätzungen anheimfällt.

Wolfgang Händler [18]

3.1 Die Notwendigkeit frühzeitiger Leistungsabschätzung

Ziel jeder Rechnerentwicklung muß gute Qualität und hohe Gesamtproduktivität sein, d.h. ein technisch einwandfreier Entwurf sowie dessen termingerechte, wirtschaftliche und zuverlässige Realisierung. Angesichts des zunehmenden Wettbewerbs ist diese Forderung heutzutage dringlicher denn je [17].

Zahlreiche Beispiele, auch eigene Kooperationserfahrungen in den Bereichen Rechnerentwicklung, Kommunikationstechnologie und Verteilte Systeme zeigen jedoch, daß bereits in den frühen Phasen des Systementwurfs grundsätzliche Mängel auftreten; insbesondere ist eine Vorgehensweise zur Gewohnheit geworden, die zwar historisch erklärbar ist, die heutige Gesamtzielsetzung jedoch behindert oder ihr gar entgegenwirkt: Fast immer wird die funktionale Spezifikation von der quantitativen Systembewertung getrennt. Häufig werden Systeme voll entwickelt und funktional getestet, bevor der Versuch gemacht wird, Leistungs- und Zuverlässigkeitsmerkmale zu bestimmen. Enttäuschende Leistungswerte (oder gefährliche Ausfälle) erfordern dann eine Nachbesserung, oft einen Neuentwurf von Hard- und Software. Ziel muß es deshalb sein, die Bewertung quantitativer Aspekte frühzeitig in den Entwurfsprozeß einzuschließen: zur Bewertung alternativer Lösungsansätze, zur leistungsgerechten Dimensionierung von Komponenten und nicht zuletzt zum Qualitätsnachweis gegenüber Management und Kunden [24].

Sinn jeder Leistungsbewertung (die Zuverlässigkeitsbewertung eingeschlossen) ist es, unter gewissen Randbedingungen eine hohe Leistung zu erreichen. Die tatsächlich erzielte Leistung drücken wir summarisch aus durch die in 3.3 angegebenen (globalen) Leistungsgrößen. Der Weg zu einer hohen Leistung führt über die detaillierte Analyse des dynamischen Ablaufgeschehens; wichtige Hinweise zur Leistungsverbesserung und -optimierung geben uns dabei die lokalen Leistungsgrößen.

Aufgabe der Leistungsbewertung ist deshalb die Untersuchung und Optimierung des dynamischen Ablaufgeschehens innerhalb und zwischen den einzelnen Komponenten eines Rechensystems. Ziele sind die Messung und formale Beschreibung realer Abläufe, die Definition und Bestimmung charakteristischer Leistungsgrößen sowie das Bereitstellen von Entscheidungshilfen für den Entwurf der Hardware-Struktur, der Systemsoftware und der Anwenderprogramme.

Leistungsbewertung hat eine lange Tradition, in verschiedenen Bereichen wird sie sehr erfolgreich betrieben. Wichtige Beispiele für ihren erfolgreichen Einsatz sind:

- die Bewertung der Gesamtleistung und Zuverlässigkeit von Rechensystemen,

- die Dimensionierung von Kommunikationsnetzen,

- die Analyse und Optimierung von Betriebsstrategien,

- die Lösung von Problemen bei Hardware-Komponenten, sowie

- die Dimensionierung von zuverlässigkeitssteigernder Redundanz

Bei der Software-Entwicklung kommt die Leistungsbewertung bisher nur selten zum Einsatz, obwohl oft enorme Verbesserungen möglich wären. Dies ist überraschend, da ablauforientierte Leistungsbewertungsmethoden sehr ähnlich wie Debuggingwerkzeuge arbeiten. Allerdings ist auch die Optimierung von Anwenderprogrammen recht aufwendig und häufig fehlen die unterstützenden Werkzeuge [11, 12].

Um die genannte Zielsetzung — gute Qualität und Gesamtproduktivität — zu erreichen, ist eine Leistungsbewertung in allen Bereichen der Entwicklung und Anwendung klassischer Rechensysteme nötig:

- bei der Konzeption neuartiger Hardware- und Softwarestrukturen,

- bei der Realisierung von Rechnerkomponenten und -familien,

- bei der Auswahl einer Konfiguration durch den Planungsingenieur oder

- bei der Feinabstimmung eines Rechensystems durch den Systemanalytiker.

Hardware- und Softwarestrukturen paralleler Rechensysteme sind noch vielfältiger und komplexer als jene klassischer Rechner. Völlig neuartig sind die vielen Möglichkeiten, ein Anwenderprogramm in Moduln zu zerlegen, diese auf Prozessoren zu verteilen und parallel zu bearbeiten. Neue zuverlässigkeitssteigernde Maßnahmen werden möglich. Leistungs- und Zuverlässigkeitsbewertung von Alternativen, aber auch das Sichtbarmachen der Systemdynamik für den Operator und Anwendungsprogrammierer bekommen einen wesentlich höheren Stellenwert als zuvor.

Eingesetzt werden zur Leistungsbewertung Hardware- und Software-Meßtechniken, Simulationsmodelle und mathematische Modelle. Alle haben ihre Vorzüge und Nachteile [10, 48], sie werden deshalb in unterschiedlichen Phasen des Entwicklungsprozesses, z.T. auch kombiniert, eingesetzt [26].

Dieses Kapitel gibt eine Übersicht über die methodische Vorgehensweise bei der Leistungsbewertung und stellt die wichtigsten Leistungsgrößen vor. Die unterschiedlichen Methoden zur Messung, Simulation und mathematischen Modellierung werden in Kapitel 12 zusammengefaßt; zahlreiche Literaturhinweise ermöglichen eine Vertiefung der einzelnen Aspekte.

3.2 Methodisches Vorgehen

Aufgabe der Leistungsbewertung ist die Untersuchung und Optimierung des dynamischen Ablaufgeschehens, das methodische Vorgehen ist in Bild 3.1 zusammengefaßt:

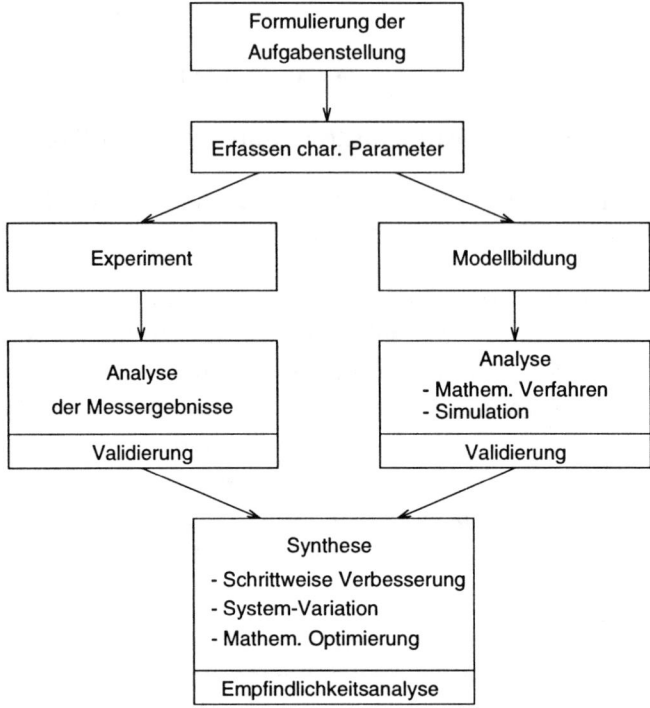

Abb. 3.1: Methodik der Leistungsbewertung

1. Formulierung der Aufgabenstellung, d.h. insbesondere

   • Kritisches Studium der zu untersuchenden realen Rechensysteme bzw. neuartiger Struktur- und Betriebskonzepte für Parallelrechner

   • Festlegen der wichtigen Qualitätsmerkmale (Leistungsgrößen)

2. Erfassen charakteristischer Last- und Systemparameter, die die Leistungsgrößen beeinflussen

3. Durchführen eines Experiments am realen System oder Prototyp und/oder Modellbildung für das dynamische Systemverhalten.

4. Analyse des Ablaufgeschehens, d.h. Gewinnung von Einsicht und Ableiten charakteristischer Leistungsmaße

- Anwenden statistischer Methoden auf die Meßergebnisse bzw.

- Modellanalyse mit Hilfe der Simulation und exakter oder approximativer mathematischer Verfahren.

Eine sehr wichtige Teilaufgabe ist die anschließende Validierungsphase; hier ist durch Plausibilitätsbetrachtungen und gegenseitigen Methodenvergleich der Nachweis zu führen, daß einerseits

- beim Experiment keine unzulässigen Meßungenauigkeiten und Fehlinterpretationen auftreten, und andererseits

- die Modelle das tatsächliche Ablaufgeschehen wirklichkeitstreu wiedergeben.

5. Synthese, das heißt Entwurf optimaler Komponenten, Systemstruktur, Betriebsabläufe und Gesamtorganisation durch

- schrittweise Verbesserung der Hardware- und/oder Softwarekonfiguration des realen Systems,

- systematische Variation von charakteristischen Last- und Systemparametern bei der Simulation,

- exakte oder heuristische Optimierungsverfahren bei den mathematischen Modellen.

Wichtig ist hier wieder die Empfindlichkeitsanalyse; wir untersuchen dabei, wie sich kleinere Änderungen der vorgegebenen Parameter auf Leistung und Kosten auswirken.

3.3 Leistungsgrößen: Problemstellungen und Definitionen

Abhängig von der zu untersuchenden Rechnerarchitektur und Aufgabenklasse gibt es eine Vielzahl unterschiedlicher Problemstellungen und damit zusammenhängender Leistungsmaße. Grundsätzlich können wir dabei zwei verschiedene Ebenen der Betrachtung unterscheiden: Einerseits ist das Gesamtverhalten des Systems wichtig (globale Verkehrsprobleme); diese Untersuchungen sind für Anwender, Betreiber und Hersteller des Systems wichtig. Andererseits benötigt der Entwickler von Hard- und Software zusätzlich eine detaillierte Beschreibung und Bewertung der internen Abläufe (lokale Verkehrsprobleme). Beispiele für beide Gruppen stellen wir zunächst vor, danach diskutieren wir Leistungsmaße systematisch.

3.3.1 Globale Verkehrsprobleme und Leistungsmaße

Gesamtziel der Leistungsbewertung (und deshalb auch der Modellbildung) ist es, zu einem vorgegebenen Anforderungsprofil wirtschaftlich optimale Systemlösungen zu finden. Der erste Schritt zu diesem Ziel ist eine globale Betrachtung des Gesamtsystems oder seiner Komponenten im Sinne einer Black-Box-Analyse. Wir untersuchen deshalb die Leistungsfähigkeit des Gesamtsystems bzw. jeder einzelnen Komponente (Prozessor, Speicher, ...), des Verbindungsnetzes (Kommunikation zwischen den Komponenten) und damit indirekt auch die Leistungsfähigkeit des Betriebssystems (Verteilung der Benutzeraufgaben, Zuteilung von Ressourcen, ...).

Typische Leistungsmaße, die sich mit einer globalen Analyse gewinnen lassen, sind z.B.:

- Durchsatz des Gesamtsystems, ausgedrückt durch die Anzahl der Benutzeraufgaben, die pro Zeiteinheit (Minute, Stunde) abgewickelt werden

- Antwortzeiten (Mittelwerte und Verteilungsfunktion). Als Antwortzeit bezeichnet man das Zeitintervall zwischen dem Eintreffen einer Anforderung und der Reaktion (Antwort) des Rechnersystems

- Auslastung der Prozessoren, ausgedrückt durch die mittlere Verweilzeit der Prozesse im Benutzermodus, Systemmodus bzw. 'idle'-Zustand, bezogen auf die gesamte Beobachtungsdauer

- Auslastung der Speicher und E-/A-Einheiten

- Auslastung einzelner Übertragungswege

- Maximaler Durchsatz des Verbindungsnetzes, etc.

Auf die Zuverlässigkeitsbewertung bezogen sind wichtige Maße z.B.:

- Mittlere Lebensdauer

- Verfügbarkeit, ausgedrückt durch die mittlere Intaktzeit bezogen auf die gesamte Beobachtungsdauer.

3.3.2 Lokale Verkehrsprobleme und Leistungsmaße

Wir wollen von lokalen Leistungsmaßen sprechen, wenn das Gesamtsystem oder die Komponenten aus der Sicht einzelner Programme, der Teilaufgaben paralleler Programme oder der Befehlsebene beobachtet und bewertet werden. Diese Untersuchungen sind notwendig, um eine Feinabstimmung der einzelnen Komponenten zu erhalten, insbesondere aber auch, damit eine realistische Modellierung des Gesamtablaufgeschehens möglich wird.

Aus der großen Fülle lokaler Leistungsmaße seien genannt:

- Antwortzeit für individuelle Benutzerprogramme

- Prozentualer Anteil der Rechenzeit für Verwaltung (Overhead), Datentransfer, Benutzerprogramm

- Grad der Parallelität einzelner Benutzerprogramme, insbesondere mittlere und maximale Anzahl gleichzeitig bearbeiteter Teilaufgaben

- Anzahl von Teilaufgaben sowie Ausführungszeiten von Teilaufgaben

- Anzahl und Ursache der Unterbrechungen sowie Länge der damit verbundenen Verwaltungszeiten

- Grad der Parallelität von Teilaufgaben

- Verluste durch Koordination oder Synchronisation der Teilaufgaben

- Einfluß des globalen und der lokalen Betriebssysteme

- Relative Häufigkeit von Befehlstypen

- Lebensdauer von Operanden.

Bei Multiprozessor-Systemen ist die Untersuchung des Datentransfers zwischen den einzelnen Komponenten des Gesamtsystems (Prozessoren, Hauptspeicher, Hintergrundspeicher, etc.) ein sehr wichtiges Gebiet. Typische Leistungsmaße sind hier:

- Anzahl transferierter Blöcke, Ankunftsabstände und Blocklängen

- Warteschlangenlängen und Verkehrsengpässe

- Pufferspeicherauslastung und -trefferrate.

Besondere Beachtung verdienen in Multiprozessorsystemen auch die Speicherzugriffskonflikte und deren Einfluß auf einen reibungslosen Betriebsablauf. Man stellt sie mit folgenden Leistungsmaßen dar:

- Anzahl und Abstandsverteilung der Speicherzugriffe

- Anzahl der Konflikte "Prozessor → lokaler Speicher", "Prozessor → benachbarter Speicher", "Prozessor → globaler Speicher"

- Interferenz, das heißt Leistungsminderung der einzelnen Prozessoren durch Zugriffskonflikte bei Daten- und/oder Codesharing.

3.3.3   Populäre Leistungsmaße

Zahlreiche Leistungsmaße[1] beruhen auf der allgemeinen Definition eines Durchsatzes; wir verstehen darunter die Anzahl der Aufträge, die ein Rechensystem oder eine Rechnerkomponente in einer Zeiteinheit fertigstellt. Das wohl bekannteste dieser Leistungsmaße ist die *MIPS*-Rate, *M*illionen von *I*nstruktionen *p*ro *S*ekunde. Die Definition für μ (MIPS) lautet:

$$\mu = \frac{1}{nt_c}$$

mit t_c als Zykluszeit in Mikrosekunden und n als Anzahl der Zyklen pro Befehl.

Einzelne Befehle haben unterschiedliche Ausführungszeiten, abhängig vom Aufgabenprofil wird also die MIPS-Rate eines Rechners schwanken. Standardisierte Befehlsmixe (z.B. Gibson-Mix [14], Uni-Mix [25], ...) ermöglichen es, für ein bestimmtes Aufgabenprofil eine *mittlere* MIPS-Rate anzugeben:

$$\bar{\mu} = \frac{1}{\sum_i p_i t_i}$$

mit p_i als relative Häufigkeit des Auftretens von Befehlstyp i und t_i als entsprechende Ausführungszeit ($t_i = n_i t_c$).

Bereits frühzeitig zeigte sich, daß bei wissenschaftlichen Anwendungen die MIPS-Rate nur sehr grob die Leistung von Rechenanlagen widerspiegelt,

---

[1]Zur Darstellung der Zuverlässigkeitsaspekte in Leistungsmaßen ist ein populäres Zuverlässigkeitsmaß die *Verfügbarkeit* A (availability) $A = \frac{MTBF}{MTBF+MTTR}$ mit den beiden Anteilen $MTBF$ (mean time between failure) und $MTTR$ (mean time to repair), vgl. auch Kap. 8.

denn die Mächtigkeit des Befehlsvorrates und der Wert von speziellen Hardware-Komponenten zur Beschleunigung dieser Berechnungen werden nicht erfaßt. Da die Komplexität numerischer Algorithmen in der Mathematik traditionell nach der Anzahl der Gleitpunkt-Operationen (floating point operations) bewertet wurde, war es naheliegend, die Rechnerleistung für wissenschaftliche Anwendungen mit FLOPS (floating point operations per second) zu beschreiben. Die Definition für ν (FLOPS) erfolgt analog

$$\nu = \frac{1}{mt_c}$$

mit m als Anzahl der Zyklen pro Gleitpunktbefehl; sie wird meist in Mega-FLOPS (*MFLOPS*, also 10^6 FLOPS) oder Giga-FLOPS (*GFLOPS*, d.h. 10^9 FLOPS) angegeben.

Die Leistungsbewertung von Rechensystemen allein mit MIPS oder MFLOPS (oder GFLOPS) ist nicht ausreichend, denn die Parallelität in der Hardware, der Einfluß der Systemsoftware (Betriebssystem, Übersetzer, etc.) und wichtige Lastparameter (Vektorlänge, E-/A-Anforderungen, etc.) werden nicht berücksichtigt. Häufig geben Rechnerhersteller auch nur die denkbare Maximalleistung an; die tatsächliche Leistung kann jedoch — abhängig vom Lastprofil — in extremen Fällen um Faktoren darunterliegen, vgl. Tabelle 3.1.

Diese Mängel legen es nahe, die Leistungsfähigkeit von Rechensystemen nicht aus der Sicht des Einzelbefehls zu betrachten, sondern mit Hilfe von *Kernprogrammen* (typische Befehlsfolgen, die immer wieder benutzt werden, z.B. ein Unterprogramm zur Matrizeninversion), *Benchmarks* (mehrere komplette Programme, geschrieben in einer höheren Programmiersprache) oder *Scripts* (Dialogprogramme, die für interaktive Systeme das Teilnehmerverhalten an den Terminals simulieren) zu untersuchen und damit eine realistische Last zur Ermittlung der Last heranzuziehen. Besondere Bedeutung kommt dabei den Benchmarks, also ganzen Stapeln von Programmen zu, weil ihre Abarbeitung nicht nur die Rechnerhardware, sondern auch das Organisationstalent des Betriebssystems herausfordert.

Teilweise wird auch versucht, für Benchmarks *Synthetische Programme* zu entwickeln, die das reale Lastverhalten parametrisiert nachbilden. So sind der berühmte Whetstone-Benchmark [5] oder auch der Drystone-Benchmark [29] synthetische Programme, während Dongarra [8] für den

Machine	Peak-Performance MFLOPS	Actual-Performance MFLOPS
Convex C-1	20	2 .9
Alliant FX/8	44	7.6 (8 proc)
SCS-40	44	7.3
FPS 264	54	5.6
Amdahl 500	133	14
CRAY 1	160	12
CRAY X-MP-1	210	24
IBM 3090/VF-200	216	12 (1 proc)
Amdahl 1100	267	16
NEC SX-lE	325	35
CDC Cyber 205	400	17
CRAY X-MP-2	420	24 (1 proc)
IDM 3090/VF-400	432	12 (1 proc)
Amdahl 1200	533	18
NEC SX-1	650	39
CRAY X-MP-4	840	24 (1 proc)
Hitachi S-81O/20	840	17
NEC SX-2	1300	46
CRAY 2	2000	15 (1 proc)

Tab. 3.1: Vergleich der Maximalleistung verschiedener Rechensysteme mit der tatsächlichen Leistung beim sog. LINPACK-Benchmark [22]

Linpack-Benchmark typische reale Programmabschnitte zur Lösung von Aufgaben der linearen Algebra als Last heranzieht.

In jedem Fall sind jedoch die Auswahl einer repräsentativen Last und die Messung und Bewertung äußerst zeit- und kostenaufwendig [30].

Untersucht und vergleicht man Rechensysteme mit Hilfe von Kernprogrammen oder Benchmarks, so sind die *Gesamt-Verweilzeit* (oder *Durchführungszeit*) und die *Gesamt-CPU-Zeit* für jeden Testfall die angemessenen Leistungsgrößen. Mit modernen Benchmarks, wie dem SPEC-Benchmark, den 1988 vier Rechnerhersteller mit der *System Performance Evaluation Cooperative* (SPEC) initiierten [6, 7], wird versucht, über globale Leistungsgrößen hinaus auch Aussagen über Interna, wie den Einfluß von Pufferspeichern zu bekommen.

Auch von Anwenderseite, insbesondere Nutzern von Supercomputern, wurden repräsentative Benchmarks entwickelt. Zu erwähnen ist insbesondere der sogenannte 'Perfect Club' (Performance Effective Transformations), der etwa ein Dutzend großer Anwenderprogramme aus dem Bereich der Strömungsmechanik, der Finiten Elemente, der Schaltkreis-Simulation mit rund 60.000 Zeilen Fortran Code zu einem Benchmark zusammenstellte [3]. Der 'Perfect Club' nimmt diese Anwenderinteressen inzwischen als 'High Performance Computing Group' in SPEC wahr. Bei der Untersuchung interaktiver Systeme mit Hilfe von Scripts sind Mittelwert und Verteilung der *Antwortzeiten* von größter Bedeutung. Letztendlich werden kommerzielle Systeme häufig mit Hilfe der *Durchsatzrate* (z.B. Transaktionen pro Sekunde) bewertet.

3.3.4 Spezielle Maße für Parallelrechner

Die populären Leistungsmaße beschreiben in vielen Fällen, insbesondere bei parallelen Architekturen, nur sehr grob die tatsächliche Leistung. Im wesentlichen gibt es dafür drei Gründe [38]:

1. Die Verarbeitungsart der Befehle, ob parallel oder sequentiell, ob mit oder ohne Pipelining, also gegenseitiger Überlappung, wird nicht oder nur indirekt (benchmark) mit einbezogen.

2. Das Kommunikationsverhalten zwischen Speicher und Rechenwerk (ggf. mit Cache-Speicher) sowie zwischen einzelnen Prozessoren (ggf. mit erforderlicher Synchronisation) bleibt unberücksichtigt.

3. Die von der Aufgabenstellung abhängige Auslastung des Rechners bzw. die Nutzung seiner elementaren Komponenten wird nicht betrachtet.

Zur Berücksichtigung dieser Effekte wurden zahlreiche Vorschläge gemacht, die bekanntesten werden im folgenden zusammengefaßt.

Führt man für traditionelle Hochleistungsrechner Benchmarks durch, so kann die Gesamtverweilzeit abhängig von der Last (z.B. numerisch oder nichtnumerisch) um den Faktor zwei oder drei streuen. Ganz anders sieht dies bei Rechnern mit Vektorisierungseinrichtung aus. Unterschiede um den Faktor zehn oder zwanzig sind keine Seltenheit; der Grund liegt bei den stark unterschiedlichen Anteilen vektorisierbaren Codes. Der *effektive Leistungsgewinn* S (speedup) kann gut mit Amdahls berühmter Näherungsformel abgeschätzt werden [1, 28]:

$$S = \frac{1}{(1 - f) + \frac{f}{k}}$$

wo f den Anteil vektorisierbaren Codes bezeichnet und k die Geschwindigkeit der Vektoreinheit, relativ zur Skalareinheit (die, genaugenommen, wieder von anderen Parametern abhängt, z.B. von der Vektorlänge).

Für Vektorrechner, insbesondere aber für Rechner mit mehreren Prozessoren hängt die Gesamtleistung eines Systems von vielen Faktoren ab: Kommunikation, Systemsoftware, Anwendung, etc. Diese Abhängigkeiten kann man berücksichtigen, indem man die Gesamt-Durchführungszeit genauer beschreibt und parameterisiert, z.B.

$$T_p(n) = c_p(n) + o_p(n)$$

mit c_p als Rechenzeit ('computing), o_p als Zusatzlast (overhead), p als Anzahl der Prozessoren und n zur Charakterisierung der Datenabhängigkeit (Problemgröße). Die *Beschleunigung* S_p (speedup) gibt für Parallelrechner dann sofort den Faktor an, um den ein p-Prozessorsystem eine Aufgabe schneller löst als ein 1-Prozessorsystem:

$$S_p = \frac{T_1}{T_p}$$

Die *Effizienz* E_p (efficiency) relativiert die Beschleunigung, bewertet damit auch die Zusatzlast und Redundanz:

$$E_p = \frac{S_p}{p}$$

Als letztes Beispiel sei das von Flatt und Kennedy [10] modifizierte Amdahlsche Gesetz angegeben; dabei werden overhead-Anteil T_{po}, parallelisierbarer Anteil T_{pp} und sequentieller, nicht parallelisierbarer Anteil T_{ps} unterschieden. Für die Beschleunigung S_p im Vergleich zum 1-Prozessorsystem gilt dann

$$S_p = \frac{T_1}{T_{po} + \frac{T_{pp}}{p} + T_{ps}}$$

Weitere Zwei- und Mehrparameter-Beschreibungen werden in der Spezialliteratur behandelt; zur Übersicht und Vertiefung siehe z.B. [38, 9].

Das Kapitel 12 greift die hier angerissenen Probleme der Leistungsbewertung in parallelen Systemen mit Meß- und Modellierungsverfahren nochmals auf. Es konzentriert sich bei der Leistungsmessung auf ereignisgesteuerte Verfahren, die Einblick in die Dynamik sequentieller und paralleler Verarbeitung verschaffen. Die ebenfalls wichtigen Leistungsmessungen mit Benchmarks sind dort nicht angesprochen. Deshalb sei hier darauf hingewiesen, daß auch einige Benchmarks sich den Fragen der Parallelisierbarkeit, Vektorisierung und der Interprozessorkommunikation widmen. Einen Überblick geben Grassl [15], Berry et al. [2] und Gentzsch [13].

Zu erwähnen sind u.a. der im Rahmen von ESPRIT in Southampton entwickelte GENESIS Distributed-Memory Benchmark[21], der den Entwurf hochparalleler Multiprozessoren unterstützen soll, der als europäische Initiative entstandene EuroBen-Benchmark [27], sowie der in Jülich von Nagel et al. [23] entwickelte PAR-Bench.

In Kapitel 8 wird speziell auf die Zuverlässigkeitsbewertung eingegangen.

Glossar

Aktivität

Separierbarer Teil in einem Prozeßablauf, dem eine Dauer zugeordnet werden kann, begrenzt durch →*Ereignisse*

Architekturmodell

Auf interessierende Aspekte abstrahierende Beschreibung der Architektur eines Rechensystems.

Debugging

Fehlersuche in einem Programm oder Programmsystem mit dem Ziel, diesen Fehler zu beseitigen. In Multiprozessoren und verteilten Systemen reichen die klassischen Methoden (Setzen von Haltepunkten und Betrachtung der Systemvariablen) nicht mehr aus. Neuerdings wird der Einsatz von Monitoringwerkzeugen zur Analyse des Ablaufgeschehens als wichtig erachtet.

Ereignis

Atomarer Vorgang in einem Rechensystem, dessen Zeitdauer vernachlässigt werden kann, dem aber ein →*Zeitstempel* zugeordnet sein kann, der angibt, *wann* es auftrat. Ereignisse sind von zentraler Bedeutung, wenn eine *ablauforientierte* Leistungsmessung oder –modellierung vorgenommen werden soll. In diesem Kontext versteht man unter einem Ereignis einen zur Ablaufbewertung wesentlichen Zustandswechsel wie Beginn oder Ende interessierender Prozesse oder Prozeduren. Aus meßtechnischer Sicht bietet sich eine konstruktive Definition an: als *Ereignis* bezeichnet man das Durchlaufen eines Beobachtungsstützpunktes im Programm. Ereignisse dienen zur Markierung von Anfang und Ende interessierender →*Aktivitäten* und zur Definition der Abstraktionsebenen auf der man einen Prozeß betrachten will. Dadurch kann man den zeitlichen Ablauf eines Prozesses als Folge der für ihn definierten Ereignisse auffassen.

Ereignisspur

Unter einer *Ereignisspur* versteht man das auf eine Abfolge interessierender Ereignisse abstrahierte Ablaufgeschehen in einem Rechensystem. Eine Ereignisspur ist das Resultat der Aufzeichnung eines beobachteten →*Ereignisstroms* durch einen →*Monitor*. Die Ereignisspur enthält normalerweise Informationen über Art, Ort und Eintrittszeitpunkt (→*Zeitstempel*) der aufgezeichneten Ereignisse. Tragen die aufgezeichneten Ereignisse Zeitstempel, können aus einer Ereignisspur neben funktionalen auch leistungsbezogene Aussagen abgeleitet werden.

Ereignisstrom

Betrachtet man einen →*Prozeß* auf der Ebene der für ihn definierten →*Ereignisse*, dann bildet die zeitliche Abfolge derselben einen Ereignisstrom, der mit Hilfe eines →*Monitors* aufgezeichnet werden kann.

Gantt-Diagramm

Von H.L. Gantt für die Organisation industrieller Prozesse entwickelte graphische Darstellungsform nebenläufiger Aktivitäten. Über einer gemeinsamen Zeitachse wird in Form von Aktivitätsbalken aufgetragen, wann welche Aktivitäten auftreten, wie lange sie dauern.

Hardwaremessung

Eine Messung, bei der ein externes elektronisches Meßgerät (→*Monitor, Hardwaremonitor*) über elektronische Meßfühler die Zustände der ausgewählten Meßpunkte im zu beobachtenden Rechensystem registriert und aufzeichnet.

Hardwaremonitor

→*Monitor*

Hardware-Monitoring

→*Hardwaremessung*

Hasse-Diagramm

Nach dem Mathematiker Helmut Hasse benannte Darstellungstechnik von Ordnungsrelationen. In der englischsprachigen Literatur häufig als Feyman-Diagramm bezeichnet. Der Physiker Feynman stellte damit Elektronenübergänge dar.

Hybridmessung

Definition und Auslösung von →*Ereignissen* per Software, Erfassung und Aufzeichnung per Hardware.

Kombination von 3.3.4. mit reinen Hardwaremessungen.

Hybrid-Monitoring
→ *Hybridmessung*

Instrumentierung

Kennzeichnung interessierender Programmstellen als potentielle Ereignisse. Praktisch ausgeführt wird die Instrumentierung durch Einfügen von Meßanweisungen in zu beobachtende Programme. Das Durchlaufen einer Meßanweisung generiert ein zu messendes Ereignis.

Kausalbeziehungen

Sie geben an, ob zwei Ereignisse e_i, e_j voneinander kausal abhängig sind.

kausal abhängig

Ein Ereignis e_i ist genau dann vom Ereignis e_j kausal abhängig, wenn e_i nicht eintreten kann, bevor e_j eingetreten ist. Hält man z.B. einen Prozeß innerhalb einer verteilten Berechnung an, so laufen alle anderen Prozesse bis zu einem Ereignis weiter, das als nächstes kausal abhängig ist von dem Ereignis im angehaltenen Prozeß, das durch den Haltepunkt festgelegt wird.

Kausalität

Ursächlicher Zusammenhang zwischen Ereignissen; einer rein technischen Betrachtungsweise unzugänglich. Vergl. hierzu kausal abhängig.

Lastmodell

Auf interessierende Aspekte abstrahierende Beschreibung der Eigenschaften der an einem Rechensystem oder seinen Komponenten eintreffenden Ressourcenanforderungen.

Bei Parallelrechnern und Verteilten Systemen spielen neben den klassischen Lastparametern (z.B. Auskunftsraten, Bedienzeiten, Speicherbedarf) auch funktionale Abhängigkeiten zwischen Teillasten eine wichtige Rolle. Beide Aspekte werden bei moderneren Beschreibungstechniken (insbesondere Stochastischen Graphen, Stochastische Petri-Netze und Stochastische Prozeßalgebren) gleichzeitig erfaßt.

Leistungsmaße

Quantitative Maße, die spezielle Eigenschaften eines Systems charakterisieren. Typische Beispiele sind der Durchsatz, Antwortzeiten oder Belegungswahrscheinlichkeiten.

Charakteristische Mittelwerte geben eine sehr wesentliche Auskunft über das Leistungsverhalten eines Systems. Eine umfassende Auskunft über die zeitlichen Schwankungen um den Mittelwert liefern jedoch erst die Verteilungsfunktionen (z.B. Wartezeitverteilungsfunktion).

Managementmodell

Auf interessierende Aspekte abstrahierende Beschreibung des Systemmanagements. Wichtige Einflußgrößen sind die Schedulingstrategie, Koordinierungsmechanismen, Mappingverfahren und Prioritäten.

Modellierung

Wir verstehen darunter den wichtigen Vorgang, für ein bestehendes oder konzipiertes System ein (mathematisches) Modell zu erstellen. Ziel ist dabei stets zu abstrahieren, zu vereinfachen und gleichzeitig interessierende Merkmale des Systems zu erfassen; Modellanalysen erlauben dann wirklichkeitsnahe Aussagen über charakteristische Systemeigenschaften. Darüber hinaus liefert die Modellsynthese konkrete Hinweise für die Konstruktion optimaler Systeme.

Monitor

Meßgerät (Hardware-Monitor) oder Programm (Software-Monitor) zur Messung von Aktivitäten in Rechensystemen.

> **Ereignisgesteuerter Monitor** Monitor, dessen Meßwertverfassung von →*Ereignissen* im beobachteten Meßobjekt (Rechensystem, Programm) ausgelöst wird.

> **Hardwaremonitor** Elektronisches Meßgerät, das die Hardware eines interessierenden Rechensystems über Meßschnittstellen beobachtet. Abhängig von der Art des Hardwaremonitors werden dabei summarische Auslastungsparameter erfaßt und aufgezeichnet oder auch der dynamische Ablauf interessierender Programme.

> **Softwaremonitor** Meßprogramm zur Beobachtung eines Rechensystems, das im beobachteten Rechensystem abläuft.

> **verteilter Monitor** Hardwaremonitor, der über mehrere räumlich verteilte Meßstationen verfügt.

Monitoring

Das Beobachten und Aufzeichnen eines zeitlichen Ablaufes. Im Zusam-

menhang mit Rechnern ist damit die Aufzeichnung von Ereignissen in
Prozessen gemeint.

Prozeß

Ein Prozeß ist die (auf eine Lebensdauer beschränkte) Abwicklung eines Programms auf einem Rechensystem. Die Lebensdauer beginnt mit
dem Zeitpunkt der Anmeldung des Prozesses und endet mit der Ab-
meldung. Ein Prozeß existiert also nicht nur während der tatsächlichen
Bearbeitung, sondern auch schon vor dem Beginn der Bearbeitung und
während geplanter oder erzwungener Wartezeiten.

Softwaremessung

Eine Messung von Aktivitäten in einem zu beobachtenden Rechensystem mittels eines Meßprogrammes →*Softwaremonitor*, das ebenfalls
in diesem Rechensystem abläuft.

Systemmodell

Modell, das alle interessierenden Aspekte eines Rechensystems beinhaltet und das Zusammenspiel von Systemlast, Management und Architektur reflektiert.

Uhr

Ein kontinuierlicher oder zeitdiskreter Prozeß, der Zeitpunkten Zahlen
zuweist (→ *Vektorzeit*).

Vektorzeit

Eine Ausprägung der logischen Zeit. Statt eine globale Zeit für alle
Prozesse zu bestimmen, wird für jeden Prozeß ein Zeitvektor verwaltet.
Mit Hilfe von Vektorzeit ist es möglich, kausale Abhängigkeiten zu
erkennen.

Zeit

logische Zeit Zeitmetrik, bestimmt durch Zustandsübergänge in der Informationsverarbeitung.

physikalische Zeit Zeitmetrik, abgeleitet aus der Beobachtung einer physikalischen Referenz (Oszillator).

Zeitstempel
Zeitpunkt, der aufgezeichnet und einem Ereignis zugeordnet wird, i.a. aufgezeichneter Eintrittszeitpunkt eines Ereignisses. Dient meist dazu, Start und Ende von →*Aktivitäten* zu definieren oder Kausalbeziehungen zu analysieren. Zeitstempel können in logischer Zeit, physikalischer Zeit (→*Zeit*) oder auch in → *Vektorzeit* dargestellt sein.

Literaturverzeichnis

[1] G.M. Amdahl. Validity of the Single Processor Approach to Achieving Large Scale Computing Capabilities. *AFIPS Computer Conference Proceedings*, S. 483–485, 1967.

[2] M. Berry, G. Cybenko, and J. Larson. Scientific Benchmark Characterization. *Parallel Computing*, 17:1173–1194, 1991.

[3] M. Berry et al. The Perfect Club Benchmarks: Effective Performance Evaluation of Supercomputers. *Int. J. of Supercomputer Applications*, 3(3):5–40, 1989.

[4] R. Bordewisch. Fallbeispiele aus industrieller Praxis (case studies out of industrial practice). *GI-ITG Tutorium on Measurement, Modelling and Performance Analysis of Computing Systems*, September 1991.

[5] H.J. Curnow and B.A. Wichmann. A Synthetic Benchmark. *Computer Journal*, 19(1):43–49, 1976.

[6] K. Dixit. SPECulations. Defining the SPEC Benchmark. *SunTech Journal*, S. 53–65, Dez. 1990.

[7] K.M. Dixit. The SPEC benchmarks. *Parallel Computing*, 17(10&11):1195–1209, Dez. 1991.

[8] J.J. Dongarra. *The Linpack Benchmark. An Explanation*, S. 1–21. Chapman and Hall, London, 1990.

[9] W. Erhard, A. Grefe, M. Gutzmann, and D. Pöschl. *Vergleich von Leistungsbewertungsverfahren für unkonventionelle Rechner.* Technical Report 5, Universität Erlangen–Nürnberg, 1991.

[10] H.P. Flatt and K. Kennedy. Performance of parallel processors. *Parallel Computing*, S. 1–20, Okt. 1989.

[11] H.J. Fromm and J. Schulz. *Spezielle Probleme der Leistungsanalyse bei der Software-Entwicklung.* Technical Report, IBM, 1987.

[12] H.J. Fromm and Steinhoff. Software-Metriken. *Arbeitsgespräch der GI-Fachgruppe Software-Engineering*, 1987. IBM Bildungszentrum Herrenberg.

[13] W. Gentzsch. Methoden zur Leistungsmessung von Supercomputern. *Informationstechnik it*, 34(1):57–61, 1992.

[14] J.C. Gibson. *The Gibson mix.* Technical report, IBM, rep. 00.2043, 1970.

[15] C.M. Grassl. Parallel performance of applications on supercomputers. *Parallel Computing*, 17:1257–1273, 1991.

[16] M.M. Gutzmann. *Leistungsbewertung von massiv parallelen Rechnermodellen.* Dissertation, Universität Erlangen–Nürnberg, Sept. 1993. Arbeitsberichte des IMMD, Bd. 26, Nr. 13.

[17] F. Haist and H. Fromm. *Qualität im Unternehmen, Prinzipien, Methoden, Techniken.* Carl Hanser Verlag, Wien, 1989.

[18] W. Händler. Editorial zum Schwerpunktthema Parallele Datenverarbeitung. *Informationstechnik (it)*, 31(1):3, 1989.

[19] U. Herzog. Performance Evaluation Principles for Vector- and Multiprocessor Systems. *Parallel Computing*, 7(3):425–438, Sept. 1988.

[20] U. Herzog. *Distributed Systems and Network Management*, chapter Network Planning and Performance Engineering. Addison-Wesley, 1994. M. Sloman and K. Kappell, eds. (Kapitel 13).

[21] A.J.G. Hey. The GENESIS Distributed-Memory Benchmarks. *Parallel Computing*, 17:1275–1283, 1991.

[22] F. Hoßfeld. Vector-Supercomputers. In *IEEE-Comp. Euro Congress '87, Tutorial Proceedings on Supercomputers*, Hamburg, 1987.

[23] W.E. Nagel and M.A. Linn. Benchmarking parallel programs in a multiprogramming environment: The PAR-Bench system. *Parallel Computing*, 17:1303–1321, 1991.

[24] M. Reiser. A Quarter Century of Performance Evaluation — Impact on Science and Engineering. In *Proceedings of the IEEE CompEuro '91*, S. 885–887. IEEE, Mai 1991.

[25] H. Schreiber. *Hardware–Messung und Analyse des Ablaufgeschehens in Rechnerkernen*. Dissertation, Universität Erlangen–Nürnberg – Arbeitsberichte des Instituts für Mathemaschine Maschinen und Datenverarbeitung, Erlangen, 1978.

[26] H. Szczerbicka and P. Ziegler. Simulation with active objects: An approach to combined modelling. *Simulation, Practice and Theory*, 1:267–281, 1994.

[27] A.J. van der Steen. The Benchmark of the EuroBen group. *Parallel Computing*, 17(10&11):1211–1221, Dez. 1991.

[28] H. Wacker. *Der Markt für Vektorrechner nach Ankündigung der IBM 3090-VF*. PIK, S. 16–20, 1986.

[29] R.P. Weicker. DHRYSTONE: A Synthetic Systems Programming Benchmark. *Comm. ACM*, 27(10):1013–1030, Okt 1984.

[30] R.P. Weicker. Benchmarking: Status, Kritik und Aussichten. In F. Lehmann A. Lehmann, editor, *Messung, Modellierung und Bewertung von Rechensystemen*, S. 259–277, Berlin, Sept. 1991. GI, ITG, Springer. Informatik- Fachberichte Bd. 286.

4 Grundlagen paralleler Architekturen

Das Ziel der Entwicklung paralleler Rechnerarchitekturen ist die Überwindung der Einschränkungen, die durch die sequentielle Verarbeitung nichtparalleler Architekturen vorgegeben sind. Als wichtigste Einschränkung ist hier die Leistung eines Rechnersystems zu nennen. Neben weiteren funktionalen Eigenschaften von Parallelrechnern (wie z.B. Fehlertoleranz, Modularität, Anwendungsspezialisierung, etc.) ist die, *Steigerung der Leistung*, möglichst proportional zur Anzahl der parallelen Einheiten, die entscheidende Anforderung an die Entwicklung von parallelen Rechnerarchitekturen.

Hierzu ist ein grundsätzliches Umdenken der Personen erforderlich, die Anwendungen, Algorithmen und Software entwickeln, um das Potential der parallelen Architekturen für konkrete Anwendungen ausschöpfen zu können. Der Hardwareentwurf paralleler Architekturen sollte die verschiedenen Anforderungen mit seinen parallelen Funktionseinheiten optimal unterstützen, wobei die Randbedingung der Kosteneffektivität bei der Realisierung eines parallelen Systems starke Berücksichtigung finden sollte (Verwendung preiswerter Technologie).

4.1 Einleitung

Getrieben wird die Entwicklung auf dem Gebiet der parallelen Architekturen durch die Anforderungen an immer höhere Rechenleistungen, die mit sequentiellen Architekturen entweder gar nicht oder aber nur durch einen sehr hohen technologischen Aufwand erzielbar sind. Die hohen Anforderungen an die Rechenleistung werden von Anwendungen bestimmt, deren Lösung zu den großen Herausforderungen (grand challenges) der Wissenschaft gehören. Einige Beispiele für solche Anwendungen mit ihrem Rechen- und Speicherbedarf sind in Abbildung 1.1 im Kapitel 1 aufgeführt.

Die Anwendungen von Parallelrechnern können in zwei wesentliche Gruppen unterteilen werden, die numerischen und die nicht-numerischen. Die meisten der numerischen Anwendungen lassen sich als wirklichkeitsnahe Simulationen von naturwissenschaftlichen Disziplinen charakterisieren. Die Modellierung und Simulation ist erforderlich, weil sich Experimente zur Wissensgewinnung nicht durchführen lassen (Wettermodell) oder einfach zu kostspielig sind (Crash-Tests). Durch Simulation läßt sich außerdem die Entwicklungszeit von Prototypen und Produkten wesentlich verkürzen und die Sicherheit erhöhen, daß das entworfene Produkt den spezifizierten Anforderungen genügt, was in unserer heutigen, schnellebigen Zeit einer der entscheidenden Wettbewerbsvorteile sein kann.

Verteilte Datenbanken, parallele Symbolverwaltung und die digitale Schaltkreissimulation sind nur einige Beispiele für die Gruppe der nicht-numerischen Anwendungen.

Die Lösung von solchen umfangreichen Aufgaben kann durch Aufteilung in Teilaufgaben und deren parallele Bearbeitung beschleunigt werden. Die wichtigsten Voraussetzungen für die Ausnutzung von Parallelität sind:

- die Existenz ausnutzbarer Parallelität

- die Erkennung der Parallelität

- die Aufteilbarkeit in Teilaufgaben

- das Vorhandensein von parallelen Verarbeitungseinheiten

Die obere Grenze des Leistungsgewinns, den man durch Parallelisierung erhalten kann, ist vom Grad der Parallelität bestimmt, der in der Applikation enthalten ist. Dieser ist natürlich sehr stark von dem verwendeten Lösungsalgorithmus abhängig. Aufgaben, die bisher sequentiell ausgeführt wurden, müssen zur Parallelisierung in unabhängige Teilaufgaben zerlegt werden, was bei sequentiellen Algorithmen nicht immer möglich ist. Für eine Steigerung des Leistungsgewinn ist oft auch die Entwicklung neuer „parallelerer" Algorithmen erforderlich.

Wie gut die Ausnutzung der Parallelität gelingt, wird von der gewählten Systemarchitektur und der Effizienz der Abbildung des Algorithmus auf diese bestimmt. Die verschiedenen Ebenen, auf denen die Parallelität genutzt werden kann, wird im folgenden Abschnitt dargestellt und die sich daraus ergebenden Rechnerarchitekturen aufgezeigt.

4.2   Die Ebenen der Parallelität

In Parallelrechnern ist die Ausnutzung aller Ebenen der Parallelität von ausschlaggebender Bedeutung. Nur ein ausgewogenes System bietet dem Benutzer den höchsten Leistungsgewinn. Die unterscheidbaren Ebenen der Parallelität erfordern auch verschiedene Maßnahmen, um einen Leistungsgewinn zu erreichen. Benutzt werden die im folgenden beschriebenen Ebenen. Sie sind heterogen, nach verschiedenen Merkmalen aufgeteilt und überlappen sich zum Teil. Zu jeder Ebene ist eine kurze Beschreibung der Maßnahmen zur Ausnutzung der Parallelität angefügt.

- Benutzerprogramme
- kooperierende Prozesse
- Datenstrukturen
- Anweisungen und Schleifen
- Maschinenbefehle

Die Parallelitätsebene mehrerer, parallel ablaufender Benutzerprogramme (tasks) wird durch den Mehrbenutzerbetrieb (multi user mode) von Rechnern ausgenutzt. Diese Betriebsart ist von Betriebssystemen sequentieller Rechner bestens bekannt und wird auf ihnen durch ein Zeitscheibenverfahren (time-multiplex) emuliert. Durch den erhöhten Zeitaufwand der Betriebssystemfunktionen für den Mehrbenutzerbetrieb wird die Laufzeit der einzelnen Tasks verlängert. Die Ausnutzung dieser Parallelitätsebene steigert im wesentlichen den Durchsatz an Benutzerprozessen, nicht aber die Abarbeitungsgeschwindigkeit eines Programms. In parallelen Systemen mit wenigen Prozessoren können die Benutzerprozesse und unter Umständen auch die Betriebssystemprozesse auf die parallelen Prozessoren verteilt werden. Dadurch kann für ein solches System die Zuteilungszeit für einen lauffähigen Benutzerprozeß deutlich gesteigert werden und damit die Laufzeit der Applikation verringert werden, aber leider nicht unter die Laufzeit des Prozesses auf einem sequentiellen System mit einem Prozessor ohne Zeitscheibenverfahren. Bei massiv parallelen Systemen wird diese Ebene der Parallelität auf Grund der komplexen Kontrollvorgänge, speziell im Betriebssystem, selten mit dem notwendigen Leistungsgewinn ausgenutzt werden können und wird hier nicht weiter betrachtet.

Die Tabelle 4.1 gibt eine Übersicht über die Parallelitätsebenen, ihren Parallelitätsgrad und die sich daraus ergebenden Architekturformen.

Parallelitäts-ebene	potentieller Parallelitäts-grad	Erkennung der Parallelität und Aufteilung in Teilaufgaben durch	Architekturformen
kooperierende Prozesse	hoch	Anwender Algorithmus	Multiprozessorsysteme mit verteiltem *lokalen* Speicher nachrichtenorientierte Parallelrechner
Daten-strukturen	hoch	Anwender auf Sprachebene	Vektorrechner Feldrechner
Anweisungen und Schleifen	niedrig bis hoch	Compiler	Multiprozessorsysteme mit *gemeinsamem* Speicher 'multi-threaded' Architekturen
Maschinen-befehle	niedrig	Compiler	superskalare Prozessoren 'very long instruction word' - Prozessoren Datenflußrechner

Tab. 4.1: Parallelitätsebenen und ihre Architekturformen

Die Nutzung mehrerer verschiedener Parallelitätsebenen in den Architektur-formen ist durchaus möglich und nur eine Frage des erreichbaren Leistungs-gewinns. Die Pfeile in der Tabelle deuten diese übergreifenden Nutzungen an. Nachfolgend werden die einzelnen Parallelitätsebenen ausführlicher be-schrieben.

Die Parallelitätsebene der *kooperierenden Prozesse* ist eine häufig genutz-te Ebene. Sie beruht auf dem grundlegenden Konzept des Prozesses. Die Definition des Prozesses ist für die nachfolgende Beschreibung hilfreich.

> *Ein Prozeß ist eine funktionelle Einheit, bestehend aus einem zeitlich invariantem Programm, einem Satz von Daten, mit dem der Prozeß initialisiert wird und einem zeitlich varianten Zu-stand [25].*

Auf sequentiellen Rechnern ist der Prozeß im wesentlichen eine Einheit, dessen Adreßraum gegenüber anderen Prozessen geschützt ist. Ein solcher

Prozeß mit Adreßraumschutz wird als schwergewichtiger Prozeß bezeichnet und ist auch die Einheit, die auf der Benutzerprozeßebene verwendet wird. Die Kommunikation der Prozesse erfolgt durch die Mechanismen der Prozeßkommunikation (inter-process-communication — IPC). Beim Client-Server Modell [60] liegt die Aufteilung der Prozesse in dienstanfordernde (client) und diensterbringende (server) bereits vor und kann dadurch speziell auf dem Server einfach genutzt werden.

Wird die Zerlegung einer Anwendung für die parallele Ausführung auf einem Parallelrechner vorgenommen, so ist ein Adreßraumschutz für diese Prozesse unerwünscht, da sie ja in einem gemeinsamen Adreßraum miteinander kooperieren sollen. Solche kooperierenden Prozesse im gleichen Adreßraum bezeichnet man als leichtgewichtig. Sind diese Prozesse voneinander datenunabhängig, so können sie parallel ausgeführt werden und sind damit konkurrent. Die Kommunikation der kooperierenden Prozesse kann entweder durch gemeinsame Daten (memory sharing) oder durch expliziten Nachrichtenaustausch (message passing) erfolgen. Im Abschnitt Kommunikation und Synchronisation wird auf diese Problematik noch näher eingegangen.

Um einen Leistungsgewinn auf dieser Ebene zu erzielen, muß man die in kooperierende Prozesse aufgeteilte Applikation auf entsprechende Verarbeitungseinheiten verteilen (mapping) und die Prozesse dürfen keine zu starken Datenabhängigkeiten aufweisen. Als Verarbeitungseinheiten verwendet man parallel arbeitende Prozessoren mit jeweils eigenem Instruktionsstrom. Diese Architekturform wird nach Flynn [20] als Parallelrechner mit mehrfacher Instruktionsverarbeitung und mehrfacher Datenverarbeitung (multiple instruction-multiple data stream — MIMD) bezeichnet.

Datenstrukturen bieten eine weitere Ebene der Nutzung von Parallelität. Als Beispiel sei die Verwendung von Vektoren und Matrizen angeführt, die für die Lösung von numerischen Problemen oft benutzt werden. Die Addition oder Multiplikation zweier Vektoren besteht aus datenunabhängigen Teiloperationen auf den Elementen des Vektors und kann damit konkurrent ausgeführt werden. Desweiteren ist die Adressierungsfunktion für den Zugriff auf die Elemente vorgegeben und ermöglicht damit auch den parallelen Zugriff auf die Elemente. Die Ausnutzung der Datenparallelität erfordert entweder Programmiersprachen mit Datenstrukturtypen [25] und darauf definierten Operationen [21] oder vektorisierende Compiler, die aus den Schleifen für die Beschreibung der Vektoroperationen die Maschinenbefehle für die Vektorverarbeitung erzeugen. Diese Datenparallelität bei strukturierten

Daten führt zu der Architekturform, in der mit einer Instruktion mehrere Datenoperationen ausgeführt werden und die als SIMD-Architektur (single instruction-multiple data stream) bezeichnet wird.

Die Parallelitätsebene der *Anweisungen und Schleifen* enthält, betrachtet man nur die Basisblöcke (Anweisungen zwischen zwei Kontrollflußverzweigungen), relativ wenig Parallelität (2-3). Versucht man die Beschränkungen durch die Kontrollflußverzweigungen zu überwinden, so ergeben sich recht große Parallelitätsgrade [48], wobei der Parallelitätsgrad eine Maßzahl für die möglichen parallelen Aktivitäten darstellt.

Analyseverfahren von Compilern, die über Kontrollflußgrenzen hinausgehen, wurden zur Erkennung und Nutzung dieser Parallelitätsebene entwickelt [49, 23, 18]. Auch Schleifeniterationen von Berechnungen [10, 40] kann man auf diese Weise für die Ausnutzung der Parallelität heranziehen und dann ergeben sich erhebliche Gewinne, die zum Teil natürlich von den zugrundeliegenden Datenstrukturtypen stammt. Im Gegensatz zu den Vektoroperationen können aber auf dieser Ebene die Anweisungen innerhalb der Schleifen von größerer Allgemeinheit sein und müssen nicht auf Vektoroperationen abbildbar sein. Die Nutzung dieser Parallelitätsebene führt zu mehreren recht unterschiedlichen Architekturformen. Ihre gemeinsame Eigenschaft ist die enge Kopplung der Verarbeitungseinheiten, die den Aufwand für die Ablaufsteuerung und die Synchronisation zwischen den Verarbeitungseinheiten gering hält. Auch die mehrfädigen Architekturen nutzen diese Parallelitätsebene und versuchen die Latenzzeit der Synchronisation in der Berarbeitungszeit weiterer Basisblöcke zu verstecken.

Die Parallelitätsebene der *Maschinenbefehle* enthält die Elementaroperationen, die zur Lösung von arithmetischen Ausdrücken benötigt werden. Da diese Datenabhängigkeiten aufweisen, ist eine der wichtigsten Aufgaben des Compilers eine Datenabhängigkeitsanalyse zu erstellen, die es ermöglicht, den Abhängigkeitsgraph so zu transformieren, daß sich ein hohes Maß an konkurrenten Operationen ergibt[37]. Die Ausnutzung dieser Parallelität geschieht durch parallele Funktionseinheiten innerhalb der Verarbeitungseinheiten. Die Ablaufsteuerung wird vom Compiler bereits zur Übersetzungszeit geplant oder zur Laufzeit von effizienten Hardwareresourcen innerhalb der Verarbeitungseinheiten ausgeführt. VLIW-Prozessoren (very long instruction word), superskalare Prozessoren und Pipeline-Prozessoren sind die Verarbeitungseinheiten, mit denen diese Parallelitätsebene gut ausnutzbar ist, allerdings immer nur so gut, wie der Compiler die dafür notwendigen

Optimierungen beherrscht. Die feinkörnigen Datenflußsysteme nutzen ebenfalls diese Ebene, erkennen aber die parallel ausführbaren Operationen zur Laufzeit durch die in Hardware realisierte Datenflußsynchronisation.

Den Ebenen der Parallelität entsprechend kann man eine Körnigkeit oder Granularität der Parallelarbeit feststellen. Jede Ebene besitzt eine ihr eigene Granularität, die im folgenden nach [36] definiert wird:

Grob-körnige Parallelität ist die Art von Parallelität, die zwischen grossen Teilen von Programmen, weit oberhalb der Prozedurebene, im gemeinsamen Adreßraum der Applikation existiert (coarse-grain parallelism).

Fein-körnige Parallelität ist die Art von Parallelität, die man auf der Ebene von Instruktionen innerhalb eines oder auch zwischen wenigen Basisblöcken (basic blocks) von seriellen Programmen findet (fine-grain parallelism).

Für die bei numerischen Problemen sehr häufig autretenden Schleifeniterationen, die eine der wesentlichen Quellen der Parallelität in numerischen Programmen ist, wird häufig auch noch die Definition der mittel-körnigen Granularität verwendet:

Mittel-körnige Parallelität ist die Art von Parallelität, die zwischen längeren Sequenzen von Instruktionen existiert. Sie tritt hauptsächlich bei Schleifeniterationen auf und stammt im wesentlichen von der datenparallelen Verarbeitung von strukturierten Datenobjekten (loop-level parallelism).

4.3   Unterscheidung der Parallelrechner nach dem Operationsprinzip

Als grobes Unterscheidungsmerkmal kann die von Flynn [20] eingeführte Klassifikation verwendet werden, die trotz ihrer unzulänglichen Beschreibung sehr weit verbreitet ist. Sie unterteilt Rechner in vier Klassen, die sich durch die Anzahl der gleichzeitig vorhandenen Instruktions- und Datenströme unterscheiden.

- SISD — 'single instruction - single data stream'

- SIMD — 'single instruction - multiple data stream'

- MISD — 'multiple instruction - single data stream'

- MIMD — 'multiple instruction - multiple data stream'

Die Klasse der SISD-Systeme beschreibt die konventionellen von Neumann-Architekturen, die weit verbreitet sind und auch in Parallelrechnern als Prozessoren für die Verarbeitungseinheiten Verwendung finden. Die Klasse der MISD-Systeme ist von untergeordneter Bedeutung und bis auf einige wenige spezielle Realisierungen leer. Auch sind auf Grund der groben Unterteilung viele verschiedene Typen von Parallelrechnern in der MIMD-Klasse enthalten. Die Klassen der SIMD- und MIMD-Systeme sind die für Parallelrechner relevanten und unterscheiden sich in ihren Operationsprinzipien sehr voneinander. Unter dem Operationsprinzip versteht man das funktionelle Verhalten der Architektur, welches auf der zugrunde liegenden Informations- und Kontrollstruktur basiert. Eine Taxonomie der Parallelrechner nach diesen Unterscheidungsmerkmalen findet sich in Kapitel 2. Die Operationsprinzipien von SIMD- und MIMD-Architekturen sollen im folgend ausführlicher betrachtet werden.

4.4   SIMD-Architekturen

Unter dieser Architekturform versteht man die Rechner, die als Kontrollstruktur nur einen Instruktionsstrom besitzen, aber mit einer Instruktion mehrere Datenelemente einer Datenstruktur verarbeiten können. Die Informationsstrukturen für eine solche Verarbeitung sind geordnete Datenmengen in der Form von Vektoren und Matrizen. Die Ausnutzung der expliziten Parallelität von Vektor- und Matrixoperationen kann auf unterschiedliche Weise erfolgen. Wird die Verarbeitung der Elemente eines Vektors nach dem Pipeline-Prinzip [55] durchgeführt, so erhält man die Form des Vektorrechners. Werden die Elemente mittels paralleler Verarbeitungseinheiten (processing elements — PE) gleichzeitig bearbeitet, so ergibt sich die Form des Feldrechners (array of processing elements). Beiden gemeinsam ist die zentrale Steuerungsinstanz, die die Instruktionsausgabe an die parallelen Recheneinheiten steuert.

Vektorrechner besitzen neben der Ausführungseinheit für Skalare spezielle optimierte Einheiten für die Verarbeitung von Vektoren. Ihre weite Verbreitung beruht auf der Tatsache, daß sie in der gewohnten sequentiellen Weise programmiert werden und daß sie die in den Vektoroperationen enthaltene Datenparallelität durch die einfache Hardwarestruktur der Pipeline effizient nutzen können. Weiterhin erlauben vektorisierende Compiler für sequentielle Programmiersprachen (z.B. Fortran 77) die automatische Umsetzung von Schleifen in die in der Maschine vorhandenen Vektorinstruktionen.

Die Verarbeitung eines Vektors erfolgt nach dem Fließbandverfahren (pipeline). Dafür wird die Operation in möglichst gleichlange Teiloperationen zerlegt, die dann wie in einem Montagefließband zeitsequentiell hintereinander in den verschiedenen Stufen bearbeitet werden. Die Ausführungen der verschiedenen Teiloperationen überlappen sich dabei für die einzelnen Vektorelemente. Der Gewinn einer Pipelineverarbeitung gegenüber der sequentiellen Verarbeitung ist für lange Vektoren gleich der Stufenzahl der Pipeline [30]. Mehrere Verarbeitungseinheiten (z.B. Multiplikation und Addition) können meist auch in einer längeren Kette hintereinander geschaltet werden (chaining), um die verketteten Operationen mit nur einem Strom von Vektorelementen bearbeiten zu können.

Die Vektoreinheit enthält Vektorverarbeitungspipelines, die die datentransformierenden Operationen ausführen. Die Vektorregister dienen als schnelle Zwischenspeicher für eine größere Anzahl von Vektorelementen. Die Verarbeitung erfolgt mit einer Maschineninstruktion zwischen den schnellen Vektorregistern (register-to-register vector architecture). Ohne Vektorregister muß der Datenstrom direkt aus dem Hauptspeicher zu den Verktorverarbeitungspipelines geführt werden und die Verarbeitung erfolgt aus dem Hauptspeicher (memory-to-memory vector architecture). Der Hauptspeicher wird in beiden Architekturen mehrfach verschränkt ausgeführt, um den hohen Bandbreitenanforderungen der Pipelineverarbeitung gerecht werden zu können. Ein klassischer Vertreter dieser Architekturform ist die CRAY 1 [31].

Feldrechner nutzen die Nebenläufigkeit von parallelen Verarbeitungseinheiten. Eine parallele Verarbeitungseinheit (processing element — PE) kann datentransformierende Operationen vornehmen, ist aber bei der Ablaufsteuerung direkt von der zentralen Steuerungsinstanz abhängig. Sie besitzt keine Hardware zur Programmflußkontrolle.

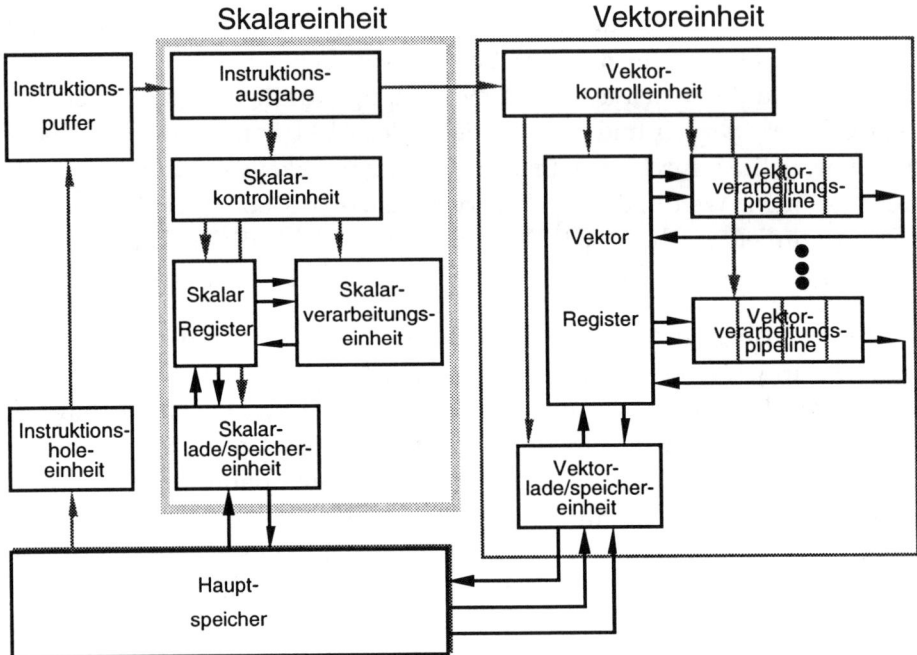

Abb. 4.1: Architektur eines Vektorrechners

Um die Flexibilität eines Feldrechners aus solchen PEs zu erhöhen, wird häufig zusätzlich die Maskierung jeder Datenoperation ermöglicht. Dadurch können einzelne Operationen des Rechenablaufs in jedem PE in Abhängigkeit von der Maskierungsinformation unterdrückt werden. Ein typischer Vertreter des Feldrechners ist die Connection-Maschine CM-2 der Firma Thinking Machines [28].

Eine besondere Form des Feldrechners ist das systolische Array [38]. Es ist meist eine zwei- oder dreidimensionale Gitteranordnung von Verarbeitungselementen. Die Verarbeitung der Daten erfolgt taktsynchron im Pipelineverfahren. Ihr Name stammt von der wellenförmigen Bearbeitungsaktivität in dem Feld der PEs, die durch die Taktsynchronisation hervorgerufen wird.

Trotz der großen Erfolge von SIMD-Architekturen (viele „Supercomputer" gehören in diese Klasse: Cray Y, NEC SX2, CM-2, etc.) ist die Ausführung nur eines Instruktionsstromes eine zu starke Einschränkung für die Ausnutzung der Parallelität auf allen Ebenen.

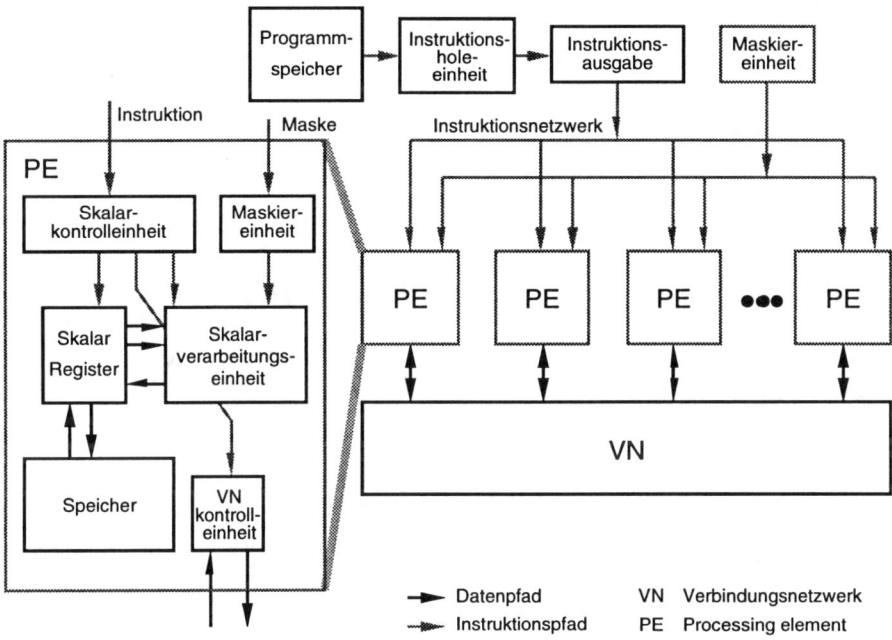

Abb. 4.2: Architektur des Feldrechners

Mit der Verbesserung der Programmierwerkzeuge für Systeme mit mehrfachen Instruktionsströmen können MIMD-Systeme mehr Parallelität ausnutzen und einen größeren Anwendungsbereich erschließen.

4.5 MIMD-Architekturen

MIMD-Architekturen verfügen im Gegensatz zu den SIMD-Architekturen über keine zentrale Steuerungsinstanz. Die Verarbeitungseinheiten können verschiedene Programmsequenzen autonom bearbeiten (lokale Autonomie) und verfügen damit jeweils über einen eigenen Programmzähler. Um die Verarbeitungseinheiten kostengünstig realisieren zu können, greift man häufig auf hochintegrierte Standard-Prozessoren (off-the-shelf processor) zurück. Diese erlauben durch ihre weite Verbreitung in Arbeitsplatzrechnern (workstations) oder eingebetteten Systemen die synergistische Nutzung des technologischen Fortschritts bei der Prozessorentwicklung und die Verwendung vieler sequentieller Softwarepakete für die Entwicklung oder Portierung von

Anwendungen auf den MIMD-Parallelrechner. Aber auch Prozessorentwicklungen mit Eigenschaften speziell optimiert für die Anwendung in MIMD-Parallelrechnern sind in kommerziellen Systemen zu finden. Der Transputer [32] ist eine der Entwicklungen, die bereits zu einem sehr frühen Zeitpunkt einen Prozessor mit einer Kommunikationseinheit auf einem Siliziumbaustein vereinte.

4.5.1   Einteilung der MIMD-Architekturen

MIMD-Architekturen lassen sich bezüglich verschiedener Merkmale unterscheiden, welche in Abbildung 4.3 dargestellt sind.

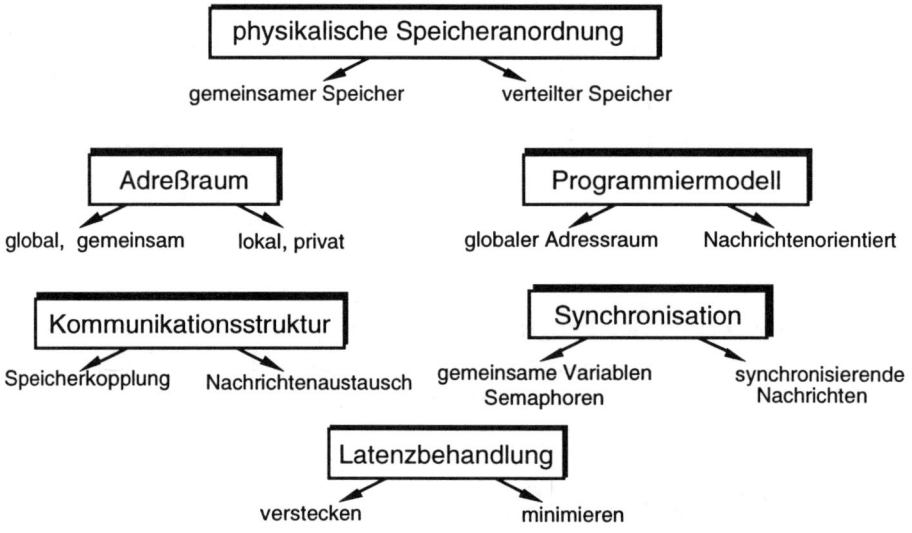

Abb. 4.3: Merkmale von MIMD-Architekturen

Diese Merkmale sind orthogonal zueinander, wobei in speichergekoppelten Systemen nur das Programmiermodell des gemeinsamen Adressraums verwendet wird, da es keine Datenverteilung erfordert und somit einfacher zu handhaben ist. Die physikalische Speicheranordnung ist eines der meistbenutzten Unterscheidungsmerkmale, womit sich die MIMD-Systeme in zwei Hauptkategorien einteilen lassen:

- speichergekoppelte Systeme (shared memory architectures)
- Systeme mit verteiltem Speicher (distributed memory architectures)

Bei dieser Unterteilung sollte beachtet werden, daß die physikalische Anordnung des Speichers sich durchaus von der logischen Sicht des Adreßraums unterscheiden kann. Die Bezeichnung des gemeinsamen Speichers (shared memory) wird sowohl für die physikalische Anordnung als auch für die logische Sicht des Adreßraums verwendet.

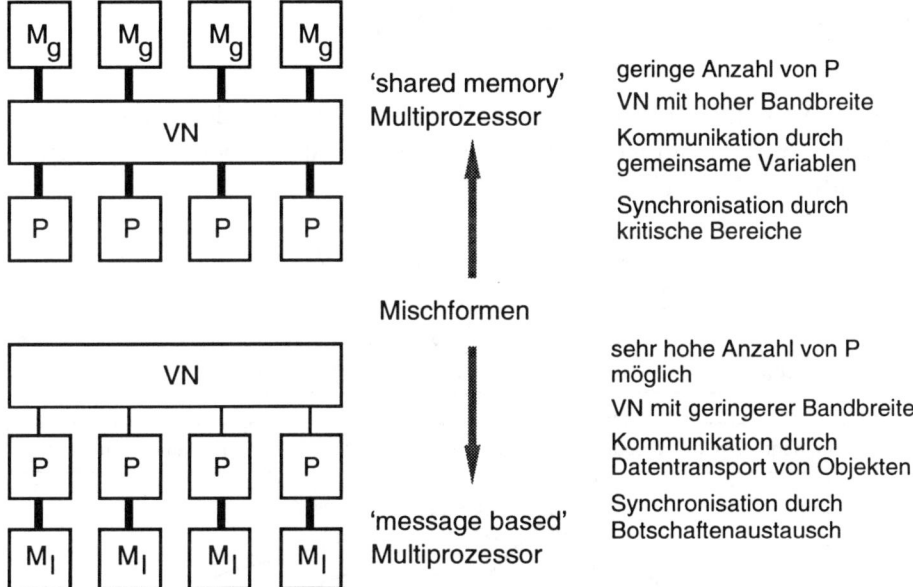

Abb. 4.4: Globale Architektur von MIMD-Parallelrechnern

Die weiteren Merkmale sind stark durch diese physikalische Struktur der Speicherankopplung beeinflußt.

Bei Systemen mit gemeinsamem Speicher finden wir fast ausschließlich den globalen, gemeinsamen Adreßraum als Programmiermodell mit den gemeinsamen Variablen zur Synchronisation vor.

Bei Systemen mit physikalisch verteiltem Speicher ist zu unterscheiden, ob die Prozessoren ausschließlich auf ihre zugeordneten lokalen Speicher zugreifen können (verteilter *lokaler* Speicher) und der Datenaustausch explizit durch Nachrichten erfolgen muß, oder ob ein Prozessor auch Zugriff auf die Speicher der anderen Prozessoren hat (verteilter *gemeinsamer* Speicher). Die zwei unterschiedlichen Sichtweisen des Adreßraums — *lokaler* oder *gemeinsamer* — unterteilt die MIMD-Rechner mit verteilem Speicher in zwei vom Programmiermodell recht unterschiedliche Architekturformen. Es sollte beachtet werden, daß bei den Architekturbezeichnungen oft bei den Systemen mit verteiltem *globalen* Speicher (*distributed* shared memory) die Bezeichnung der physikalischen Verteilung des Speichers weggelassen wird und nur die Sicht des Adreßraums hervorgehoben wird, wohingegen bei den Systemen mit verteiltem *lokalen* Speicher (distributed *local* memory) allein die physikalische Verteilung die Bezeichnung dominiert.

Aus den beiden Unterscheidungsmerkmalen Programmiermodell und Latenzbehandlung lassen sich die MIMD-Architekturen (nach Giloi [25]) wie in Abbildung 4.5 einteilen.

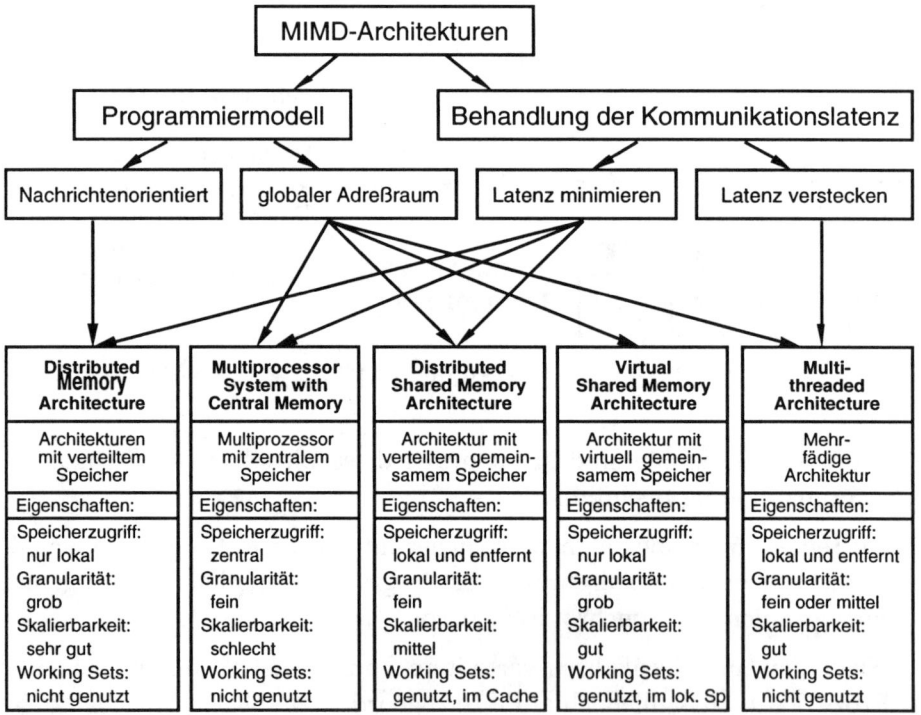

Abb. 4.5: Architekturunterscheidung nach Programmiermodell und Latenz

Im folgenden soll nun die Unterscheidung nach der physikalischen Speicherstruktur näher beschrieben werden.

4.5.2 Gemeinsamer Speicher

In Architekturen mit gemeinsamem Speicher (shared memory architecture) arbeiten die Prozessoren auf einem von allen Prozessoren zugänglichen Speicher. Das Verbindungsnetzwerk stellt die Transportwege für die zu übertragenden Daten von den Speichern zu den Prozessoren zur Verfügung. Die erforderliche Speicherbandbreite läßt sich nur durch mehrere parallele Speichermodule aufbringen. Entscheidend für die Architekturform ist, daß die Kommunikation zwischen den Prozessoren über gemeinsame Daten (shared variables) im gemeinsamen Adreßraum des Speichers erfolgt. Bei der Zugriffsweise auf den Speicher lassen sich im wesentlichen drei Klassen von Architekturen unterscheiden:

- gleichförmiger Speicherzugriff (uniform memory access — UMA)

- ungleichförmiger Speicherzugriff (non-uniform memory access — NUMA)

- nur Cachespeicherzugriffe (cache-only memory architecture — COMA)

Bei der UMA-Architektur ist die Zugriffsweise aller Prozessoren auf die Speichermodule identisch. Die Abbildung 4.6 zeigt die prinzipielle Anordnung der einzelnen Komponenten in einem UMA-Parallelrechner mit gemeinsamem Speicher.

Da sich Prozessoren und Speichermodule wie in einem Tanzsaal gegenüberstehen, wird diese symmetrische Form des Parallelrechners auch als Tanzsaal-Architektur (dance-hall architecture) bezeichnet. Alle Prozessoren haben bei dem Zugriff auf den zentralen Speicher eine gleichförmige Zugriffslatenz. Die Anzahl der Prozessoren und der Speichermodule muß aber nicht notwendigerweise gleich sein. Der Zugriff auf die Daten dieses speichergekoppelten Systems wird durch das Verbindungsnetzwerk zwischen den Prozessoren und den Speichermodulen ausgeführt. Die Datenzugriffe erfolgen von den Prozessoren durch elementare Lade- und Speicherbefehle. Vertreter dieser Architekturform sind das Symmetry-System S81 von Sequent und der Challenge Rechner von Silicon Graphics, deren Verbindungsnetzwerk durch ein schnelles Bussystem realisiert wird. Die Speicheranordnung der CRAY-X/MP [56] und der CRAY-Y/MP ist ebenfalls dieser Architekturklasse zuzurechnen, allerdings gehören diese beiden Rechner vom Operationsprinzip in die erweiterte Klasse der MIMD/SIMD-Rechner, da die vier Prozessoren

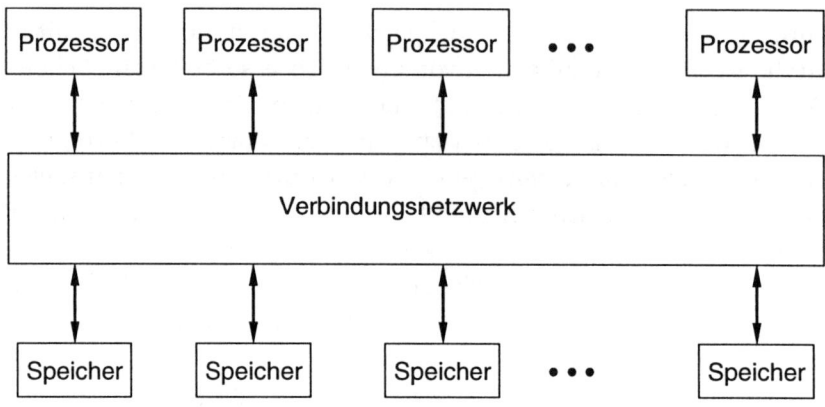

Abb. 4.6: UMA-Parallelrechner mit gemeinsamem Speicher

jeweils über Vektoreinheiten verfügen. Das Verbindungsnetzwerk benötigt bei dieser Speicheranordnung eine recht hohe Bandbreite, um allen Prozessoren einen möglichst schnellen und konfliktfreien Zugriff auf die Daten zu ermöglichen. Diese Anforderungen lassen sich nur bei einer geringen Anzahl von Prozessoren erfüllen, so daß die existierenden UMA-Architekturen mit gemeinsamem Speicher nur über eine sehr begrenzte Anzahl von Prozessoren verfügen. Das Verbindungsnetzwerk stellt hierbei die entscheidende Begrenzung für die Skalierbarkeit dar.

Um die hohen Anforderungen an das Verbindungsnetzwerk abzumildern, kann man die Speichermodule den einzelnen Prozessoren lokal zuordnen und nur den globalen Zugriff über das Verbindungsnetzwerk ausführen oder eine Speicherhierarchie verwenden. In beiden Fällen werden die Zugriffszeiten ungleichförmig und man erhält eine NUMA-Architektur.

Der Parallelrechner FX 2800 von Alliant [39] mit einem Kreuzschienenverteiler (crossbar) als Verbindungsnetzwerk und Cache- Speicher ist ein Beispiel für die NUMA-Architektur.

Der Einsatz von Cache-Speichern bei den Prozessoren führt für Daten (nicht für Instruktionen; keine Schreiboperationen auf Code!) auf das Problem der Cache-Kohärenz [17]. Da jetzt lokale Kopien des Hauptspeichers in den Caches der Prozessoren existieren, muß mit Hilfe von Konsistenzprotokollen

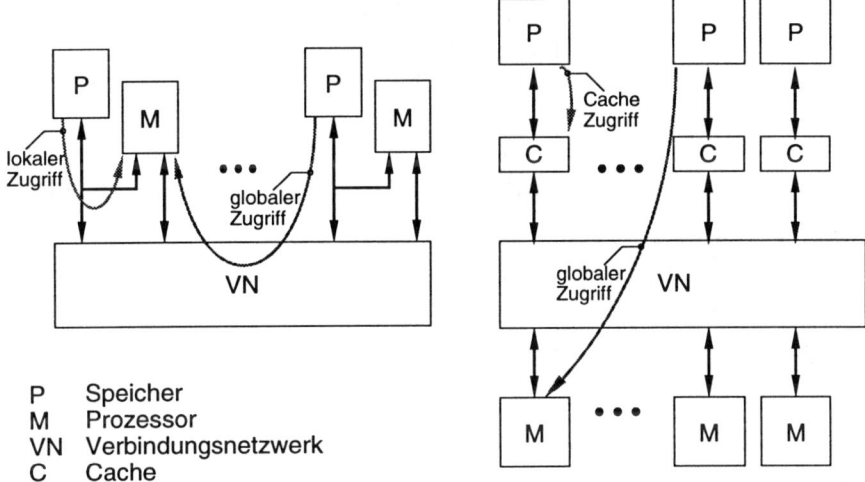

P   Speicher
M   Prozessor
VN   Verbindungsnetzwerk
C   Cache

Abb. 4.7: NUMA-Architekturformen

die Gültigkeit der Daten gewährleistet werden. Für Architekturen mit einem Bus als Verbindungsnetzwerk kann die Cache-Kohärenz z.B. durch
das MESI-Protokoll gewährleistet werden. Dafür muß jeder Cache-Speicher
die Bustransfers überwachen (snooping) und die Cache-Einträge gemäß den
Protokollzuständen (modified, exclusive, shared, invalid) verwalten. Solche
Systeme sind nur bedingt erweiterbar, da die Transferleistung vom Bus begrenzt ist. Die Einhaltung der Cache-Kohärenz bei anderen VN ist wesentlich aufwendiger und bedarf der Hardwareunterstützung. Das SCI-Protokoll
(scalable coherent interface) und seine Implementierung durch einen schnellen seriellen Verbindungskanal stellt eine mögliche Lösung dar. Eine solche
Realisierung ist der SPP-Parallelrechner von Convex.

Bei der COMA-Architektur werden die Speichermoduln ausschließlich als
Cache-Speicher benutzt.

Alle Cache-Speicher befinden sich in einem globalen Adreßraum und der
Zugriff auf die entfernt liegenden Caches wird durch ein 'cachedirectory'
[42] unterstützt. Die Datenobjekte werden durch den Cachemechanismus
zu dem Prozessor transportiert, von dem sie zur Berechnung angefordert
werden [22].

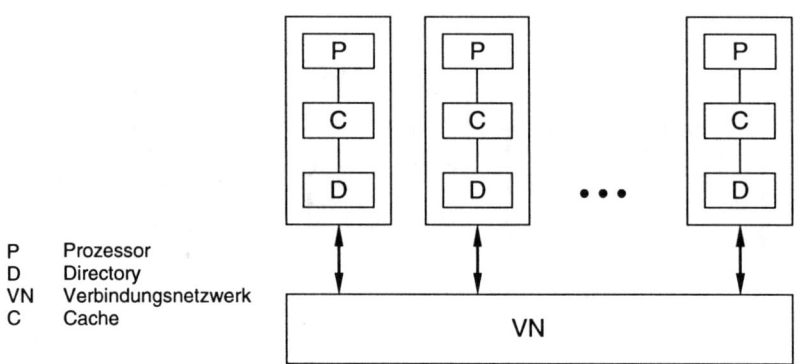

Abb. 4.8: COMA-Architektur

4.5.3   Verteilter Speicher

In Architekturen mit verteiltem Speicher (distributed memory architecture) sind die einzelnen Speichermodule über das System verteilt und typischerweise den Prozessoren physikalisch zugeordnet. Hat jeder Prozessor nur Zugriff auf seinen lokalen Speicher, so spricht man von einem verteilten Speicher mit lokalem Adreßraum (distributed *local* memory). Eine solche Architektur kann somit keine Zugriffe auf Speicher anderer Knoten durchführen (no-remote memory access — NORMA) und wird auch als NORMA-Architektur bezeichnet.

Die Verbindung der Prozessoren untereinander erfolgt über das Verbindungsnetzwerk. Das Verbindungsnetzwerkinterface (VNI), der Prozessor und der lokale Speicher bilden eine Funktionseinheit, die als Knoten (Verarbeitungsknoten) bezeichnet wird. Sind alle Knoten im System gleich, so liegt ein symmetrischer Parallelrechner vor. Asymetrische Systeme entstehen durch Knotentypen, deren Funktionen erweitert oder spezialisiert sind. Solche Funktionseinheiten bezeichet man typischerweise als Spezial-Knoten, wobei je nach Funktion die Namensgebung erfolgt (z.B. Ein-/Ausgabe-Knoten).

Die Abbildung 4.9 zeigt die prinzipielle Struktur eines Parallelrechners mit verteiltem Speicher.

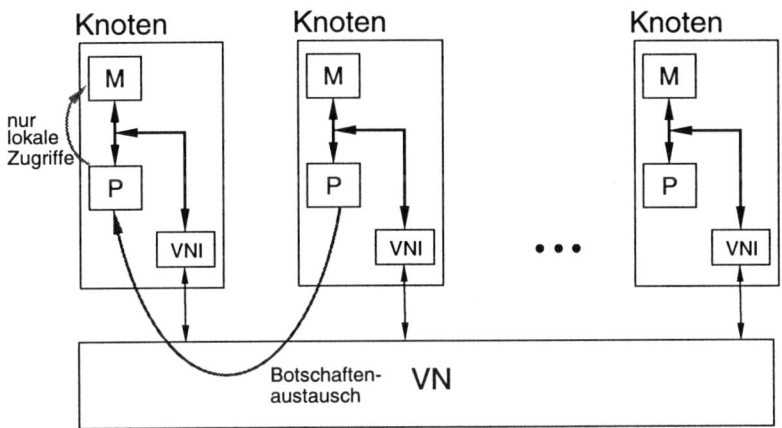

Abb. 4.9: Parallelrechner mit verteiltem Speicher

Die Prozessoren besitzen eine sehr enge Verbindung zu ihren lokalen Speichermodulen, die damit über eine sehr hohe Zugriffsbandbreite und eine geringe Latenz verfügen. Die Verbindung der Knoten untereinander erfolgt nur über die Schnittstelle zum Verbindungsnetzwerk, die in den meisten Parallelrechnern dieses Typs eine geringere Bandbreite besitzt als das Speicherinterface.

Die Kommunikation erfolgt ausschließlich über den Austausch von Nachrichten oder Botschaften (messages). Das Verbindungsnetzwerk kann von geringerer Leistung und höherer Latenz sein als bei der Realisierung des gemeinsamen Speichers, wenn es möglich ist, die Daten in den lokalen Speichern zu halten. Eine große Zahl von numerischen Applikationen zeigt diese ausgeprägte Lokalität der Daten, hervorgerufen z.B. durch die physikalische Anordnung des Lösungsraumes.

4.5.4 Kommunikation und Synchronisation

Die Unterscheidung der MIMD-Rechner bezüglich ihrer Merkmale Programmiermodell, Kommunikationsstruktur, und Synchronisation führt auf die zwei Hauptkategorien, die in Kapitel in 2 näher beschrieben sind:

- speichergekoppelte Architekturen

- nachrichtenorientierte Architekturen

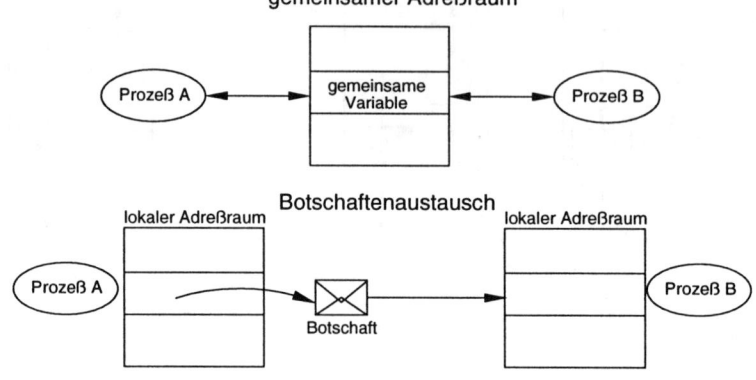

Abb. 4.10: Kommunikation in Parallelrechnern

Die *speichergekoppelten Architekturen* können über gemeinsame Variablen im gemeinsamen Adreßraum kommunizieren (shared variable communication). Arbeiten diese Prozesse kooperierend auf gemeinsamen Daten, so können sie auf diese Daten jederzeit zugreifen und sie auch verändern. Muß der Zugriff in der vom Programm gewünschten Ordnung erfolgen, so muß die logische Reihenfolge durch die Synchronisation zwischen den Prozessen sichergestellt werden. Dazu können kritische Bereiche oder Barrieren eingeführt werden, durch die der Zugriff der leichtgewichtigen Prozesse auf diese gemeinsamen Daten koordiniert wird. Die Zugangskontrolle zu den kritischen Bereichen kann im einfachsten Fall durch Semaphorevariablen [15] erfolgen. Für die Implementierung der Semaphore ist eine unteilbare Speicheroperation sehr hilfreich. Einige der verschiedenen Varianten der atomaren Speicherzugriffe sind:

- read-modify-write

- test-and-set

- lock-unlock

- load-linked and store conditional

- fetch-and-add

Sie beruhen zum größtenTeil auf der Idee, daß für die Sequenz des Lesens, Modifizierens und des Zurückspeicherns andere Speicherzugriffe auf diese Speicherzelle unterbunden werden. Bei einem einfachen Verbindungsnetzwerk, wie dem Bus, kann dazu ein Signal benutzt werden, welches die Arbitrierung für die atomare Operation unterbindet. Bei komplexeren Netzwerken ist eine Hardwareunterstützung zur Implementierung der atomaren Operation nötig. Die Synchronisation mit Hilfe von gemeinsamen Variablen ist mit dem Nachteil verknüpft, daß ein Prozeß, während er auf die Zuteilung eines kritischen Bereiches wartet, die Synchronisationsvariable ständig abfragt und damit wertvolle Bandbreite auf dem Verbindungsnetzwerk konsummiert. Verwendet man ein speziell für die Synchronisationsoperationen optimiertes zusätzliches Verbindungsnetzwerk [4, 9], so kann man diesen Nachteil vermeiden und besitzt im VN zum Speicher weiterhin die volle Bandbreite.

In einigen Parallelrechnersystemen findet man zur Unterstützung der Datensynchronisation ein erweitertes Speicherwort, in dem der Zustand (voll, leer) der Speicherzelle vom Speichercontroller abgelegt wird und bei speziellen Speicherzugriffen eine atomare Synchronisationsoperation ausgeführt wird. Mit dieser Methode ist eine 'producer-consumer' Synchronisation auf jeder Speicherzelle möglich. Auch für die Prozeßynchronisation sind Vorschläge für die Verwendung separater VN bekannt, die z.B. die Verluste für die Synchronisation an einer Barriere [54] sehr gering halten.

Im Falle der *nachrichtenorientierten Architekturen* existiert kein gemeinsam zugänglicher Adreßraum. Die Daten müssen auf die lokalen Speicher der Prozessoren verteilt werden und die benötigten Datenobjekte werden durch Botschaftenaustausch in dem lokalen Adreßraum des Empfangsprozesses verfügbar gemacht. Bei dieser Nachrichtenkommunikation (inter process communication) kann die Synchronisation der Prozesse je nach verwendeter Kommunikationsroutine enthalten sein oder nicht. Erfolgt die Synchronisation für die Übertragung, so spricht man von synchroner Kommunikation. Hierfür werden die blockierenden Primitiven 'send' und 'receive' verwendet. Asynchrone Kommunikation kann auch dann stattfinden, wenn beide Prozesse nicht an einem Synchronisationspunkt angekommen sind. Die bekannten prozeßorientierten Kommunikationsfunktionen sind:

- remote process invocation non-blocking send

- remote procedure call blocking send

- rendez vous blocking send, reply, blocking wait
- asynchronous-no-wait-send non-blocking send, blocking wait

Bei dem 'remote process invocation' wird vom sendenden Prozeß ein weiterer Prozeß gestartet und der sendende Prozeß setzt seine Arbeit ohne weitere Kommunikation fort.

Der 'remote procedure call' wird von dem startenden Prozeß benutzt, um eine Prozedur mit Parametern zu starten. Danach blockiert der startende Prozeß und wartet auf das Ergebnis oder die Fertigmeldung der Prozedur.

Beim 'rendez vous' fragt der sendende Prozeß beim empfangenden Prozeß an, wann dieser bereit ist, die auszutauschenden Objekte entgegenzunehmen. Der sendende Prozeß blockiert sofort nach Aussenden der Anfrage und wird erst durch die Bereitmeldung zum Empfangen wieder aktiv. Nach dieser Synchronisation kann die eigentliche Übertragung der Datenobjekte erfolgen.

Beim 'no-wait-send' verschickt der sendende Prozeß die Daten ohne Rücksicht auf den Zustand des empfangenden Prozesses und arbeitet danach weiter. Eine Synchronisation erfolgt erst, wenn der sendende Prozeß an eine Stelle gelangt, wo er ohne den Erhalt einer Rückantwort nicht weiterarbeiten kann.

4.6   Datenflußarchitekturen

Bezüglich ihres zugrundeliegenden Operationsprinzips, bzw. Ausführungsmodells können Rechner in zwei Klassen eingeteilt werden. Diejenigen, die nach dem von Neumann-, oder Kontrollflußprinzip arbeiten und diejenigen, denen ein anderes Operationsprinzip zugrunde liegt (vgl. Kapitel 2). Die überwiegende Mehrzahl der bis heute entwickelten Rechnerarchitekturen basiert auf dem von Neumann-Operationsprinzip. Nicht von Neumann-Operationsprinzipien weisen einen inherent höheren Parallelismus auf und sind daher im Zusammenhang mit Parallelrechnern von besonderer Bedeutung. Eine der interessantesten Klassen von Rechnern, denen nicht das von Neumann-Operationsprinzip zugrunde liegt, ist die Klasse der Datenflußrechner. Datenflußrechnern liegt das sogenannte Datenfluß-Operationsprinzip oder kurz Datenflußprinzip zugrunde. Dieses Operationsprinzip wurde in den 70er Jahren von Jack B. Dennis vorgeschlagen [12, 13]. Obwohl

Datenflußrechner nie einen kommerziellen Durchbruch erlangten, wurden sie seit den ersten Ansätzen von Dennis kontinuierlich weiterentwickelt. Dieser Abschnitt enthält eine Einführung in das Datenflußprinzip und einen kurzen Überblick über die wichtigsten bis heute entwickelten Datenflußrechner.[1]

4.6.1 Das Datenflußprinzip

Die grundlegende Idee des Datenflußprinzips ist: Die Ausführbarkeit der Operationen einer Berechnung allein von der Verfügbarkeit ihrer Eingangsoperanden abhängig zu machen. Das bedeutet, die Reihenfolge der Abarbeitung von Instruktionen in einem Datenflußprogramm wird nur durch deren Datenabhängigkeiten bestimmt und nicht durch einen im Programm vorgegebenen Kontrollfluß. Der dadurch erreichbare Parallelitätsgrad entspricht dem vollständigen Parallelismus der Berechnung. Datenflußarchitekturen sind somit prinzipiell in der Lage, den vollständigen Parallelismus einer Berechnung auf Instruktionsebene auszunutzen.

4.6.1.1 Datenflußgraphen

Der Ablauf einer Berechnung kann durch einen Datenflußgraphen (DFG) dargestellt werden. Elementare Datenflußgraphen sind gerichtete, azyklische Graphen (Abb. 4.11). Die Knoten eines Datenflußgraphen repräsentieren die Operationen einer Berechnung. Die gerichteten Kanten, die die Knoten verbindenden, beschreiben den Datenfluß zwischen den Operationen und somit deren Datenabhängigkeiten. Dementsprechend erfolgt der Transport von Operanden zwischen den Operationsknoten entlang der Kanten. Dabei werden die Kanten mit Marken (tokens) belegt, die jeweils einen Operanden tragen. Die Operationsknoten generieren Marken auf ihren Ausgangskanten und konsumieren die Marken auf ihren Eingangskanten. Zur Vermeidung von Inkonsistenzen darf eine Kante im DFG zu jedem Zeitpunkt nur eine Marke tragen, oder es müssen alle gleichzeitig auf einer Kante befindlichen Marken unterscheidbar sein. Diese Unterscheidung erfolgt durch Etikettierung der Marken. Ein Etikett (tag) bezeichet den Kontext, in dem der Operand steht. Gemäß dem Datenflußprinzip gilt eine Operation als ausführbar,

---

[1]Eine ausführliche Beschreibung der in diesem Abschnitt aufgeführten Datenflußrechner findet sich in [65].

sobald alle ihre Eingangsoperanden verfügbar sind. Übertragen auf Datenflußgraphen bedeutet das, ein Operationsknoten kann schalten, sobald alle Eingangskanten des entsprechenden Operationsknotens mit zueinander passenden Marken belegt sind. In dem in Abbildung 4.11 dargestellten DFG ist die Multiplikation ausführbar.

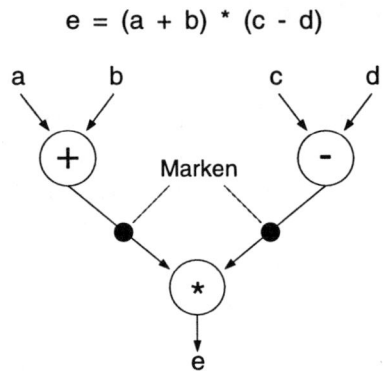

Abb. 4.11: Ein elementarer Datenflußgraph

Elementare Datenflußgraphen sind jedoch nicht geeignet, um Konstrukte wie Fallunterscheidungen oder Schleifen darzustellen. Zur Darstellung derartiger Berechnungskonstrukte werden neben den Operationsknoten noch zwei spezielle Steuerknoten benötigt, deren Schaltverhalten von dem der Operationsknoten abweicht (Abb. 4.12). Diese Steuerknoten ermöglichen die Verzweigung und die Vereinigung von Berechnungsfäden.

BRANCH-Knoten leisten die Verzweigung der Berechnung auf zwei mögliche Fäden. Die Entscheidung, an welchen der Ausgänge eine ankommende Marke weitergeleitet wird, erfolgt gemäß dem Inhalt einer Booleschen Marke, welche dem BRANCH-Knoten über eine Steuerkante zugeführt wird.

Die Vereinigung zweier Berechnungsfäden leisten *MERGE-Knoten*. Sobald eine der beiden Eingangskanten mit einer Marke belegt ist, wird diese auf die Ausgangskante weitergeleitet.

4.6.1.2 Datenflußsprachen

Datenflußgraphen werden zwar als die Basissprache für Datenflußrechner bezeichnet [16], sie sind jedoch in der Praxis für die Programmierung von Datenflußrechnern ungeeignet. Zur Programmierung von Datenflußrechnern

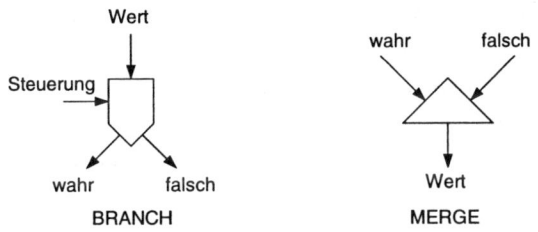

Abb. 4.12: BRANCH- und MERGE-Knoten

wurden im Laufe der Zeit mehrere Datenflußsprachen entwickelt, die zum Teil auf spezielle Datenflußarchitekturen zugeschnitten sind. Im Gegensatz zu imperativen Programmiersprachen weisen Datenflußsprachen kein syntaktisches Konstrukt zur Sequentialisierung von Instruktionen auf. Während bei imperativen, parallelen Sprachen Parallelität durch explizite Sprachkonstrukte definiert wird, sind Datenflußsprachen implizit parallel.

An Datenflußsprachen werden folgende zwei Anforderungen gestellt[1]:

1. Die im Programm enthaltenen Datenabhängigkeiten müssen erkennbar sein.

2. Die Bearbeitungsreihenfolge der Instruktionen muß genau den Datenabhängigkeiten entsprechen, so daß die Aktivierung der Instruktionen allein durch die Verfügbarkeit der Operanden gesteuert wird.

Um diesen Anforderungen zu genügen, weisen Datenflußsprachen zwei wichtige Eigenschaften auf: Lokalität und Seiteneffektfreiheit. Unter Lokalität versteht man die Vermeidung von unnötigen weitreichenden Datenabhängigkeiten, die durch die Mehrfachbenutzung temporärer Variablen entstehen, wie sie in imperativen Programmiersprachen üblich ist. Dadurch wird vermieden, daß die Parallelität unnötig durch *scheinbare Datenabhängigkeiten* eingeschränkt wird. Als scheinbare Datenabhängigkeit wird der Fall bezeichnet, in dem eine Instruktion nicht ausgeführt werden kann, weil die Speicherstelle für das Ergebnis einen Wert enthält, der später noch benötigt wird und deshalb nicht überschrieben werden darf. Die Lokalität wird bei Datenflußsprachen durch das sogenannte *Prinzip der Einmalzuweisung* (single assignment principle) sichergestellt, welches besagt, daß jeder Variable in einem Datenflußprogramm nur einmal ein Wert zugewiesen werden darf.

Das Prinzip der Einmalzuweisung hat einen sehr hohen Speicherplatzbedarf zur Folge, da für jedes Zwischenergebnis eine Speicherstelle zur Verfügung stehen muß. Man kann den Bedarf an Speicherplatz begrenzen, indem man Variablen einen begrenzten Gültigkeitsbereich zuweist und das Prinzip der Einmalzuweisung auf diesen Gültigkeitsbereich einschränkt.

Seiteneffektfreiheit bedeutet, daß die Auswirkungen der Instruktionen im Programm leicht überschaubar sind. Seiteneffekte können dazu führen, daß die Bearbeitungsreihenfolge von Instruktionen nicht mehr genau den Datenabhängigkeiten entspricht. Sie können beispielsweise dadurch entstehen, daß Prozeduren Variablen des aufrufenden Programms verändern. Die Seiteneffektfreiheit ist wesentlich schwieriger zu erreichen, als die Lokalität [1]. Maßnahmen zur Vermeidung von Seiteneffekten sind beispielsweise der Verzicht auf globale Variablen und die Beschränkung auf Wertparameter (call by value) beim Aufruf von Prozeduren.

Bekannte Datenflußsprachen sind LAU, VAL, SISAL und Id. LAU (Langage à Assignation Unique) bezeichnet nicht nur eine Datenflußsprache, sondern auch einen Datenflußrechner [52]. Das LAU-System wurde in den 70er Jahren am Department of Computer Science des ONERA-CERT-Instituts in Toulouse entwickelt. Ein weiteres Beispiel für eine Datenflußsprache, die für einen speziellen Datenflußrechner entwickelt wurde ist GPL als Programmiersprache für den DDM1 Rechner (siehe 4.6.2.2). Die Datenflußsprache VAL (Value Oriented Algorithmic Language) entstand Ende der 70er Jahre am MIT [2]. Die Sprache VAL wurde zunächst für statische Datenflußrechner entwickelt, weshalb sie keine rekursiven Funktionsaufrufe unterstützt (siehe 4.6.2.2). Als Weiterentwicklung von VAL entstand 1983 die Sprache SISAL (Streams and Iterations in a Single Assignment Language) [45]. SISAL wurde gemeinsam vom Lawrence Livermore National Laboratory, der University of Manchester, der Colorado State University und der Digital Equipment Corporation entwickelt. Die Entwicklung der Datenflußsprache Id (Irvine Dataflow) wurde Ende der 70er Jahre zunächst an der University of California, Irvine begonnen und später am MIT fortgeführt [5].

4.6.2   Datenflußarchitekturen

Datenflußarchitekturen sind in der Lage, Berechnungen nach einem datengetriebenen Operationsprinzip abzuarbeiten. In der Vergangenheit wurden unterschiedliche Datenflußarchitekturen entwickelt, die jedoch alle eine ähnliche Struktur aufweisen. Es handelt sich dabei um eine Ringstruktur bestehend aus einem Speicher, einem Verbindungsnetzwerk, einer Verarbeitungseinheit und einer Ein-/Ausgabe-Einheit (Abb. 4.13) [31]. Der Speicher enthält die Instruktionen des Datenflußprogramms. Er ist über ein Verbindungsnetzwerk mit der Verarbeitungseinheit verbunden, welche über eine Anzahl von Rechenwerken verfügt. Zur Kommunikation mit der Umgebung dient die Ein-/Ausgabe-Einheit. Der Ablauf einer Berechnung vollzieht sich in Form einer zyklischen Fließbandverarbeitung. Im Speicher werden diejenigen Instruktionen ermittelt, für die alle Operanden vorrätig sind. Diese ausführbaren Instruktionen werden über das Verbindungsnetzwerk freien Rechenwerken zugeordnet. Die Ergebnisse der Operationen werden von der Verarbeitungseinheit aus wieder dem Speicher zugeführt. Über die E-/A-Einheit besteht die Möglichkeit, Ergebnisse auszugeben bzw. Operanden einzugeben.

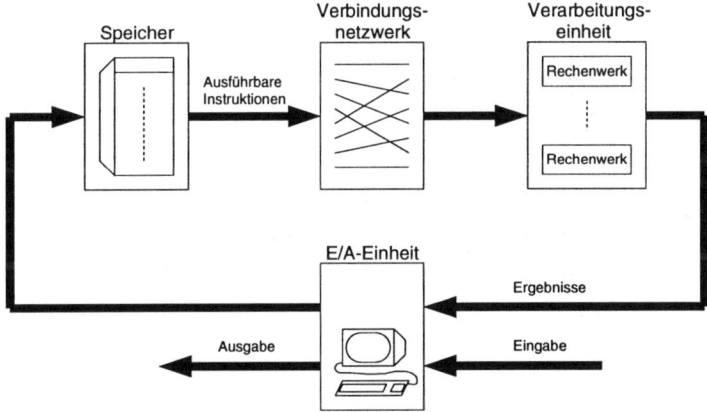

Abb. 4.13: Ringstruktur von Datenflußarchitekuren

Die Steuerung des gesamten Berechnungsablaufs basiert auf der permanenten Ermittlung ausführbarer Instruktionen. Nach jeder Aktualisierung des Speichers mit einem neu berechneten Ergebnis muß überprüft werden, ob dadurch eine oder mehrere Instruktionen im Speicher ausführbar werden. Eine solche Überprüfung des gesamten Speichers ist sehr zeitaufwendig. Sie kann jedoch durch den Einsatz eines assoziativen Speichers drastisch beschleunigt werden. Der Einsatz von Assoziativspeichern zur Beschleunigung der Ermittlung ausführbarer Instruktionen in Datenflußrechnern wird als ideale Lösung angesehen [7]. Aufgrund der relativ geringen Kapazität bis heute technisch realisierter Assoziativspeicher ist dieser Ansatz jedoch nur bedingt praktikabel. Während im LAU-System ein spezieller Assoziativspeicher (Instruction Control Memory) [52] zur Ermittlung ausführbarer Instruktionen Verwendung fand, wurde bei der Entwicklung von Datenflußrechnern meistens durch die Verwendung von Hashing-Verfahren auf die Verwendung assoziativer Hardware verzichtet. Der Einsatz bekannter Assoziativspeicher zur Ermittlung ausführbarer Instruktionen verringert jedoch nicht die Engpässe, die beim Zugriff parallel arbeitender Prozessoren auf einen gemeinsamen Speicher entstehen. Das Prinzip des *expliziten Token-Speichers* (explicitly token store — ETS) stellt einen Ansatz dar, der ohne assoziativen Speicherzugriff auskommt. Dieses Prinzip findet im Monsoon-Rechner Anwendung [50]. Dabei werden Programmsegmenten Aktivierungsrahmen zugeordnet, die für alle Marken im Segment eine feste Speicherstelle vorsehen, welche bei der Programmübersetzung festgelegt wird. Bei Aktivierung eines Programmsegmentes wird ein entsprechender Rahmen alloziert und generierte Marken in die vorgesehenen Speicherstellen eingetragen. Bei der Ermittlung ausführbarer Instruktionen kann durch Adressierung relativ zum Aktivierungsrahmen gezielt auf einzelne Marken zugegriffen werden.

Zur Klassifikation von Datenflußrechnern existieren unterschiedliche Ansätze. Die am häufigsten verwendete Klassifikation basiert auf dem in Datenflußrechnern verwendeten Prinzip der Synchronisation von Operationen (Abb. 4.14). Dieser Ansatz unterscheidet statische und dynamische Datenflußrechner.

In der Klasse der statischen Datenflußrechner findet nur Parallelismus feiner Granularität Anwendung, während die Klasse der dynamischen Datenflußrechner aufgrund der Granularität des unterstützten Parallelismus weiter differenziert werden kann [65]. Dabei werden Datenflußarchitekturen, welche Parallelismus feiner Granularität unterstützen und Datenflußarchitekturen, die Parallelismus groberer Granularität unterstützen unterschieden. Unter feiner Granularität wird hierbei Parallelismus auf der Instruktionsebene verstanden. Architekturen, die Parallelität auf der Block- oder Prozeßebene unterstützen, werden unter dem Sammelbegriff Datenfluß- von Neumann-Hybridarchitekturen zusammengefaßt.

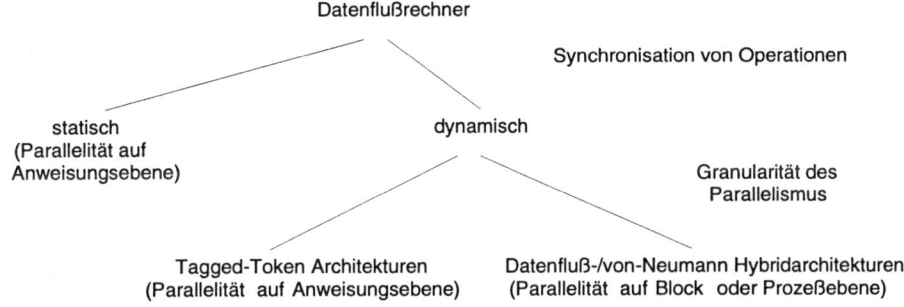

Abb. 4.14: Klassifikation von Datenflußrechnern

4.6.2.1 Synchronisationsmechanismen

In Abschnitt 4.6.1.1 wurde bereits betont, daß die Marken in Datenflußgraphen eindeutig identifizierbar sein müssen, um Inkonsistenzen zu vermeiden. Dazu besteht prinzipiell die Möglichkeit, nur eine Marke je Kante zuzulassen oder aber die Marken zu etikettieren.

Um sicherzustellen, daß sich zu jedem Zeitpunkt nur eine Marke auf einer Kante befindet, darf ein Operationsknoten nur dann schalten, wenn sich Marken auf allen Eingangskanten befinden, aber keine Marke die Ausgangskante belegt. Dazu ist es notwendig, die im Datenflußgraphen aufeinanderfolgenden Operationen zu synchronisieren. Hierzu bestehen zwei Möglichkeiten: Die *Sperrmethode* (lock method), bei der ein Teilgraph gesperrt wird, bis er vollständig abgearbeitet ist, oder die *Rückkopplungsmethode* (acknowledge method), bei der Rückkopplungskanten eingeführt werden, auf denen angezeigt wird, daß die Marken auf den vorwärts gerichteten Kanten konsumiert wurden. Diese beiden Methoden haben den Nachteil, daß sie die vollständige Parallelisierung von Schleifen oder Unterprogrammaufrufen verhindern. Bei der Rückkopplungsmethode wird zudem die Anzahl der Marken verdoppelt.

Wird die Beschränkung auf eine Marke je Kante aufgehoben, kann die explizite Synchronisation aufeinanderfolgender Operationen entfallen. Bei der *Tagged-Token Methode* (tagged-token method) werden Etiketten verwendet, die den Kontext des Operanden (z.B. die Nummer einer Schleifeniteration) beschreiben, um Marken zu unterscheiden. Die Kanten werden nicht mehr als reine Repräsentanten der Datenabhängigkeiten, sondern als Behälter für

Marken betrachtet. Für die Aktivierung einer Operation ist es unwichtig, ob sich noch Marken auf der Ausgangskante befinden. Es ist lediglich sicherzustellen, daß zueinander passende Marken verwendet werden, um die Operation zu aktivieren.

Bei der *Kopiermethode* (code-copying method) erfolgt die Vervielfältigung der Marken dadurch, daß ganze Teile des Datenflußgraphen vervielfältigt werden. Diese Methode führt jedoch zu einem sehr hohen Speicherplatzverbrauch. Bei den beiden zuletzt beschriebenen Methoden können datenunabhängige Schleifeniterationen oder Unterprogramme vollständig nebenläufig ausgeführt werden.

4.6.2.2 Statische Datenflußrechner

In der Klasse der statischen Datenflußrechner werden diejenigen Datenflußarchitekturen zusammengefasst, die zur Synchronisation der Operationen die Sperrmethode oder die Rückkopplungsmethode verwenden [67]. Oft werden auch alle diejenigen Datenflußrechner als statisch bezeichnet, bei denen sich zu jedem Zeitpunkt nur eine Marke auf einer Kante befinden darf. Im statischen Datenflußprinzip werden die einem Operanden entsprechenden Marken direkt in ein entsprechendes Operandenfeld im Instruktionswort *activity template* eingetragen. Diese Vorgehensweise wird als *token storage* bezeichnet [64]. Mit dem Eintragen einer Marke wird das Operandenfeld als belegt bzw. der Operand als vorrätig gekennzeichnet. Eine Instruktion kann ausgeführt werden, sobald alle Operandenfelder belegt sind. Bei der Rückkopplungsmethode werden zusätzliche Operandenfelder für die Synchronisationsmarken benötigt. In die Klasse der statischen Datenflußrechner fallen die frühen Entwicklungen von Datenflußarchitekturen.

Der erste Entwurf einer Datenflußarchitektur stammt von Jack B. Dennis [13]. Auf diesem Entwurf basiert die Entwicklung mehrerer statischer Datenflußrechner, die von J. Dennis und seiner Arbeitsgruppe am MIT durchgeführt wurde. Die Gesamtheit dieser Entwürfe wird unter der Bezeichnung *MIT Static Dataflow Architecture* geführt. Zur Synchronisation der Operationen wird in allen diesen Entwürfen die Rückkopplungsmethode angewendet.

Die am Burroughs Interactive Research Center entwickelte DDM1 (*Data Driven Machine #1*) ist der erste in Hardware realisierte Datenflußrechner

[11]. Auch dieser Datenflußrechner basiert auf dem in [13] vorgeschlagenen Entwurf. Bei der DDM1 werden FIFO-Speicher eingesetzt, um das gleichzeitige Auftreten mehrerer Marken auf einer Kante zu vermeiden.

Ein weiterer statischer Datenflußrechner, der auf der von J. Dennis vorgeschlagenen Architektur basiert, ist das LAU-System [52], welches am Department of Computer Science des ONERA-CERT-Instituts in Toulouse entwickelt wurde . Die Entwicklung des LAU-Systems erfolgte beinahe zeitgleich mit der Entwicklung der DDM1.

Zwei weitere Beispiele für statische Datenflußrechner sind der 1978 von Texas Instruments gebaute DDP (*Distributed Data Processor*) [67] und der von der Firma Hughes Aircraft Company entwickelte *Hughes Data Flow Multiprocessor* [66] . Der Hughes Data Flow Multiprocessor verwendet wie die am MIT entwickelten Datenflußrechner die Rückkopplungsmethode zur Synchronisation der Operationen.

4.6.2.3 Dynamische Datenflußrechner

Die Klasse der dynamischen Datenflußrechner umfaßt diejenigen Datenflußarchitekturen, bei denen die Tagged-Token Methode oder die Kopiermethode Anwendung finden, um die Konsistenz einer Berechnung zu gewährleisten. Im Gegenteil zu statischen Datenflußrechnern erfolgt bei Tagged-Token Datenflußarchitekturen die Speicherung der Marken — bestehend aus Operand und Etikett — nicht direkt im Instruktionswort. Die Marken werden in einer speziellen Speichereinheit gepuffert. Anhand der Etiketten wird geprüft, ob zusammengehörende Paare von Marken im Speicher vorrätig sind. Diese Paare werden dann mit dem entsprechenden Instruktionscode zu einer ausführbaren Instruktion kombiniert. Die beschriebene Methode zur Verwaltung der Marken wird als *token matching* bezeichnet [64].

Während bei dynamischen Datenflußrechnern im allgemeinen die Tagged-Token Methode Anwendung findet, stellt der *Dataflow Multiprocessor* von Rumbaugh [57] eine Ausnahme dar. Bei diesem Datenflußrechner wird die Kopiermethode verwendet, um die korrekte Bearbeitung mehrfach zu durchlaufender Teile eines Datenflußgraphen zu gewährleisten.

Der erste nach dem Tagged-Token Prinzip arbeitende Datenflußrechner ist der *Manchester Prototype Dataflow Computer*, der 1981 fertiggestellt wurde [27].

Im Laufe der 80er Jahre wurde am MIT von Arvind und seiner Forschungs-
gruppe die *MIT Tagged-Token Dataflow Architecture* entwickelt [6]. Eine
Besonderheit der MIT Tagged-Token Dataflow Architecture ist die Implementierung sogenannter *I-Structures* (Der Buchstabe I steht hierbei für
'incomplete') zur Verwaltung großer Datenstrukturen. Das Prinzip der I-
Strukturen basiert auf einem Datenzugriff mittels spezieller Operationen, die
im I-Speicher implementiert sind und die Konsistenz des Speichers gewährleisten.

Der Nachfolger der MIT Tagged-Token Dataflow Architecture ist der ebenfalls am MIT entwickelte *Monsoon-Rechner* [50]. Die wesentliche Verbesserung des Monsoon-Rechners gegenüber der MIT Tagged-Token Dataflow
Architecture besteht in der Verwendung eines expliziten Token-Speichers
(siehe 4.6.2) zur Eliminierung des assoziativen Zugriffs auf den Speicher bei
der Ermittlung ausführbarer Instruktionen.

Im Rahmen eines Japanischen Datenflußrechnerprojektes wurde 1988 der
Sigma-1-Rechner fertiggestellt [29]. Er verfügt über 128 Verarbeitungseinheiten und ist damit der größte derzeit realisierte dynamische Datenflußrechner.

Beim ebenfalls in Japan entwickelten *EM-4-Rechner* wurde zur Ermittlung
ausführbarer Instruktionen das dem expliziten Token-Speicher ähnliche Verfahren des *direct matching scheme* eingeführt [69].

4.6.2.4 Datenfluß-/von Neumann-Hybridarchitekturen

Die grundlegende Idee des Datenflußprinzips ist die Ausnutzung des gesamten in einer Berechnung enthaltenen Parallelismus, während beim von
Neumann-Prinzip eine Berechnung auf eine sequentielle Folge von Operationen abgebildet wird.

Die Struktur der von Neumann-Architekturen ist auf die Bearbeitung komplexer Prozesse zugeschnitten. Prozeßwechsel sind im Vergleich zu Datenflußrechnern selten und erfordern einen hohen Aufwand. Die Fortschaltung
der Instruktionen erfolgt mittels eines Befehlszählers. Bei Datenflußrechnern, die Parallelismus feiner Granularität unterstützen, besteht ein Prozeß
lediglich aus einer Instruktion, was einen Prozeßwechsel einfach macht. Bei
Berechnungen, die streng sequentielle Befehlsfolgen enthalten, ist das Be-
fehlszählerprinzip der aufwendigen Ermittlung ausführbarer Instruktionen,

wie sie in Datenflußrechnern feiner Granularität stattfindet, bezüglich seiner Effizienz deutlich überlegen [65].

Unter dem Begriff Datenfluß-/von Neumann-Hybridarchitekturen werden Architekturen zusammengefaßt, die eine Symbiose von Datenfluß- und von Neumann-Architekturen bilden. Ziel ist es, in von Neumann-Architekturen die Aktivierung parallel ausführbarer Kontrollfäden (threads) zu vereinfachen bzw. bei Datenflußrechnern den Aufwand für die Aktivierung von Instruktionen innerhalb einer sequentiellen Folge zu verringern.

Allgemein werden Architekturen, die mehrere Kontrollfäden gleichzeitig bearbeiten können, als *Mehrfädige Architekturen* (multithreaded architectures) bezeichnet. Je nach Art der Aktivierung der Kontrollfäden ergibt sich ein Spektrum unterschiedlicher Architekturen. In Abhängigkeit ihrer Nähe zum Datenfluß- oder von Neumann-Prinzip werden *Mehrfädige Datenfluß-* und *Mehrfädige von Neumann-Architekturen* unterschieden.

Bei *Large-Grain-Datenflußarchitekturen* werden sequentielle Befehlsfolgen als Knoten in einem Datenflußgraphen interpretiert. Dementsprechend erfolgt die Aktivierung sequentieller Kontrollfäden, die parallel ausführbar sind, nach dem Datenflußprinzip. Die Fortschaltung von Instruktionen innerhalb eines sequentiellen Kontrollfadens erfolgt mittels eines beim von Neumann-Prinzip üblichen Befehlszählers.

Einen weiteren Ansatz, den Aufwand für die Aktivierung ausführbarer Instuktionen zu verringern, stellen *Datenflußarchitekturen mit komplexen Maschinenbefehlen* dar. Dieser Ansatz basiert auf dem Prinzip eines Datenflußrechners mit feiner Granularität. Der Unterschied besteht in der Komplexität der einzelnen Instruktionen, die bei Datenflußarchitekturen mit komplexen Maschinenbefehlen bis zu Vektor- oder Matrixbefehlen reichen kann. Dadurch ergibt sich zusätzlich die Möglichkeit zur Anwendung von Pipeline-Mechanismen, wie sie in Vektoreinheiten angewendet werden.

4.7   Mehrfädige Architekturen

Das Operationsprinzip der mehrfädigen Architekturen (multithread architectures — MTA) basiert auf der Kontrollstruktur des sequentiellen Kontrollablaufs und der Informationsstruktur von konventionellen von Neumann Variablen und zum Teil auf Variablen mit zukünftigem Wert (futures) [70].

Sie enthalten von dem als Faden (thread) bezeichneten sequentiellen Kontrollfluß gleichzeitig mehrere aktive Fäden, deren aktuelle Instruktionen zur Ausführung bereit stehen. Die Verwendung mehrerer Fäden dient im wesentlichen dazu, vorhandene Verarbeitungseinheiten besser auszunutzen. Wartezeiten von Verarbeitungseinheiten, die durch Abhängigkeiten innerhalb eines Fadens zwischen Einheiten entstehen, sollen durch die Fortführung der Aktivität eines anderen Fadens versteckt werden. Mehrfädige Architekturen sind speziell dafür entworfen, solche Latenzzeiten zu verstecken (latency hiding). Dazu müssen sie in der Lage sein, den Kontrollfaden sehr schnell zu wechseln. Diese Eigenschaft macht sie als Knotenrechner von parallelen Systemen besonders interessant, da sie sowohl die Kommunikationslatenz als auch die Speicherzugriffslatenz verstecken können. Die Strategie, wann ein Fadenwechsel vorzunehmen ist, ist abhängig von den Operationen, deren Latenzzeiten versteckt werden sollen. Die folgenden Operationen mit fester oder variabler Latenzzeit können zu einem Fadenwechsel benutzt werden:

1. **Instruktionen** Diese Strategie verschränkt die Verarbeitung von einzelnen Instruktionen aus mehreren Fäden und nutzt die Verarbeitungspipeline eines Prozessors sehr gut aus. Werden alle Instruktionen dieser Fadenwechselstrategie unterworfen, so können alle vorkommenden Latenzzeiten versteckt werden. Die aufeinanderfolgenden Instruktionen können in der Pipeline nicht zu einem Konflikt führen, da sie aus unterschiedlichen Fäden stammen und damit datenunabhängig sind. Die Kosten eines Fadenwechsels müssen bei solch feiner Granularität extrem gering sein, um bei deren großen Häufigkeit nicht zu einer Verringerung der Verarbeitungsleistung zu führen. Der Prozessor muß also Hardwareeinrichtungen zur Verarbeitung einer genügenden Anzahl von Fäden besitzen und auch deren Kontexte ständig für die Verarbeitungspipeline bereit halten.

2. **Blöcke von Instruktionen** Blöcke von Instruktionen bewirken eine gröbere Granularität und reduzieren dadurch die Häufigkeit der Fadenwechsel. Die Kosten des Wechsels können durch das seltenere Auftreten höher sein und die erforderliche Hardwareunterstützung für mehrere Fäden kann einfacher ausfallen. Optimierungen der Länge der Blöcke können vom Compiler nach einer Datenabhängikkeitsanalyse vorgenommen werden, und die Lokalität bei der Verarbeitung eines

Fadens wird besser ausgenutzt. Bei welcher Instruktion der Wechsel erfolgen soll, kann je nach Prozessortyp unterschiedlich sein.

3. nicht erfolgreiche Cachezugriffe Wird ein MTA-Prozessor mit einem Cache ausgestattet, so sind erfolgreiche Cachezugriffe latenzarm (ein oder zwei Takte) und werden normalerweise von der Verarbeitungspipeline toleriert. Ist der Zugriff nicht erfolgreich (cache miss), so kann das Nachladen der Cachezeile aus dem lokalen Speicher oder aber auch aus einem entfernten Speicher (remote memory access) eines gemeinsamen Adreßraums erfolgen, was unter Umständen zu erheblichen und auch nicht vorhersagbaren Latenzzeiten führen kann. In einem solchen Fall wird der Faden gewechselt, um die Latenzzeit des lokalen oder des entfernten Speicherzugriffs zu verstecken.

4. entfernte Speicherzugriffe Kann der Compiler die entfernten Zugriffe bereits markieren, so können die Fäden auch nur bei solchen, mit sehr hoher und variabler Latenzzeit behafteten Instruktionen, gewechselt werden. Diese Variante ist von der Granularität schon so grob, daß die Hardwareunterstützung des Multithreading gering ausfallen kann oder sogar ein Standardprozessor mit schnellem programmierten Kontextwechsel benutzt werden kann.

Bei allen diesen Strategien wird angenommen, daß weitere Fäden zur Verarbeitung bereit stehen. Ist das der Fall, so kann der Prozessor die Arbeit an einem anderen Faden fortsetzen, was die Ausnutzung verbessert.

Bewertet man in einer Rechnerarchitektur die Kosten der verschiedenen Funktionseinheiten (functional units — FU), so sollten die Einheiten mit den höchsten Kosten auch am besten ausgenutzt werden, d.h. sie sollten während des Auftretens von Blockierungen zur Verarbeitung weiterer aktiver Instruktionen anderer Fäden benutzt werden. Die Kostenfunktion ist natürlich abhängig von der verwendeten Technologie und der Komplexität der FU. Steht die Ausnutzung der arithmetischen Ausführungspipeline im Vordergrund, so können zur Vermeidung von Pipelineabhängigkeiten der Reihe nach Instruktionen von verschieden Fäden (instruction interleaving) benutzt werden, da diese per Definition datenunabhängig sind. Sind mindestens soviele verschieden Fäden verfügbar, wie die Pipeline Stufen besitzt, so kann sogar auf eine Datenabhängigkeitserkennung und -steuerung der Pipeline verzichtet werden.

Eine der ersten MTA mit einer solchen Pipelinestruktur war der Heterogeneous Element Processor (HEP) [59]. Die folgende ausführliche Beschreibung seiner Architektur dient dem Zweck, die Strategien (1) und (4) mit ihren erforderlichen Hardwareeinrichtungen aufzuzeigen. Der HEP kann gleichzeitig 16 Tasks mit jeweils 128 aktiven Kontrollfäden verwalten und besitzt spezielle Hardware zur Kontrollfadenerzeugung und Terminierung. Der Prozessor bildet die Ausführungseinheit (process execution module — PEM) des HEP-Parallelrechner. Das Parallelrechnersystem ist als eine Architektur mit gemeinsamem Speicher konzipiert. Um die Zugriffslatenzen zu diesem gemeinsamen Speicher zu verstecken, werden die Lade- und Speicherbefehle vom Scheduler einer Speicherzugriffseinheit (storage function unit — SFU) übergeben, die ebenfalls mehrere Instruktionen unterschiedlicher Fäden gleichzeitig verwalten kann. Ist die Speicheroperation erfolgt, so wird der Prozeßbezeichner PT dieses Kontrollfadens wieder zurück an die Kontrollschleife gesendet und kann damit fortgesetzt werden. Für dieses Verfahren, die Latenzzeit des Speicherzugriffs zu verstecken, wurde die Bezeichnung 'split-phase transaction' geprägt.

Jede Task hat ihre eigenen geschützten Program-, Daten- und Registerbereiche, die durch das Task-Statusword (task status word — TSW) beschrieben werden. Die TSW für diese 16 schwergewichtigen Prozesse werden ständig im Prozessor gehalten und bei jeder Ausführung einer Instruktion zur Berechnung der aktuellen Adressen von Datenobjekten herangezogen. Die 16 Task-Queues enthalten die jeweils einer Task zugeordneten 64 möglichen Einträge von Kontrollfädenbezeichnern (process tag — PT) . Die 7 bit des PT zeigen auf 128 mögliche Prozeßstatusworte (process status word — PSW), die die leichtgewichtigen Prozesse (threads) beschreiben. Das PSW beschreibt den aktuellen Zustand eines Kontrollfadens und enthält den Instruktionszeiger, einen 4 bit Taskidentifizierer und die Offsets für die Adressierung der Registersätze.

Die Architektur des HEP-Rechners mit vier Prozessoren ist in 4.15 dargestellt.

Die Struktur eines Prozessors (processing element module — PEM) ist in der Abbildung 4.16 vereinfacht dargestellt.

In der Kontrollschleife (control loop) zirkulieren die PT, so daß eine erneute Ausführung desselben Fadens erst nach 8 Takten der Ausführungspipeline erfolgen kann. Das PT-Register entnimmt jeweils 16 PT aus den

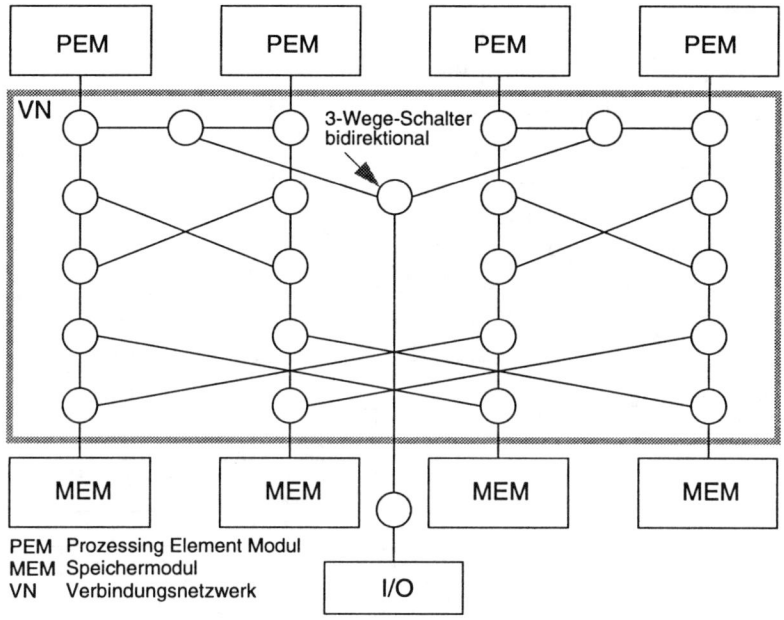

Abb. 4.15: Architektur des HEP-Parallelrechners mit 4 Prozessoren

Task-Warteschlangen und gibt sie sequentiell an die Verarbeitungseinheit weiter. Dadurch wird die Verarbeitungseinheit den Tasks immer fair zugeteilt und die Instruktionen der Tasks verschachtelt (instruction interleaving). In der Datenschleife werden die vom PSW-Offset und der Instruktion adressierten Operanden aus dem Registerspeicher gelesen, verarbeitet und zurückgespeichert (innerhalb von 8 Takten). Der Registerspeicher enhält die Kontexte (Registersätze) aller im Prozessor geladenen Fäden. Für die externen Speicherzugriffe wurde ebenfalls eine Task-Warteschlage verwendet (storage loop). Der PT für einen Speicherzugriff wird in die Speicher-Task-Warteschlage eingereiht und nach Beendigung der Speicheroperation wieder zurück in die Kontrollschleife gegeben. Solange der PT in der Speicher-Task-Warteschlage ist, ist dieser Faden von der Ausführung suspendiert.

Mit der Architektur des HEP-Rechner wurde versucht, die zu dem Zeitpunkt seiner Realisierung recht teure arithmetische Verarbeitungspipeline so effizient wie möglich zu nutzen und die externen Speicherzugriffe zu verstecken.

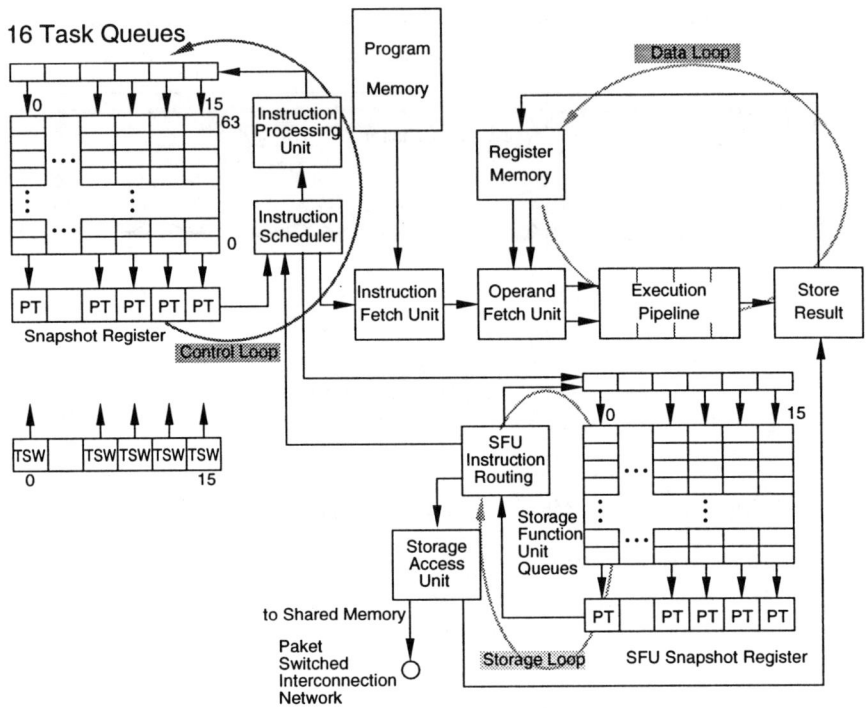

Abb. 4.16: Struktur der Ausführungseinheit des PEM

Der wesentliche Nachteil des HEP war die starke Leistungsreduzierung, wenn nur ein Faden zur Verfügung steht, denn dann sinkt die Leistung des Prozessors auf 1/8 (nur jeder 8.Takt der Verarbeitungseinheit kann von selben Faden benutzt werden).

Eine Neuentwicklung, die auf ähnlichen Mechanismen des Multithreading beruht, ist das TERA-System, welches in [61] näher beschrieben ist.

Der APRIL-Prozessor [3] des ALEWIFE-Systems ist ebenfalls eine mehrfädige Architektur, nutzt aber die Strategie (2) zum Fadenwechsel. Er basiert auf einer geringfügigen Modifikation des SPARC-Prozessors, dessen überlappendes Registerfile durch Softwarekontrolle zu mehreren festen Registersätzen für 4 Kontrollfäden umstrukturiert wurde. Für jeden Faden sind zwei Registersätze bestimmt, einer für den Benutzer und einer für die schnelle Ausnahmebehandlung (trap). Ein Fadenwechsel zwischen diesen vier geladenen Fäden (loaded threads) erfordert nur das Retten des Programmzählers und des Prozessorstatusregisters in den faden-eigenen Ausnahmeregistersatz und kostet damit nur ca. 4 bis 10 Takte. Für den Wechsel sind keine externen Speicherzugriffe erforderlich. Da nur vier Fadenkontexte im Prozessor geladen sein können, werden die anderen nicht geladenen Fäden mittels einer Warteschlange im Hauptspeicher gehalten. Sind alle vier geladenen Fäden nicht ausführungsbereit, so muß ein geladener Faden mit einem im Speicher liegenden, ausführungsbereiten Faden gewechselt werden. Erst bei dieser Operation erfolgt die Auslagerung des Kontextes eines Fadens in den Hauptspeicher.

Im MANNA-Parallelrechnersystem [26] werden zwei Fäden gleichzeitig durch zwei vollständige superskalare Prozessoren im Knoten realisiert. Sollte ein Faden blockieren, so kann dieser Prozessor während dieser auftretenden Latenzzeit einfach ungenutzt bleiben, da die Prozessoren innerhalb eines Knotens sehr kostengünstig repliziert werden können. Zukünftige Knotenarchitekturen werden von diesem einfachen und kostengünstigen Ansatz verstärkt Gebrauch machen, um die Vorteile der mehrfädigen Verarbeitung nutzen zu können.

Die Vorteile von MTA bestehen allgemein in der guten Ausnutzung der Verarbeitungsleistung und der Toleranz bezüglich der verschiedenen Latenzzeiten eines Parallelrechnersystems.

4.8 Verbindungsnetzwerke

In den vergangenen Abschnitten wurden die Verbindungsnetzwerke (VN) als eine geschlossene Funktionseinheit (black box) betrachtet. Sie sind aber eine der wesentlichen Hardwareressourcen von Parallelrechnern und sollen deshalb nachfolgend ausführlicher behandelt werden. VN dienen zum Transport von Botschaften und Daten sowohl zwischen Prozessoren als auch innerhalb eines Prozessors zwischen verschiedenen Modulen. Innerhalb eines SIMD-Prozessors findet man Verbindungsnetzwerke zur Ankopplung von Speichern und zur Konfiguration von Mehrfachpipelines.

Zwischen Prozessoren in MIMD-Rechnern dienen sie zur Kommunikation zwischen Prozessen auf diesen Prozessoren. Die Kommunikation kann über einen gemeinsamen Speicher (shared memory) oder nur über ein Verbindungsnetzwerk (message passing) ablaufen.

4.8.1   Systematik

Die Einteilung der Verbindungsnetzwerke kann nach folgenden Kriterien vorgenommen werden [19]:

1. Topologie

2. Verbindungsart

3. Steuerung des Verbindungsaufbaus

4. Arbeitsweise

Die Topologie spielt dabei die herausragende Rolle, da sie die Eigenschaften, wie z.B. die Skalierbarkeit eines Parallelrechners, wesentlich mitbestimmt. Die Auswahl der geeigneten Verbindungsnetzwerke und die optimale Implementierung trägt wesentlich mit zur Leistungssteigerung der Rechnerarchitektur bei, da bei Prallelrechnerarchitekturen grundsätzlich die obere Leistungsgrenze letztlich immer durch die erzielbare Speicherbandbreite bzw. Kommunikationsbandbreite begrenzt ist.

In Abbildung 4.17 ist die Systematik der Kriterien zu finden.

4.8.2   Die Verbindungsarten

Bei der *Verbindungsart* von dynamischen VN unterscheidet man Leitungsvermittlung und Paketvermittlung. Bei der Leitungsvermittlung wird eine physikalische Verbindung (Leitung) für die gesamte Dauer der Datenübertragung zwischen den Teilnehmern hergestellt. Sie eignet sich im besonderen zur schnellen Übertragung vieler Nachrichten zwischen denselben Teilnehmern. Der Nachteil der Leitungsvermittlung ist die Blockierung der benutzten Verbindungsleitungen und Schaltstellen für die gesamte Zeit der bestehenden Verbindung. Bei der Paketvermittlung dagegen wird nicht erst eine physikalische Verbindung aufgebaut, sondern es wird ein größerer Datenblock (Paket) an das Verbindungsnetzwerk abgegeben. Dieses transportiert das Paket über Zwischenstationen mit Hilfe der Adreßinformation (routing) zu dem Zielteilnehmer. Es wird damit eine logische Verbindung zwischen den Teilnehmern hergestellt. Die Leitungen zwischen den Vermittlungsstationen können kurz nacheinander von mehreren verschiedenen Datenpaketen mit unterschiedlichen Zielen benutzt werden.

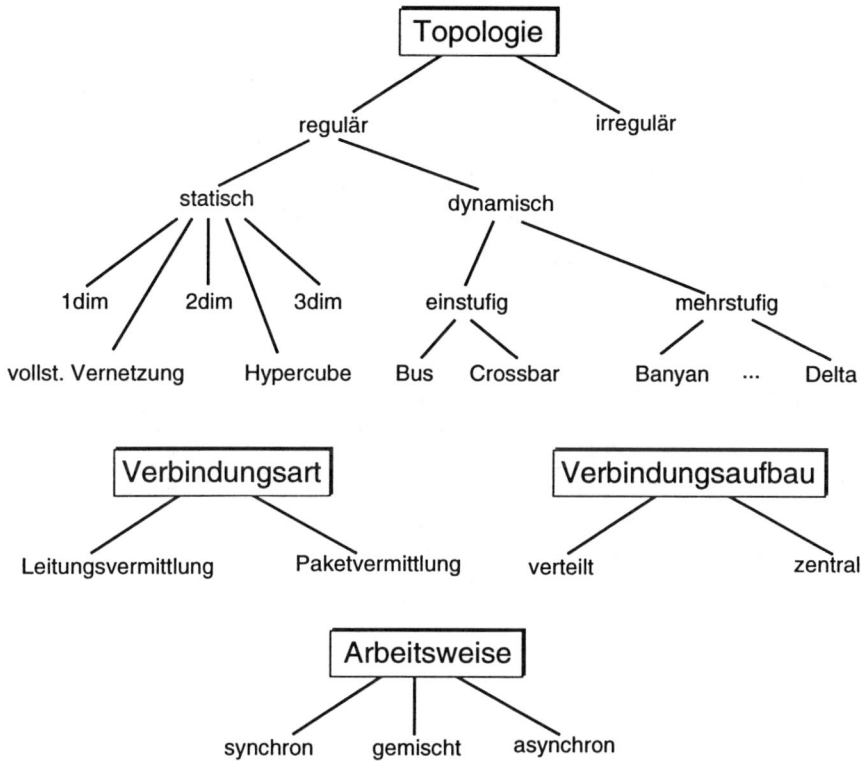

Abb. 4.17: Systematik der Verbindungsnetzwerke

Bei der Paketvermittlung unterscheidet man zwei wesentliche Übertragungs-strategien, die 'store-and-forward' Strategie und die 'worm-hole' Strategie. Bei der 'store-and-forward' Strategie werden die Pakete in jeder Vermitt-lungsstation vollständig zwischengespeichert. Die Adreßinformation wird in-terpretiert und wenn der erforderliche Leitungsweg zur Verfügung steht, wird das Paket zur nächsten Vermittlungsstation weitergereicht. Die Vermitt-lung ist völlig dezentral und eine Flußkontrolle wird erst erforderlich, wenn die Speicherkapazität der Vermittlungsstellen nicht mehr ausreicht. Bei der 'worm-hole' Strategie wird das Paket vom Sender in das VN eingespeist und sucht sich wie ein „Wurm" den Weg durch die Vermittlungsstationen. In den Vermittlungsstellen ist nur ein minimaler Speicher vorhanden, der gerade ausreicht um den Kopf einer Nachricht aufzunehmen und die dort gespeicherte Adreßinformation zu interpretieren. Der Rest der Nachricht liegt dann in den davor benutzten Vermittlungsstellen und wird durch die automatische Flußkontrolle beim Weiterschalten des Kopfes hinterhergezogen. Am Ende des Pakets befindet sich eine Endemarkierung, die den Weg für weitere Pakete wieder freigibt. Die Vorteile dieser Strategie, nämlich die geringe Speicherkapazität in den Vermittlungsstellen und der schnelle Weitertransport (Pipelining) durch das Netzwerk, machen diese zu einer sehr häufig benutzten.

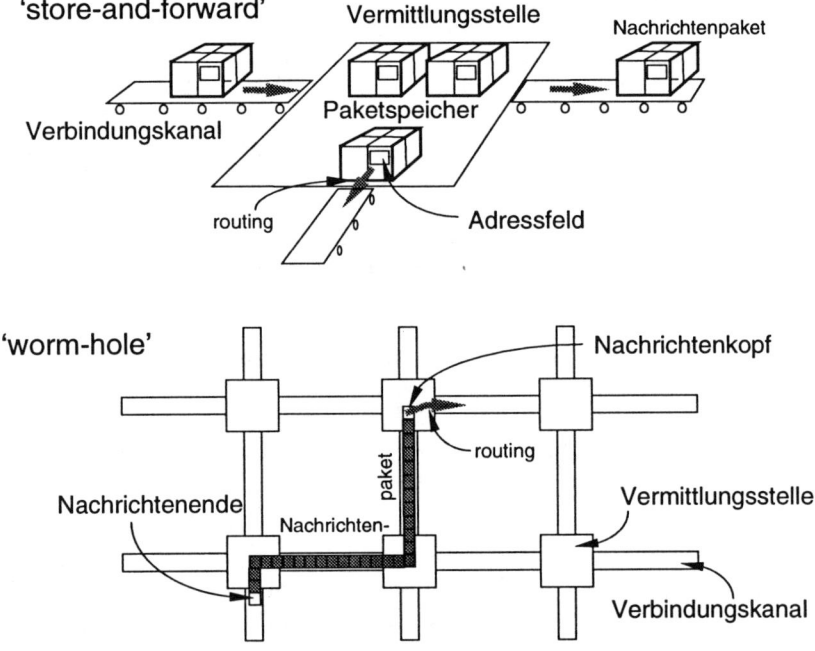

Abb. 4.18: Vermittlungsstrategien bei der Paketvermittlung

4.8.3 Verbindungsaufbau

Die Steuerung des *Verbindungsaufbaus* ist nur bei dynamischen VN zu unterscheiden. Erfolgt die Einstellung des momentanen Verbindungswegs in jedem Schaltelement selbst, so spricht man von verteilter Steuerung. Gibt es eine konzentrierte Hardwareeinrichtung für die Einstellung, so handelt es sich um eine zentrale Steuerung.

4.8.4 Arbeitsweise

Bei der *Arbeitsweise* kann man die synchrone von der asynchronen Betriebsart unterscheiden. Im synchronen Mode wird das VN zu ganz bestimmten Zeiten von allen Teilnehmern zum Datenaustausch benutzt, während im asynchronen Fall jeder Teilnehmer zu jedem Zeitpunkt seinen Verbindungsaufbauwunsch an das VN abgeben kann. Eine gemischte Arbeitsweise ist ebenfalls möglich, wird aber selten genutzt.

4.8.5 Topologie der Verbindungsnetzwerke

Bei der *Topologie*, der räumlichen Anordnung des VN, unterscheidet man reguläre von irregulären Strukturen. Irreguläre VN werden in Parallelrechnern selten eingesetzt. Reguläre VN haben den Vorteil, Prozessoren und damit auch Prozesse in regelmäßigen Strukturen anzuordnen, die auf die Problemstellung angepaßt sind. Je nach Anwendung unterscheidet man die statischen von den dynamischen VN. Statische VN sind feste Punkt-zu-Punkt-Verbindungen zwischen den Prozessoren. Dynamische VN enthalten Schaltelemente, die durch die Konfigurationsinformation in eine bestimmte Leitungsanordnung gebracht werden können. Die Anzahl der Stufen, die die Daten durchlaufen müssen, ergibt ein weiteres Unterscheidungsmerkmal. Auf die topologischen Eigenschaften wird anschließend noch ausführlicher eingegangen.

4.8.6 Statische Verbindungsnetzwerke

Statische VN werden hauptsächlich in massiven Parallelrechnern zur Kommunikation benutzt. Ihre Verbindungsstruktur ist festgeschaltet und besteht aus Punkt-zu-Punkt-Verbindungen zwischen Verarbeitungsknoten (Prozessoren). Stellt man die Prozessoren als Knoten und die Verbindungen als Kanten dar, so kann man die statischen VN als Graphen darstellen.

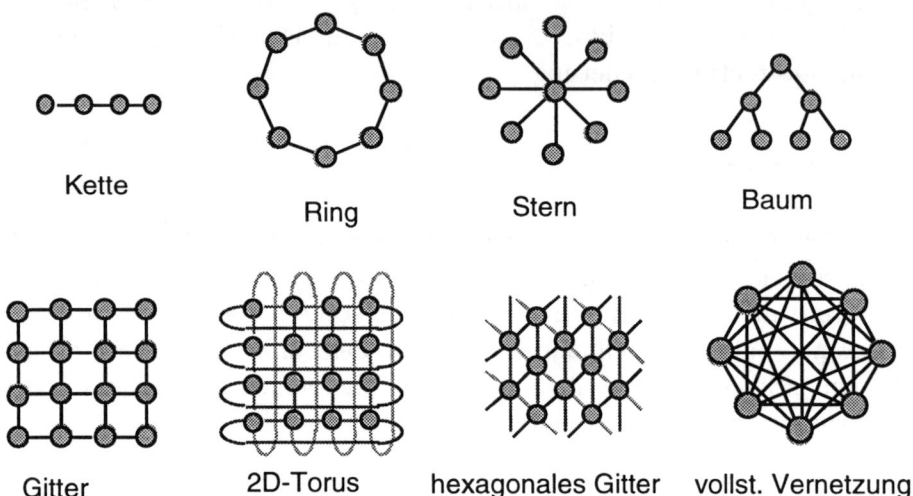

Abb. 4.19: Topologien statischer Verbindungsnetzwerke (1)

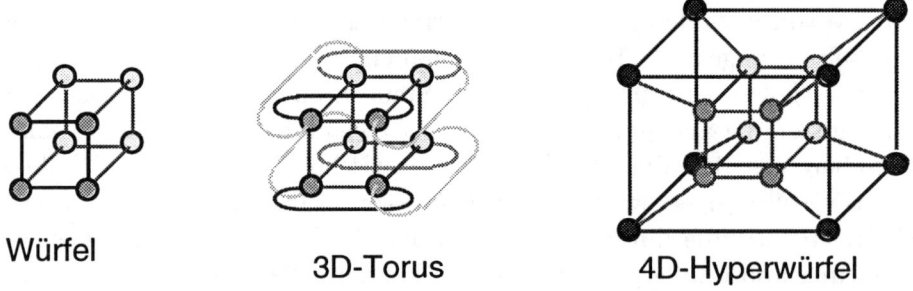

Abb. 4.20: Topologien statischer Verbindungsnetzwerke (2)

Von diesen VN wird das Gitter (nearest neighbor mesh, grid) häufig zur Lösung von zweidimensionalen Problemen eingesetzt [43]. Der Vorteil ist die feste Anzahl von nur vier Verbindungskanälen (links) bei beliebiger Größe des Gitters. Der Transputer mit seinen vier bit-seriellen Links [33] ist ein VLSI-Prozessor, der direkt für eine solche Anordnung eingesetzt werden kann. Um die Kommunikation an den Rändern des Gitters nicht abbrechen zu lassen, kann das Gitter zum 2D-Torus ergänzt werden.

Das hexagonale Gitter wird oft bei systolischen Algorithmen [38] verwendet und ist bei dem Signalprozessor TMS320C40 [62] bereits 6 fach als byte-breiter Link auf dem Chip zu finden. Die byte-breite Verbindung ermöglicht eine 8 mal größere Verbindungsbandbreite als ein serieller Kanal (bei gleicher Taktfrequenz), benötigt aber auch die achtfache Leitungsmenge. Das hexagonale Gitter kann auch im Raum dargestellt werden und ist dann der Graph des 3D-Torus. Da neben den ebenen auch viele dreidimensionale Problemstellungen existieren, kann hierbei die Anordnung der Verbindungen zwischen den Verarbeitungsknoten als dreidimensionales Gitter erfolgen. Die große Klasse der Mehrgitteralgorithmen läßt sich auf derartige Architekturen besonders gut und einfach abbilden.

Die VN nach dem Prinzip des Hypercube [53] haben ein paar, im folgenden beschriebene, interessante Eigenschaften. Sei die Dimension n des Hypercubes gegeben, so enthält er 2^n Knoten, $2n(n-1)$ Verbindungen und n Verbindungen pro Knoten. Eine wichtige Eigenschaft ist, daß die maximale Verbindungslänge zwischen zwei beliebigen Knoten nur n Stufen beträgt. Damit ist er dem Gitter weit überlegen, aber durch die von n abhängige Zahl der Verbindungskanäle schlecht skalierbar. Durch die geringe Anzahl der Verbindungsschritte (hops) fand er in der Anfangszeit der MIMD-Parallelrechner eine sehr weite Verbreitung[35, 47].

Die vollständige Vernetzung (completely interconnected) verbindet alle Knoten mit je einem Verbindungskanal (link) untereinander und stellt damit die verbindungsreichste Topologie dar. Der Aufwand von $N - 1$ Kommunikationskanälen pro Knoten und die hohe Anzahl von Verbindungen ist aber bereits für kleine Systeme nicht vertretbar. Aus diesem Grund wird die vollständige Vernetzung für Parallelrechner kaum verwendet, obwohl ihre Eigenschaften, nur einen Verbindungsschritt (hop) zu benötigen und keinen Resourcenkonflikt aufzuweisen, ideal geeignet wären.

In der Tabelle 4.2 sind die wichtigsten Eigenschaften von statischen VN aufgeführt. Hierbei ist N die Anzahl der Knoten im VN. Die als maximale Entfernung in der Tabelle vermerkte Wert wird oft auch als Durchmesser (diameter) des VN bezeichnet.

Topologie	Anzahl der Verbindungskanäle pro Knoten	maximale Entfernung ('diameter')	Gesamtzahl der Verbindungskanäle
Ring	2	N	N-1
Baum	3	$2^*(\log_2 N-1)$	N-1
2D-Torus	4	N^2	2^*N
3D-Torus	6	N^3	3^*N
hexagon. Gitter	6	N^3	3^*N
Hypercube	$\log_2 N$	$\log_2 N$	$N \log_2(N/2)$
vollst. Vernetzung	N-1	1	$N^*(N-1)/2$

Tab. 4.2: Verbindungseigenschaften statischer VN

4.8.7   Dynamische Verbindungsnetzwerke

Die *dynamischen VN* enthalten konfigurierbare Schaltelemente und unterscheiden sich in der Stufenanzahl in ein- und mehrstufige. Zu den einstufigen, dynamischen VN gehören das 'shuffle' Netzwerk, der Crossbar und der Bus. In der Abbildung 4.21 sind die Prinzipschaltungen der drei einstufigen VN dargestellt. Die Kreise stellen die Schaltelemente dar, die von den Kontrollsignalen Qi entweder von I nach O durchgeschaltet werden oder hochohmig sind.

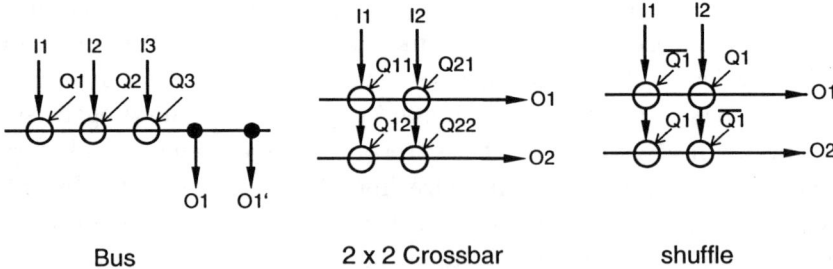

Bus   2 x 2 Crossbar   shuffle

Abb. 4.21: Grundelemente dynamischer Verbindungsnetzwerke

Der Crossbar oder Kreuzschienenverteiler ist das universellste dynamische

VN. Er gestattet es, in einer Stufe jeweils beliebige Paare von Ein- und Ausgängen miteinander zu verbinden. Er besitzt durch die Schalter in einer Spalte auch die Möglichkeit, an alle Empfänger gleichzeitig eine Nachricht zu senden (broadcast). Die Schalter einer Zeile (Q12, Q22) hingegen dürfen nicht gleichzeitig aktiviert werden, da sonst die Treiber gegeneinander arbeiten. Dieser Konfliktfall muß beim Crossbar zum Konfigurationszeitpunkt durch eine Arbitrierungseinheit gelöst werden. Die Komplexität der Schaltung mit n Eingängen und n Ausgängen ist $O(n)$, so daß die technische Realisierbarkeit nur für kleine n gegeben ist. Sie ist im wesentlichen durch die verfügbare Anzahl von Anschlußstiften (pin limitation) begrenzt, nicht aber durch die Anzahl der Schaltfunktionen, welche sich durch moderne VLSI-Schaltungen ohne Schwierigkeiten integrieren lassen. So sind heute Crossbar-Bausteine mit einer Wortbreite von 8 bit und 16 Ein- und 16 Ausgängen problemlos in einer integrierten Schaltung realisierbar [44].

In Parallelrechnern ergeben sich für den Crossbar zwei Anwendungsbereiche, die leicht unterschiedliche Implementierungen erfordern. Bei der Anwendung als VN zwischen Prozessoren und Speichermoduln in einem System mit physikalisch gemeinsamem Speicher wird eine große Wortbreite der Verbindungen mit möglichst geringer Durchlaufzeit benötigt. Die Anzahl der Worte pro vermitteltem Paket ist gering und beträgt selten mehr als eine Cache-Zeile (typisch 4 oder 8 Worte). Die Anwahl der Ausgangskanäle erfolgt durch die Auswertung von einzelnen Adressbits der Speicheradresse (Selektion der Speichermoduln). Durch Hinzufügen von Eingangs- und Ausgangsregistern können die Schaltfunktionen des Crossbars in die Pipeline des Speicherzugriffs integriert werden, was zu einem sehr hohen Durchsatz mit kleiner Latenzzeit (2-3 Takte der Zykluszeit des Systems) führt. Durch die geringe Anzahl von Steuerleitungen ist auch eine Aufteilung der benötigten Wortbreite (slicing) auf mehrere parallel und synchron arbeitende VLSI-Bausteine möglich. Solche Crossbar-Bausteine können auch zur Konfiguration von Verbindungswegen zwischen Verarbeitungseinheiten [63] dienen.

Bei der Anwendung des Crossbars als VN zur Kommunikation in einem Parallelrechner wird eine hohe Anzahl von Ein-/Ausgangskanälen mit angemessener Bandbreite benötigt, um damit die Verbindung zwischen möglichst vielen Knoten mit nur einem Verbindungsschritt (hop) zu erreichen. Bei kleinen zu überbrückenden Entfernung innerhalb eines Kabinets kann die Wortbreite 8 bit oder sogar noch breiter sein, da hier die Verbindungskanäle in die Rückwandverdrahtung (backplane) integriert werden können.

Bei längeren Verbindungen ist die bitserielle Übetragung und Vermittlung (z.B. 1 bit, 32x32 Links) [34] mit höheren Taktraten vorteilhafter, weil dadurch die Verbindungen durch Kabel einfacher sind. Wünschenswert sind für die größeren Datenpakete des Botschaftenaustauschs pro Kanal Pufferregister (fifo) und eine Flußkontrolle, um bei blockiertem Ausgangskanal einen Paketverlust zu vermeiden. Die Vermittlung wird durch Interpretation des Nachrichtenkopfes vorgenommen, der den Nutzdaten der Nachricht vorangestellt sein muß. Zum Aufbau größerer VN sind verschiedene Anordnungen von mehreren Crossbars möglich.

Eines der einfachsten und damit sehr verbreiteten VN ist der Bus. Der Bus ist ein Crossbar mit der Konfiguration $m \times 1$, und ist damit eine Spalte dieses VN. Er ist kostengünstig realisierbar und seine Schalterfunktionen sind physikalisch auf die Busmoduln verteilt. Seine wesentliche Begrenzung ist die Schaltgeschwindigkeit und die Anzahl der Busteilnehmer. Die Schaltgeschwindigkeit hängt von der Länge der Busleitungen, der Ankoppelkapazität und der verwendeten Signalpegel ab. Moderne Bussysteme, wie z.B. der VME-Bus [68], der PCI-Bus [51] oder der Futurebus+ erlauben Datenraten von 120Mbyte/s bis zu 1,2 Gbyte/s bei Bitbreiten von 32 – 256 bit. Sie werden hauptsächlich für kleinere Parallelrechnersysteme verwendet, da ihre Bandbreite nicht mit der Anzahl der Busteilnehmer ansteigt. Für die Ein-/Ausgabe und den Anschluß von Peripheriegeräten finden Bussystem auch in größeren Parallelrechnern ihre Verwendung.

Das 'shuffle' Netzwerk läßt sich ebenfalls aus der Crossbar-Struktur ableiten. Es ist ein 2 x 2 Crossbar mit eingeschränkter Ansteuerfunktion. Bei Q1 unwahr erfolgt die Verbindung von I1 nach O1 und von I2 nach O2. Ist Q1 wahr, so vertauscht sich die Zuordnung der Ausgänge.

Einige Realisierungen erweitern diese einfache Ansteuerung durch eine Duplizierungsfunktion von je einem Eingang auf beide Ausgänge. Diese Schaltfunktionen werden von einem zusätzlichen Kontrolleingang gesteuert und als 'broadcast' bezeichnet. Das 'shuffle' VN ist durch seine eingeschränkte 2×2 Grundstruktur nicht skalierbar, wird aber als Element für den Aufbau von mehrstufigen VN benutzt.

Mehrstufige Verbindungsnetzwerke [58] sind aus mehreren Lagen der Grundschaltung des 'shuffle' Netzwerkes zusammengesetzt. Folgende Topologien gehören u.a. zu der Klasse der mehrstufigen VN:

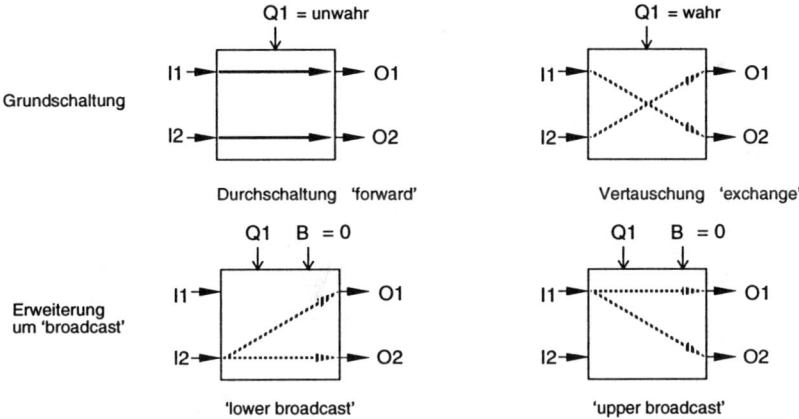

Abb. 4.22: Schaltfunktionen des 'shuffle' Netzwerkes

- Banyan

- Baseline

- Cube

- Delta

- Flip

- Indirect Cube

- Omega

Ein ausgewähltes mehrstufiges VN (Banyan) zeigt den prinzipiellen Aufbau.

Als Schaltelemente werden 'shuffle' VN eingesetzt. Unterschiede gibt es nur in der Art der Leitungsführung zwischen den Schaltelementen. Sie benötigen bei N Ein- und Ausgängen zu ihrer Realisierung $N/2(log_2 N) - 1$ 'shuffle' Elemente und bestehen aus $(log_2 N) - 1$ Ebenen. Die oben aufgezählten mehrstufigen VN sind alle nicht blockierungsfrei. Bereits ein einziger Verbindungsweg für eine Anforderung zwischen einem Eingang und einem Ausgang, wie in Abb. 4.23 schattiert eingezeichnet, läßt viele andere Anforderungen nicht mehr zu. Um das Blockierungsverhalten zu verbessern, kann man diese Netzwerke mit zusätzlichen Ebenen ausstatten, damit im Falle von Blockierungen die Verbindungswege umgeordnet werden können. Das Benes-Netzwerk ist ein Beispiel für eine solche Anordnung. Es gestattet die

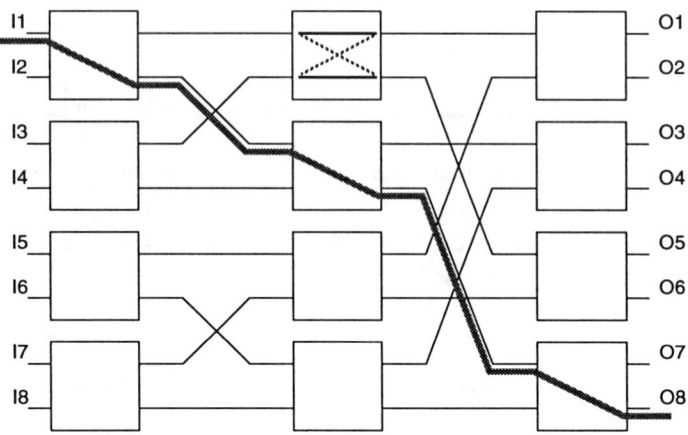

Abb. 4.23: Banyan Verbindungsnetzwerk

Schaltung aller Permutationen zwischen Ein- und Ausgängen. Wie in der Abbildung 4.24 zu erkennen ist, besteht es aus der Hintereinanderschaltung von zwei Banyan-VN und besitzt $2(log_2 N) - 1$ Ebenen.

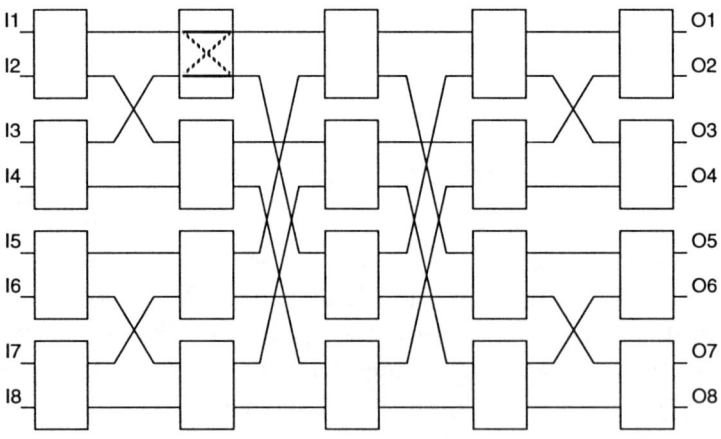

Abb. 4.24: Benes-Netzwerk

Die Nachteile der hohen Blockierungsmöglichkeiten von mehrstufigen VN, bestehend aus 'shuffle' Elementen, werden durch die Verwendung von Crossbars anstelle der 'shuffle' Elemente vermieden. Diese, als CLOS-Netzwerke [8] bezeichneten VN kombinieren die Vorteile des Crossbars mit der annehmbaren Komplexität der mehrstufigen VN. Sie bestehen aus mehreren Stufen (typisch drei), und die Crossbars jeder Stufe haben eine unterschiedliche Konfiguration. In der Abbildung 4.25 ist eine allgemeine Form des CLOS-Netzwerkes mit den Parametern n, m und r dargestellt. Wählt man aus Gründen der einfachen technischen Realisierung $n = m = r$ und nimmt weiterhin einen 16 x 16 Crossbar als Grundelement an, so verbindet ein solches Netzwerk 256 Eingänge mit ebensovielen Ausgängen.

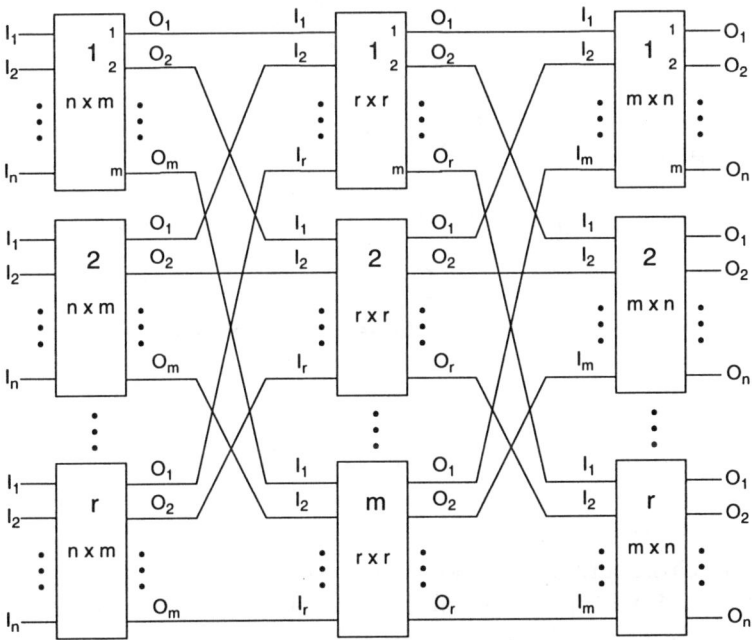

Abb. 4.25: CLOS-Verbindungsnetzwerk

Eine weitere Klasse von VN bilden die hierarchischen Verbindungsnetzwerke. Darunter versteht man die mehrfache Verwendung des gleichen VN oder unterschiedlicher VN zum Aufbau von VN mit höherer Verbindungskomplexität. Da hierbei auch die Vermischung von statischen und dynamischen VN möglich ist, ergibt sich eine Vielzahl von unterschiedlichen Strukturen, die

hier nicht alle behandelt werden können. Einige Beispiele von hierarchischen
VN sollen die Vielfältigkeit ihrer Realisierungen veranschaulichen.

Ersetzt man die Verbindungsknoten in einem statischen VN wie dem binären
Baum durch Schaltelemente und erhöht auf jeder Ebene die Anzahl der Verbindungen, so erhält man den Leisersonschen Baum [41] oder 'fat tree' in
Abbildung 4.26. Er vermeidet durch die größere Anzahl von Leitungen zur
Wurzel hin den beim binären Baum auftretenden Engpaß der Kommunikationsbandbreite in der Wurzel. Als Schaltelemente in den Verbindungsknoten
kommen Crossbars mit unterschiedlichen Konfigurationen zum Einsatz.

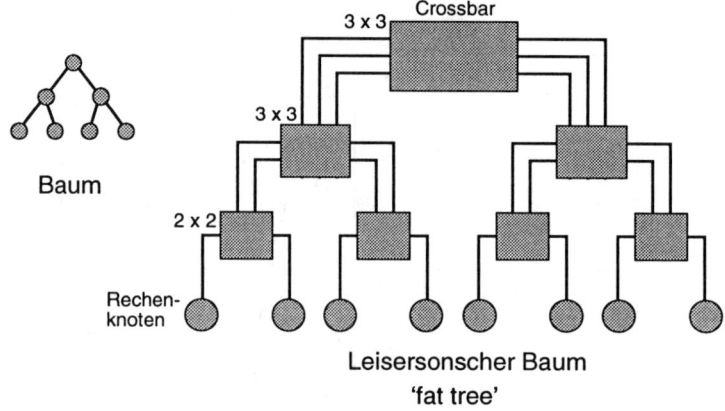

Abb. 4.26: 'fat tree' mit Crossbar-Schaltern

Die rekursive Verwendung von gleichen Crossbarkonfigurationen ergibt Hie-
rarchien von Crossbars, die zu den unterschiedlichsten sehr kompakten Realisierungen von VN führen [46] [25]. Bei der Crossbarhierarchie führt die Verbindung von zwei Knoten über maximal $2h + 1$ Vermittlungsstufen, wenn h
die Höhe der Hierarchie ist. Da ein solches hierarchisches Crossbar-Netzwerk
bereits bei einer geringen Höhe h viele Knotenrechner mit sehr wenigen Ver-
mittlungsschritten verbinden kann, wird es in Zukunft in vielen Parallelrechnern zu finden sein.

Glossar

Adreßraum

Der Adreßraum stellt die Anzahl von Speicherzellen dar, die von einem Prozeß aus referenziert werden können.

Datenflußprinzip

Das Datenflußprinzip ist ein Berechnungsprinzip, bei dem die Berechnungsreihenfolge von Operationen implizit durch die Verfügbarkeit ihrer Operanden und nicht explizit durch einen vorgegebenen Kontrollfluß bestimmt wird.

Dynamische Datenflußrechner

Die Klasse der dynamischen Datenflußrechner umfaßt Datenflußarchitekturen, die zur Synchronisation der Operationen die 'tagged-token' Methode oder die Kopiermethode verwenden.

Datenfluß-/von Neumann-Hybridarchitekturen

Als Datenfluß-/von Neumann-Hybridarchitekturen werden Rechnerarchitekturen bezeichnet, die eine Symbiose von Datenfluß- und von Neumann-Architekturen bilden.

Faden

Ein Faden ('thread') ist eine sequentielle Abfolge von Instruktionen mit nur einem Einstiegspunkt und auch nur einem Ausgangspunkt.

Feldrechner

Ein Feldrechner ist ein Parallelrechner, der stark auf die Verarbeitung von 2-dimensionalen Datenstrukturen (Felder) zugeschnitten ist. Meist ist auch sein Verbindungsnetzwerk auf die Verarbeitung von 2-dimensionalen Datenstrukturen ausgerichtet.

Knoten

Als Knoten ('node') oder auch Knotenrechner ('computing node') bezeichnet man die Einheiten eines Parallelrechners, die die Berechnungen eines Prozesses oder Fadens ausführen können. Sie bestehen aus Prozessoren, den zugeordneten Speichern und dem Anschluß an das Verbindungsnetzwerk.

Kommunikation

Im parallelen System wird damit der Austausch von Daten bezeichnet, der zwischen den Recheneinheiten über das Verbindungsnetzwerk erfolgt.

Latenz

Als Latenz ('latency') wird die Zeit bezeichnet, die vom Start einer Operation bis zu ihrer eigentlichen Ausführung vergeht.

Mehrfädige Architekturen

Mehrfädige Architekturen versuchen, die verschiedenen Latenzzeiten bei der Ausführung zu verstecken. Sie verwenden dazu mehrere Fäden, zwischen denen bei Auftreten einer Latenz schnell umgeschaltet werden kann. Damit wird die Latenz eines Fadens in der Ausführung eines anderen Fadens versteckt.

Parallele Rechnerarchitekturen

Parallele Rechnerarchitekturen versuchen, die in den Anwendungen vorhandene Parallelität durch parallele Verarbeitungseinheiten so auszunutzen, daß sich ein wesentlicher Leistungsgewinn ergibt.

Parallelität

Die in den Anwendungen vorhandenen datenunabhängigen Operationen werden als die Parallelität der Anwendung bezeichnet.

Pipeline

Die Pipeline ist eine Hardwareeinheit, in der die Verarbeitung in mehreren, aufeinanderfolgenden Stufen erfolgt. Wie bei einem Fließband, erfolgt in jeder Stufe ein Teilschritt der Verarbeitung. In jedem Zeitschritt kann ein neues Element zur Verarbeitung in die Pipeline eingespeist werden und wenn sie gefüllt ist, bearbeitet sie ihrer Stufenzahl entsprechend viele Elemente in verschiedenen Bearbeitungsstadien.

Prozeß

Ein Prozeß ist eine funktionelle Einheit, bestehend aus einem zeitlich invarianten Programm, einem Satz von Daten, mit dem der Prozeß initialisiert wird und einem zeitlich varianten Zustand.

Statische Datenflußrechner

In die Klasse der statischen Datenflußrechner fallen diejenigen Datenflußarchitekturen, die zur Synchronisation von Operationen die Sperr-methode oder die Rückkopplungsmethode verwenden.

Synchronisation

Die Synchronisation ist eine Operation, bei der zwei oder mehr Knoten Informationen austauschen, um die logische Reihenfolge von Ereignissen festzulegen.

Topologie

Die Topologie beschäftigt sich mit der räumlichen Anordnung von Verbindungs- und Schaltelementen und ihren Eigenschaften.

Vektorrechner

Ein Vektorrechner besitzt zusätzlich zu den skalaren Verarbeitungs-einheiten optimierte Verarbeitungseinheiten für Vektoren. Diese Verarbeitungseinheiten sind meist als Pipeline ausgeführt.

Verbindungsnetzwerk

Unter einem Verbindungsnetzwerk ('interconnection network') versteht man die in einer räumlichen Anordnung zusammengeschalteten Verbindungs- und Schaltelemente, die zur Kommunikation zwischen den Elementen eines Parallelrechners (z.B. Knotenrechner, Speicher, Ein/Ausgabe-Einheiten) benutzt werden.

Literaturverzeichnis

[1] Ackerman, W. B., Data flow languages, in: *Proceedings of the AFIPS 1979*, AFIPS Press, New Jersey, 1979

[2] Ackerman, W. B., Dennis, J. B., *VAL – A Value Oriented Algorithmic Language*, Preliminary Reference Manual, Laboratoty for Computer Science, MIT, Technical Report, Juni 1979

[3] Agarwal, A.; Lim, B-H.; Kranz, D.; Kubiatowicz, J., APRIL: A Processor Architecture for Multiprocessing, in: *Proceedings of the 17th Annual International Symposium on Computer Architecture*, Seattle 1990, S. 104-114.

[4] Alliant, *Alliant Product Summary*, Alliant Computer Systems Corporation, Littleton, MA, 1989.

[5] Arvind, Gostelov, K. P., Plouffe, W., *An Asynchronous Programming Language and Conputing Machine*, Technical Report 114a, Information and Computer Science Department, University of California, Irvine, Dez. 1978

[6] Arvind, Nikhil, R. S., Executing a Program on the MIT Tagged-Token Dataflow Architecture, in: *IEEE Transactions on Computers*, Bd. 39, Heft 3, März 1990

[7] Arvind, Bic, L., Ungerer, Th., Evolution of Dataflow Computers, in: Gaudiot, J.-L. and Bic, L. (Eds.): *Advanced Topics in Data-Flow Computing*, Prentice Hall, Englewood Cliffs, New Jersey, 1991

[8] Clos, C., *A Study on Non-Blocking Switching Networks*, Bell Syst. Tech. Journal, Bd. 32, S. 406-424, 1953.

[9] *CRAY T3D System Architecture Overview Manual*, Cray Research Inc., http://www.cray.comm, 1993.

[10] Cytron, R., Doacross: Beyond Vectorization for Multiprocessors, in: *Proceedings of the International Conf. on Parallel Processing*, 1986, S. 836-844.

[11] Davis, A. L., The Architecture and System Method of DDM1: A recursively Structured Data Driven Machine, *Proceedings of the 5th Annual Symposium on Computer Architecture*, New York, 1978

[12] Dennis, J. B., *First Version of a Data Flow Procedure Language*, Lecture Notes in Computer Science, Bd. 19, Springer-Verlag, 1974

[13] Dennis, J. B., Misunas, R. P., A preliminary architecture for a basic dataflow processor, in: *Proceedings of the 2nd Annual Symposium on Computer Architecture*, IEEE 1975

[14] Dennis, J. B., The varieties of data flow computers, in: *Proceedings of the 1st International Conference on Distributed Computing Systems*, Huntsville, AL, 1979

[15] Dijkstra, E., W., Cooperating Sequential Processes, in Genuys F.(ed.): *Programming Languages*, Academic Press, New York, 1968.

[16] Dennis, J. B., *Data Flow Supercomputers*, IEEE Computer, Nov. 1980

[17] Dubois, M.; Scheurig, C.; Briggs, F. A., Synchronization, Coherence, and Ordering of Events in Multiprocessors, in: *Computer*, Bd. 21, Nr. 2, Feb. 1988, S. 9-21.

[18] Esswein, Dieter, *Strukturiertes Scheduling*, Dissertation, Technische Universität Berlin, 1990.

[19] Feng, Tse-Yun, A Survey of Interconnection Networks, in: *Computer*, Bd. 14, Nr. 12, 1981.

[20] Flynn, M.J. Some Computer Organization and Their Effectiveness, in: *IEEE Transaction on Computers*, Bd. C-21, Sept. 1972, S. 948-960.

[21] *Fortran 90*, International Standard ISO/IEC 1539, Sec. ed. ISO/IEC Copyright Office, Geneve, Switzerland, 1992.

[22] Frank, Steven; Burkhardt III, Henry; Rothnie, James, The KSR1: Bridging the Gap Between Shared Memory and MPPs, in: *Digest of Papers of the IEEE spring COMPCON '93*, San Francisco, USA, 1993, S. 285-294.

[23] Gasperoni, F., *Compilation Techniques for VLIW Architectures*, Technical Report 435, New York University, March 1989.

[24] Giloi, W. K., *Rechnerarchitektur*, Springer-Verlag, Berlin Heidelberg New York, 1981

[25] Giloi, W. K., *Rechnerarchitektur*, 2.Auflage, Springer-Verlag, Berlin Heidelberg New York, 1993.

[26] Giloi, W.K., From SUPRENUM to MANNA and META-Parallel Computer Development at GMD-FIRST, in: Meuer, Hans-Werner (Hrsg.), *Supercomputer 1994*, Anwendungen, Architekturen, Trends, S. 2-20, 1994.

[27] Gurd, J. R., Kirkham, C., C., Watson, I., The Manchester Prototype Dataflow Computer, in: *Communications of the ACM*, Bd. 28, Nr. 1, Jan. 1985

[28] Hillis, W.D., *The Connection Machine*, MIT Press, Cambridge, Mass. 1985.

[29] Hiraki, K., Sekiguchi, S., Shimada, T., Status Report of SIGMA-1: A Data-Flow Supercomputer, in: Gaudiot, J.-L., Bic, L.: *Advanced Topics in Data-Flow Computing*, Prentice Hall, Englewood Cliffs, New Jersey, 1991

[30] Hockney, R.W.; Jesshope, C.R., *Parallel Computers*, Bristol, Adam Hillger Ltd., 1984.

[31] Hwang, K., Briggs, F. A., *Computer Architecture and Parallel Processing*, McGraw–Hill Book Co. Singapore, 1985

[32] *IMS T800 Architecture*, Technical Note 6, Inmos Limited, Bristol, U.K., Jan. 1988.

[33] *IMS T800 Transputer, Engineering data*, Inmos Limited, Bristol, U.K., April 1987.

[34] *The T9000 Transputer Hardware Reference Manual*, 1.edition, Inmos Limited, Bristol, U.K.,1993.

[35] Intel Scientific Computers, *iPSC User's Guide*, Aug. 1985.

[36] Kruskal, C.P.; Smith, C.H., On the Notion of Granularity, in: *Journal of Supercomputing*, Bd. 1, Nr. 4, Aug. 1988, S. 395-408.

[37] Kuck, David, *The Structure of Computers and Computations*, Bd. 1, Wiley & Sons, New York, 1978.

[38] Kung, H.T., *VLSI Array Processors*, Prentice Hall, Englewood Cliffs, New Jersey, NJ, 1988.

[39] Kuse, K., *Standards und Supercomputing - die FX2800*, PIK 13,3, K.G. Saur Verlag, München, 1990.

[40] Lam, M., Software Pipelining: An Effictive Scheduling Technique for VLIW Machines, in: *Proc. SIGPLAN '88*, Conf. on Programming Language Design and Implementation, Jun. 1988, S. 318-328.

[41] Leiserson, C.E., Fat-Trees: Universal Networks for Hardware-Efficient Supercomputing, in: *IEEE Transaction on Computers*, 34, S. 892-901, 1985.

[42] Lenoski, D., Laudon, K., Gharachorloo, K., Weber, W.D., Gupta, A., Hennessy, J., Horrowitz, M., Lam, M., The Stanford Dash Multiprocessor, in: *Computer*, März 1992, S. 63-79.

[43] Lu, Mi; Varmann, Peter, Mesh-Connected Computer Algorithms for Rectangle-Intersection Problems, in: *Proceedings of the 1986 International Conference on Parallel Processing*, 1986, S. 301-307.

[44] *MANNA-Parallel Computer, Hardware Reference Manual*, Version 1.1, GMD-FIRST, Technical Report, 1993.

[45] McGraw, J.R., et al., *SISAL: Streams and Iteration in a Single-Assignment Language*, Language Reference Manual, Heft 1.1, Lawrence Livermore National Laboratory, Juli 1983

[46] Montenegro, Sergio, *Kommunikationsstrukturen für verteilte Rechnersysteme*, Dissertation, Technische Universität Berlin, FB Informatik, 1989.

[47] *nCube 2 Systems*, Technical Overview, nCube Corporation, 1992.

[48] Nicolau, A.; Fisher, J.A., Measuring the parallelism available for very long instruction word architectures, in: *IEEE Transactions on Computers*, C-33(11), Nov. 1984, S. 968 - 976.

[49] Nicolau, Alexandru, *Percolation Scheduling: A Parallel Compilation Technique*, Technical Report, TR 85-678, Department of Computer Science, Cornell University, Ithaca, Mai 1985.

[50] Papadopulus, G. M., Culler, D. E., Monsoon: an Explicit Token Store Dataflow Architeture, in: *Proceedings of the 7th Annual International Symposium on Computer Architecture, Seattle, Mai 1990*, Computer Architecture News, Bd. 18, Heft 2, Juni 1990

[51] *PCI Local Bus Specification*, Rev. 2.0, PCI Special Interest Group, Hillsboro, Oregon, USA, 1993.

[52] Plas, A., et al., LAU System Architecture: A Parallel Data-Driven Processor based on Single Assignment, in: *Proceedings of the 1976 International Conference on Parallel Processing*, 1976

[53] Seitz, C.L., The Cosmic Cube, in: *Communications of the ACM*, 28, Nr. 1, Jan. 1985, S. 22-33.

[54] Stone, Harold S., *High-Performance Computer Architecture*, Third Edition, Addison Wesley Publ., Reading, Mass., 1993.

[55] Ramamoorthy, C.V., Pipeline Architecture, in: *Computing Surveys*, Bd. 9, Nr. 1, 1977, S. 61-102.

[56] Robbins, Kay A.; Robbins, Steven, *The Cray X-MP/Model 24*, Lecture Notes in Computer Science, Springer-Verlag, 1989.

[57] Rumbaugh, J., A Dataflow Multiprocessor, in: *Proceedings of the 1975 Sagamore Computer Conference on Parallel Processing*, Sagamore, New York, 1975

[58] Siegel, H.J., *Interconnection Networks for Large-Scale Parallel Processing: Theory and Case Studies*, 2nd ed., Mc-Graw Hill, New York, 1989.

[59] Smith, Burton J., A Pipelined Shared Resource MIMD-Computer, in: *Proceedings of the 1978 Int. Conf. on Parallel Processing*, Bellaire, MI, 1978, S. 6-8.

[60] Tannenbaum, Andrew., S., *Modern Operating Systems*, Prentice Hall, Englewood Cliffs, New Jersey, 1992.

[61] Tera Computer Company, Seattle, Washington, USA, The Tera Computer System, in: *Proceedings of SUPERCOMPUTING '90*, 1990, S. 1-6.

[62] *TMS320C40 Digital Signal Processor*, Reference Manual, Texas Instrument Inc., 1992.

[63] *74AS8840 Digital Crossbar Switch*, Texas Instrument Inc., 1986.

[64] Treleaven, P. C.,Brownbridge, D. R., Hopkins, R. P., Data-Driven and Demand-Driven Computer Architecture, *Computing Surveys*, Band 14, Nr. 1, März 1982

[65] Ungerer, Th., *Datenflußrechner*, Teubner-Verlag, Stuttgart, 1993

[66] Vedder, R., Finn, D., The Hughes Data Flow Multiprocessor: Architecture for Efficient Signal and Data Processing, in: *12th Annual International Symposium on Computer Architecture*, Boston, SIGARCH Newsletter, Bd. 13, Heft 3, Juni 1985

[67] Veen, A. H., Dataflow Machine Architecture, in: *ACM Computing Surveys*, Bd. 18, Heft 4, Dezember 1986

[68] *The VMEbus Specification, ANSI/IEEE 1014-87*, VITA, VMEbus International Trade Association, Scottsdale, AZ, USA, 1987.

[69] Yamaguchi, Y., Sakai, S., Hiraki, K., Kodama, Y., Yuba, T., *An Architectural Design of a Highly Parallel Dataflow Machine*, Information Processing 89, Elsevier Science Publishers, North Holland, 1989

[70] Yonezawa, A., Shibayama, E., Takada, T., Honda, Y., *Modelling and Programming in an Object-Oriented Concurrent Language ABCL/1*, in: Yonezawa, A., Tokoro M. (eds.), *Object-Oriented Concurrent Programming*, The MIT Press, Cambridge, Mass., 1987.

5 Parallelität auf Block- und Instruktionsebene

5.1 Einführung

In den letzten Jahren fand auf dem Gebiet der Rechnerarchitekturen eine bemerkenswerte Entwicklung statt. Insbesondere die Leistungsfähigkeit von Prozessoren hat sich drastisch erhöht. Maßgeblich hierfür ist zum einen die Einführung neuer Konzepte, z.B. *RISC*-Prozessoren [12, 38], zum anderen aber auch die Verbesserung der Technologie und die damit verbundene Erhöhung der Taktfrequenz. Abbildung 5.1 zeigt diese Entwicklung für Mikroprozessoren. Aus dieser Darstellung wird klar, daß der Anstieg der Komplexität in den letzten Jahren allmählich nachgelassen hat. Eine weitere Steigerung der Leistungsfähigkeit wird demnach in absehbarer Zeit nur noch durch neue Konzepte denkbar sein. Eines der vielversprechendsten Konzepte und heute schon wichtigsten Forschungsgebiete kann in der Weiterentwicklung der Parallelverarbeitung gesehen werden. Dieses Kapitel behandelt vor allem die Parallelität auf Mikrobefehlsebene, Instruktionsebene und Blockebene.

Durch die Einführung von RISC-Prozessoren mit vielstufiger Fließbandverarbeitung (super pipelining) ist man dem Ziel, nach jedem Taktzyklus einen Maschinenbefehl abzuschließen, schon sehr nahe gekommen. Dieses Kapitel behandelt Maßnahmen zur weiteren Geschwindigkeitssteigerung durch Parallelität auf Instruktions- und Blockebene. Hierfür ist die Kenngröße „Anzahl Takte pro Instruktion " (CPI: clock cycles per instruction) die durch entsprechende Parallelität auf der Befehlsebene auf wesentlich unter eins reduziert werden soll. Für den Einsatz zusätzlicher Parallelisierung gibt es im Grunde zwei unterschiedliche Varianten, die in unterschiedlicher Ausprägung kombiniert werden. Dies sind

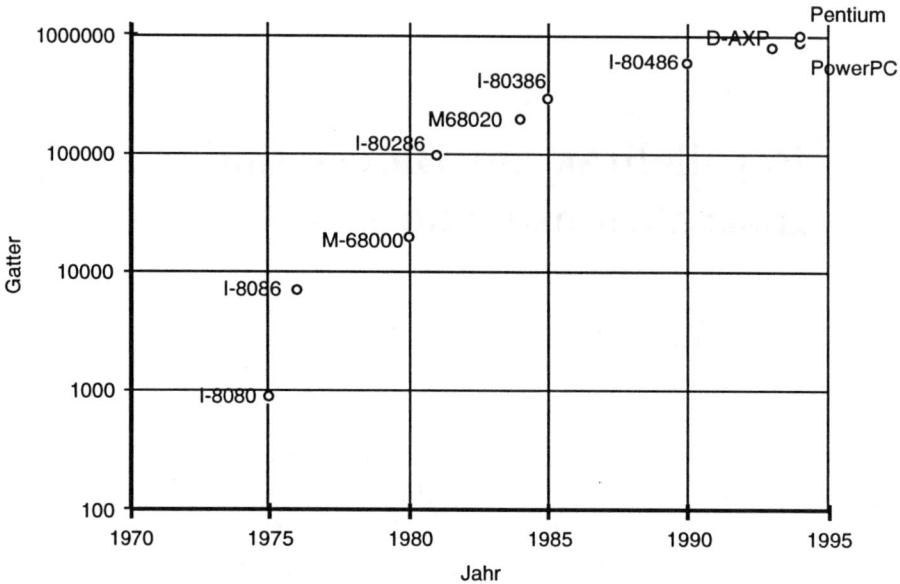

Abb. 5.1: Entwicklung der Komplexität von Mikroprozessoren

1. Hardwaremaßnahmen, um Parallelität noch zusätzlich zur Laufzeit zu entdecken,

2. zusätzliche Funktionseinheiten für die parallele Befehlsausführung.

Gemäß diesen beiden Möglichkeiten ist auch dieses Kapitel gegliedert. Um Parallelität auf der Instruktionsebene zu erreichen, ist es sehr wichtig, diese beiden Möglichkeiten sorgfältig abzuwägen. So können zusätzliche Hardwareeinrichtungen, die dazu dienen, Parallelität, die der Compiler zur Übersetzungszeit nicht erkennnen konnte, aufzuspüren, nur dann sinnvoll ausgenutzt werden, wenn anschließend tatsächlich auch die Möglichkeit der parallelen Befehlsausführung besteht. Umgekehrt setzen gerade die neuen superskalaren Architekturen, die mehrere Funktionseinheiten parallel auf einem Prozessorchip untergebracht haben, voraus, daß eine genügend hohe Parallelität vorliegt. Da dies häufig zur Übersetzungszeit nur eingeschränkt erkennbar ist, sind entsprechende Maßnahmen zur Erkennung der Parallelität zur Laufzeit erforderlich.

Die Grundprinzipien der Fließbandverarbeitung (pipelining) werden hier vorausgesetzt und nur kurz behandelt. Nur zum Teil wird hier auf die Parallelisierungsunterstützung zur Übersetzungszeit, also die statische Ablaufplanung (scheduling) eingegangen (vgl. Kapitel 13). Bei der Hardwareunterstützung zur Organisation der parallelen Ausführung wird im wesentlichen dynamische Ablaufplanung (dynamisches Scheduling) behandelt. An zusätzlichen Hardwareeinrichtungen zur parallelen Ausführung von Instruktionen werden im wesentlichen superskalare und VLIW-Architekturen behandelt. Da in diesem Zusammenhang in der Regel nur dann genügend Parallelität vorhanden ist, wenn insbesondere Schleifen durch den Compiler parallelisiert werden, wird auf das Aufrollen von Schleifen (loop unrolling) und das dadurch mögliche Trace-Scheduling eingegangen.

Dabei ist allerdings zu beachten, daß sich Programme, die bisher für serielle Rechner entwickelt und in herkömmlichen Sprachen wie *C*, *Pascal* oder *FORTRAN* implementiert wurden, sich nicht ohne Änderung sinnvoll auf Parallelrechnern einsetzen lassen. Normalerweise können solche Programme zwar auch auf quell- oder binärcodekompatiblen Parallelrechnern ausgeführt werden, jedoch sind aufgrund der Art der Algorithmen kaum Geschwindigkeitssteigerungen gegenüber einer herkömmlichen sequentiellen Maschine zu erwarten, so daß es für Anwender wenig attraktiv erscheint, in vergleichsweise teure Parallelrechner zu investieren. Abhilfe brächte eine Neuentwicklung und Neuimplementierung vorhandener Algorithmen, was jedoch teuer, fehleranfällig und vor allem zeitraubend ist.

Um jedoch auch ohne Neuimplementierung Parallelrechner sinnvoll einsetzen zu können, hat es sich als sinnvoll erwiesen, den Ansatz der automatischen Parallelisierung von Programmen zu verfolgen. Hier werden vorhandene, in sequentiellen Programmiersprachen implementierte Algorithmen mittels eines geeigneten Übersetzers so parallelisiert, daß sie die Ressourcen der Zielmaschine erheblich besser ausnutzen und so ein Geschwindigkeitsgewinn beim Einsatz auf einem Parallelrechner gegenüber einem sequentiellen Rechner erreicht werden kann. Allerdings bleibt auch hier das Problem bestehen, daß es sich um einen sequentiellen Algorithmus handelt, der auf einer parallelen Architektur bei weitem nicht so effizient ist, wie es ein paralleler Algorithmus wäre. Dies liegt insbesondere daran, daß ein parallelisierender Compiler im wesentlichen nur in der Lage ist, Parallelität innerhalb des zu übersetzenden Programms auf der Instruktionsebene oder der Grundblockebene zu erkennen und geeignet auszunutzen.

Parallelisierungsmöglichkeiten bestehen auf folgenden verschiedenen Ebenen:

- Mikrobefehlsebene

- Instruktionsebene

- Blockebene

- Taskebene

Je nach Ebene sind unterschiedliche Komponenten eines Rechnersystems für die Ausnutzung der Parallelität verantwortlich. So wird im allgemeinen die Hardware für die Parallelität auf Mikrobefehlsebene verantwortlich sein. Für die Instruktionsebene müssen sowohl entsprechende Hardwareeigenschaften als auch Übersetzer zur Verfügung stehen, um den auf dieser Ebene vorhandenen Parallelitätsgrad sinnvoll ausnutzen zu können.

Das Ausnutzen von Parallelität auf der Ebene von Blöcken ist im allgemeinen damit verbunden, daß der Übersetzer oder die Laufzeitbibliothek das Ausnutzen dieser Ebene unterstützt, weiterhin muß hier aber auch das Betriebssystem die Verwaltung mehrerer Blöcke innerhalb eines Programms zulassen. Auf der Task-Ebene schließlich ist das Betriebssystem für die simultane Abarbeitung zuständig, hier müssen sowohl Aufgaben zur Kommunikation als auch zur Lastverteilung bewältigt werden. Im folgenden werden nun die einzelnen Parallelitätsebenen näher erläutert.

5.1.1   Mikrobefehlsebene

Bei der Parallelisierung auf der Ebene der Mikrobefehle bzw. Maschinenzyklen wird die Tatsache ausgenutzt, daß zur Ausführung eines Maschinenbefehls verschiedene Aufgaben durchgeführt werden müssen. Damit läßt sich die Ausführung eines Befehls in folgende Einzelschritte (Mikrobefehle, Maschinenzyklen) unterteilen:

- Befehl holen

- Befehl dekodieren und Operanden holen

- Operation ausführen

- Ergebnis zurückschreiben

Bei den sogenannten *CISC*-Rechnern (complex instruction set computers) ist für jeden Maschinenbefehl eines solchen Prozessors eine Sequenz von Mikrobefehlen im sogenannten *Mikroprogrammspeicher* abgelegt. Die Ausführung eines Maschinenbefehls geschieht dadurch, daß die für die Realisierung dieses Befehls vorgesehenen Mikrobefehle ausgeführt werden. Jeder einzelne Mikrobefehl benutzt aber nur einen kleinen Teil der gesamten Hardware. Daher ist es sinnvoll, Mikrobefehle, die unabhängig voneinander arbeiten können, weil sie nicht von allen vorhergehenden Mikrobefehlen abhängen, parallel auszuführen, um die Hardware besser auszunutzen und damit die Ausführungsgeschwindigkeit von Befehlen zu erhöhen.

Das *RISC*-Konzept (reduced instruction set computers) bedeutet eine Abkehr vom Prinzip der Mikroprogrammierung. Statt eines Mikroprogrammspeichers wird hier ein *festverdrahtetes Steuerwerk* eingesetzt, das die einzelnen Phasen des Ausführens von Befehlen ausführt und überwacht. Auch hier benutzt jede Phase der Befehlsausführung nur einen Teil der Hardware. Durch überlappende Ausführung der aufeinanderfolgenden Befehle ist es auch beim RISC-Konzept möglich, die Hardware möglichst effizient auszunutzen. Dieses Konzept wird *Fließbandverarbeitung* (pipelining) genannt. Pipelining findet übrigens auch bei allen neueren CISC-Prozessoren Anwendung, es wurde sogar bei ihnen erstmalig eingeführt. Die Parallelität auf Instruktionsebene kann im wesentlichen durch zusätzliche Hardware ausgenutzt werden. Jedoch muß der Assemblerprogrammierer bzw. ein Compiler die Konsequenzen bei der Anordnung der Befehle im Speicher berücksichtigen, die sich insbesondere aus dem Einsatz der Fließbandverarbeitung ergeben. In den folgenden Abschnitten werden einige Pipelining-Maßnahmen genauer behandelt.

5.1.2 Instruktionsebene

Die nächsthöhere Ebene von Parallelität ist auf der Instruktionsebene zu finden. Hier wird die Tatsache ausgenutzt, daß viele im ausgeführten Programm aufeinanderfolgenden Instruktionen voneinander datenunabhängig sind. Um dies für die Parallelisierung zu nutzen, muß die Hardware jedoch einige Voraussetzungen erfüllen. Insbesondere muß die Hardware über mehrere Funktionseinheiten verfügen, die unabhängig voneinander Befehle ausführen können. Spezielle Rechnerarchitekturen wie *VLIW*-Rechner (very long instruction word) erfüllen solche Voraussetzungen. Hierbei werden die

Instruktionen, die parallel ausgeführt werden, in einem einzigen großen Befehlswort zusammengefaßt. Dieses Befehlswort enthält alle Codes und Operanden für die parallelen Funktionseinheiten.

Voraussetzung für die Ausnutzung solcher Architekturen ist, daß ein Compiler eine Datenflußanalyse durchführt, um die Datenabhängigkeiten von Befehlen zu ermitteln. Dies ist jedoch insbesondere bei Speicherzugriffen kompliziert und nicht immer durchzuführen, da die Adressen der Operanden der Befehle häufig erst zur Ausführungszeit des Programms bekannt sind. Häufig werden daher nur Register bei der Datenflußanalyse berücksichtigt. Solche Methoden werden heutzutage insbesondere von Compilern für das Optimieren der Pipelines bei RISC-Rechnern angewendet.

Ein weiteres Problem bei der Parallelisierung auf Instruktionsebene resultiert daraus, daß Verzweigungen innerhalb eines Programms möglich sind, bei denen zur Übersetzungszeit keine Aussagen über das Ziel der Verzweigung möglich sind bzw. nicht bekannt ist, ob überhaupt gesprungen wird. Solche Situationen entstehen insbesondere bei der Verwendung von bedingten Sprüngen. Es hat sich gezeigt, daß im Mittel 20% aller ausgeführten Maschinenbefehle Sprungbefehle sind. Um auch solche Programme sinnvoll parallelisieren zu können, müssen Verfahren zur Sprungvorhersage eingesetzt werden. Auf Maßnahmen zur Parallelisierung auf der Instruktionsebene wird ebenfalls später ausführlicher eingegangen.

5.1.3   Blockebene

Bei Parallelität auf der Blockebene handelt es sich um eine erheblich grobkörnigere Form der Parallelität. Sie entsteht dadurch, daß verschiedene Instruktionen eines Programms zu Blöcken zusammengefaßt werden, die, sofern es die Datenabhängigkeiten der Blöcke untereinander zulassen, parallel ausgeführt werden können.

Häufig werden hierbei Instruktionen zu Grundblöcken zusammengefaßt. Durch das Zusammenfassen zu noch größeren Ausführungseinheiten kann der Kommunikationsaufwand weiter reduziert werden. Wenn zwei solcher Blöcke datenunabhängig voneinander sind, können diese Blöcke parallel ausgeführt werden. Dazu muß der Übersetzer mittels einer globalen Datenflußanalyse die Datenabhängigkeiten der Ausführungseinheiten untereinander bestimmen. Diese Informationen können nun dazu verwendet werden,

den Kontrollflußgraphen in einen Datenflußgraphen zu transformieren. Zwei Blöcke innerhalb dieses Datenflußgraphen sind nun genau dann voneinander datenunabhängig und damit parallel ausführbar, wenn im entsprechenden Datenflußgraphen keine Kanten zwischen diesen beiden Blöcken existieren. Die parallele Ausführung geschieht häufig mit Hilfe von sogenannten leichtgewichtigen Prozessen (light weight processes, threads), da der Verwaltungsaufwand (overhead) verursacht durch die Prozeßverwaltung des Betriebssystems geringer ist als bei sogenannten *schwergewichtigen* Prozessen (Tasks). Für diese Art der Parallelität und ihre Ausnutzung ist ein Parallelrechner nicht unbedingt Voraussetzung, da solche Tasks auch quasi gleichzeitig abgearbeitet werden können, wobei in diesem Fall eine rein sequentielle Verarbeitung wesentlich günstiger wäre. Für die Ausnutzung von Parallelität auf Taskebene sind insbesondere die neuen MIMD-Rechner prädestiniert, die aus einer Vielzahl von unabhängig voneinander arbeitenden Prozessoren bestehen. Beispiele für solche Rechner sind die 'Connection Machine 5' (CM5) von Thinking Machines, MPP-Rechner von Convex oder auch die Sparc-Server der Serie 2000 von Sun. Letzendlich verschwimmen hier auch die Grenzen zwischen diesen 'echten' Parallelrechnern und (genügend großen) leistungsfähigen 'workstation clustern'. In den folgenden Kapiteln wird auf Parallelität auf dieser Ebene näher eingegangen.

5.1.4   Taskebene

Parallelität auf der Taskebene ist in dieser Klassifikation die grobkörnigste Form von Parallelität. Programme, die auf einem Mehrbenutzersystem ausgeführt werden, weisen in der Regel keine oder nur sehr geringe Datenabhängigkeiten auf (eine Ausnahme bilden 'client server' Modelle). Insbesondere, wenn mehrere unterschiedliche Benutzer Programme starten, werden kaum Datenabhängigkeiten zu erwarten sein. Auf geeigneten Architekturen mit verschiedenen Prozessoren können solche Programme dann parallel abgearbeitet werden.

Allerdings gibt es hier (wie auch bei den anderen Formen von Parallelität) die Einschränkung, daß Programme dann nicht parallel ablaufen können, wenn sie die gleichen Ressourcen benötigen. Beispiele hierfür sind, daß ein Programm Hauptspeicher anfordert, der nicht zur Verfügung steht oder daß Plattenlaufwerke oder Bandlaufwerke von den Prozessen als Betriebsmittel

angefordert werden. Hier ist es dann die Aufgabe des Betriebssystems, diese
Betriebsmittel geeignet zu verwalten.

Parallelität auf Programmebene wird schon seit langer Zeit ausgenutzt,
auch wenn es häufig auf sequentiellen Rechnern geschieht. Bekannt sind
diese Konzepte unter dem Namen *'multitasking'*, bei dem eine quasi gleichzeitige Abarbeitung mit Hilfe von Zeitscheibenverfahren realisiert wird.
Beispiele dafür sind Betriebssysteme wie UNIX, MVS, Windows NT, etc.
Mit der Einführung von Mehrprozessorsystemen können pseudosimulta-
ne Ausführung auf einem einzelnen Prozessor dieses Rechners und parallele
Ausführung von Programmen auf mehreren Prozessoren kombiniert werden.

5.2   Optimierungsverfahren

Um Parallelität geeignet ausnutzen zu können, ist eine Vielzahl von Optimierungen und Analysen nötig. Insbesondere werden für die Ausnutzung von
Parallelität Informationen über Datenzugriffe benötigt. Da diese Informationen in vielen Fällen nicht offensichtlich vorliegen, muß versucht werden,
durch geeignete Analysen des Codes zu ermitteln, welcher Befehl welche
Daten benötigt und erzeugt. Dies ist die Aufgabe der sogenannten Datenflußanalyse (s. Kapitel 4).

Ein wesentliches Problem bei der Ausnutzung von Parallelität auf Instruktionsebene ist darin zu sehen, daß nur dann Instruktionen parallelisiert werden können, wenn sichergestellt ist, daß diese Instruktionen auf jeden Fall
hintereinander ausgeführt werden, also der Kontrollfluß des Programms an
dieser Stelle bekannt ist. Dies bedeutet insbesondere, daß zwischen zwei
Instruktionen, die parallel zueinander ausgeführt werden sollen, keine Verzweigung, bzw. kein Sprungziel eines anderen Sprungbefehls vorhanden sein
darf. Sequenzen von Instruktionen, die dieser Anforderung genügen, werden
im allgemeinen Grund- oder Basisblöcke (basic blocks) genannt. Bei der
Untersuchung sequentieller Programme hat sich gezeigt, daß ca. 20% aller
Befehle Sprungbefehle sind. Selbst unter der Annahme, daß alle Instruktionen eines durchschnittlichen Basisblocks parallel ausgeführt werden könnten, wäre damit auf einer geeigneten Hardware maximal ein Speedup von
fünf gegenüber der Ausführung auf einer sequentiellen Maschine erreichbar.
Um dies zu verbessern, wird versucht, bei Sprüngen vorherzusagen, welcher
Pfad im Kontrollflußgraph vom Programm zur Laufzeit gewählt wird. Wenn

eine solche Vorhersage gelingt, können nun über mehrere Basisblöcke hinweg Instruktionen parallel ausgeführt werden, sofern diese datenunabhängig sind. Für den Fall, daß die Vorhersage fehlgeschlagen ist, muß Code eingefügt werden, der die durch den falsch vorhergesagten Code erzeugten Fehler korrigiert. Noch komplizierter wird es, wenn durch diese Fehler Laufzeitfehler erzeugt werden (also etwa Überläufe, Division durch Null, etc.). Hier müssen entsprechende Compiler Unterbrechungsbehandlungen einbauen, um solche Fehler zu korrigieren, ohne daß das Anwenderprogramm abstürzt. Es hat sich gezeigt, daß es durchaus realistisch ist, 90% aller Sprünge zur Übersetzungszeit korrekt vorherzusagen.

Eine Kontrollflußanalyse ist Voraussetzung für die Vorhersage der möglichen Verzweigungen. Für Spezialfälle wie Schleifen gibt es Techniken, um die Abhängigkeiten von Schleifeniterationen untereinander zu bestimmen oder die Vorhersage anhand von konkreten Messungen durchzuführen.

5.2.1 Datenflußanalyse

Eine wesentliche Voraussetzung für eine erfolgreiche Parallelisierung ist das Bestimmen von Datenabhängigkeiten zwischen Instruktionen. Hierbei muß im Prinzip für jede Instruktion bestimmt werden, welche andere Instruktion die Eingabedaten der betrachteten Instruktion produziert. Wird eine Instruktion ermittelt, die die Eingabedaten produziert, sind diese beiden Instruktionen voneinander datenabhängig. Für den Fall, daß ein Datenflußgraph aufgebaut wird, aus dessen Knoten die Instruktionen bestehen, würde nun eine Kante zwischen diesen beiden Instruktionen bzw. den entsprechenden Knoten eingefügt. Zwei Instruktionen können nun genau dann parallel ausgeführt werden, wenn innerhalb des Datenflußgraphs kein Pfad zwischen diesen beiden Knoten existiert. Bei Datenabhängigkeiten werden folgende Typen unterschieden:

- *Flußabhängigkeit* (flow dependence)
  Zwei Instruktionen A und B sind *flußabhängig* voneinander, wenn ein Wert, den Instruktion A produziert, von der Instruktion B konsumiert wird. In diesem Fall muß sichergestellt werden, daß Instruktion B *nach* Instruktion A ausgeführt wird (read after write — RAW).

- *Antiabhängigkeit* (anti dependence)
  Zwei Instruktionen A und B sind ANTIABHÄNGIG voneinander, wenn

eine Instruktion A einen Wert benötigt, der von einer anderen Instruktion B überschrieben wird. In diesem Fall muß sichergestellt werden, daß Instruktion B *nach* Instruktion A ausgeführt wird (write after read — WAR).

- *Ausgangsabhängigkeit* (output dependence)
  Zwei Instruktionen A und B sind AUSGANGSABHÄNGIG voneinander, wenn beide Instruktionen ein- und dieselbe Variable beschreiben (write after write — WAW).

- *Kontrollflußabhängigkeit* (control dependence)
  Diese Art der Abhängigkeit wird von der Kontrollflußanalyse ermittelt, und ist in der Regel durch die Angaben des Programmierers explizit vorgegeben.

Die Bestimmung dieser Datenabhängigkeiten ist für Befehle, die nur Register als Operanden besitzen, relativ einfach. Erheblich komplizierter wird es, wenn auch Speicherzugriffe berücksichtigt werden müssen. Die Adresse der Speicherzelle, auf die lesend oder schreibend zugegriffen wird, ergibt sich in aller Regel erst zur Laufzeit aufgrund von Adreßberechungen durch den Prozessor. Das bedeutet insbesondere, daß aufgrund dieser Tatsache auf ein- und dieselbe Speicherzelle über verschiedene Ausdrücke zugegriffen werden kann (Decknamen, Alias). Über solche Fälle kann häufig ohne genauere Analyse zur Übersetzungszeit keine weitere Aussage gemacht werden. Ein solcher Fall liegt z.B. vor, wenn über zwei Basisregister mit jeweils anderem Offset ein Speicherzugriff ausgeführt wird. Eine weitere Aufgabe der Datenflußanalyse besteht nun darin, soweit wie möglich anhand der vorhandenen Daten zu bestimmen, welche Inhalte solche Basisregister besitzen werden und die Datenabhängigkeiten entsprechend zu ermitteln. Können keine Angaben dazu ermittelt werden, muß davon ausgegangen werden, daß auf jede beliebige Speicherzelle zugegriffen werden kann. Es muß dann ein globales Synchronisationsereignis angenommen werden, und eine Parallelisierung kann nicht erfolgen

5.2.2   Kontrollflußanalyse

Die Aufgabe der Kontrollflußanalyse besteht darin, zur Übersetzungszeit zu bestimmen, welche Pfade im *Kontrollflußgraphen* während der Ausführung des Programms durchlaufen werden. Der Kontrollflußgraph beschreibt dabei alle Möglichkeiten, wie innerhalb eines Programms verzweigt werden kann. Dabei beschreiben die Knoten des Kontrollflußgraphen sogenannte Basisblöcke bzw. Grundblöcke. Ein Basis- bzw. Grundblock ist eine Sequenz von Befehlen, in denen kein Sprung vorkommt und in den keine Zielmarke eines anderen Sprungs zeigt. Sprünge bzw. Sprungmarken bestimmen jeweils das Ende bzw. den Anfang eines Basisblocks. Die Kanten des Kontrollflußgraphen beschreiben die Ziele der die Grundblöcke begrenzenden Sprungbefehle.

Um nun die Basisblöcke vergrößern zu können, muß die Kontrollflußanalyse herausfinden, welche Richtung die Sprungbefehle nehmen werden. In vielen Fällen können hier Aussagen gemacht werden. So ist z.B. bei Schleifen anzunehmen, daß der Schleifenrumpf betreten wird, während der Ausgang der Schleife vergleichsweise selten benutzt werden dürfte. In anderen Fällen kann anhand der Ergebnisse der Datenflußanalyse eventuell erkannt werden, daß Bedingungen in bedingten Sprüngen immer falsch oder wahr sind, so daß also feststeht, in welche Richtung verzweigt wird. In solch einem Fall könnte die korrespondierende Kante im Kontrollflußgraphen eliminiert werden.

Das Zusammenfassen von Grundblöcken kann nun dadurch geschehen, daß im Kontrollflußgraphen all die Knoten zu einem einzigen Knoten zusammengefaßt werden, zwischen denen nur eine Kante existiert. Dabei muß weiterhin gelten, daß der Nachfolgeknoten keine weitere Eingangskante von einem anderen Basisblock besitzt. Auch wenn diese Bedingung nicht erfüllt ist, kann in vielen Fällen spekulativ entschieden werden, daß zwei Blöcke zusammengefaßt werden sollen. Für diesen Fall muß jedoch Vorsorge für den Fall getroffen werden, daß, wenn die angenommene Bedingung nicht erfüllt ist, der durch diese falsche Annahme eingeführte Fehler durch geeigneten Code korrigiert wird. Ist diese Art der Vorhersage unzuverlässig, wird der Overhead sehr groß, was eventuelle Vorteile zunichte machen kann, bzw. das Ergebnis langsamer macht als eine nicht „parallelisierte" Version. Während Vorhersagen bei Schleifen nicht allzu schwierig sind, ist eine Vorhersage hoher Qualität insbesondere bei weniger regulären Programmstücken schwer zu erreichen. Aber auch hier kann ausgenutzt werden, daß eine Vielzahl von bedingten Verzweigungen nur eine Abbruchbedingung oder einen Fehlerausgang darstellen. Um dies allerdings erkennen zu können, müssen Informationen aus dem Laufzeitverhalten des Programms an Testbeispielen gewonnen werden und diese in nachfolgenden Compilerläufen berücksichtigt werden.

Hierzu hat sich in den letzten Jahren die Technik des *'trace scheduling'* etabliert [25].

5.2.2.1 Trace-Scheduling

Dieses Verfahren findet insbesondere dort Verbreitung, wo die Programmstrukturen weitgehend irreguläre Parallelität aufweisen. Hier wird anhand von Testläufen des übersetzten Programms zu ermitteln versucht, welche Pfade des Kontrollflußgraphen in realen Anwendungen vom Programm durchlaufen werden. Der Compiler fügt dazu an den Verzweigungen Code ein, um ein sogenanntes Profil des Programms zu erstellen ('profiling'). Dieser eingefügte Analysecode gibt zur Laufzeit aus, an welchen Verzweigungen in welche Richtung gesprungen wurde. In nachfolgenden Übersetzungsläufen kann der Compiler nun diese Informationen dazu nutzen, um eine zuverlässige Sprungvorhersage durchzuführen.

5.2.3   Optimierung von Schleifen

Insbesondere Schleifen sind in den letzten Jahren Gegenstand von Parallelisierungsversuchen gewesen. Innerhalb von Schleifen existieren eindeutige Eingänge und Ausgänge. In den meisten Fällen kann davon ausgegangen werden, daß der Schleifenrumpf im Vergleich zum Schleifenausgang sehr häufig ausgeführt wird. Über diesen Schleifenausgang kann eine Schleife in der Regel nur bei der Verletzung einer Abbruchbedingung verlassen werden. In einigen Programmiersprachen (z.B. FORTRAN) haben Schleifen weiterhin die angenehme Eigenschaft, daß vorwiegend Vektoren und Matrizen berechnet werden und die Laufvariablen innerhalb von Schleifen zur Indizierung von Elementen dieser Matrizen und Vektoren dienen. In solchen Fällen wird häufig versucht, sogenannte *Iterationsabhängigkeitsgraphen* anhand der verwendeten Indizes zu ermitteln [11]. Dieses Verfahren wird im nachfolgenden Abschnitt näher erläutert.

In vielen anderen Programmiersprachen hingegen sind diese Verfahren nicht oder nur selten einsetzbar, da insbesondere durch die Verwendung von Zeigerstrukturen, wie sie z.B. beim Durchlaufen linearer Listen oder Bäumen eingesetzt werden, Schleifen statisch erheblich schwieriger zu analysieren sind. In solchen Fällen muß auf andere Techniken wie z.B. das weiter oben erläuterte *Trace-Scheduling* zurückgegriffen werden.

5.2.3.1 Iterationsabhängigkeitsgraphen

Die Bestimmung von Iterationsabhängigkeitsgraphen wird im wesentlichen in Schleifen mit regulärer Parallelität durchgeführt. Das Verfahren basiert darauf, daß bestimmt wird, auf welche Vektorelemente in welchem Iterationsschritt der Schleife schreibend bzw. lesend zugegriffen wird. Die Darstellung dieser Abhängigkeiten geschieht mit Hilfe linearer Gleichungssysteme unter Angabe bestimmter Randbedingungen, die den Lösungsraum einschränken. Diese Randbedingungen beinhalten zum Beispiel die Anzahl der Schleifendurchläufe (sofern zur Übersetzungszeit bekannt), die Startindizes und die Schrittweite. Handelt es sich um mehrfach verschachtelte Schleifen, steigt die Dimension der linearen Gleichungssysteme entsprechend. Zur Lösung dieser linearen Gleichungsyssteme können nun bekannte Verfahren wie lineares Programmieren angewandt werden (Omega-Test, usw.), es wird schließlich ein Lösungsvektor entsprechend der Dimension des linearen Gleichungssystems bzw. der Schachtelung der Schleifen gewonnen [41]. Dieser Lösungsvektor beschreibt einen Iterationsabhängigkeitsgraphen, dem entnommen werden kann, zu welchen Zeitpunkten in der Schleife welche Sprünge mit welcher Richtung ausgeführt werden. Häufig bieten die erhaltenen Iterationsabhängigkeitsgraphen wenig Parallelisierungsmöglichkeiten. Durch geeignete Transformationen dieser Graphen kann aber meist eine weitgehende Parallelisierung ermöglicht werden.

5.3 Hardwareeinflüsse

Neben der Parallelität, die innerhalb von Anwendungsprogrammen offenliegt, spielt natürlich die Konfiguration der Zielarchitektur, auf der das parallele Programm ausgeführt werden soll, für die Geschwindigkeit eine wesentliche Rolle. Hierbei müssen die unterschiedlichsten Faktoren miteinbezogen werden. So hängt die Ausnutzung der Parallelität innerhalb eines Programms im wesentlichen von der Anzahl der freien Prozessoren ab, auf denen dieses Programm ausgeführt werden kann. Je mehr Prozessoren vorhanden sind, um so größer ist der (zumindest theoretisch) zu erwartende Speedup gegenüber einer sequentiellen Abarbeitung.

Da in aller Regel die Teilprozesse eines Programms miteinander kommunizieren müssen, um Daten auszutauschen oder kritsche Abschnitte zu belegen, läßt sich die Geschwindigkeit durch Hinzunahme weiterer Prozessoren nur bedingt steigern. Da die Kommunikation mit zunehmender Feinkörnigkeit der Parallelität ansteigt und von der Kopplung der Prozessoren abhängt, kann der Overhead, der durch Kommunikation verursacht wird, jeden Gewinn durch Hinzunahme weiterer Prozessoren bzw. weitergehende Parallelisierung relativieren. Bei Kopplung von Prozessoren über einen gemeinsamen Speicher (shared memory), bei sogenannten eng gekoppelten Rechnern (tightly coupled), erfolgt die Kommunikation zwischen den einzelnen Prozessoren durch Schreiben und Lesen von Daten in einem gemeinsamen Adreßraum. Hier sind die Kommunikationskosten als eher gering einzuschätzen. Eng gekoppelte Systeme haben jedoch den Nachteil, daß bezüglich der Anzahl von Prozessoren relativ schnell eine Grenze für die Praktikabilität erreicht ist. Daher sind Systeme mit einer größeren Anzahl an Prozessoren meistens als lose gekoppelte Systeme realisiert, d.h. jeder Prozessor verfügt über einen eigenen lokalen Speicher. Um miteinander kommunizieren zu können, sind diese Prozessoren über Netzwerke miteinander verbunden. Zur Kommunikation wird hier sogenanntes 'message passing' eingesetzt (vgl. auch Kapitel 10).

In solchen lose gekoppelten Systemen wird der erreichbare Speedup durch die Kosten für die Kommunikation der Prozessoren untereinander beschränkt. Je nach dem, wie weit ein Prozessor in diesem Netzwerk vom Zielprozessor entfernt ist, kann die Kommunikation einen längeren oder kürzeren Zeitraum beanspruchen. Beispiele für solche Vernetzungsstrukturen sind zum Beispiel baumartige Strukturen oder sogenannte 'Hypercubes' (vgl. auch Kapitel 4).

Werden die die einzelnen Prozessoren über ein Bussystem miteinander verbunden, ist damit zu rechnen, daß die Kommunikationskosten für alle denkbaren Kombinationen annähernd gleich hoch einzuschätzen sind. Nachteilig macht sich bemerkbar, wenn aufgrund höheren Kommunikationsaufkommens der Bus stärker belastet wird, da hierbei einzelne Prozessoren warten müssen, bis der Bus frei ist.

5.3.1   Parallelitätspotentiale

Das Problem beim Einsatz realer Parallelrechner für allgemeine Anwendungen ist darin zu sehen, daß die unterschiedlichen Anwendungsprogramme die unterschiedlichsten Parallelitätspotentiale aufweisen. Während einige Programme sehr wenige parallele Anteile beinhalten und daher die Ressourcen eines Parallelrechners kaum ausnutzen, können andere Programme erheblich mehr parallele Anteile aufweisen, als der Parallelrechner Ressourcen zur Verfügung stellt.

Hieraus ergibt sich das Problem, daß eine möglichst große Ausnutzung der Parallelität bei einigen Anwenderprogrammen mit relativ geringem Parallelitätspotential durchaus zu einer beschleunigten Ausführung auf einem Parallelrechner führen kann. Wird jedoch in einem Programm mit hohem Parallelitätspotential die zur Verfügung stehende Parallelität genau so ausgenutzt, kann es vorkommen, daß der Parallelitätsgrad erheblich höher ist als die Anzahl der Funktionseinheiten, die diesen parallelen Code ausführen können. In solch einem Fall muß vom Laufzeitsystem entschieden werden, welche Codesequenzen nun parallel ausgeführt werden können. Ist die Anzahl der auszuführenden parallelen Prozesse bzw. Befehle erheblich größer als die Anzahl der zur Verfügung stehenden Ausführungseingeiten, kann der aufgrund der aufwendigeren Ressourcenverwaltung entstehende Overhead so groß werden, daß die Leistung des parallelisierten Programms nur wenig höher ist (im Extremfall kann sie sogar niedriger sein), als wenn es auf einem sequentiellen Rechner ausgeführt wird.

Daher muß bei dem Versuch, Parallelität auszunutzen, unabhängig von der betrachteten Ebene die Anzahl der zur Verfügung stehenden Ressourcen ebenso berücksichtigt werden wie das Parallelitätspotential des zu parallelisierenden Programms. Wenn nur eine relativ geringe Anzahl von Prozessoren zur Verfügung steht, muß dem Rechnung getragen werden, indem dafür gesorgt wird, daß nicht zu viele Prozesse auf einmal parallel laufen. Ist der Vorrat an Ressourcen größer, können entprechend mehr parallele Prozesse akzeptiert werden. Aber auch hier muß berücksichtigt werden, daß eine erhöhte Ausnutzung des parallelen Anteils von Programmen in aller Regel zu erhöhter Kommunikation beiträgt, so daß die zu erwartenden Kommunikationskosten den zu erwartenden Leistungsverbesserungen bezüglich der Rechenzeit gegenübergestellt werden müssen. Erschwert wird das Bestreben, die Prozessoren eines Parallelrechner möglichst günstig auszunutzen dann, wenn es sich um Mehrbenutzersysteme handelt, da sich hier die Anzahl der zur Verfügung stehenden Prozessoren je nach Anzahl der Benutzer ändert. In solchen Fällen muß dynamisch zur Laufzeit entschieden werden können, wie stark das Parallelitätspotential des Anwenderprogramms ausgenutzt wird. Für diesen Fall ist es sinnvoll, daß ein Compiler unterschiedlichen Code mit jeweils unterschiedlicher Granularität erzeugt, so daß während der Laufzeit des Programms dynamisch ein Algorithmenwechsel durchgeführt wird, wenn sich die Belastung des Rechners ändert.

5.3.2   Ausnutzung von Parallelität auf Instruktionsebene

Das Bestreben, Parallelität auf der Ebene von Instruktionen auszunutzen, gibt es schon seit längerer Zeit. Es wurde erstmalig mit der Einführung der sogenannten Fließbandverarbeitung (pipelining) realisiert, bei der eine teilweise überlappende Ausführung von Instruktionen erreicht wird. Sogenannte *VLIW*-Architekturen (very long instruction word) besitzen mehrere Funktionseinheiten und können daher mehrere Maschinenbefehle gleichzeitig ausführen. Diese beiden Konzepte werden in den nächsten Abschnitte näher erläutert.

5.3.2.1 Architekturen mit Fließbandverarbeitung

Das Prinzip der Fließbandverabeitung basiert darauf, daß beim Ausführen von einzelnen Befehlen nur Teile des Prozessors genutzt werden. So ist z.B. die Einheit, die Befehle dekodiert, unbenutzt, während die *ALU* das Ergebnis der Operation berechnet. Durch Überlappung der Ausführung der einzelnen Befehle ist dieser Nachteil aufgehoben. Das Prinzip einer solchen überlappenden Verarbeitung ist in Abbildung 5.2 skizziert. Dabei wird von einer Sequenz von verschiedenen Befehlen ausgegangen, (z.B. je zwei abwechselnde ADD und MOVE-Befehle gefolgt von einem SUB-Befehl). Es wird davon ausgegangen daß die Befehle von links nach rechts vom Mikroprozessor abgearbeitet werden. In dem Beispiel wird weiterhin angenommen, daß die Ausführung eines Befehls in den folgenden vier Phasen realisiert wird:

1. IF (instruction fetch) Holen der Instruktion

2. ID (instruction decode) Befehl dekodieren

3. EX (execute) Befehl ausführen

4. WB (write back) Zurückschreiben

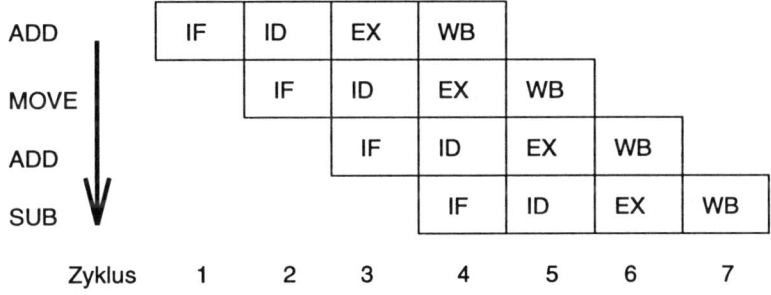

Abb. 5.2: Prinzip der Fließbandverarbeitung

Würden die Befehle nacheinander und nicht überlappend ausgeführt, würde die Ausführung dieser Beispielsequenz 20 Taktyzklen benötigen. Mit 'pipelining' werden sieben Taktyzklen zur Ausführung benötigt. Bei dem hier gezeigten Fall wird von einer sogenannten 4-stufigen Pipeline gesprochen. Übliche Pipelinetiefen betragen drei bis sieben Stufen (z.B. DEC Alpha: sieben Stufen).

Dieses Prinzip stellt jedoch einige Anforderungen an den Programmierer bzw. den Übersetzer. So können im Beispiel die zwei aufeinanderfolgenden Befehle ADD und MOVE nicht, ohne die Pipeline zu unterbrechen, korrekt ausgeführt werden, wenn der Befehl MOVE ein Ergebnis benötigt, das vom Befehl ADD erzeugt wird. Da das Zurückschreiben des Ergebnisses erst am Ende des 4. Zyklus abgeschlossen ist, würde es während der Phase EX des Befehls MOVE zu *Beginn* des 4. Zyklus noch nicht zur Verfügung stehen. Noch komplizierter wird es, wenn Befehle, die z.B. auf den Hauptspeicher zugreifen, länger als einen Zyklus dauern. Eine weitere Komplikation ergibt sich bei bedingten Verzweigungen, da hier unter Umständen die Pipeline leerlaufen (flush) muß, bevor sie erneut mit Befehlen der neuen Sprungadresse gefüllt werden kann.

Durch geeignete Implementierung ist die Pipeline in vielen Prozessoren allerdings so ausgelegt, daß ein einzelner Ladebefehl ohne weitere Komplikationen für die Pipeline ausgeführt werden kann, lediglich das Ergebnis des Ladebefehls liegt einige Takte später als bei Ausführung eines normalen Befehls vor. Je nach Anzahl von weiteren Zuständen im Steuerwerk des Prozessors kann die Pipeline auch mehrere hintereinanderfolgende Speicherzugriffe so zwischenpuffern, daß die Befehle weiterhin nach außen wie üblich abgearbeitet werden können. Jedoch wird ein Prozessor bei einer größeren Anzahl von aufeinanderfolgenden Speicherzugriffsbefehlen dazu gezwungen, die Pipeline anzuhalten, um die noch anstehenden Speicherzugriffe auszuführen. In diesem Fall wird von einem Pipeline-Konflikt ('pipeline stall', Pipeline-Hemmnis) gesprochen. Solche Pipeline-Konflikte sollten vom Compiler und ggf. Assemblerprogrammierer möglichst verhindert werden, um die Abarbeitung von Programmen nicht zu verzögern.

Um die oben kurz skizzierte Komplikationen beim Fließbandprinzip zu vermeiden, gibt es die Möglichkeit, mit speziellen Hardware-Einrichtungen (z.B. 'scoreboards') solche Abhängigkeitsbeziehungen zur Laufzeit aufzulösen. Zusätzlich kann ein Compiler den Code so umstrukturieren, daß voneinander *datenabhängige* Befehle nicht direkt hintereinander ausgeführt werden müssen. Bei Sprüngen versucht ein Compiler, noch so viele Befehle hinter dem Sprungbefehl anzuordnen, wie Taktzyklen für ein Leerlaufen der Pipeline benötigt werden. Auch dies ist nur mit solchen Befehlen möglich, die vom Verzweigungsbefehl unabhängig sind und deren Ausführung das Ergebnis nicht verfälscht.

Die hier beschriebenen Anforderungen an einen Compiler implizieren, daß ein Compiler zum einen die Zeitbedingungen der Pipeline berücksichtigen und zum anderen eine Abhängigkeitsanalyse durchführen muß. Dadurch wird gewährleistet, daß die Befehle in der korrekten Reihenfolge ausgeführt werden, und die voneinander unabhängigen Befehle in der Pipeline parallel bzw. versetzt parallel zueinander ausgeführt werden können. Bei dem in Kapitel 5.3.6 beschriebenen Ansatz wird die Ausführungsreihenfolge der Befehle zur Übersetzungszeit festgelegt, es wird also ein *statisches Scheduling* durchgeführt. Wie schon weiter oben erwähnt, ist es auch möglich, mit Hilfe spezieller Hardwareeinrichtungen solche Entscheidungen erst zur Laufzeit zu treffen, also ein *dynamisches Scheduling* durchzuführen, auf das zunächst eingegangen werden soll.

5.3.2.2 VLIW-Architekturen

Bei Architekturen mit Fließbandverarbeitung wurde eine Geschwindigkeitssteigerung dadurch erreicht, daß durch parallele Abarbeitung innerhalb einer Pipeline die Gesamtausführungsdauer von Programmen reduziert wird. Hierbei wurde insbesondere auch die Tatsache ausgenutzt, daß eine Reihe von Befehlen datenunabhängig voneinander sind und so nahezu beliebig für die Ausführung in der Pipeline angeordnet werden können.

Bei der Verwendung von 'very long instruction word' Architekturen (VLIW-Architekturen) wird noch ein Schritt weiter gegangen. Hierbei werden mehrere Ausführungseinheiten für Operationen zur Verfügung gestellt, so daß auch die eigentliche Ausführung von mehreren Operationen gleichzeitig stattfinden kann.

5.3.3 Dynamisches Scheduling

Die Ansätze zu dynamischer Ablaufplanung sind im Grunde mittlerweile bereits über 30 Jahre alt. So wurde das sogenannte 'scoreboarding' erstmalig in der CDC 6600, die 1964 auf den Markt kam, realisiert. Auch anschließend verwendeten vor allem Großrechner dieses Konzept, um zur Laufzeit mögliche Parallelität zu identifizieren und auszunutzen. Ende der 80er Jahre wurde dieses Konzept dann auch für RISC-Prozessoren übernommen und z.B. im Rahmen der Entwicklung des MOTOROLA 88000 implementiert. Eine verbesserte Version des von CDC eingeführten 'scoreboarding' stellte Tomasulo 1967 vor, dessen Algorithmus bei den IBM 360/91 Architekturen implementiert wurde. Neue Bedeutung haben diese Konzepte zum dynamischen Scheduling heutzutage vor allem wieder dadurch erlangt, daß häufig im Rahmen der Weiterentwicklung von Mikroprozessoren Ausführungseinheiten zusätzlich implementiert werden, die bei der in der Regel geforderten Binärcode-Aufwärtskompatibilität entweder gar nicht oder nur durch dynamisches Scheduling ausgenutzt werden können. Andernfalls wäre ein Neuübersetzen der Programme erforderlich, das aber häufig aus verschiedenen Gründen nicht in Frage kommt.

Insgesamt gesehen ist allerdings das Verwenden mehrerer Funktionseinheiten nicht immer mit dynamischem Scheduling verbunden. Da der Hardwareaufwand für dynamisches Scheduling recht hoch ist, und parallele Funktionseinheiten zumindest zu einem gewissen Grad auch statisch zur Übersetzungszeit durch einen entsprechenden Compiler ausgenutzt werden können, garantieren sie — abgesehen von solchen Effekten wie binärer Aufwärtskompatibilität — eine bessere Hardwareausnutzung bei niedrigerem Aufwand.

5.3.3.1 Sprungvorhersage

Wie bereits ausgeführt, kann ohne Sprungvorhersage die Größe von Basisblöcken, auf die sich eine Parallelisierung auf Instruktionsebene allein beziehen kann, im Mittel nicht über fünf Instruktionen gesteigert werden. Das sich damit ergebende Parallelisierungspotential ist jedoch viel zu gering, um heutige moderne, superskalare Mikroprozessoren auszunutzen. Eine Möglichkeit, diese Situation zu ändern, besteht darin, durch Sprungvorhersage die Größe der Basisblöcke spekulativ zu vergrößern. Da bei unseren und auch anderen Untersuchungen festgestellt werden konnte, daß mit Sprungvorhersagen Trefferquoten im Bereich von 80 bis 90% erreicht werden, lohnen sich diese Maßnahmen trotz des verbundenen Mehraufwandes durch eventuell erforderliche Korrekturen.

Die einfachste Möglichkeit zur Sprungvorhersage besteht in einem aus 1 oder 2 Bit bestehenden Sprungvorhersagepuffer. Verwendet man nur einen 1-Bit Sprungvorhersagepuffer, hat man den Nachteil, daß bei der üblichen Sprungsituation, bei der ein Sprung, abgesehen von jeweils nur einmaligen Unterbrechungen, immer ausgeführt wird, die Vorhersage immer zweimal hintereinander falsche Ergebnisse liefert. Besser ist daher, einen 2-Bit-Sprungvorhersagepuffer zu verwenden, bei dem eine Vorhersage erst geändert wird, wenn sie zweimal falsch war. Abbildung 5.3 zeigt das Schema des Zustands- und Übergangsdiagramm eines 2-Bit-Sprungvorhersagepuffers [28].

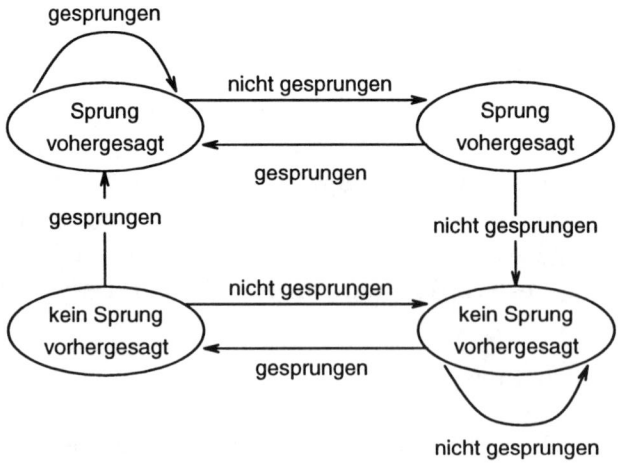

Abb. 5.3: Übergangsdiagramm eines 2-Bit-Sprungvorhersagepuffers

Um im Rahmen einer Sprungvorhersage eine Pipelineunterbrechung zu vermeiden, wird die Sprungzieladresse in einem speziellen Pufferspeicher, dem sogenannten Sprungzielpuffer (branch target buffer) gespeichert.

Zusätzlichen Aufwand erfordert die Verwendung der Sprungvorhersage in Verbindung mit Sprungzielpuffern bei der Abarbeitung von Unterbrechungen. So muß beispielsweise verhindert werden, daß die Befehle, die nach einem Auftreten einer Unterbrechung sich noch in der Pipeline befinden, keine Schreiboperationen durchführen. In Verbindung mit 'delayed branches' müssen zusätzliche Puffer für den Befehlszähler eingebaut werden, da sonst der Zustand, an dem nach einer Unterbrechung wieder aufgesetzt werden soll, nicht rekonstruiert werden kann.

5.3.3.2 Mehrzyklische Operationen

Heutige moderne (RISC-)Prozessoren enthalten neben mehreren ALUs für ganzzahlige Operationen auch eine Gleitkommaeinheit auf dem Chip. Damit verbunden ist das Problem, daß Gleitkommainstruktionen bezüglich einer Pipelineverarbeitung eine höhere Latenzzeit aufweisen als Operationen mit ganzzahligen Operanden. Die sich daraus ergebenden Komplikationen bestehen zum einen in der sogenannten Beendigung in anderer Reihenfolge (out of order completion). Zum anderen treten neben den bereits bei der normalen Fließbandverarbeitung vorkommenden Datenabhängigkeiten (read after write — RAW) auch noch 'write after read' (WAR) sowie 'write after write' Konflikte (WAW) auf. Die folgenden Beispiele (Abbildung 5.4) verdeutlichen diese unterschiedlichen Probleme durch mehrzyklische Operationen.

DIVF F0, F2, F10
ADDF F10, F10, F8
...
DIVF F12, F12, F14
SUBF F12, F12, F14

Abb. 5.4: Beispiel für WAW-Konflikt

Da die Addition ihr Ergebnis zurückschreiben könnte, bevor die Division ausgeführt wurde, besteht Abbildung 5.4 ein WAR-Konflikt. Da die Division erst nach der Subtraktion ihr Ergebnis zurückschreiben würde, besteht hier die Gefahr eines WAW-Hazards.

```
DIVF F0, F2, F4
ADDF F10, F10, F8
SUBF F12, F12, F14
```

Abb. 5.5: Beispiel für Beendigung in anderer Reihenfolge

Aufgrund der Datenunabhängigkeit können Addition und Subtraktion abgeschlossen werden, bevor die Division abgeschlossen wird. Im Falle einer auftretenden Unterbrechung würden sich für das Wiederaufsetzen Probleme ergeben (Abbildung 5.5).

Die folgenden drei Ansätze sind für die Lösung von Unterbrechungen bei der Beendigung in anderer Reihenfolge bekannt:

1. Vergangenheitspuffer / Zukunftspuffer (history file / future file):
   Bei dieser Lösung besteht das Prinzip darin, die Ergebnisse einer Instruktion so lange aufzubewahren, bis alle Instruktionen, die vorher gestartet wurden, beendet sind. Nachteile dieser Lösung sind ein unter Umständen recht hoher zusätzlicher Hardwareaufwand, der bedingt ist durch:

   - zusätzliche Register
   - interne Weitergabe der Ergebnisse an die nachfolgenden Instruktionen
   - große Vergleicher und Multiplexer für den Adreßvergleich entsprechender Register

Implementiert wird diese Lösung im allgemeinen mit Vergangenheits- oder Zukunftspuffern. Im Falle der Vergangenheitspuffer wird bei Auftreten einer Unterbrechung der berechnete Wert durch den Originalwert aus dem Vergangenheitspuffer überschrieben. Im Falle der Zukunftspufferlösung erfolgt ein Aktualisieren des Zukunftspuffers nachdem alle Instruktionen einer Beendigung in anderer Reihenfolge abgeschlossen wurden.

2. Unpräzise Unterbrechungen:
   Im Falle einer Unterbrechung werden alle Befehle, die evtl. noch nicht abgeschlossen sind, aber sich vor einer abgeschlossenen Instruktion befinden, zu Ende ausgeführt. Alle bereits begonnen Instruktionen nach dieser letzten abgeschlossenen Instruktion werden nach der Bearbeitung der Unterbrechung neu gestartet. Dieser Ansatz findet bei der Sparc-Architektur Verwendung, um Gleitkommaoperationen mit ganzzahligen Operationen überlappend ausführen zu können. Treten allerdings häufig Unterbrechungen auf und ist die Gleitkomma-Pipeline sehr tief, kann sich der Durchsatz der Gleitkomma-Pipeline erheblich verschlechtern.

3. Variables, angepaßtes Unterbrechungsverarbeitungsschema:
   Dieses Schema geht davon aus, daß beim Auftreten einer Unterbrechung alle auf die Unterbrechung folgenden Instruktionen noch nicht abgeschlossen sind und die sich vor der unterbrechenden Instruktion im Fließband befindlichen Instruktionen noch vor Bearbeitung der Unterbrechung abgeschlossen werden. Diese Lösung wird z.B. bei der MIPS-Architektur verwendet. Bei diesem Ansatz muß insbesondere bei Gleitkommaoperationen geprüft werden, ob diese noch unterbrochen werden können, um gegebenenfalls folgende Instruktionen vor ihrer Beendigung durch ein Blockieren der Pipeline anzuhalten.

5.3.3.3 Scoreboard

'Scoreboarding' nennt man eine Technik, die eine Beendigung in anderer Reihenfolge dann erlaubt, wenn genügend Ressourcen dafür zur Verfügung stehen und keine Datenabhängigkeiten auftreten (Abbildung 5.6).

Da beim Scoreboarding keine Duplizierung von Registern erfolgt, kann ein Scoreboard lediglich die Beendigung in anderer Reihenfolge unterstützen, nicht jedoch WAR- bzw. WAW-Konflikte auflösen. Im folgenden Beispiel

```
DIVF F0, F2, F4
ADDF F10, F10, F8
SUBF F12, F12, F14
```

wird eine Subtraktion erst ausgeführt werden, nachdem die Additionsoperation die Instruktion ihrer Operanden gelesen hat. Dieser Nachteil besteht nicht beim *Tomasulo-Algorithmus*, der durch zusätzliche sogenannte 'reservation stations' eine hardwaremäßige Codetransformation in 'single assignment code' durchführt. Register werden also umbenannt um WAW- und WAR-Konflikte aufzulösen. Eine weitere Stärke des Tomasulo-Algorithmus besteht auch darin, daß unabhängige 'load' und 'store' Operationen in das dynamische Scheduling miteinbezogen werden können. Durch Hardware wird geprüft, ob sich 'load' und 'store' Operationen auf die gleiche Speicheradresse beziehen, nur in diesem Fall erfolgt ein Anhalten der Pipeline. Die Struktur wird in Abbildung 5.7 dargestellt.

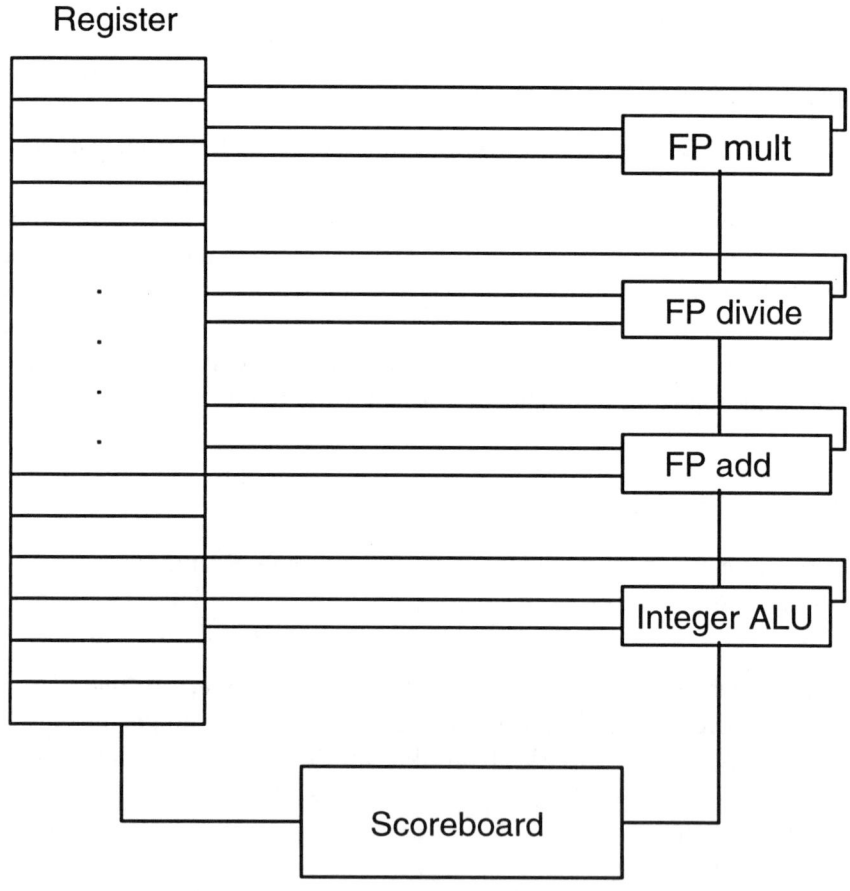

Abb. 5.6: Schema für den Einsatz eines Scoreboard

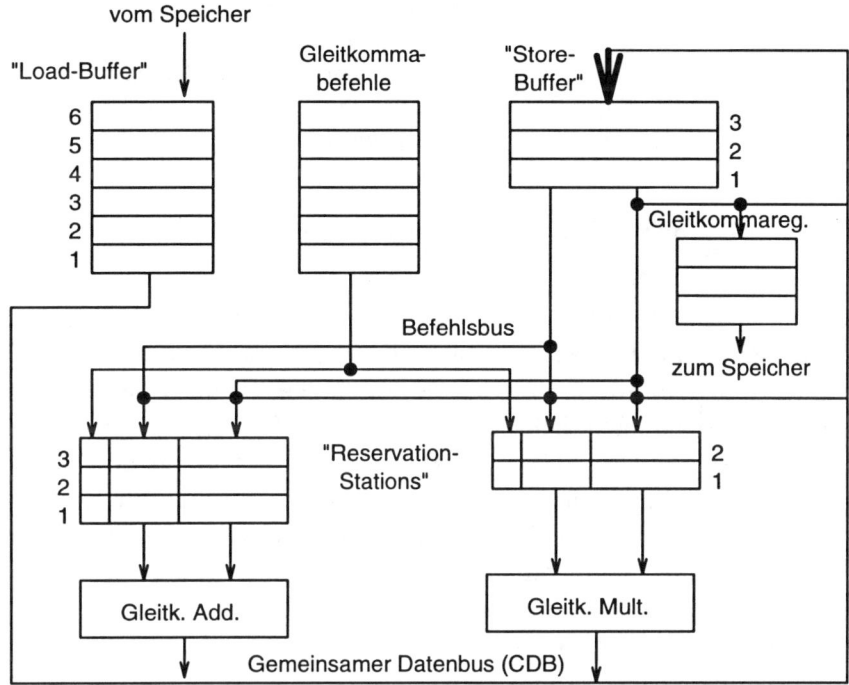

Abb. 5.7: Tomasulo-Algorithmus

5.3.3.4 Software-Pipelining und Trace-Scheduling

Eine zusätzliche Steigerung der Parallelität läßt sich durch die Maßnahmen des Software-Pipelining oder auch des Trace-Scheduling erreichen. Das Software-Pipelining stellt gewissermaßen eine Implementierung des dynamischen Scheduling-Algorithmus von Tomasulo als statische Softwarelösung dar. Software-Pipelining kann also dann eingesetzt werden, wenn bereits zur Übersetzungszeit beispielsweise die Anzahl der Schleifendurchläufe feststeht oder durch entsprechende Sprungvorhersagetechniken Schleifen und Pipelineunterbrechungen reduziert werden können. In unserem Beispiel in Abbildung 5.8 kann durch entsprechendes Umordnen der Operationen für die verschiedenen Schleifendurchläufe eine Abarbeitung ohne Pipelineunterbrechungen erreicht werden. Da allerdings bei dieser Realisierung die Operationen zur Schleifensteuerung durchzuführen sind, ist eine weitere Verbesserung der Geschwindigkeit, d.h. eine weitere Erhöhung der Parallelität auf

```
Loop:   LD      F0,0(R1)        // laden des Feldelements
        ADDD    F4, F0, F2      // addieren des Skalarwerts aus F2
        SD      0(R1),F4        // speichern des Feldelements
        SUB     R1, R1, #8      // dekrementieren des Zeigers um 8 Bytes
        BNEZ    R1, Loop        // springen, falls R1 != 0
```

Abb. 5.8: Beispiel für Umordnen von Instruktionen

Instruktionsebene, durch eine Verbindung von Softwarepipelining [23] und dem Aufrollen von Schleifen erreichbar. Hierzu dient das sogenannte Trace-Scheduling, mit dem durch die Analyse von 'traces' beim Ablaufen des Programms Sprungwahrscheinlichkeiten für bedingte Sprünge ermittelt werden, um so gezielt Grundblöcke durch Zusammenfassen entsprechender Operationen zu vergrößern. Mehr und mehr berücksichtigen Systeme zur sogenannten High-Level-Synthese Möglichkeiten zum Vergrößern von Grundblöcken in Verbindung mit einer globalen Datenflußanalyse. Für weitere Arbeiten zum Trace-Scheduling sei etwa verwiesen auf die Arbeiten von Fisher [25, 26]. Für den Einsatz der globalen Datenflußanalyse in der High-Level-Synthese sei verwiesen auf [27].

5.3.3.5 Beispiele

Um die Möglichkeiten superskalarer Architekturen in Verbindung mit statischer und dynamischer Ablaufplanung zu diskutieren, soll ein einfaches Beispiel behandelt werden [28]. Tabelle 5.1 beschreibt die im folgenden Beispiel zu beachtenden angenommenen Pipeline-Latenzzeiten. Das Beispiel stellt eine Schleife zur Addition einer in F4 gespeicherten Gleitkommazahl zu den Elementen eines Arrays dar, das über das Indexregister R0 jeweils aus dem Speicher geholt und wieder zurück geschrieben wird. Ohne besondere Maßnahmen zur Umordnung der Befehle durch den Compiler werden für jedes Feldelement neun Taktzyklen benötigt (Abbildung 5.9a). Durch Umsortieren und unter Verwendung eines 'delayed-branch' kann die Ausführungszeit bereits von neun auf sechs Taktzyklen reduziert werden (Abbildung 5.9b). Die erforderliche Transformation ist allerdings nicht ganz trivial und wird von Compilern in der Regel nicht durchgeführt. Ein Vertauschen der 'store' Operation mit der Subtraktion erfordert bereits eine Änderung der Speicheroperation durch das Einführen einer Adressenverschiebung. Bei der Analyse der

Schleife fällt auf, daß von den sechs Taktzyklen drei für die Verwaltung der Schleife und nur drei für die eigentliche Additionsoperation erforderlich sind. Würde man die Schleife so oft aufrollen, wie das Feld Elemente hat, könnte man auf diese Verwaltungsoperationen vollkommen verzichten und nur die Additionsoperationen ausführen. Derartige Maßnahmen verbieten sich aber in der Regel durch die dadurch auftretende Codegröße, die wiederum andere negative Auswirkungen auf die Laufzeit haben kann, wie etwa nicht ausreichender Platz im Pufferspeicher oder gar zusätzliches Auslagern und wieder Einlagern von Seiten vom Hintergrundspeicher, was selbstverständlich jede Laufzeitoptimierung zunichte machen würde. Die Idee besteht beim Aufrollen von Schleifen im Grunde lediglich darin, allzu kurze Schleifen zu verhindern und damit wenigstens eine für die Anzahl der Funktionseinheiten ausreichende Parallelität bei einem einzigen Schleifendurchlauf zu erzielen. In unserem Beispiel in Abbildung 5.10 wird der Schleifenkörper noch dreimal kopiert und entsprechend der Schleifenzähler jeweils um 32 Byte reduziert. Ein Aufrollen ohne Scheduling führt allerdings zunächst dazu, daß pro Schleifendurchlauf trotz Reduktion der Verwaltungsoperationen im Mittel 6,8 Taktzyklen erforderlich sind. Sortiert man die Operationen jedoch so um, daß es zu keinen Pipelineunterbrechungen kommt, werden nur noch 3,5 Taktzyklen pro Durchlauf benötigt (Abbildung 5.11). Bereits an diesem Beispiel wird deutlich, daß man erst durch das Aufrollen der Schleife eine hinreichend große Parallelität erzielt, die Voraussetzung dafür ist, daß die Pipeline nicht unterbrochen werden muß. Besonders bei superskalaren Architekturen kommt daher dem Aufrollen der Schleifen eine wichtige Bedeutung zu.

Operation, die Ergebnis prod.	Operation, die Ergebnis benötigt	Latenzzeit in Taktzyklen
FP ALU op	andere FP ALU op	3
FP ALU op	Store double	2
Load double	FP ALU op	1
Load double	Store double	0

Tab. 5.1: Latenzzeiten der Pipeline

Mit vergleichsweise geringem Zusatzaufwand kann man einen RISC-Prozessor, der über eine Gleitkommaeinheit auf dem Prozessor-Chip verfügt,

```
                              Taktzyklus
Loop:   LD       F0,0(R1)         1
        stall                     2
        ADDD     F4, F0, F2       3
        stall                     4
        stall                     5
        SD       0(R1), F4        6
        SUB      R1, R1, # 8      7
        BNEZ     R1, Loop         8
        stall                     9
```

(a)

```
Loop:   LD       F0,0(R1)
        stall
        ADDD     F4, F0, F2
        SUB      R1, R1, # 8
        BNEZ     R1, Loop
        SD       8(R1), F4            // delayed branch
```

(b)

Abb. 5.9: Schleife ohne Scheduling (a) und mit Scheduling (b)

zu einem superskalaren Rechner machen, der zwei Operationen, nämlich eine ganzzahlige ALU-Operation und eine Gleitkommaoperation, parallel ausführen kann. Da die entsprechenden Verarbeitungseinheiten zum Teil ohnehin bereits mehrfach vorhanden sind und gerade für die Gleitkommaeinheit in der Regel spezielle Gleitkommaregister vorgesehen sind, hält sich der Zusatzaufwand hier in Grenzen. Viele der heutigen modernen RISC-Prozessoren sind in der Lage, parallel eine Gleitkommainstruktion und eine ALU-Instruktion zu starten. Übertragen wir dies auf unser Beispiel, so ergibt sich bei einer 5-stufigen Pipeline Abbildung 5.12.

Wenn wir nun die aufgerollte Schleife auf diesem superskalaren Rechner implementieren, werden nur noch 2,4 Taktzyklen pro Feldelement benötigt.

```
Loop:   LD      F0,0(R1)
        ADDD    F4, F0, F2
        SD      0(R1),F4        // drop SUB & BNEZ
        LD      F6,-8(R1)
        ADDD    F8, F6, F2
        SD      -8(R1),F8       // drop SUB & BNEZ
        LD      F10,-16(R1)
        ADDD    F12, F10, F2
        SD      -16(R1),F12     // drop SUB & BNEZ
        LD      F14,-24(R1)
        ADDD    F16, F14, F2
        SD      -24(R1),F16     // drop SUB & BNEZ
        SUB     R1, R1, #32     // dekrementieren des Zeigers um 8 Bytes
        BNEZ    R1, Loop        // springen, falls R1 != 0
```

Abb. 5.10: Beispielschleife

```
Loop:   LD      F0,0(R1)        // laden des Feldelements
        LD      F6, -8(R1)
        LD      F10, -16(R1)
        LD      F14, -24(R1)
        ADDD    F4, F0, F2
        ADDD    F8, F6, F2
        ADDD    F12, F10, F2
        ADDD    F16, F14, F2
        SD      0(R1), F4
        SD      -8(R1), F8
        SD      -16(R1), F12
        SUB     R1, R1, # 32
        BNEZ    R1, Loop
        SD      8(R1), F16      // 8 - 32 = -24
```

Abb. 5.11: Schleife nach Aufrollen und Scheduling

Wie man in diesem Beispiel auch sieht, wird die Gleitkommaeinheit schlecht ausgenutzt. Grund dafür ist, daß es nur eine einzige Gleitkommaoperation pro Schleifendurchlauf gibt (Abbildung 5.13).

Befehlsart	Pipeline-Stufen							
ganzz. Instruktion	IF	ID	EX	MEM	WB			
Gleitk. Instruktion	IF	ID	EX	MEM	WB			
ganzz. Instruktion		IF	ID	EX	MEM	WB		
Gleitk. Instruktion		IF	ID	EX	MEM	WB		
ganzz. Instruktion			IF	ID	EX	MEM	WB	
Gleitk. Instruktion			IF	ID	EX	MEM	WB	
ganzz. Instruktion				IF	ID	EX	MEM	WB
Gleitk. Instruktion				IF	ID	EX	MEM	WB

Abb. 5.12: Prinzip einer 5-stufigen Pipeline mit paralleler Ausführung von ALU-Instruktionen und Gleitkomma-Instruktionen

	ganzz. Instruktion		Gleitk. Instruktion		Taktzyklus
Loop:	LD	F0,0(R1)			1
	LD	F6, -8(R1)			2
	LD	F10, -16(R1)	ADDD	F4, F0, F2	3
	LD	F14, -24(R1)	ADDD	F8, F6, F2	4
	LD	F18, -32(R1)	ADDD	F12, F10, F2	5
	SD	0(R1), F4	ADDD	F16, F14, F2	6
	SD	-8(R1), F8	ADDD	F20, F18, F2	7
	SD	-16(R1), F12			8
	SD	-24(R1), F16			9
	SUB	R1, R1, # 40			10
	BNEZ	R1, Loop			11
	SD	8(R1), F30			12

Abb. 5.13: Beispiel auf superskalarer Architektur der vorigen Abbildung

5.3.4   Konsistenzprobleme bei Pufferspeichern

Um den bisherigen Flaschenhals des Speicherzugriffs zu beschleunigen, wurde auch schon bei sequentiellen Rechnern dazu übergegangen, Pufferspeicher (cache) zur Verfügung zu stellen, um die Speicherzugriffe erheblich effizienter zu gestalten. Das Prinzip von Pufferspeichern sieht so aus, daß ein Ausschnitt aus dem langsamen Hauptspeicher in dem relativ schnellen Pufferspeicher gehalten wird. Bei einem Speicherzugriff muß nun überprüft werden, ob der Inhalt der gewünschten Speicheradresse im Pufferspeicher vorhanden ist.

Wird bei einem Lesezugriff festgestellt, daß der Inhalt der gewünschten Speicheradresse im Pufferspeicher vorliegt, kann der Inhalt aus dem Pufferspeicher ausgelesen werden, was erheblich schneller ist als ein Zugriff auf den Hauptspeicher. Ist der Inhalt der Speicheradresse nicht im Pufferspeicher vorhanden, muß dieser Inhalt erst bereitgestellt werden. Gegebenenfalls muß dazu Platz im Pufferspeicher geschaffen werden, d.h. andere Inhalte des Pufferspeichers müssen geeignet in den Hauptspeicher ausgelagert werden.

Für das Schreiben stellt sich die Frage, ob ein in den Hauptspeicher zu schreibender Wert sofort zurückgeschrieben wird (write through) oder ob dieser Wert erst bei einem späteren Auslagern in den Hauptspeicher zurückgeschrieben wird (write back). Wird der Wert sofort in den Hauptspeicher zurückgeschrieben sind zwei Varianten möglich:

1. Der Wert wird am Cache vorbei in den Hauptspeicher geschrieben. Der im Cache befindliche aktuelle Wert wird dabei als ungültig (invalid) markiert, so daß bei einem späteren Lesezugriff ein sogenannter 'cache miss' erfolgt und entsprechend nachgeladen werden muß.

2. Der Wert wird gleichzeitig in den Haupt- und Pufferspeicher zurückgeschrieben, bei einem späteren Lesen wäre kein Nachladen nötig, sofern dieser Wert nicht zwischenzeitlich ausgelagert wird.

In der Praxis hat sich gezeigt, daß die Strategie *'write through'* zu weniger Speicherzugriffen und damit zu einer höheren Leistungsfähigkeit führt. Weiterhin hat diese Strategie den Vorteil, daß immer ein gültiger Wert im Hauptspeicher steht.

5.3.4.1 Pufferspeicher in parallelen Systemen

In parallelen Systemen mit einem gemeinsamen Hauptspeicher (vgl. Abbildung 5.14) ist der Speicherzugriff häufig der begrenzende Faktor. Insbesondere wenn mehrere Prozessoren gleichzeitig auf den Hauptspeicher zugreifen

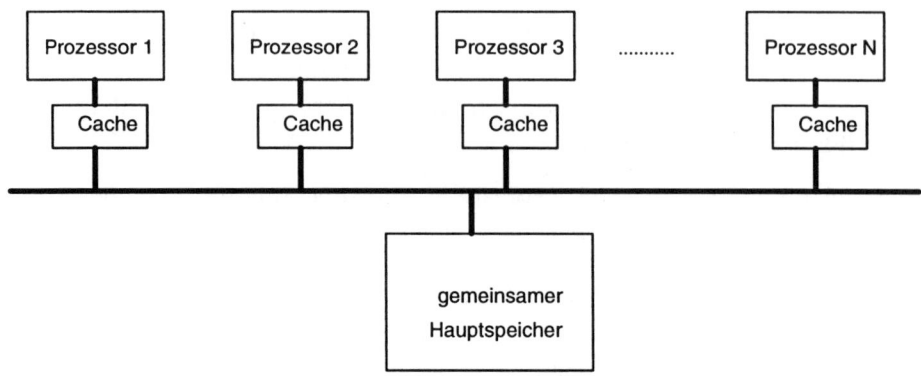

Abb. 5.14: paralleles System mit gemeinsamem globalem Hauptspeicher

möchten, kann es hier zu längeren Wartezeiten kommen. Daher liegt es nahe, jeden der angeschlossenen Prozessoren mit einem eigenen Pufferspeicher zu versehen.

Hier ist jedoch folgendes Problem zu betrachten: Angenommen die Prozessoren A und B haben die gleiche Speicheradresse in ihrem lokalen Pufferspeicher. Wenn nun Prozessor A diesen Wert beschreibt, und Prozessor B kurz darauf diesen Wert aus seinem lokalen Pufferspeicher lesen will, wird Prozessor B, wenn der in Frage kommende Wert vorher nicht ausgelagert wurde, den alten und und damit falschen Wert einlesen. Die geeignete Lösung dieses Problems war bisher Gegenstand vieler Forschungsarbeiten. Hier sollen nun einige Ansätze zur Lösung dieses Problems kurz skizziert werden:

Eine (eher theoretische) Möglichkeit, inkohärente Pufferspeicher zu vermeiden, besteht darin, daß der Prozessor, der den Wert beschreibt, über eine spezielle Hardware die Pufferspeicher von allen anderen Prozessoren veranlaßt, den Wert erneut aus dem Hauptspeicher zu laden (broadcast update). Eine Variante dieser Möglichkeit, die auch real eingesetzt wird, ist das sogenannte 'cross invalidation', bei der das Schreiben eines Prozessors den eigenen Pufferspeicher aktualisiert und diese Stelle in allen Pufferspeichern der anderen Prozessoren als ungültig markiert. Diese Technik ist auch häufig in herkömmlichen Rechnern beim DMA-Betrieb zu finden.

Eine einfache Möglichkeit, inkonsistente Pufferspeicher zu vermeiden, besteht darin, das Halten gemeinsamer Variablen, die gelesen und geschrieben werden sollen, im Pufferspeicher zu unterlassen, solche Variablen werden als 'noncacheable' markiert. Dies hat jedoch eine erheblich kompliziertere Programmierung zur Folge. Weiterhin muß in diesem Fall mit einer verringerten Trefferrate bei Pufferspeicherzugriffen und damit mit erhöhtem Aufkommen von Speicherzugriffen gerechnet werden.

Weitere Arbeiten schlugen ein zentrales Verzeichnis von Pufferspeichereinträgen vor, bei dem jeder Prozessor einen exklusiven Lese- oder Schreibzugriff auf die benötigten Cache-Daten anmelden kann. Als eine Variante dieser Technik kann sogenanntes 'snooping' angesehen werden, bei dem jeder Cache den Bus abhört und seinen Speicher entsprechend den am Bus anliegenden Informationen aktualisiert.

5.3.5   Beispiele für Mikroprozessoren mit Parallelität auf Instruktionsebene

In Tabelle 5.2[1] sind die wichtigsten Eigenschaften einiger aktueller Mikroprozessoren eingetragen. Ohne den Anspruch auf Vollständigkeit zu erheben, läßt sich feststellen, daß derzeit die folgenden beiden Prozessorentwicklungen dominieren: Einerseits verstärkt sich die Tendenz zu 'load/store' Architekturen (der Name RISC erscheint aus den vorn erwähnten Gründen für diese Entwicklungen nicht mehr berechtigt), andererseits entwickelt INTEL nach wie vor die 80x86- Architektur weiter, die damit repräsentativ für die CISC-Architektur angesehen werden kann. Es ergibt sich damit die folgende Übersicht:

- Load-/Store-Architekturen:

  - IBM Power^{TM} Architektur
  - DECchip^{TM}21064 – AA (Alpha)
  - HP PA^{TM} 7100
  - SUN SPARC^{TM}
  - MIPS R4000/5000^{TM}

- CISC-Architekturen:

  - Pentium^{TM}

	Alpha	Pentium	Power2	601, PPC
Technologie	CMOS	BICMOS	CMOS	CMOS
Strukturgröße (μm)	0,75	0,8	0,45	0,6
Anzahl Transistoren (Mio.)	ca. 3	3,3	23	2,8
Spannungsversorgung (V)	3,3	3,3	4 (MCM)	3,6
Taktfrequenz (MHz)	150-200	60-100	66,5	50-66
Leistungsverbrauch (W)	25	15	65	6,5
SPECint92	85-117	63-100	117	62
SPECfp92	127-193	55-81	242	76

Tab. 5.2: Übersicht über aktuelle Mikroprozessoren

Etwas ausführlicher soll hier stellvertretend für die beiden Klassen auf die
Power- und Alpha-Architektur einerseits bzw. die Pentium-Architektur andererseits eingegangen werden. Nach einer kurzen Übersicht soll vor allem
diskutiert werden, wie die unterschiedlichen Architekturen die Parallelität
auf der Instruktionsebene ausnutzen.

Bei der Alpha-Architektur handelt es sich um eine 64-Bit 'load/store' Architektur mit einer einheitlichen Instruktionslänge von 32 Bit. Zur besonderen
Unterstützung der 7-stufigen Pipeline für ganzahlige Operationen bzw. der
10-stufigen für Gleitkommaoperationen gibt es keinerlei spezielle Register,
insbesondere auch keine Flags. Der Adreßraum ist flach, die Adressen sind
64 Bit lang. Die Alpha-Architektur verfügt über je 32 Register für ganze
Zahlen und Gleitkommazahlen. Der Daten-Cache ist 8 KByte groß (write
through, 'direct mapped', 32-Byte Blöcke, Konsistenz über 'invalidate' Bus),
der Instruktions-Cache ebenfalls (direct mapped, 32-Byte Blöcke).

Die Pentium-Architektur weist viele Merkmale der klassischen 80x86-Archi-
tektur auf. Der Datenbus ist allerdings 64 Bit, der Adreßbus nach wie vor 32
Bit breit. Pentium verfügt über sehr viele und zum Teil auch sehr komplexe
i.w. 2-Adreß-Befehle, die durch zwei parallele 5-stufige Pipelines abgearbeitet werden. Die 80x86-Segmentorganisation wurde erweitert beibehalten.
Pentium verfügt über je acht Register für ganze Zahlen(32 Bit) und Gleitkommazahlen (80 Bit), die aber auch in kleineren Einheiten genutzt werden

---

[1]Die Informationen sind unterschiedlichen (nicht immer authorisierten) Quellen entnommen und „ohne Gewähr".

können. Daten-Cache (2-fach assoziativ, 32-Byte Blöcke, Konsistenz über MESI-Protokoll) und Instruktions-Cache (gleiche Organisation) sind je 8 KByte groß.

Die Power-Architektur unterstützt sowohl eine 64-Bit wie auch eine 32-Bit Load-/Store-Architektur. Die Instruktionslänge beträgt einheitlich 32 Bit. Insgesamt können 2^{24} Segmente, 2^{52} virtuelle Adressen und 2^{32} reale Adressen unterschieden werden. Es handelt sich um eine superskalare Architektur mit bis zu sechs Funktionseinheiten, die wiederum jeweils mit individuellen Pipelines (zwei bis sechs Stufen) ausgestattet sind. Die Power-Architektur verfügt über 32 Register für ganze Zahlen und 32 logische Register für Gleitkommazahlen. Hinter diesen logischen Registern stehen aber bis zu 54 phyikalische Register, um dynamisches Scheduling einschließlich der dynamischen Umbenennung von Registern zu unterstützen (register renaming). Der Daten-Cache umfaßt 64 KByte (4-fach assoziativ, 128-Byte Blöcke, 'write back' oder 'write through' mit MESI-Protokoll) und der Instruktions-Cache 32 KByte (2-fach assoziativ). Der PowerPC verfügt über einen gemeinsamen Cache, der 32 KByte groß ist (8-fach assoziativ, 64-Byte Blöcke).

Bei dieser kurzen Analyse und der Zusammenstellung in Tabelle 5.2 fallen bereits die Architekturunterschiede vor allem in Hinblick auf die Parallelität auf Instruktionsebene auf. Neben der 'klassischen' 80x86-Architektur auf der einen Seite kann man andererseits auch bei den beiden hier herausgegriffenen Vertretern der 'Load/Store' Architektur zwei unterschiedliche Stategien erkennen. So setzt man bei Alpha auf 'super pipelining' in Verbindung mit hoher Taktfrequenz, bei der Power-Architektur vor allem auf Superskalarität. Im populärwissenschaftlichen Bereich haben sich für diese unterschiedlichen Varianten von Rechnerarchitekturen schon die Bezeichungen 'speed demons' und 'brainiacs' etabliert.

Im Kontext dieses Buchkapitels ist damit im Hinblick auf die Parallelität auf der Instruktionsebene vor allem die Power-Architektur von Bedeutung, auf die daher im folgenden noch etwas ausführlicher eingegangen werden soll. Die Power-Architektur liegt in verschiedenen Ausprägungen vor (5.2). Das hier Zusammengestellte bezieht sich auf vor allem auf die Power2-Architektur, die sich durch einen besonders hohen Parallelitätsgrad auf der Instruktionsebene auszeichnet [16]. So handelt es sich um eine hochgradig superskalare Architektur, bei der bis zu sechs Befehle gleichzeitig bearbeitet werden können. Im einzelnen können dies zwei ganzzahlige, zwei logische

und auch zwei Gleitkommaoperationen sein. Die Latenzzeiten für die Gleitkommaoperationen betragen hierbei zwei Taktzyklen für die Multiplikation
(3-5 bei PowerPC) und 13-17 für die Division (19-20 bei PowerPC). Bei der
Alpha-Architektur können in der Regel zwei, bei Pentium 1-2 Instruktionen
gleichzeitig ausgeführt werden.

Die Power-Architektur unterstützt nicht nur 'Scoreboarding', sondern kann
durch dynamisches Umbenennen (register renaming) von Registern Operationen außerhalb der Reihenfolge des Instruktionsstroms ausführen (out
of order completion). Dazu dienen insbesondere bis zu 22 'Reserve' Register für Gleitkommaoperationen. Weiterhin sind große Teile des erwähnten
Tomasulo-Algorithmus zum dynamischen Scheduling implementiert. Lade-
und Speicherpuffer (load, store buffer) erlauben das Ausführen von 'load'
bzw. 'store' Operationen unabhängig von arithmetischen Operationen und
umgekehrt. Spezielle Addierer (3 leg adder) beschleunigen die Ausführung
aufeinanderfolgender aber datenabhängiger Additionsinstruktionen.

Zum Beispiel wird die Sequenz

> ADD R1,R2,R3
> ADD R4,R1,R5

mit Hilfe des dritten Addierereingangs wie folgt implementiert :

> ADD R1,R2,R3
> ADD R4,(R2,R3,R5)

Dadurch kann auf das sonst in dieser Konstallation übliche Anhalten der
Pipeline verzichtet werden.

Eine Unterstützung des dynamischen Schedulings findet man auch beim
Alpha-Prozessor. So verfügt er über sog. 'load silos' und 'write buffers', die
ebenfalls das gleichzeitige Ausführen von 'load' bzw. 'store' Instruktionen
und arithmetischen Instruktionen ermöglichen.

Pentium verfügt über 'write buffers', die allerdings WAW- und WAR-
Konflikte nicht auflösen. Diese Konflikte werden durch das Anhalten der
Pipeline gelöst.

Die Power-Architektur verfügt über Sprungzielpuffer mit acht Einträgen,
über die bei unbedingten Sprüngen rechtzeitig die neuen Befehle geholt werden können. Bei bedingten Sprüngen werden Befehle von beiden potentiellen
Folgeadressen bereitgestellt. Dadurch muß die Pipeline in der Regel nicht
angehalten werden bei:

1. unbedingten Sprüngen

2. bedingten Sprüngen, bei denen nicht gesprungen wird

3. bedingten Sprüngen, bei denen über BTB Sprungziel geladen wurde

Pentium verfügt in diesem Zusammenhang über eine programmierbare 1-Bit-Sprungvorhersage. Alpha unterstützt eine feste Sprungvorhersage, die vom Compiler für entsprechende Optimierungen ausgenutzt werden kann.

5.3.6 Beispiele für Parallelität auf Instruktionsebene

Die Möglichkeiten bei der Ausnutzung von Parallelität auf der Instruktionsebene sollen anhand eines einfachen Beispiels dargestellt werden, in dem folgende Anweisungen ausgeführt werden sollen:

```
        c := 0;
Label:  c := a + b + c + d + e + f;
        if c < MAX then
                goto Label;
```

Dabei sollen a, b, c, d, e und f Variablen repräsentieren, während MAX eine Konstante ist. In Abbildung 5.15 ist das entsprechende Programm dargestellt, wie es für eine fiktive Assemblersprache eines RISC-Rechners mit *'load store'* Architektur aussehen könnte. Mit Hilfe des Befehls *SUB* (subtrahieren) und *BLT* (branch less than: verzweige, wenn das Ergebnis kleiner als 0 ist) wird die bedingte Verzweigung im Programm realisiert. Weiterhin wird davon ausgegangen, daß die Variablen noch nicht in Registern vorliegen, also erst mit Hilfe einer Sequenz von Ladebefehlen aus dem Hauptspeicher geladen werden müssen.

Für die weiteren Betrachtungen, insbesondere bezüglich der Parallelisierung, soll nur noch die mit Nummern versehene Befehlssequenz herangezogen werden, die vorherige Sequenz von Ladebefehlen könnte nur bei Prozessoren mit mehreren Speicherschnittstellen sinnvoll parallelisiert werden. Dieses Assemblerprogrammfragment ist so realisiert worden, daß eine möglichst geringe Anzahl an Registern verwendet wird, dadurch ergeben sich einige Antiabhängigkeiten z.B. von Befehl 3 und Befehl 4. Würde das Beispiel nun in dieser Form für eine VLIW-Maschine mit drei ALUs realisiert, ergibt sich ein Ablaufplanung wie in Abbildung 5.3 gezeigt. In dieser Abbildung

```
         MOVE      #0, #0, R1      // C := 0;
         LOAD      A, R2           // Laden der Variablen in Register
         LOAD      B, R3
         LOAD      D, R4
         LOAD      E, R5
         LOAD      F, R6
Label:                            // Sprungmarke für IF
         ADD       R1, R3, R7      // (1)
         ADD       R1, R4, R8      // (2)
         ADD       R7, R8, R7      // (3)
         ADD       R5, R6, R8      // (4)
         ADD       R7, R8, R1      // (5)
         SUB       R1, #MAX, R7    // (6)
         BLT       Label           // (7)
         STORE     R1, C           // (8)
```

Abb. 5.15: Beispielassemblerprogramm mit minimaler Anzahl an Registern

wird davon ausgegangen, daß jeder Befehl innerhalb eines Zyklus abgearbeitet werden kann. Komplikationen, bedingt durch eine Pipeline, werden in diesem und den weiteren betrachteten Fällen vernachlässigt. Es zeigt sich, daß nur während der ersten beiden Zyklen zwei ALUs ausgenutzt werden können, die dritte ALU wird in diesem Beispiel nicht genutzt, obwohl dies bei Betrachtung des Beispielprogramms sicher als möglich eingestuft werden würde.

Zyklus	ALU 1	ALU 2	ALU3
1	(1)	(2)	
2	(3)		
3	(4)		
4	(5)		
5	(6)		
6	(7)	(8)	

Tab. 5.3: Beispiel-Scheduling für eine Architektur mit drei ALUs

Das gegebene Assemblerprogramm kann so optimiert werden, daß statt einer möglichst geringen Anzahl von verwendeten Registern alle Antiabhängigkeiten im Code eliminiert werden, indem weitere Register hinzugenommen werden. Das resultierende Codefragment ist in Abbildung 5.16 zu finden. Hier wurde auf Mehrfachbenutzung von Registern verzichtet und statt dessen angenommen, daß weitere Register existieren und diese entsprechend belegt werden können. Das resultierende Scheduling der einzelnen Befehle in Abbildung 5.4 zeigt, daß hier in der Tat im ersten betrachteten Zyklus alle drei ALUs ausgenutzt werden. Die Gesamtanzahl an Zyklen für die Ausführung beträgt vier; gegenüber sechs Zyklen in der nicht optimierten Version ist das eine Effizienzsteigerung um 33%.

```
         MOVE      #0, #0, R1       // C := 0;
         LOAD      A, R2            // Laden der Variablen in Register
         LOAD      B, R3
         LOAD      D, R4
         LOAD      E, R5
         LOAD      F, R6
Label:                             // Sprungmarke für IF
         ADD       R1, R3, R7
         ADD       R1, R4, R8
         ADD       R7, R8, R9
         ADD       R5, R6, R10
         ADD       R9, R10, R1
         SUB       R1, #MAX, R7
         BLT       Label
         STORE     R1, C
```

Abb. 5.16: Beispielassemblerprogramm mit minimaler Anzahl an Datenabhängigkeiten

Zyklus	ALU 1	ALU 2	ALU3
1	(1)	(2)	(4)
2	(3)	(5)	
3	(6)		
4	(7)	(8)	

Tab. 5.4: Beispiel-Scheduling für eine Architektur mit zwei ALUs

Die Abbildung 5.5 zeigt das Scheduling des gleichen optimierten Beispielprogramms für einen Rechner mit zwei ALUs. Auch hier werden weniger Zyklen benötigt als in der nichtoptimierten Version. Diese Beispiele bele-

gen deutlich, daß gerade bei Parallelrechnern optimierenden Compilern bei
der geeigneten Ausnutzung eines Rechners eine entscheidende Aufgabe zu-
kommt. Compiler haben dabei häufig das Problem, daß eine Optimierung
(z.B. hier die Minimierung der Registeranzahl) andere Optimierungen (hier
Minimierung von Antiabhängigkeiten) unmöglich macht. Hier muß stets der
Situation angepaßt entschieden werden.

Zyklus	ALU 1	ALU 2
1	(1)	(2)
2	(3)	(4)
3	(5)	
4	(6)	
5	(7)	(8)

Tab. 5.5: Beispiel-Scheduling für eine Architektur mit zwei ALUs

5.3.7   Profiling-Ergebnisse von Beispielanwendungen

Zur Erhöhung der Parallelität ist in den letzten Jahren zunehmend versucht
worden, schon zur Übersetzungszeit das Sprungverhalten von Programmen
vorherzusagen. Allgemein wird davon ausgegangen, daß 90% aller Sprungbefehle korrekt vorhergesagt werden können [10, 26]. Die so erhaltenen größeren Ausführungseinheiten können wesentlich zur Leistungssteigerung beitragen [36]. Weitere Forschungen ergaben, daß durchaus von einem nicht
zu vernachlässigenden parallelen Anteil auch in sequentiellen Programmen
ausgegangen werden kann [9, 14, 45, 15, 33, 35, 47] Die Wichtigkeit dieser
Erkenntnisse ist in den Abbildung 5.17, 5.18 und 5.19 zu sehen. Hier wurde
für die drei Programme *espresso* (Logikminimierung), *gcc* (Gnu C-Compiler)
und TEX (Textsatzprogramm) aufgezeichnet, wieviele Maschineninstruktio-
nen im Mittel parallel ausgeführt werden können, wenn zur Übersetzungszeit
die Sprünge für 50%, 75% und 100% aller Fälle vorausgesagt werden können.
Hier wurden jedoch nur Sprünge berücksichtigt und *keine* Unterprogrammaufrufe bzw. Rückkehrsprünge von Unterprogrammaufrufen. Die Ergebnisse
zeigen deutlich, daß, je genauer die Sprungvorhersage ist, der ausnutzbare
Parallelitätsgrad um so größer ist [48, 50, 49].

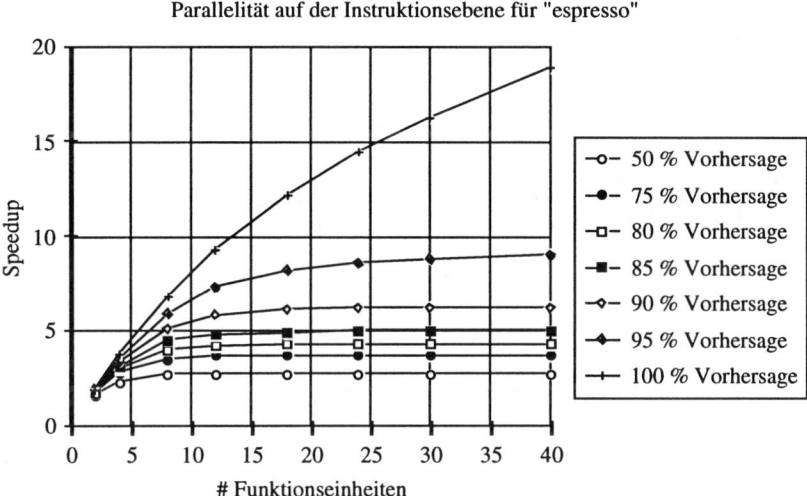

Abb. 5.17: Parallelität auf Instruktionsebene beim Logikminimierer *espresso*

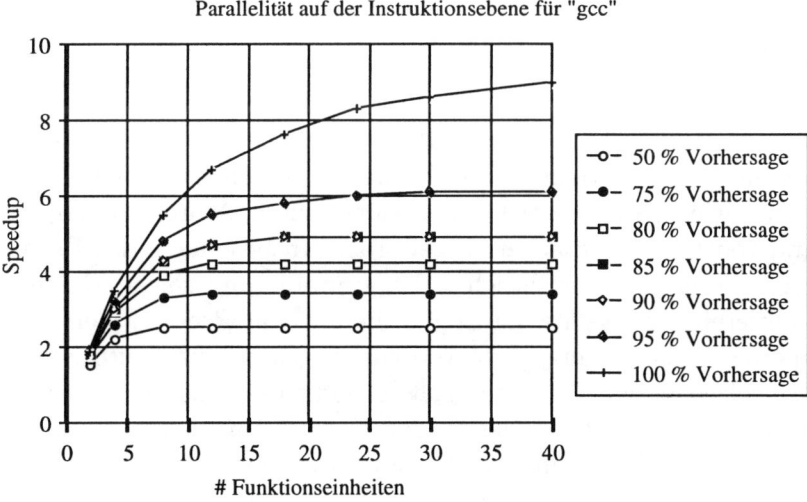

Abb. 5.18: Parallelität auf Instruktionsebene beim GNU C-Compiler

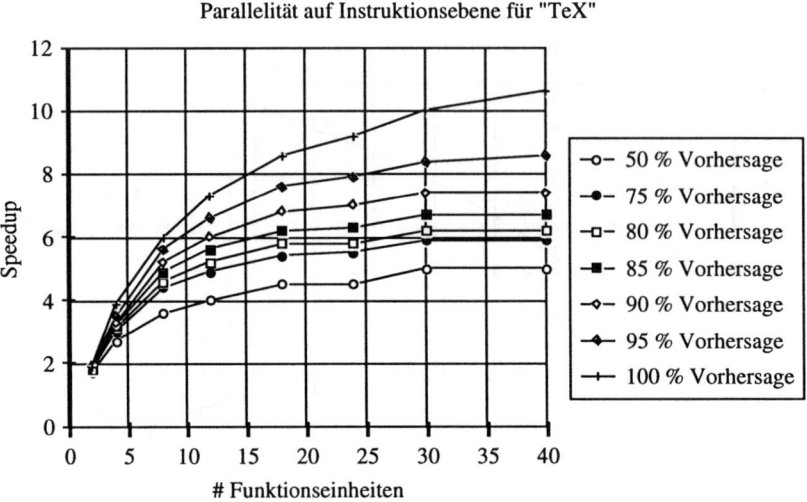

Abb. 5.19: Parallelität auf Instruktionsebene beim Textsatzprogramm TEX

5.4   Aktuelle Forschungsarbeiten und Ausblick

Die effiziente Programmierung von Parallelrechnern und die möglichst große Ausnutzung ihrer Ressourcen (insbesondere möglichst hohe Ausnutzung möglichst vieler Prozessoren) ist in den letzten Jahren zunehmend Gegenstand von Forschungsarbeiten geworden. Insbesondere das Problem der schwierigen und unübersichtlichen Programmierung solcher Rechner und das resultierende schlechte Laufzeitverhalten von Programmen auf Parallelrechnern soll damit entschärft werden, um somit eine breitere Akzeptanz von Parallelrechneren und eine größere Software-Basis zu erreichen. Hierzu wurden insbesondere Arbeiten zur Entwicklung neuer Compiler- und Softwarekonzepte durchgeführt, aber auch die Entwicklung neuer Programmiermodelle, die letzendlich zur Entwicklung neuer Programmiersprachen führen müssen, wurde verfolgt. Ihnen allen ist das Bestreben nach einer Verringerung des Synchronisationsaufwands gemeinsam. In den folgenden Abschnitten werden einige solcher neuen Konzepte skizziert.

5.4.1   Neue Compiler- und Softwarekonzepte

Ein wichtiges Forschungsgebiet waren in den letzten Jahren die sogenannten *Datenflußrechner*. Jedoch hat es sich gezeigt, daß dieses Konzept insbesondere wegen des dynamischen Scheduling durch den entstehenden Synchronisatationsaufwand große Probleme aufweist [3, 8, 7, 5, 6, 4, 13, 19]. Um die Nachteile des Synchronisationsaufwands (bis zu 150% Verwaltungsaufwand), die Probleme bei der Steuerung des Kontrollflusses und die daraus resultierenden Probleme bei der Ressourcenverwaltung mildern zu können, werden bei gleichbleibender Granularität Elemente zur Steuerung des Kontrollflusses eingefügt [30, 37]. Die so erhaltenen 'threads' (Fäden) haben den Vorteil, daß unvorhersehbare Latenzzeiten bei der Synchronisation toleriert werden können. Außerdem ermöglicht das 'multi threading' die Unterstützung von asynchronen Ereignissen [18].

Um das Verhalten von Programmen studieren zu können, die mit Hilfe dieser Technik übersetzt wurden, wurde an der University of California in Berkeley die 'threaded abstract machine' (TAM) entworfen, die ein Modell für eine Architektur zur Unterstützung von Threads ist. Anhand dieses Modells soll untersucht werden, wie eine geeignete Architektur aussehen muß, um 'multi threading' zu unterstützen. Das Ausführungsmodell der TAM besteht aus Programmen, Codeblöcken und 'threads'. Unter einem 'thread' wird dabei eine Sequenz von Befehlen verstanden, bei Codeblöcken handelt es sich um eine Sequenz von 'threads', und das Programm schließlich ist eine Sequenz von Codeblöcken [18].

Die Aktivierungsrahmen von 'threads' sind baumförmig angeordnet. Ein Aktivierungsrahmen kann aktiviert bzw. nicht aktiviert sein. Weiterhin kann ein Aktivierungsrahmen resident im Speicher sein oder nicht. Der Aktivierungsrahmen besteht dabei aus seinen Argumenten, den lokalen Variablen und dem Fortsetzungszeiger. Die 'threads' werden identifiziert durch den Befehlszähler und einen Zeiger auf den Aktivierungsrahmen. Eine wichtige zu beobachtende Größe ist dabei die Anzahl der ausgeführten 'threads' pro Aktivierung eines Aktivierungsrahmens. Diese Anzahl kann vom Übersetzer kontrolliert werden, wodurch der Speicherbedarf begrenzt werden kann [18].

Der Befehlssatz TL0 (threaded language 0) der TAM kann in verschiedene Gruppen unterteilt werden. Die arithmetisch-logischen Befehle und die Transferbefehle sind sehr ähnlich zu denen herkömmlicher Architekturen. Daneben gibt es die Kontrollbefehle **SYNC**, **FORK**, **SWITCH**, **CASE** und **STOP**.

Einige Befehle dienen zur Manipulation von I-Strukturen und den in Id benutzten Strukturen zum gegenseitigen Ausschluß [8]. Solche Befehle umfassen das Allozieren von Speicherplatz sowie das Beschreiben bzw. Lesen von solchen Array-Elementen. Weiterhin gibt es noch Spezialbefehle für den asynchronen Aufruf von 'threads' [18].

Um Untersuchungen anhand dieser abstrakten Maschine durchführen zu können, wurde in Berkeley ein 'backend' für den Id-Compiler entwickelt [18]. Dieses 'backend' übersetzt Id-Programme in TL0 und weiter in die Programmiersprache C, wobei Programmteile zur Erstellung von Statistiken über das Verhalten eingebaut werden. Dieser C-Code kann schließlich von einem C-Compiler für die jeweilige Zielmaschine übersetzt werden. Auf einer Maschine mit dem Prozessor R3000 von MIPS hat sich gezeigt, daß die Ausführungszeiten von so übersetzten Programmen zwischen den Zeiten von C und Lisp liegen (wenn bei LISP der Zeitaufwand des Garbage Collector mit hinzugezogen wird). Als Grund dafür wurde eine ungünstige Partitionierung der Probleme angegeben.

Das Verbessern der Partitionierungsstrategien war Gegenstand von weiteren Arbeiten [44]. Gegenüber der Datenflußpartitionierung, die Grundlage der bisher gewählten Partitionierung war, wurden sogenannte 'dependence sets without merging' (Abhängigkeitsmengen ohne Zusammenfügen, im folgenden kurz DE gennant) und 'dependence sets with merging' (Abhängigkeitsmengen mit Zusammenfügen, im folgenden DE_ME genannt) gebildet. Bei DE werden die Eingabeknoten des aktuellen Knoten mit dem aktuellen Knoten zusammengefaßt. Dadurch werden etwas größere Partitionen als bei Datenflußpartitionen erhalten, wodurch der Kommunikationsaufwand sinkt. Ein konsequente Fortführung dieser Technik besteht im Partitionieren mit DE_ME, bei dem die aus mit Hilfe von DE erhaltenen Knoten weiter zusammengefügt werden, bis der Kommunikationsaufwand vertretbar groß ist, die offenliegende Parallelität aber nicht zu stark eingeschränkt wurde. Ergebnisse zeigen, daß DE einen Geschwindigkeitsgewinn von ca. 33 % gegenüber den Datenflußpartitionen hat, während sich der Gewinn bei DE_ME schon auf 85 % beläuft [44].

Beim Verhalten der 'threads' hat sich gezeigt, daß die 'threads' recht klein sind, und logisch zusammenhängende 'threads' zeitlich sehr lokal ausgeführt werden. Gegenüber dem Datenflußmodell wurde ein Wachstum der Befehle um ca. 50 Prozent beobachet, dabei verringerte sich allerdings die Anzahl der Synchronisationsereignisse um 20 bis 80 Prozent.

5.4.2   Programmiermodelle für parallele Programmierung

Die Schwierigkeiten bei der Programmierung paralleler Systeme haben gezeigt, daß schon bei der Implementierung eines Programms das durch den Parallelrechner realisierte Maschinenmodell berücksichtigt werden muß. Daß ein solches Programmiermodell Voraussetzung für eine breite Akzeptanz eines neuen Rechnertyps ist, hat das Beispiel der sequentiellen von-Neumann-Rechner gezeigt. Obwohl hier innerhalb der letzten 30 Jahre starke Technologieveränderungen immer neue Typen von Rechnern auf der Basis des von-Neumann-Modells entwickelt wurden, konnten diese neuen System immer noch mit Hilfe der alten von-Neumann-Sprachen (das klassische Beispiel ist die auch noch heute vielfach verwendete Sprache FORTRAN) programmiert werden.

Anfänglich fand für Parallelrechner das Maschinenmodell *PRAM* (parallel random access machine) Verbreitung [2]. Dieses Maschinenmodell besteht aus verschiedenen Prozessoren mit Ein-/Ausgabemöglichkeiten. Alle Prozessoren können unabhängig voneinander arbeiten und greifen auf einen *gemeinsamen*-Speicher zu (shared memory). Die Modellierung sogenannter 'message passing' Systeme erfolgt auf Basis des *MP-RAM*-Modells (message passing random access machine).

Dieses PRAM-Modell wie auch das MP-RAM-Modell haben jedoch den Nachteil, daß Verzögerungen bei Speicherzugriffen oder bei Kommunikation nicht berücksichtigt werden. Weiterhin wird bei dem PRAM-Modell von der stark vereinfachenden (und irrealen) Situation ausgegangen, daß alle Prozessoren synchron arbeiten. Trotz dieser stark vereinfachten Randbedingungen ist es zum Teil möglich, effiziente parallele Algorithmen auf dieser Modellierungsbasis zu entwickeln, allerdings brechen sie in vielen Fällen bezüglich ihrer Leistung auf realen Parallelrechnern ein.

Daher befassen sich einige Arbeiten mit einer neuen Definition von Programmiermodellen. Während einige Arbeiten die Erweiterung des PRAM-Modells betreiben, indem z.B. Latenzzeiten bei Speicherzugriffen oder Kommunikation, aber auch die Bandbreite der Kommunikationskanäle berücksichtigt wird, wird bei anderen Arbeiten insbesondere von der Annahme der synchron arbeitenden Prozessoren abgerückt. Eines dieser Modelle ist das sogenannte BSP-Modell (bulk-synchronous parallel) [46]. Neben den asynchron arbeitenden Prozesoren unterscheidet sich BSP von PRAM dadurch, daß es sich um ein sogenanntes Brückenmodell handelt, bei dem die einzelnen Prozessoren über ein Vermittlungseinheiten miteinenander verbunden sind, es werden also insbesondere auch die Kommunikationskosten in dieses Modell mit einbezogen. Da es sich um asynchron arbeitende Prozessoren handelt, werden bei diesem Modell weiterhin die entstehenden Synchronisationskosten berücksichtigt. Bei der Verwendung dieses Modells können (müssen aber nicht) bei der Entwicklung von parallelen Algorithmen maschinenspezifische Informationen mit einbezogen werden, wobei insbesondere Informationen über das Speichermodell verwendet werden können, also z.B. ob es sich um 'shared memory' oder 'message passing' Systeme handelt.

Als eine Weiterentwicklung von BSP wurde das sogenannte *LogP*-Modell vorgestellt [17]. Auch werden wie bei BSP die Kommunikationskosten berücksichtigt. So bezeichnet der Parameter L die Latenzeit bei der Übertragung einer Nachricht. Die Parameter o, g und P geben weiterhin den *O*verhead beim Übertragen oder Empfangen einer Nachricht, die *g*ap, die minimale Zeit bei der Übertragung aufeinanderfolgender Nachrichten und die Anzahl der *P*rozessoren an. Dabei werden die Parameter L, o und g jeweils in Vielfachen von Prozessorzyklen angegeben. Jedoch wird bei diesem Ansatz darauf verzichtet, maschinenspezifische Information in die Algorithmenentwicklung mit einzubeziehen, was aus diesem Grunde einen allgemeineren Ansatz darstellt.

Ziel all dieser Arbeiten ist es, ein möglichst einfaches Programmiermodell zu entwickeln, daß auf einem möglichst allgemeinen und realitätsgetreuen Maschinenmodell basiert. Durch diese Ansätze wird versucht, eine breite Basis für Algorithmen zu schaffen und so für eine weitere Verbreitung von Parallelrechnern zu sorgen, wie dies mit dem Maschinenmodell für von-Neumann Rechnern für sequentielle Programme gelungen ist.

5.4.3   Automatische Parallelisierung

Die vorausgegangen Abschnitte haben deutlich gezeigt, daß die effiziente Programmierung paralleler Rechner durchaus kein triviales Problem ist. Weiterhin ergibt sich das Problem, daß ein Großteil der heute vorhandenen Software nur für sequentielle System implementiert ist, also auf Parallelrechnern entweder gar nicht oder nur mit Leistunsgseinbußen lauffähig ist. Daher ist auch heute noch die Akzeptanz von Parallelrechnern relativ gering.

Um nun die parallele Programmierung zum einen zu vereinfachen und zum anderen vorhandene Programme für parallele System neu zu übersetzen, hat sich in den letzten Jahren das Thema 'automatische Parallelisierung' in der Forschung etabliert. Ziel ist es, durch eine Datenflußanalyse die Abhängigkeiten innerhalb von Programmen zu erkennen und die als voneinander unabhängigen Teile so anzuordnen, daß sie auf einem Parallelrechner gewinnbringend ausgeführt werden können.

Erste Ansätze dazu können in der Entwicklung von Übersetzern für Prozessoren mit Fließbandverarbeitung gesehen werden, wobei im wesentlichen Parallelität auf der Instruktionsebene ausgenutzt wird. Diese Arbeiten wurden fortgeführt bei der Implementierung von Compilern für VLIW-Architekturen. Seit längerer Zeit wird nun auch versucht, automatisch Programme auf höheren Abstraktionsebenen zu parallelisieren, indem Parallelität auf der Ebene von Basisblöcken oder Prozeduren versucht wird offenzulegen und auszunutzen. Dabei wurden bisher im wesentlichen Schleifen mit regulären Strukturen erfolgreich parallelisiert (vgl. Kapitel 5.2.3.1), wie sie vorzugsweise in numerischen Anwendungen auftreten [29, 24, 40]. Insbesondere die Arbeiten für den Einsatz von Vektorrechnern und systolischen Arrays sind in diese Kategorie einzuordnen [20, 21, 22, 32, 39, 42, 43, 52, 53].

Jedoch weist eine große Gruppe von Programmen, die sogenannten „wissenschaftlichen" Programme, zum großen Teil einen nur geringen Teil von regulärer Parallelität auf. Die statt dessen auftretenden Codesequenzen sind dagegen nur schwer zu analysieren, statt numerischer Probleme zu behandeln werden hier häufig Listen oder Graphen manipuliert. Auch hier gibt es ein gewisses, wenn auch geringeres Parallelitätspotential, das jedoch nicht von vorneherein so offen zu erkennen ist wie bei Schleifen [48, 50, 49]. Während bei Schleifen statisch errechnet werden kann, innerhalb welcher Iteration auf welche Datenelemente zugegriffen werden kann, ist es bei wissenschaftlichen Programmen häufig erst zur Laufzeit möglich zu bestimmen, auf welche Adressen und damit welche Daten zugegriffen werden kann. Erschwert werden diese Analysen zusätzlich dadurch, daß für wissenschaftliche Anwendungen im wesentlichen Sprachen verwendet werden, die auf Zeigern (pointer) aufbauen, mit deren Hilfe es möglich ist, über eine oder mehrere *verschiedene* Referenzierungen auf ein und denselben Variablenwert zuzugreifen. Trotzdem ist es möglich mit Hilfe von 'pointer target tracking' [34] für ca. 90% aller Fälle statisch Aussagen zu machen, welche Variablen zur Laufzeit referenziert werden [34]. Dies resultiert in längeren

Compiler-Laufzeiten und die Ausbeute der Parallelität wird auch nicht so groß sein wie für parallelisierte Schleifen. Diese Ergebnisse können für die Parallelisierung von Programmen auf der Ebene von Basisblöcken eingesetzt werden [51]. Neben der klassischen globalen Datenfluß- und Kontrollfluß-analyse mit Hilfe sogenannter Definitions- und Verwendungsketten [1] haben sich inzwischen auch andere Verfahren etabliert, wie z.B. die *SSA*-Form (Static Single Assigment), bei der im wesentlichen der zu analysierende Code vor der Analyse in sogenannte 'single assignment' Strukturen umgewandelt wird [23].

5.5   Zusammenfassung

Die Programmierung paralleler Systeme kann in Zukunft sicherlich wesentlich durch spezielle parallele Sprachen erfolgen. Jedoch wird zusätzlich die automatische Parallelisierung auf Block- und Instruktionsebene benötigt. Automatische Parallelisierer können die Programmierer bei der Realisierung paralleler Programme unterstützen, indem z.B. vom Programmierer nicht erkannte Konflikte aufgedeckt werden. Weiterhin helfen solche Parallelisierer, daß *portable* parallele Programme implementiert werden können, indem die maschinenabhängigen Teile der parallelen Programmierung (bzw. Parallelisierung) vom Parallelisierer übernommen werden, und so bei der Formulierung des Programms in einer höheren Programmiersprache auf maschinenorientierte und damit nicht portable Konstrukte verzichtet werden kann.

Superskalare und superpipelined Rechnerarchitekturen sorgen in Verbindung mit entsprechenden optimierenden Compilern für die Ausnutzung von Parallelität auf der Mikrobefehls-, Instruktions-, Block- und Taskebene.

Glossar

Antiabhängigkeit (*anti dependence*)
Zwei Instruktionen A und B sind ANTIABHÄNGIG voneinander, wenn eine Instruktion A einen Wert benötigt, der von einer anderen Instruktion B überschrieben wird. In diesem Fall muß sichergestellt werden, daß Instruktion B *nach* Instruktion A ausgeführt wird (write after read — WAR).

Ausgangsabhängigkeit (*output dependence*)
Zwei Instruktionen A und B sind AUSGANGSABHÄNGIG voneinander, wenn beide Instruktionen ein- und dieselbe Variable beschreiben (write after write — WAW).

Flußabhängigkeit (*flow dependence*)
Zwei Instruktionen A und B sind FLUSSABHÄNGIG voneinander, wenn ein Wert, den Instruktion A produziert, von der Instruktion B konsumiert wird. In diesem Fall muß sichergestellt werden, daß Instruktion B *nach* Instruktion A ausgeführt wird (read after write — RAW).

Kontrollflußabhängigkeit (*control dependence*)
Diese Art der Abhängigkeit wird von der Kontrollflußanalyse ermittelt, und ist in der Regel durch die Angaben des Programmierers explizit vorgegeben.

Kontrollflußanalyse
Die Aufgabe der Kontrollflußanalyse besteht darin, zur Übersetzungszeit zu bestimmen, welche Pfade im *Kontrollflußgraphen* während der Ausführung des Programms durchlaufen werden. Der Kontrollflußgraph beschreibt dabei alle Möglichkeiten, wie innerhalb eines Programms verzweigt werden kann. Dabei beschreiben die Knoten des Kontrollflußgraphen sogenannte Basisblöcke bzw. Grundblöcke. Ein Basis- bzw. Grundblock ist eine Sequenz von Befehlen, in denen kein Sprung vorkommt und in den keine Zielmarke eines anderen Sprungs zeigt. Sprünge bzw. Sprungmarken bestimmen jeweils das Ende bzw. den Anfang eines Basisblocks. Die Kanten des Kontrollflußgraphen beschreiben die Ziele der die Grundblöcke begrenzenden Sprungbefehle.

Parallelität auf Blockebene
Bei Parallelität auf der Blockebene handelt es sich um eine im Ver-

gleich zur Instruktions- und Mikrobefehlsebene erheblich grobkörnigere Form der Parallelität. Sie entsteht dadurch, daß verschiedene Instruktionen eines Programms zu Blöcken zusammengefaßt werden, die, sofern es die Datenabhängigkeiten der Blöcke untereinander zulassen, parallel ausgeführt werden können.

Parallelität auf Instruktionsebene

Zur Parallelisierung auf Instruktionsebene wird ausgenutzt, daß viele im ausgeführten Programm aufeinanderfolgenden Instruktionen voneinander datenunabhängig sind. Um dies für die Parallelisierung zu nutzen, muß die Hardware jedoch einige Voraussetzungen erfüllen.

Parallelität auf Mikrobefehlsebene

Die Ausführung eines Maschinenbefehls geschieht dadurch, daß die für die Realisierung dieses Befehls vorgesehenen Mikrobefehle ausgeführt werden. Jeder einzelne Mikrobefehl benutzt aber nur einen kleinen Teil der gesamten Hardware. Daher ist es sinnvoll, Mikrobefehle, die unabhängig voneinander arbeiten können, weil sie nicht von allen vorhergehenden Mikrobefehlen abhängen, parallel auszuführen, um die Hardware besser auszunutzen und damit die Ausführungsgeschwindigkeit von Befehlen zu erhöhen.

Parallelität auf Taskebene

Parallelität auf der Taskebene ist in dieser Klassifikation die grobkörnigste Form von Parallelität. Programme, die auf einem Mehrbenutzersystem ausgeführt werden, weisen in der Regel keine oder nur sehr geringe Datenabhängigkeiten auf (eine Ausnahme bilden 'client server' Modelle). Insbesondere, wenn mehrere unterschiedliche Benutzer Programme starten, werden kaum Datenabhängigkeiten zu erwarten sein. Auf geeigneten Architekturen mit verschiedenen Prozessoren können solche Programme dann parallel abgearbeitet werden.

Literaturverzeichnis

[1] A.V. Aho, R. Sethi, and J. D. Ullman. *Compiler-Bau (Teil 1 + 2)*. Addison-Wesley, 1988.

[2] G.S. Almasi and A. Gottlieb. *Highly Parallel Computing*. The Benjamin/Cummings Publishing Company Inc., 1990.

[3] Arvind and D.E. Culler. Managing Resources in a Parallel Machine. In *Proceedings of IFIP TC-10 Working Conference on Fifth Generation Computer Architecture, Manchester, England*. North-Holland Publishing Company, Juli 1985.

[4] Arvind, D.E. Culler, and G.K. Maa. Assessing the Benefits of Fine-Grain Parallelism in Dataflow Programs. *The International Journal of Supercomputer Applications*, 2(3), Nov. 1988.

[5] Arvind and K. Ekanadham. Future Scientific Programming on Parallel Machines. *The Journal of Parallel and Distributed Computing*, 5(5):460–493, Okt. 1988.

[6] Arvind, S.K. Heller, and R.S. Nikhil. Programming Generality and Parallel Computers. In *Proceedings of the Fourth International Symposium on Biological and Artificial Intelligence Systems*, S. 255–286, Trento, Italien, Sept. 1988. ESCOM.

[7] Arvind and R.A. Iannucci. Two Fundamental Issues in Multiprocessing. In *Proceedings of DFVLR - Conference 1987 on Parallel Processing in Science and Engineering, Bonn-Bad Godesberg, W. Germany*, Juni 1987.

[8] Arvind, R.S. Nikhil, and K.K. Pingali. I-Structures: Data Structures for Parallel Computing. Technical Report Computation Structures Group Memo 269, MIT Laboratory for Computer Science, 545 Technology Square, Cambridge, MA, Feb. 1987.

[9] M.T. Austin and G.S. Sohi. Dynamic Dependency Analysis of Ordinary Programs. In *The 19th Annual International Symposium on Computer Architecture*, S. 342–351, 1992.

[10] T. Ball and J.R. Larus. Branch Prediction for Free. Technical Report 1137, Computer Sciences Department, University of Wisconsin — Madison, 1210 W. Dayton Street, Madison, WI 53706,USA, 1993.

[11] U. Banerjee, R. Eigenmann, A. Nicolau, and D. Padua. Automatic Program Parallelization. In *Proceedings of the IEEE, Bd. 81, Nr. 2*, S. 211–243, 1993.

[12] A. Bode. Architektur von RISC-Rechnern. *RISC-Architekturen*, Reihe Informatik, Bd. 93, 1990.

[13] S.A. Brobst. Instruction Scheduling and Token Storage Requirements in a Dataflow Supercomputer. Master's thesis, Massachusetts Institute of Technology, Dept. of EECS, 77 Massachusetts Ave, Cambridge, MA, Mai 1986.

[14] M. Butler, T. Yeh, and Y. Patt. Single Instruction Stream Parallelism Is Greater than Two. In *The 18th Annual International Symposium on Computer Architecture*, S. 276–286, 1991.

[15] P.P. Chang, S.A. Mahlke, W.Y. Chen, N.J. Warter, and W.W. Hwu. IMPACT: An Architectural Framework for Multiple-Instruction-Issue Processors. In *The 18th Annual International Symposium on Computer Architecture*, S. 266–275, 1991.

[16] IBM Corp. *PowerPC and Power2: Technical Aspects of the New IBM RISC System/6000*. IBM Corp., 1990.

[17] D. Culler, R. Karp, D. Patterson, et. al. LogP: Towards a Realistic Model of Parallel Computation. In *Proceedings of the Forth ACM SIGPLAN Symposium on Principles & Practice of Parallel Programming PPOPP*, S. 1–12, 1993.

[18] D.E. Culler, A. Sah, K.E. Schauser, T. von Eicken, and J. Wawrzynek. Fine-grain Parallelism with Minimal Hardware Support: A Compiler-Controlled Threaded Abstract Machine. In *4th Int. Conference on Architectural Support for Programming Languages and Operating Systems*, April 1991.

[19] David E. Culler. *Managing Parallelism and Resources in Scientific Dataflow Programs*. PhD thesis, MIT Dept. of Electrical Engineering

and Computer Science, Cambridge, MA, June 1989. MIT Laboratory for Computer Science, Technical Report, TR446.

[20] R. Cytron. Doacross: Beyond Vectorization for Multiprocessors. In *Proceedings of the 1986 International Conference on Parallel Processing*, S. 836–844, Aug. 1986.

[21] R. Cytron. Limited Processor Scheduling of Doacross Loops. In *Proceedings of the 1987 International Conference on Parallel Processing*, S. 226–234, Aug. 1987.

[22] R. Cytron and J. Ferrante. What's in a Name? -or- The Value of Renaming for Parallelism Detection and Storage Allocation. In *Proceedings of the 1987 International Conference on Parallel Processing*, S. 19–27, Aug. 1987.

[23] R. Cytron, J. Ferrante, B.K. Rosen, M.N. Wegman, and F.K. Zadeck. Efficiently Computing Static Single Assignment Form and the Control Dependence Graph. In *ACM Transactions on Programming Languages and Systems, Vol.13, No.4*, S. 451–490, 1991.

[24] J.R.B. Davies. Parallel Loop Constructs for Multiprocessors. Master's thesis, University of Illinois, Urbana-Champaign, Mai 1981. Rep. No. UIUCDCS-R-81-1070.

[25] J.A. Fisher. Trace scheduling: A technique for global microcode compaction. *IEEE Transactions on Computers*, C-30(7):478–490, Juli 1981.

[26] J.A. Fisher and S.M. Freudenberger. Predicting Conditional Branch Directions From Previous Runs of a Program. In *Proceedings of the 5th International Conference on Architectural Support for Programming Languages and Operating Systems (ACM SIGPLAN Notices)*, S. 85–95, 1992.

[27] P. Gutberlet and W. Rosenstiel. Scheduling Between Basic Blocks in the CADDY Synthesis System. In *Proceedings of the European Conference on Design Automation*, S. 496–500, 1992.

[28] J.L. Hennesy and D.A. Patterson. *Computer Architecture: A Quantitive Approach*. Morgan Kaufmann Publishers Inc., 1990.

[29] S. Hiranandani, K. Kennedy, and C. Tseng. Compiler Optimizations for Fortran D on MIMD-Distributed-Memory Machines. In *Proceedings Supercomputing '91*, S. 86–100, 1991.

[30] R.A. Iannucci. Toward a Dataflow/von Neumann Hybrid Architecture. In *Proc. 15th Int. Symp. on Computer Architecture*, pages 131–140, 1988.

[31] W. Karl. *Parallele Prozessorarchitekturen: Codegenerierung für superskalare, superpipelined und VLIW-Prozessoren*. BI-Wissenschaftsverlag (Reihe Informatik, Bd. 93, 1993.

[32] D.J. Kuck, R.H. Kuhn, D.A. Padua, B. Leasure, and M. Wolfe. Dependence Graphs and Compiler Optimizations. In *Proceedings of ACM Symposium on Principles of Programming Languages*, Jan. 1981.

[33] M.S. Lam and R.P. Wilson. Limits of Control Flow on Parallelism. In *The 19th Annual International Symposium on Computer Architecture*, S. 46–57, 1992.

[34] J. Loeliger, R. Metzger, M. Seligman, and S. Stroud. Pointer Target Tracking — An Empirical Study. In *Proceedings Supercomputing '91*, S. 14–23, 1991.

[35] S. Melvin and Y. Patt. Exploiting Fine-Grained Parallelism Through a Combination of Hardware and Software Techniques. In *The 18th Annual International Symposium on Computer Architecture*, S. 287–296, 1991.

[36] S.W. Melvin. *Performance Enhancement Through Dynamic Scheduling and Large Execution Atomic Units in Single Instruction Stream Processors*. PhD thesis, University of California in Berkeley, 1990.

[37] R.S. Nikhil and Arvind. Can Dataflow Subsume von Neumann Computing? In *Proceedings of the 16th Annual International Symposium on Computer Architecture*, Jerusalem, Israel, Mai 1989.

[38] D.A. Patterson. Reduced Instruction Set Computers. *Communications of the Association for Computing Machinery*, 28(1):9–21, Jan. 1985.

[39] C.D. Polychronopoulos. *On Program Restructuring, Scheduling, and Communication for Parallel Processor Systems*. PhD thesis, University of Illinois, Urbana-Champaign, Center for Supercomputing Research and Decelopment, Aug. 1986. CSRD Rpt. Nr. 595, UILU-ENG-86-8006.

[40] C.D. Polychronopoulos, D.J. Kuck, and D.A. Padua. Execution of Parallel Loops on Parallel Processor Systems. In *Proceedings of the 1986 International Conference on Parallel Processing*, S. 519–527, 1986.

[41] W. Pugh. The Omega Test: a fast and practical integer programming algorithm test for dependence analysis. In *Proceedings Supercomputing '91*, S. 4–13, 1991.

[42] V. Sarkar. *Partitioning and Scheduling Parallel Programs for Execution on Multiprocessors*. PhD thesis, Stanford University, Computer Systems Lab, Dept. of EE and CS, April 1987. CSL-TR-87-328.

[43] V. Sarkar and J. Hennesy. Compile-time Partitioning and Scheduling of Parallel Programs. In *Proceedings of the SIGPLAN '86 Symposium on Compiler Construction*, S. 17–26, Palo Alto, CA, Juli 1986. ACM.

[44] K.E. Schauser, D.E. Culler, and T. von Eicken. Compiler-Controlled Multithreading for Lenient Parallel Languages. In *Conference on Functional Programming Languages and Computer Architecture*, 1991.

[45] S. Tjiang, M. Wolf, M. Lam, K. Pieper, and J. Hennessy. Integrationg Scalar Optimiziation and Parallelization. In *Languages and Compilers for Parallel Computing*, S. 137–151, 1991.

[46] L.G. Valiant. A Bridging Model for Parallal Computation. In *Communications of the ACM, Bd. 33, Nr. 8*, S. 103–111, 1990.

[47] D.W. Wall. Limits of Instruction-Level Parallelism. In *4th Int. Conference on Architectural Support for Programming Languages and Operating Systems*, S. 176–188, 1991.

[48] J. Wedeck and Rosenstiel. Codegenerierung für parallele Rechensysteme. In *37. Internationales wissenschaftliches Kolloquium Ilmenau, Bd. 2*, S. 262–267, 1992.

[49] J. Wedeck and Rosenstiel. *Parallelism obtainable from sequential programs.* Technical Report SFB 358-A2-1/93, SFB 358, Universität Tübingen, 1993.

[50] J. Wedeck and Rosenstiel. *Untersuchungen zur Bestimmung des Parallelitätsgrades in Befehlsströmen in SISD-Rechnern.* Technical Report SFB 358-A2-2/93, SFB 358, Universität Tübingen, 1993.

[51] J. Wedeck and W. Rosenstiel. Compiling C Programs into Threads. In *Massively Parallel Processing Applications and Development*, 1994.

[52] M.J. Wolfe. *Optimizing Supercompilers for Supercomputer.* PhD thesis, University of Illinois at Urbana-Champaign, 1982.

[53] M.J. Wolfe and U. Banerjee. Data Dependence and Its Application to Parallel Processing. *International Journal of Parallel Processing*, 16(2):137–178, April 1987.

6 Assoziative Architekturen

6.1 Das assoziative Operationsprinzip

Das assoziative Operationsprinzip ist im wesentlichen durch die Verarbeitung mengenwertiger Operanden gekennzeichnet. In einer ersten Phase (Selektion) wird aus einer Menge eine Teilmenge selektiert, die die Elemente enthält, die für eine bestimmte Aktion relevant sind. In einer zweiten Phase wird die Aktion auf den selektierten Elementen durchgeführt.

Assoziative Operationen treten in weiten Bereichen der automatischen Informationsverarbeitung auf. So unterstützen z.B. sämtliche Datenbankmodelle assoziative Mechanismen zur Selektion von Daten. Im Bereich der Mustererkennung werden unbekannte Muster u.a. dadurch identifiziert, daß aus einer Menge bekannter Muster das Muster selektiert wird, das mit einem unbekannten Muster maximale Ähnlichkeit hat [10]. Auch die Operatoren genetischer Algorithmen haben assoziativen Charakter. Das Prinzip dieser Algorithmen entspricht der natürlichen Evolution. Dabei werden die Individuen einer Population durch eine Zielfunktion bewertet. Die nach der Zielfunktion geeignetsten Individuen werden ausgewählt, um nach verschiedenen Mechanismen neue Individuen zu erzeugen. Im Bereich der Rechnerarchitektur werden assoziative Mechanismen bei der Speicherverwaltung in verschiedenen Ebenen einer Speicherhierarchie eingesetzt (z.B. Cache Speicher und virtuelle Seitentabellen). Sie kommen zudem in Datenflußarchitekturen zur Unterstützung des Matching-Mechanismus zur Anwendung. Ein weiteres wichtiges Anwendungsgebiet stellt die Verwaltung von Rechner-Netzwerken, insbesondere die Pfadberechnung (Routing) in diesen Netzwerke dar (LAN-CAM).

6.1.1 Assoziative Operationen

Assoziative Operationen sind im wesentlichen durch die Eigenschaften

- Mengenwertige Operanden

- Adreßfreie Identifikation (Selektion) der Operanden

gekennzeichnet. Eine assoziative Operation AO $= (\sigma,\alpha)$ besteht aus einer Selektionsphase σ und einer Aktionsphase α. In der Selektionsphase wird aus einer Basismenge Ω eine Teilmenge ω ($\omega \subseteq \Omega$) als Operand für die Aktionsphase ausgewählt. In der Aktionsphase wird eine beliebige Operation auf der Menge ω ausgeführt. Als Operationen werden typischerweise weitere assoziative Operationen (Verfeinerung), logische und arithmetische Operationen (Manipulation) und Ein-/Ausgabe-Operationen (Kommunikation) angewendet. Auf eine Selektionsphase können mehrere Aktionsphasen folgen.

6.1.2   Die Selektionsphase σ

In der Selektionsphase σ wird eine Bewertungsfunktion $Q(q_1...q_n, o)$ auf alle Elemente o der Basismenge Ω angewendet. Die Funktion Q berücksichtigt bei der Bewertung der einzelnen Objekte $o(o \in \Omega)$ die Suchargumente $q_1...q_n$ als aktuelle Parameter zur Steuerung der Bewertung. Das Ergebnis der Bewertungsfunktion ist eine Maßzahl, die als Qualitätsmaß für die Auswahl der Objekte verwendet wird.

Eine Selektionsfunktion S entscheidet anhand der Maßzahl und der Argumente $s_1...s_m$, ob ein Objekt o aus Ω in der zu selektierenden Teilmenge ω enthalten ist. Typische Selektionsfunktionen sind die Thresholdfunktion, die alle Objekte auswählt, deren Qualität jenseits eines bestimmten Grenzwertes liegt und die *MINIMUM(x)* und *MAXIMUM(x)* Funktionen, die die x besten (schlechtesten) Objekte selektieren. ω wird in der relevanten Literatur auch als Treffermenge bezeichnet. Die Menge ω wird demnach wie folgt beschrieben:

$$\omega = \{o|o \in \Omega, S(Q(q_1...q_n, o), s_1...s_m) = 1\}$$

Als Selektionsfunktion S kann die identische Funktion id gewählt werden, wenn die Bewertungsfunktion Q bereits Ergebnisse aus dem Wertebereich $\{0,1\}$ liefert. Die Äquivalenzfunktion z.B. bewertet ein Objekt o mit 1, falls o mit einem Suchargument q bitweise übereinstimmt $o \equiv q$, mit 0 sonst. Qualitätsfunktionen, wie z.B. der Hamming-Abstand erfordern separate Selektionsfunktionen, die anhand des Qualitätsmaßes entscheidet, ob ein Objekt für die Aktionsphase qualifiziert ist.

6.1.3 Die Aktionsphase α

In der Aktionsphase α wird die Aktionsfunktion $A(a_1...a_l, o)$ auf alle in der Selektionsphase ausgewählten Objekte $o \in \Omega$ angewendet. Die typischen Funktionen die in der Aktionsphase zur Anwendung kommen, lassen sich in die Klassen *Verfeinerung, Manipulation* und *Kommunikation* unterteilen.

Bei der *Verfeinerung* werden auf eine bereits selektierte Teilmenge ω weitere Selektionsphasen angewendet, die ω weiter einschränken können.

Bei der *Manipulation* werden die Elemente von ω durch beliebige logische oder arithmetische Operationen verändert.

Funktionen aus dem Bereich der *Kommunikation* ermöglichen z.B. in assoziativen Speichern und Prozessoren die Ein- und Ausgabe von Objekten.

6.1.4 Das assoziative Speicherproblem

Die Phasen α und σ beschreiben das funktionale Verhalten assoziativer Speicher und Prozessoren. Die Basismenge Ω wurde intuitiv verwendet, um den Speicherinhalt zu beschreiben. Wir erweitern hier die Beschreibung um den Begriff der *Frage*, um ein *assoziatives Speicherproblem* zu beschreiben.

Das assoziative Speicherproblem enthält neben der Verhaltensbeschreibung des Selektionsmechanismus einer assoziativen Architektur zusätzlich die Beschreibung eines Suchproblems, das auf der Architektur in der Selektionsphase zu berechnen ist.

Das Tupel $f = (q_1...q_n, s_1...s_m)$ wird als Frage bezeichnet. Es enthält alle Argumente der Funktionen Q und S. Eine Menge F aus Fragen f bildet zusammen mit einer Basismenge Ω, einer Bewertungsfunktion Q und einer Selektionsfunktion S das assoziative Speicherproblem:

$$ASP = (\Omega, S, Q, F)$$

6.1.5 Das assoziative Verarbeitungsproblem

Die formale Darstellung des assoziativen Speicherproblems ist zur Spezifikation von Suchproblemen geeignet. Zur Beschreibung eines assoziativen Verarbeitungsproblems wird diese Darstellung um die Aktionsfunktion A und deren Parameter $a_1...a_l$ erweitert.

Das Tupel $(q_1...q_n, s_1...s_m, a_1...a_l)$ beschreibt eine assoziative Instruktion t. Eine Folge T aus Instruktionen t wird als assoziatives Programm bezeichnet. Sie bildet zusammen mit einer Basismenge Ω, einer Bewertungsfunktion Q, einer Selektionsfunktion S und einer Aktionsfunktion A das assoziative Verarbeitungsproblem:

$$AVP = (\Omega, S, Q, T, A)$$

6.1.6   Parallelismus in assoziativen Funktionen

6.1.6.1 Parallelismus in der Selektionsphase

Während der Selektionsphase wird zuerst Q und dann S auf alle Objekte o angewendet. Bewertung und Selektion müssen sequentiell nacheinander ausgeführt werden, da S das Ergebnis von Q benötigt. Erfolgt der Ablauf der Funktionen dabei für alle Objekte o datenunabhängig von der Bewertung und Selektion anderer Objekte, dann besteht die Möglichkeit der parallelen Berechnung von $S(Q(q_1...q_n, o), s_1...s_m)$ für alle o aus Ω.

6.1.6.2 Parallelismus in der Aktionsphase

Für Operationen der Klassen *Verfeinerung* und *Manipulation* besteht, wie in der Selektionsphase, die Möglichkeit der Parallelisierung der Aktionen auf den Objekten o durch Nebenläufigkeit, wenn die Datenunabhängigkeit der Operationen gewährleistet ist und die zur Parallelisierung notwendigen Rechenwerke verfügbar sind. Prinzipiell sind auch die Funktionen der Klasse *Kommunikation* parallelisierbar. Diese Funktionen verlaufen in der Regel zwar datenunabhängig — Voraussetzung für die parallele Kommunikation ist aber neben der Datenunabhängigkeit auch eine ausreichende Bandbreite der Kommunikationskanäle. Die üblichen Kommunikationswege, z.B. Datenbusse, sind in der Regel nur zur sequentiellen Übertragung von einzelnen Objekten in der Lage. Diese Einschränkung erfordert die Vereinzelung, also Sequentialisierung von Ergebnissen paralleler Operationen. Der Zeitgewinn durch Parallelisierung von assoziativen Operationen kann durch diese Sequentialisierung verloren gehen.

6.1.6.3 Parallelismus und Komplexität

Die Implementierung assoziativer Operationen beginnt mit einer Analyse der zur Implementierung verfügbaren Ressourcen. Die Ressourcen lassen sich grundsätzlich auf die Begriffe *Raum* und *Zeit* abstrahieren. Die Ressource *Raum* ist dabei als physikalische Fläche bei der Realisierung der assoziativen Operationen als Hardware oder als Speicherplatz bei der Kodierung in Software zu verstehen.

Bei der Analyse werden die einzelnen Phasen der assoziativen Operationen in eine Menge unteilbarer Berechnungen zerlegt. Die Anzahl dieser Berechnungen in Abhängigkeit zur Eingabegröße entspricht der Komplexität der Operationen. Ziel jeder Implementierung ist die günstige Verteilung der Operationen auf die verfügbaren Ressourcen. Die Verteilung der Berechnungen hat keinen Einfluß auf die Komplexität der zu implementierenden Operationen selbst. Die Verteilung der Berechnungen ist vielmehr ein Parameter bei der Optimierung. (Chip-) Fläche, Speicherplatz und Zeit sind dabei die applikationsbedingten Optimierungsparameter.

6.2 Implementierungsformen

Die verschiedenen Implementierungsformen assoziativer Funktionen unterscheiden sich aus theoretischer Sicht durch unterschiedliche Verteilungen der Funktionen auf die Ressourcen Fläche, Speicherplatz und Zeit. Die Elemente der Basismenge Ω belegen bei allen Implementierungsformen die Ressource Speicherplatz. Durch die unterschiedlichen Verteilungen ergeben sich die im folgenden beschriebenen Formen des Parallelismus, die kennzeichnend für die Implementierungsformen assoziativer Methoden sind. Bei der Implementierung selbst werden die Objekte in Form von Daten auf Speicherzellen, die im folgenden als Datenwörter bezeichnet werden, verteilt. Die Implementierungsformen assoziativer Funktionen werden anhand des Parallelitätsgrades, den die Bearbeitung der Speicherzellen aufweist, klassifiziert. Dabei wird angenommen, daß ein Speicherwort ein komplettes Objekt enthält.

6.2.1 Die vollparallele Implementierungsform

Die vollparallele Implementierungsform erfordert eine Verlagerung der gesamten assoziativen Funktionalität in die Ressource Fläche. Durch Implementierung von Verarbeitungseinheiten für jede einzelne elementare Operation für die Bits aller Datenwörter wird ein maximaler Parallelitätsgrad bei der Bewertung, der Selektion sowie bei der Verfeinerung und der Manipulation ermöglicht. Die Objekte o durchlaufen dabei alle gleichzeitig die einzelnen Verarbeitungsphasen. Die Funktionen zur Kommunikation erfordern unter Umständen die Vereinzelung der parallel selektierten Daten. Die Vereinzelung kann notwendig werden, wenn mehrere Objekte ein Suchkriterium erfüllen. Die Vereinzelung bewirkt, daß die parallel selektierte Datenmenge sequentiell weiterverarbeitet wird. Eine Beschleunigung durch die parallele Selektion wird dadurch wieder aufgehoben. Die parallele Kommunikation wird auf der Seite einer assoziativen Komponente durch das 'Pin-Limitation' Problem behindert, da die Bandbreite der Kommunikationskanäle in der Regel durch die Anzahl der physikalischen Leitungen bestimmt wird, die den Kommunikationskanal (z.B. Datenbus) bilden. Die Vereinzelung der Daten kann aber auch durch die Komponente, die den Kommunikationspartner darstellt, begründet sein. Werden z.B. Daten mit einer sequentiell arbeitenden Komponente (z.B. von Neumann-Rechner) ausgetauscht, so können Objekte in Form von Datenwörtern nur sequentiell ausgetauscht werden. Die so begrenzte Kommunikationsbandbreite wird auch als Flaschenhals bezeichnet.

Daten, die durch die parallel arbeitenden Mechanismen generiert werden, können durch ein Befehlszählergetriebenes System mit einer von Neumann Architektur nur sequentiell weiterverarbeitet werden. Die Daten müssen den Datenbus, der in diesem Fall, den eigentlichen Flaschenhals darstellt, sequentiell passieren. Zeitgewinne durch Parallelismus gehen an dieser Stelle wieder verloren.

Eine typische Klasse von Assoziativspeichern, der diese Implementierungsform zugrunde liegt, bilden die vollassoziativen Cache-Speicher. Das Problem der Vereinzelung tritt in vollassoziativen Caches nicht auf, da durch die Struktur der Objekte die Eindeutigkeit der Selektionsfunktion gewährleistet ist und dadurch Mehrfachtreffer ausgeschlossen werden.

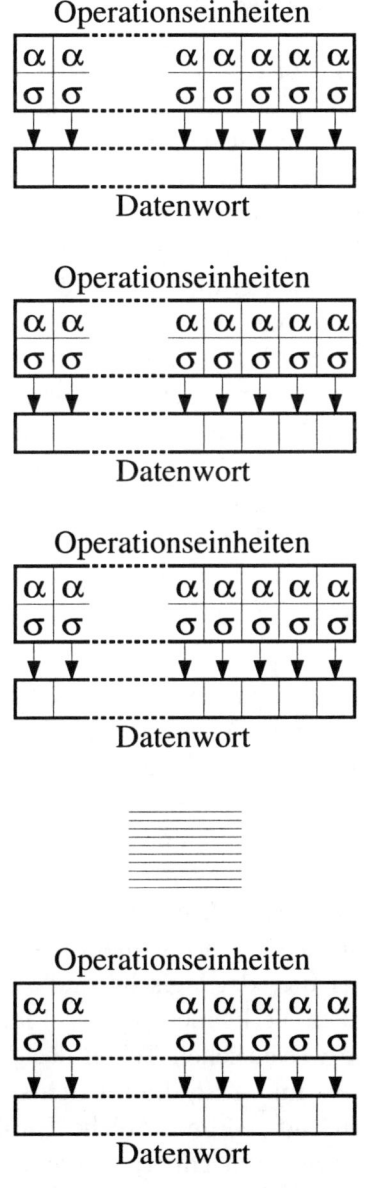

Abb. 6.1: Die vollparallele Implementierungsform

6.2.2   Bit-parallele Wort-sequentielle Implementierungsform

Bei dieser Implementierungsform wird die assoziative Funktionalität auf die Ressourcen Fläche, Speicherplatz und Zeit verteilt. In der Fläche sind die assoziativen Funktionen nur jeweils ein einziges mal über ein Datenwort zu implementieren. Bei der vollparallelen Implementierung ist die Realisierung der einzelnen Funktionen für jedes Objekt redundant vorzunehmen. Durch die Einsparung der Rechenwerke wird jedoch zusätzlich eine Ablaufsteuerung, die die einzelnen Funktionseinheiten sequentiell auf die zu bearbeitenden Speicherworte anwendet, benötigt. Die Bearbeitungsreihenfolge muß dabei nicht unbedingt die durch die Speicherstruktur vorgegebene Reihenfolge bei der Bearbeitung der Daten einhalten. Es besteht z.B. auch die Möglichkeit, daß die Ablaufsteuerung anhand der Daten einer Speicherzelle zu einer beliebigen anderen Zelle verzweigt. Auf diese Weise lassen sich Datenstrukturen wie z.B. Bäume implementieren. Auch wenn in den Abbildungen zu den einzelnen sequentiellen und teilsequentiellen Implementierungsformen stets eine lineare Bearbeitungsreihenfolge dargestellt wird, ist in allen teilsequentiellen Implementierungen eine nichtlineare Bearbeitungsreihenfolge denkbar.

Die Ablaufsteuerung benötigt ein Programm, das die Ressource Speicherplatz belegt. Durch den sequentiellen Ablauf der Assoziationsfunktionen wird zudem die Ressource Rechenzeit beansprucht. Die Rechenzeit hängt dabei von der Strukturierung der Daten und von der Suchstrategie ab. Bei der linearen Suche wächst die Rechenzeit linear mit der Kardinalität der Menge Ω. Durch Baumstrukturen sind Suchzeiten der Größenordnung $O(log(|\,\Omega\,|))$ möglich. Eine geeignete Hardware-Architektur zur Berechnung assoziativer Funktionen in der Bit-parallelen Wort-sequentiellen Arbeitsweise stellt z.B. ein von Neumann-Rechner dar, der logische und arithmetische Grundfunktionen berechnen kann. Die Verkleinerung der Fläche erfordert in diesem Falle die Verlagerung von wesentlichen Teilen des Algorithmus' in die Ressourcen *Programmspeicher* und *Zeit*, die für den sequentiellen befehlszählergetriebenen Ablauf benötigt werden. Solche Implementierungen werden häufig auch als "Emulatoren" bezeichnet, da die assoziative Funktionalität durch einen sequentiellen Algorithmus nachgebildet wird. In Abbildung 6.2 ist die Bit-parallele Wort-sequentielle Implementierungsform dargestellt.

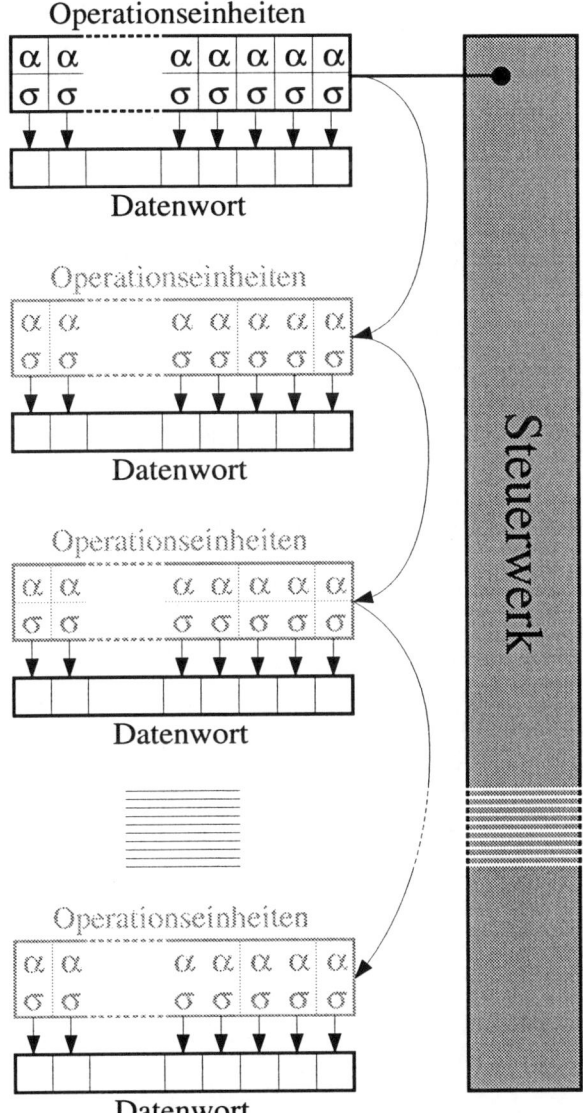

Abb. 6.2: Die Bit-parallele Wort-sequentielle Implementierungsform

Diese Implementierungsform ist unter anderem auf die sogenannten 'Direct-Mapped Caches' anwendbar. Obwohl die 'Direct-Mapped Caches' eine Randgruppe unter den Assoziativspeichern darstellen, da sie mit einem gewöhnlichen adressorientierten Speicher (RAM) und einer Vergleichslogik aufgebaut werden können, soll an dieser Stelle die Modellierung durch die Bit-parallele Wort-sequentielle Implementierungsform gezeigt werden. Die Adresse eines Datums sei in zwei Fragmente unterteilt:

Adresse: höherwertiger Teil — niederwertiger Teil

Die in den Datenwörtern gespeicherten Objekte werden durch den höherwertigen Teil der Adresse (Tag) und ein Datum (Operand oder Instruktion) gebildet. Mit dem niederwertigen Teil der Adresse ermittelt das Steuerwerk das Datenwort, auf das die Funktionseinheit anzuwenden ist. Mit der Selektionsfunktion wird das Tag des Objektes mit dem Tag der gesuchten Adresse verglichen. Stimmen die Tags überein, dann wird in der Aktionsphase α das Datum ausgegeben. Bei unterschiedlichen Tags wird ein Fehlersignal erzeugt.

6.2.3   Bit-sequentielle Wort-parallele Implementierungsform

Diese Implementierungsform ähnelt der Bit-parallelen Wort-sequentiellen Form. Ein Rechenwerk, das in der Ressource Fläche zu implementieren ist, ist dabei in der Lage, von allen Objekten ein Bit in einem Bearbeitungsschritt zu bearbeiten. Ein Steuerwerk ist notwendig, um die Funktionseinheit sequentiell auf alle Bits der Datenworte anzuwenden. In Abbildung 6.3 ist die Bit-sequentielle Wort-parallele Arbeitsweise dargestellt.

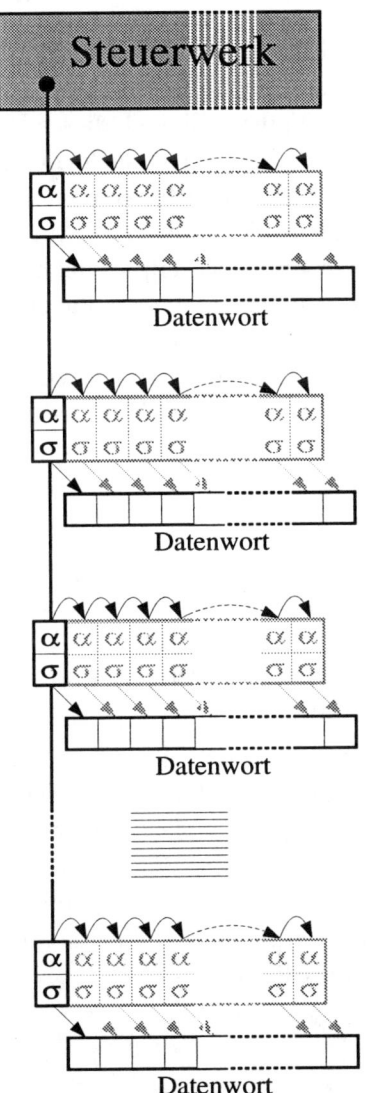

Abb. 6.3: Bit-sequentielle Wort-parallele Implementierungsform

6.2.4   Die sequentielle Implementierungsform

Die rein sequentielle Implementierungsform hat bislang rein theoretischen Charakter. Für praktische Anwendungen ist sie bedeutungslos. Trotzdem soll sie an dieser Stelle zur Vollständigkeit dieser Betrachtung erwähnt werden. Bei der sequentiellen Implementierungsform wird bei der Verteilung der assoziativen Funktionalität auf die Ressourcen Fläche, Speicherplatz und Zeit die Ressource Fläche minimal gewählt. Im Vergleich zur vollparallelen Implementierungsform und den teilparallelen Formen existiert bei rein sequentiellen Implementierungsformen nur eine einzige minimale Funktionseinheit, die auf Bit-Ebene arbeitet und durch ein Steuerwerk sequentiell auf die Bits der einzelnen Objekte angewendet wird. Die Arbeitsweise dieser Implementierungsform ähnelt der einer Turing-Maschine.

6.2.5   Mischformen

Neben den in 6.2.1 bis 6.2.4 beschriebenen Implementierungsformen assoziativer Komponenten sind auch Mischformen denkbar. Mischformen, die hier als Block-parallele Wort-sequentielle und Block-sequentielle Wort-parallele Implementierungsform bezeichnet werden, sind als Beispiele in den Abbildungen 6.5 und 6.6 dargestellt.

Sie entstehen aus der vollparallelen und der Bit-parallelen Wort-sequentiellen Implementierungsform dadurch, daß ein Teil aller Speicherwörter mit Operationseinheiten versehen wird. Die Datenwörter werden dazu zu Blöcken gruppiert. Bei der Block-parallelen Wort-sequentiellen Implementierungsform wird jeder Block mit einer Funktionseinheit über ein ganzes Datenwort versehen. Ein Steuerwerk sorgt für die Wort-sequentielle Fortschaltung der Funktionseinheiten in den Blöcken.

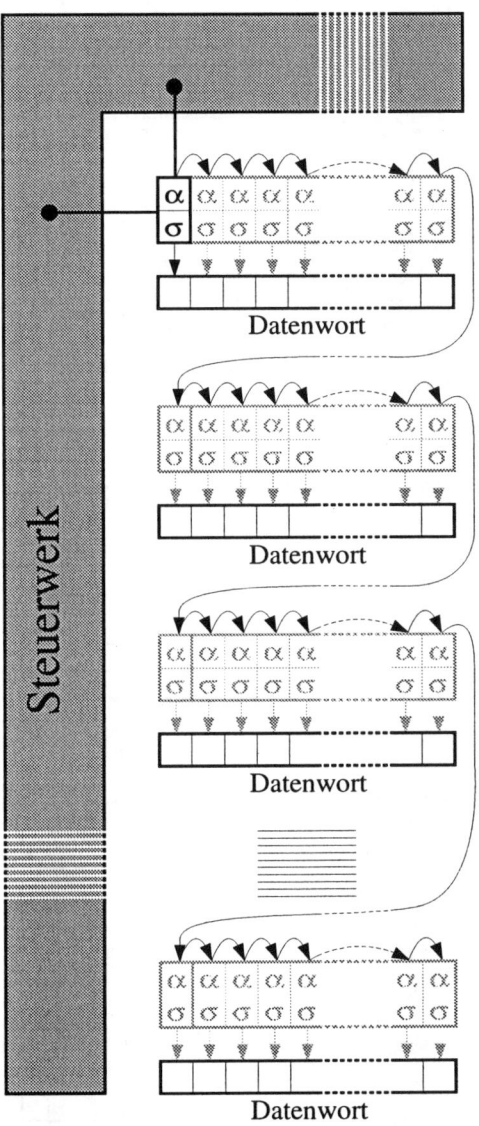

Abb. 6.4: Die sequentielle Implementierungsform

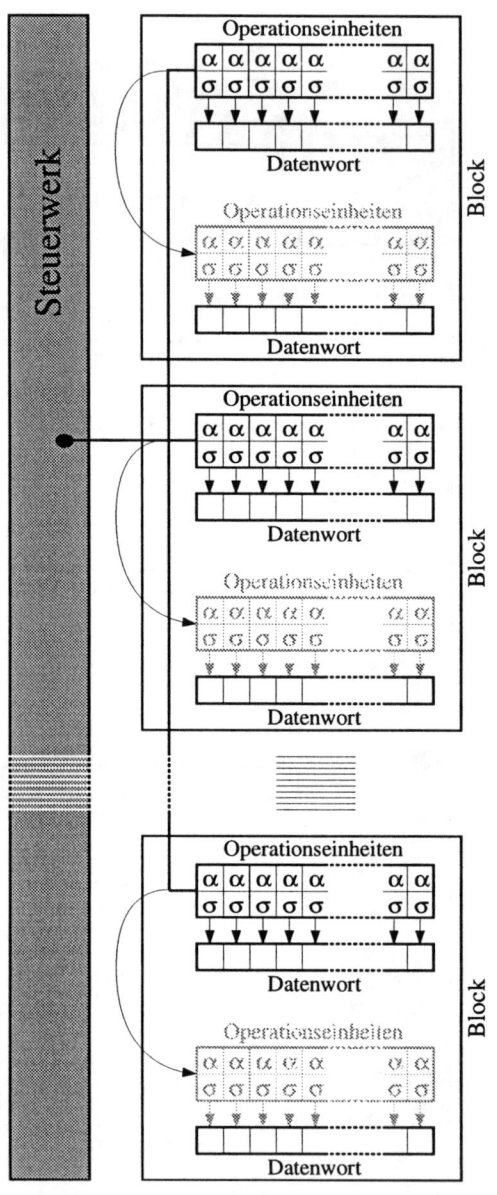

Abb. 6.5: Die Block-parallele Wort-sequentielle Mischform

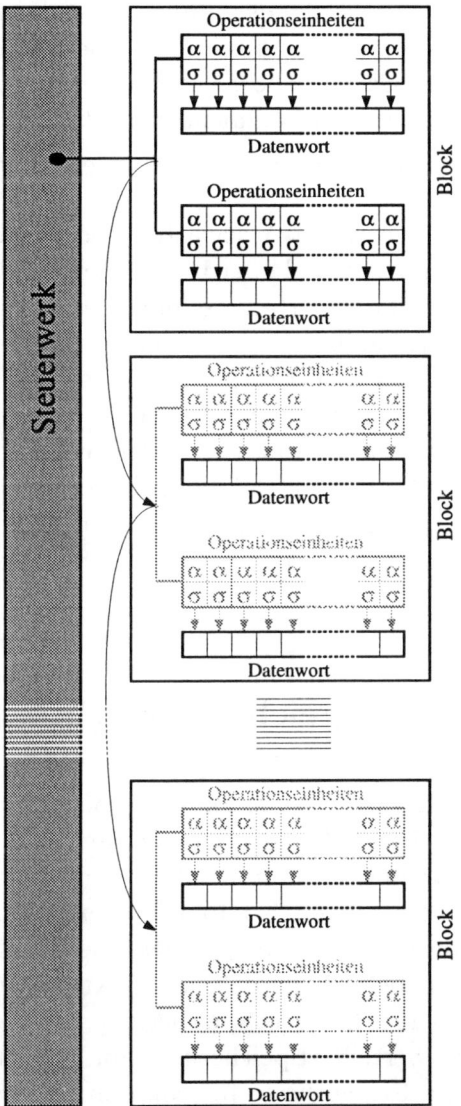

Abb. 6.6: Die Block-sequentielle Wort-parallele Mischform

Bei der Block-sequentiellen Wort-parallelen Implementierungsform werden alle Datenwörter eines Blockes parallel von den Funktionseinheiten bearbeitet. Ein Steuerwerk bewirkt die sequentielle Fortschaltung der Funktionseinheiten über alle Blöcke.

Ein typischer Assoziativspeicher, der unter Anwendung der Wort-parallele Block-sequentiellen Implementierungsform realisiert wird, ist der sogenannte 'n-Way Set-Associative Cache'. Die Adresse eines Datums sei wie bei dem 'Direct Mapped Cache' in zwei Fragmente unterteilt:

Adresse: höherwertiger Teil — niederwertiger Teil

Die Objekte, die im 'n-Way Set-Associative Cache' verwaltet werden, bestehen aus dem Datum (Operand oder Instruktion) und dem höherwertigen Teil der Adresse (Tag). Datenwörter, die im niederwertigen Teil ihrer Adresse übereinstimmen, werden in Sets zusammengefaßt. Bei der Suche nach einem Objekt ermittelt das Steuerwerk anhand des niederwertigen Teils der gesuchten Adresse das Set, in dem das Objekt zu suchen ist. Mit einem vollparallelen Vergleich kann ermittelt werden, ob das Set ein Objekt mit dem korrekten Tag enthält. Der Datenteil des Objektes wird ausgegeben, falls das gesuchte Objekt gefunden wurde. Die in Abbildung 6 dargestellte Implementierungsform würde bei einem 'n-Way Set Associative Cache' mit n=2 Anwendung finden.

6.3 Assoziative Speicher und Prozessoren

Assoziative Speicher und Prozessoren sind Komponenten, die nach dem assoziativen Operationsprinzip arbeiten. Die assoziativen Komponenten werden in die Klassen der Komponenten mit lokaler und mit verteilter Speicherung unterteilt. Die assoziativen Komponenten mit verteilter Speicherung werden auch als neuronale Netze bezeichnet. Die neuronalen Berechnungsmodelle profitieren von der inhaltsorientierten Arbeitsweise des assoziativen Operationsprinzips. Die adreßlose Speicherung und Bearbeitung von Objekten ermöglicht die verteilte Speicherung von Information in neuronalen Berechnungsmodellen. Gespeicherte Information ist in diesen Berechnungsmodellen zwar rekonstruierbar, aber nicht lokalisierbar. Zur Vertiefung der neuronalen Berechnungsmodelle sei auf die in diesem Bereich relevante Literatur [11, 14] verwiesen. In diesem Text werden assoziative Speicher und Prozessoren mit lokaler Speicherung beschrieben. In diesen Speichern ist die gespeicherte Information an Speicherzellen und damit an eine Adresse gebunden, auch wenn diese Eigenschaft für die assoziativen Operationen von untergeordneter Bedeutung ist.

Assoziative Speicher und Prozessoren mit lokaler Speicherung ähneln in ihrer Struktur und Arbeitsweise herkömmlichen adreßorientierten Speicherkomponenten. Die Menge der Speicherwörter eines assoziativen Speichers oder Prozessors mit lokaler Speicherung entspricht der Menge Ω. Die Objekte o der Menge Ω entsprechen den Speicherwörtern. Der wesentliche Unterschied zwischen assoziativen Speichern und assoziativen Prozessoren liegt in den Funktionen zur Manipulation der Speicherzellen (Objekte o). Während assoziative Speicher in der Aktionsphase lediglich Funktionen der Klassen Verfeinerung und Kommunikation (z.B. Ein- und Ausgabe) unterstützen, lassen assoziative Prozessoren unfangreichere mathematische und logische Manipulationen am Inhalt der Speicherzellen zu.

6.3.1 Prinzipieller Aufbau inhaltsadressierbarer Speicher mit lokaler Speicherung

Assoziative Speicher mit lokaler Speicherung ähneln adressorientierten Speichern. Die meisten Implementierungen basieren auf adressorientierten Speichern, die um eine inhaltsorientierte Zugriffslogik erweitert sind. In Abbildung 6.7 ist die Struktur eines einfachen assoziativen Speichers dargestellt, der neben adreßorientierten Zugriffen auch die inhaltsorientierte maskierte Identitätsfunktion zur Identifikation von Speicherzellen ermöglicht. Die maskierte Identität ist eine Bewertungsfunktion, die als Ergebnis einen booleschen Wert liefert. Auf eine separate Selektionsfunktion kann dadurch verzichtet werden.

Als Suchargumente konsumiert die Funktion ein Such- und ein Maskenwort. Sie markiert in einem Treffervektor alle Datenwörter des Speichers, die unter Vernachlässigung der maskierten Bits mit dem Suchwort bitweise übereinstimmen. In der Aktionsphase unterstützt dieser Speicher lediglich die Ausgabe der selektierten Daten. Der Speicher verfügt zur Realisierung der assoziativen Funktionalität über zusätzliche Logikkomponenten. In Abbildung 6.8 ist das assoziative Speicherfeld aus Abbildung 6.7 detailliert dargestellt. Die einzelnen Speicherzellen speichern ein Datenwort, das ohne Maskierung als Suchargument angelegt wurde, indem das Signal a aktiviert wird. Die Zellen prüfen ihren Inhalt auf Übereinstimmung mit dem Suchargument, wenn das Suchargument am Eingang D und der zum Suchargument inverse Wert am Eingang $\overline{D}$ anliegt. Die Zelle antwortet mit einem Treffer t=1, falls das Suchargument mit dem Inhalt der Speicherzelle übereinstimmt oder D

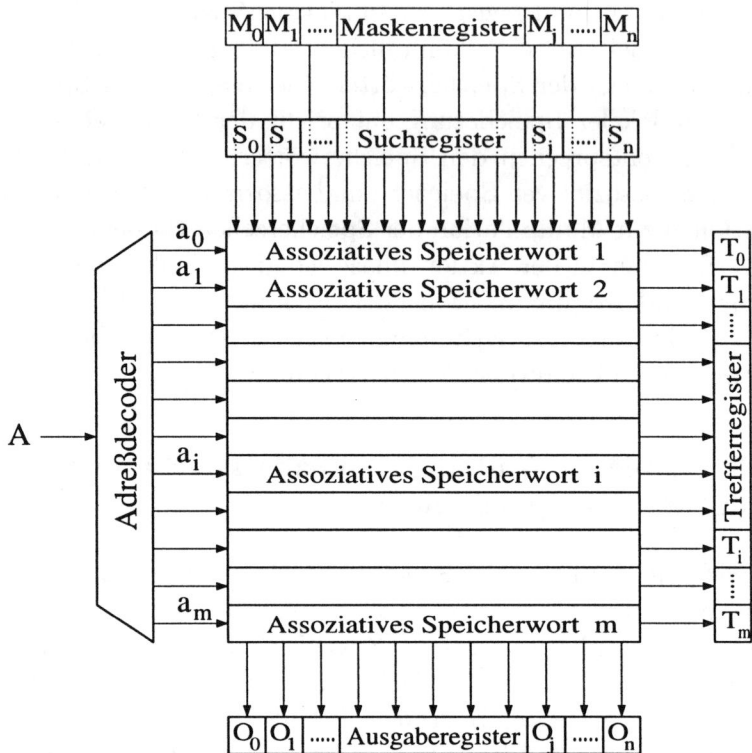

Abb. 6.7: Der Aufbau eines einfachen vollparallelen assoziativen Speichers

und $\overline{D}$ beide mit dem Wert 0 belegt werden. Diese Eingabe entspricht einer Maskierung und wird stets mit einem Treffersignal $t = 1$ beantwortet.

Die beiden NOR Gatter am Kopf einer Spalte des Feldes sorgen dafür, daß die D und $\overline{D}$ Eingänge der Zellen mit den Werten S und $\overline{S}$ versorgt werden, falls die Maskierung nicht aktiviert ist. Falls die Maskierung aktiv ist, dann ist der Inhalt der gesamten Spalte irrelevant. Die D und $\overline{D}$ Eingänge der Zellen werden dazu mit dem Wertepaar 0,0 belegt. Das Signal T_i wird aktiviert, wenn alle Zellen eines Wortes (einer Zeile) entweder durch die Übereinstimmung der Daten oder durch eine Maskierung einen Treffer anzeigen. Der sogenannte Treffervektor wird für weitere Verarbeitungsschritte in ein Trefferregister übernommen. Abbildung 6.8 enthält neben dem Ausschnitt aus dem assoziativen Speicherfeld die Schaltung (NMOS Technologie) einer assoziativen Speicherzelle.

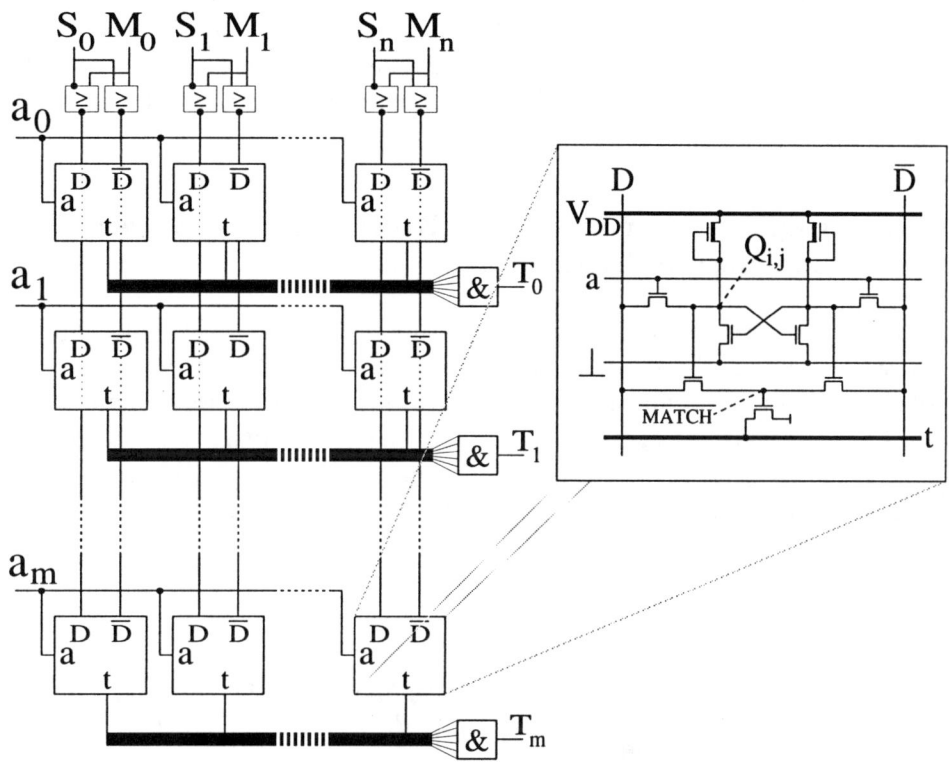

Abb. 6.8: Ein Ausschnitt des assoziativen Speicherfeldes mit der Schaltung einer assoziativen Speicherzelle in NMOS-Technologie

Ein Schreibvorgang wird ausgelöst, indem die Eingänge D und $\overline{D}$ mit dem zu schreibenden Datum bzw. dem Inversen des Datums belegt werden und das Signal a aktiviert wird. Ein unmaskierter Lesevorgang erfolgt, indem die Leitung t mit positiver Ladung vorgeladen wird (precharge). Wird ein Suchargument S an den Eingang D und $\overline{S}$ an $\overline{D}$ angelegt, so wird die Leitung t entladen, falls der Zelleninhalt nicht mit dem Suchargument übereinstimmt. Durch Anwendung einer Maskierung wird die Entladung der Leitung t verhindert, so daß das Ergebnis der Suche stets ein Treffer ist. Das UND Gatter, das die Ausgänge t der Zellen einer Zeile konjunktiv verknüpft, kann dadurch schaltungstechnisch als sogenanntes 'wired AND' realisiert werden. Falls alle

Zellen eines Wortes (einer Zeile) einen Treffer anzeigen, wird die Leitung t nicht entladen, sodaß das Ergebnis T_i der wortorientierten Suche über der Zeile i einen Treffer ergibt. Wird in nur einer Zelle ein Unterschied festgestellt, dann wird t entladen. Das Vergleichsergebnis T_i nimmt den Wert 0 an.

6.3.2   Implementierungen und Konzepte assoziativer Speicher und Prozessoren

Die erste Skizze eines elektronischen assoziativen Speichers stammt von Konrad Zuse aus dem Jahre 1943 [23]. Es folgten zahlreiche Entwicklungen, die alle den sogenannten Spezialrechnern (special purpose computer) angehören. Solche Architekturen eignen sich zur Lösung eines einzigen Problems oder eines sehr engen Problemkreises. Einige der im folgenden genannten Architekturen kamen zum industriellen Einsatz (z.B. STARAN).

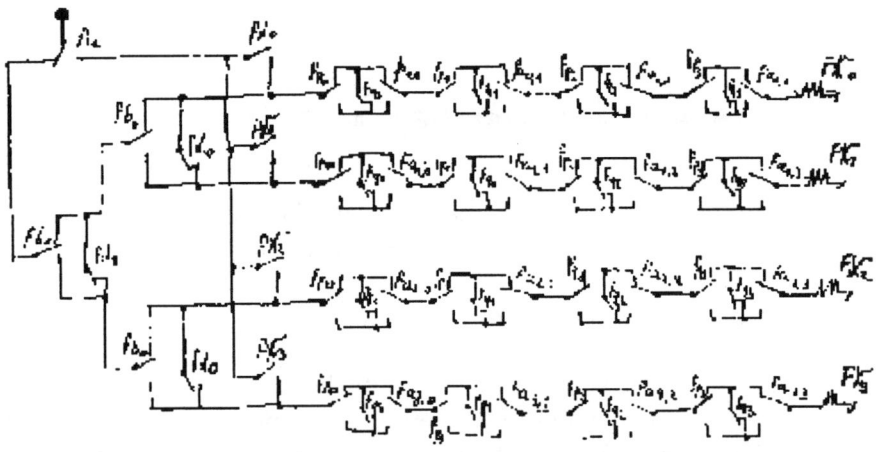

Abb. 6.9: Skizze eines assoziativen Speichers aus dem Jahre 1943

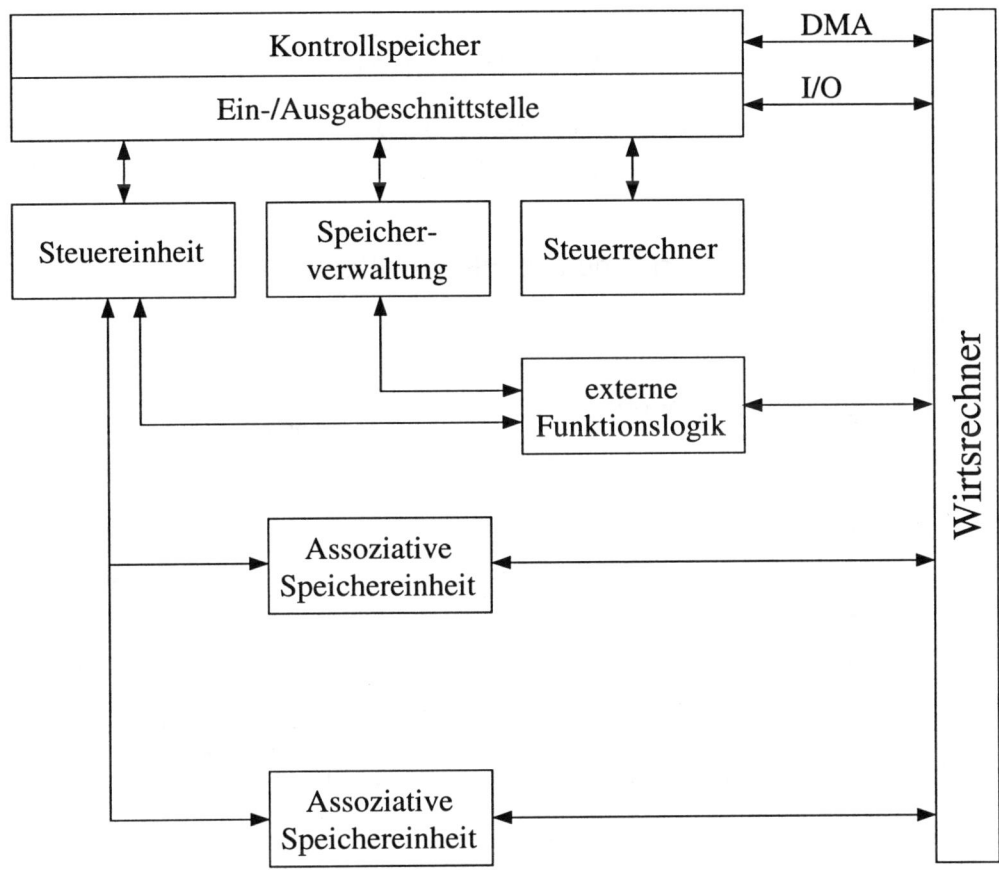

Abb. 6.10: STARAN, Goodyear

STARAN [6, 7, 1, 8] ist ein Assoziativprozessor, dessen Speichermodule mit arithmetisch logischen Verarbeitungseinheiten versehen sind. Die
Verarbeitungseinheiten haben mehrdimensionalen Zugriff auf die maximal
65536*256-bit großen Speicherfelder. Neben dem zeilen- und spaltenwei-
sen Zugriff sind auch Mischformen möglich. STARAN war einer der ersten
kommerziell verfügbaren Assoziativprozessoren Er wurde hauptsächlich im
Bereich der Wettervorhersage und der Flugsicherung eingesetzt.

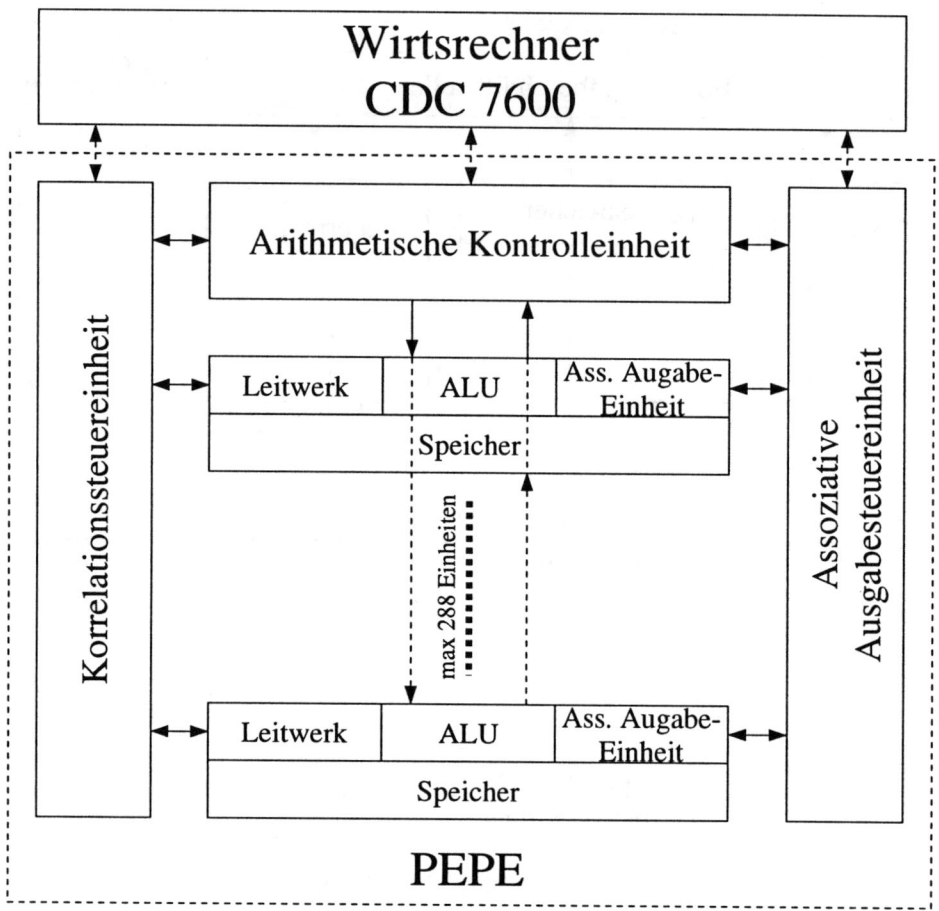

Abb. 6.11: PEPE, Burroughs (**P**arallel **E**lement **P**rocessing **E**nsemble)

Der Feldrechner PEPE [4, 22] verfügt über maximal 288 Verarbeitungseinheiten mit lokalem Speicher und assoziativen Ausgabeeinheiten. Die assoziativen Ausgabeeinheiten ermöglichen den inhaltsorientierten Zugriff auf
die lokalen Speicher. Er wurde im wesentlichen zur Radarbildauswertung
eingesetzt.

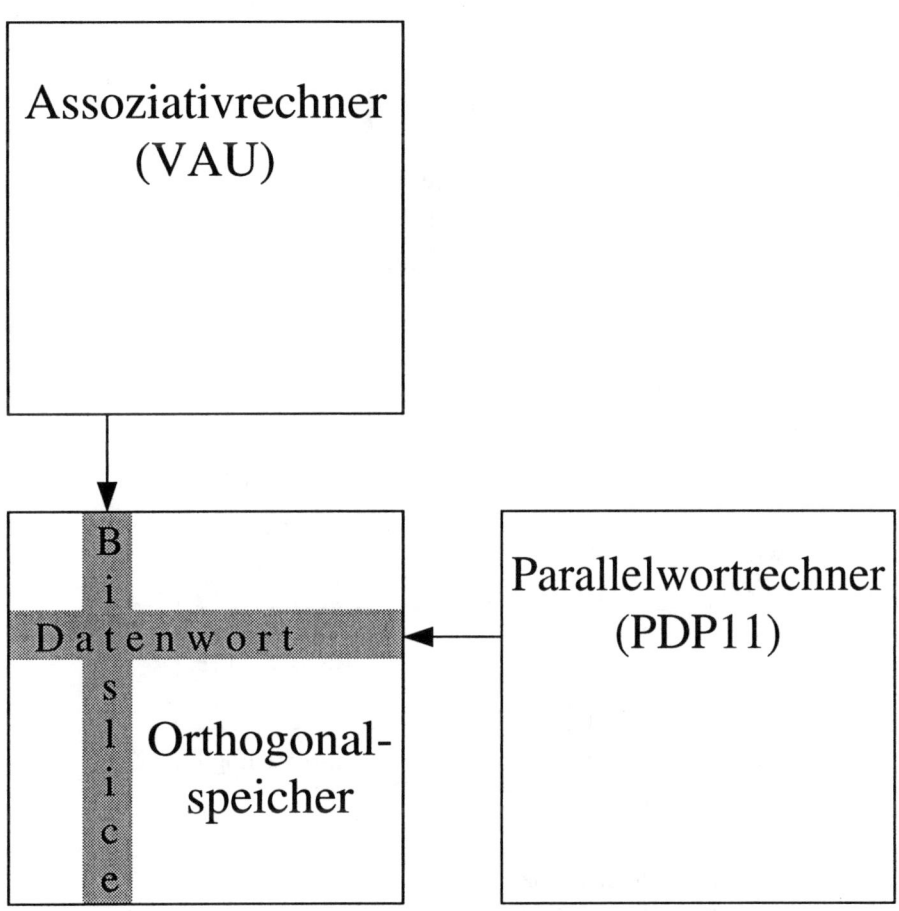

Abb. 6.12: OMEN (**O**rthogonal **M**ini **E**mbedme**N**t)

OMEN [17, 19, 2] stellt eine adaptierbare Rechnerstruktur mit wahlweise Bit-paralleler Wort-sequentieller oder Bit-sequentieller Wort-paralleler Betriebsart dar. Die Bit-parallele Wort-sequentielle Betriebsart wird durch einen PDP11 Rechner der Firma Digital Equipment realisiert. Der als Assoziativrechner bezeichnete Teil arbeitet Bit-sequentiell Wort-parallel.

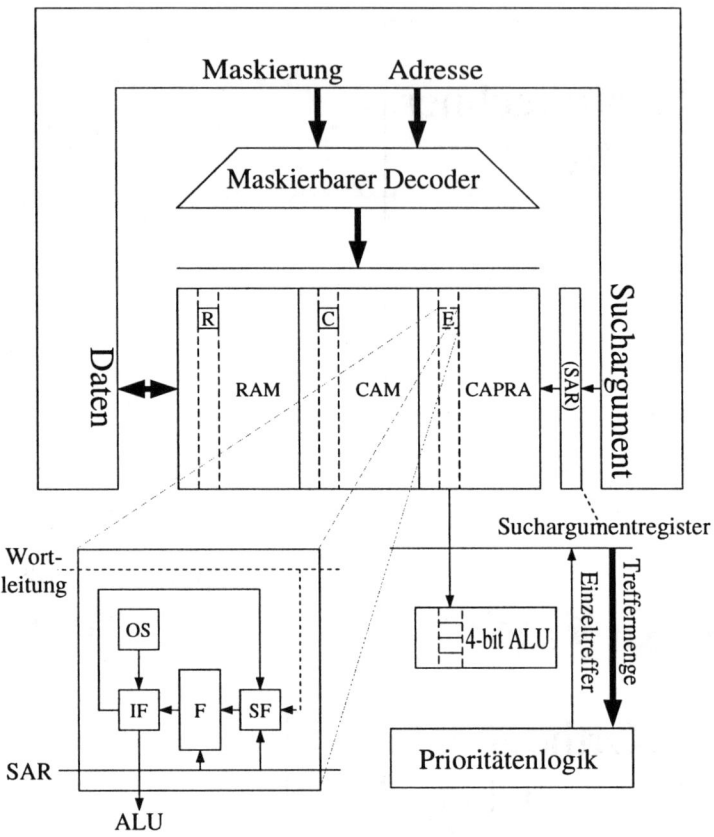

SF   Speicherflag
F   boolesche Funktionseinheit
IF   Zwischenspeicher
OS   optischer Sensor

Abb. 6.13: CAPRA (Content-Adressable Processor/Register Array)

Der CAPRA-Assoziativprozessor [9] vereinigt einen konventionellen Schreib-/ Lese Speicher, einen wortorientierten Assoziativspeicher und den speziellen CAPRA-Speicher, dessen Speicherzellen mit Rechenwerken ausgestattet sind.

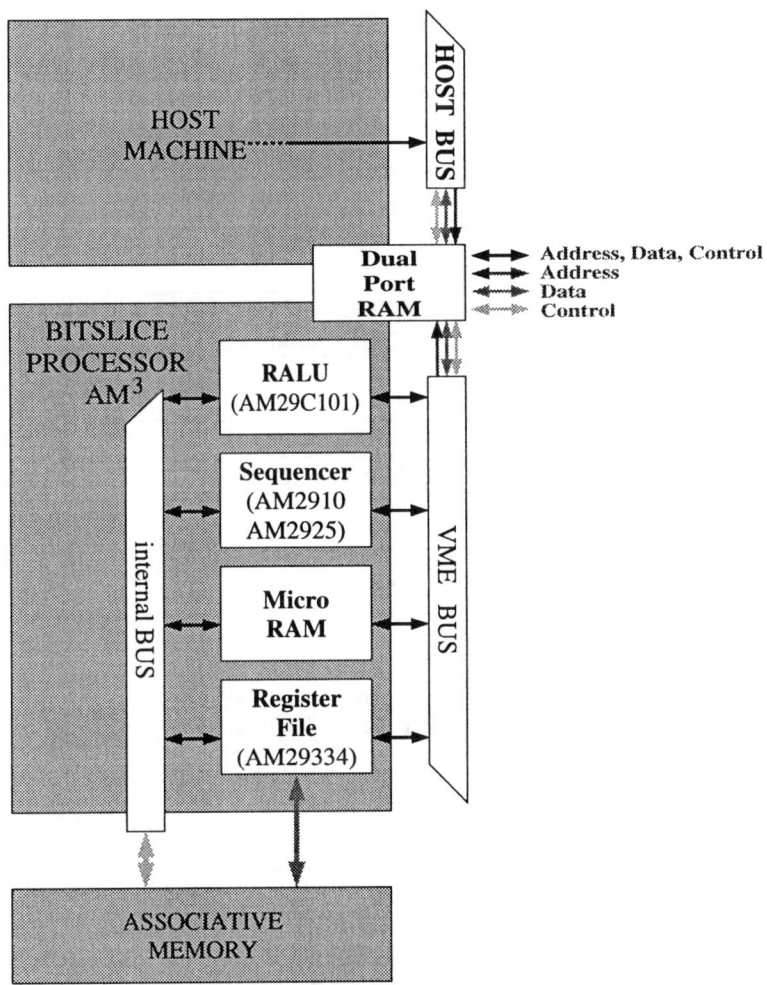

Abb. 6.14: AM^3 (**A**ssociative **M**ultipurpose **M**icroprogrammable **M**onoprocessor)

Der AM^3 [16, 20] ist ein assoziativer Prozessor in modifizierter Harvard-Architektur. Neben einem Bussystem für Daten und Instruktionen verwaltet ein adreßloses Bussystem assoziative Speicherkomponenten.

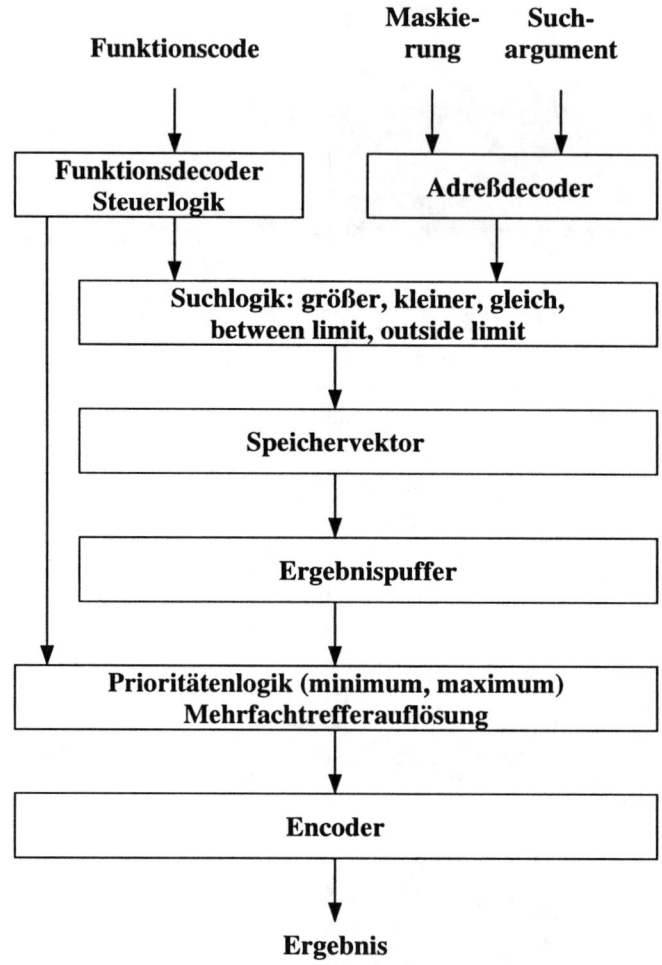

Abb. 6.15: ARAM (**A**ssociative **R**andom **A**ccess **M**emory)

ARAM [18] ist ein vollparalleler Assoziativspeicher mit maskierbarer Identitätsfunktion und relationalen maskierbaren Suchfunktionen. Daten werden unter Anwendung der Flagalgebra in einem Flagvektor gespeichert. Anstelle einer Speichermatrix existiert für jedes Speicherwort nur ein einziges Bit (Flag), das anzeigt, ob das korrespondierende Datum gespeichert ist. Zur Speicherung n-bit breiter Datenwörter wird ein Flagvektor der Länge 2^n benötigt.

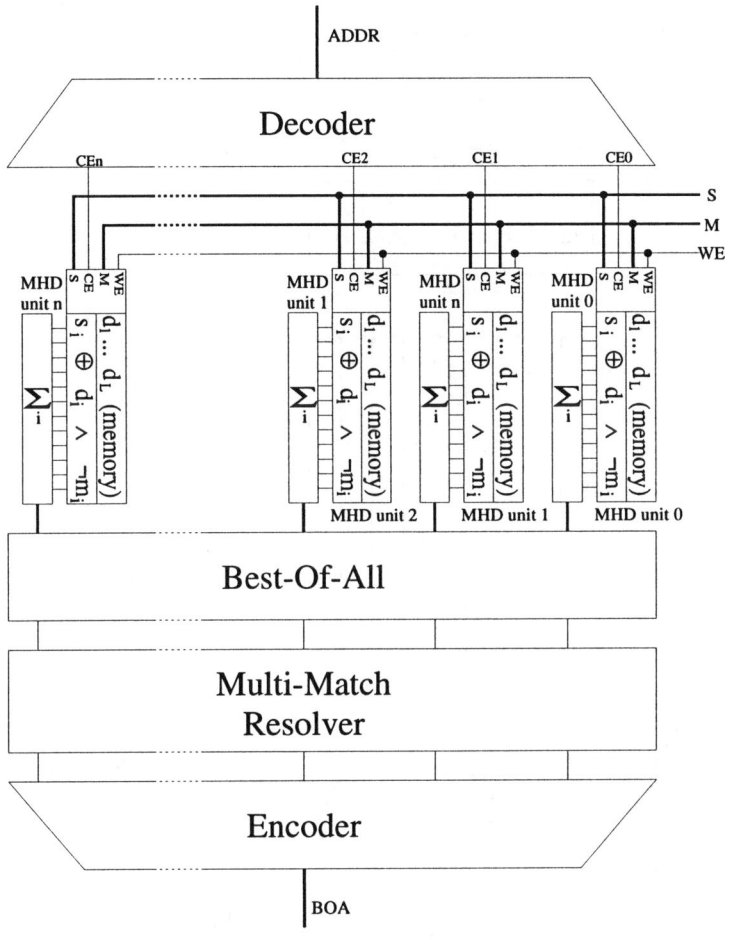

Abb. 6.16: The MHD-Memory (**M**askable **H**amming **D**istance)

Das MHD-Memory [10] ist ein vollparalleler assoziativer Speicher zur Mustererkennung. Die Hamming-Distanz ist ein bedeutendes Maß in der Kodierungstheorie. Von besonderer Bedeutung ist die Hamming-Distanz aber auchbei im Bereich der Mustererkennungsprobleme. Kohonen bezeichnet die Hamming-Distanz als "Perhaps the best known measure of similarity..."[11]. Durch die Maskierung besteht die Möglichkeit, Teile von Mustern aus dem Klassifikationsvorgang auszuschließen.

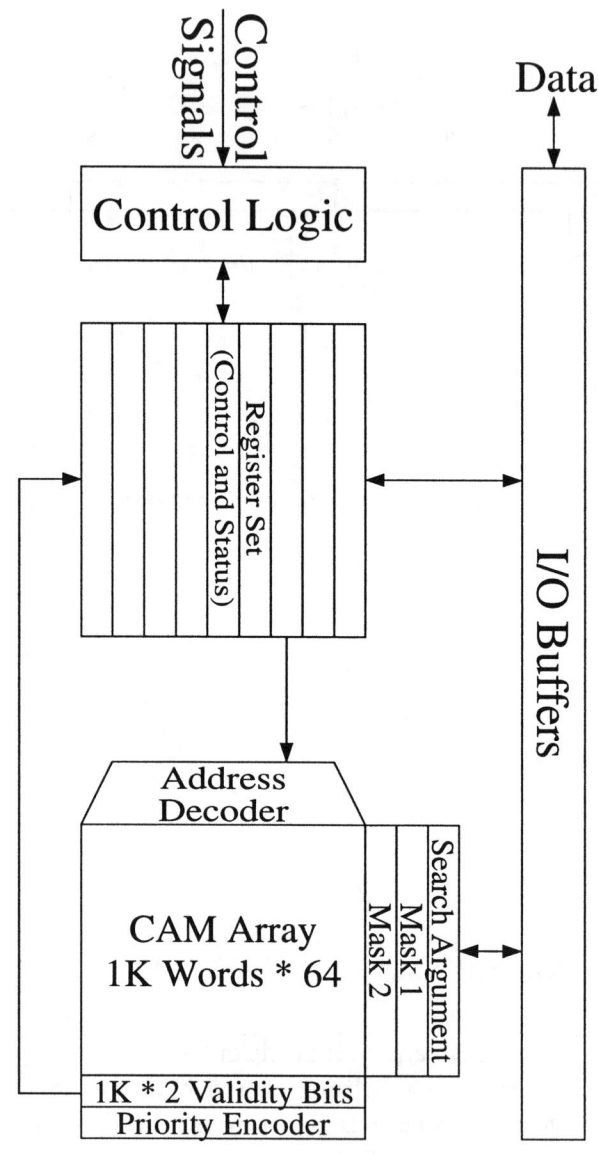

Abb. 6.17: LAN-CAM

Der LANCAM [12] ist ein vollparalleler Assoziativspeicher, speziell zur Verwaltung von Local Area Networks (LAN) entwickelt wurde.

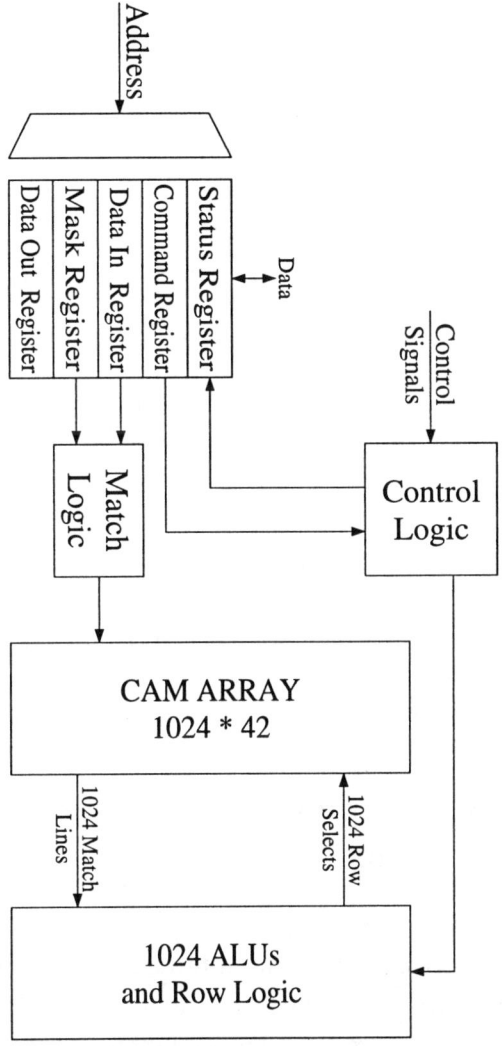

Abb. 6.18: SmartCAM

Der SmartCAM [3] ist ein Assoziativprozessor, der unter Anwendung der maskierten Suchfunktion Operationen auf einer selektierten Datenmenge durchführt. Jedes der 1024 Datenwörter ist dazu mit einer arithmetisch logischen Einheit (ALU) versehen.

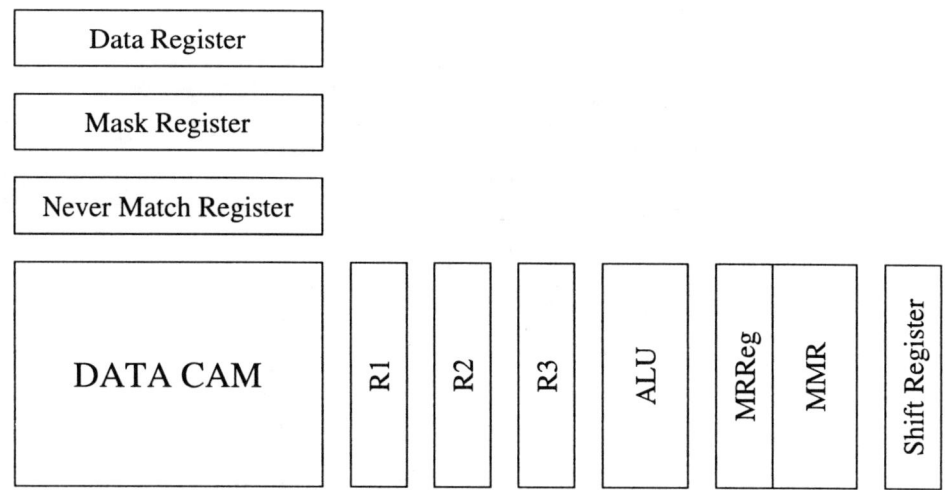

Abb. 6.19: Coherent Processor

Der Coherent Prozessor [15] ist ein assoziativer Koprozessor für verschiedene Plattformen. Jedes Datenwort (bis zu 4096 pro Einheit) ist mit einer ALU versehen, die verschiedene assoziatvie Operationen unterstützt.

6.4   Die Programmierung assoziativer Architekturen

Die Einbindung assoziativer Funktionalität kann auf mehreren Ebenen einer Rechnerarchitektur erfolgen. Die Einbindung assoziativer Komponenten in einen Prozessorkern, z.B. als Cache, beschleunigt den Ablauf einzelner Zyklen des Prozessors. Die assoziative Funktionalität ist in diesem Fall an die festverdrahtete oder mikroprogrammierte Ablaufsteuerung des Prozessors festgebunden. Für den Anwendungsprogrammierer besteht kein Zugang zu den assoziativen Funktionen. Erfolgt die Kopplung z.B. über spezielle Prozessorregister oder über den Systembus, so besteht die Möglichkeit, die assoziativen Funktionen in das Betriebssystem oder in Anwendungsprogramme einzubeziehen. Die Programmierung kann in Assembler oder in einer Hochsprache erfolgen. Um die assoziative Funktionalität an höhere Programmiersprachen zu binden, bestehen verschiedene Konzepte.

6.4.1   Assoziative Sprachen

Assoziative Sprachen wurden speziell zur Programierung assoziativer Architekturen entwickelt. Sie enthalten Konstrukte zur Steuerung assoziativer Operationen und zur Deklaration assoziativer Datenstrukturen. ASC (Associative Computing Language) [13] ist ein Vertreter der assoziativen Sprachen.

Beispiel:

```
if 90 .lt. punktzahl[$] .and. punktzahl[$] .le. 100 then
   note[$]=1;-
endif;
```

In der Selektionsphase werden die Indizes ($) der Elemente des Vektors **punktzahl** ermittelt, deren Wert größer als 90 und kleiner gleich 100 ist. In einem zweiten Vektor **note** werden in der Aktionsphase alle Elemente, deren Indizes ($) in der Selektion ermittelt wurden, auf den Wert 1 gesetzt.

6.4.2   Modifizierte Standardsprachen

Assoziative Funktionalität kann auch durch die Erweiterung bestehender Sprachen wie z.b. C, PASCAL oder FORTRAN erfolgen. Ein typischer Vertreter dieser Sprachen ist PFOR (Parallel FORTRAN) [21]. PFOR wurde speziell für den PEPE Rechner [4] [22] entwickelt und enthält Konstrukte, wie z.B. **WHERE, IF ANY** und **IF ALL**, die die Formulierung paralleler Selektionen und Aktionen ermöglichen. PASCAL L stellt eine Erweiterung der Sprache PASCAL dar, die speziell zur Programmierung des assoziativen Prozessors LUCAS [5] entwickelt wurde.

6.4.3   Assoziative Funktionsbibliotheken

Assoziative Funktionen können in Hochsprachen auch dadurch verwendet werden, daß Funktionen, die spezielle Operationen unter Anwendung der assoziativen Komponenten durchführen, in Funktionsbibliotheken bereitgestellt werden. Der Aufruf der Funktionen erfolgt in der Hochsprache. Die Funktion selbst wird in Assembler oder einer Spezialsprache geschrieben. Nach dem Übersetzen des Anwendungsprogramms durch einen Compiler, werden die hardwarespezifischen Funktionen zu dem ausführbaren Programmcode gebunden.

6.4.4 Unterstützung spezieller Konstrukte höherer Programmiersprachen

Eine weitere Möglichkeit zur Anwendung assoziativer Funktionen in höheren Programmiersprachen bietet die direkte Unterstützung von Standardkonstrukten einer Sprache. Z.B. könnten die Mengenoperationen der Sprache PASCAL direkt durch assoziative Hardware unterstützt werden. Der Codegenerator des Compilers ist dazu so zu modifizieren, daß er die assoziative Hardware verwendet. Der Inferenzmechanismus, der der Sprache PROLOG zugrunde liegt, ist ebenfalls durch assoziative Hardware unterstützbar [13]. Vorteil dieses Konzeptes ist, daß bestehende Programme in der jeweiligen Standardsprache ohne Modifikation direkt durch einen Übersetzungsvorgang mit dem entsprechenden maschinenspezifischen Compiler auf eine assoziative Architektur portierbar sind.

Danksagung

Für die Unterstüzung bei der Erstellung des Manuskriptes bin ich Herrn Bernd Klauer zu großem Dank verpflichtet. Im Rahmen seiner Dissertation hat er sich mit der effizienten Implementierung assoziativer Funktionen zur Mustererkennung beschäftigt.

Glossar

Cache
   Caches sind schnelle Pufferspeicher mit geringer Speicherkapazität. In der Speicherhierarchie eines Rechners werden Caches zwischen dem Prozessor und dem Haupspeicher angeordnet. Speicherzugriffe auf den Cache erfolgen deutlich schneller als auf den Hauptspeicher. Aufgrund der geringen Kapazität des Caches besteht ein Problem darin, stets die aktuell benötigten Daten im Cache bereitzuhalten. Als Cache Speicher werden in der Regel voll- oder teilassoziative Speicher verwendet.

Assoziativspeicher
   Assoziativspeicher sind spezielle Speicher die gespeicherte Daten nicht nur anhand der Adressen der Speicherzellen sondern auch durch die Eigenschaften der Daten selbst identifizieren können.

Assoziativprozessoren

Assoziativprozessoren sind Assoziativspeicher mit erweiterter Funktionalität. Neben den Funktionen zur Speicherung und zur Selektion von Daten stellen Assoziativprozessoren Funktionen zur Bearbeitung der selektierten Daten zur Verfügung.

Literaturverzeichnis

[1] K.E. Batcher, *STARAN Series E*, Proc. of the 1977 International Conf. on Parallel Processing, 1977.

[2] A. Bode, W. Händler, *Rechnerarchitektur II*, Springer 1983

[3] Cypress Semiconductor, *CY7C915 SmartCAM data sheet*.

[4] A.J. Evansen, J.L. Troy, *Introduction of an Architecture of a 288-Element PEPE*, Proc. Sagamore Conf. on Parallel Processing, 1973.

[5] C. Fernstrom, I. Kruzela, B. Svensson, *LUCAS - Associative array processor*, Lecture Notes in Computer Science, Springer 1986.

[6] Goodyear, *STARAN E - Reference Manual*, GER-16422, Goodyear Aerospace Corrporation, Akron, Ohio, 1977.

[7] Goodyear, *STARAN E - Programming Manual*, GER-16423, Goodyear Aerospace Corrporation, Akron, Ohio, 1977.

[8] W.K. Giloi, *Rechnerarchitektur*, Springer, 1981.

[9] K.E. Grosspietsch, R. Reetz, *The Associative Processor System CAPRA: Architecture and Applications*, IEEE Micro, 1992.

[10] Bernd Klauer, *The MHD Memory*, 15. DAGM Symposium Mustererkennung, Informatik aktuell, Springer 1993.

[11] T. Kohonen, *Content-Addressable Memories*, Springer 1987.

[12] MUSIC Semiconductors, *The MU9C1480 LANCAM Handbook*, 1992.

[13] J.L. Potter, *Associative Computing*, Plenum Press, 1992

[14] D.E. Rumelhart, J.L. McClelland and the PDP Research Group, *Parallel Distributed Processing*, Volume 1, MIT Press, 1986.

[15] C.D. Stormon, E.M. Saleh, *The Coherent ProcessorTM Architecture and Applications*, Interner Bericht der Fa. Coherent Research, Inc.

[16] M. Schulz et al. *An associative microprogrammable bit-slice-processor for sensor control*, Proc. 3. CompEuro, Hamburg 1989.

[17] W. Shooman, *Parallel Processor Systems, Technologies and Applications*, Spartan Books, 297-308, New York, 1970.

[18] Djamshid Tavangarian, *Flagorientierte Assoziativspeicher und Prozessoren*, Springer 1990.

[19] K.J. Thurber, *Large scale computer architecture: parallel and associative processors*, Hayden, New York, 1976.

[20] K. Waldschmidt, M. Schulz, *Advances in associative memories and processors*, The associative universal processor AM^3, Proc. of Computer Architecture Conference, Lecce, Italy, 1991.

[21] D.E. Wilson, *PEPE Support Software*, IEEE CompCon 1972

[22] S. Yau, H.S. Fung, *Associative Processor Architecture - A survey*, ACM computing surveys, Bd, 9, 1977

[23] K. Zuse, *Der Computer - Mein Lebenswerk*, Springer.

7 Realisierungen paralleler Architekturen

7.1 Einleitung

Wir benutzen Flynns Klassifikation (siehe Abschnitt 2.7): Der traditionelle sequentielle Rechner ist in diesem Sinne eine SISD-Maschine (single instruction stream, single data stream). Die parallelen Rechner werden SIMD und MIMD genannt (wobei M für multiple steht).

Man kann darüber streiten, ob Maschinen wie die IBM/370 oder die Amdahl Rechner MIMD-Maschinen sind: Obwohl sie so benutzt werden können (es existieren Instruktionen, die es erlauben) werden sie praktisch nie so verwendet. Hier interessieren wir uns nur für Rechner, bei denen viele Rechnerkerne (üblicherweise eine große Anzahl, nicht nur 4 oder 8) an einem Problem arbeiten. Eine ausführliche Diskussion vieler paralleler Rechnertypen findet sich bei Hertweck, [1], Hwang und Briggs, [2], Hwang, [3], Trew und Wilson, [4].

7.1.1 SIMD-Rechner

Die SIMD-Rechner (single instruction stream, multiple data stream) sind die einfachsten Parallelrechner; sie sind auch am längsten verfügbar, wie z.B. der Illiac IV (Bouknight [5]). Sie sind konzeptionell einfach, weil sie nur Datenparallelität verwenden, während das auszuführende Programm ein normales sequentielles Programm ist.

Alle Verarbeitungseinheiten (processing elements) eines SIMD-Rechners führen synchron die gleiche Operation aus. Vektorrechner sind in diesem Sinne ebenfalls SIMD-Maschinen, obgleich sie meist nicht viel mehr interne Parallelität besitzen als konventionelle Rechner. Ihr besonderes Merkmal sind Funktionseinheiten insbesondere für Gleitkomma-Operationen, die das Fließband-Prinzip verwenden (pipelining, vgl. Kapitel 4). Man erhält damit eine um etwa 10 – 15 mal höhere Leistung. Wenn der Programmierer einen Vektorrechner verwendet, kann er sich im Prinzip eine datenparallele Maschine mit einer variablen Anzahl von Prozessoren (entsprechend der Vektorlänge) vorstellen, also einen SIMD-Rechner mit gerade so vielen Verarbeitungseinheiten wie Datenelemente verarbeitet werden.

Unglücklicherweise ist diese konzeptionelle Klarheit für den Benutzer nicht sehr manifest, weil es bis heute fast keine weitverbreiteten Programmiersprachen gibt, mit denen man Vektor-Operationen direkt formulieren kann. Fortran 90 wird hier hoffentlich eine Änderung herbeiführen; die ersten Übersetzer sind heute verfügbar. Die auf Fortran 90 basierende Weiterentwicklung HPF (High Performance Fortran) ist explizit für Parallelverarbeitung konzipiert.

7.1.2   MIMD-Rechner

Die MIMD-Rechner (multiple instruction stream, multiple data stream) sind „echte" Parallelrechner bei denen viele verschiedene Handlungsfäden eines Programms (threads) ablaufen können, um ein Problem zu lösen. Offensichtlich sind diese Maschinen allgemeiner; als Spezialfall können sie wie SIMD-Maschinen eingesetzt werden.

Wenn wir an hunderte oder tausende Prozessoren denken, ist es nur schwer vorstellbar, daß der Anwender entsprechend viele Programme schreibt. Die übliche Art, eine solche Maschine zu benutzen, ist deshalb der SPMD-Modus: 'single program, multiple data'. Dabei wird in jeden Prozessorknoten das gleiche Programm geladen; in der Ausführungsphase können aber, je nach Daten und Zwischenergebnissen, von jedem Knoten andere Programmteile durchlaufen werden.

7.1.3   Verbindungsnetze

Die Mikroprozessoren für die Knoten eines Parallelrechners sind normalerweise keinen besonderen Einschränkungen unterworfen (natürlich sollte ein Mikroprozessor für rechenintensive Anwendungen Gleitkomma-Arithmetik haben); man kann davon ausgehen, daß die Prozessoren im Hinblick auf die Architekturanforderungen beliebig sind.

Zumindest gilt dies für diejenigen Architekturen, bei denen Standard-Mikroprozessoren verwendet werden. Trotz der Vorteile letzterer (Verfügbarkeit, günstiger Preis) haben einige Hersteller doch ihre eigenen Mikroprozessoren entwickelt (nCUBE, Kendall Square Research, Thinking Machines Corporation, MasPar).

Die Situation ist aber anders, wenn man die Art der Verbindungsstrukturen betrachtet: Hier sieht man bei fast jedem Hersteller eine andere Architektur der verwendeten Verbindungsnetze. In Abschnitt 4.9 werden Verbindungsnetze ausführlich besprochen. Siehe auch Feng [6], Giloi [7], Hwang [2, 3] und Siegel [8].

Die SIMD-Machinen haben statische Netzwerke. Der Datenaustausch in diesen Rechnern ist einfacher, weil auch das Verbindungsnetz vom zentralen Steuerwerk gesteuert wird und mehr oder weniger synchron arbeitet.

Bei MIMD-Maschinen ist dies ganz anders. Es gibt im wesentlichen zwei Arten von Verbindungsstrukturen, die von der Organisation des Adreßraums des Rechners abhängen: einige Systeme verwenden lokale Adreßräume für jeden Knoten (d.h. ein Knoten kann auf den Speicher eines anderen Knotens nicht direkt zugreifen), andere Systeme benutzen einen globalen Adreßraum, so daß jeder Knoten auf den gesamten Speicher zugreifen kann. Dies führt zu verschiedenen Kommunikationsmechanismen.

In Abbildung 7.1 ist das allgemeine Bild eines MIMD-Rechners mit seinen wesentlichen Komponenten dargestellt. Die Rechnerknoten, bestehend aus dem Rechnerkern R, einem Speicher M und dem Kommunikationsinterface C, sind über ein Verbindungsnetz V miteinander verbunden. Je nachdem wie der Knoten im Einzelfall aufgebaut ist, erhält man Systeme mit verschiedenen Programmiermodellen. Der erste Typ von Maschinen kann auf gemeinsame Information nur zugreifen, wenn die betreffenden Daten zuvor durch Nachrichten ausgetauscht worden sind. Man spricht deshalb von nachrichtenübermittelnden Systemen (message passing systems), siehe Abbildung 7.2. Wenn das Kommunikationsinterface in der Lage ist, per DMA (direct memory access) Daten zu holen oder abzulegen, kann die Effizienz gesteigert werden (vgl. den Knoten links in Abbildung 7.2); der Datenfluß ist also $M \Rightarrow C \Rightarrow V \Rightarrow C \Rightarrow M$. Andernfalls muß der Rechnerkern in einer Programmschleife Daten aus dem Speicher lesen und dem Kommunikationsinterface übergeben; auf der Empfängerseite läuft dies umgekehrt ab. Der Datenfluß ist hier also $M \Rightarrow R \Rightarrow C \Rightarrow V \Rightarrow C \Rightarrow R \Rightarrow M$. Festzuhalten ist aber, daß bei jedem Datentransport der Rechnerkern direkt beteiligt

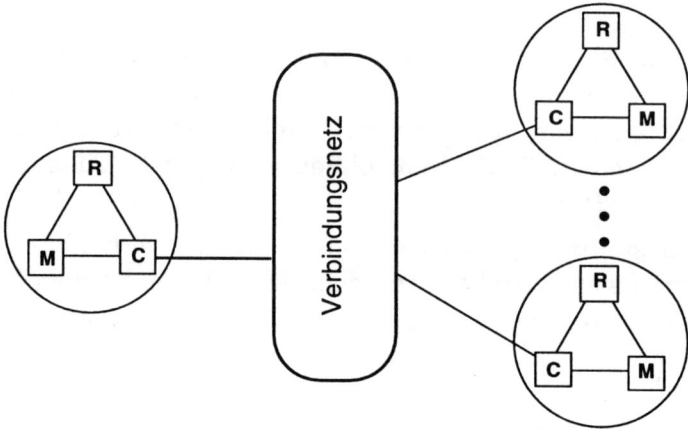

Abb. 7.1: Ein allgemeines Bild eines MIMD-Rechners

ist (Aufsetzen der Nachricht auf der Sendeseite, Verarbeiten der Unterbrechungen auf der Empfangsseite). Die zweite Art von Rechnern kann auf

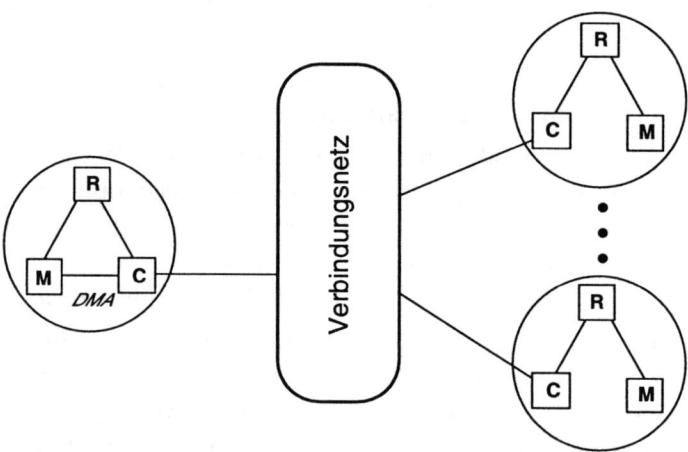

Abb. 7.2: Ein MIMD-Rechner mit Nachrichtenübermittlung

jede Speicherzelle des Gesamtsystems lesend oder schreibend zugreifen, da
es nur einen globalen Adreßraum gibt, obwohl der Speicher physikalisch verteilt ist. Man nennt sie deshalb auch Systeme mit virtuellem gemeinsamem
Speicher, kurz VGS-Systeme. Hier geht jeder Speichgerzugriff zunächst an
den lokalen Speicher, der so konstruiert ist, daß er Anforderungen für lokale

Daten direkt bedient, Anforderungen für entfernte Daten aber an das Kommunikationsinterface weitergibt. Man sieht schon, daß diese Anforderungen über ein einfaches DMA-Interface hinausgehen, da ja der Zugriff auch auf entfernte Daten möglichst schnell (verglichen mit lokalen Zugriffen) erfolgen soll. Da dieses letztlich nicht möglich ist, haben wir es mit NUMA (non uniform memory access) Architekturen zu tun. Rechner diesen Typs sind die KSR-2, die Cray T3D und der MANNA-Rechner (vgl. Abschnitt 4). Die entsprechende Abwandlung von Abbildung 7.1 ist in Abbildung 7.3 dargestellt. Für jeden Knoten ist die Schnittstelle zum Verbindungsnetz de facto die Schnittstelle zum globalen Speicher (beim Knoten links im Bild ist dies explizit dargestellt). Bei manchen Rechnern dieser Kategorie ist neben dem impliziten „Nachrichtenaustausch" durch direkte Speicherzugriffe auch ein mehr oder weniger normaler Nachrichtenaustausch verfügbar (Cray T3D, KSR-2). Dies ist bei dem Knoten links in Abbildung 7.3 gezeigt.

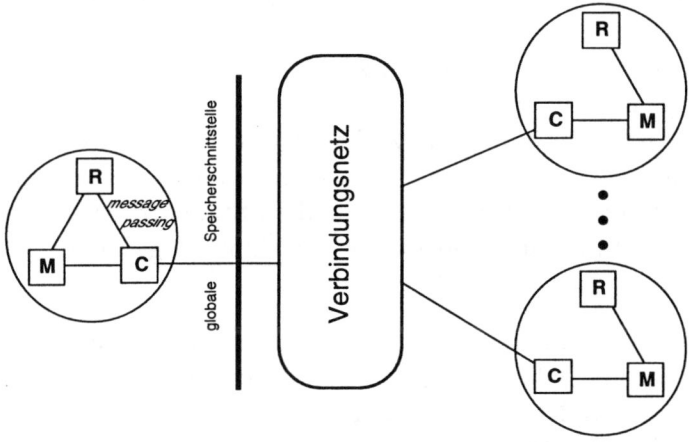

Abb. 7.3: MIMD-Rechner mit „virtuell gemeinsamem" Speicher

Wir haben in der obigen Diskussion eine Kategorie von Rechnern ausgelassen: die UMA-Architekturen (uniform memory access), vgl. Abbildung 7.4. Bei diesen Systemen kann man sich die Rechnerkerne alle auf einer Seite des Verbindungsnetzwerkes (eine Art Kreuzschienenschalter, 'crossbar') vorstellen und die Speicher auf der anderen. Dies wurde bisher nur für die sehr leistungsfähigen, aber auch aufwendigen und nicht hochparallelen Vektorrechner (Cray, NEC, Fujitsu) annähernd erreicht. In dem Maße, in dem die Zahl der Prozessorknoten wächst, wird es schwieriger, die notwendigen

Schalter zu bauen, um gleichförmige Speicherzugriffszeiten zu gewährleisten. Der Parallelisierungsgrad solcher Rechner liegt typischerweise bei maximal sechzehn (z.B. Cray C90). Die Leistungsfähigkeit eines massiv-parallelen

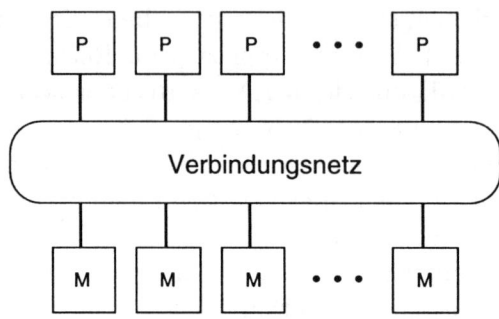

Abb. 7.4: Rechnerarchitektur mit verteiltem gemeinsamem Speicher

Rechners hängt vor allem davon ab, wie leistungsfähig die Kommunikationsschnittstelle C ist. Alle speziellen Mikroprozessorentwicklungen, wie z.B. bei nCUBE oder KSR, sind mit dem Ziel durchgeführt worden, dieses Interface möglichst effektiv zu machen, d.h. die Latenzzeiten zu minimieren. Das gleiche gilt für Designs wie Cray T3D mit dem Standard-Alphaprozessor von Digital, wo der Hauptaufwand in der Verschmelzung der Speicheransteuerung mit der Kommunikation liegt.

Ein weiteres wichtiges Kriterium für gute Kommunikationsnetze ist deren Skalierbarkeit, d.h. daß sie es auf einfache und natürliche Weise erlauben, immer größere parallele Systeme zusammenzufügen, wobei die Bandbreite der Kommunikation wenigstens linear mit der Anzahl der Prozessoren steigen soll.

7.2   SIMD-Rechner

Wir werden uns jetzt relativ kurz mit den SIMD-Parallelrechnern befassen; für die Diskussion von Vektorrechnern wird auf Kapitel 4 verwiesen. Es scheint sich heute allgemein die Meinung durchgesetzt zu haben, daß SIMD-Rechner zu speziell sind und deshalb besonderen Anwendungen vorbehalten bleiben sollten.

Selbst der Hauptverfechter dieser Architektur, die Thinking Machines Corporation (TMC), ist vom SIMD-Prinzip mit dem Bau der CM-5, einer MIMD-Maschine, abgekommen. Leider scheint TMC den Übergang nicht schnell genug vollzogen zu haben, da die Firma inzwischen nicht mehr als Rechnerhersteller existiert. Weil aber noch etliche der CM-2 und CM-200 Systeme betrieben werden, werden wir sie kurz behandeln. Der zweite Rechner dieser Kategorie, den wir behandeln wollen, ist der MasPar-2, hergestellt in enger Kooperation mit Digital (DEC). Eine bereits Mitte der 70er Jahre verfügbare SIMD-Maschine, der DAP (distributed array processor) von ICL (später von Active Memory Technologies) gefertigt und vertrieben, ist heute ebenfalls nicht mehr in Produktion.

Connection Machine CM-200

Die von der Thinking Machines Corporation gebaute Connection Machine geht zurück auf einen Vorschlag von Hills, [9]. Die zweite Version CM-2, [10], und ihre modernere Ausführung CM-200, bestehen aus 4096 bis 65536 Mikroprozessoren mit einer „Wortlänge" von einem Bit. Die für numerische Anwendungen immer notwendige Gleitkomma-Arithmetik wird durch Weitek-Koprozessoren geliefert; ein Koprozessor wird von jeweils 32 CM-200 Prozessoren gemeinsam verwendet. Da die Knotenprozessoren so einfach sind, können 16 auf einem Chip untergebracht werden, einschließlich dem Schaltwerk, um sie untereinander zu verbinden. Auf dem gleichen Chip befindet sich noch ein Nachrichtenübermittler (message router) mit 12 Verbindungen nach außen. Die Verbindungsstruktur ist ein Hyperwürfel-Netz (hypercube). Normalerweise hat die Maschine eine Steuerung, welche die auszuführenden Befehle an alle Knoten sendet; diese Steuereinheit ist mit einer UNIX Workstation verbunden. Das bedeutet, daß nur *ein* Benutzer jeweils die Maschine verwenden kann. Diesen offensichtlichen Nachteil kann man etwas verbessern, indem zwei oder vier Steuerungen verwendet werden. So kann man eine 64K Maschine z.B. in zwei 16K Maschinen und eine 32K Maschine aufspalten.

Um die Effizienz der Kommunikation innerhalb der Maschine zu verbessern, können die Prozessoren statt direkt in Hypercube-Topologie auch in Form von multi-dimensionalen Gittern verwendet werden (NEWS grid, für 'North', 'East', 'West' und 'South'), was ja in der Hypercube-Topologie ohne weiteres möglich ist.

Dann können z.B. Daten gleichzeitig für alle Prozessoren in jeder von vier Richtungen einer Ebene verschoben werden. Die Kommunikationssteuerung ist gleichzeitig in der Lage, Operationen wie „globale Summe bilden", „globales Maximum finden" usw. auszuführen.

Die Bit-Architektur des Prozessors erlaubt es, beliebige Instruktionen zu definieren: Jedes Byte des 16-Bit breiten Instruktionswortes spezifiziert für beliebige Wertkombinationen der drei Bit-Eingänge des Prozessors die zwei Bit-Ausgänge.

MasPar-2

Dies ist die andere heute verfügbare SIMD-Maschine, gebaut von der Firma MasPar, einer Tochtergesellschaft von DEC (siehe [11] und Blank [12]). Sie hat bis zu 16K 32-bit Mikroprozessoren. Gleitkomma-Operationen sind mikrokodiert, so daß keine zusätzlichen Chips erforderlich sind, was sich natürlich günstig auf den Preis auswirkt. Allerdings ist die Leistung für Gleitkomma-Operationen deutlich niedriger als z.B. bei der CM-200. Die Maschine besteht aus einer DECstation 5000 als Front-End, die mit dem parallelen Prozessor-Feld verbunden ist. Sie sendet die Parallel-Instruktionen an das Prozessor-Feld und führt selbst die sequentiellen Operationen aus. Jeweils 16 der Prozessor-Elemente (PE) werden zu einem 4x4 Cluster (PEC) zusammengefaßt (mit 2 solchen Clustern auf einem Chip), und 64 solcher Cluster (d.h. 1024 Prozessor-Elemente) werden auf einer Platine untergebracht. Das größte System hat 16 Platinen. Die Leistung eines PE ist ca. 4 MIPS (32-bit Integer) und 0.4 MFLOPS (32 Bit) bzw. 0.15 MFLOPS (64 Bit). Jedes PE hat einen Speicher von 64 KByte, also 64 MByte je Platine, und 1 GByte für das größte System mit 16K PEs.

Die Verbindungstopologie ist zweistufig: Die untere Ebene, das „Xnetz" (Xnet) ist eine zwei-dimensionale Verbindungsstruktur zu den nächsten acht Nachbar-PEs in den Richtungen N, NW, W, SW, S, SO, O und NO, vgl. Abbildung 7.5. An den Kanten des PE-Feldes sind die Prozessoren (auch über die Platinen hinweg) zyklisch mit den Prozessoren der entsprechenden entfernten Kante verbunden, so daß sich eine torusartige Topologie ergibt. Die Datenpfade sind ein Bit breit und transportieren ca. 1 MByte/s. Dieses Netz ist relativ schnell, aber es unterstützt nur sehr gleichförmige (reguläre) Kommunikationsanforderungen, wie z.B. ein ganzes Datenfeld in eine Richtung schieben, usw. Da alle Prozessoren die gleiche Operation ausführen, senden und empfangen sie gleichzeitig die Daten. Aktiviert man z.B. den nordöstlichen Ausgang und den südöstlichen Eingang jedes Prozessors, werden die Daten effektiv in nördlicher Richtung verschoben. Die zweite Ebene

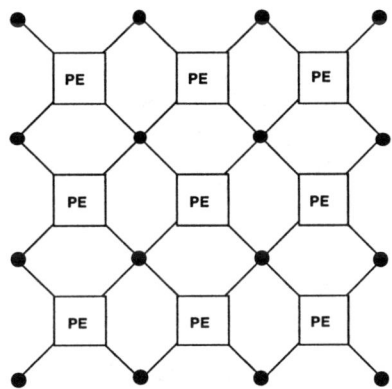

Abb. 7.5: Das Xnetz des MasPar Rechners

ist ein dreistufiges Verbindungsnetz, vgl. Abbildung 7.6, welches einen Datenaustausch zwischen zwei beliebigen Knoten erlaubt. Jeder Cluster einer Platine hat einen Eingang in die erste Schaltstufe, es sind also 64 1-Bit-Kanäle vorhanden (mit 1 MByte/s); jeder Kanal bedient also ein Cluster (16 Prozessor-Elemente). Zwischen den Ausgängen der ersten Stufe und den Eingängen der dritten Stufe werden jeweils vier Kanäle gleichartig behandelt. Mit Hilfe der zweiten Ebene lassen sich auch unregelmäßige Kommunikationsanforderungen behandeln, allerdings um den Preis einer um eine Größenordnung niedrigeren Datenrate. Wenn Daten zu übermitteln sind, wird eine bi-direktionale Verbindung zwischen den zwei beteiligten Knoten aufgebaut. Die Übertragungszeit ist unabhängig von der Entfernung zwischen den Knoten. Da es nur einen Datenweg für je sechzehn Prozessorknoten (d.h. ein Cluster) gibt, können Engpässe auftreten. Wenn immer möglich und wenn die Entfernungen klein sind, sollte der Anwender das Xnetz bevorzugen.

Ein Reduktionsnetz zwischen Prozessor-Feld und Frontend-Rechner hilft Operationen wie „globales Maximum finden" usw. zu beschleunigen.

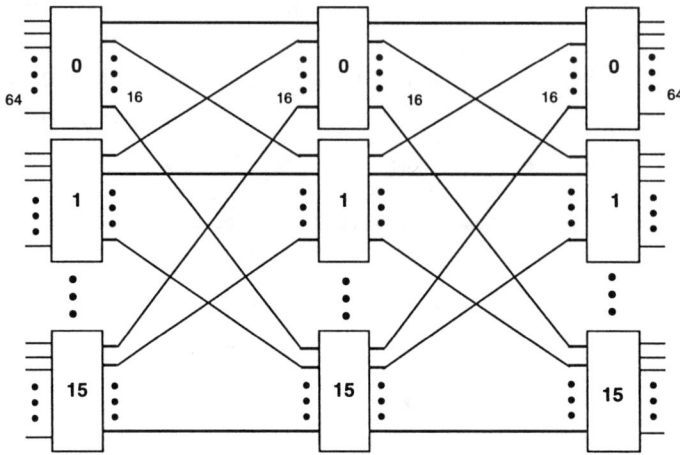

Abb. 7.6: Die zweite Ebene des MasPar-2 Verbindungsnetzes

7.3   MIMD-Maschinen mit verteiltem Adreßraum

Wir betrachten jetzt MIMD-Systeme mit verteilten Adreßräumen. Sie werden meist als 'message passing' Maschinen bezeichnet. Auf diesen Rechnern kann ein Prozessor direkt nur den eigenen Adreßraum und den diesem zugeordneten Speicher ansprechen. Zugriffe auf Daten anderer Prozessorknoten müssen über explizite Nachrichtenübermittlung durchgeführt werden. Der erste Rechner dieser Art war der von Charles Seitz am Caltech entwickelte "Cosmic Cube" mit Hypercube-Topologie ([13]). Spätere kommerzielle Produkte dieses Typs sind die iPSC-Linie von Intel (heute mit dem iPSC/860 vertreten) und die nCUBE Rechner (neueste Version: nCUBE-3).

7.3.1   Topologien

Bevor wir die verschiedenen Implementierungen von MIMD-Rechnern genauer betrachten, einige allgemeine Bemerkungen zu den verschiedenen Topologien — Hypercube, Gitter, Mehrstufennetze. Der Kopplungsgrad (interconnectivity) von Rechnersystemen mit verteiltem Speicher und Nachrich-

tenaustausch hängt davon ab, wie viele Datenpfade (links) zur Verfügung
stehen und ob diese Pfade gleichzeitig benutzt werden können.

Systeme mit ebener Topologie brauchen vier Datenpfade um ein 2D-Gitter
aufzuspannen (Intel Paragon), während Systeme mit 3D-Gittern sechs Datenpfade benötigen (Cray T3D, Parsytec GC). Hypercubes, die immer eine
Zweierpotenz von Prozessorknoten haben, brauchen aufgrund ihrer Architektur die größte Zahl von Datenwegen, nämlich $\log_2 N$ je Prozessor, bei maximal N Prozessoren im System (nCUBE-2S, nCUBE-3). In Abbildung 7.7
ist dargestellt, wie ein Hypercube rekursiv durch Verdoppelung aus kleineren
Systemen aufgebaut wird. Jeder Knoten des Hypercube bekommt unmittelbar ein Link zu dem entsprechenden Knoten des hinzugefügten Systems.
Während ein Hypercube also auf natürliche Weise auch mit entfernten Pro-

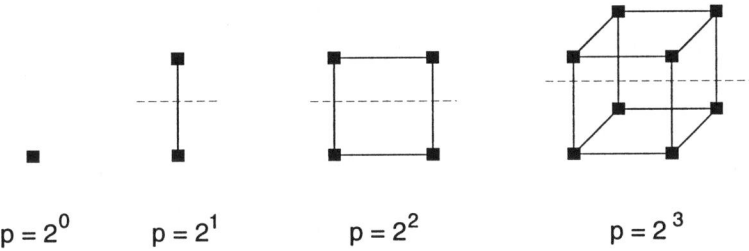

$$p = 2^0 \qquad p = 2^1 \qquad p = 2^2 \qquad p = 2^3$$

Abb. 7.7: Der rekursive Aufbau eines Hypercube

zessoren Daten austauschen kann, müssen bei den Gittertopologien die Wege
von mehreren Prozessorknoten gemeinsam verwendet werden. Dies ist aus
Abbildung 7.8 zu entnehmen: Bei Verdoppelung eines ebenen Systems hängt
das neu hinzugekommene System nur an einer Kante mit dem vorhandenen
zusammen. Es ist deshalb nicht verwunderlich, daß die Übertragungslei-
stungen der Datenwege im letzteren Fall sehr viel höher sein müssen (z.B.
Cray T3D: 300 MByte/s, Intel Paragon: 400 MByte/s). Das bedeutet aber
auch deutlich höhere Kosten insbesondere für das Netzinterface, so daß bei
beiden Rechnern mit Gittertopologie sich mehrere Prozessoren einen Zugang zum Netz teilen müssen (bis zu vier beim Paragon, zwei beim T3D).
Bei den nCUBE-Systemen können andererseits viele Links gleichzeitig Daten
austauschen (2×13 beim nCUBE-2S und 2×8 beim nCUBE-3; der Faktor
2 bedeutet, daß gleichzeitig Senden und Empfangen möglich ist); allerdings
sind die Links langsamer als bei den anderen beiden Rechnern. Entgegen oft

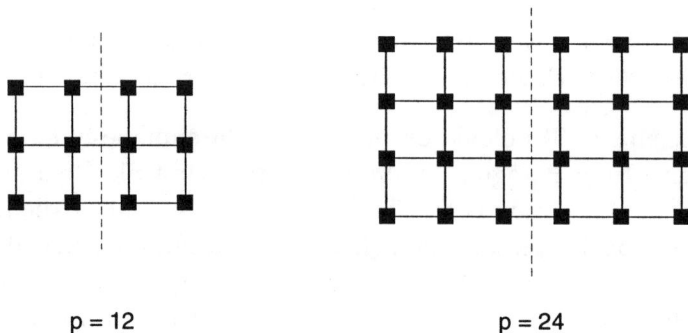

p = 12   p = 24

Abb. 7.8: Die Erweiterung eines Rechners in ebener Gitter-Topologie

geäußerter Meinung sind die Kosten für diese mutiplen Links offenbar nicht sehr hoch: Bei beiden CUBE-Systemen sind alle Link-DMA-Schnittstellen (direct memory access) zusammen mit dem Prozessor auf einem Chip integriert. Bei den anderen Systemen sind oft bis zu zehn Chips notwendig.

Mehrstufennetze (IBM SP2 und Meiko CS2) haben bezüglich der Interkonnektivität ähnliche Eigenschaften wie Hypercube-Netze. Insbesondere existieren bei allen Systemgrößen für viele Algorithmen disjunkte Wege zwischen Paaren von Knoten. Der Rechner TMC CM-5 mit seiner Baumtopologie nimmt eine Zwischenposition ein.

Um die Skalierbarkeit einer Topologie zu begründen, wird von den Herstellern häufig die Bandbreite je Prozessor mit der Zahl der Prozessoren im System multipliziert. Dies ist sehr irreführend, weil auch entsprechend Datenwege vorhanden sein müssen, um die Daten, die ein Prozessorknoten liefert, zu einem entfernteren Prozessorknoten transportieren zu können. Dies ist besonders deutlich an einer Ringstruktur zu erkennen: solange Daten nur zum nächsten Nachbarn geschickt werden, stimmt die Rechnung. Sowie aber entfernte Empfänger involviert sind, gibt es Konflikte.

Eine weitere Größe, welche die Skalierbarkeit der Verbindungsnetze zeigen soll, ist die Bisektionsbandbreite (bisection bandwidth): die maximale Datenrate, die zwischen zwei beliebigen Hälften des Systems möglich ist. Bei Hypercubes und den Mehrstufen-Netzen ist diese proportional der Prozessorzahl N, bei ebenen Gittern proportional $n^{1/2}$ und bei dreidimensionalen Gittern proportional $n^{2/3}$. vgl. hierzu die Abbildung 7.7 und 7.8, bei denen die gestrichelte Linie jeweils das System in zwei Hälften zerlegt.

Oft wird die Meinung vertreten, Hypercube-Systeme seien im Gegensatz zu anderen Topologien nicht wirklich skalierbar, da die Anzahl der Datenpfade je Prozessorknoten mit wachsender Systemgröße wegen der Hypercube-Topologie logarithmisch steigen muß, während bei ebenen oder 3F-Topologien die Anzahl der Prozessoren beliebig erhöht werden kann, ohne die Datenpfade je Prozessor zu erhöhen zu müssen. Dies ist zwar richtig, doch hat man bei den Gittern offensichtlich ein Problem mit der Bisektionsbandbreite, die konstant bleibt. Das bedeutet, daß immer mehr Prozessoren die gleichen Pfade gemeinsam verwenden müssen. Man sollte aber auch die praktische Seite betrachten: Alle Hersteller geben für ihre Systeme Maximalkonfigurationen an, die sich schon aufgrund von Stromversorgung und Kühlung ergeben. Wenn ein Hypercube-System seine maximale Zahl von Prozessoren erreicht hat, ist es zugegebenermaßen nicht möglich, unter Beibehaltung der Topologie größere Systeme zusammenzustellen. Betrachtet man jedoch die installierten Systeme des Marktführers dieser Art Rechner (nCUBE), so sieht man, daß es bisher keine Installation mit dem Maximal-system von 8192 Prozessoren gibt; die größten bisher installierten Systeme haben 1024 Prozessoren.

7.3.2 Hypercube-Systeme

Hypercube-Rechner sind gründlich studiert worden und man konnte zeigen, daß sie sehr brauchbar sind (Fox, [14, 15]). Die zwei wichtigsten Hersteller sind Intel und nCUBE, aber mit der Einführung der Intel Paragon, mit der Intel einen anderen Weg beschreitet, ist eigentlich nur noch nCUBE ein reiner Hypercube-Hersteller.

Intel iPSC/860

Der Intel iPSC/860 Prozessorknoten besteht aus dem Standard-Mikroprozessor i860 mit einer Gleitkomma-Spitzenleistung von 60 Mflop/s (bei 60 MHz Taktfrequenz). Die Hypercube-Verbindungsstruktur (direct connect) ist als zusätzliche Hardware auf der Prozessorplatine untergebracht; sie erlaubt eine maximale Übertragungsleistung von 1.4 MByte/s je Datenpfad. Die Datenwege zwischen zwei Knoten werden dynamisch geschaltet, und Übertragungen zwischen nicht unmittelbar benachbarten Knoten beanspruchen nicht die dazwischenliegenden Knoten, die weiter arbeiten können.

nCUBE-2S und nCUBE-3

Das nCUBE-2S System [16] ist mit proprietären 1-Chip Mikroprozessoren aufgebaut, die eine Festkomma-Einheit, eine Gleitkomma-Einheit sowie 14 Kommunikationskanäle besitzen. Die einzigen weiteren Bausteine, die notwendig sind, um einen funktionsfähigen Rechnerknoten zu haben, sind 10 Speicherbausteine. Eine Rechnerknotenplatine hat eine Größe von lediglich ca. 30x100 mm^2. Der nCUBE-2S Prozessor hat eine Spitzenleistung von etwa 15 MIPS und 4 MFLOPS (64 Bit). Erfahrungen mit dem nCUBE-2S zeigen, daß normalerweise ein hoher Prozentsatz der Spitzenleistung wirklich genutzt werden kann (65% – 80%), was bedeutet, daß Recheneinheit, Speicherbandbreite und Kommunikationsbandbreite gut aufeinander abgestimmt sind. Die relativ langsame CPU kommt dem allerdings entgegen.

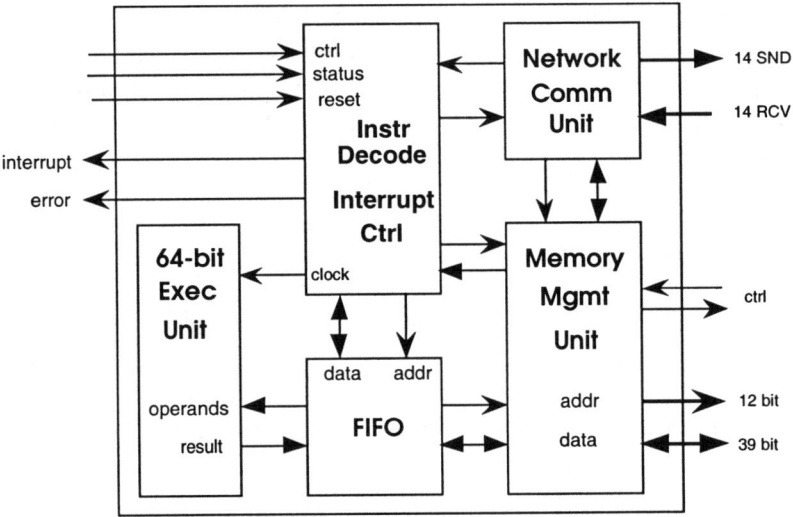

Abb. 7.9: Der Prozessor-Chip des nCUBE-2S

Der Prozessor (s. Abbildung 7.9) hat 14 bi-direktionale Kommunikationskanäle; jeweils ein Kanal je Prozessor wird für die Eingabe bzw. Ausgabe verwendet, so daß 13 Verbindungen für den Aufbau der Hypercube-Topologie zur Verfügung stehen; damit ergibt sich eine maximale Systemgröße von 8192 Prozessorknoten. Die Kanäle sind DMA-fähig, so daß die Datenübertragung gleichzeitig mit Rechnerkernaktivität ablaufen kann. Die Kanäle übermitteln bis zu 2.7 MByte/s, wobei die Wegefindung mit einem deterministischen Algorithmus, aber dynamisch, vor sich geht (cut-through routing). Technologisch gesehen ist das nCUBE-2S System sehr attraktiv, da ein 64-Prozessor Rechner aus nur einer Platine von etwa 40x50 cm^2 besteht. Die Speichergröße eines Prozessors kann 4–64 MByte betragen. In Abbildung 7.10 ist ein Hypercube mit 16 Prozessorknoten dargestellt.

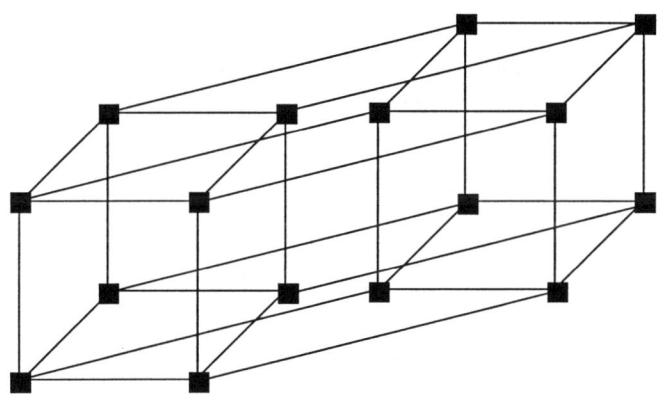

Abb. 7.10: Hypercube mit 16 Knoten.

Die Firma nCUBE hat einen leistungsfähigeren Rechner nCUBE-3 angekündigt, der 1995 ausgeliefert werden soll, [17]. Es handelt sich um eine Fortschreibung des Hypercube-Prinzips. Auch der Prozessor des nCUBE-3 besteht aus nur einem Chip. Die Leistung des Rechners liegt bei 50 MIPS und 50 MFLOPS für 64-bit Gleitkommazahlen, bzw. 100 MFLOPS für 'multiply-add'. Die Zahl der Register ist auf 64 verdoppelt worden. Der neue Prozessor ist mit Instruktions- und Datencache ausgestattet (2×8 KByte). Interessant sind ferner Ansätze zur Vektorverarbeitung: es können vier 64-bit-Worte durch *einen* Befehl in einem Maschinentakt vom Cache in vier Register geladen werden, wobei der Cache umgangen werden kann, was das allgemein bekannte Problem der Cache-Überflutung vermeidet. Die Zahl der Links ist auf 18 erhöht worden, so daß Systeme mit bis zu 65536 Knoten aufgebaut werden können; zwei der Links sind für die Eingabe/Ausgabe reserviert. Die Link-Geschwindigkeit ist 2×10 MByte/s. Die Nachrichten werden (als Folgen von Paketen) autonom von einer von acht DMA-Steuerungen gesendet und einer von acht DMA-Steuerungen empfangen; letztere sorgen auch für die Cache-/Speicher-Konsistenz. Das Wegefindungsverfahren (routing) ist erweitert worden: Neben der schon vom nCUBE-2S bekannten deterministischen Wegewahl gibt es mehrere Möglichkeiten, Wege durch den Hypercubus adaptiv zu wählen, um Staupunkte (hot spots) oder fehlerhafte Knoten zu vermeiden. Hierzu wird der 'adaptive maze router' verwendet. Alle Verfahren sind verklemmungsfrei. Ein End-zu-End-Protokoll beschleunigt das quittierte Senden von Nachrichten. Es gibt im übrigen die Möglichkeit, Nachrichten mittels 'gather/scatter' Technik direkt zwischen den Benutzeradreßräumen zu transportieren; dies beschleunigt Operationen, wie Matrixtransposition usw. Auf einer Systemplatine können 32 Knoten untergebracht werden (beim nCUBE-2S sind es 64) mit einem Speicher von je 16 MByte bis 1 GByte. Die Speicherbandbreite beträgt maximal 800 MByte/s.

7.3.3   Zweidimensionale Topologien

Zu diesen Rechnern gehören Systeme, deren Verbindungsnetze durch ein ebenes Gitter, evtl. mit Rückführung über die Ränder (toroidale Gitter), dargestellt werden können.

INMOS Transputer T805

Der Transputer T805 von INMOS ist ein 1-Chip-Mikroprozessor [18] und ähnelt insoweit dem nCUBE-2 Prozessor. Er hat eine Festkomma-Einheit (ca. 5 MIPS), eine Gleitkomma-Einheit (ca. 1.5 MFLOPS), 4 KByte schneller Speicher auf dem Prozessor-Chip und 4 DMA-fähige bi-direktionale Kommunikationskanäle (links) mit bis zu 1.6 MByte/s. Interessant ist die kurze Anlaufzeit (start-up time) für eine Datenübertragung von etwa $5\mu s$. Lediglich Speicherbausteine sind zum Prozessor-Chip hinzuzufügen, um einen funktionsfähigen Prozessor zu erhalten. Die Architektur des Mikroprozessors ist offensichtlich dem nCUBE sehr ähnlich. Ein enormer Vorteil ist zudem die Verfügbarkeit des T80x als Chip, so daß ein Benutzer zu relativ niedrigen Kosten sich selbst parallele Systeme bauen kann. Es ist deshalb nicht verwunderlich, daß es eine große Anzahl von kommerziell verfügbaren Transputer-Rechnern gibt, neben einer großen Zahl von Spezialrechnern und Forschungsprojekten an Universitäten und anderen Laboratorien.

Ein Nachteil der T805 Architektur ist ohne Zweifel, daß nur vier Datenkanäle vorhanden sind, was eine 2D-Topologie nahelegt. Außerdem sind die

Kanäle reine Punkt-zu-Punkt-Verbindungen, so daß Nachrichten zu entfernteren Prozessoren zwischengespeichert und von dort weitergesendet werden
müssen (store & forward).

Das Kommunikationsprotokoll beruht auf der bit-seriellen Übertragung von
einzelnen Bytes, die, jeweils mit zwei Startbits und einem Stopbit versehen,
gesendet werden. Eine Quittung (acknowledge), vom Empfänger zum Sender
geschickt, besteht aus lediglich drei Bits. Das Problem, daß die Transputer-
Links Punk-zu-Punkt-Verbindungen sind, wird teilweise durch den Einsatz
von 32x32 Kreuzschienen-Schaltern für die Kommunikationskanäle behoben,
weil dann Verbindungen zu anderen Prozessoren nach Bedarf geschaltet werden können. Verwendet man diese Schalter in mehreren Stufen, so verlang-
samt sich allerdings die Datenübertragung und das Setzen der Schalter (über
Kommunikationskanäle) erfordert eine Zeit von $50 - 100\mu s$.

Hersteller von T805 Systemen ist vor allem Parsytec, Aachen mit dem "Me-
gaCluster".

Intel Paragon XP/S

Eine 2D-Topologie wird auch in dem neuen Rechner Paragon XP/S von
Intel verwendet [19], der in seiner größten Ausbaustufe eine Spitzenleistung
von bis zu 300 GFLOPS ereicht bei ca. 1000 Knoten mit je vier i860XP
Mikroprozessoren. Der mit 50 MHz getaktete i860XP hat eine Leistung von
ca. 40 MIPS und 75 MFLOPS. Jeder Knoten des Rechners hat zwei bis
fünf Prozessoren: einer für die Kommunikation, der (die) andere(n) für die
Rechnung, vgl. Abbildung 7.11.

Das Verbindungsnetz ist ein 2D-Gitter von Kommunikationskanälen (Abb.
7.12). Die Latenzzeit ist $25\mu s$ zwischen zwei beliebigen Knoten, und der
Durchsatz wird mit 2×200 MByte/s (bi-direktional) auf 16 Bit breiten Datenwegen angegeben. Wegen der 2D-Topologie kann man die Maschine sehr
leicht erweitern. Die Knoten können mit besonderen Aufgaben betraut werden, wie z.B. Rechnen, Betriebssystemdienste, Plattenspeicherverwaltung,
Ein-/Ausgabe. Von diesem Rechner sind viele installiert. Es war das erste
kommerziell verfügbare massiv-parallele Rechnersystem mit dieser hohen
Leistung.

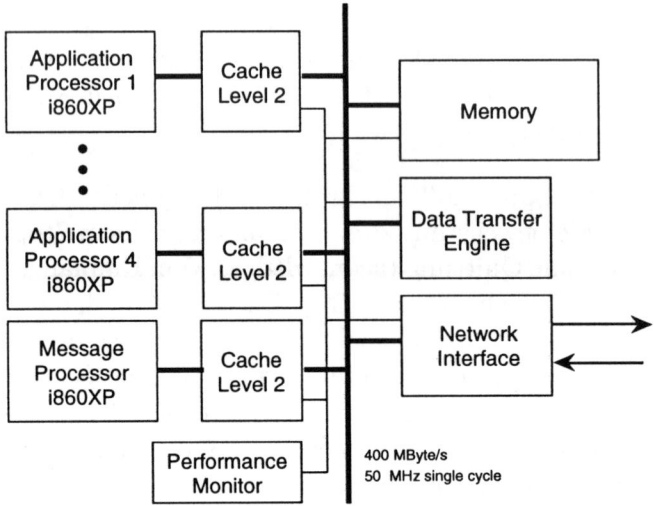

Abb. 7.11: Der Knoten des Paragon-Rechners mit bis zu vier i860XP

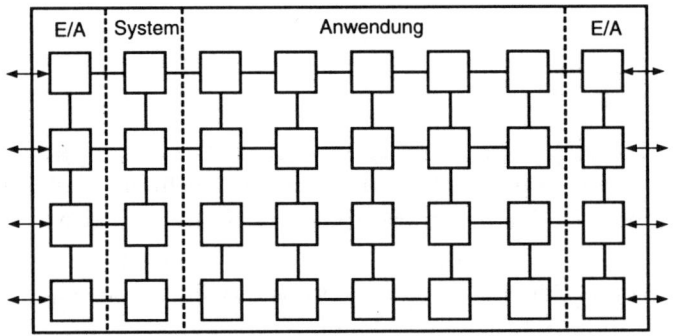

Abb. 7.12: Der Intel Paragon mit seiner 2D-Gitter-Topologie

7.3.4   Dreidimensionale Topologien

Parsytec GC

Ein ebenfalls neues System ist Parsystec GC, [20], das auf dem INMOS T9000 Prozessor basiert (er ist allerdings noch nicht mit T9000 Transputern installiert worden). Der T9000-Mikroprozessor ist eine aufwärtskompatible Erweiterung des T805, wobei neben der höheren Taktfrequenz (50 MHz) der Prozessor mehr superskalare Eigenschaften haben soll (bis zu 4 Befehle können gleichzeitig ablaufen). Die Gleitkommaleistung soll bei 25 Mflop/s liegen. Das vorherige Punkt-zu-Punkt-Protokoll des T805 wurde durch ein Paketvermittlungsprotokoll ersetzt; die Zahl der Kanäle (links) je Prozessor ist weiterhin vier, jedoch mit deutlich höherer Leistung (10 MByte/s). Die vier physischen Kanäle können beliebig viele virtuelle paketvermittelte Kanäle unterstützen. Eine wichtige Neuerung ist ein zusätzlicher Steuerkanal (control link), mit dem alle Prozessoren eines Systems ringförmig verbunden werden können (zum Zurücksetzen und Hochfahren, sowie zum Testen). Zu dem Prozessorchip gehört unverzichtbar der INMOS C104 Kommunikationsbaustein (routing switch), der die Wege zwischen den Prozessoren schaltet und die Datenpakete weiterreicht.

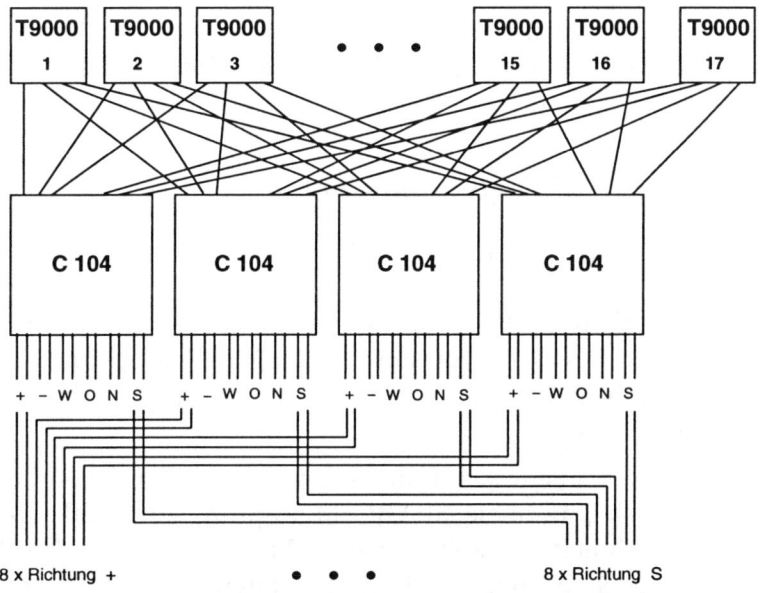

Abb. 7.13: Der Aufbau einer Gruppe (Cluster) des Parsytec GC

Es handelt sich um einen gepufferten Kreuzschienen-Schalter, der dynamisch jeden von 32 Eingängen mit jedem von 32 Ausgängen verbinden kann. Alle 32 möglichen bi-direktionalen Wege durch den Schalter können gleichzeitig Daten übermitteln, so daß man eine integrale Datenrate von 640 MByte/s erhält. Ferner existiert noch ein Protokollumsetzerchip, der die alten T805-Protokolle auf die neuen T9000-Protokolle umsetzt und umgekehrt.

Ein wesentliches Merkmal der neuen Architektur des Parsytec GC ist die Verwendung des erwähnten Kommunikationsbausteins, mit dem Gruppen (Cluster) von jeweils 16 Prozessoren (plus einem weiteren als Redundanz zur Erhöhung der Fehlertoleranz) in einem drei-dimensionalen Netz miteinander verbunden werden (s. Abbildung 7.13). Die 16 Prozessoren einer Gruppe sind mit vier C104-Schaltern verbunden (jeder der vier Kanäle eines Prozessors mit einem anderen), welche die Kommunikation sowohl der 16 Prozessoren eines Clusters untereinander als auch zu anderen Clustern ermöglichen. Die 16+1 Prozessoren werden mit ihren Kanälen an vier C104 Schalter-Bausteine angeschlossen. Von jedem Schalter gehen je zwei Kanäle in die sechs Raumrichtungen ($+$, $-$, N, S, W, O). Die verbleibenden drei Kanäle je Schalter dienen zur globalen Steuerung des GC. Die Latenzzeit durch das Netz wird mit ca. $1\mu s$ angegeben, die integrale Bandbreite des Clusters mit 160 MByte/s.

7.3.5 Mehrstufige Verbindungsnetze

Thinking Machines CM-5

Mit dem Rechner CM-5, [21], versuchte die Thinking Machines Corporation das CM-2/CM-200 SIMD-Prinzip mit dem MIMD-Prinzip zu kombinieren. Der Rechner wird hier trotzdem vorgestellt, da noch etliche Exemplare verwendet werden.

CM-2 Programme können nach Neuübersetzung auf der CM-5 laufen. Die Prozessorknoten sind normale SPARC Mikroprozessoren, falls gewünscht durch vier Vektoreinheiten erweitert, vgl. Abbildung 7.14. Die Speichergröße je Knoten beträgt 8, 16, oder 32 MBytes; letzteres ist die Standardgröße, wenn Vektoreinheiten verwendet werden, die dann übrigens auch skalare Gleitkomma-Operationen ausführen (schneller als die SPARC) und die Speicherverwaltung übernehmen. Die Leistung wird mit 4 x 32 MFLOPS je Knoten angegeben (für multiply/add Operationen). Die Speicher-Bandbreite ist 4 x 16 MWorte/s. Der Prozessor hat einen .

Der SPARC Mikroprozessor, der einen 64 KByte Pufferspeicher (cache) für Befehle und Daten hat, versorgt die Vektoreinheiten mit Befehlen, wobei die Einheiten einzeln, als Paar, oder alle vier zusammen angesteuert werden können. Der Benutzer sieht zwei Verbindungsnetze: ein Steuer-Netz (con-

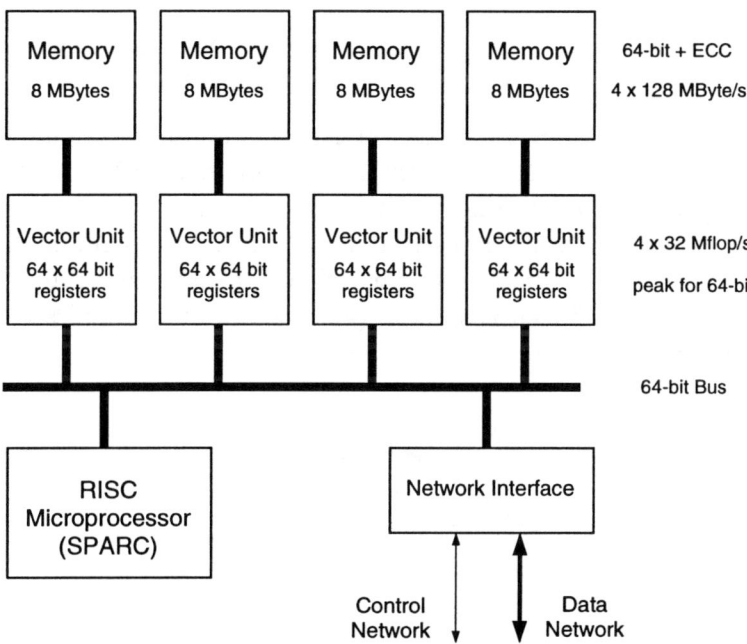

Abb. 7.14: Der Knoten der CM-5 mit einem SPARC Mikroprozessor und vier Vektoreinheiten

trol network) mit niedriger Ansprechzeit für eng gekoppelten SIMD-Betrieb, und ein Daten-Netz (data network) für die Übertragung großer Datenmengen. Ein Prozessor kann eine Nachricht parallel zur eigenen Arbeit senden, und auf zu empfangende Nachrichten kann man entweder warten (polling), oder der Prozessor wird unterbrochen. Das Steuer-Netz führt Operationen wie Synchronisation, Datenverteilung (broadcasting), Reduktionsoperationen, usw. durch.

Das Daten-Netz ist ein sog. „fetter Baum" (fat tree) [22], bei dem Kanten (Datenpfade) in der Nähe der Wurzel einen größeren Datendurchsatz erlauben (Abbildung 7.15). Der fette Baum der CM-5 ist als 4-zinkiger Baum implementiert. Ein solcher Baum z.B. der Höhe 3 hat dann $4^3 = 64$ Netzadressen, ausreichend für 32 oder mehr Prozessorknoten plus Prozessoren für die Steuerung und die Eingabe/Ausgabe. Die Schnittstelle zum Verbindungsnetz kann eine adaptive Wegewahl durchführen und für Lastausgleich sorgen.

Wegen der Redundanz bei den Schaltern hat das Netz eine gewisse Fehlertoleranz, wenn Datenwege oder Schalter ausfallen sollten.

Das Steuernetz kann man als „mageren Baum" auffassen (skinny tree). Jede Operation des Steuernetzes sendet Information bis zur Wurzel und dann zurück bis zu den Blättern; dies geschieht auf verschiedenen Wegen, so daß ein kontinuierlicher Nachrichtenstrom fließen kann ('pipelining' Prinzip). Das Steuernetz ist auch für die bei parallelen Algorithmen oft auszuführenden Reduktionsoperationen zuständig (globale Summe, globales Minimum, globales Maximum, usw.).

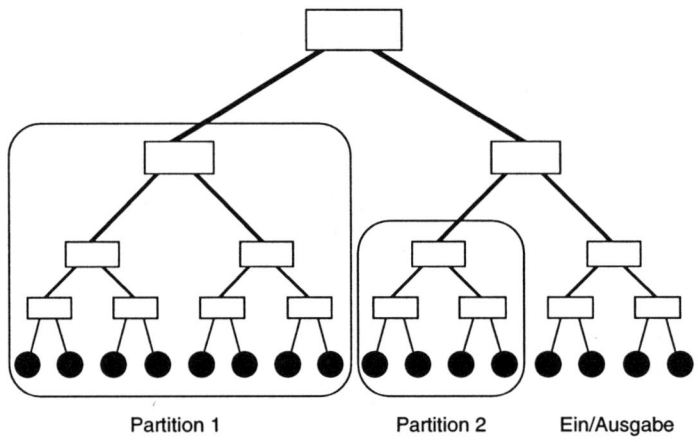

Partition 1   Partition 2   Ein/Ausgabe

Abb. 7.15: Der „fette Baum" als Verbindungsnetz der CM-5

IBM SP2

Der IBM-Rechner SP2 besteht aus Prozessoren vom Typ RS/6000, die an ein mehrstufiges Netz angeschlossen sind [23, 24]. Die Prozessoren haben eine Leistung von 125 MFLOPS (thin nodes) bis 266 MFLOPS (wide nodes). Das System gehört zur Klasse der Rechner mit verteiltem Speicher, bei dem Daten zwischen den Prozessoren als Nachrichten ausgetauscht werden. Das

Grundelement des Verbindungsnetzes ist ein Chip, der als Kreuzschienen-Verteiler acht Eingänge mit acht Ausgängen verbindet (Abbildung 7.16). Der Chip hat eine integrale Datenrate von 320 MByte/s; damit können die Kanäle je 40 MByte/s Daten übertragen. Die Latenzzeit des Chips ist 125 ns. Da alle Verbindungen der Prozessor-Knoten bi-direktional ausgelegt sind, verbindet der Chip 2x4 Eingänge mit 2x4 Ausgängen in bidirektionaler Weise. Acht solcher Chips werden auf einer Platine so miteinander

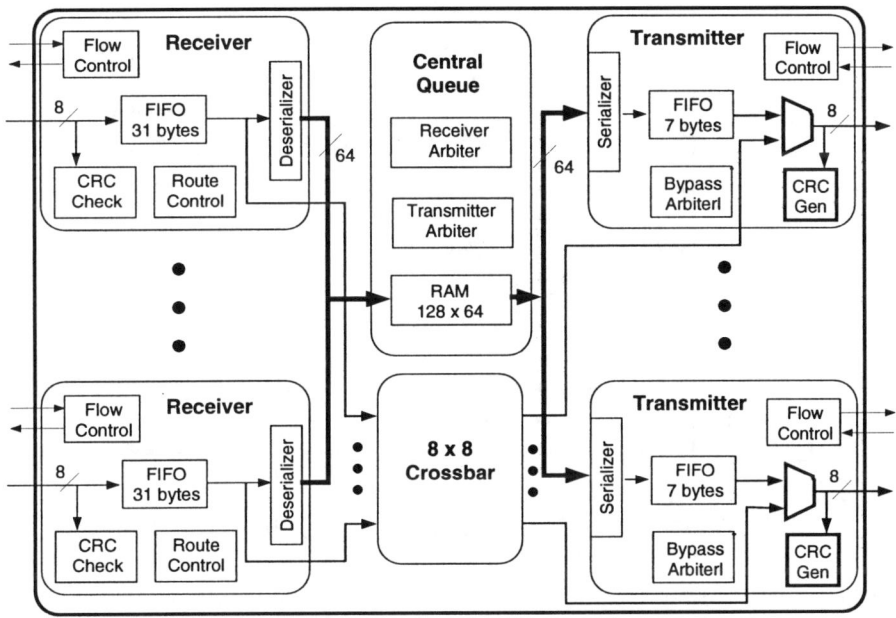

Abb. 7.16: Der 8×8 Schalter-Chip des High Performance Switch HPS

verbunden, wie es in Abbildung 7.17 dargestellt ist. Man erhält damit den HPS (high performance switch) des SP2 (Das Netz entspricht strukturell der ersten Stufe des Meiko-Netzes, vgl. Abschnitt 4.3.). Auf der einen Seite können bis zu 16 Prozessor-Knoten angeschlossen werden; die andere Seite kann offen sein, oder mit ebenfalls bis zu 16 Prozessor-Knoten oder mit weiteren HPS-Platinen verbunden sein. Um die Zuverlässigkeit des HPS zu erhöhen, sind auf jeder Platine weitere 8 Chips vorhanden (shadow chips).

Ein System mit 16 Knoten braucht nur eine HPS-Platine. Die Verbindung zwischen zwei Prozessoren einer Vierergruppe benötigt nur den ersten Chip

in der linken Spalte; eine Verbindung zu einem Knoten einer anderen Viere-
gruppe wird von einem der Chips der rechten Spalte hergestellt. In diesem
Fall stehen vier Wege zur Auswahl. Größere Systeme werden so aufgebaut,

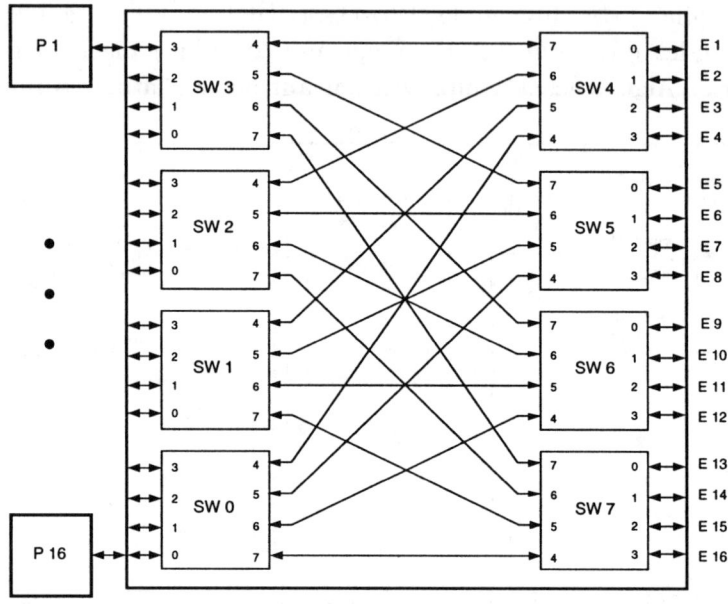

Abb. 7.17: Die HPS-Platine und sechzehn Prozessor-Knoten

daß die rechte Seite des HPS mit einer oder mehreren anderen HPS-Platinen
verbunden wird. Die vier Kanäle jedes Chips der rechten Spalte werden mit
den entsprechenden Chips von bis zu vier anderen HPS-Platinen verbunden; man erhält damit Systeme von 32, 48, 64 oder 80 Prozessor-Knoten.
Dies ist in Abbildung 7.18 dargestellt. Man sieht, daß bei kleineren Kno-
tenzahlen eine höhere Bandbreite durch mehrfache Kanäle zwischen den
Platinen möglich ist. Diese Redundanz erhöht die Stabilität gegen Netzfeh-
ler. Noch größere Systeme werden mit einer zusätzlichen Reihe von HPS-
Platinen aufgebaut. Die primären Platinen, bei denen an einer Seite die
Prozessor-Knoten hängen, werden mit sekundären Platinen verbunden, an
denen keine Prozessor-Knoten hängen. Die größte Konfiguration mit drei
Reihen von je 16 HPS-Platinen hat dann 512 Prozessoren. An den äuße-
ren Reihen sind auf einer Seite die Prozessor-Knoten angebracht, die 16
Ein-/Ausgänge der anderen Seite sind mit je einem Ein-/Ausgang von 16

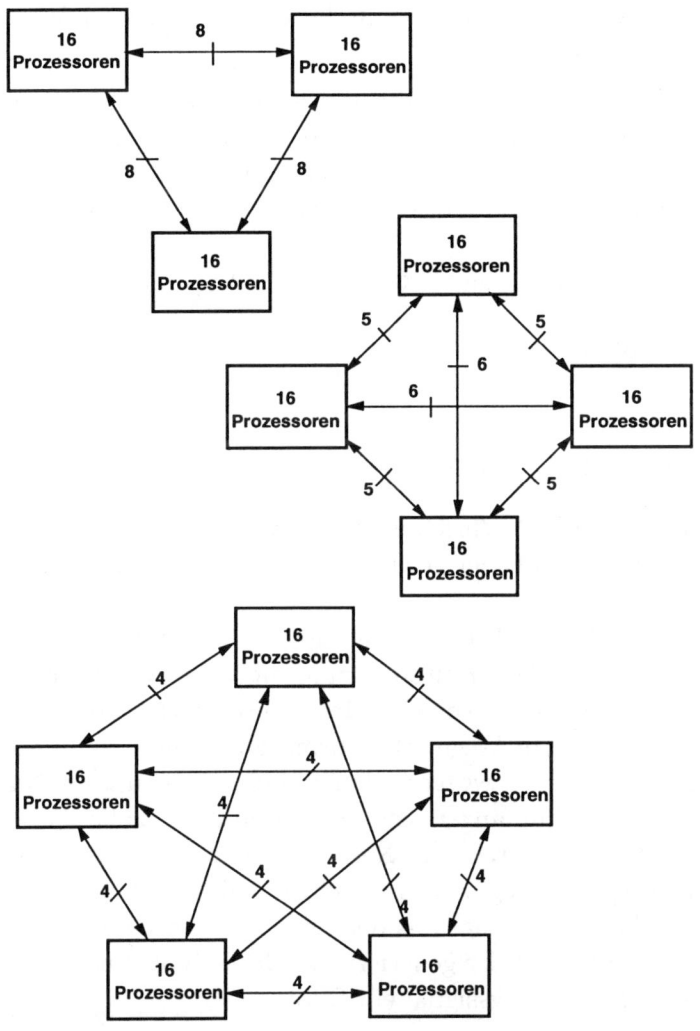

Abb. 7.18: Der Aufbau von größeren SP2 Systemen

Platinen der mittleren Reihe verbunden, und deren Ein-/Ausgänge der anderen Seite mit je einem Ein-/Ausgang der einen Seite eines der 16 Platinen der dritten Reihe, während die andere Seite der Platinen der dritten Reihe wiederum mit je 16 Prozessor-Knoten verbunden ist. Von jedem der 256

Knoten der „linken" Seite gibt es mindesten 16 (kürzeste) Wege zu jedem
Knoten der „rechten" Seite.

Der 8x8-Schalter-Chip ist das zentrale Element des HPS. Die Nachrichten
werden als Datenpakete mit n Bytes Nutzdaten, w Bytes Weg-Information
und einem Längenbyte übertragen; die maximale Paketlänge ist $n + w + 1 <$
256. Jeder Empfänger-Modul des Chips ist für fünf Funktionen zuständig:

1. Eingabepufferung in einem 31-Byte FIFO-Speicher

2. CRC-Prüfung

3. Wegewahl

4. Flußsteuerung

5. Einbringung von Nachrichten (in 8-Byte Portionen) in die zentrale
   Warteschlange, falls der gewünschte Ausgabekanal gerade besetzt ist.

Alle Kanäle sind 10 Bit breit: 8 Datenbits und ein Gültigkeitsbit in der
Vorwärtsrichtung, sowie ein Flußsteuerungsbit in der Rückrichtung. Die Zahl
der Wegewahl-Bytes hängt von der Größe des Netztes ab: jeder Chip verbraucht ein halbes Byte Wegewahlinformation. Wenn ein Wegewahl-Byte
aufgebraucht wird, wird es weggeworfen und die Länge um 1 reduziert. Wenn
eine Nachricht beim Empfänger-Knoten ankommt, sind alle Wegewahl-Bytes
verbraucht. Der Weg durch das Netz wird nur durch den Absender bestimmt; eine adaptive Wegewahl ist nicht möglich. Der Sende-Modul übernimmt Nachrichten bevorzugt aus der zentralen Warteschlange oder direkt
von dem Eingabe-Modul. Er generiert die CRC-Bytes und sendet für jedes
empfangene Flußsteuerungssignal ein Byte.

Das HPS-Netz hat zwei Betriebsformen: den Service-Modus, der am Anfang und danach immer wieder periodisch ausgeführt wird, und den Run-
Modus, in dem Nutzerdaten übertragen werden. Am Anfang werden auch
die Wegewahl-Tabellen aufgebaut und die Synchronisation des Netzes sichergestellt. Die meisten Netzfunktionen werden also durch Software ausgeführt.

Die Prozessoren des SP2 werden über einen DMA-fähigen Microchannel-
Netzadapter an die HPS-Platine angeschlossen. Es lassen sich also Nachrichten sowohl senden als auch gleichzeitig empfangen, während die Prozessoren
rechnen.

7.4 MIMD-Maschinen mit globalem Adreßraum

Wir wenden uns jetzt den MIMD-Maschinen mit „gemeinsamem Speicher" zu ('shared memory' Maschinen). Wir haben bereits festgestellt, daß die Bezeichnung gemeinsamer Speicher eigentlich einen für jeden Prozessor zugänglichen globalen Adreßraum bedeutet, während der zugrundeliegende physikalische Speicher verteilt ist. Die Topologie einer solchen Maschine ist damit die Topologie des Verbindungsnetzes zwischen den Prozessoren und den Speichermodulen.

Man kann jetzt die Frage stellen: „Was ist der Unterschied z.B. zwischen einer Cray Y-MP und einer MIMD-Maschine mit gemeinsamem Speicher?" Denn die Cray Y-MP ist in der Tat eine Maschine mit gemeinsamem Speicher. Der Unterschied besteht vor allem darin, daß die Cray einen Speicher mit gleichförmigen Zugriffscharakteristika hat (UMA — uniform memory access), währen die MIMD-Maschinen, insbesondere wegen ihrer sehr viel höheren Prozessorzahl, keinen gleichförmigen Speicherzugriff erlauben (NUMA — non-uniform memory access).

Speicherkonsistenz

Da der physikalische Speicher verteilt sein muß, wenn eine große Anzahl von Prozessoren unterstützt werden sollen, muß sich der Architekt des Rechners entscheiden, wie er die Speichermodule mit den Prozessoren verbinden will. Es ergeben sich mehrere Fragen: soll der gesamte Speicher für gemeinsamen Zugang ausgelegt sein, oder sollte auch lokaler Speicher vorgesehen werden (für private Daten und Programme eines Prozessors)? Wie soll die Synchronisation erreicht werden? Wenn die Prozessoren Pufferspeicher (cache) haben, was sollte die Strategie der Pufferspeicherkonsistenz sein?

7.4.1 Ring-Topologien

Kendall Square Research KSR-2 AllCache

Die Firma Kendall Square Research (die inzwischen ebenfalls vom Markt verschwunden ist) hat einen Rechner entwickelt, den KSR-2, mit einigen ungewöhnlichen Architekturbesonderheiten [25]. Der CMOS Prozessor ist speziell von KSR entwickelt worden. Er ist ein superskalarer RISC Mikro-prozessor mit einem dualen Instruktionsstrom und einer Spitzenleistung von 80 MIPS oder 80 MFLOPS (64 Bit; der Rechner hat kein 32-Bit Gleitkom-mawerk). Er hat 32 Festkommaregister, 32 Adreßregister und 64 Gleitkom-maregister (alle Register sind 64 Bit breit). Jeder Prozessor hat 32 MByte Speicher und die übliche Minimalkonfiguration eines KSR-2 sind 32 Prozes-soren, die über einen Ring miteinander verbunden sind (s. Abbildung 7.19). Die besondere und innovative Eigenschaft des Rechners ist das 'AllCache

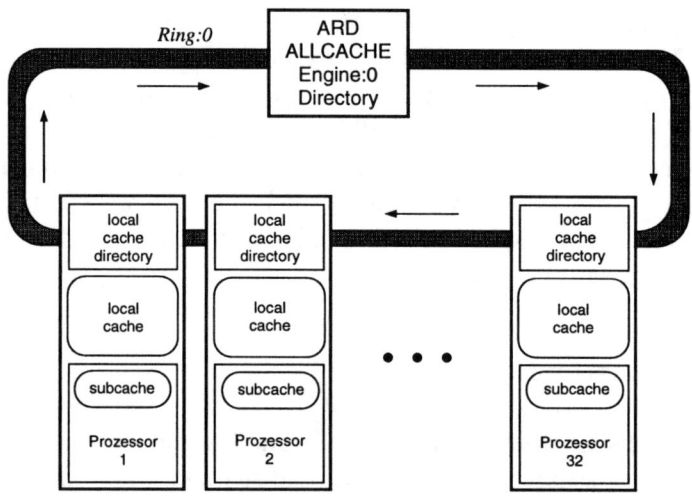

Abb. 7.19: Der Ring 0 des KSR-2 mit 32 Prozessoren

Memory Design': Im Prinzip besteht der Speicher jedes Prozessors nur aus Pufferspeicher (cache). Er wird „lokaler Cache" (local cache) genannt und hat je Prozessor eine Größe von 32 MByte. Der Mikroprozessor selbst hat noch einen internen Arbeitspufferspeicher, 'subcache' genannt, mit je 256 KByte für Befehle und Daten. Der Adreßraum wird in Seiten (pages) von 16 KByte den Programmen zugewiesen, während der Speicher in Subseiten (subpages) von 128 Byte den Prozessoren zugewiesen wird. Eine Subpage wird erst beim erstmaligen Schreiben angelegt und sie kann kopiert werden, wenn andere Prozessoren auf sie zugreifen wollen (z.B. Programme und glo-bale Daten). Im lokalen Cacheverzeichnis (local cache directory) wird für jede 16K Seite ein Eintrag angelegt, der für jede ihrer 128 Subpages den

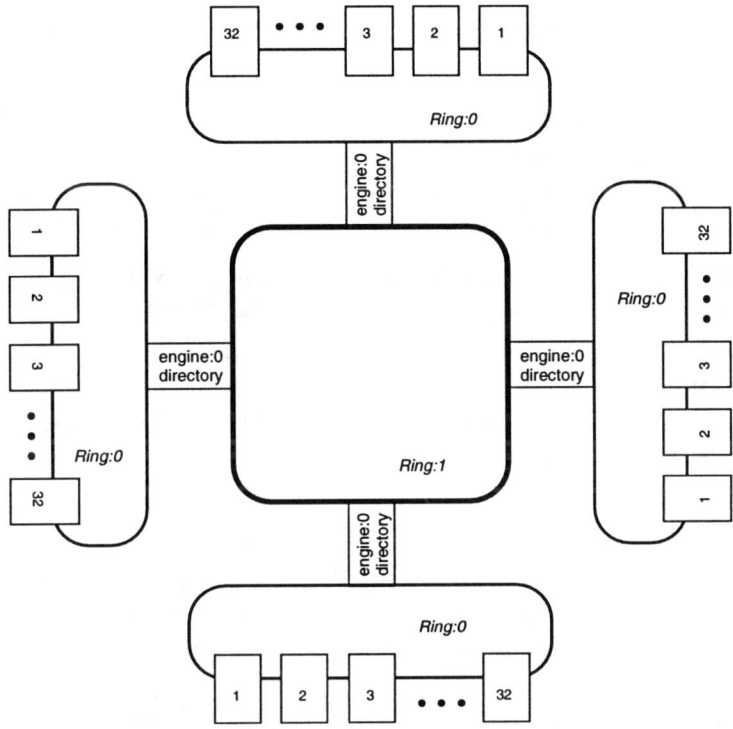

Abb. 7.20: KSR-2 System mit vier Ringen der Stufe 0 mit je 32 Prozessoren, die mit einem Ring der Stufe 1 verbunden sind

Status registriert: nicht vorhanden (ungültig), Leserecht, exclusives Schreibrecht.

Wenn ein Prozessor eine Subpage lesen will, die bei ihm nicht vorhanden ist, wird dieser Auftrag auf den Ring:0 gebracht, der treffenderweise auch als Suchmaschine (search engine) bezeichnet wird. Der Ring ist segmentiert, d.h. es können mehrere Anforderungen gleichzeitig vorhanden sein, und arbeitet wie eine Pipeline. Jedes Segment (slot) ist ein Paket mit einem 16 Byte langen Kopf für Adressen und Befehle und einer 128 Byte Subpage. Das Paket wird von Station zu Station weitergereicht, wobei gleichzeitig durch Inspektion des lokalen Cacheverzeichnisses geprüft wird, ob die angeforderte Subpage (oder eine Kopie) auf diesem Prozessor residiert. Wenn das der Fall ist, wird sofort eine Kopie weitergereicht. Wenn keiner der Prozessoren die Subpage besitzt, wird die Anforderung an den Ring:1 weitergereicht und der

Suchvorgang fortgesetzt. Wenn die Subpage nirgendwo vorhanden ist, wird sie neu angelegt.

Wenn ein Prozessor in eine Subseite Daten speichern will, werden alle Kopien dieser Subpage zunächst ungültig gemacht. Dies geschieht auf die gleiche Weise wie beim Lesen. Erst dann kann die Speicherung ausgeführt werden; danach können andere Prozessoren wieder eine neue Kopie erhalten.

Ein Subseite kann also beliebig in dem System herumwandern; es gibt keine dauerhafte Heimstätte in einem der Pufferspeicher für sie. Die Latenzzeit des Rings beträgt etwa $10\mu s$ und die gesamte Datenrate 1 GByte/s. Mechanismen wie unteilbarer Speicherzugriff (atomic access) auf eine Subseite sind verfügbar, um die Synchronisierung zu erleichtern. Das Ringsystem sorgt also automatisch für die Speicherkonsistenz (auf der Basis von Subpage-Einheiten).

Bei größeren Systemen (mehr als 32 Prozessoren) wird der Ring in eine Hierarchie von Ringen erweitert (s. Abbildung 7.20). Der unterste Ring, der 32 Prozessoren miteinander verbindet, wird als Suchmaschine:0 bezeichnet (search engine:0) und mehrere von ihnen können über einen weiteren Ring, der die Suchmaschine:1 darstellt (search engine:1) ihrerseits verbunden werden. Die Brücke von Ring:0 zu Ring:1 stellt die ARD 'Allcache Engine:0 Directory' dar. Dieses Verzeichnis enthält die Summe aller Einträge der lokalen Cacheverzeichnisse des Rings. Deshalb muß bei der Suche auf Ring:1 keineswegs bei jedem Ring:0-Anschluß wieder auf Ring:0 herabgestiegen werden. Somit erhöht sich die Latenzzeit nur relativ wenig auf etwa $30\mu s$. Andererseits kann Ring:1 für eine Bandbreite von 1, 2 oder 4 GByte/s konfiguriert werden. Wir haben hier wieder ein Beispiel eines 'fat tree'.

Convex Exemplar SPP1000

Der Parallelrechner Convex Exemplar SPP1000 [26] verwendet als Prozessor den Hewlett-Packard PA-RISC-Mikroprozessor PA7100. Dieser CMOS-Chip liefert bis zu 200 MFLOPS (mult/add). Der Rechner hat einen Speicher, der sich wie ein eng gekoppelter gemeinsamer Speicher verhalten soll (global shared distributed virtual memory). Für den Anwender soll das System wie in der Abbildung 7.21 auf der nächsten Seite aussehen: bis zu 128 Prozessoren, die über einen „verteilten Kreuzschienen-Schalter" auf einen gemeinsamen Speicher zugreifen.

Die Maschine hat eine zwei-Ebenen-Hierarchie: jeweils acht Prozessoren sind zu einem „Hyperknoten" verbunden und bis zu 16 Hyperknoten sind mit einem vierfachen Ring verbunden (vgl. Abbildung 7.22). Die Prozessoren eines Hyperknotens (mit einem Instruktionscache und einem Datencache von je 1 MByte) sind paarweise an den Kreuzschienenverteiler angeschlossen; jedem Prozessorpaar ist ein Speichermodul (mit bis zu 512 MByte) zugeordnet, mit jeweils zwei Speicherbänken. Auf dieser Ebene sieht der Hyperknoten wie ein konventionelles Multiprozessor-system mit gemeinsamem Speicher aus. Auf der nächsten Ebene hat jeder Prozessor des Hyperknotens über das Ringsystem Zugriff auf die Speicher anderer Hyperknoten; d.h. der lokale gemeinsame Speicher und die Speicher der anderen Hyperknoten bilden in ihrer Gesamtheit den gemeinsamen Speicher des SPP1000. Wegen der Zweischichtenstruktur hat man es also mit einem typischen NUMA (non uniform memory access) Design zu tun, da der Zugriff auf Daten eines anderen Hyperknotens deutlich länger dauert.

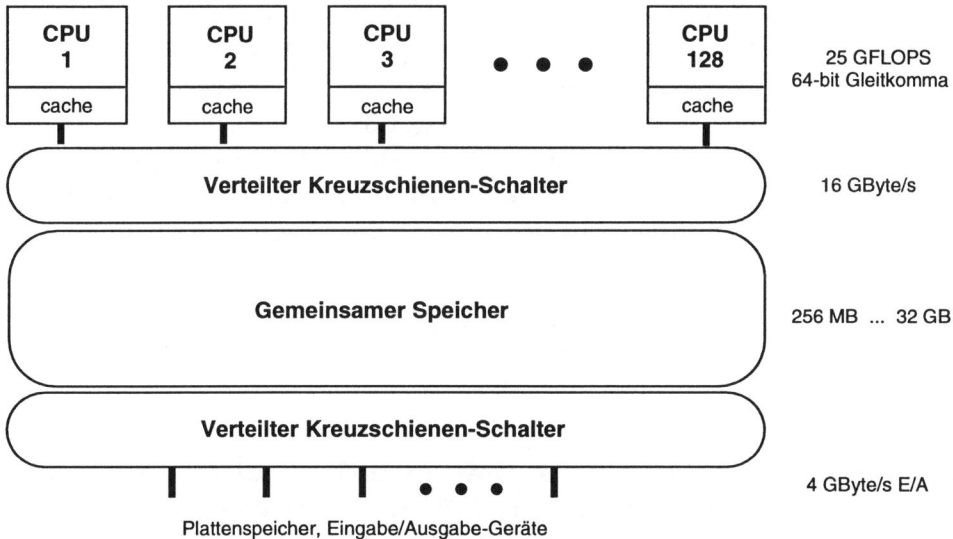

Abb. 7.21: Die Benutzersicht des Convex SPP1000

Die Ringe, CTI genannt (coherent toroidal interconnect), sind eine Implementierung des IEEE Standard 1596–1992 (Scalable Coherency Interface); die verwendete Technologie ist GaAs. Die Hyperknoten sind mit einem zusätzlichen Cache-Speicher versehen (CTIcache), der alle gültigen Cache-Zeilen aller CPUs des Hyperknotens enthält, d.h. er „weiß" von allen Daten, die derzeit im Hyperknoten-Cache vorhanden sind — auch die zuvor von entfernten Hyperknoten erhaltenen. Dies wird mit einer Liste aller Hyperknoten, die eine Kopie einer Cachezeile haben, erreicht. Auf diese Weise können alle CPUs benachrichtigt werden, wenn eine Cachezeile geändert wird (sie wird bei allen anderen CPUs gelöscht).

Cachezeilen können von entfernten Hyperknoten durch explizite Benutzerbefehle im voraus geholt werden; auf diese Weise kann die Latenzzeit des Ringes hinter der Prozessoraktivität versteckt werden. Die Kombination aus gemeinsamem Hyperknotenspeicher und CTIcache soll einen Großteil der Kommunikation zwischen Prozessorknoten eliminieren.

Um Synchronisierungsoperationen zu beschleunigen, sind einige Semaphor-Operationen vorgesehen: `fetch&clear`, `fetch&incr` und `fetch&decr`. Sie werden (als unteilbare Operationen) so ausgeführt, daß der Cache umgangen wird. Des weiteren gibt es eine Barrieren-Operation. Erste Auslieferung war 1994. Mit 128 Prozessoren soll das System bis zu 25 GFLOPS erreichen. Neben dem Einsatz als massiv paralleler Rechner werden Systeme mit einem Hyperknoten auch in der From von Workstation-Cluster eingesetzt. Anders als bei anderen Herstellern kann diese Maschine allein verwendet werden, es ist kein Vorrechner (host) vonnöten. Die Architektur des SPP1000 soll erweiterbar sein, mit bis zu tausenden von Prozessoren.

7.4.2   Dreidimensionale Topologien

CRAY T3D

Die massiv-parallele Maschine von Cray Research, die CRAY T3D, ist 1994 zum ersten Mal installiert worden, [27]. Der Rechner kann bis zu 2048 Prozessoren enthalten, je mit einer Spitzenleistung von 150 MFLOPS. Sie sind durch ein torusförmiges dreidimensionales Netz miteinander verbunden (s. Abbildung 7.23), wobei je zwei Prozessoren sich einen Zugang zum Netzknoten teilen. Das Verbindungsnetz wird mit existierender Cray-Technologie gebaut, d.h. mit ECL-Bausteinen.

Derzeit ist es nur möglich, die T3D mit einer CRAY Y-MP oder einer CRAY C90 als Frontend-Rechner zu betreiben. Es sind Schnittstellen sowohl zur

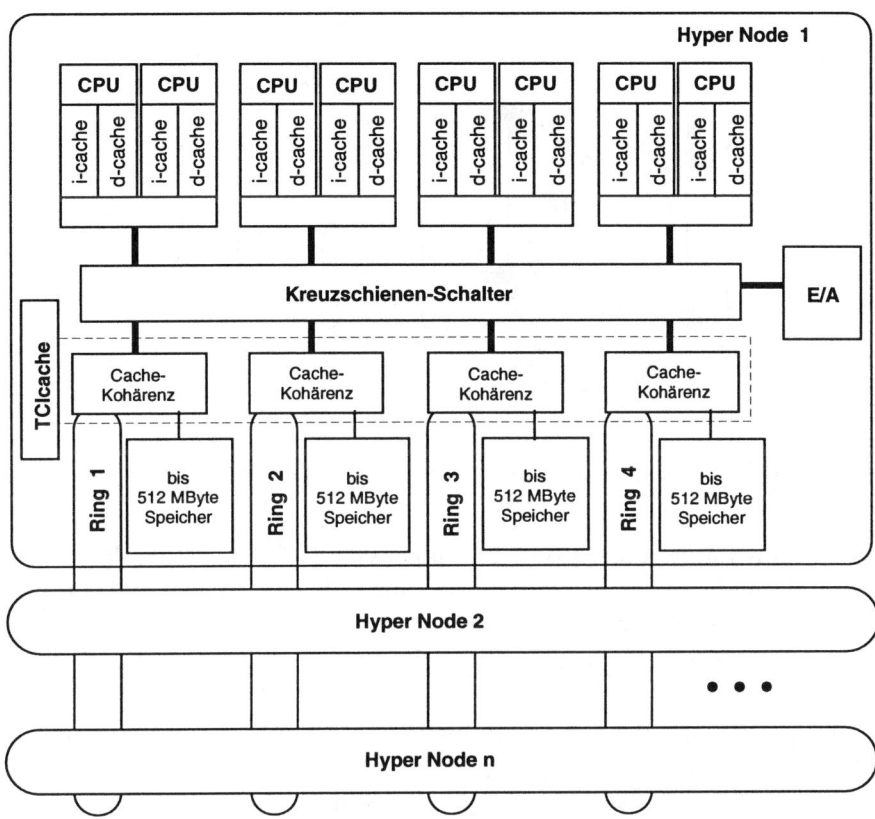

Abb. 7.22: Der Hyperknoten des SPP1000 (mit acht Prozessoren) wird durch vier Ringe mit anderen Hyperknoten verbunden

CPU als auch zum IOC (input/output cluster) verfügbar, mit einer Datenrate von 400 MByte/s. Als Prozessor wird der DEC Alpha Mikroprozessor mit einer Taktfrequenz von 150 MHz verwendet, woraus die Spitzenleistung von 150 MFLOPS resultiert. Die folgenden beiden Abbildungen zeigen den Prozessorknoten und seine Anbindung an das Netz. Der monolithische Prozessor ist an die Speichersteuerung angeschlossen; hierbei handelt es sich nicht um eine konventionelle 'memory management unit', sondern eine eigens für die Erfordernisse eines massiv-parallelen Rechners entwickelte Einheit. Sie entscheidet, ob die angeforderten oder zu schreibenden Daten den Lokalspeicher betreffen oder über das Netz laufen müssen. Im letzteren Fall wird

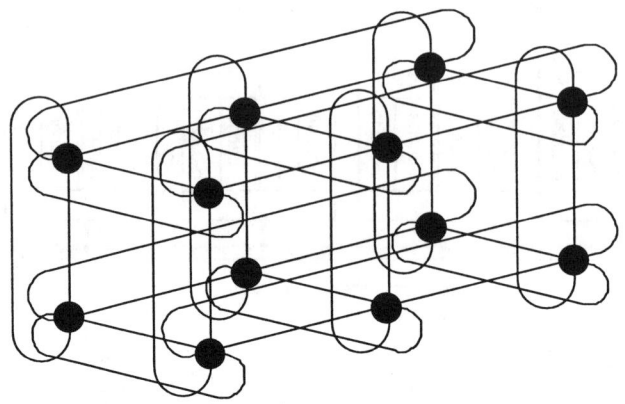

Abb. 7.23: Das dreidimensionale CRAY T3D Netzwerk

die Netzschnittstelle angesprochen. Eine zusätzliche 'block transfer engine' organisiert einen blockweisen Datentransfer (bis zu jeweils 64K Blöcken, mit einem oder vier 64-bit Worten je Block) zwischen einem Quell-Prozessor und einem oder mehreren Ziel-Prozessoren irgendwo im Netz, wobei der Datentransfer im Hintergrund, d.h. gleichzeitig mit der Prozessoraktivität läuft. Abbildung 7.24 zeigt die Anbindung eines Prozerssorpaares an das Netz. Die Netzwerkschnittstelle, die Netzwerksteuerung (network router) und die 'block transfer engine' werden von jeweils zwei Prozessoren benutzt. Das bedeutet, daß bei gleichzeitiger Anforderung an das Netz Engpässe auftreten können. Abbildung 7.25 zeigt mit etwas mehr Einzelheiten die Anbindung eines Prozessors an das Netz.

Es fällt auf, daß alle Speicherzugriffe immer über die Speichersteuerung laufen, auch für Zugriffe auf den lokalen Speicher. Damit kann bei jedem Speicherzugriff entschieden werden, ob das angesprochene Wort lokal ist oder in einem entfernten Speicher residiert. In letzterem Falle muß eine Anforderung zu dem entfernten Speicher über das Netz geschickt werden. Von entfernten Prozessoren ankommende Anforderungen werden von der Speichersteuerung bearbeitet; der lokale Prozessor ist davon (außer durch mögliche Zugriffsverzögerungen) nicht betroffen.

Das Kommunikationsnetz hat eine dreidimensionale toroidale Topologie. Die Kanäle sind bidirektional und transportieren jeweils 16 Datenbits (genannt 'phit' = physical transfer unit); hinzu kommen noch 8 Steuerbits. Da auch das Netz mit 150 MHz getaktet ist, ergibt sich eine Transportleistung von

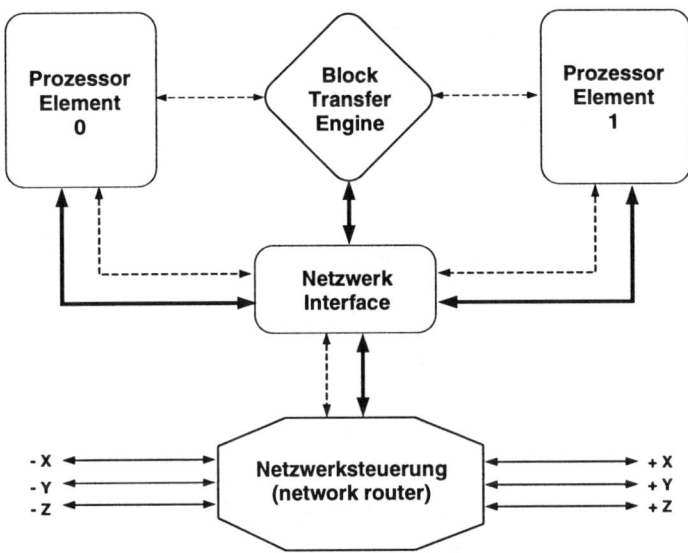

Abb. 7.24: Die Anbindung von je zwei Prozessorknoten an das Netz über ein Netzwerk Interface

300 MByte/s auf jedem der Kanäle in jeder Richtung, sowie beim Eingang und Ausgang des Netzknotens. Die zu transportierenden Daten werden in Pakete zusammengefaßt; ein Paket hat einen Kopf von 3–6 phits und optional bis zu vier 64-bit Worte, jedes mit einer Prüfsumme versehen.

Das Kommunikationsprotokoll wird aus Anforderungen (request) und Antworten (response) gebildet. Um ein entferntes Wort zu lesen, wird die Adresse als Anforderung an den Zielknoten geschickt, das gelesene Wort kommt als Antwort zurück. Beim Speichern eines entfernten Wortes wird Adresse und Wort gesendet und nur eine Bestätigung kommt zurück. Abbildung 7.26 zeigt einen Netzknoten. Es ist ein dreistufiger Schalter. Aus seiner Konstruktion ergibt sich die Wegewahl: Ein Datenpaket, welches von einem Prozessor gesendet wird, wird zuerst in einer der x-Richtungen weitergereicht, bis es auf der gewünschten x-Ebene angekommen ist. Dann übergibt der Schalter es an die y-Stufe und die richtige y-Ebene wird angesteuert. Als letztes bewegt sich das Paket in z-Richtung, bis es bei dem Zielprozessor angekommen ist. Um Verklemmungen zu vermeiden, sind die Netzwerk-Schnittstellen mit Puffern ausgestattet.

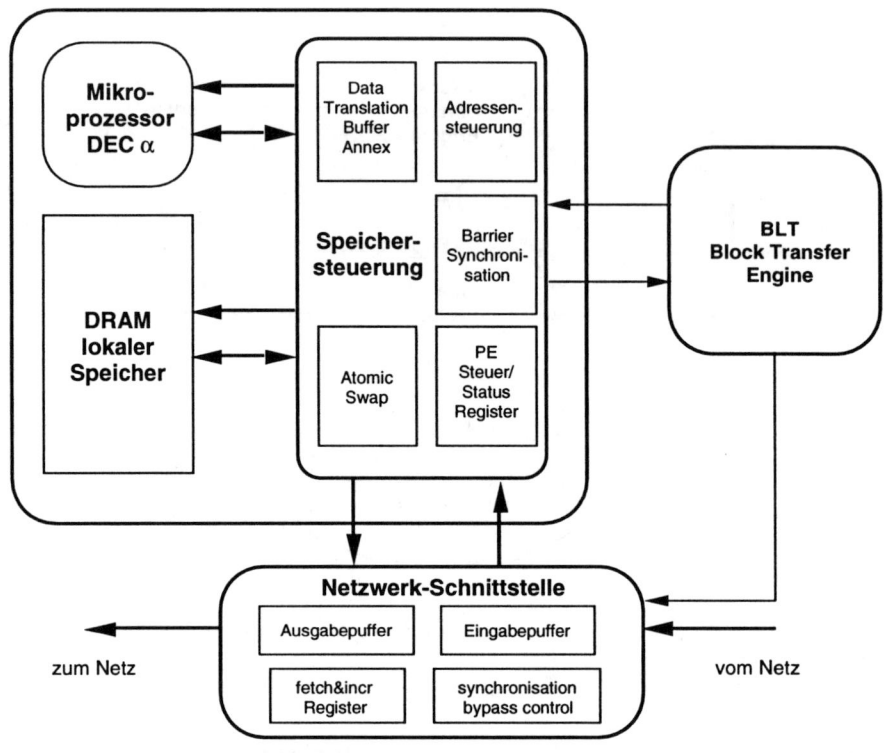

Abb. 7.25: Der Prozessorknoten der CRAY T3D und seine Anbindung an das Netz

Der Speicher der T3D ist über alle Knoten verteilt. Er ist nicht direkt vom Mikroprozessor aus erreichbar, sondern nur über die Speichersteuerung. Bei jeder Adresse, die der Alpha ausgibt, wird ein Subfeld als Index für eine Tabelle mit 32 Einträgen, den DTB Annex, interpretiert. Jeder Eintrag enthält eine logische PE-Adresse und einen Funktionscode. Die PE-Adresse bezeichnet das Prozessorelement, für den die Adresse gedacht ist. Sie wird mit der lokalen Prozessoradresse verglichen; Übereinstimmung bedeutet Zugriff auf den lokalen Speicher, andernfalls wird ein entfernter Speicher angesprochen. Der Funktionscode spezifiziert die Zugriffsoperation. Wenn ein entfernter Speicher angesprochen wird, erzeugt die Speichersteuerung eine Anforderung, die über das Netz an den Zielprozessor geschickt wird.

Einen Überblick über die Schreib- und Lese-Operationen gibt Abbildung

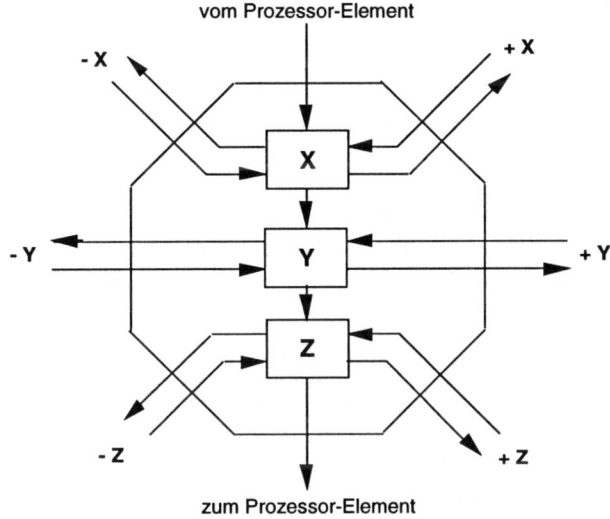

Abb. 7.26: Ein Kommunikationsknoten der T3D

7.27. Die Schreiboperationen sind asynchron, d.h. während die Daten transportiert werden, arbeitet der Prozessor weiter. Ein Zähler registriert die initiierten Schreiboperationen; er wird durch die entsprechende Rückantwort wieder reduziert. Wichtig für die Aufrechterhaltung der Datenkonsistenz ist

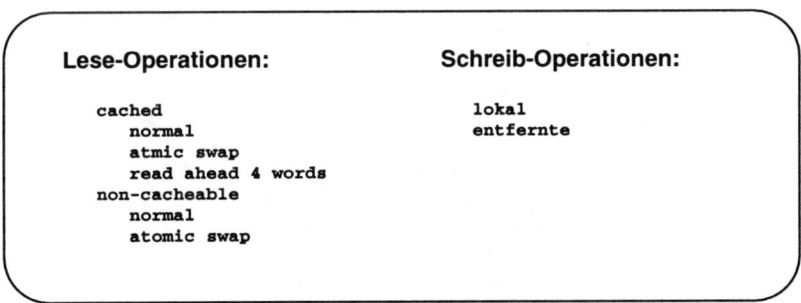

Abb. 7.27: Die Datentransferbefehle

die Möglichkeit, den Pufferspeicher zu umgehen (non-cacheable read). Die Speichersteuerung lädt dann ein gelesenes Wort direkt in ein Register. Es ist außerdem eine unteilbare Lese-/Schreib-Operation vorhanden, die ein gelesenes Speicherwort durch den Inhalt eines speziellen Registers ersetzt (atomic swap).

Um Latenzzeiten zu vermeiden, kann ein Programm eine vorgezogene Leseoperation an einen entfernten Speicher absenden (prefetch operation). Das gelesene Wort wird dann in eines von 16 Registern deponiert, von wo es der Prozessor abholen kann.

Neben direkten Speicherzugriffen können auch Nachrichten zwischen Prozessoren ausgetauscht werden. Es sind spezielle 4-Wort-Pakete, die über das Netz verschickt werden. Auf der Empfängerseite werden sie jedoch nicht direkt in den Speicher geschrieben, sondern in eine Warteschlange eingestellt und der Zielprozessor erhält eine Meldung (interrupt). Die Nachrichten-Warteschlange ist im lokalen Speicher untergebracht und kann etwa 4000 Nachrichten aufnehmen. Wenn die Nachricht nicht angenommen werden kann, wird eine negativ-Bestätigung zurückgeschickt. Auf diese Weise wird die Integrität der Nachrichtenübermittlung sichergestellt. Nachrichten dienen auch als Medium, mit denen das Netz selbst Fehler meldet. In einem Par-

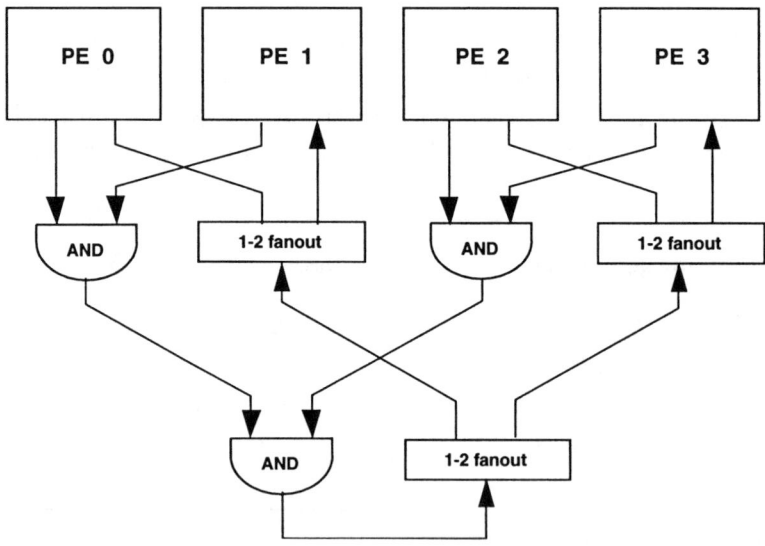

Abb. 7.28: Der Synchronisationsbaum des T3D-Rechners

allelrechner müssen die Prozessoren immer wieder synchronisiert werden. Zu diesem Zweck ist im T3D ein eigenes Kommunikationsnetz vorhanden, wel-

ches aus einem binären Baum von UND- bzw. ODER-Gattern und Signalver-
dopplern besteht (vgl. Abbildung 7.28). Damit ist es extrem leistungsfähig.
Es ist ferner möglich, durch eine Brücke (bypass) die Synchronisierung auf
eine 2^n Teilmenge von Prozessoren zu beschänken. Die UND-Funktion wird
für die Barrieren-Synchronisation verwendet, die ODER-Funktion für die
sog. „Eureka-Funktion" bei Datenbankanwendungen. Im letzteren Falle trig-
gert ein Prozessor (der ein Datum gefunden hat) die anderen.

Es sind noch zwei weitere wichtige Synchronisations- bzw. Kommunikationseinrichtungen zu erwähnen: die 'fetch&increment' Register (F&I-Register)
und die 'block transfer engine' (BLT) (s. Abbildung 7.29).

F&I-Register: Es gibt davon eines je Prozessor, es sind jedoch globale Register (sie sind Teil der Speichersteuerung). Der Zugriff auf ein entferntes F&I-Register wird von der Speichersteuerung in einen entsprechenden Auftrag umgesetzt. Mit Hilfe dieser Register läßt sich Schleifen-
parallelisierung und allgemein Lastverteilung (load balancing) effizient
realisieren.

BLT: Mit dieser Einrichtung lassen sich Datenblöcke bis zur Größe von
256K Worten im Untergrund, ohne Unterbrechung der Prozessoren,
übertragen. Es gibt Lese- und Schreibübertragungen mit fester Inkre-
mentlänge (fixed stride), sowie Sammel- und Verteilfunktionen (gather, scatter). Eine BLT ist für zwei Prozessoren zuständig.

Zum Schluß sei noch erwähnt, daß die Kommunikation mit der Außenwelt
über Kommunikationsknoten stattfindet, die ähnlich wie die Rechenknoten
aufgebaut sind. Die zugehörigen Netzschalter verwenden aber nicht die y-
Richtung. Die vorherige Abbildung zeigt den Aufbau.

7.4.3   Mehrstufige Verbindungsnetze

MANNA

Der MANNA-Rechner (massiv-parallele Architektur für numerische und
nicht-numerische Anwendungen) ist ein Entwicklungsprojekt der GMD-
FIRST [28, 29, 30]. Es ist der einzige nicht-kommerzielle Rechner, den wir
hier vorstellen wollen.

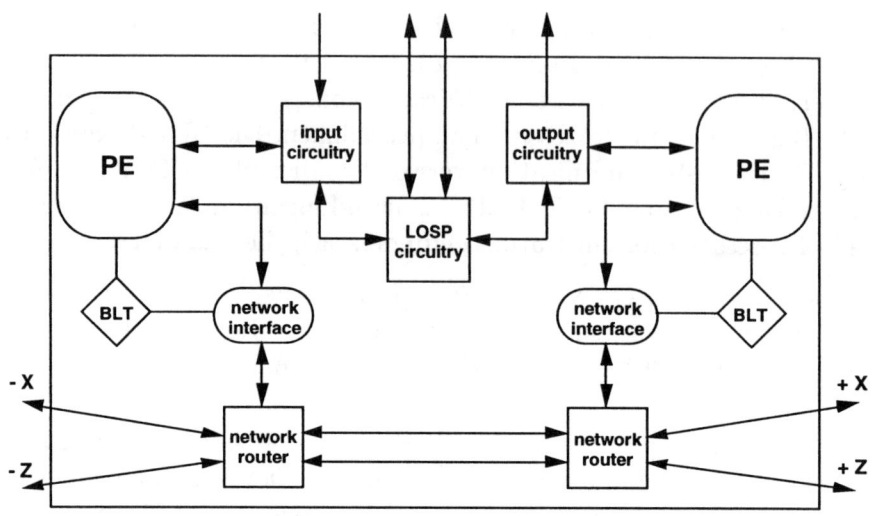

Abb. 7.29: Der Aufbau eines E/A-Knotens des T3D

Der Prozessorknoten (auf einer doppel-VMEbus-Platine) besteht aus zwei Intel i860XP Prozessoren (50 MHz, 50 MIPS, 100 MFLOPS bei 32 Bit, 50 MFLOPS bei 64 Bit), die gemeinsam auf einen vierfach verschränkten Speicher von 32 MByte zugreifen können (die Bandbreite ist 400 MByte/s). Im Normalfall ist der eine Knoten Rechenprozessor, der andere Kommunikationsprozessor (oder evtl. auch Rechenprozessor bei gewissen Anwendungen). Der Aufbau eines Knotens ist in Abbildung 7.30 gezeigt. Die Kommunikation zwischen Rechenprozessor AP und Kommunikationsprozessor CP erfolgt durch gemeinsame Datenobjekte im DRAM-Speicher. Die lokalen Caches der Prozessoren werden durch das MESI-Protokoll konsistent gehalten. Um die Kommunikationslatenz klein zu halten, dient ein Kommunikationsinterface (memory-mapped communication registers) zur Verständigung und Signalisierung (Interrupts) zwischen Rechenprozessor AP und Kommunikationsprozessor CP.

Das MANNA-Verbindungsnetz ist hierarchisch aus 1 Byte breiten 16×16 Kreuzschienen-Schaltern aufgebaut (als CMOS Gate Array realisiert), mit einem internen Puffer für jeden Eingangskanal und der Logik für das 'worm hole routing' Protokoll. Der Schalter arbeitet synchron mit 50 MHz und einer Latenzzeit von 80 ns (vier Takten). Die Zuteilung der Ausgangskanäle erfolgt durch 16 parallele Arbiter, die die möglichen Konflikte durch zeitsequentielle Zuteilung lösen. Alle 16 möglichen Verbindungen können gleichzeitig arbeiten, mit einer Datenrate von 16 x 50 MByte/s. Auf der untersten

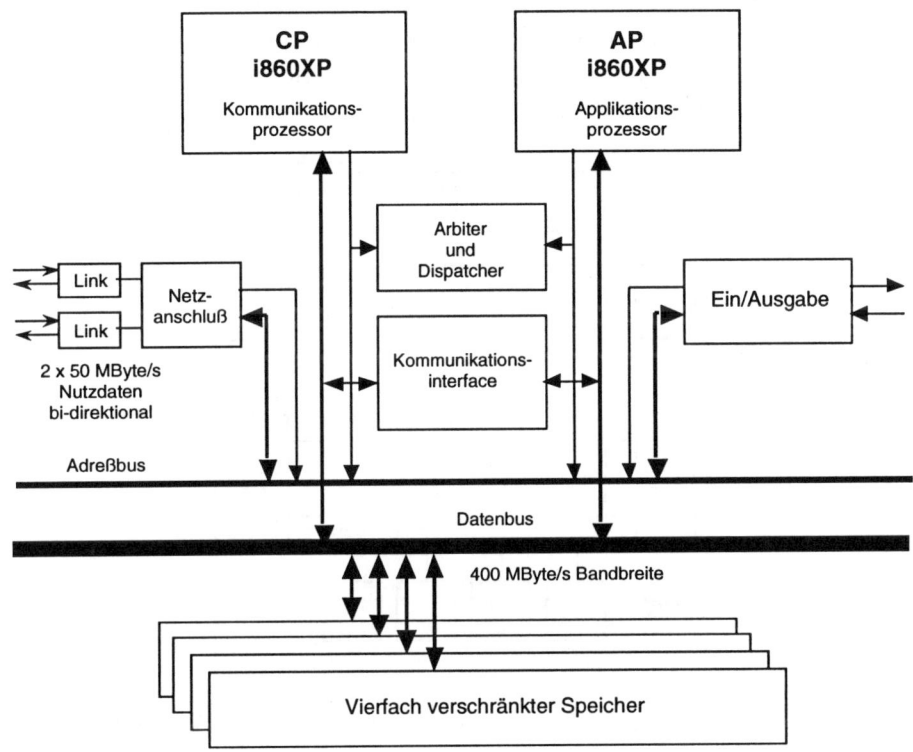

Abb. 7.30: Der MANNA-Knotenrechner

Ebene können bis zu 16 Knoten mit einem Kreuzschienenverteiler zu einem Parallelrechnersystem zusammengeschaltet werden. Dies ist in Abbildung 7.31 dargestellt. Wenn man auf vier Knotenrechner verzichtet, kann man ein System von 192 Knoten (Supercluster) aufbauen, indem man in einem Cluster nur 12 Knoten hat und die vier restlichen Kanäle des Kreuzschienen-Schalters des Clusters mit vier weiteren 16x16 Kreuzschienen-Schaltern (2. Stufe) verbindet. An letztere sind also sechzehn Zwölfer-Cluster angeschlossen, vgl. Abbildung 7.32.

Noch größere Konfigurationen erhält man, indem man dieses Prinzip rekursiv anwendet. So kann man beispielsweise nur 12 Cluster an die vier Kreuzschienenverteiler der zweiten Stufe anschließen, so daß ein Aggregat von 144 Knoten entsteht, mit 16 freien Kanälen. Sechzehn Kreuzschienen-Schalter einer dritten Stufe erlauben dann, sechzehn Supercluster zu einem Super-Supercluster mit 2304 Knoten zusammenzufügen. Betrachtet man diese aufsteigende Hierarchie als Baum, so sieht man, daß damit ein Leisersonscher fetter Baum (fat tree) realisiert ist. Große Systeme lassen sich auch durch ein aus den Kreuzschienen-Schaltern aufgebautes Clos-Netz realisieren.

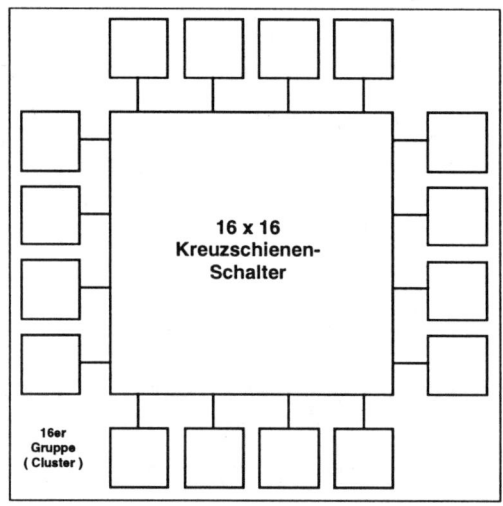

Abb. 7.31: Sechzehn MANNA-Knoten werden mit einem 16×16 Kreuzschienenverteiler zu einem System verbunden

Der MANNA-Rechner verfügt physikalisch nur über lokalen Speicher und besitzt als grundlegendes Programmiermodell den Botschaftenaustausch (message passing) Darüberhinaus unterstützt er aber auch das Modell des globalen Adreßraums, wofür der lokale Speicher als virtueller Speicher mit 'demand paging' betrieben wird. Dies wird als VGS-Architektur bezeichnet (virtueller gemeinsamer Speicher). Die gemeinsamen Speicherobjekte sind die Seiten der virtuellen Knotenspeicher. Soll auf eine Seite eines anderen Knotens zugegriffen werden, so wird dies über eine Seitenanforderung bewerkstelligt; Seiten werden also nicht von einem Plattenspeicher, sondern von einem anderen Knoten nachgeladen (kopiert). Damit können mehrere Kopien einer Seite existieren und es ergibt sich das Problem der Konsistenz. Die strenge Konsistenz (MRSW: multiple reader, single writer) verlangt,

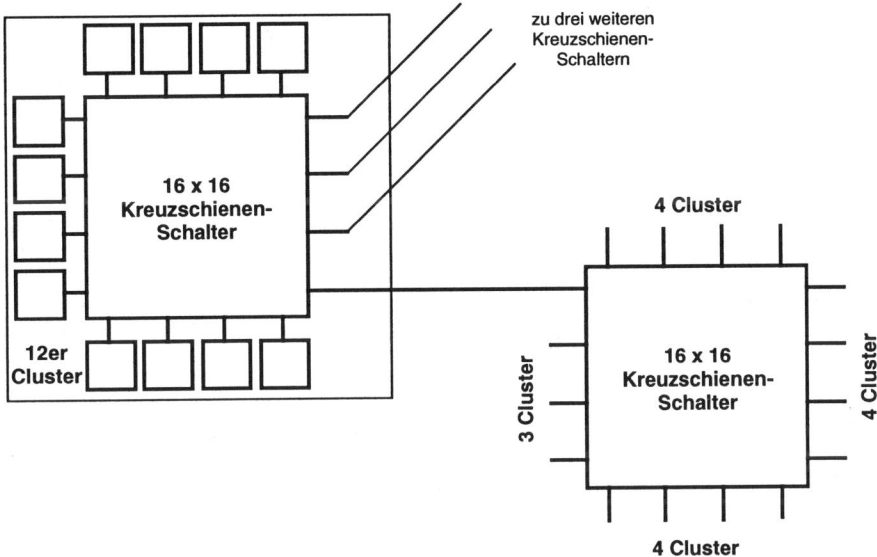

Abb. 7.32: Ein System aus 192 MANNA-Knoten mit zweistufiger Hierarchie von Kreuzschienenschaltern.

daß bei einem Schreibzugriff alle Kopien der zu schreibenden (zu modifizierenden) Seite zuvor invalidiert werden.

Um die daraus resultierende Systembelastung (und damit Ineffizienz) zu reduzieren, wird im MANNA-Rechner die schwächere MRMW-Semantik (multiple reader, multiple writer) in einer abgewandelten Form angewandt: die adaptive Konsistenz, bei welcher der Programmierer temporär zur MRMW übergehen kann, wenn der ausgeführte Algorithmus es erlaubt. Insbesondere bedeutet dies, daß verschiedene Prozessoren nur disjunkte Bereiche einer Seite ändern dürfen (z.B. verschiedene Spalten einer Matrix). Man kann aber jederzeit vom System die Herstellung der strengen Konsistenz verlangen, was dann automatisch geschieht, indem alle Änderungen wieder zusammengeführt werden und eine einzige gültige Kopie übrig bleibt.

Meiko CS-2

Ein Prozessor-Element des Meiko CS-2 ([31], Abbildung 7.33) enthält einen superskalaren SPARC RISC Prozessor, zwei Fujitsu Vektor-Mikroprozessoren, und einen gemeinsamen Speicher mit drei Zugriffspfaden (triple ported).

Die zwei Vektoreinheiten, die unabhängig von dem SPARC Prozessor arbeiten, liefern eine Spitzenleistung von je 100 MFLOPS (64 Bit), während der SPARC 40 MFLOPS liefert. Die Vektorprozessoren haben eine Register-Register-Architektur. Der Speicher eines jeden Knotens ist in 16 Bänke aufgeteilt, um die notwendige Speicherbandbreite zu erreichen. Als viertes Element enthält jeder Knoten noch einen speziellen (proprietären) Kommunikationsmodul, der den Speicherzugriff mit dem SPARC Prozessor teilt; er hat zwei Datenwege zum Verbindungsnetz, die jeweils 2×50 MByte/s übertragen können (bi-direktional). Die Anlaufzeit (Latenzzeit) für Kommunika-

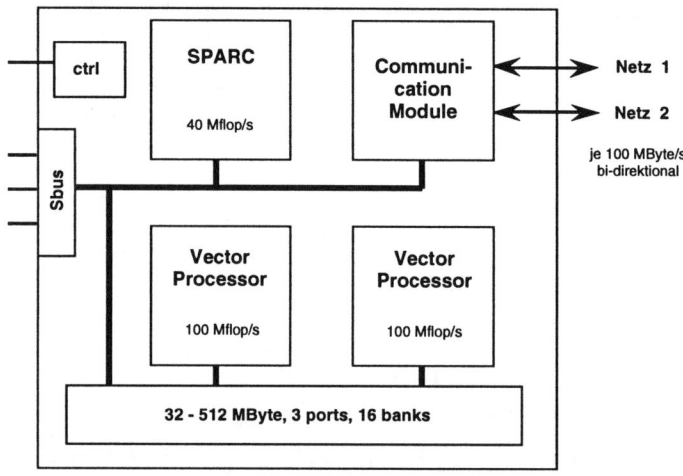

Abb. 7.33: Der Knoten des Meiko CS-2

tion wird auf zweierlei Weise klein gehalten: erstens werden alle Zugriffe auf entfernte Daten durchgeführt, ohne sie zwischenzuspeichern und ohne den Prozessor zu beanspruchen oder zu unterbrechen, zweitens vermeidet die Benutzung von direkter Speicherung auf dem entfernten Speicher (remote store access) die zusätzliche Systembelastung durch konventionelle Nachrichtenübermittlung.

Damit reduziert sich die Latenzzeit für entferntes Speichern auf ca. $10\mu s$. Der Kommunikationsprozessor erlaubt entfernte Lese- und Schreiboperationen durch Angabe lediglich einer virtuellen Prozessornummer und virtuellen Adresse. Nichtblockierende Datenübertragung, verbunden mit geeigneten Testoperationen, helfen ebenfalls, Zeitverluste bei der Datenübertragung zu reduzieren (latency hiding).

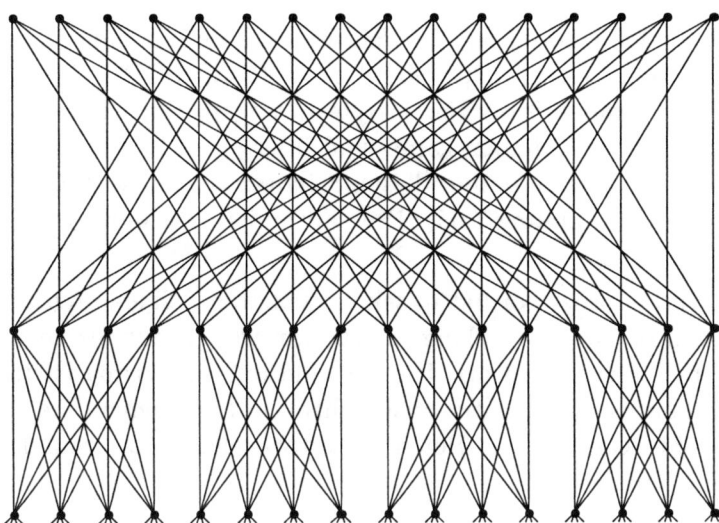

Abb. 7.34: Das mehrstufige Verbindungsnetz des Meiko CS-2 mit 4×4 Kreuzschienen-Schaltern

Das Verbindungsnetz (s. Abbildung 7.34) besteht aus mehreren Stufen von 4×4 Kreuzschienen-Schaltern. Es verwendet paketvermittelte (packet switched) Nachrichtenübertragung. Die Übertragungsbandbreite zwischen den Stufen ist konstant. Die Zahl der Netzwerkstufen ist drei für $4^3 = 64$ Knoten. Jede Netzwerkstufe verursacht eine Verzögerung von 200 ns. Das Netzwerk erlaubt Punkt-zu-Punkt-Verbindungen, hardwareunterstützte Nachrichtenverteilung (broadcast) mit voller Bandbreite und Synchronisation (mit niedriger Latenzzeit) von Datenübertragungen. Fügt man eine weitere Stufe zum Netz hinzu, kann man 256 Knoten unterstützen.

Die Architektur des Meiko CS-2 ist so entworfen, daß man das Netz vervielfachen (bis zu einem Faktor 8) und somit den Durchsatz steigern kann. Die heutigen Systeme verwenden zwei Lagen.

7.4.4 Kreuzschienen-Schalter

Fujitsu VPP500

Der wohl z.Zt. leistungsfähigste Rechner unter den massiv-parallelen Systemen ist der Rechner VPP500 von Fujitsu, [32] (in Europa von Siemens vertrieben). Jeder Knoten ist ein Vektorprozessor mit einer Leistung von 1,6 GFLOPS vektoriell und 300 MIPS bzw. 200 MFLOPS skalar. Der Speicher je Knoten kann 128 bis 256 MByte betragen. Die Knoten, von denen der Rechner bis zu 222 haben kann, sind über einen Kreuzschienenschalter gekoppelt; die Transferrate über diesen Schalter beträgt 2×400 MByte/s bidirektional (vgl. Abbildung 7.35). Die verwendete Technologie ist BiCMOS und GaAs.

Der RISC-Knotenprozessor hat in seinem skalaren Teil eine Architektur mit langen Instruktionswörtern (long instruction word), mit bis zu drei Befehlen je 8 Byte Instruktionswort. Die Instruktionsausführung ist intern hoch parallel; es können gleichzeitig ausgeführt werden: asynchrone Lade- oder Speicherbefehle, Gleitkomma-Befehle, Vektor-Befehle, Kommunikationsoperationen und Integer-Befehle.

Der VPP500 kann nur zusammen mit einem Vektorprozessor der S-Serie betrieben werden (ähnlich wie bei der Cray T3D). Jeder Knotenprozessor hat einen Adreßraum von 4 GByte.

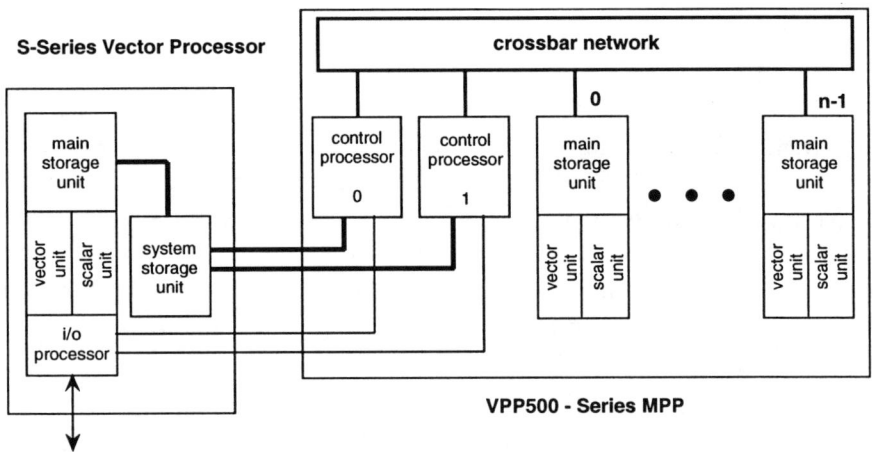

Abb. 7.35: Der Fujitsu VPP500

Spezielle Datentransportbefehle können Daten aus einem Speicher eines anderen Prozessors über das Kreuzschienen-Netzwerk direkt in den eigenen Prozessor holen. Dies kann parallel zur Rechnung geschehen (Latenz verstecken — 'latency hiding'). Eine vollausgebaute VPP500 wird in Japan als Windkanal-Simulator eingesetzt.

7.5 Einige vergleichende Betrachtungen

Wir wollen jetzt versuchen, die Architekturen (und nur diese) der besprochenen Rechner zu vergleichen. Dieser Vergleich muß verschiedene Aspekte unberücksichtigt lassen: zunächst ist die Vorhersage über die wirkliche Leistungsfähigkeit der Maschinen (und wenn auch nur innerhalb eines Faktors 2) unmöglich ohne ausführliche Leistungsmessungen; sodann müssen wir die Softwaresysteme ausschließen, weil jede der Maschinen eingehende Versuche mit Programmen erfordern würde, um letztere zu beurteilen; schließlich sind alle Preis/Leistungsvergleiche nicht sinnvoll, da die Spanne der (Spitzen-) Leistungen 1:1000 beträgt.

Wir beschränken uns also auf die Vergleiche der Architekturen selbst und versuchen, einige Einsichten zu gewinnen. Wir betrachten deshalb die Rechner nicht aus der Sicht eines Anwenders, den lediglich interessiert, ob seine alten und verstaubten Programme (dusty decks) ohne Änderung laufen (was sie aber nicht tun), sondern aus der Sicht des Rechnerarchitekten, den das Innere der Maschinen und wie Vorgänge ablaufen interessiert.

Wenn wir versuchen, die Maschinen in größere Gruppen einzuteilen, so können wir etwa fünf identifizieren:

1. die SIMD-Maschinen CM-200 und MasPar-2

2. die Hypercube-Maschinen nCUBE-2S, nCUBE-3 und iPSC/860

3. IBM SP2 und andere Rechner mit verteilten Adreßräumen

4. der AllCache-Rechner KSR-2 und MANNA

5. Cray T3D und andere Rechner mit globalen Adreßräumen

Die SIMD-Maschinen sind relativ einfach zu programmieren, etwa so wie ein Vektor-Monoprozessor; dies sollte noch einfacher werden, wenn Fortran 90 verfügbar ist (die ersten Übersetzer gibt es schon). Wegen des interessanten Preis-/Leistungsverhältnisses kann man sich eine ganze Reihe von Anwendungen vorstellen, bei denen die Rechner sinnvoll eingesetzt werden können, wie z.B. Bild- oder Signalverarbeitung. Da die verwendeten Mikroprozessoren sehr einfach sind, kann man sich sogar auf bestimmte Anwendungen spezialisierte Prozessoren vorstellen; die Fortschritte im Chip-Design ermöglichen dies.

Die Hypercube-Rechner nCUBE-2S und iPSC/860 sind typische Beispiele von 'message-passing' Maschinen. Ein offensichtlicher Nachteil dieser Maschinen ist der Zwang zur Vervielfältigung der Programme: in jeden Rechner muß eine eigene vollständige Kopie geladen werden; diese könnte — je nach Speichergröße des Knotens — zuviel für Daten benötigten Speicher verbrauchen. (Dieses Argument gilt übrigens für alle Maschinen mit verteilten Adreßräumen.) Die Hypercube-Topologie verlangt eine spezifische Kommunikationsstruktur des Programms — dies kann sich als durchaus nützlich erweisen, da es bei der Programmentwicklung gleich von Anfang an dem Anwender eine gewisse Programmierdisziplin auferlegt. Wegen der mathematisch sauberen Struktur der Topologie sind viele Kommunikationsstrukturen einfach zu realisieren (z.B. kann man in den Hypercube ebene oder räumliche Gitter einbetten, vgl. Kapitel 4).

Die KSR-2 AllCache Maschine ist ein Meilenstein in der Entwicklung kommerziell verfügbarer paralleler Maschinen. Wenn wir Maschinen mit globalem Adreßraum haben wollen, scheint dies der richtige Weg zu sein. Das Problem der Speicherkonsistenz wurde durch Hardware auf der Ebene des Pufferspeichers gelöst, nämlich genau da, wo das Problem auftritt. Der Preis war der Zwang, eine eigene Prozessorarchitektur zu entwickeln. Wenn jedoch die richtigen Werkzeuge für das CAD verfügbar sind, ist es vermutlich möglich, dies auch in Zukunft zu tun, trotz der Skeptiker, die glauben, man könne nur mit Standard-Mikroprozessoren Parallelrechner mit günstigem Preis-/Leistungsverhältnis bauen. Das Problem der Vervielfachung von Programm- und Datenbereichen findet eine natürliche Lösung, weil der automatische Cache-Mechanismus nur das kopiert, was auf einem Prozessor jeweils gebraucht wird, und das Nichtgebrauchte freigibt.

Ein ähnlicher Weg wird auch von Giloi et al. [28, 29, 30] mit dem MANNA-Rechner beschritten, der einen virtuellen gemeinsamen Speicher besitzt (VGS-Architektur). Auch hier wird der Datenaustausch automatisch ausgeführt, indem der 'page fault' Mechanismus (Alarm bei Fehlen einer reellen Seite des virtuellen Adreßraums) des i860PX verwendet wird. Während der KSR-2 die 128 Byte große Subpage als elementares Transferquantum verwendet, ist dies beim MANNA-Rechner eine 4 KByte Seite (page). Wenn Programme in Konkurrenz auf die gleiche Subpage bzw. Page zugreifen, so tritt bei beiden Rechnern ein intensiver Datenverkehr auf. Um diesen zu reduzieren, wurde beim MANNA-Rechner das Konzept der adaptiven Kohärenz eingeführt, welches gleichzeitiges Schreiben durch mehrere Prozessoren in — allerdings disjunkte — Teilbereiche einer Seite erlaubt, die in entsprechend vielen Kopien existiert. Dies muß vom Programmierer jedoch explizit angefordert werden, auch das schließliche Zusammenführen der Teilergebnisse.

Die Rechner Meiko CS-2, Convex SPP1000, IBM SP2 und Cray T3D gehören zu den leistungsstärksten massiv-parallelen Systemen, die z.Zt. auf dem Markt sind. Die Leistung des Meiko CS-2 stammt vor allem von den zwei Vektor-Mikroprozessoren, sie läßt sich also nur realisieren, wenn man vektorisierbare Algorithmen hat. Die anderen drei Rechner sind mit „konventionellen" Mikroprozessoren aufgebaut, d.h. Mikroprozessoren, die für leistungsfähige Workstations entwickelt wurden und in großer Zahl so verwendet werden (Das hat zur Folge, daß bei letzteren auch ein großer Reichtum an Standard-Software — Compiler, Programmbibliotheken, Applikationen — vorhanden ist. Da wir uns hier vor allem mit der Architektur der Rechner auseinandersetzen, soll nicht näher auf dieses eingegangen werden.). Die Netze des Meiko CS-2 und des IBM SP2 sind ähnlich strukturiert, da sie in mehreren Stufen aus 4×4 Kreuzschienen-Schaltern aufgebaut werden, allerdings hat das Meiko-Netz einen größeren Durchsatz und kürzere Latenzzeiten. Das liegt daran, daß der Kommunikationsprozessor stärker in den Knoten integriert ist; bei IBM wird ein DMA-fähiger Mikrochannel-Adapter verwendet, der mehr auf der Ebene eines Eingabe-/Ausgabe-Gerätes gesehen werden muß.

Die Architekturen von Convex und Cray, beides Realisierungen eines globalen Adreßraumes, versuchen die Speicherkonsistenz herzustellen, indem auf sehr niedriger Ebene, nämlich an der Prozessor-/Speicher-Schnittstelle, eingegriffen wird. Dies ist aufwendig und so ist es kein Zufall, daß ein großer Anteil der Knoten-Hardware des T3D aus der Speicheransteuerung besteht (die Hardware generiert ja automatisch die Nachrichten, die ausgetauscht werden müssen, wenn auf ein entferntes Datum zugegriffen werden soll).

Derzeit liegen noch keine ausreichenden Erfahrungen mit dem Convex-System vor. Es ist deshalb nicht klar, wie sich das Zweistufen-Konzept bewähren wird: auf der unteren Stufe acht sehr enggekoppelte Prozessoren (mit gemeinsamem Speicher), auf der oberen das vierfache Ringsystem. Der zusätzliche TCIcache soll die Daten von entfernten Knoten enthalten, also die Lokalität erhöhen und den Datenaustausch verringern. Es sieht so aus, als müsse der Programmierer einige Arbeit in seine Datenorganisation investieren, um zuviele Konflikte zu vermeiden.

Manche Benchmark-Ergebnisse lassen darauf schließen, daß IBM SP1 (der Vorläufer des SP2 — neuere Zahlen liegen noch nicht vor; vgl. Dongarra) und Cray T3D vergleichbare Leistung erzielen (das Verhältnis wird sich noch zugunsten des SP2 verschieben), obwohl die Prozessoren etwa gleiche (Spitzen-)Leistung haben, das Netz bei der T3D aber um eine Größenordnung leistungsfähiger ist.

Der Grund ist in der Topologie zu suchen: Beim Ringsystem der T3D müssen alle Knoten, die auf einem Ring sind, sich dessen Bandbreite teilen; Datenübertragungen können also nur paarweise sequentiell ausgeführt werden. Andererseits sind bei dem SP2 für normale Algorithmen zwischen allen Paaren von Prozessoren disjunkte Wege möglich, so daß keine Konflikte auftreten.

Die Maschinen mit globalem Adreßraum haben einen Vorteil, der bei Maschinen mit verteiltem Adreßraum nicht vorhanden ist: der Benutzer braucht sich nicht mit dem Problem der Zerlegung und Verteilung großer Datenbereiche auf die Prozessoren abzugeben, da diese an beliebiger Stelle im Speicher untergebracht werden können.

Ein Prozeß auf einem Prozessor kann im Prinzip gierig Adreßraum und damit Speicher verbrauchen, den er anderen Prozessoren wegnimmt, aber das Programm kann immerhin laufen (wenn auch vielleicht nicht sehr parallel). Auf einer Maschine mit verteiltem Adreßraum muß man die Daten zunächst über alle Prozessoren verteilen, ehe das Programm laufen kann. Es wäre aber zu früh nun zu frohlocken: an genau den Stellen, an denen im 'message passing' Programm die Kommunikationsaufrufe stehen, muß — immer der im wesentlichen gleiche Algorithmus vorausgesetzt — bei den Rechnern mit VGS-Architektur eine explizite Synchronisierung erfolgen (sie ist bei der 'message passing' Architektur in den Kommunikationsaufrufen enthalten). Diese Synchronisierung ist nötig, um nicht unkontrolliert auf noch nicht fertige Zwischenergebnisse zuzugreifen. Letztlich ist es also der Anwender, der sich um die für erfolgreiches paralleles Arbeiten notwendige Datenlokalität kümmern muß. Der intellektuelle Aufwand des Programmierers, einen funktionsfähigen Algorithmus zu entwerfen, scheint also letztlich für alle Architekturen von ähnlicher Größenordnung zu sein.

Wenn man Parallelrechner allgemein betrachtet, haben sie offensichtlich alle ein großes Problem: die Datenkommunikation (gleichgültig ob durch Nachrichtenaustausch oder direktes Schreiben/Lesen) ist durchweg viel langsamer als der Ablauf der Rechnung. Besonders bei Algorithmen mit feiner

Granularität macht sich dies bemerkbar. Weiterhin haben sich automatische Werkzeuge, mit denen Fortran-Programme (der gängigen Sprache für sehr rechenintensive Anwendung) parallelisiert werden könnten, in der Praxis noch nicht so recht bewährt. Man kann wirklich bezweifeln, ob es ein echter Fortschritt ist, wenn ein Fortran-Programm mit sog. „Compiler Direktiven" durchsetzt ist, um eine effiziente Abarbeitung auf einem Parallelrechner zu erlauben, und es ist auch nicht recht einzusehen, daß dieses Vorgehen besser sein soll, als explizite parallele Programmierung, sei es nun für einen Rechner mit Nachrichtenübermittlung oder einen mit gemeinsamem Speicher. Es verlangt bei der Programmentwicklung ein ständiges Arbeiten auf zwei Ebenen — der Ebene der konventionellen sequentiellen Programme, und der darüber liegenden Ebene, auf der die Parallelarbeit spezifiziert wird. Es ist klar, daß dieses Gebiet derzeit sehr in Fluß ist (vgl. hierzu Kapitel 14).

Wenn die Entwicklung paralleler Sprachen (Fortran 90, High Performance Fortran, etc.) und die Compilertechnik uns überhaupt werden helfen können, so werden sie dies unabhängig von einer spezifischen Maschinenarchitektur tun. Eine Maschine mit Nachrichtenübermittlung hat die Chance, durch Datentransfer parallel zur Rechnerkernarbeit die Latenzzeiten „zu verstecken" (latency hiding), was auf Maschinen, die auf Daten erst im Augenblick, wo sie gebraucht werden, direkt zugreifen, schwieriger ist (Man erinnere sich an das Problem des vorsorglichen Bereitstellens von Speicherseiten in Betriebssystemen mit virtueller Speichertechnik.)

Was die Rechnerarchitektur betrifft, werden alle Hersteller mit dem Problem zu kämpfen haben, Maschinen mit ausgeglichener Leistung in Bezug auf Rechnerkern, Speichergröße, Speicherzugriffszeit und -bandbreite, die Latenzzeit und Leistung für die Datenübertragung zwischen den Prozessorknoten, sowie die Leistung für Eingabe/Ausgabe zu bauen.

Zum Schluß verweisen wir noch darauf, daß das Prinzip der parallelen Rechnerarchitekturen bislang fast nur zum Zwecke der Leistungssteigerung implementiert wurde. Aber schon für die parallelen Rechner an sich (und insbesondere die massiv-parallelen Rechner) ergibt sich das Problem der Ausfallsicherheit — z.B. bei einem Hypercube-Rechner zerstört der Ausfall nur eines Knotens bereits die Topologie. Es ist darüberhinaus naheliegend, eine mögliche Redundanz in Parallelrechnern für generell mehr ausfallsichere Systeme zu verwenden. Diese Fragen werden im nächsten Kapitel angesprochen.

Glossar

Cluster

Dieses englische Wort mit der Bedeutung: Gruppe, Bündel, Büschel, hat sich als Fremdwort mit vielen Bedeutungen bei uns eingebürgert. In diesem Kapitel werden damit Gruppen von Prozessoren eines Multiprozessor- systems bezeichnet, die sich aufgrund bestimmter Eigenschaften (z.B. enge Kopplung untereinander) von Prozessoren eines anderen Clusters unterscheiden.

DMA

Diese Abkürzung bedeutet: Direct Memory Access. Hiermit bezeichnet man eine Vorrichtung, die imstande ist, unabhängig vom Prozessor dem sie zugeordnet ist, Daten von außen (Eingabe/Ausgabe-Kanäle, oder in diesem Zusammenhang meist, über das Verbindungsnetz eines Parallelrechners) in oder aus dem Speicher eines Prozessors zu übertragen. Im Grunde ist ein DMA ein zum Prozessor parallel arbeitender Prozessor mit einem sehr eingeschränkten Instruktionssatz.

Gemeinsamer Speicher

Ein gemeinsamer Speicher ('shared memory') eines Parallelrechners erlaubt es jedem Prozessor, auf jede Zelle des gemeinsamen Speichers (lesend oder schreibend) zuzugreifen. Damit wird auch impliziert, daß ein globaler Adreßraum vorhanden ist, d.h. daß die Prozessoren jede Speicherzelle adressieren können

Globaler Adressraum

Ein globaler Adreßraum bildet alle Speicherzellen eines Multiprozessors auf eine kompakte Folge der natürlichen Zahlen ab, und jeder Prozessor eines Multiprozessorsystems kann auf alle Zellen zugreifen.

Hot Spot

In Multiprozessoren mit gemeinsamem Speicher kann es zu Leistungseinbußen kommen, wenn alle Prozessoren auf den gleichen Speichermodul oder gar auf das gleiche Wort zugreifen. Letzteres tritt z.B. bei Verwendung von globalen Semaphoren auf. Auf Hardware-Ebene versucht man, dieses Problem durch hash-Adressierung des Speichers zu vermeiden.

Kommunikationsprotokoll

Dies sind die Regeln, nach denen in einem Message Passing System die Kommunikation zwischen Prozessoren abgewickelt wird. Sie können sowohl nur in Software als auch in Software und Hardware implementiert sein.

Latenzzeit

Bei der Kommunikation zwischen Knoten eines Multiprozessorsystems hängt die Leistungsfähigkeit von der Übertragungsbandbreite und der Latenzzeit ab. Letztere gibt an, nach wie langer Zeit nach Start der Kommunikation das erste Byte beim Empfänger eintritt. Die Latenzzeit wird entscheidend davon beeinflußt inwieweit die Kommunikation durch Hardware oder durch Software gesteuert wird.

Lokaler Adreßraum

Bei message passing Architekturen hat jeder Prozessorknoten einen lokalen Speicher, der auf einen lokalen Adreßraum abgebildet wird. Jeder Prozessor kann also nur auf den ihm zugeordneten Speicher zugreifen. Zugriffe auf Daten anderer Knoten können nur durch das passive Empfangen von Nachrichten geschehen. (Vgl. hierzu auch: globaler Adreßraum).

Message Passing

Message passing Architekturen sind Systeme mit verteiltem Speicher, bzw. nur lokalen Adreßräumen, deren Kommunikation ausschließlich durch Nachrichtenaustausch bewerkstelligt wird. Damit ist auch immer eine Synchronisation verbunden: streng, wenn Empfangen und Senden gleichzeitig stattfinden (d.h. mit implizitem Warten), oder nicht streng, wenn der Sender weiterarbeitet, während die Nachricht gesendet wird, und der Empfänger etwas anderes tut, wenn eine erwartete Nachricht noch nicht eingetroffen ist.

MIMD

Diese Abkürzung steht für Multiple Instruction, Multiple Data. Hier sind die Prozessorelemente autonome Rechner, die individuell Programme ausführen können; insbesondere kann jeder Rechner die if–then–else-Konstrukte selbständig abarbeiten. Offensichtlich sind MIMD-Rechner gegenüber SIMD-Rechnern allgemeiner.

Routing

Die Verfahren zur Wegefindung durch ein Kommunikationsnetz bei Multiprozessorsystemen. Solche Verfahren können statisch (deterministisch), oft mit über das Netz verteilter Steuerung, oder adaptiv (nicht-deterministisch) sein.

SIMD

Diese Abkürzung steht für Single Instruction, Multiple Data. Bei einem SIMD-Rechner werden sehr viele identische Prozessorelemente (PE) von einer Steuerung im Gleichtakt mit Instruktionen versorgt, d.h. alle Prozessoren führen entweder die gleiche Instruktion aus oder sie tun nichts, wenn sie momentan stillgelegt sind ('disabled'); letzteres dient zur Abarbeitung von if–then–else-Konstrukten. Dieses Rechnerprinzip basiert auf Datenparallelität; jedem PE ist ein oder gleiches Vielfaches an Datenworten zugeordnet.

SPMD

Diese Abkürzung steht für Single Program, Multiple Data. Bei den meisten Anwendungen für MIMD-Rechner werden alle Prozessoren mit dem gleichen Programm geladen, so daß der Ausdruck SPMD diese Situation treffend beschreibt.

UMA/NUMA-Architekturen

Diese Abkürzungen stehen für uniform memory access und non-uniform memory access. Nur Multiprozessorsysteme mit gemeinsamem Speicher, die über einen Bus angesprochen werden, können das UMA-Prinzip annähernd verwirklichen, und dann nur für eine nicht zu große Anzahl von Prozessoren (typische Beispiele sind die Hochleistungsvektorrechner mit bis zu 16 oder vielleicht auch 32 Prozessoren). Alle anderen Systeme mit globalem Adreßraum, insbesondere große MIMD-Rechner, haben einen verteilten Speicher, der NUMA Charakteristika aufweist: die Zugriffszeit zu Daten auf entfernten Prozessoren ist deutlich länger (ein bis zwei Größenordnungen) als auf lokale Daten.

Vektorrechner

Vektorrechner sind die klassischen Allround-Supercomputer. Es sind im Prinzip SIMD-Maschinen, deren "Prozessoranzahl" der Feldlänge der Vektoren oder Arrays entspricht, weil auf dem ganzen Feld die gleiche Operation ausgeführt wird. Die hohe Leistung wird (neben der Verwendung mehrerer parallel arbeitender Funktionseinheiten) vor allem durch das sog. Pipeline-Prinzip erreicht: eine Operation in einer Funktionseinheit wird in (gleich langen) Stufen abgearbeitet, wobei sie – wie bei einem Fließband – von Stufe zu Stufe weitergereicht wird. Haben die verarbeiteten Daten eine Stufe verlassen, kann diese bereits die nächsten Operanden verarbeiten.

Verbindungsnetze

Die klassische Verbindung von Mehrprozessorsystemen ist der Bus, mit der bekannten Beschränkung auf wenige Prozessoren. Die neueren Parallelrechner mit sehr vielen Prozessoren (Hunderte bis Tausende) brauchen deshalb Verbindungsnetze, die mit einer angemessenen Relation zwischen Aufwand und Leistung imstande sind, die Kommunikationsanforderungen in einem solchen System zu befriedigen. Es sind eine Vielzahl von Netz-Topologien vorgeschlagen und realisiert worden: Omega-Netze, Hypercubes, ebene Gitter, dreidimensionale Gitter, Ringe, usw.

Literaturverzeichnis

[1] F. Hertweck: *Vektor- und Parallel-Rechner: Vergangenheit, Gegenwart, Zukunft*; Informationstechnik it 31, 1 (1989)

[2] K. Hwang, F.A. Briggs: *Computer Architecture and Parallel Processing*; McGraw-Hill, New York, (1984)

[3] K. Hwang: *Advanced Computer Architecture*; McGraw-Hill (1993) 892

[4] A. Trew, G. Wilson (Ed): *Past, Present, Parallel*; Springer (1991)

[5] W.J. Bouknight et al: *The Illiac IV System*; Proc. IEEE, Bd. 60, 369-388 (1972)

[6] T.Y. Feng: *A Survey of Interconnection Networks*; IEEE Computer, Dez. 1981, 12

[7] W.K. Giloi: *Rechnerarchitektur*; Springer (1993)

[8] H.J. Siegel: *Interconnection Networks for Large-scale Parallel Processing*; McGraw-Hill, New York (1990)

[9] W.D. Hillis: *The Connection Machine*; The MIT Press, Cambridge, Massachusetts (1982)

[10] *Connection Machine CM-2 Technical Summary*; Thinking Machines Corporation, Cambridge. Massachusetts (1990)

[11] *The Design of the MasPar MP-2: a Cost Effective Massively Parallel Computer*; MasPar Computer Corporation, Sunnyvale, California (1993)

[12] T. Blank: *The MasPar MP-1 Architecture*; Proc. 35th IEEE Computer Society Spring CompCon (1990)

[13] C.L. Seitz: *The Cosmic Cube*; Communications of the ACM, 28,1 (1985)

[14] G. Fox et al: *Solving Problems on Concurrent Processors*; Prentice-Hall, Englewood Cliffs, New Jersey (1988)

[15] G. Fox et al: *Parallel Processing Works*; Morgan Kaufman, San Mateo, California, (1994)

[16] *nCUBE 2 Processor Manual*; nCUBE Corporation, Beaverton, Oregon (1990)

[17] *nCUBE 3 Technical Overview*; nCUBE Corporation, Beaverton, Oregon (1994)

[18] *The Transputer Data Book*; 3rd Edition, INMOS/SGS-Thomson (1992)

[19] *Paragon XP/S Product Overview*; Intel Corporation Supercomputer Systems Division, Beaverton, Oregon (1991)

[20] *Parsytec GC Technical Summary*; Parsytec Computer GmbH, Aachen (1994)

[21] *Connection Machine CM-5 Technical Summary*; Thinking Machines Corporation, Cambridge. Massachusetts (Nov 1992)

[22] C.E. Leiserson: Fat-trees: Universal networks for hardware-efficient supercomputing; *IEEE Trans. Computers* C-34 (1985) 892

[23] C. Stunkel et al.: The SP1 High-Performance Switch; *Proc. of Scalable High-Performance Computing Conf, Knoxville*, Tennessee (1994)

[24] C. Stunkel et al.: *The SP2 Communication Subsystem*; IBM Highly Parallel Supercomputing Systems Laboratory, Kingston, NY (Aug. 1994)

[25] *KSR1 Principles of Operation*; Kendall Square Research Corporation, Waltham, Massachusetts (1992)

[26] *Exemplar SPP1000 Scalable Parallel Processing System*; Convex Computer Corporation, Richardson, Texas (1994)

[27] *CRAY T3D System Architecture Overview*; Cray Research, Inc. (1994)

[28] W.K. Giloi: From SUPRENUM to MANNA and META — Parallel Computer Development at GMD-FIRST; in H.W. Meuer (Hrsg.), *Supercomputer 1994, Anwendungen Architekturen, Trends*, Springer (1994)

[29] J. Cordsen: Basing Virtually Shared Memory on a Family of Consistency; in *Proc. 1st International Workshop on Scalable Shared Memory Systems*, (1994)

[30] W.K. Giloi, C. Hastedt, F. Schön, W. Schröder-Preikschat: A Distributed Implementation of Shared Virtual Memory with Strong and Weak;
in A. Bode (ed.), *Distributed Memory Computing*, Proc. EDMCCC2,
LNCS 487, Springer (1991)

[31] *Meiko S-2*; Meiko Corporation (1993)

[32] K. Miura: *VPP500 Supercomputing System*; Fujitsu America, San Jose,
California (1993)

8 Fehlertolerante Architekturen

In zuverlässigkeitskritischen Einsatzbereichen müssen Rechner auch bei Fehlverhalten einzelner Komponenten – wie selten dies auch sein mag – funktionieren; sie müssen fehlertolerant sein. FEHLERTOLERANZ ist also die Fähigkeit, sich trotz einer begrenzten Zahl von Fehlern spezifikationsgerecht zu verhalten. Dabei kommen nicht nur Betriebsfehler in Betracht, hervorgerufen durch Verschleiß oder äußere Einwirkungen, sondern auch Entwurfs-, Herstellungs-, Bedienungs- oder Wartungsfehler. Die wichtigsten Kenngrößen und Verfahren der Fehlertoleranz werden in Abschnitt 8.1, die am häufigsten eingesetzten Fehlertoleranztechniken in Abschnitt 8.2 besprochen.

Fehlertoleranz wird umso wichtiger, je weiter die rechnergestützte Automatisierung in zuverlässigkeits- und unternehmenskritische Bereiche vordringt. Dies sind Bereiche, in denen ein Ausfall hohe Kosten verursacht oder gar eine Gefahr bedeutet, oder große Datenbestände verloren gehen und nicht rechtzeitig wiedergewonnen werden können. Auch kann die Umgebung Fehlertoleranz geradezu erzwingen, wenn sich z.B. Störungen mechanischer, elektrischer oder thermischer Art nicht ausschließen lassen, was in der industriellen Fertigung, der Energiegewinnung oder der Raumfahrt der Fall sein kann. Fehlertoleranzmaßnahmen sind heute in jedem Rechner zu finden.

Von einem FEHLERTOLERANTEN RECHNER spricht man aber erst, wenn die Fehlertoleranz in seiner Architektur und nicht nur in einzelnen organisatorischen Maßnahmen begründet ist.

Es liegt in der Architektur der Parallelrechner, daß alle Resourcen (Prozessoren, Speicher, Eingabe-/Ausgabe-Schnittstellen, Verbindungselemente, etc.) mehrfach vorhanden sind. Somit kann in Parallelrechnern relativ problemlos ein Teil dieser Resourcen für Fehlertoleranz eingesetzt werden. Im Extremfall bietet ein fehlertoleranter Parallelrechner nur mehr die Leistung eines Monorechners, aber eine wesentlich größere Verläßlichkeit. Beispiele dafür werden in Abschnitt 8.3 vorgestellt. Andererseits ist Fehlertoleranz gerade für Parallelrechner von besonderer Bedeutung, da deren Fehleranfälligkeit wegen der mehrfach vorhandenen Resourcen größer ist als die eines Monorechners. Dies gilt vor allem für skalierbare, massiv parallele Rechner. Abschnitt 8.4 enthält dafür Beispiele. Fehlertoleranz spielt aber nicht nur für massiv parallele Rechner sondern vor allem auch für Verteilte Systeme [4] und Echtzeitsysteme [17] eine wichtige Rolle.

8.1   Kenngrößen und Verfahren

Die wichtigsten Kenngrößen für die Verläßlichkeit eines Rechners sind die ZUVERLÄSSIGKEIT, die VERFÜGBARKEIT, die SICHERHEIT und die VERTRAULICHKEIT.

Zuverlässigkeit und Verfügbarkeit bestimmen die Funktionstüchtigkeit des Rechners, d.h. seine Funktionsdauer bzw. Funktionsbereitschaft. Seine Einsatzfähigkeit ist aber erst gegeben, wenn zudem jede Gefahr für Menschen und Sachwerte ausgeschlossen ist (Sicherheit) und Schutz vor unberechtigten Datenzugriffen besteht, d. h. wenn die Vertraulichkeit hinsichtlich sensitiver Daten gewahrt bleibt (Datenschutz). Fehlertoleranz erhöht in erster Linie die Funktionstüchtigkeit des Rechners. Sie kann aber auch zur Sicherheit und Vertraulichkeit beitragen, indem sie beispielsweise dafür sorgt, daß sicherheits- oder vertraulichkeitskritische Software-Entwurfsfehler toleriert werden.

8.1.1   Zuverlässigkeit und Verfügbarkeit

In Bezug auf fehlertolerante Architekturen sind die Zuverlässigkeit und die Verfügbarkeit die wichtigsten Verläßlichkeitsgrößen. Sie werden wie folgt definiert:

ZUVERLÄSSIGKEIT (reliability) ist die Wahrscheinlichkeit dafür, daß das System während einer vorgegebenen Zeitdauer bei zulässigen Betriebsbedingungen die spezifizierte Funktion erbringt.

Sei L die Funktions- oder Lebensdauer des Systems (d. h. die Zeitspanne bis zum ersten Ausfall), dann ist seine Zuverlässigkeit $R(t)$ zur Zeit t

$$R(t) = P\{L > t\}$$

wobei $P\{E\}$ die Wahrscheinlichkeit für das Eintreten des Ereignisses E ist. Der Erwartungswert einer stochastischen Variable X sei mit $E[X]$ bezeichnet; $E[L]$ ist also die mittlere Funktionsdauer (MTFF — mean time to first failure).

Für gewöhnlich nimmt man an, daß zu Betriebsbeginn das System fehlerfrei ist, $R(0) = 1$, und bei langem Betrieb irgendwann ausfällt, also $\lim_{t \to \infty} R(t) = 0$. Kann man weiterhin voraussetzen, daß die Ausfallrate

$$\lambda(t) = -\frac{dR(t)}{dt}/R(t)$$

zeitlich konstant ist, dann ergibt sich für die Zuverlässigkeit:

$$R(t) = e^{-\lambda t}$$

Es ist $dt \cdot \lambda(t)$ die bedingte Wahrscheinlichkeit dafür, daß das System zum Zeitpunkt t ausfällt, wenn es bis dahin intakt war [6, 11]. Die mittlere Funktionsdauer ist dann

$$E[L] = \int_0^\infty R(t)dt = \frac{1}{\lambda}$$

VERFÜGBARKEIT (availability) bezeichnet die Wahrscheinlichkeit dafür, daß das System zu einem gegebenen Zeitpunkt fehlerfrei ist, also funktioniert, d. h. die Verfügbarkeit $A(t)$ ist

$$A(t) = P\{\text{System ist zum Zeitpunkt } t \text{ funktionsbereit}\}$$

Die Verfügbarkeit eines Systems unterscheidet sich von seiner Zuverlässigkeit nur dann, wenn das System nach einem Ausfall wieder in einen fehlerfreien Zustand gebracht werden kann.

Oft versteht man unter Verfügbarkeit auch nur die STATIONÄRE VERFÜGBARKEIT. Das ist die Wahrscheinlichkeit A, daß das System (im stationären Zustand) zu einem beliebigen Zeitpunkt funktionsbereit ist. Ist B die Fehlerbehandlungsdauer und I die

Intaktzeit nach einer Fehlerbehebung, so ist (unter bestimmten stochastischen Voraussetzungen) A gegeben durch

$$A = \frac{E[I]}{E[I] + E[B]} = \frac{MTTF}{MTTF + MTTR}$$

$MTTF$ steht für: mean time to failure; $MTTR$ für: mean time to repair. Es ist $E[I] = E[L]$, wenn man davon ausgehen kann, daß sich ein wiederhergestelltes System wie ein neues System verhält.

Unterschiedliche Einsatzgebiete stellen unterschiedliche Anforderungen an fehlertolerante Rechner: z.B.:

- Flugüberwachung: Die Wahrscheinlichkeit für einen Ausfall des Bordrechners während eines 10-stündigen Flugs darf 10^{-9} nicht überschreiten, d. h. es muß $R(10h) > 1 - 10^{-9}$ gewährleistet sein.

- Satelliten: Die Bordrechner müssen mindestens 5 Jahre fehlerfrei arbeiten, d.h. für ihre Lebensdauer hat $L > 5$ Jahre zu gelten.

- Vermittlungsrechner: Das Gesamtsystem darf nur wenige Minuten im Jahr ausfallen, maximal 2 Stunden in 40 Jahren. Daraus ergibt sich für seine stationäre Verfügbarkeit $A > 0,999995$.

- Kommerzielle Rechner: Die mittlere Intaktzeit zwischen zwei Ausfällen des Gesamtsystems muß mehr als 4000 Stunden betragen, während die mittlere Reparaturzeit höchstens 8 Stunden betragen soll. Daraus ergibt sich die stationäre Verfügbarkeit $A = 0,998$.

- Büroautomatisierung: Im Fehlerfall dürfen Verwaltungsfunktionen vorübergehend ausfallen, die Datenbestände müssen jedoch über Jahre hinweg unversehrt bleiben. Das kann z.B. heißen, daß die mittlere Lebensdauer der Daten (MTTDL: mean time to data loss) mehr als 50 Jahre betragen muß.

8.1.2 Fehlertoleranzverfahren

Wenn es darum geht, Fehlertoleranzverfahren zu entwerfen oder zu bewerten, ist es ratsam, zwischen den Ursachen von Fehlern und deren Folgen sorgfältig zu unterscheiden.

FEHLERURSACHE (fault, Störung oder Defekt) ist die physikalische Ursache für Fehlzustände des betroffenen Systems. Die Ursache kann im System selbst oder in seiner Umgebung liegen; sie kann permanent oder temporär sein, d.h. nur eine bestimmte Zeit wirken.

FEHLER (error) oder FEHLZUSTAND ist ein Teil des (fehlerhaften) Systemzustands, der zu einem Systemausfall führen kann — aber nicht muß.

AUSFALL (failure) ist der Übergang von einem fehlerfreien zu einem fehlerhaften Erbringen der Dienstleistung.

Die beiden grundsätzlichen Vorgehensweisen der Fehlertoleranz sind die Fehlerdiagnose und die Fehlerbehandlung [6, 11, 9, 18].

Zur FEHLERDIAGNOSE zählen die Fehler-(Fehlzustands)-erkennung und die Fehlerlokalisierung. Beide können entweder in einem eigenen Betriebsmodus (off line) oder nebenläufig zum normalen Betrieb des Rechners (on line) erfolgen. Im ersten Fall spricht man genauer von Tests und Testen; im zweiten Fall von Überwachen. Ein fehlertoleranter Rechner ist in der Lage, sich selbst zu diagnostizieren, d.h. sich selbst zu testen und/oder zu überwachen.

Zur FEHLERBEHANDLUNG zählen die Fehlerausgrenzung (Rekonfiguration), die Fehlerbehebung (Recovery) und die Fehlerkompensation (Masking).

FEHLERAUSGRENZUNG isoliert oder entfernt fehlerhafte Systemkomponenten (Software- oder Hardwarekomponenten).

FEHLERBEHEBUNG versetzt das System in einen fehlerfreien Zustand, unter Umständen ohne fehlerhafte Komponenten zu entfernen, falls es solche überhaupt gibt. Fehlerbehebung ist nämlich in erster Linie bei transienten Fehlerursachen angebracht, die definitionsgemäß nicht auf defekte Hardware sondern auf äußere Einflüsse zurückzuführen sind und nur kurze Zeit wirken.

FEHLERKOMPENSATION beläßt sowohl die fehlerhaften Komponenten als auch deren fehlerhafte Zustände im System. Sie korrigiert oder maskiert jedoch deren Auswirkungen. Das wohl bekannteste Beispiel dafür ist die fehlerkorrigierende Codierung von Daten (ECC: error correcting coding).

Weitere Verfahren, die Bestandteile von Fehlertoleranzmaßnahmen sein können, sind die Fehlereingrenzung und die Fehlervorhersage.

FEHLEREINGRENZUNG sorgt dafür, daß sich Folgefehler eines auftretenden Fehlers nicht beliebig im System ausbreiten können.

FEHLERVORHERSAGE zeigt drohende Fehlzustände an und meldet sie den zuständigen Instanzen. Das System läßt sich dann vorzeitig in einen sicheren Zustand bringen (fail fast) oder es können entsprechende Fehlertoleranzmaßnahmen angestoßen werden.

Jedes dieser Fehlertoleranzverfahren setzt REDUNDANZ voraus, d.h. es müssen mehr Betriebsmittel vorhanden sein als für die vorhergesehene Funktion des Systems benötigt werden. Diese zusätzlichen Betriebsmittel werden zuverlässigkeitssteigernd verwendet (nützliche Redundanz). Man unterscheidet zwischen nützlicher statischer und nützlicher dynamischer Redundanz. Statische Redundanz dient der Fehlertoleranz während der gesamten Betriebszeit und nicht nur — wie dynamische Redundanz — im Bedarfsfall. Die wichtigsten Redundanzformen sind:

- STRUKTURELLE REDUNDANZ umfaßt die Erweiterungen des Systems um zusätzliche Hard- und Softwarekomponenten, z.B. um Reserve- oder Diagnoserechner.

- FUNKTIONELLE REDUNDANZ bezeichnet die Erweiterung des Systems um zusätzliche Funktionen, z.B. um Testfunktionen, Fehlervorhersage oder Erstellung von Sicherungsdaten.

- INFORMATIONSREDUNDANZ besteht aus zusätzlicher Information über den Systemzustand oder die Daten. Beispiele sind fehlerkorrigierende Codes, Protokollinformation oder fehlertolerante Datenstrukturen.

- ZEITREDUNDANZ bezeichnet die zusätzliche Zeit, die für Fehlertoleranzmaßnahmen zur Verfügung steht, z.B. für das wiederholte Versenden von Botschaften oder für das Rücksetzen eines Prozesses.

Fehlertoleranzverfahren werden meist durch ihren ÜBERDECKUNGSGRAD (coverage) bewertet. Der Überdeckungsgrad der Fehlererkennung ist z.B. definiert als relativer Anteil derjenigen unter den spezifizierten Fehlern, die durch die Fehlererkennungsmaßnahme auch wirklich erkannt werden. Entsprechendes gilt für die Fehlerlokalisierung, die Fehlerbehebung oder die Fehlerkompensation.

Insbesonders läßt sich die Gesamtheit der Fehlertoleranzmechanismen durch die sogenannte FEHLERTOLERANZÜBERDECKUNG $C(t)$ bewerten. Sei $F/0, t$ das Ereignis „im Zeitintervall von 0 bis t sind Fehler aufgetreten" und T^* die Funktionsdauer des fehlertoleranten Systems, dann ist

$$C(t) = P\{T^* > t | F/0, t\},$$

also die Wahrscheinlichkeit dafür, daß das fehlertolerante System den Zeitpunkt t überlebt, wenn Fehler bereits aufgetreten sind.

Die Zuverlässigkeit R_{ft} des fehlertoleranten Systems ist:

$$
\begin{aligned}
R_{ft}(t) &= P\{T^* > t\} \\
&= P\{T^* > t| \text{ keine } F/0, t\}P\{\text{ keine } F/0, t\} \\
&\quad + P\{T^* > t|F/0, t\}P\{F/0, t\}
\end{aligned}
$$

$R_{nf}(t) = P\{\text{keine } F/0, t\}$ ist die Zuverlässigkeit des Systems, wenn die Fehlertoleranzmaßnahmen nicht wirksam werden. Somit ergibt sich für die Fehlertoleranzüberdeckung:

$$C(t) = \frac{R_{ft}(t) - R_{nf}(t)}{1 - R_{nf}(t)}$$

Neben der Überdeckung spielt natürlich auch die Effizienz der Fehlertoleranzmaßnahmen eine wichtige Rolle. Man unterscheidet diesbezüglich zwischen pessimistischen und optimistischen Maßnahmen. Pessimistische Verfahren werden bei hohen Ausfallraten eingesetzt und wenn eine schnelle Reaktion auf einen Fehler erforderlich ist. Der optimistische Ansatz geht dagegen davon aus, daß Fehler sehr selten sind und Toleranzmaßnahmen erst im Fehlerfall durchgeführt werden, was aber im allgemeinen die Reaktionszeiten auf einen Fehler vergrößert. Sie erfordern dafür im fehlerfreien Betrieb wenig zusätzlichen Aufwand, im Grunde nur eine schnelle Fehlererkennung.

8.2 Fehlertoleranztechniken

In diesem Abschnitt werden einige grundlegende Techniken der Fehlertoleranz näher erläutert. Die Fehlerausgrenzung und die Fehlermaskierung

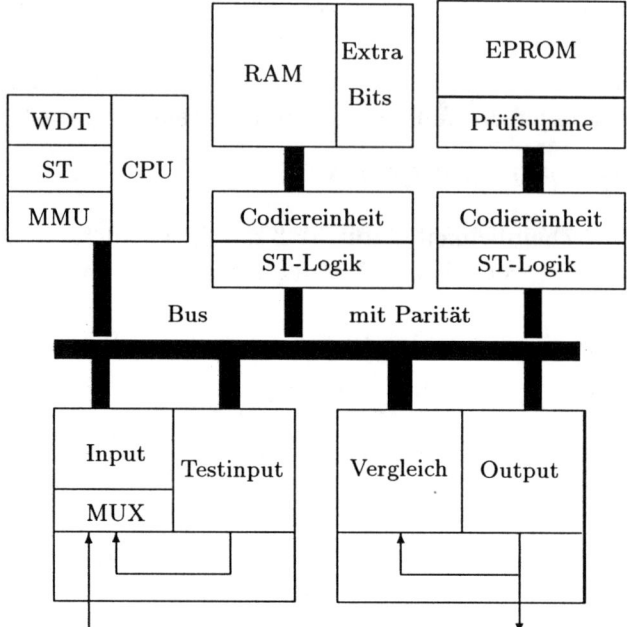

MUX: Multiplexer; ST: Selbsttest

Abb. 8.1: Diagnose in einem Monorechner

haben den größten Einfluß auf die Hardware-Architektur eines Rechners. Für die Fehlerbehebung, z.B. die Erstellung von Sicherungspunkten, deren Überprüfung und sichere Aufbewahrung, sowie die Fehlervorhersage ist die Rechnersoftware zuständig.

8.2.1 Diagnose

In Abbildung 8.1 sind einige Verfahren der hardwareunterstützten Selbstdiagnose aufgeführt, die in einem einzelnen Rechner eingesetzt werden können. Dies sind:

- 'Watchdog-Timer' (WDT)
- Logik für Paritätsüberprüfung
- CPU-Selbsttest-ROM (ST)

Test von	Ergebnis	Interpretation 1	Interpretation 2
K_1 durch K_5	K_1 intakt	K_5 defekt	–
K_1 durch K_4	K_1 intakt	K_4 defekt	
K_2 durch K_1	K_2 intakt		
K_2 durch K_5	K_2 defekt	–	–
K_3 durch K_2	K_3 defekt		
K_3 durch K_1	K_3 defekt		K_3 defekt
K_4 durch K_3	K_4 intakt	K_3 defekt	
K_4 durch K_2	K_4 intakt	K_2 defekt	
K_5 durch K_4	K_5 defekt	–	K_5 defekt
K_5 durch K_3	K_5 intakt		K_3 defekt

Tab. 8.1: Diagnose des Testergebnisses

- Logik für Prüfsummenbildung (check sum)
- Testinput-Generator
- Selbsttestende Logik (ST-Logik)
- Comparatoren (read back)

'Watchdog-Timer' und Paritätslogik dienen der Fehlererkennung; die restlichen Diagnosetechniken der Fehlerlokalisation. Bei Parallelrechnern besteht zudem die Möglichkeit der gegenseitigen Diagnose, da die Prozessoren eines Multiprozessors sich im Prinzip gegenseitig testen können. (Die entsprechende Testanordnung läßt sich als sogenannter Diagnosegraph modellieren.) Wenn Prozessor P_i Prozessor P_j testen kann, ist damit nicht schon gesagt, daß dieser Test fehlerfrei abläuft, da P_i defekt sein kann. Es ist Aufgabe der Diagnose, aus der Menge der Testergebnisse auf die fehlerhaften Prozessoren (Knoten) zu schließen.

Der Testanordnung der Tabelle 8.1 läßt sich z.B. entnehmen, daß sich die fehlerhaften Prozessoren eindeutig lokalisieren lassen, falls es nicht mehr als zwei sind.

Interpretation 1 geht davon aus, daß K_1 defekt ist. Diese Annahme führt zu einer Verletzung der Voraussetzung, daß höchstens zwei Prozessoren defekt sind. Wenn K_1 nämlich als defekt angenommen wird, muß auch K_5 defekt sein, denn sein Testergebnis „K_1 intakt" ist dann falsch. Dasselbe gilt für K_4 und entsprechends für K_2 und K_3. Interpretation 2 geht von der Annahme aus, daß K_1 intakt ist, was zu keinem Widerspruch führt und K_5 und K_3 als defekt identifiziert.

Die Entwicklung weiterer Diagnosemodelle und -verfahren für Parallelrechner wurde wesentlich beeinflußt durch eine Arbeit von Preparata, Metze und Chien [23]. Sie legte die Grundlagen für die Betrachtung

- des *Analyseproblems*: Welche Diagnostizierbarkeitseigenschaften hat eine gegebene Testanordnung?

- des *Syntheseproblems*: Wie müssen Testanordnungen gestaltet sein, damit sich eine optimale Diagnostizierbarkeit ergibt?

- des *Diagnoseproblems*: Wie sieht ein effizienter Diagnosealgorithmus für eine gegebene Testanordnung aus?

In [13] und [19] ist der Versuch unternommen worden, selbstdiagnostizierende Parallelrechnerarchitekturen auf der Basis solcher Diagnosemodelle zu realisieren. Eine Bewertung der Modelle findet man z.B. in [2, 14].

8.2.2   Maskierende Redundanz

Ein einfaches, jedoch relativ aufwendiges Kompensationsverfahren ist das Votieren. Statt von einem einzigen Rechner wird die Anwendung von mehreren identischen Rechnern ausgeführt, die ihre Ergebnisse vergleichen. Als gültig wird dann dasjenige Ergebnis angesehen, das von der Mehrheit – im Falle einer DREIFACHREDUNDANZ (TMR: Triple Modular Redundancy) also von zwei Rechnern – ermittelt wurde. Ist jedesmal höchstens ein Rechner von einem Fehler betroffen, so maskiert dieses Verfahren offensichtlich die fehlerhaften Ausgaben, wenn der Voter zuverlässig ist. Der Voter ist somit eine zufallskritische Komponente. Die Menge der tolerierbaren Fehler ist ansonsten nicht weiter eingeschränkt.

Es sei $R_V(t)$ die Zuverlässigkeit des Voters und $R(t)$ die der Rechner. Es sei ferner gewährleistet, daß die Komponenten des Systems statistisch unabhängig ausfallen. Dann gilt für die Zuverlässigkeit des Gesamtsystems:

$$R_{TMR}(t) = [R(t)^3 + 3R(t)^2(1 - R(t))]R_V(t)$$
$$= [3R(t)^2 - 2R(t)^3]R_V(t)$$

		λt	
C	0,01	0,05	0,1
0,01	0,74	0,89	0,87
$\lambda_V t$			
0,05	0,36	0,69	0,75

Tab. 8.2: Fehlertoleranzüberdeckung

Die mittlere Funktionsdauer beträgt bei konstanter Ausfallrate λ der Rechner und $R_V(t) \equiv 1$:

$$MTTF_{TMR} = \int_0^\infty R_{TMR}(t)dt = \frac{5}{6\lambda}$$

Das fehlertolerante System hat also eine kürzere mittlere Funktionsdauer als das ursprüngliche (Simplex-) System, ist jedoch bei kurzer Betriebsdauer zuverlässiger. Für die Fehlertoleranzüberdeckung dieses Verfahrens erhält man den Ausdruck:

$$C(t) = R_V(t) \cdot \frac{3R(t)^2(1 - R(t))}{1 - R_V(t)R(t)^3}$$

Tabelle 8.2 zeigt einige numerische Werte. Für $\lambda_V = \lambda = 0,01$ z.B. überlebt das fehlertolerante System mit 74 % Wahrscheinlichkeit Komponentenausfälle bis zum Zeitpunkt 1 [Zeiteinheit].

Fehler werden nur maskiert, solange die votierende Instanz (Soft- oder Hardware) fehlerfrei arbeitet. In Abbildung 8.2 wurde sie deshalb ebenfalls verdreifacht. Mehrere solcher TMR-Stufen lassen sich dann zu einem fehlermaskierenden Gesamtsystem zusammenfügen (Fehler des (letzten) Ausgangsvoters lassen sich so jedoch nicht mehr maskieren.).

Abbildung 8.3 zeigt das Schema eines Voters, der zugleich die fehlerhafte Komponente identifiziert (Fehlerlokalisation). Bei Verwendung eines solchen Voters kann zur weiteren Zuverlässigkeitssteigerung zusätzliche dynamische Redundanz in Form von Reserverechnern eingesetzt werden. Sie ersetzen — falls ein Rechner des Tripletts ausfällt — den ausgefallenen Rechner, der seinerseits isoliert wird (Rekonfiguration). Man spricht in diesem Fall von Hypridredundanz.

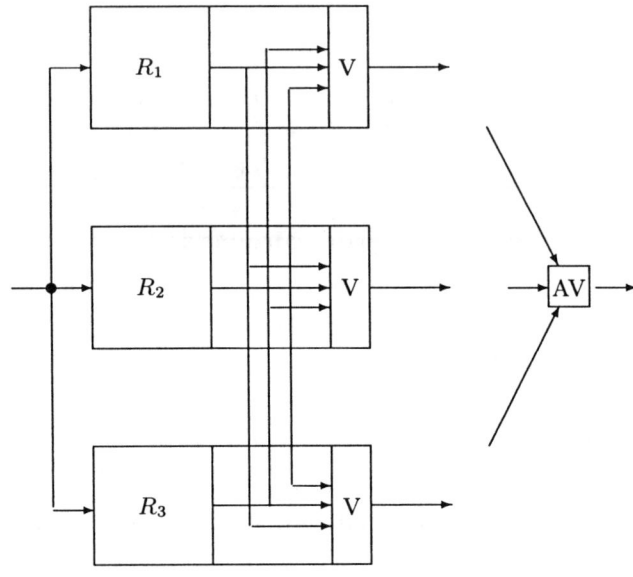

V: Voter; R_i: Rechnerteil; AV: Ausgangsvoter

Abb. 8.2: Ein TMR-System

Bei einem (rein) dynamisch redundanten System ist immer nur ein Rechner aktiv. An die Stelle des Voters tritt eine fehlererkennende Instanz. Erkennt diese einen Fehler, so wird anstelle des aktiven Rechners einer der redundanten Rechner aktiviert. In der Regel kann angenommen werden, daß die Zuverlässigkeit nichtbelasteter (inaktiver) Rechner größer als die belasteter ist.

Die Zuverlässigkeit nicht belasteter Rechner sei gleich 1 (kalte Redundanz); für belastete Rechner gelte $R(t) = e^{-\lambda t}$. Weiter sei eine 100%-ige Überdeckung der Fehlererkennung und Rekonfiguration angenommen, die beide vernachlässigbar viel Zeit beanspruchen. Dann ergibt sich für die Zuverlässigkeit eines dyna-

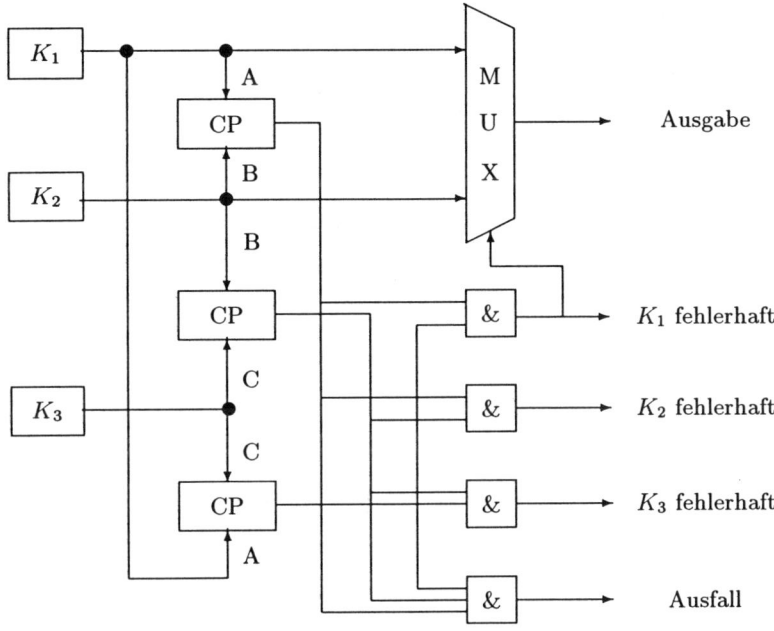

CP: Comparator (CP(A,B)=0 genau dann wenn A = B)

MUX: Multiplexer

Abb. 8.3: Lokalisierender Voter

misch redundanten Systems mit N-facher Reserve (Erneuerungs-prozeß) [10]

$$R_{DR}(t) = \sum_{k=0}^{N} \frac{(\lambda t)^k}{k!} e^{-\lambda t} \quad .$$

Tabelle 8.3 zeigt einige numerische Werte für $N = 3$ und zuverlässigen Voter.

8.2.3 Paarweise Redundanz

Durch Duplizierung eines Rechners und Vergleich der Rechnerergebnisse erhält man ein sogenanntes FAIL-STOP-SYSTEM. Eine Vergleichslogik iso-

λt	TMR	DR
0,5	0,6574	0,9856
1	0,3064	0,9197

Tab. 8.3: Zuverlässigkeiten

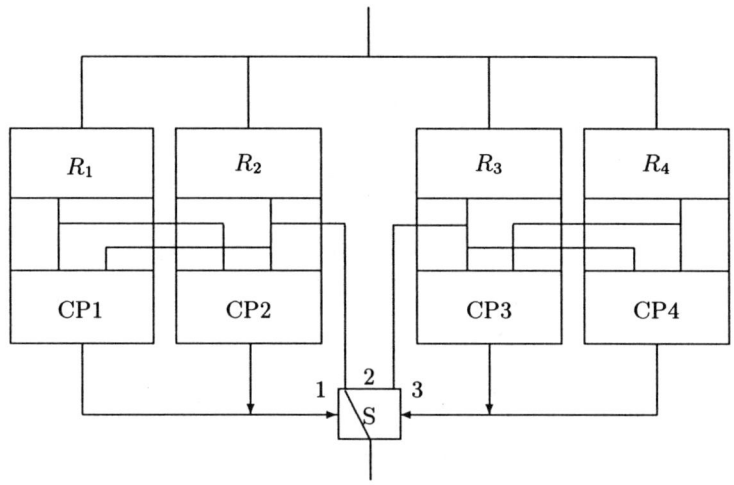

CP: Comparator; R_i: Rechnerteil; S: Schalter
$S = 1$, falls $CP1 = CP2 = 0$;
$S = 3$, falls $CP1 \neq CP2$ und $CP3 = CP4 = 0$; $S = 2$ sonst

Abb. 8.4: PSR-System

liert das System von der Umwelt, bevor es sein Ergebnis weitergibt. Ein Fail-Stop-System garantiert also, daß keine falschen Ergebnisse produziert werden. Im Fehlerfall liefert es kein Ergebnis. Fail-Stop-Rechner bilden die Basis sowohl für sichere als auch für fehlertolerante Rechnersysteme.

Zu einem fehlertoleranten System gelangt man durch nochmaliges Duplizieren (PAIR AND SPARE REDUNDANCY: PSR); siehe Abbildung 8.4. Zeigt das aktive Fail-Stop-Paar einen Fehler an ($CP1 \neq CP2$), wird es deaktiviert und das Reservepaar aktiviert (Rekonfiguration).

Im Gegensatz zur Dreifachredundanz wird bei paarweiser Redundanz ein

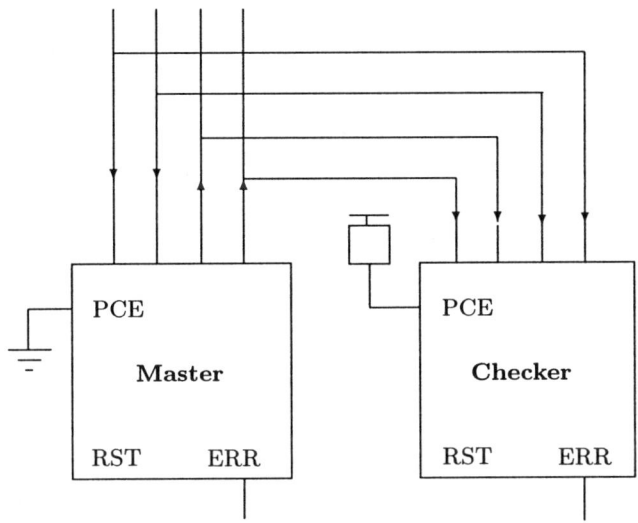

Abb. 8.5: Master-Checker-Konfiguration

späterer, zweiter Ausfall immer erkannt. Zudem ist es möglich, die fehlerhaften Fail-Stop-Komponenten off-line zu reparieren. Andererseits ist die Zuverlässigkeit des PSR-Systems bei gleichen Voraussetzungen etwas geringer als die des TMR-Systems, da es mehr Komponenten enthält. Beide Verfahren ermöglichen einen unterbrechungsfreien Betrieb.

Beispiel für eine Realisierung

Die Realisierung der erwähnten Redundanzkonzepte erfordert im Prinzip nur, daß sich die Rechnerkomponenten synchronisieren und ihre Ergebnisse vergleichen. Die Vergleichs- und Schalterlogik (Comparator) muß zuverlässig sein. Man kann dafür z.B. selbstüberprüfende Comparatoren verwenden.

Einige neuere Mikroprozessoren stellen die Vergleichsfunktion bereits auf dem Chip zur Verfügung (MC 88100, MIPS R6000, Pentium). Diese Mikroprozessoren können im Master- oder Checkermode betrieben werden. Im Mastermode treibt der Mikroprozessor den Systembus; im Checkermode liest er lediglich den Bus und vergleicht die Ausgaben des Masters mit seinen eigenen Ergebnissen. Durch Verdoppeln der Master-Checker-Konfiguration erhält man eine Pair-and-Spare-Konfiguration.

ERR1	ERR2	ERR3	Diagnose
0	0	0	ok
0	1	0	Checker 1 defekt
0	0	1	Checker 2 defekt
0	1	1	Master defekt
1	×	×	Bus defekt

x: beliebig 1 oder 0

Tab. 8.4: Diagnoselogik D

Abbildung 8.5 zeigt eine Master-Checker-Konfiguration [21]. Der PCE-Pin des einen Mikroprozessors wird mit Masse verbunden, um ihn als Master auszuwählen; der PCE-Pin des anderen Mikroprozessors, des Checkers, befindet sich im Zustand "high". Beide Prozessoren führen taktsynchron dieselben Instruktionen aus. Falls der Vergleich eine Diskrepanz der Outputs aufdeckt, generiert der Checker ein Fehlersignal. Die Fehlersignale können durch eine zusätzliche Diagnoselogik analysiert werden, die gegebenenfalls das System über PCE-Signale und Reset (RST) rekonfigurieren.

Abbildung 8.6 zeigt eine TMR-Konfiguration auf der Basis des Master-Checker-Prinzips. Die dazu benötigte Diagnoselogik D ist durch Tabelle 8.4 beschrieben.

Wenn bei dieser Konfiguration eine Komponente defekt wird, läßt sich durch Umkonfigurieren aus den beiden intakten Komponenten noch ein Master-Checker-Paar bilden.

8.2.4   Gegenseitig genutzte Redundanz

GEGENSEITIGE REDUNDANZ ist ein Fehlertoleranzverfahren, das speziell auf Parallelrechner zugeschnitten ist. Von jedem aktiven Prozeß werden eine oder mehrere Kopien, sogenannte Schatten, auf unterschiedlichen Prozessoren des Systems angelegt. Sie können aktiviert werden, wenn der aktive Prozeß z.B. aufgrund eines permanenten Prozessordefekts fehlerhaft wird. Dazu teilt jeder aktive Prozeß in regelmäßigen Abständen denjenigen Prozessoren, die einen Schatten von ihm besitzen, seinen Zustand (Sicherungsdaten)

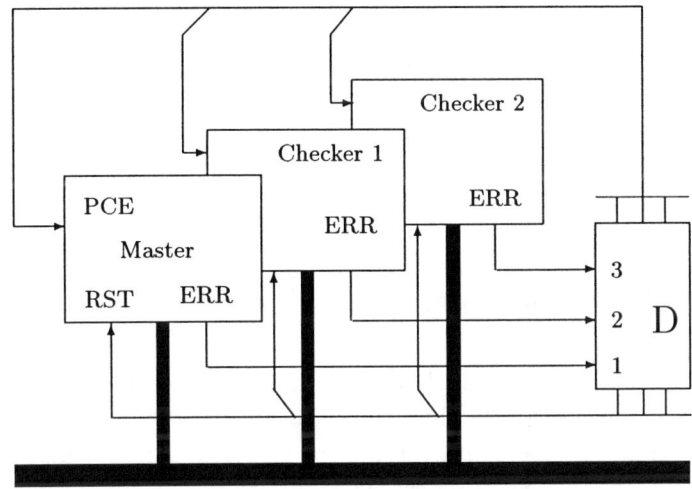

Abb. 8.6: TMR-Konfiguration

mit. Die Prozessoren tauschen außerdem untereinander sogenannte Lebenszeichen (heart beats) aus. Bleibt das Lebenszeichen eines Prozessors aus, aktivieren die anderen Prozessoren mit Hilfe der Sicherungsdaten jeweils einen der Schatten der dadurch betroffenen Prozesse (Rückwärtsfehlerbehebung). Im Fehlerfall übernehmen somit die intakten Prozessoren zusätzlich die Aufgaben des ausgefallenen Prozessors. Man nennt dies einen SANFTEN oder ABGESTUFTEN LEISTUNGSABFALL (graceful degradation). (Es ist jedoch eine Reihe von Detailproblemen zu lösen, bevor dieses Konzept auch wirklich zu einem fehlertoleranten Systemverhalten führt [24].)

Dieses zeitredundante Verfahren erfordert keine weiteren Hardware-Ressourcen als in einem Parallelrechner schon vorhanden sind. Die Architektur des Parallelrechners kann es jedoch unterstützen. Sie kann z.B. stabile Speicher für die Aufbewahrung der Sicherungsdaten und Hardware für die Fehlererkennung und die Koordination der Erstellung von Sicherungsdaten bereitstellen. Ein STABILER SPEICHER [12] garantiert korrektes Schreiben und Lesen sowie dauerhaftes, fehlerfreies Speichern seines Inhalts. Ist aufgrund eines Defekts ein korrektes Schreiben oder Lesen nicht möglich, so hat ein Lese- oder Schreibversuch keinerlei Auswirkung auf den Inhalt des

Speichers. Dies läßt sich z.B. durch eine on-line Fehlererkennung und durch statische Redundanz (z.B. Spiegelplatten) erreichen.

Die Hardwareunterstützung kann soweit gehen, daß ein eigenes — selbst fehlertolerantes — Kontroll-Subsystem vorhanden ist, das die Prozessoren überwacht, Diagnoseinformation auswertet und im Falle eines Fehlers die Rückwärtsfehlerbehebung vornimmt.

8.3   Fehlertolerante Parallelrechner

In diesem Abschnitt werden fehlertolerante, busgekoppelte Parallelrechner vorgestellt. Sie weisen alle einen moderaten Parallelitätsgrad auf und sind vorwiegend als Transaktionssysteme im Einsatz. Anwendungen im Bereich der Transaktionsverarbeitung erfordern heute Serviceleistungen rund um die Uhr; längere Ausfallzeiten sind deshalb unannehmbar.

8.3.1   Tandem Integrity

Die Fehlertoleranzarchitektur des Integrity S2 Systems der Firma Tandem [15] besteht im wesentlichen aus einem TMR-Rechnerkern, einem stabilen Sekundärspeicher mit fehlertoleranter Steuerung und duplizierten Datenpfaden; (siehe Abbildung 8.7).

TMR-Rechnerkern: Drei identische Prozessor-Speicher-Module des Rechnerkerns bilden ein lose synchronisiertes TMR-System. Die Prozessor-Pipelines werden von Zählern überwacht und in periodischen Abständen angehalten, bis alle Prozessoren den Synchronisationspunkt erreicht haben oder ein Time-Out anzeigt, daß einer der Prozessoren ausgefallen ist. Die lokalen Speicher werden von der Speichersteuerung durch ein spezielles "memory scrubbing" überprüft, das darin besteht, in periodischen Abständen über die Speicherinhalte zu votieren und das Ergebnis zurückzuschreiben. Damit soll verhindert werden, daß sich Speicherfehler in länger nicht benutzten Speicherbereichen anhäufen und alle Fehlertoleranzmaßnahmen zunichte machen.

Stabiler Speicher: Der Sekundärspeicher ist doppelt vorhanden. Jedes Speichermodul enthält einen selbstüberprüfenden Voter und eine dreifach ausgelegte Speichersteuereinheit (TMRC: triple modular redundant controler). Sie ist selbstüberprüfend und hat Fail-Stop-Verhalten. Im Normalbetrieb

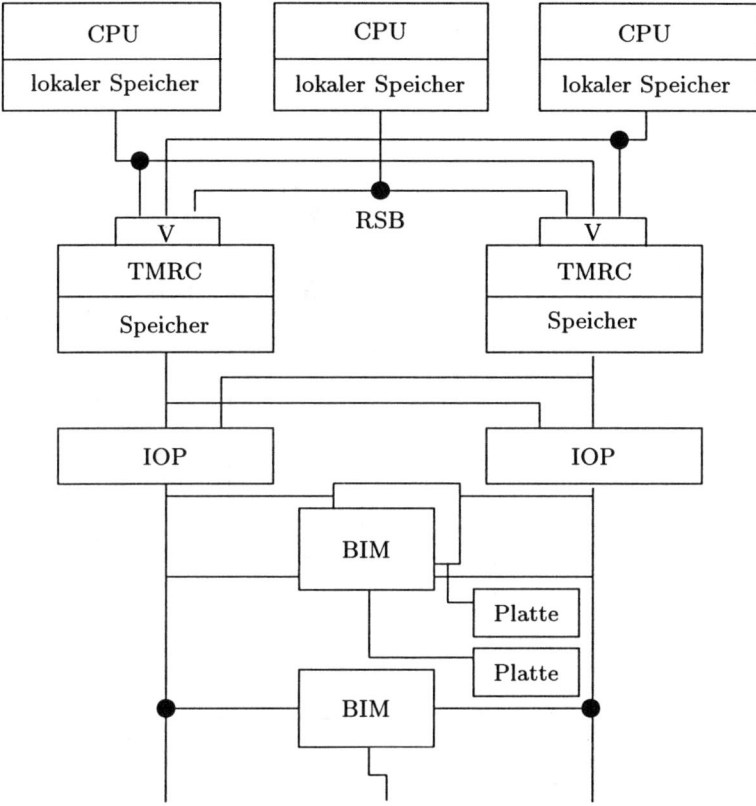

Abb. 8.7: Integrity-Architektur

wird eines der beiden Speichermoduln als Primär-, der andere als Reserve-modul angesehen. Nur das Primärmodul stellt bei einer Leseanforderung die Daten bereit. Die Voter sind in der Lage, ein fehlerhaftes Prozessor-Speicher-Modul zu lokalisieren. Rechnerkern und Sekundärspeicher sind über das redundante Bussystem RSB verbunden.

Mehrfache Datenpfade: Die Verwaltung der Datenein-/-ausgabe erfolgt durch zwei gegenseitig redundante, selbstüberprüfende E-/A-Steuereinheiten (IOPs) und über Dual-Port-Controler (BIM). Beim Datentransfer zwischen Sekundärspeicher und Platte werden Paritätsüberprüfung, Datenvergleich, Schreibschutzlogik und End-zu-End-Prüfsummenbildung eingesetzt.

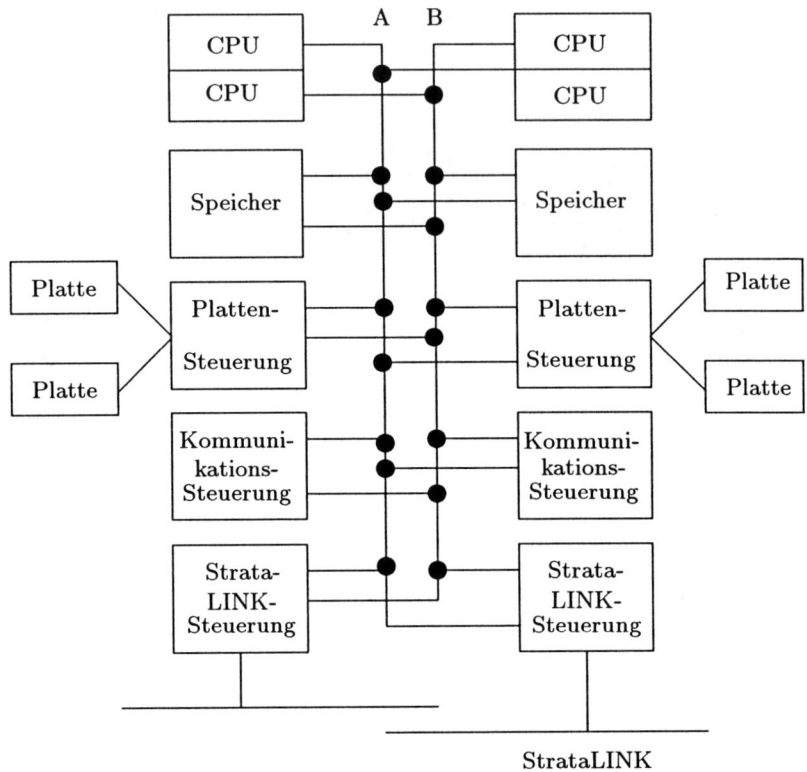

Abb. 8.8: Stratus-Architektur

8.3.2   Stratus Continuous Processing

Die Architektur der fehlertoleranten Rechner der Firma Stratus zeigt Abbildung 8.8. Die Fehlertoleranz des Rechnerkerns basiert auf Pair-and-Spare Redundanz [26, 28]. Die CPU-Baugruppe ist ein Board mit einem Paar taktsynchroner Mikroprozessoren. Die Ausgaben nur eines dieser Prozessoren werden auf den Bus übernommen. Diese CPU-Baugruppe – wie auch die übrigen Baugruppen (Speichermodule, Controler) – ist doppelt vorhanden. Partnerbaugruppen operieren entweder taktsynchron (CPU-Baugruppen) oder gegenseitig redundant. Wenn beispielsweise eine Plattensteuerung ausfällt, wird ihre Aufgabe von der Partnerbaugruppe übernommen. Auch der Bus ist doppelt ausgelegt. Fällt einer der Busse aus, übernimmt der andere die ganze Last (Degradation). Jeder Bus hat Parität und eine eigene Stromversorgung.

Das System läßt sich zu einem fehlertoleranten Multiprozessor mit bis zu 32 PSR-Moduln ausbauen. Der Intermodul-Bus StrataLINK ist eine, ebenfalls redundant ausgelegte, coaxiale Verbindung. Die Fehlertoleranz der Stratusrechner, wie auch der Integrity S2, ist für den Anwender transparent, d.h. nicht sichtbar.

8.3.3   Tandem NonStop

Bei den Tandem NonStop-Systemen [16, 26] wurde das Prinzip der gegenseitig genutzten Redundanz realisiert. Ein NonStop-System ist ein losegekoppelter Multicomputer. Seine Fehlertoleranz beruht auf 'Checkpointing' und Schattenprozessen. Abbildung 8.9 zeigt das Architekturschema. Die Sicherungsdaten werden lokal und nicht etwa auf Platte gespeichert. Der Systembus (Dynabus) ist wieder doppelt ausgelegt, und jeweils zwei Rechner haben Zugang zu einem der beiden Ein-/Ausgabesysteme. Speicherzugriffe werden immer von einem Paar von Steuereinheiten überwacht.

Ein NonStop-System kann bis zu 16 Prozessor-Speichermodule enthalten. Zur Unterstützung von Diagnose und Wartung ist jedes Prozessor-Speichermodul mit einem "Operation-and-Support" Prozessor (OSP) verbunden.

Die Tandem-NonStop-Architektur kommt durch gegenseitig genutzte Ressourcen mit einem Minimum an Hardwareredundanz aus. Die Basis der Fehlertoleranz [25] ist der *NonStop-Kernel*, ein verteiltes botschaften-orientiertes Betriebssystem. Bei Ausfällen — sei es eines Prozessors, eines Kontrollers oder eines Kanals — sorgt der Kernel automatisch für die Zuweisung alternativer Betriebsmittel. Der NonStop-Kernel reagiert auf Softwarefehler in unterschiedlicher Weise. Entdeckt er eine Inkonsistenz oder ein Fehlverhalten in systemnahen Komponenten, schaltet er den eigenen Prozessor ab, um eine Weiterverbreitung des Fehlers zu verhindern. In einem zweiten Schritt veranlaßt er die Übernahme der fraglichen Funktion durch eine andere Komponente oder beendet kontrolliert das Anwendungsprogramm, um eine Fehlerbehandlung einzuleiten. Diese Form der Fehlertoleranz führt zwar zu hoher Verfügbarkeit, jedoch nicht unbedingt auch zu hoher Zuverlässigkeit. Vorausgesetzt wird dabei, daß der Kernel selbst und die Kommunikationssoftware gegen Fehler immun sind.

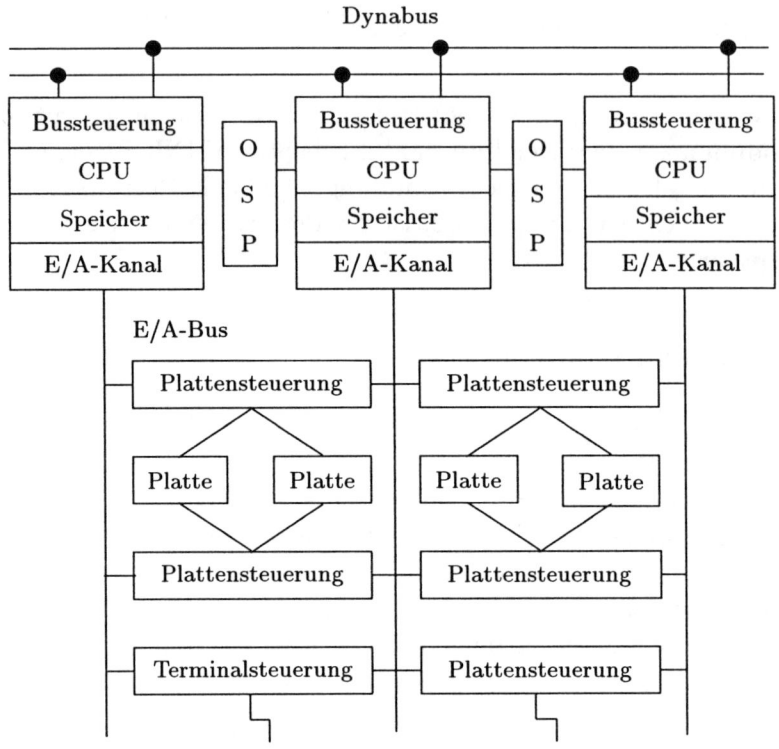

Abb. 8.9: NonStop-Architektur

Die fehlertolerante Sequoia-Architektur [5] basiert ebenfalls auf gegenseitig genutzter Redundanz. Die Prozessormodule sind wie beim Stratus-System Duplex-Einheiten. Im Gegensatz zu Stratus und Tandem sind die Sequoia-Rechner (eng gekoppelte) symmetrische Multiprozessoren.

8.4   Skalierbare Parallelität

Auch wenn skalierbare oder massiv parallele Rechner in der Regel noch nicht in zuverlässigkeitskritischen Bereichen eingesetzt werden, können Ausfälle durchaus gravierende Folgen zeigen [7]. Anwendungen für massiv parallele Rechner sind nämlich meist sehr zeitaufwendig und die anfallenden Daten sehr umfangreich, sodaß der Verlust an Zeit und Daten beträchtliche Kosten verursachen kann. Einige der im folgenden vorgestellten Parallelrechner

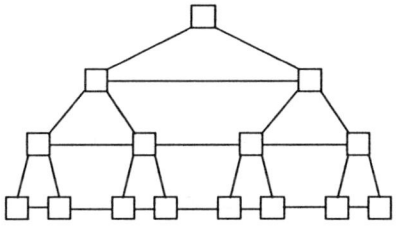

Abb. 8.10: Fehlertoleranter Baum

sind zudem als Transaktionssysteme im (unternehmenskritischen) Einsatz und erfordern deshalb eine besonders hohe Verfügbarkeit. Ihre Verläßlichkeit hängt entscheidend von der Fehlertoleranz ihrer Verbindungsnetzwerke ab. Ein fehlertolerantes Verbindungsnetzwerk ermöglicht, Verbindungen zwischen den Prozessorknoten des Rechners selbst dann noch herzustellen, wenn einzelne Bestandteile (Knoten, Verbindungsstrecken, Schalter, etc.) des Rechners ausfallen.

8.4.1 Fehlertolerante Verbindungsnetzwerke

Fehlertolerante Verbindungsnetzwerke, in denen die Wegewahl durch die Knoten selbst erfolgt, sogenannte statische Netzwerke, sind z.B. der fehlertolerante Baum (Abbildung 8.10) und der fehlertolerante Ring. Solche fehlertoleranten Erweiterungen sind für viele Netzwerktopologien untersucht worden.

In blockierenden, dynamischen Netzwerken, in denen die Wegewahl durch Schaltelemente (Router) vorgenommen wird, kann der Ausfall bereits einer Verbindungsstrecke oder eines Schaltelements dazu führen, daß mehrere Prozessoren nicht mehr kommunizieren können. Fehlertoleranz erreicht man durch zusätzliche Stufen von Schaltelementen, durch Vergrößern der Schaltelemente (mehr Schaltzustände), durch zusätzliche Verbindungsstrecken oder gar durch Vervielfachen des gesamten Netzwerks. Fehlertolerante dynamische Verbindungsnetzwerke sind z.B. das Multipath-Omega-Netzwerk oder das Extra-Stage-Cube-Netzwerk [1].

Abbildung 8.11 zeigt ein fehlertolerantes mehrstufiges Netzwerk mit redundanter vierter Stufe, sowie ein redundantes (disjunktes) Paar von Pfaden

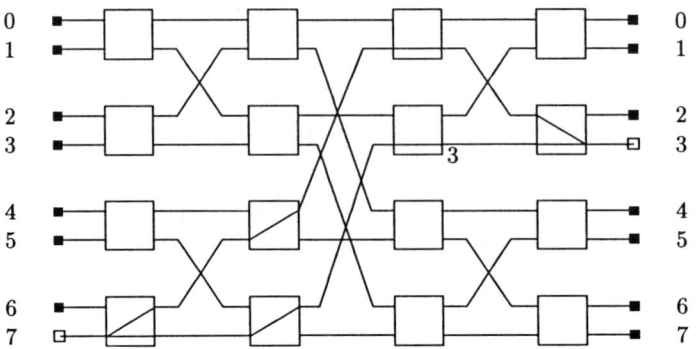

Abb. 8.11: Fehlertolerantes dynamisches Verbindungsnetzwerk

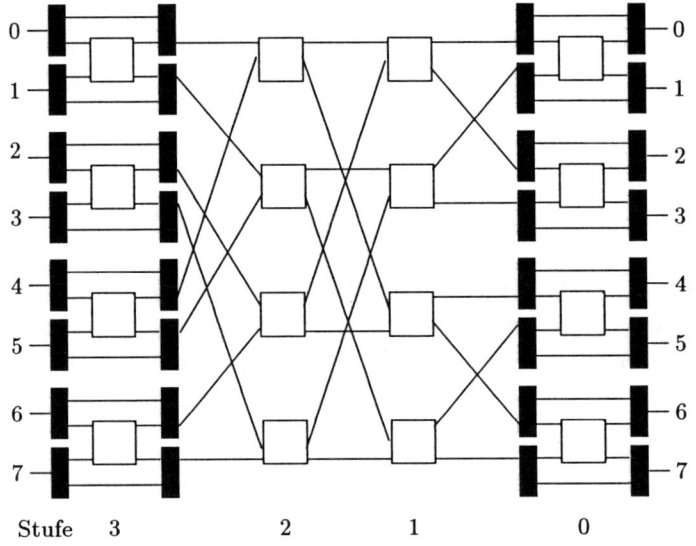

Abb. 8.12: Extra-Stage-Cube-Network

von Eingang 7 zum Ausgang 3. Abbildung 8.12 zeigt ein Extra-Stage-Cube-Netzwerk. Über Multiplexer und Demultiplexer lassen sich die beiden Endstufen umgehen. Im fehlerfreien Betrieb wird Stufe 3 umgangen und ist somit redundant. Wird aber ein Schaltelement der Stufe 0 defekt, so wird statt dieser Stufe Stufe 3 aktiviert. Bei einem Schalterfehler in den Stufen 1 oder 2 werden beide Endstufen aktiviert. Das fehlerhafte Schaltelement läßt sich dadurch umgehen.

Als weiteres Beispiel für ein fehlertolerantes Verbindungsnetzwerk sei das Verbindungsnetzwerk des Scalable POWERparallel Systems SP2 der IBM erwähnt (siehe Kapitel 7).

8.4.2 Tandem Himalaya

Eine Weiterentwicklung der fehlertoleranten NonStop-Architektur der Firma Tandem bildet die Himalaya-Rechnerfamilie [25]. Das größte System dieser Familie ist das massiv parallele K10000-System mit bis zu 4080 Prozessoren. Eine Himalaya-Sektion besteht aus vier Prozessoren. Jeder dieser Prozessoren ist in Wirklichkeit ein Paar synchron betriebener R4400-Mikroprozessoren, die sich gegenseitig überwachen. Das Paar hat Anschluß an zwei unabhängige Busse, die die Prozessoren einer Sektion untereinander verbinden. Diese Busse haben wiederum Anschluß an ein horizontales und ein vertikales Verbindungsnetzwerk, die ihrerseits die Sektionen in einer Torustopologie zu einer Domain verbinden (TorusNetH und TorusNetV). Ein Himalaya-Rechner kann mehrere Domains enthalten. Für den fehlertoleranten Betrieb des Rechners sorgt wieder der NonStop-Kernel.

8.4.3 TeraData

Der Datenbankrechner NCR 3700 des NCR/TeraData Advanced Concept Laboratory (TACL) ist ein massiv paralleler UNIX-basierter Rechner [29]. Die Basiseinheit heißt PMA (processor module assembly). Jede PMA ist ein symmetrischer Multiprozessor mit vier i80486-Prozessoren und 516 MB Speicher; siehe Abbildung 8.13. BYNET ist ein mehrstufiges Banyan-Verbindungsnetzwerk mit Broadcast-Fähigkeit. Die Platten-Arrays sind mit den PMAs über SCSI-2 Schnittstellen und doppelt ausgelegte Datenpfade verbunden. Diese Platten-Arrays sind sogenannte RAID-Systeme (redundant array of inexpensive disks) mit heißer Reserve, sodaß bei Ausfall einer Platte die verlorengegangenen Daten wiedergewonnen werden können (siehe Abschnitt 8.4.5).

Die Architektur berücksichtigt viele mögliche Fehlerursachen. Wenn z.B. eine PMA ausfällt, isoliert das BYNET diese PMA und ein Recovery-Prozeß

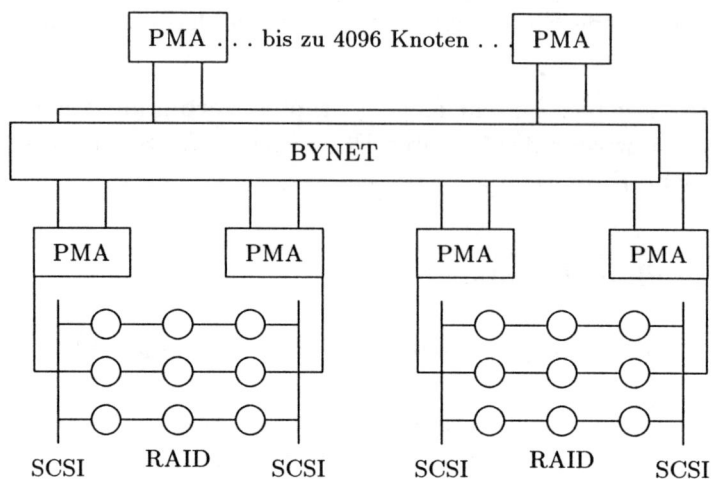

Abb. 8.13: NCR 3700-Architektur

wird gestartet und, falls möglich, der betroffene Prozeß verlagert. Virtual Processor (VP) und Virtual Disk (VD) sind Abstraktionen, die einer Anwendung, z.B. einer Teradata-Datenbank, die Illusion vermitteln, einen eigenen Prozessor und eine eigene Platte zu besitzen. In UNIX/NS stellt ein VP eine adressierbare Familie von Prozessen dar, die gemeinsame Ressourcen benutzen. Sie sind zugleich die Rekonfigurationseinheiten. Fällt eine PMA aus, werden deren VPs anderen PMAs zugeordnet und neu gestartet. Dann werden alle anderen VPs davon benachrichtigt und eine globale Recovery-Prozedur wird gestartet. Diese ist anwendungsspezifisch. Bei einer TeraData-Datenbank sorgt sie für den Abbruch betroffener Transaktionen. Jeder VP enthält dazu einen speziellen Prozeß, der für die Reaktion auf Ausfälle fremder PMAs zuständig ist und normalerweise schläft. Eine TPA (trusted parallel application) ist eine solchermaßen fehlertolerante Anwendung.

8.4.4 Weitere Architekturbeispiele

Die Basisarchitektur der GIGACUBE-SYSTEM-Familie der Firma Parsytec [3] ist ebenfalls fehlertolerant. Die Architektur basiert auf dem Transputer (Inmos IMS T9000). Ursprünglich wurden jeweils 16 Transputer zu einem

Cluster zusammengefaßt. Die Cluster eines GigaCubes bilden ein dreidimensionales Gitter. Die gegenwärtige Implementierung der GigaCube-Architektur basiert jedoch auf dem PowerPC; ein PowerPC ersetzt vier T9000. (Die Firma Parsys bietet ein massiv paralleles T9000-System mit ähnlicher Architektur an).

Ein einzelner Cluster kann als ein hochleistungsfähiger, fehlertoleranter Rechnerknoten des GigaCubes angesehen werden. Die Transputer-Links sind über Router-Chips C104 derart verbunden, daß der Ausfall eines Links oder eines Routers die Kommunikations-Bandbreite innerhalb eines Clusters um höchstens 25% reduziert. Jeder Cluster besitzt außerdem einen siebzehnten Transputer als Reserveeinheit. Um eine hohe Verfügbarkeit zu gewährleisten, sind mehrere Maßnahmen zur Fehlererkennung vorgesehen. Zum Beispiel:

- Speicherüberwachung durch fehlererkennende und -korrigierende Logik mit 'memory scrubbing'

- Prozessorfehlererkennung durch Watchdog-Timer und Selbsttests

- Link-Fehlererkennung

- Überwachung der Cluster und der Interclusterkommunikation durch ein eigens Kontrollsystem.

Die Fehlertoleranzmechanismen der Hardware werden durch die der Systemsoftware für Diagnose und Checkpointing ergänzt.

Die CONNECTION MACHINE CM-5 von Thinking Machines Corporation [27] kann ebenfalls mehrere tausend Verarbeitungseinheiten besitzen. Ihre Architektur enthält somit die für Fehlertoleranz nötige Redundanz.

Die Verarbeitungseinheiten des CM-5-Prozessorfeldes sind über zwei unabhängige Netzwerke (sogenannte 'fat trees') miteinander verbunden (siehe Kapitel 7): eines, um den Befehlsstrom zu koordinieren, und ein zweites für den Datenaustausch. Für die Diagnose des Prozessorfelds gibt es ein drittes, separates Netzwerk, das Diagnosenetzwerk. Es ist mit einem Minimum an Hardware aufgebaut und wird mit herabgesetzter Geschwindigkeit betrieben, um sicher zu gehen, daß dieses Netzwerk immer verfügbar ist. Alle CM-5 Komponenten sind 'on-line' testbar und können im Fall eines Defekts logisch und elektrisch vom Rest des Systems isoliert werden. Dazu besitzen alle Komponenten sogenannte Scanpfade [30]. Über das Diagnosenetzwerk können die Kontrollprozessoren die Systemkomponenten parallel testen.

Die CM-5-Hardware unterstützt außerdem das Erzeugen von Sicherungsdaten und das Rücksetzen (backward recovery) der Verarbeitungseinheiten wie auch den sanften Leistungsabfall durch Rekonfiguration. Das Massenspeichersystem Data Vault der CM-5 besteht aus einem Feld von 42 Plattengeräten, von denen 39 aktiv sind und drei als Reserve dienen. Die aktiven Platten bilden ein RAID-System.

Der an der Universität Erlangen-Nürnberg entwickelte Parallelrechner für numerische Anwendungen MEMSY (MODULAR EXPANDABLE MULTIPROCESSOR SYSTEM) besitzt ebenfalls eine Fehlertoleranz unterstützende Architektur [8]. Ein MEMSY-Verarbeitungsknoten ist ein symmetrischer Multiprozessor. Er besteht aus vier über einen gemeinsamen Speicher gekoppelte MC 88100-RISC-Prozessoren. Diese Verarbeitungsknoten sind in zwei Ebenen angeordnet, die jeweils einen 2D-Torus bildet. Jedem Verarbeitungsknoten ist ein Kommunikationsspeicher zugeordnet, auf den auch seine Nachbarknoten zugreifen können. Das Netzwerk, das die Verarbeitungsknoten mit den Kommunikationsspeichern verknüpft, besteht aus dynamischen 2 × 2-Schaltelementen. Darüberhinaus sind die Verarbeitungsknoten für Daten-Ferntransporte und aus Fehlertoleranzgründen noch über einen FDDI-Bus miteinander verbunden.

Eine *Skalierungseinheit* (Elementarpyramide) von MEMSY besteht aus fünf Verarbeitungsknoten (20 Prozessoren) und ihren Kommunikationsspeichern. Einer davon ist als Stabiler Speicher für Sicherungsdaten ausgelegt [12]. Ein MEMSY-System kann im Prinzip unbeschränkt viele Skalierungseinheiten enthalten, ohne daß sich dadurch seine lokale Komplexität erhöht.

Das Fehlertoleranzkonzept von MEMSY basiert somit in erster Linie auf dem fehlertoleranten Verbindungsnetzwerk mit stabilen (gespiegelten) Kommunikationsspeichern, einer nebenläufigen Fehlererkennung durch spezielle Überwachungsrechner, sogenannte Watchdog-Prozessoren [20], und der nebenläufigen, vom Benutzer steuerbaren Erstellung von Sicherungsdaten.

8.4.5 Fehlertolerante Platten-Arrays

Es ist offensichtlich, daß nicht nur der Rechnerkern eines massiv parallelen Systems sondern auch dessen Massenspeicher fehlertolerant sein sollte. Fehlertolerante PLATTEN-ARRAYS bieten dafür eine Möglichkeit.

PLATTEN-ARRAYS realisieren ein logisches Plattenlaufwerk durch eine größere Anzahl physikalischer Laufwerke. Dadurch läßt sich die Datenübertragungsrate erhöhen, was besonders für skalierbare, massiv parallele Rechner notwendig ist.

Da solche Platten-Arrays hunderte von preiswerten Plattenlaufwerken enthalten können, erhöht sich aber die Wahrscheinlichkeit für einen Plattenausfall gegenüber einer einzelnen Platte. Der Erwartungswert für die Zeitspanne bis zum ersten Ausfall einer Platte wird als MTTDL (Mean Time To Data Loss) bezeichnet. Durch Integration redundanter Plattenlaufwerke läßt sich die Zuverlässigkeit und die MTTDL verbessern und dies, wie sich zeigt, weit über die Werte eines einzelnen Laufwerks hinaus. Es gibt dafür mehrere Verfahren, die mit RAID-1 bis RAID-5 bezeichnet werden.

RAID-1 beispielsweise verwendet das Spiegelplattenprinzip und verlangt daher eine Verdopplung der Speicherkapazität. RAID-2 verwendet eine EDC-Codierung (Hamming-Code) der Daten, wobei die Korrektur-Bits auf eigene Plattenlaufwerke geschrieben werden. RAID-3 ersetzt diese Laufwerke durch ein einziges Laufwerk für Paritätsbits. RAID-4 und RAID-5 verwenden unabhängige Laufwerke (kein Interleaving), wobei die Prüfbits auf einem extra Laufwerk (RAID-4) geschrieben oder über die Laufwerke verteilt (RAID-5) werden.

Fehlerkorrektur über Paritätsbits bietet eine kostengünstige Lösung. Wenn beispielsweise Daten bitweise auf den einzelnen Plattenlaufwerken (interleaving, data striping) und das zugehörige Paritätsbit auf einem weiteren (redundanten) Laufwerk gespeichert werden (RAID-3), dann lassen sich die Daten eines ausgefallenen Laufwerks über die Paritätsbits leicht wiedergewinnen. Die Fehlerlokalisierung ist Aufgabe des Array-Controlers. Daten gehen erst dann verloren, wenn während der Restauration der ausgefallenen Platte eine zweite ausfällt.

In [22] wurde eine Abschätzung für MTTDL angegeben. Dabei wurde davon ausgegangen, daß die N Laufwerke des Platten-Arrays in N/G Gruppen zu je G Laufwerken aufgeteilt sind und für jede Gruppe ein redundantes Laufwerk zur Verfügung steht. Außerdem wurde angenommen, daß der Array-Controler zuverlässig ist, Ausfälle der Plattenlaufwerke voneinander unabhängig sind und mit konstanter Rate auftreten.

Tabelle 8.5 zeigt einige numerische Werte für MTTDL, wenn für die mittlere Intaktzeit eines Laufwerks MTTF = 8 Jahre (a) und für die mittlere Repara-

	N	
MTTDL	128	1024
G 32	133a	17,6a
G 64	67a	8,3a

Tab. 8.5: MTTDL

turdauer MTTR = 1 Stunde (h) angenommen wird. Es ergibt sich beispielsweise, daß ein redundantes Array mit 1040 (1024 +16) Laufwerken, eingeteilt in 16 Gruppen, die mittlere Lebensdauer eines einzelnen Laufwerks erreicht.

$MTTF$ sei die mittlere Intaktzeit eines Plattenlaufwerks, $MTTF_{Gruppe}$ diejenige einer Gruppe von Laufwerken und p die Wahrscheinlichkeit, daß innerhalb einer Gruppe mit einem redundanten Laufwerk ein zweites Laufwerk ausfällt, bevor das erste repariert ist. Es ist dann

$$MTTDL = \frac{MTTF_{Gruppe}}{N/G}$$

die mittlere Zeitspanne bis zum Ausfall einer der N/G Gruppen. Die mittlere Anzahl von Intaktzeiten bis zum Ausfall dieser Gruppe ist:

$$MTTF_{Gruppe} = \sum_{i=0}^{\infty}(i+1)\left[\frac{MTTF}{G+1}p(1-p)^i\right]$$
$$= \frac{MTTF}{(G+1)p}$$

Jede Gruppe enthält nämlich $G+1$ Laufwerke; also ist $\frac{MTTF}{G+1}$ die mittlere Intaktzeit der Gruppe; $p(1-p)^i$ ist die Wahrscheinlichkeit, daß die Gruppe genau $i+1$ mittlere Intaktzeiten übersteht.

Mit $MTTR$ der mittleren Reparaturzeit eines Laufwerks gilt:

$$p = P\{\text{Zeit bis zum zweiten Ausfall} \leq MTTR\}$$
$$= 1 - exp\left\{-\frac{G}{MTTF} \times MTTR\right\} \cong \frac{G \times MTTR}{MTTF},$$

da $G/MTTF$ die Ausfallrate der Restgruppe ist. Insgesamt ergibt sich somit für die $MTTDL$ näherungsweise der Ausdruck:

$$MTTDL \cong \frac{MTTF}{N + \frac{N}{G}} \cdot \frac{MTTF}{G \times MTTR}$$

Glossar

Degradation
(sanfter Leistungsabfall) Übernahme der Last ausgefallener Komponenten durch intakte Komponenten

Diagnose
Verfahren zur Erkennung von Fehlern (Fehlzuständen) und zur Lokalisierung fehlerhafter Systemkomponenten

Diagnosebild
Ergebnis der Diagnose, beschreibt die für fehlerhaft gehaltenen Komponenten in einem System

Diagnosemodell
repräsentiert die Testanordnung in einem System

Fehler
(Fehlzustand) Teil eines Systemzustands, der für einen Ausfall verantwortlich ist:

- intermittierender Fehler: Kurzzeitiger Fehler, dessen Aktivierungsbedingung nicht reproduziert werden kann oder selten genug auftritt,

- latenter Fehler: Fehler, der noch nicht erkannt ist,

- permanenter Fehler: Fehler, der nicht flüchtig ist,

- transienter Fehler: flüchtiger Fehler, der durch einen äußeren Einfluß nur für einen beschränkten Zeitraum auftritt,

- unabhängige Fehler: Fehler, die verschiedene Ursachen haben

Fehlerbehebung

Alle Aktionen, die eingeleitet werden, nachdem ein Fehler (Fehlzustand) entdeckt wurde, um das System funkionsfähig zu erhalten (oder kontrolliert abzuschalten). Man unterscheidet zwischen Vorwärts- und Rückwärtsfehlerbehebung. Bei Vorwärtsfehlerbehebung wird versucht, einen fehlerfreien Systemzustand, den das System zukünftig annehmen darf, zu erreichen (exception handling, Fehlerbehandlung). Bei Rückwärtsfehlerbehebung wird ein korrekter, früher schon eingenommener Systemzustand wiederhergestellt ('recovery', Fehlererholung).

Fehlerkompensierung

Maßnahmen, um die Folgen von Fehlzuständen auf die Umgebung eines Systems zu neutralisieren

Fehlertoleranz

Eigenschaft eines Systems trotz Fehler das korrekte (erwartete, normale, rechtzeitige) Verhalten zu zeigen, z. B. die geforderte Dienstleistung zu erbringen

MTTF

(mean time to failure) mittlere Funktionszeit

MTTR

(mean time to repair) mittlere Wiederherstellungszeit

MTTDL

(mean time to data loss) mittlere Intaktzeit (Lebensdauer) der Daten

Performability-Analyse

Bestimmung der Systemleistung in Abhängigkeit von der Systemzuverlässigkeit

PSR

(pair and spare redundancy) paarweise Redundanz (Master-Checker-Paar) mit Verdoppelung

RAID

(redundant (reliable) array of independent (inexpensive) disks) fehlertolerantes Feld von Plattenlaufwerken

Recovery

Wiederherstellen konsistenter Systemzustände im Fehlerfall durch Zurücksetzen nicht abgeschlossener Transaktionen und Wiederholen abgeschlossener, aber verlorengegangener Transaktionen

Rekonfiguration

Übergang nach Fehlerfall zu einer Systemkonfiguration ohne fehlerhafte Subsysteme

Rücksetzpunkt

Zeitpunkt bei der Ausführung eines Programmes, für den der dann gültige Zustand wiederhergestellt werden kann

Sicherungspunkt

Zustandsinformation eines Prozesses an einem Rücksetzpunkt

Stabiler Speicher

idealisierte Vorstellung eines nichtflüchtigen, ausfallsicheren Speichers

TMR

(triple modular redundancy) Dreifachredundanz mit Majoritätsentscheid

Verfügbarkeit

Wahrscheinlichkeit, daß das System zu einem gegebenen Zeitpunkt intakt ist (augenblickliche Verfügbarkeit). Die Verfügbarkeit eines nichtfehlertoleranten, nicht reparierbaren Systems ist gleich dessen Zuverlässigkeit. Unter (stationärer) Verfügbarkeit wird oft auch das Verhältnis des Erwartungswerts der Intaktzeit des Systems zum Erwartungswert der gesamten Betriebsdauer verstanden

Voter

(lokalisierender) Baustein für Majoritätsentscheid und Identifikation fehlerhafter Eingänge

Zuverlässigkeit

Wahrscheinlichkeit dafür, daß ein System für eine bestimmte Einsatzdauer (mission time) seine Funktion ohne auszufallen erfüllt (reliability, Überlebenswahrscheinlichkeit)

Zuverlässigkeitskritische Komponente
(single point of failure) Systemkomponente, deren Ausfall den Ausfall des Gesamtsystems bewirkt

Literaturverzeichnis

[1] G.B. Adams, H.J. Siegel; A survey and comparison of fault-tolerant multistage interconnection networks, *IEEE Computer*, Bd. 20, S. 14–27, 1987

[2] M. Barborak, M. Malek, A. Dahbura; The consensus problem in fault-tolerant computing, *ACM Computing Surveys*, Bd. 25, S. 171–200, 1993

[3] M. Becker, F. Lücking; A practical approach for a fault-tolerant massively parallel computer, *Proc. 5th Int. Conf. on Fault-Tolerant Computing Systems*, Nürnberg 1991, Springer Verlag, S. 419–424, 1991

[4] F. Cristian; Understanding fault-tolerant distributed systems, *Com. of the ACM 34(2)*, S. 57–78, 1991

[5] P. A. Bernstein; Sequoia: A fault-tolerant tightly coupled multiprocessor for transaction processing, *IEEE Computer*, S. 37–45, 1988

[6] M. Dal Cin; *Fehlertolerante Systeme, Modelle der Zuverlässigkeit, Verfügbarkeit, Diagnose und Erneuerung*, Teubner, 1979

[7] M. Dal Cin; Fault tolerance for highly parallel computers, *Microprocessing and Microprogramming 32 (1991)*, S. 237–242, 1991

[8] M. Dal Cin, A. Grygier, H. Hessenauer et al.; Fault Tolerance in Distributed Shared Memory Multiprocessors, in: A. Bode, M. Dal Cin (eds.), *Parallel Computer Architectures*, Springer LNCS 732, S. 31–48, 1993

[9] K. Echtle; *Fehlertoleranzverfahren*, Springer-Verlag, 1990

[10] K. W. Gaede; *Zuverlässigkeit: Mathematische Modelle*, Hanser Verlag, 1977

[11] W. Görke; *Fehlertolerante Rechensysteme*, R. Oldenbourg Verlag, 1989

[12] A. Grygier, M. Dal Cin; Stable Object Storage for multiprocessor systems with distributed shared memory, *IEEE Proc. Workshop on Object-Oriented Real-Time Dependable Systems*, 1994

[13] W. Günter; Design and implementation of the ATTEMPTO fault-tolerant system, *Comp. Syst. Science a. Engineering*, Bd. 8, S. 101–108, 1993

[14] W. Günter, M. Dal Cin; Verteilte Systemdiagnose und Fehlermaskierung, in: *Verteilte Systeme: Grundlagen und zukünftige Entwicklung* (H. Wedekind, Hrsg.), BI-Wissenschaftsverlag, S. 161–176, 1994

[15] D. Jewett; Integrity S2: A fault-tolerant UNIX platform, *Proc. 21st Int. Symposium on Fault-Tolerant Computing*, IEEE-Press, S. 512–519, 1991

[16] J. A. Katzman; A fault-tolerant computing system, *Proc. 11th Hawaii Int. Conf. on System Sciences*, S. 85–102, 1978

[17] H. Kopetz, A. Damm, C. Koza, M. Mulazzi, W. Schwabl, C. Senft, R. Zainlinger; MARS: Ein fehlertolerantes, verteiltes Echtzeitsystem, *Informationstechnik it 3/88*, Oldenbourg-Verlag, S. 197–208, 1988

[18] P. A. Lee, T. Anderson; *Fault Tolerance Principles and Practice*, Springer Verlag, 1990

[19] E. Maehle, K. Moritzen, K. Wirl; A graph model for diagnosis and reconfiguration and its application to a fault-tolerant multiprocessor system, *Proc. of the 16th Int. Symp. on Fault-Tolerant Computing*, FTCS-16, S. 292–297, 1986

[20] A. Mahmood, E. J. McCluskey; Concurrent error detection using watchdog processors–a survey, *IEEE, Trans. on. Comp.*, Bd. TC-37, S. 160–174, 1988

[21] Motorola Inc.; *MC 88100 RISC Microprocessor User's Manual*, 1988

[22] D. A. Patterson, G. Gibson, R. H. Katz; A case for redundant arrays of inexpensive disks (RAID), *Proc. ACM-Sigmod*, S. 109–116, 1988

[23] F. P. Preparata, G. Metze, R. T. Chien; On the connection assignment problems of diagnosable systems, *IEEE Trans. Electron. Comput.*, Bd. EC-16, S. 848–854, 1967

[24] B. Randell; System structure for fault tolerance, *IEEE Trans. on Software Eng.*, Bd. SE-1, S. 220–232, 1975

[25] H. Sammer; *Tandem's Himalaya: ein hochverfügbarer Parallelrechner*, *Supercomputer 94*, K. G. Sauer Verlag, S. 72–82, 1994

[26] D. P. Siewiorek; Fault Tolerance in Commercial Computers, *IEEE Computer*, July 1990, S. 26–37, 1990

[27] Thinking Machines; *CM-5 Technical Manual*, 1992

[28] S. Webber, J. Beirne; The STRATUS architecture, *Proc. 21st Int. Symposium on Fault-Tolerant Computing*, IEEE-Press, S. 79–85, 1991

[29] A. Witkowski et al; NCR 3700 The next generation industrial database computer, *Proc. 19th Very Large Databases*, Dublin 1993, S. 230–243, 1993

[30] H. J. Wunderlich, M. H. Schulz; Prüfgerechter Entwurf und Test hochintegrierter Schaltungen, *Informatik Spektrum Bd. 15*, S. 23–32, 1992

9 Algorithmen für Parallelrechner

Eine allgemeine Übersicht von parallelen Algorithmen würde den Rahmen dieses Buches sprengen. Da wir uns hier vor allem für die Architektur von Parallelrechnern interessieren, werden in diesem Kapitel einige Algorithmen beschrieben mit dem Ziel, dem Leser eine Vorstellung von den Problemen zu geben, die auf Parallelrechnern zu bewältigen sind. Es handelt sich also nicht um eine Auswahl von parallelen Algorithmen für bestimmte Anwendungen, sondern um Beispiele, welche die Wirkungsweise der verschiedenen Architekturen verdeutlichen sollen.

Es gibt eine ganze Reihe von Werken, die sich allgemeiner mit parallelen Algorithmen beschäftigen: vom mathematischen Standpunkt z.B. Hoßfeld [1] und Schendel [2]; vom mehr algorithmischen Standpunkt z.B. Hockney und Jesshope [3], Quinn [4], Leighton [5], Riele [6] oder Mikloško [7]. Mehr anwendungsorientiert ist das Werk von Heermann und Burkitt [8]. Hatcher und Quinn [9] betrachten speziell daten-parallele Algorithmen für SIMD-Rechner, und Fox et al. [10, 11] die Programmierung von 'message-passing' Rechnern, insbesondere von Hypercubes.

Wir werden im folgenden insbesondere 'message passing' Systeme mit 'shared memory' Systemen vergleichen, wobei es interessant sein wird zu sehen, welchen Speed-up man erreichen kann und inwieweit sich diese Architekturen unterscheiden.

Folgende Algorithmen werden betrachtet:

Schachbrett-Relaxation für die Laplace-Gleichung

Dieser aus dem (an sich sequentiellen) Gauß-Seidel-Verfahren abgeleitete Algorithmus ist parallelisierbar durch Gebietszerlegung (domain decomposition), wobei jedem Gebiet ein Prozessor zugeordnet wird. Es entsteht hierbei kein zusätzlicher Rechenaufwand für den parallelen Algorithmus. Allerdings benötigt das Verfahren Werte aus den Nachbargebieten, was Kommunikation erfordert. Es ist im allgemeinen recht gut parallelisierbar.

Lösung von tridiagonalen Gleichungssystemen
Der ursprünglich sequentielle Algorithmus besteht aus Rekursionen, ist also nicht direkt parallelisierbar. Es muß also erst ein entsprechender parallelisierbarer Algorithmus entwickelt werden. Typischerweise erfordert der parallele Algorithmus dann für solche Probleme einen höheren Rechenaufwand als der sequentielle Algorithmus. Er ist trotzdem auf einem Parallelrechner in kürzerer Zeit abzuarbeiten, wobei allerdings wegen der zusätzlichen Operationen der Speed-up deutlich geringer als linear ausfällt.

Matrix-Algorithmen: Multiplikation, Transposition
Wenn große Matrizen über sehr viele Knoten eines Parallelrechners verteilt sind, erfordern diese Algorithmen einen im Vergleich zum Rechenaufwand nicht unerheblichen Kommunikationsaufwand. Bei der Matrixmultiplikation, wenn die Matrizen über sehr viele Prozessoren verteilt sind, d.h. wenn die Anzahl der Elemente je Prozessorknoten gering ist, ist bereits nach wenigen Operationen wieder Kommunikation nötig. Die Transposition, bei der nur kommuniziert wird, ist z.B. wichtig für das Lösen von mehrdimensionalen partiellen Differentialgleichungen mit der Fourier-Methode, weil die üblichen FFT-Algorithmen kompakte Eingabedaten voraussetzen.

Sortieren
Daten nach irgendwelchen Kriterien zu sortieren ist ein oft auftretendes Problem. Es wird sich zeigen, daß die ersten Schritte des Algorithmus einfach sind, weil man die auf jedem Prozessor vorhandenen Daten je Prozessor für sich und damit parallel sortieren kann. Die *globale* Sortierung ist dann das eigentliche Problem.

Es wird sich immer wieder zeigen, daß die erzielbare Leistung von Parallelrechnern einerseits durch sequentielle Teilalgorithmen begrenzt ist (Amdahlsches Gesetz), andererseits durch Kommunikations- und Synchronisationsaufwand. Es wird aber auch deutlich werden, daß sich die Struktur der Algithmen für die verschiedenen Rechnertypen weitgehend gleicht.

9.1 Schachbrett-Relaxation für die Laplace-Gleichung

Die Laplace-Gleichung für eine Potentialfunktion $U(x,y)$ in einem ebenen Gebiet (vgl. z.B. [12, 13])

$$\frac{\partial^2 U}{\partial x^2} + \frac{\partial^2 U}{\partial y^2} = 0 \qquad \text{mit} \qquad 0 \le x, y \le 1$$

läßt sich z.B. für ein rechteckiges Gitter (x_i, y_i) diskretisieren, mit $x_i = i/(nx+1)$, $i = 0, \ldots, nx+1$ und $y_j = j/(ny+1)$, $j = 0, \ldots, ny+1$, wobei für $i = 0$, $i = nx+1$, $j = 0$ und $j = ny+1$ jeweils Randwerte vorgegeben seien. Die inneren Punkte $i = 1, \ldots, nx$, $j = 1, \ldots, ny$ können z.B. mit dem Verfahren von Jacobi iterativ berechnet werden (siehe z.B. [13]):

$$U_{i,j}^{(k)} = \frac{1}{4}[U_{i-1,j}^{(k-1)} + U_{i,j-1}^{(k-1)} + U_{i+1,j}^{(k-1)} + U_{i,j+1}^{(k-1)}]$$

Üblicherweise setzt man am Anfang alle inneren Punkte gleich Null. Hierbei bedeutet $U_{i,j} = U(x_i, y_j)$, und k numeriert die Iterationsschritte. Die linke Seite ist also jeweils die neue Iteration k. Offensichtlich ist dieses Verfahren parallelisierbar, und die Reihenfolge, in der neuen Werte berechnet werden, ist beliebig. Es hat nur den großen Nachteil, daß es sehr langsam konvergiert. Es ist deshalb nicht sehr praxisrelevant.

Eine Verbesserung ergibt sich durch das Gauß-/Seidel-Verfahren und seine Weiterentwicklung, das sog. sukzessive Überrelaxationsverfahren (successive overrelaxation — SOR)

$$U_{i,j}^{(k)} = \frac{\omega}{4}[U_{i-1,j}^{(k-1)} + U_{i,j-1}^{(k-1)} + U_{i+1,j}^{(k-1)} + U_{i,j+1}^{(k-1)}] + (1-\omega)U_{i,j}^{(k-1)}$$

wobei ω im Bereich $1 < \omega < 2$ liegt. (Setzt man $\omega = 1$, erhält man das Gauß-Seidel-Verfahren.)

Dieses Verfahren ist jetzt aber sequentiell, da die gerade neu berechneten Werte sofort weiter verwendet werden; die Formulierung hier nimmt an, daß die Werte in Richtung aufsteigender x und y berechnet werden (d.h. aufsteigender i und j). Zum Glück ist die Reihenfolge, in der die neuen Werte berechnet werden müssen, nicht sehr kritisch, d.h. das Konvergenzverhalten wird nur unwesentlich beeinflußt. So ist es möglich, eine Variante der

SOR Methode zu konstruieren, [12], bei der die Gitterpunkte wie bei einem Schachbrett alternierend „weiß" und „schwarz" eingefärbt werden. In einem Relaxationsschritt werden zunächst die weißen Werte berechnet (in Abbildung 9.1 mit × bezeichnet), und dann die schwarzen Werte (mit o bezeichnet). Dieses Verfahren wird auch als 'red/black' SOR bezeichnet.

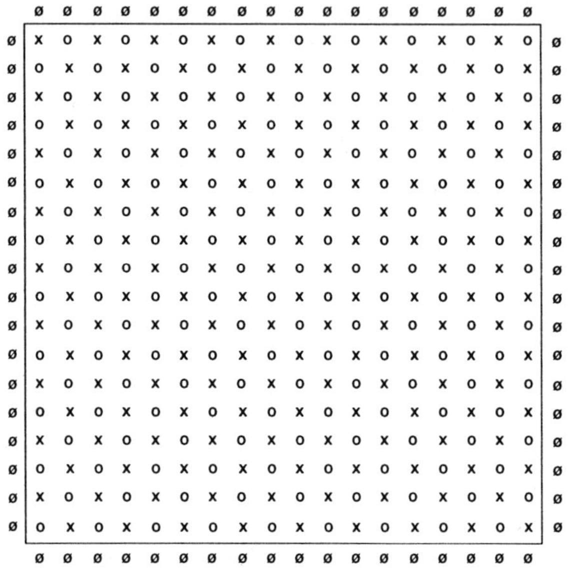

Abb. 9.1: Das Schachbrettmuster der Gitterpunkte des Gebietes

Der wesentliche Vorteil dieses Verfahrens besteht darin, daß die Werte einer Farbe für sich berechnet werden können, da außer dem Wert am Gitterpunkt nur Werte der anderen Farbe oder Randwerte (im Bild mit ⊘ bezeichnet) benötigt werden. Es handelt sich gewissermaßen um zwei verschränkte Jacobi-Iterationen mit dem Vorteil, daß jeder Teilschritt auf einfache Weise parallelisierbar ist.

In Abbildung 9.2 ist die Aufteilung der Punkte auf ein Array von 3×3 Prozessoren dargestellt. Aus diesem Bild ist zu entnehmen, wie der Algorithmus ablaufen muß:

- vor dem weißen Teilschritt werden die Prozessoren synchronisiert; dann werden mit den Nachbarprozessoren Randwerte ausgetauscht,

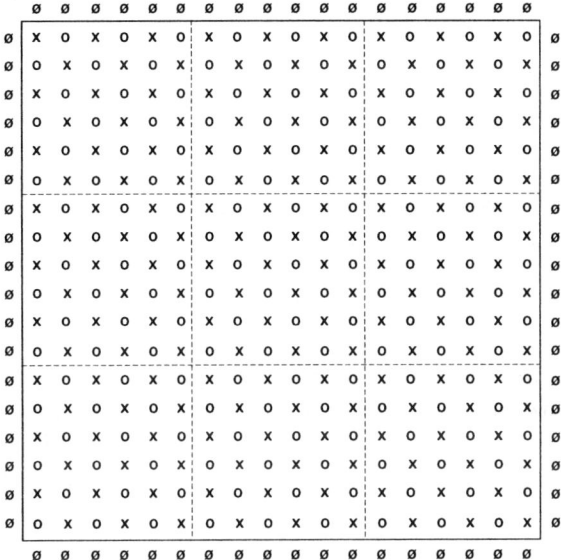

Abb. 9.2: Die Aufteilung des Gebietes auf 3×3 Prozessoren

d.h. auf dem betrachteten Prozessor werden die relevanten Punkte o
der Nachbarn verfügbar gemacht

- der weiße Teilschritt wird durchgeführt, d.h. auf jedem Prozessor werden die mit × bezeichneten Werte berechnet

- vor dem schwarzen Teilschritt werden die Prozessoren synchronisiert;
dann werden mit den Nachbar-Prozessoren Randwerte ausgetauscht,
d.h. auf dem betrachteten Prozessor werden die relevanten Punkte ×
der Nachbarn verfügbar gemacht

- der schwarze Teilschritt wird durchgeführt, d.h. auf jedem Prozessor
werden die mit o bezeichneten Werte berechnet

Es ist klar, daß die Randwerte $\oslash$ auf dem jeweils zuständigen Prozessor
dauernd gespeichert bleiben können; an den Rändern des Gebietes müssen
also keine Daten ausgetauscht werden.

Wenn man das ursprüngliche Rechengebiet `i=0:nx+1`, `j=0:ny+1`, bzw. das Feld $nx \times ny$ der inneren Punkte, auf die $np \times nq$ Prozessoren verteilt, ist es zweckmäßig, auf jedem Prozessor (p, q) das Teilarray

```
U(mx*p+1:mx*p+mx, my*q+1:my*q+my)
```

des ursprünglichen Rechengebietes unterzubringen, wobei `mx=nx/np` und `my=ny/nq`. Speichert man es auf Prozessor (p, q) in einem lokalen Array

```
W(0:mx+1, 0:my+1, p, q)
```

so hat man Platz für die von den Nachbarprozessoren zu beschaffenden Werte; diese haben dann genau die Funktion von Randbedingungen für den Relaxationsschritt auf diesem Prozessor. Diese Schreibweise hat den Vorteil, daß auf jedem Prozessorknoten das Programm formal gleich aussieht (im Sinne des SPMD, single program, multiple data). Auf einem System mit verteiltem Adreßraum verzichtet man auf die letzten beiden Indices.

Die Kommunikationsvorschrift lautet z.B. in x-Richtung:

$$p < np - 1, \text{ alle } q: \qquad \texttt{W(mx,1:my,p,q)} \Rightarrow \texttt{W(0,1:my,p+1,q)}$$
$$p > 0, \text{ alle } q: \qquad \texttt{W(1,1:my,p,q)} \Rightarrow \texttt{W(mx+1,1:my,p-1,q)}$$

Die Kommunikation in y-Richtung wird analog ausgeführt.

Die Art der Kommunikation hängt natürlich vom Rechnertyp ab. Ein Rechner mit globalem Speicher kann auf die Arrays W direkt zugreifen. Auf Rechnern mit verteiltem Speicher machen die Indices p und q keinen Sinn.

Der Schachbrett-Algorithmus sieht also so aus:

```
! Schachbrett-Relaxation
! Die Prozessoren bilden ein Array (p,q) mit:
!    0 <= p < np,    0 <= q < nq
real :: u(0:nx+1,0:ny+1)          ! Feldfunktion
real :: errmax(0:np-1,0:nq-1)     ! lokaler Fehler

! Anfangsbedingungen:
u(1:nx,1:ny) = 0
u(0,1:ny) = ...
u(nx+1,1:ny) = ...
u(1:nx,0) = ...
u(1:nx,ny+1) = ...

mx = nx / np
my = ny / nq
```

```
! Relaxationsschritt auf allen Prozessoren parallel:
errmax(p,q) = 0

! Berechne "weisse" Punkte
i1 = p * mx + 1
i2 = (p + 1) * mx
j1 = q * my + 1
j2 = (q + 1) * my

do  i=i1,i2
   j0 = 1 - modulo(i,2)          ! j0 ist 0 oder 1
   do  j=j1+j0,j2,2
      t = c1*(u(i-1,j) + u(i,j-1) + u(i+1,j) +   &
              u(i,j+1)) + c2*u(i,j)
      errmax(p,q) = max(errmax(p,q),abs(u(i,j)-t))
      u(i,j) = t
   end do
end do
! ========= Synchronisiere !  ==========

! Berechne "schwarze" Punkte
i1 = p * mx + 1
i2 = (p + 1) * mx
j1 = q * my + 1
j2 = (q + 1) * my

do  i=i1,i2
   j0 = modulo(i,2)              ! j0 ist 1 oder 0
   do  j=j1+j0,j2,2
      t = c1*(u(i-1,j) + u(i,j-1) + u(i+1,j) +  &
              u(i,j+1)) + c2*u(i,j)
      errmax = max(errmax,abs(u(i,j)-t))
      u(i,j) = t
   end do
end do
! ========= Synchronisiere !  ==========

err_global = global_max(errmax)
if (err_global > eps) then "wiederhole Relax-Schritt"
```

9.2 Tridiagonale Gleichungssysteme

Tridiagonale Gleichungssysteme treten häufig bei der Lösung von partiellen Differentialgleichungen auf. Meist sind dann viele solcher Systeme zu lösen, was die Parallelisierung deutlich erleichtern kann. Wir wollen uns hier auf die parallele Lösung eines einzigen Gleichungssystems konzentrieren, um die besonderen Probleme, die bei Parallelrechnern auftreten, aufzuzeigen.

Der sequentielle Algorithmus

Die klassische Methode, Tridiagonalsysteme direkt zu lösen, entspricht einer Gauß-Elimination der in Abbildung 9.3 dargestellten Matrix. Wegen der einfachen Struktur der Matrix sind lediglich zwei Rekursionen auszuführen.

In der Vorwärtsrekursion wird Gleichung i, mit einem geeigneten Faktor multipliziert, zu Gleichung $i + 1$ addiert, so daß das Matrixelement c in Gleichung $i + 1$ verschwindet. Dies wird nacheinander für $i = 1, \ldots, n - 1$ ausgeführt. Man erhält damit eine Dreiecksmatrix. Die Rückwärtsrekursion liefert dann die Lösung.

Bei diesem (sequentiellen) Algorithmus werden die Matrixelemente üblicherweise als drei Vektoren a(1:n), b(1:n-1), c(2:n) gespeichert; die rechten Seiten sind ja ohnehin als Vektor darstellbar. Wir werden dies auch beim parallelen Algorithmus beibehalten.

Der Algorithmus wird durch folgendes an Fortran 90 angelehnte Programm beschrieben. Die Zahl der auszuführenden Gleitkomma-Operationen ist $N_{ops} = 8(n - 1)$.

```
      ! eliminiere die c-Werte
      ! (die Vektoren a und r werden modifiziert):
          do   j=2,n
             t = c(j) / a(j-1)
             a(j) = a(j) - t * b(j-1)
             r(j) = r(j) - t * r(j-1)
          end do

      ! berechne die Loesung (sie ersetzt die r-Werte):
          r(n) = r(n) / a(n)
          do   j=n-1,1,-1
             r(j) = (r(j) - b(j) * r(j+1)) / a(j)
          end do
```

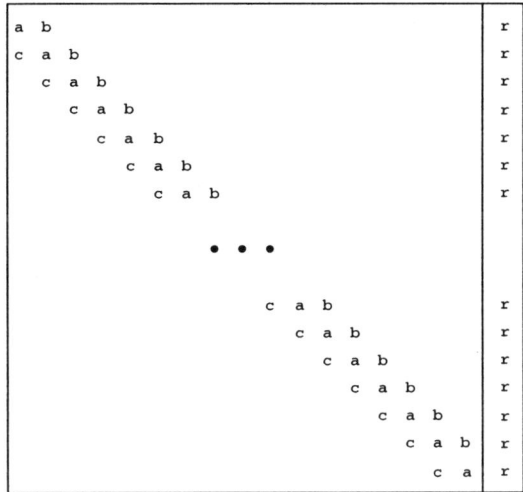

Abb. 9.3: Tridiagonalmatrix

Der parallele Algorithmus von Wang

Als Beispiel für einen parallelen Algorithmus wollen wir das Verfahren von H. H. Wang [14] untersuchen. Abbildung 9.4 zeigt (für $n = 24$ und $p = 4$), wie die Matrixelemente auf die Prozessoren aufgeteilt werden. Der Einfachheit halber sei n ein Vielfaches der Anzahl p der Prozessoren, d.h. jeder Prozessor ist für $k = n/p$ Gleichungen zuständig.

Man sieht sofort, wo die Schwierigkeiten beim Parallelrechner liegen: Die Rekursion ist nicht ohne weiteres parallelisierbar oder vektorisierbar.

Der erste Schritt des parallelen Verfahrens soll ebenfalls die Matrixelemente c eliminieren. Dies funktioniert ohne Probleme für Prozessor $q = 0$; für die Prozessoren $q = 1, \ldots, p - 1$ werden jedoch neue Matrixelemente erzeugt, die man in einem Hilfsvektor f speichert. Die Abbildung 9.5 weiter unten zeigt die entstandene Matrix (die in Fettdruck dargestellten Werte wurden modifiziert bzw. neu berechnet). Die Berechnungen auf jedem Prozessor sind parallel ausführbar. Allerdings ist der Ablauf für Prozessor $q = 0$ etwas anders als für $q = 1, \ldots, p - 1$.

Der zweite Schritt besteht darin, die obere Nebendiagonale, d.h. die Werte b, zu eliminieren. Es werden dabei wiederum neue Matrixelemente erzeugt,

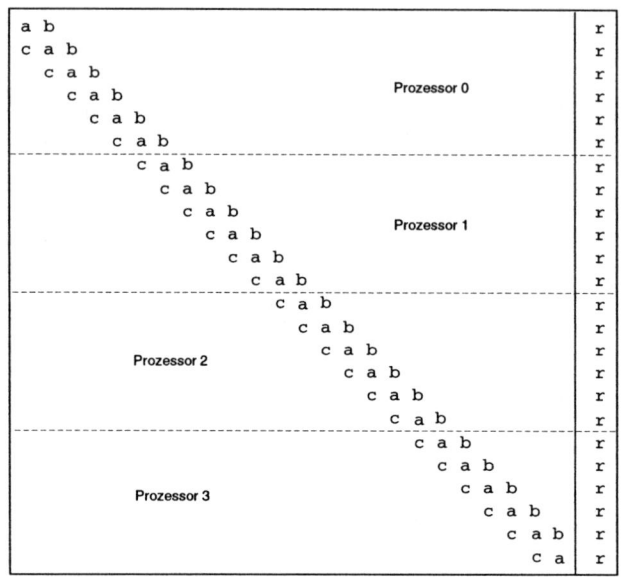

Abb. 9.4: Tridiagonalmatrix auf vier Prozessoren verteilt

die ebenfalls in einem Hilfsvektor g gespeichert werden. Auch dieser Schritt läuft parallel auf allen Prozessoren ab.

Das Ergebnis ist in Abbildung 9.6 dargestellt (wobei wieder neu berechnete oder modifizierte Werte in Fettdruck dargestellt sind). Auch hier ist der Ablauf für Prozessor $q = 0$ etwas anders als für $q = 1, \ldots, p - 1$. Die Hilfsvektoren f und g kann man mit `f(1:n)` und `g(1:n)` definieren; es werden dann `f(k+1:n)` und `g(1:n-1)` benutzt.

Eine Betrachtung der nach Schritt 2 erzeugten Matrix zeigt, daß wir ein Teilsystem herauslösen können, welches für sich lösbar ist. Es besteht aus den jeweils letzten Gleichungen (d.h. der jeweils k-ten Gleichung) auf jedem der Prozessoren $q = 0, \ldots, p - 1$. Dies ist wiederum ein Tridiagonalsystem, jedoch von der reduzierten Ordnung p.

Schritt 3, die Auflösung des reduzierten Systems, kann erst ausgeführt werden, wenn alle Koeffizienten, die in die p Gleichungen eingehen, berechnet sind. Nach dem parallelen Schritt 2 muß also eine Synchronisation der Prozessoren sichergestellt werden.

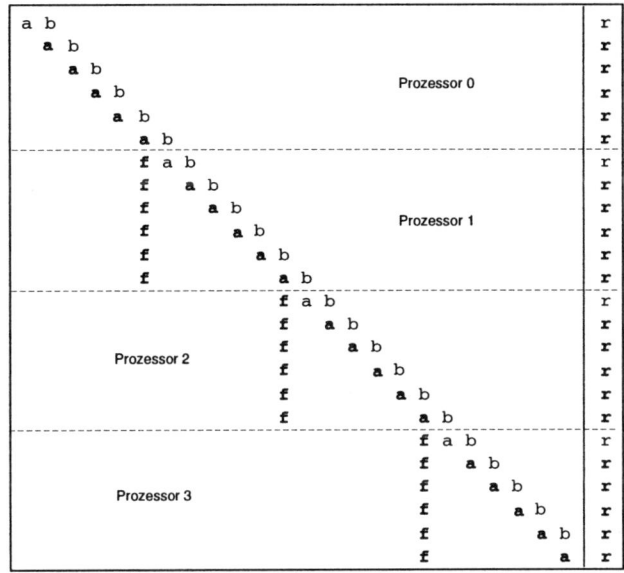

Abb. 9.5: Der Algorithmus von Wang: Elimination der unteren Nebendiagonale

Die Lösung von Schritt 3 kann im Prinzip wieder parallelisiert werden: das lohnt sich aber nur, wenn p hinreichend groß ist. Andernfalls ist eine sequentielle Lösung angezeigt. In jedem Falle sind aber die Matrixelemente des reduzierten Systems auf den zu verwendenden Prozessoren zu sammeln. Dies bedeutet, daß die p Prozessoren vor der Ausführung von Schritt 3 miteinander Daten austauschen müssen. In welcher Form das geschieht, hängt von der Art des Verwendeten Parallelrechners ab ('shared memory' oder 'message passing').

Wenn das reduzierte System gelöst ist, können in einem Schritt 4 die übrigen Komponenten der Lösung des ursprünglichen Tridiagonalsystems leicht gefunden werden. Dies ist wieder parallel ausführbar. Zuvor müssen jedoch die von jedem Prozessor benötigten Lösungskomponenten von dem oder den Prozessoren, die den Schritt 3 ausgeführt haben, zu den anderen Prozessoren übertragen werden. Dies bedeutet wieder Kommunikation, gefolgt von einem Synchronisationsschritt.

Der parallele Algorithmus von Wang ist also wie folgt:

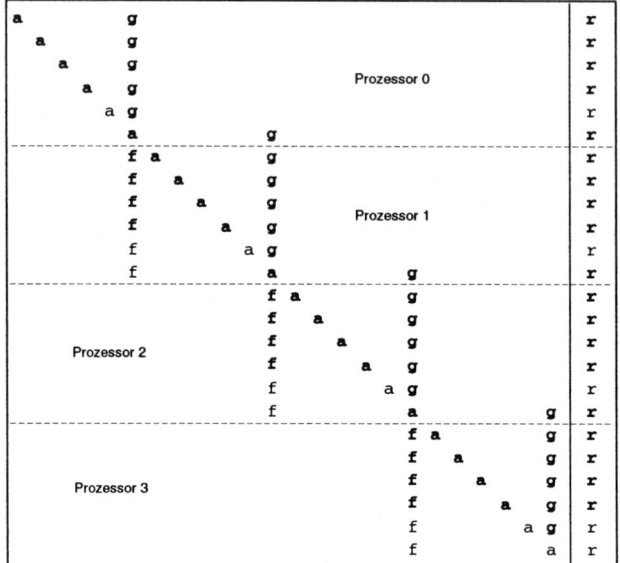

Abb. 9.6: Der Algorithmus von Wang: Elimination der oberen Nebendiagonale

```
integer, parameter :: n=..., & ! Ordnung der Matrix
                      p=..., & ! Prozessorzahl
                      k=n/p
real  a(n), b(n), c(n), r(n), f(n), g(n)

real  aa(p), bb(p), cc(p), rr(p), t
integer j, m, q

call proc_ID(q)      ! liefert einen der Werte q=0,1,...,p-1

! (1) Eliminiere untere Nebendiagonale (parallel):
if (q==0) then                ! Prozessor  0:
   do  j=2,k
      t = c(j) / a(j-1)
      a(j) = a(j) - t * b(j-1)
      r(j) = r(j) - t * r(j-1)
   end do
else                          ! Prozessoren  1,...,p-1:
   m = q * k
```

```
   f(m+1) = c(m+1)

   do  j=2,k
      t = c(m+j) / a(m+j-1)
      a(m+j) = a(m+j) - t * b(m+j-1)
      r(m+j) = r(m+j) - t * r(m+j-1)
      f(m+j) = - t * f(m+j-1)
   end do
end if

! (2) Eliminiere obere Nebendiagonale (parallel):
if (q==0) then                   ! Prozessor  0:
   g(k-1) = b(k-1)

   do  j=k-2,1,-1
      t = b(j) / a(j+1)
      g(j) = - t * g(j+1)
      r(j) = r(j) - t * r(j+1)
   end do
else                             ! Prozessoren  1,...,p-1:
   m = q * k
   g(m+k-1) = b(m+k-1)

   do  j=k-2,0,-1
      t = b(m+j) / a(m+j+1)
      g(m+j) = - t * g(m+j+1)
      r(m+j) = r(m+j) - t * r(m+j+1)
      if (j>0) then
         f(m+j) = f(m+j) - t * f(m+j+1)
      else
         a(m) = a(m) - t * f(m+1)
      end if
   end do
end if
! ========= Synchronisiere !  ==========

! (3) Konstruiere und loese reduzierte Matrix
do  q=1,p
   aa(q) = a(q*k)
   bb(q) = g(q*k)
   cc(q) = f(q*k)
   rr(q) = r(q*k)
```

```
end do

! L"ose reduzierte Gleichungen (sequentieller Code):
do  j=2,p
    t = cc(j) / aa(j-1)
    aa(j) = aa(j) - t * bb(j-1)
    rr(j) = rr(j) - t * rr(j-1)
end do

rr(p) = rr(p) / aa(p)

do  j=p-1,1,-1
    rr(j) = (rr(j) - bb(j) * rr(j+1)) / aa(j)
end do

! Verteile Ergebnisse an die anderen Prozessoren
do  q=1,p
    r(q*k) = rr(q)
end do
! ========= Synchronisiere !  ==========

! (4) Aufloesung restlicher Gleichungen (parallel):
if (q==0) then              ! Prozessor  0:
    do  j=1,k-1
        r(j) = (r(j) - g(j) * r(k)) / a(j)
    end do
else                        ! Prozessoren  1,...,p-1:
    m = q * k
    do  j=1,k-1
        r(m+j) = (r(m+j) - f(m+j)*r(m) -    &
                  g(m+j)*r(m+k)) / a(m+j)
    end do
end if
```

Die Gesamtzahl N_{ops} der auszuführenden Gleitkomma-Operationen ergibt sich zu: $N_{ops} = 19n - 11p - 6n/p - 7$. Wenn man die Operationen zählt, die die Gesamtdauer des Algorithmus bestimmen, so erhält man für die Schritte 1, 2 und 4 zusammen $N_{ops} = 17(n/p - 1)$. Für Schritt 3 erhält man $N_{ops} = 8(p-1)$, wobei allerdings der Aufwand für Synchronisation und Kommunikation ignoriert ist.

Das obige Programm ist in Fortran 90 so formuliert, daß es von dem zu benutzenden Rechner abstrahiert; es ist in dieser Form also nicht direkt lauffähig. Insbesondere Schritt 3 ist von der Art des Parallelrechners abhängig. Die anderen Schritte dieses „Pseudo-Programms" sind so formuliert, daß z.B. das gleiche Programm auf allen Prozessoren eines Parallelrechners laufen kann. Es wird also z.B. nicht auf den Prozessor 0 eine andere Programmversion geladen als auf die anderen Prozessoren.

Bemerkungen zum parallelen Algorithmus

Als erstes fällt auf, daß der parallele Algorithmus einen deutlich höheren Aufwand in mehrfacher Hinsicht bedeutet:

- die Zahl der auszuführenden Operationen ist mehr als doppelt so hoch wie beim sequentiellen Algorithmus (nach den Schritten 1 und 2 sind insgesamt bereits mehr Operationen ausgeführt worden als beim sequentiellen Algorithmus!)

- das Programm ist aufwendiger; insbesondere ist der Code für Prozessor 0 anders als der Code für die anderen Prozessoren.

- Schritt 3 kann erst ausgeführt werden, wenn Schritt 2 auf allen Prozessoren beendet ist; es ist also eine Synchronisation notwendig

- das in Schritt 3 zu lösende reduzierte Gleichungssystem hat dieselbe Struktur wie das ursprüngliche Problem, lediglich die Ordnung ist von n auf p reduziert worden; jetzt sind die Matrixkomponenten aber so über alle Prozessoren verteilt, daß nicht der gleiche Algorithmus verwendet werden kann

- es ist ein Algorithmus für Schritt 3 zu konstruieren, der u.U. Kommunikationsaufwand erfordert, und zwar sowohl vorher (um die reduzierte Matrix in kompakter Form zu erhalten) als auch nachher (um die Ergebnisse zu verteilen); danach ist wieder zu synchronisieren

- der letzte Schritt 4 ist wieder auf einfache Weise parallelisierbar, doch wieder erfordert Prozessor 0 eine etwas andere Behandlung

Der erhöhte Aufwand des parallelen Algorithmus wird offensichtlich nicht erlauben, einen speed-up p zu erhalten; statt der ursprünglichen Größenordnung von $O(n)$ Operationen sind jetzt $O(n/p) + O(p)$ Operationen auszuführen. Wenn $n \approx p^2$ ist, erhalten wir zwar formal $O(p)$ Operationen, doch ist die Konstante deutlich höher (was insbesondere auch von dem von der Art des Parallelrechners notwendigen Aufwand für Schritt 3 abhängt). Erst bei sehr großen Matrizen, wenn $n \gg p^2$ ist, kann man einen speed- up von ca. $0,5p$ erwarten.

Ausführung auf Rechnern mit globalem Adreßraum

Auf Rechnern mit globalem Adreßraum (shared memory Systeme) liegt es nahe, die Vektoren $a(1:n)$, $b(1:n)$, $c(1:n)$ und $r(1:n)$ direkt zu verwenden; das gilt auch für die Hilfsvektoren $f(1:n)$ und $g(1:n)$. Für die Schritte 1, 2 und 4 ist dann lediglich dafür zu sorgen, daß jeder Prozessor das für ihn zutreffende Programmstück ausführt. Mit anderen Worten, das Programmiermodell entspricht dem SPMD Modell (Single Program, Multiple Data).

Schritt 3 erfordert mehr Überlegung. Da der Rechner einen gemeinsamen Speicher hat, kann man im Prinzip auf die Verwendung der Hilfsarrays $aa(1:p)$, $bb(1:p)$, $cc(1:p)$ und $rr(1:p)$ verzichten und die Lösung des reduzierten Systems direkt mit und an den Komponenten von $a(1:n)$, $g(1:n)$, $f(1:n)$ und $r(1:n)$ vornehmen. Damit wird Schritt 3 zu:

```
do   j=2,p
   m = j*k
   t = f(m) / a(m-k)
   a(m) = a(m) - t * g(m-k)
   r(m) = r(m) - t * r(m-k)
end do

m = p*k
r(m) = r(m) / a(m)

do   j=p-1,1,-1
   m = j*k
   r(m) = (r(m) - g(m) * r(m+k)) / a(m)
end do
```

Es muß lediglich noch für die Synchronisation gesorgt werden: Schritt 3 darf erst beginnen, wenn die Schritte 1 und 2 auf allen Prozessoren abgeschlossen sind, und Schritt 4 darf erst beginnen wenn, Schritt 3 ausgeführt ist. Schritt 4 ist dann wieder unproblematisch.

Eine interessante Variante von Schritt 3 könnte auch darin bestehen, das Erzeugen der Hilfsarrays `aa(1:n)`, usw. am Ende von Schritt 2 durch die Prozessoren ausführen zu lassen, da jeder Prozessor andere Komponenten erzeugt. Entsprechend könnte sich jeder Prozessor die benötigten Komponenten von `rr(1:p)` beschaffen und in zwei Registern oder Hilfsvariablen speichern (außer Prozessor 0 brauchen sie jeweils zwei Werte).

Ausführung auf Rechnern mit verteiltem Adreßraum

Bei Rechnern mit verteiltem Adreßraum ('message passing' Systeme) müssen vor Schritt 3 die Kompenenten der reduzierten Matrix durch Nachrichtenaustausch an einen Prozessor (normalerweise wird dies Prozessor 0 sein) übertragen werden. Das Absenden von Nachrichten ist meist mit einem mehr oder weniger beträchtlichen Verwaltungsaufwand des Laufzeitsystems verbunden. Insbesondere werden die Anlaufzeiten (communication start-up time, communication latency) eine Rolle spielen, da höchstens drei Komponenten von jedem Prozessor kommen.

Wenn der Rechner ein Hypercube ist, liegt es nahe, die Kommunikation durch einen logarithmischen Baum auszuführen: Im ersten Schritt senden die Prozessoren $1, 3, \ldots, p - 1$ ihre drei Werte an die Prozessoren $0, 2, \ldots, p - 2$; im nächsten Schritt senden die Prozessoren $2, 6, \ldots, p - 2$ jeweils sechs Werte an die Prozessoren $0, 4, \ldots, p - 4$, usw., bis nach $log_2 p$ Schritten Prozessor 0 eine Nachricht mit $3p/2$ Werten erhält.

Wenn Prozessor 0 die Komponenten von `rr(1:p)` berechnet hat, können die Ergebnisse auf ähnliche Weise an die anderen Prozessoren geschickt werden.

Falls der Parallelrechner über eine sog. 'broadcast' Operation verfügt (d.h. das hardware-unterstützte Senden einer Nachricht von einem Prozessor — meist Prozessor 0 — an alle anderen), könnte dies schneller ablaufen.

9.3   Die Matrixmultiplikation

Matrix-Algorithmen — insbesondere die Verfahren der linearen Algebra — bilden eine wichtige Klasse der rechenintensiven Anwendungen auf allen Computern und insbesondere auch auf den Parallelrechnern. Wir haben schon das Verfahren zur Lösung von tridiagonalen Gleichungssystemen diskutiert. Hier wollen wir nun die Multiplikation vollbesetzter Matrizen und die Matrixtransposition untersuchen.

Da es uns nur um die Struktur der Algorithmen geht, werden wir eine Reihe vereinfachender Annahmen machen. Die Matrixmultiplikation zweier $N \times N$ Matrizen ist definiert durch

$$c_{ij} = \sum_{k=1}^{N} a_{ik} \times b_{kj}$$

Da wir den Algorithmus auf einem Parallelrechner ausführen wollen, nehmen wir an, daß die Matrizen auf alle Rechner verteilt sind. Zum Verständnis des Prinzips, machen wir einige vereinfachende Annahmen: Es sei N eine Zweierpotenz, und die zur Verfügung stehenden Prozessoren seien in einem quadratischen $np \times np$ Gitter angeordnet; wir werden die Prozessoren mit p (in Spaltenrichtung) und q (in Zeilenrichtung) indizieren. Die Matrizen werden also zerlegt in $N/np \times N/np = n \times n$ Blockmatrizen A und B. Bekanntlich läßt sich die Matrixmultiplikation dann als eine Matrixmultiplikation der Blockmatrizen beschreiben, vgl. Abbildung 9.7. Der Algorithmus soll so aufgebaut werden, daß alle für die Berechnung einer resultierenden Blockmatrix C_{pq} notwendigen Operationen auf dem Prozessor (p, q) ausgeführt werden (eine detaillierte Beschreibung dieses Algorithmus findet sich in Fox, [10]).

Formal können wir die Blockmatrizen-Multiplikation wie folgt schreiben:

$$C_{pq} = \sum_{r=0}^{np-1} A_{pr} \times B_{rq} = \sum_{r=p}^{mod(p+np-1,np)} A_{pr} \times B_{rq}$$

wobei die Indices p und q die Prozessoren bezeichnen, auf denen die Matrizen gespeichert sind. Da die Reihenfolge der Multiplikationen and Additionen der Blockmatrizen beliebig ist, gilt auch die rechte Form, bei der die Summe mit dem Diagonalelement A_{pp} beginnt. Die Abfolge ist also:

$$p, p+1, ... np-1, 0, 1, ..., p-1$$

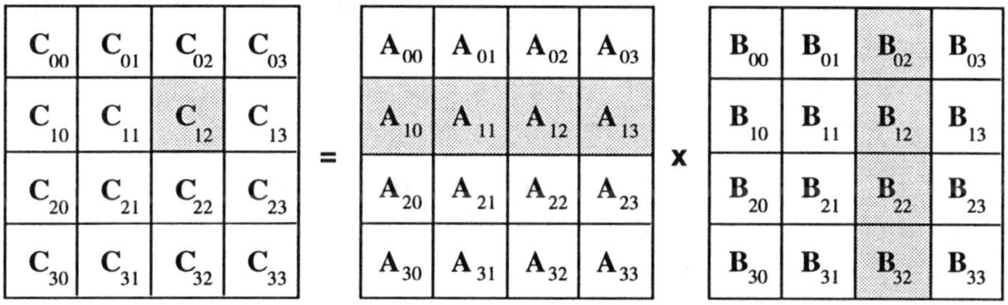

C_{00}	C_{01}	C_{02}	C_{03}
C_{10}	C_{11}	C_{12}	C_{13}
C_{20}	C_{21}	C_{22}	C_{23}
C_{30}	C_{31}	C_{32}	C_{33}

$=$

A_{00}	A_{01}	A_{02}	A_{03}
A_{10}	A_{11}	A_{12}	A_{13}
A_{20}	A_{21}	A_{22}	A_{23}
A_{30}	A_{31}	A_{32}	A_{33}

$\times$

B_{00}	B_{01}	B_{02}	B_{03}
B_{10}	B_{11}	B_{12}	B_{13}
B_{20}	B_{21}	B_{22}	B_{23}
B_{30}	B_{31}	B_{32}	B_{33}

Abb. 9.7: Die Matrixmultiplikation als Multiplikation von Blockmatrizen (die Indices sind Prozessor-Indices)

Wenn wir den ersten Term mit dem Diagonalelement A_{pp} ausgliedern, haben wir:

$$C_{pq} = A_{pp} \times B_{pq} + \sum_{r=p+1}^{mod(p+np-1,np)} A_{pr} \times B_{rq}$$

Offensichtlich muß also A_{pp} mit allen B_{pq} der gleichen Prozessorzeile p multipliziert werden. Das läßt sich ausführen, wenn man zunächst A_{pp} an alle Prozessoren der Zeile p schickt (eine sog. broadcast-Operation). Dies gilt natürlich für alle Zeilen $p = 0, 1, \ldots, np - 1$.

Wir können dies im nächsten Schritt fortsetzen:

$$C_{pq} = C_{pq} + A_{p,p+1} \times B_{p+1,q} + \sum_{r=p+2}^{mod(p+np-1,np)} A_{pr} \times B_{rq}$$

Es muß also jetzt $A_{p,p+1}$ an alle Prozessoren der Zeile p geschickt werden, während Prozessor (p, q) jetzt den Block $B_{p+1,q}$ braucht; mit anderen Worten, die Blöcke B müssen zyklisch nach „oben", also in Richtung kleinerer p geschoben werden. Der Algorithmus ist offensichtlich nach np Schritten beendet.

Wir können jetzt die Effizienz dieses Verfahrens abschätzen: Die Multiplikation der $n \times n$ Blockmatrizen erfordert n^3 Multiplikationen und Additionen, während das Versenden der Blöcke proportional zu n^2 ist. Bei hinreichend großen Matrizen wird also der Kommunikationsaufwand relativ klein bleiben. (Beispiel nCUBE-2: die Rechnung erfordert ca. $n^3 \times 1\mu s$, die Kommunikation ca. $n^2 \times 4\mu s$; wenn z.B. $n = 100$ ist, ist der Kommunikationsaufwand nur wenige Prozent der Rechenzeit.)

Interessant ist in diesem Fall auch, ob der Rechner ein 'broadcast' erlaubt; dies ist zum Beispiel beim nCUBE gegeben, wobei dann allerdings die Zahl der Prozessoren np in jeder Richtung eine Zweierpotenz sein muß und die Prozessoren so angeordnet sein müssen, daß jede Zeile ein Sub-Hypercube ist.

Eine weitere Verbesserung ergibt sich, wenn man das Versenden der Blöcke — also sowohl das 'broadcast' der A-Blöcke als auch die zyklische Vertauschung der B-Blöcke — hinter der Matrixmultiplikation „versteckt", d.h. während des ersten Rechenschrittes bereits den Transport der Daten des zweiten Schrittes in die Wege leitet. Dieses 'latency hiding' genannte Verfahren ist nichts anderes als eine Anwendung des 'pipelining' Prinzips. Voraussetzung dafür ist das Vorhandensein zweier zusätzlicher $n \times n$ Speicherbereiche.

Nach allem, was hier dargelegt worden ist, nimmt es nicht wunder, daß die meisten Parallelrechner den Grundalgorithmus der Matrixmultiplikation recht gut beherrschen.

9.4   Die Matrixtransposition

Die Matrixtransposition ist ein etwas eigenartiger Algorithmus, weil er direkt „nichts tut", sondern nur Daten „herumschiebt"; seine MFLOPS-Rate ist exakt Null. Er ist trotzdem sehr wichtig, weil er die Voraussetzung dafür ist, daß andere Algorithmen effizient ausgeführt werden können.

Wir wollen zwei Beispiele anführen: den bereits betrachteten Tridiagonal-Löser, und die schnelle Fourier-Transformation FFT, ein sehr häufig gebrauchter Algorithmus z.B. für die Datenanalyse, die Lösung partieller Differentialgleichungen, usw. (vgl. z.B. Press [15]).

Im Prinzip ist die eindimensionale FFT für N Daten (wobei N eine Zweierpotenz sei) ein ideal parallelisierbarer Algorithmus, weil in jedem von $log_2 N$ Schritten N sog. 'butterflies' parallel ausgeführt werden können. Jeder 'butterfly' bedeutet eine komplexe Multiplikation und eine komplexe Addition,

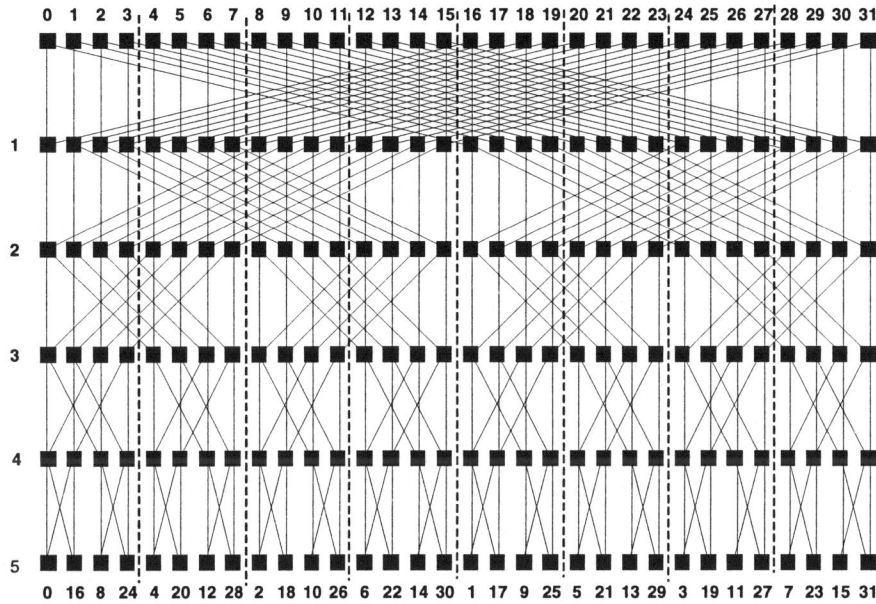

Abb. 9.8: Das Datenflußdiagramm der Fast Fourier Transform FFT

also nur wenige Operationen. In Abbildung 9.8 ist der Datenfluß dargestellt für $N = 32$. Das Problem besteht darin, daß — bei Verteilung der Daten über viele Prozessoren (im Bild sind 8 angenommen) — die Operanden von anderen Prozessoren geholt werden müssen, und zwar für nur sehr wenige Operationen. Es kommt noch das zusätzliche Problem hinzu, daß die Daten zum Schluß in sog. 'bitreversal' Reihenfolge verteilt sind, so daß oft auch noch eine Umsortierung stattfinden muß (es sei denn, daß nach der FFT wieder eine inverse FFT auszuführen ist — wie bei partiellen Differentialgleichungen — womit dann die Ausgangsreihenfolge wieder hergestellt werden kann). Es sind deshalb vor allem SIMD-Rechner und spezielle systolische Arrays, welche die FFT schnell ausführen können.

Zum Glück sieht es bei praktischen Anwendungen besser aus: meist ist eine mehrdimensionale FFT gefordert (wie z.B. bei der Lösung von partiellen Differentialgleichungen, wo für jede von N Gitterzeilen eine FFT auszuführen ist). Hier kommt es dann darauf an, die Daten zuvor so umzuverteilen, daß auf einem Prozessor dann nur noch lokal eine gewisse Anzahl von eindimensionalen FFTs auszuführen ist.

Das gleiche gilt für die Lösung von Tridiagonal-Systemen: auch sie treten häufig als Teil der Lösung von partiellen Differentialgleichungen auf (z.B. das erwähnte ADI-Verfahren), wo jeweils eine Vielzahl von voneinander unabhängigen Tridiagonalsystemen gelöst werden muß. Um diese Algorithmen effizient ablaufen lassen zu können, müssen also die Daten zuvor so umverteilt werden, daß jeder Prozessor mit seinen Daten unabhängig von den anderen arbeiten kann.

Das Mittel hierzu ist die Matrixtransposition. Wir stellen uns hierzu ein Feld von Funktionswerten in einem mehrdimensionalen Raum vor:

$$\mathcal{F}(x, y, z)$$

Die Prozessoren des Parallelrechners sollen ebenfalls in einem dreidimensionalen Gitter $np_x \times np_y \times np_z$ angeordnet sein, so daß jeder Prozessor einen Teil f(x,y,z) des gesamten Feldes erhält (Diese Aufteilung ist genau so wie bei der Matrixmultiplikation beschrieben — nur evtl. dreidimensional.). Die Aufgabe besteht nun darin, die Daten der Teilfelder f(x,y,z) so umzuordnen, daß sich alle von einem Elementar-Algorithmus wie FFT oder Tridiagonallöser zu verarbeitenden Daten auf einem Prozessor befinden und außerdem in Vektorform gespeichert sind (d.h. die zu einem Signal gehörenden Daten sind in aufeinanderfolgenden Speicherzellen untergebracht).

Das Prinzip soll an einem zweidimensionalen Beispiel veranschaulicht werden, wobei des Prozessorfeld ebenfalls zweidimensional sei ($np \times nq$):

$$\mathcal{F}(x, y) \;\Rightarrow\; \texttt{F(0:Nx-1,0:Ny-1)}$$

$$\texttt{F(p*nx:(p+1)*nx-1,q*ny:(q+1)*ny-1)} \;\Rightarrow\; \texttt{f(0:nx-1,0:ny-1)}$$

Hier wird die physikalische Größe $\mathcal{F}(x, y)$ auf ein zweidimensionales Feld F(:,:) abgebildet, welches wiederum in Teilfelder f(:,:) auf den einzelnen Prozessoren zerlegt wird. Um beispielsweise in der y-Richtung eine FFT durchführen zu können, müssen die Funtionswerte f(:,:) einer Prozessorspalte so umgeordnet werden, daß auf dem Prozessor (p, q) ein Array

```
V(0:Ny-1,0:nx/nq-1)
```

erzeugt wird, welches folgenden Arrayabschnitt des ursprünglichen Feldes F(:,:) enthält:

```
F(p*nx+q*nx/nq:p*nx+(q+1)*nx/nq-1,0:Ny-1)
```

vgl. hierzu Abbildung 9.9. Es ist also für jede Prozessorzeile p eine Block-matrix-Transposition in q-Richtung auszuführen, wobei in p-Richtung die Daten in ny Teile zerlegt werden. Die Matrix

```
V(0:Ny-1,0:m-1)
```

enthält also $m = Nx/np/nq$ Vektoren der Länge Ny. Auf diese Vektoren lassen sich jetzt Standard-Vektoralgorithmen anwenden. Man beachte, daß das Umordnen der Werte für alle Prozessorzeilen p parallel ausgeführt werden kann.

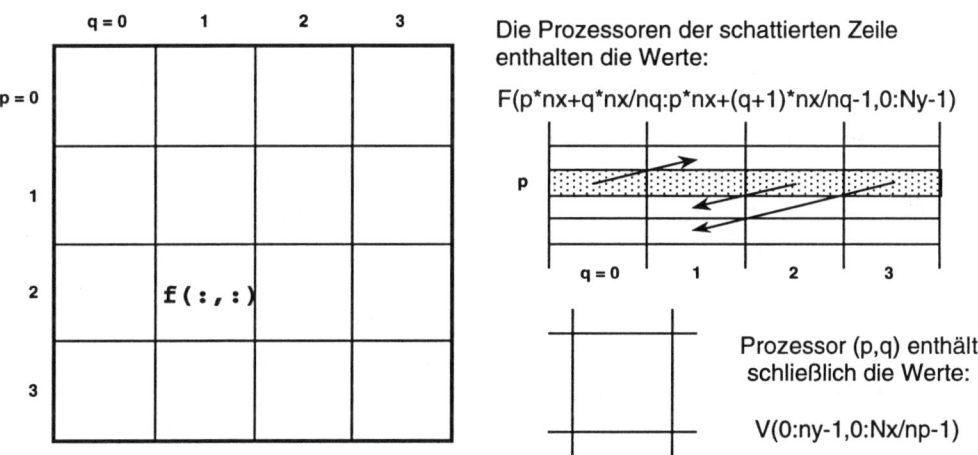

Abb. 9.9: Umordnen von Daten durch Matrixtransposition

9.5 Sortieren

Sortieren bedeutet, eine Datenmenge nach einem Schlüssel in eine (sequentielle) Reihenfolge zu bringen. Es ist eine wichtige Komponente vieler Anwendungen. Uns kommt es hier wieder darauf an, die speziellen Probleme eines parallelen Sortier-Algorithmus darzustellen (über Sortier-Algorithmen gibt es eine Unzahl von Publikationen, vgl. dazu z.B. Knuth [16].). Das hier beschriebene Verfahren lehnt sich stark an Fox an [10]. Um uns auf das Wesentliche zu konzentrieren, machen wir einige (nicht wirklich einschränkende) Annahmen: die zu sortierenden Daten seien N durch Zufallszahlen gegebene ganze Zahlen im Bereich $[0 : M - 1]$, mit $M \geq N$; N sei eine Zweierpotenz.

Die Zahl der Prozessorknoten sei ebenfalls eine Zweiterpotenz $p = 2^d$, so daß der Algorithmus leicht auf einem Hypercube zu implementieren ist. Wir nehmen ferner an, daß $N \gg p$, da ansonsten die Verwendung eines Parallelrechners nicht recht sinnvoll ist. Die obigen Annahmen bedeuten auch, daß die Anzahl der zu sortierenden Zahlen je Prozessor, $n = N/p$, dieselbe und ebenfalls eine Zweierpotenz ist. Wir nehmen ferner an, daß anfangs je n Zahlen auf die p Prozessoren verteilt sind.

Der erste Schritt des Algorithmus besteht darin, auf jedem Prozessor die n dort vorhandenen Zahlen nach irgendeinem Verfahren zu sortieren. In dem Beispiel haben wir den sogenannten 'merge-sort' Algorithmus verwendet, der die Aufgabe in $n \times log_2 n$ Schritten erledigt; vgl. z.B. Knuth, [16].

Die nächsten d Schritte benutzen den 'merge' Algorithmus, um aus je zwei sortierten Folgen der Länge n zweier Prozessorknoten zwei wiederum sortierte Folgen der Länge n herzustellen, wobei die eine die kleinsten und die andere die größten Zahlen der beiden ursprünglichen Folgen enthält. Die Paare werden in Hypercube-Manier ausgewählt: $(q, p/2 + q)$, mit $q = 0, 1, \ldots, p/2 - 1$, wobei der Prozessor mit größerem Index die größeren Zahlen erhalten soll. Dies ist in Abbildung 9.10 für 16 Prozessoren (d.h. $d = 4$) dargestellt. Dieser Austauschschritt wird rekursiv für alle d Richtungen wiederholt — in diesem Beispiel für die Richtungen 8, 4, 2, 1, d.h. m letzten Schritt ist es ein Austausch zwischen den gerade/ungerade-Paaren.

Aus diesem Vorgehen folgt auch, daß diese letzten Prozessorpaare keine überlappenden Folgen haben können, d.h. der höchste Wert von Prozessor $q = 2k$ ist nicht größer als der kleinste Wert von Prozessor $q = 2k + 1$, für $k = 0, 1, \ldots, p/2 - 1$. Dies ist jedoch keineswegs so für die gerade/ungerade-Paare, wie aus Abbildung 9.10 ersichtlich ist.

Die bisher geleistete Arbeit entspricht, abgesehen von dem d-maligen Datenaustausch zwischen den $p/2$ Prozessorpaaren, genau dem Aufwand des sequentiellen 'merge-sort', bei dem

$$N \times log_2 N$$

Vergleiche durchzuführen sind. Auf jedem der p Prozessoren waren $n \times log_2 n$ Vergleiche auszuführen, und jeder der d 'merge' Schritte auf jedem Prozessor hat n Vergleiche erfordert (der 'merge' Schritt ist beendet, wenn die n kleinsten (bzw. größten) Werte bestimmt sind). Also

$$p \times n \times log_2 n + d \times p \times n = p \times n \times (log_2 n + log_2 p) = N \times log_2 N$$

Leider sind wir aber noch nicht fertig, wie aus der vorletzten Spalte in Abbildung 9.10 folgt: es können sich Folgen von ungerade/gerade-Paaren überlappen, so daß noch mindestens ein weiterer Schritt notwendig ist.

Dieser Schritt wird so ausgeführt, daß Prozessor q (q ist ungerade) seinen größten Wert an Prozessor $q + 1$ sendet, und umgekehrt Prozessor $q + 1$ seinen kleinsten Wert an Prozessor q sendet. Durch binäres Suchen wird die Größe der Überlappung festgestellt, und beide Prozessoren senden einander die nötigen (im allgemeinen nicht gleichen) Anzahlen von Zahlen, die — obwohl sie häufig klein sind — auch durchaus die gesamte Folge von n Zahlen umfassen können. Jeder der Prozessoren führt nun auf dem überlappenden Teil seiner Zahlen einen merge-Schritt durch. Im Beispiel von Abbildung 9.10 ist damit der Algorithmus abgeschlossen. Es kann aber vorkommen, daß dieser Austauschschritt mehrfach zu wiederholen ist. Daß man fertig ist, erkennt man daran, daß von keinem Prozessor *alle* n Zahlen an seinen Nachbarn geschickt worden sind.

Rechner mit Hypercube-Topologie

Der vorliegende, von Fox et al. beschriebene Algorithmus ist hier etwas vereinfacht worden, denn bei Fox erscheinen die Daten am Ende auf den Prozessoren in einer Graycode-Sequenz, d.h. bei $p = 16$ in der Reihenfolge

$$0, 1, 3, 2, 6, 7, 5, 4, 12, 13, 15, 14, 10, 11, 9, 8$$

Dies ist notwendig, wenn die Prozessoren Nachrichten nur mit ihren unmittelbaren Nachbarn austauschen können (in der Graycode-Sequenz sind die Prozessoren Nachbarn, da sich ihre Adressen um jeweils genau ein Bit unterscheiden).

Dieses Erfordernis ist auf einem Rechner wie dem nCUBE-2 nicht nötig, da Wege über mehrere Stufen hinweg — ohne dazwischenliegende Prozessoren zu beanspruchen — geschaltet werden können (cut-through routing). Dies wird in Abbildung 9.10 (wieder für 16 Prozessoren) dargestellt:

Obwohl die Wege von einem Prozessor mit ungeradem Index zu einem mit geradem Index

$$\ldots \texttt{xx0111}\ldots\texttt{1} \quad \Rightarrow \quad \ldots \texttt{xx1000}\ldots\texttt{0}$$

immer längs der Diagonalen eines Sub-Hypercube führen, gibt es trotzdem keine Konflikte, weil die Links bidirektional sind und die Wegefindung deterministisch ist: angefangen mit der niedrigsten Dimension der Maske ($qsnd \oplus qrcv$) (wobei $\oplus$ die Operation 'exlusive or' bedeutet) wird eine Dimension um die andere abgearbeitet (vgl. hierzu Abbildung 9.11). Zwar werden die Wege länger, wegen des 'cut-through routing' des nCUBE-2 wird aber je Wegstrecke nur eine Zeit von $2\mu s$ hinzugefügt, vernachlässigbar also gegenüber der Latenzzeit von ca. $200\mu s$.

Wir betrachten den nCUBE jetzt etwas genauer, um die zu erwartende Leistung abzuschätzen. Wir haben bereits erwähnt, daß das Sortieren von N Zahlen auf einem Prozessor die Zeit

$$T_1 = N \times log_2 N \times t_v$$

erfordert, wobei t_v die mittlere Zeit für den Vergleich zweier Zahlen und das Wegspeichern der ausgewählten Zahl ist. Auf p Prozessoren haben wir auszuführen (mit $n = N/p$):

$$\begin{aligned}
T_1 = \; & n \times log_2 n \times t_v \\
& + d \times (t_0 + n \times t_1) \\
& + d \times n \times t_v \\
& + 2 \times t_0 + \alpha \times n \times t_1 + \alpha \times n \times t_v \\
& + \beta \times (2 \times t_0 + n \times t_1 + n \times t_v)
\end{aligned}$$

Hier ist t_v wie oben definiert, t_0 ist die Latenzzeit der Kommunikation, und t_1 die Transferzeit für ein Datenwort. Die sechs Zeilen sind folgenden Aktivitäten zugeordnet: lokal sortieren, Hypercube-Austausch, 'merge' Schritt, ungerade/gerade-Austausch und 'merge' Schritt; bei Bedarf zusätzliche volle gerade/ungerade bzw. ungerade/gerade-Austauschschritte. Man beachte, daß die Latenzzeit bei den ungerade/gerade-Austauschschritten zweimal anfällt, da die Prozessoren zunächst ihre kleinsten bzw. größten Datenwörter austauschen. Wie schon erwähnt, ist meistens $b = 0$ und a ist oft kleiner als 0.5.

Für den nCUBE-2 gelten die (ungefähren) Werte $t_v = 6\mu s$, $t_0 = 200\mu s$, $t_1 = 2\mu s$. Messungen für $N = 2^{18} = 262144$ und $p = 64$ ergaben einen Speed-up von etwa 56, was einer Effizienz von ca. 87% entspricht. Es sollte erwähnt werden, daß sich dieser Algorithmus verbessern ließe, indem man die Kommunikation im 'pipelining' Verfahren implementiert. In diesem Beispiel mit 4096 Zahlen je Prozessor dauert die Kommunikation etwa $8400\mu s$; diese Zeit muß gewartet werden. Man könnte diese Zeit reduzieren, indem

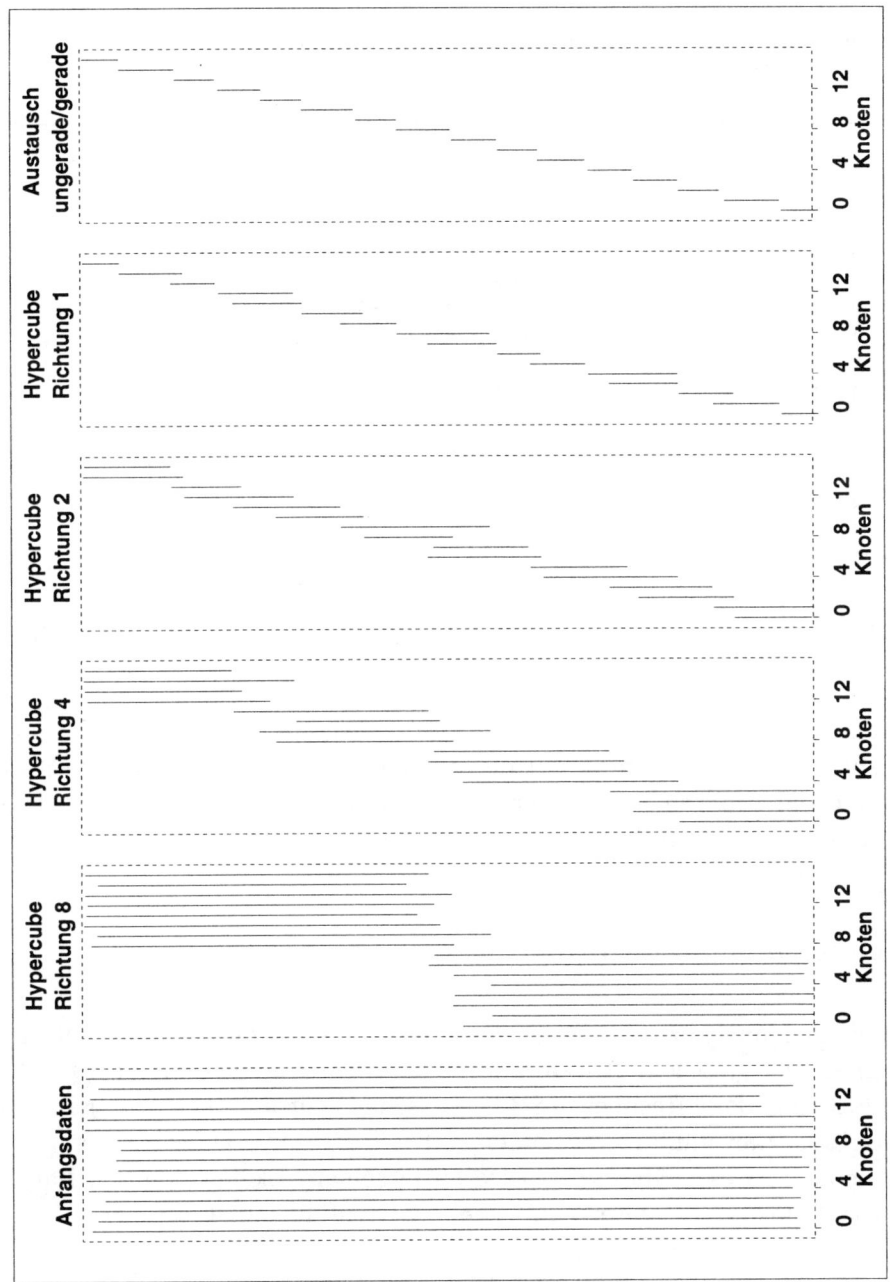

Abb. 9.10: Der Sortier-Algorithmus in Hypercube-Toplogie

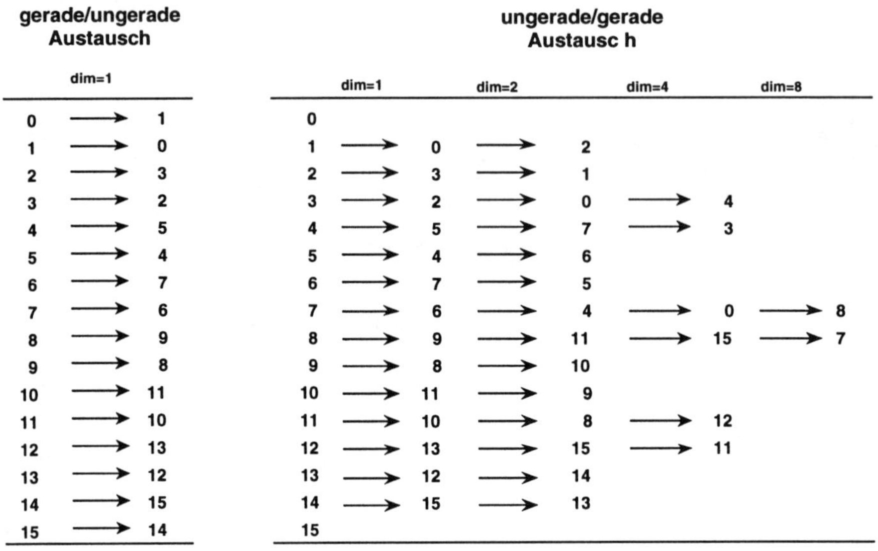

gerade/ungerade Austausch

dim=1

0 → 1
1 → 0
2 → 3
3 → 2
4 → 5
5 → 4
6 → 7
7 → 6
8 → 9
9 → 8
10 → 11
11 → 10
12 → 13
13 → 12
14 → 15
15 → 14

ungerade/gerade Austausch

dim=1	dim=1	dim=2	dim=4	dim=8
0				
1	→ 0	→ 2		
2	→ 3	→ 1		
3	→ 2	→ 0	→ 4	
4	→ 5	→ 7	→ 3	
5	→ 4	→ 6		
6	→ 7	→ 5		
7	→ 6	→ 4	→ 0	→ 8
8	→ 9	→ 11	→ 15	→ 7
9	→ 8	→ 10		
10	→ 11	→ 9		
11	→ 10	→ 8	→ 12	
12	→ 13	→ 15	→ 11	
13	→ 12	→ 14		
14	→ 15	→ 13		
15				

Abb. 9.11: Wege für den ungerade/gerade-Austausch auf dem nCUBE

man zunächst z.B. ein Viertel der Daten austauscht, was in etwa $2250\mu s$ geschieht, und, während man mit den vorhandenen Daten den merge-Schritt beginnt, die weiteren Daten überträgt. Verfahren dieser Art bezeichnet man als „Latenzzeit verstecken" (latency hiding).

Rechner mit globalem Adreßraum

Wir stellen uns jetzt die Frage, wie dieser Sortier-Algorithmus auf einem Rechner mit globalem Adreßraum (d.h. virtuell gemeinsamem Speicher), wie z.B. auf dem Rechner KSR-2, aussehen würde. Auch hier gehen wir davon aus, daß anfangs die Daten auf alle Prozessoren verteilt sind, daß also jeder Prozessor die n=N/p Daten in seinem lokalen Speicher hat, daß Schritt 1 (lokales Sortieren) ohne weiteres ausführbar ist.

Der nächste Schritt — der Austausch und der merge-Schritt in Hypercube-Manier — erfordert zwar keine direkte Kommunikation (jeder Prozessor kann auf den Speicher jedes anderen zugreifen, wir haben ja einen globalen Adressraum), doch muß man eine Synchronisationsbarriere an der gleichen

Stelle einplanen, an der man auf dem 'message-passing' Rechner die Kommunikation ausführt, da man nicht annehmen kann, daß alle Prozessoren gleichzeitig mit dem ersten Schritt fertig sind (Es hätte verheerende Folgen, würde man auf noch nicht gefüllte Speicherzellen zugreifen!).

Für jeden der Hypercube-Austauschschritte muß jeder Prozessor eines Paares die n Daten des anderen lesen; das Speichern macht er lokal in seinem eigenen Cache, behelligt damit also nicht den anderen. Für das Lesen der Daten gelten aber wieder die gleichen Regeln wie für ein 'message-passing' System: für je 128 Bytes (eine 'subpage' mit 32 Integer-Zahlen) fällt eine Latenzzeit für das Kopieren von etwa $10\mu s$ an. Da bei KSR-2 der Wert von tv bei ungefähr $0.6\mu s$ liegt, dauert die Verarbeitung der 32 Zahlen etwa $20\mu s$, das Verhältnis Kommunikation zu Rechnung ist also ungünstiger als beim nCUBE-2 (1:2 hier, 1:3 dort)!

9.6 Schlußbetrachtung

Wenn wir die hier besprochenen Algorithmen rückblickend betrachten, können wir folgende Schlußfolgerungen ziehen:

- die Parallelisierbarkeit eines Algorithmus ist nicht so sehr eine Eigenschaft der Rechnerarchitektur, sondern hängt vor allem vom Algorithmus selbst ab.

- am Beispiel des Tridiagonallösers (Wangscher Algorithmus) haben wir gesehen, daß es sinnvoll sein kann, einen sequentiellen Algorithmus umzustrukturieren, selbst um den Preis von mehr auszuführenden Operationen: der Gewinn resultiert aus der vielfach höheren Geschwindigkeit des Parallelrechners.

- für die Frage, was als Leistung eines parallelen Algorithmus erwartet werden kann, ist die *Granularität* des Algorithmus wichtig, d.h. die Anzahl der Instruktionen, die parallel ausgeführt werden können, bis wieder Daten ausgetauscht werden müssen; je kleiner die Granularität eines Algorithmus, desto schwieriger wird die Parallelisierung sein; feine Granularität bevorzugt Architekturen bzw. Implementationen mit kurzen 'start-up' Zeiten und leistungsfähiger Kommunikation (der Kommunikationsaufwand sollte sinnvollerweise in Zeiteinheiten von Gleitkomma-Instruktionen gemessen werden).

- der Kommunikationsaufwand ist in keinem der betrachteten Rechner vernachlässigbar.

- dort wo bei einem 'message passing' Rechner explizite Kommunikation erforderlich ist, muß beim 'shared memory' Rechner an exakt der gleichen Stelle eine explizite Synchronisation vorgesehen werden, um die Integrität der Daten zu sichern; es ist also keineswegs „einfacher", einen Parallelrechner mit globalem Adreßraum zu programmieren, d.h. der Denkaufwand ist praktisch derselbe.

- für 'message-passing' Systeme ist es sinnvoll, die Algorithmen so zu konstruieren, daß Daten für einen nachfolgenden Rechenschritt schon ausgetauscht werden, während noch gerechnet wird; dieses 'latency hiding' („Latenz verstecken") genannte Verfahren dient dazu, den „sichtbaren" Kommunikationsaufwand zu verringern; dies ist übrigens auch für Rechner mit globalem Adreßraum sinnvoll, weil ja der Zugriff auf entfernte Daten länger dauert als auf lokale Daten (KSR-1 und Cray T3D haben spezielle Instruktionen hierfür).

- der Aufwand für die Konstruktion eines parallelen Algorithmus ist fast immer höher als der vergleichbare Aufwand für die Erstellung eines konventionellen (sequentiellen) Algorithmus.

Diese Ausführungen sollen keineswegs ein pessimistisches Bild malen: die in jüngster Zeit zu verzeichnenden Erfolge mit Parallelrechnern lassen hoffen, daß die Lösung der „grossen Herausforderungen" mit einem vernünftigen Aufwand und in absehbarer Zeit möglich ist.

Literaturverzeichnis

[1] J.F. Hoßfeld: Parallele Algorithmmen; *Informatik-Fachberichte*, Bd. 64, Springer, Berlin (1983)

[2] J.U. Schendel: *Einführung in die parallele Numerik;* Oldenbourg, München (1981)

[3] J.R.W. Hockney, C.R. Jesshope: *Parallel Computers*; 2. Auflage, Adam Hilger, Bristol (1988)

[4] M.J. Quinn: *Designing efficient algorithms for parallel computers*; McGraw-Hill, New York (1987)

[5] J.F. Thomson Leighton: *Introduction to Parallel Algorithms and Architectures*; Morgan Kaufman, San Mateo, California, (1992)

[6] J.H.J.J. te Riele et al (Ed.): *Algorithms and Applications on Vector and Parallel Computers*; Elsevier, Amsterdam, Niederlande, (1987)

[7] J.J. Mikloško (Ed.): *Fast Algorithms and their Implementation on Specialized Parallel Computers*; Elsevier, Amsterdam, Niederlande, (1989)

[8] J.D.W. Heermann, A.N. Burkitt: *Parallel Algorithms in Computational Science*; Springer, Berlin, Heidelberg, New York (1991)

[9] J.P.J. Hatcher, M.J. Quinn: *Data-Parallel Programming on MIMD-Computers*; The MIT Press, Cambridge, Massachusetts (1985)

[10] G. Fox et al: *Solving Problems on Concurrent Processors*; Prentice-Hall, Englewood Cliffs, New Jersey (1988)

[11] G. Fox et al: *Parallel Processing Works*; Morgan Kaufman, San Mateo, California, (1994)

[12] Ch. Großmann, H.-G. Roos: *Numerik partieller Differentialgleichungen*; Teubner, Stuttgart (1992)

[13] J. Stoer, R. Bulirsch: *Numerische Mathematik II*; Springer, Berlin, Heidelberg, New York (1978)

[14] H.H. Wang: A Parallel Method for Tridiagonal Equations; *ACM Transactions on Mathematical Software*, Bd. 7, 170-183 (1981)

[15] W.H. Press et al: *Numerical Recipies in FORTRAN*; Cambridge University Press, Cambridge, England (1992)

[16] D.F. Knuth: *Sorting and Searching, The Art of Computer Programming, Bd. 3*; Addison-Wesley, Reading, Mass. (1973)

10 Betriebssysteme für Parallelrechner

Die Eigenschaften von Parallelrechnern üben auf Betriebssysteme in zweierlei Hinsicht Einfluß aus: zum einen kann die Parallelität vom Betriebssystem selbst genutzt werden, zum anderen hat es die Aufgabe, Anwendungsprogrammen in einfacher Weise die Nutzung vorhandener Parallelität zu ermöglichen. Bemerkenswerterweise sind alle neueren Betriebssysteme als parallele Programme konzipiert, da sich ihnen auch sogenannte Monoprozessoren wegen der peripheren Geräte als (heterogene) Multiprozessoren darstellen. Zudem erlauben neuere Betriebssysteme durchweg Mehrprogrammbetrieb, der als sehr allgemeine Form parallelen Rechnens aufgefaßt werden kann. Da in der Vergangenheit bei der Realisierung von Mehrprogrammbetrieb die parallele Abarbeitung mehrerer, höchstens lose kooperierender Anwendungsprogramme im Vordergrund stand, bieten sie nur unzureichende Unterstützung für die Verwaltungs- und Ablaufsteuerung bei der Parallelisierung einzelner Anwendungen. Es erscheint daher konsequent, Betriebssysteme für Parallelrechner als Erweiterungen traditioneller Systeme zu konzipieren. Die Ergänzungen beziehen sich zum einen darauf, daß mehrere Programmanweisungen gleichzeitig ausgeführt werden können, und zum anderen sind sie dadurch bedingt, daß bei den NUMA- und NORMA-Architekturen die Ausführungsdauer einer Anweisung wesentlich vom Ort der Ausführung und vom Speicherort der relevanten Datenbereiche abhängt. Es sind nur wenige globale Betriebsziele, die beim Entwurf von Betriebssystemen für Parallelrechner die Auswahl der traditionellen Konzepte und der notwendigen Erweiterungen bestimmen. Bezüglich der Betriebsziele zeichnet sich bei Parallelrechnern eine ähnliche zeitliche Wandlung ab, wie sie bei Monoprozessoren zu beobachten war. Aus diesen Gründen sollen zunächst anhand der historischen Entwicklung die wichtigsten Betriebsziele und die daraus resultierenden Betriebssystemkonzepte zusammen mit der im weiteren benutzten Terminologie dargestellt werden.

10.1   Historische Entwicklung und Begriffsbildung

Ende der 50er Jahre hat sich folgende Vorgehensweise herausgebildet: Eine mit einem Rechensystem bearbeitbare Aufgabe wird gelöst, indem ein geeignetes Programm zusammen mit seinen Eingabedaten in das Rechensystem eingebracht wird und seine Abarbeitung zur Ausgabe der Ergebnisse führt. Bei der Abwicklung eines so entstandenen (Rechen-)*Auftrags* lassen sich drei Phasen unterscheiden:

1. Laden und Starten des Programms,

2. Abwicklung des Programms mit Dateneingabe und

3. Ausschleusen der Ergebnisse und Tilgen des Programms.

In Analogie zur Fertigungstechnik könnte man die erste und letzte Phase als Rüsten der Anlage bezeichnen.

Daraus folgt als naheliegende Zielsetzung für das Betriebssystem die Minimierung der Rüstzeiten.

Zur Verkürzung der Ladephase bietet sich an, häufig gebrauchte Programme oder Daten nicht jedesmal von den vergleichsweise langsamen Datenendgeräten zu laden, sondern sie auf deutlich schneller arbeitenden Hintergrundspeichern (wie Magnetbändern oder Plattenspeichern) zu lagern, um von da aus zu laden. Häufig dienen Resultate, die beim Ablauf eines Programms entstehen, als Eingabedaten für ein später ablaufendes Programm. Hier erscheint es wiederum vorteilhaft, sie auf einem Hintergrundspeicher zwischenzulagern. Da weder der Entstehungszeitpunkt noch der Speicherbedarf gut vorherplanbar sind, müssen ohne Betriebssystemunterstützung die Benutzer des Rechensystems umfangreiche und detaillierte Absprachen über die von ihnen zu benutzenden Speicherbereiche treffen, was mit Sicherheit sehr fehleranfällig wäre. Einen Ausweg daraus bietet die automatische Verwaltung der Speichermedien und der gespeicherten Daten. Die Antwort auf diese Anforderung stellt das Konzept der *Datei* dar. Da die Zeitdauer, für die Dateien gespeichert werden müssen, nicht an die Abwicklung eines bestimmten Programms gebunden ist, bezeichnet man sie in heutiger Terminologie als *persistente Objekte*.

Die Lösung einer Aufgabe erfolgt bei Verwendung von Dateien durch Angabe von Programm-, Eingabe- und Ausgabedateien. Nicht Programm und

Daten selbst werden über die Datenendgeräte eingegeben, sondern nur die Auftragsbeschreibung. Dementsprechend ist in das Betriebssystem eine spezielle Sprache zur Auftragsbeschreibung (job control language) integriert.

Nachdem die Rüstzeiten deutlich verkürzt sind, wird ab etwa 1960 eine weitere Verbesserung der Systemnutzung auf dem Wege der Parallelisierung angestrebt. Erster Ansatzpunkt ist die gleichzeitige Abwicklung von Programmen und von Datentransporten zwischen Arbeitsspeicher und peripheren Geräten (Plattenspeicher, Magnetbänder, Ein-/Ausgabegeräte). Die hardwaremäßigen Voraussetzungen werden durch die Einführung eigenständiger (spezialisierter) Ein-/Ausgabeprozessoren geschaffen. Der Prozessor kann an sie Aufträge erteilen, die unabhängig von seiner weiteren Tätigkeit abgewickelt werden. Ihre Fertigstellung wird dem Prozessor durch ein Unterbrechungssignal mitgeteilt.

Als weitergehende globale Zielsetzung ergibt sich nun die gleichmäßige Auslastung aller Systemkomponenten.

Der Nutzung der möglichen Parallelarbeit durch ein einzelnes Programm steht die Vorstellung seiner sequentiellen Abwicklung entgegen, die den üblichen Programmiersprachen zugrunde liegt.

Was sich anbietet, ist die Überlagerung zwischen Transportphasen eines Programms und Rechenphasen eines anderen. Eine genauere Untersuchung dieser Idee zeigt, daß dieses als *Mehrprogrammbetrieb* bezeichnete Konzept umso wirksamer wird, je mehr Programme gleichzeitig für die Bearbeitung zur Verfügung stehen. Konzeptionell wird jedem abzuwickelnden Programm ein fiktiver Prozessor zugeordnet, der im weiteren als *Aktivitätsträger* bezeichnet wird. Realisiert werden die Aktivitätsträger durch zeitliches Multiplexen des Prozessors. In Bezug auf den Prozessor kann sich ein Aktivitätsträger in drei Zuständen befinden:

- *rechnend*, wenn der Prozessor für ihn Anweisungen abwickelt,

- *(rechen-)bereit*, wenn für ihn keine Anweisungen abgewickelt werden, es aber möglich wäre,

- *wartend*, wenn für ihn keine Anweisungen abgewickelt werden können, weil ein durch ihn veranlaßter Datentransport noch nicht abgeschlossen ist oder allgemeiner, weil seine Fortsetzung bis zum Eintreten eines bestimmten Zustandes des Rechensystems oder anderer Aktivitätsträger aufgeschoben werden soll.

Einen Aktivitätsträger in den Zustand *rechnend* zu versetzen wird als *Zuordnen* bezeichnet. Der Übergang von *rechnend* nach *bereit* als *Aufgeben* oder *Verdrängen* je nachdem, ob der Aktivitätsträger selbst diesen Übergang verursacht oder nicht. Damit rechenintensive Programme nicht über längere Zeit andere an der Erlangung des Zustands *rechnend* hindern können, was der gleichmäßigen Auslastung aller Systemkomponenten zuwider liefe, wird ein Aktivitätsträger (von speziellen Anwendungen abgesehen) auf jeden Fall nach einem systemspezifischen Zeitintervall zu Gunsten eines anderen verdrängt (time sharing).

Die vom Standpunkt der Systemauslastung wünschenswerte große Zahl abzuwickelnder Programme ist durch die Endlichkeit des Arbeitsspeichers begrenzt, da sich für die auszuführenden Programme die Anweisungen und die betroffenen Daten im Arbeitsspeicher befinden müssen. Programme weisen jedoch im allgemeinen ein ausgesprochen lokales Verhalten in dem Sinne auf, daß über längere Zeit nur ein kleiner Ausschnitt des gleichen Programms die Ausführung bestimmt und auch nur ein Teil der Daten relevant ist. Somit genügt es, beide auf einem Hintergrundspeicher zu hinterlegen und jeweils nur die tatsächlich relevanten Teile in den Arbeitsspeicher zu bringen.

Dieser *Mehrprogrammbetrieb* ist nur dann als unproblematisch anzusehen, wenn mit Ausnahme zeitlicher Verzögerungen eine unbeabsichtigte oder beabsichtige Störung eines Programms durch ein anderes ausgeschlossen werden kann.

Elegant läßt sich dieses Problem unter Verwendung von Seitenadressierung lösen, die 1961 an der University of Manchester für den Atlas-Rechner entwickelt wird [17]. Als weiterer Mechanismus kommt später die Segmentierung hinzu, die vor allem Vorteile bei Strukturierungsfragen bietet. Beide Mechanismen unterscheiden zwischen dem *Programmadreßraum*, dem die Adressen in Befehlen entstammen, und dem *Speicheradreßraum*, der aus den Adressen der Speicherorte (im Arbeitsspeicher und evtl. in Hintergrundspeichern) des Rechensystems besteht. Eine partiell definierte Zuordnungsfunktion, die im allgemeinen durch eine oder mehrere Tabellen dargestellt wird, legt zu jeder Programmadresse fest, ob ihr ein Speicherort zugeordnet ist und gegebenfalls welcher. Wird von der speziellen Darstellung einer Zuordnungsfunktion abgesehen, so erhält man das Konzept des *Adreßraums*. In Rechensystemen können mehrere Adreßräume definiert sein. Für die Ausführung eines Befehls ist immer genau einer als der aktuelle eingestellt. Bei Monoprozessoren ist zu jedem Zeitpunkt genau ein Adreßraum eingestellt, bei

Multiprozessoren kann die Einstellung prozessorspezifisch sein. Übertragen auf den Mehrprogrammbetrieb muß zu jedem Zeitpunkt ein Aktivitätsträger in einem bestimmten Adreßraum sein, es können sich aber in einem Adreßraum mehrere Aktivitätsträger aufhalten und Aktivitätsträger können durch verschiedene Adreßräume „wandern". Die möglichen Kombinationen traten lange Jahre hindurch bei praktisch relevanten Betriebssystemen nur in zwei Formen auf:

1. Betriebssysteme für kommerzielle und technisch-wissenschaftliche Anwendungen siedeln in jedem Adreßraum genau einen Aktivitätsträger an und nennen diese Kombination *Prozeß*.

2. Betriebssysteme, die für Anwendungen in der Automatisierung oder in der Echtzeitdatenverarbeitung konzipiert sind, richten nur einen Adreßraum ein und bezeichnen die Aktivitätsträger, die nun alle im gleichen Adreßraum ablaufen, als *Fäden* (threads, threads of control). Die Kombination aus Adreßraum und zugehörigen Fäden wird im weiteren als *Team* bezeichnet.

Es sei hier schon vorweggenommen, daß bei Betriebssystemen für UMA- und NUMA-Parallelrechner es besonders attraktiv erscheint, einen Auftrag als Team zu organisieren und aus Auslastungsgründen die Koexistenz von Teams zu ermöglichen.

Die Probleme, die mit der Koexistenz und Verwaltung mehrerer, gleichzeitig in Bearbeitung befindlicher Aufträge verbunden sind, führen Anfang der 60er Jahre in der Betriebssystemkonstruktion zur Entwicklung eines Systemtyps, der heute als *monolithisch* bezeichnet wird und nach wie vor in der Praxis dominiert.

10.1.1 Monolithische Systeme

Prozesse können als fiktive oder *virtuelle Monoprozessoren* gesehen werden, die genau ein Anwendungsprogramm abarbeiten. Diese Auffassung des Mehrprogrammbetriebs ist gerechtfertigt, wenn die Prozesse gekapselt sind, d.h. wenn ein Prozeß nur Speicherorte ansprechen kann, zu denen sein Aktivitätsträger gemäß dem ihm zugeordneten Adreßraum Zugang hat. Selbstverständlich darf er an und in anderen Adreßräumen keine Veränderungen vornehmen können. Zur Realisierung dieser *Kapselung* reicht es, wenn der

Aktivitätsträger eines Prozesses Adreßräume — genauer die sie darstellenden Tabellen — nicht ohne Mitwirkung des Betriebssystems modifizieren und auch nicht unkontrolliert einen Adreßraum als aktuellen einstellen kann. Sehr wohl müssen jedoch dem Betriebssystem solche Möglichkeiten offenstehen. Gelöst wird das Problem durch den Mechanismus der *privilegierten* Befehle. Man unterscheidet zwei Betriebszustände des Prozessors, den *Systemzustand* und den *Anwendungszustand*. Alle Befehle, die Änderungen an einem Adreßraum vornehmen (d.h. zur Modifikation der Zuordnungsfunktion führen können), werden nur im Systemzustand ausgeführt, die übrigen in beiden Zuständen.

Ebenso wie die Adreßraumeinstellung muß auch das Betreiben der peripheren Geräte dem Betriebssystem vorbehalten bleiben. Es ist z.B. sicherzustellen, daß auf Ausgabegeräten nicht die Ausgaben unterschiedlicher Prozesse gemischt erscheinen. Ebenso dürfen Prozesse (d.h. ihre Aktivitätsträger) keinen direkten Zugang zu den Hintergrundspeichern bekommen, da sonst das Betriebssystem Benutzern keine Garantie für die Unverletzlichkeit ihrer Dateien geben könnte. Diese Fragestellungen werden meist dadurch gelöst, daß Datentransporte grundsätzlich nur durch privilegierte Befehle veranlaßt werden. Schließlich muß das Betriebssystem selbst samt seinen Daten dem direkten Zugriff durch Anwendungsprogramme entzogen bleiben, was einfach durch die Einrichtung eines sogenannten *Systemadreßraums* geschieht. Die Inanspruchnahme von Betriebssystemdiensten durch Anwendungsprogramme erfolgt mit speziellen Befehlen, den sogenannten *Systemaufrufen* (supervisor call — SVC), die einen Wechsel in den Systemadreßraum vornehmen und gleichzeitig den Systemzustand einstellen. Weitergehende allgemeine Strukturierungsmaßnahmen werden anfänglich nicht in Betracht gezogen, weshalb diese Betriebssysteme *monolithisch* genannt werden. Der großen Effizienz wegen, die diese Konzeption erlaubt, ist sie bis heute praktisch die wichtigste geblieben. Nachteilig sind die erheblichen Schwierigkeiten, die wegen fehlender Struktur bei Fehlerbehebung oder Weiterentwicklung solcher Betriebssysteme entstehen.

Die Inanspruchnahme von Betriebssystemdiensten (z.B. zur Handhabung von Dateien) läßt sich auf zwei Arten interpretieren:

1. Das Betriebssystem wird als eigener Prozeß angesehen. Beauftragt wird dieser Prozeß mit Hilfe von Systemaufrufen. Eventuelle Ergeb-

nisse werden unter Ausnutzung privilegierter Befehle im Adreßraum des beauftragenden Prozesses hinterlegt.

2. Das Betriebssystem wird als Ansammlung privilegierter Prozeduren (oder in objektorientierter Sprechweise „Methoden") aufgefaßt. Angestoßen werden sie durch Systemaufrufe, die einen Adreßraum- und Privilegienwechsel auslösen. Bei der Rückkehr wird in den Adreßraum und Betriebszustand gewechselt, von denen aus der Aufruf erfolgte.

Wie Lauer und Needham in [24] darlegen, sind die beiden Auffassungen ineinander übersetzbar und insofern gleichwertig, so daß für die Wahl der Beschreibungsweise von Betriebssystemen die Verständlichkeit im Vordergrund steht.

10.1.2 Geschichtete Systeme

Sehr schnell wird in der Folgezeit offenbar, daß es in monolithischen Betriebssystemen sehr schwierig ist, sie an veränderte Anforderungen, z.B. zur Integration neuer Speichermedien, anzupassen oder Fehler aufzuspüren und zu beseitigen.

Zu den bisherigen Zielen tritt als weiteres die Erleichterung der Wartbarkeit und der Erweiterungsfähigkeit.

Etwa ab 1965 rücken die innere Struktur von Betriebssystemen und die Nutzung von Parallelarbeit in den Mittelpunkt der Entwicklung.

Ausgehend von der Vorstellung des Betriebssystems als Prozeß entsteht das System THE [13], das in der Art eines Teams konstruiert ist. Die einzelnen Fäden haben jeweils bestimmte Dienste wie Speicherverwaltung oder Pufferung von Ein-/Ausgabeströmen zu erbringen. Das Betriebssystem setzt sich somit aus einer Reihe kooperierender, nebenläufiger Fäden zusammen, die sich zur Erledigung ihrer Aufgaben Aufträge zukommen lassen und sich bei der Abwicklung geeignet koordinieren. Zur Vermeidung von Verklemmungszuständen und zyklischen Beauftragungen werden die Fäden bezüglich der Beauftragungsrelation hierarchisch angeordnet. Diese Relation definiert innerhalb des Betriebssystems eine *Schichtenstruktur*, deren einzelne Schichten oder Ebenen klar umrissene Aufgaben wahrnehmen. Zur Veranschaulichung seien hier die Schichten des Systems THE skizziert:

Schicht   5:   Systembedienung
Schicht   4:   Anwendungsprozesse
Schicht   3:   Pufferung von Ein-/Ausgabeströmen
Schicht   2:   Multiplexen der Bedienkonsole, Kommandoverwaltung
              und Kommandovermittlung
Schicht   1:   Speicherverwaltung
Schicht   0:   Prozessorverwaltung und (Faden-)Koordinierung

Unbefriedigend an diesem Konzept ist der gemeinsame unstrukturierte Systemadreßraum, so daß Änderungen oder Ergänzungen in ihrem Wirkungsbereich nicht beschränkbar sind. Angegangen wird das Problem um 1965 in dem von Organick in [32] ausführlich dargelegten Betriebssystem Multics mit dem Konzept der Schutzringe. Es ergänzt in der Hardware die bisherigen zwei Privilegienzustände um weitere, die insgesamt linear in sogenannten *Schutzringen* angeordnet sind. Als Struktureinheiten werden Prozeduren betrachtet. Ihr Befehlsanteil ist in einem eigenen Segment hinterlegt, das wie alle Segmente einem Schutzring angehört. Prozeduraufrufe in Richtung stärker privilegierter Schutzringe werden vom Betriebssystem kontrolliert und führen zu einer Änderung des aktuellen Adreßraums. Die oben behandelten privilegierten Befehle sind nur im innersten Schutzring ausführbar. Besonders vorteilhaft erweist es sich, im innersten Schutzring nur die Dienste anzusiedeln, die ohne privilegierte Befehle nicht erbracht werden können. Viele Verwaltungsdienste können in weiter außen liegenden Ringen angesiedelt werden wie z.B. Interpretation der Auftragssprache, Dateiverwaltung oder die logische Ein-/Ausgabe, die nicht den unmittelbaren Datentransport betrifft, sondern die Organisationsform und die Datenformatierung. Diese Systemstruktur trägt wesentlich zur Verbesserung der Anpassungsfähigkeit bei, da sie das Einbringen von Subsystemen erleichtert, z.B. um neue Formen der Dateiorganisation oder der Ein-/Ausgabepufferung verfügbar zu machen. Die Teile des Betriebssystems, die im innersten Schutzring untergebracht sind, werden gemeinhin unter der Bezeichnung *Betriebssystemkern* zusammengefaßt.

Zu den Zielen von Multics gehört auch, die Kooperation zwischen Prozessen verschiedener Anwendungen zu ermöglichen und Parallelverarbeitung zur Verkürzung der Bearbeitungszeit einer Aufgabe nutzbar zu machen. So stellt Organick 1972 in [32] fest: "There is an increasing interest in the computer community in providing the operating system machinery that would permit parallel computation."

Multics bietet als Lösung die beiden Grundmuster an, auf denen auch die heutigen Lösungen beruhen:

1. Seitenadressierung und Segmentierung werden dazu genutzt, Bereiche verschiedener Adreßräume auf die gleichen Speicherorte abzubilden, so daß verschiedene Adreßräume zu gemeinsamen Speicherorten (shared memory) Zugang haben können. Solche Adreßräume werden als *überlappend* bezeichnet.

2. Das Betriebssystem stellt sogenannte *Nachrichtenmechanismen* zur Verfügung, über die ein Prozeß einem anderen Nachrichten zukommen lassen kann. Dabei besteht ein großer Gestaltungsspielraum hinsichtlich der Wahl,

   - wie die Adressaten bestimmt werden,

   - welchen steuernden Einfluß die Adressaten ausüben können,

   - welcher Zusammenhang zwischen Sende- und Empfangsreihenfolge besteht und

   - was bei Abschluß der Sendeoperation über den Verbleib der Nachricht zugesichert wird.

Damit nimmt das Betriebssystem nicht mehr nur Aufgaben der Betriebsmittelverwaltung wahr, sondern es entscheidet auch darüber, welchen Gebrauch einzelne Anwendungen von den Fähigkeiten der Hardware machen können.

Als neue weitere Zielsetzung entsteht offenbar die Aufgabe, eine strukturierte Ablaufumgebung zu schaffen, die die Basiskonzepte zur Strukturierung von Programmsystemen liefert. Die Auswahl der Basiskonzepte ist von beachtlicher Tragweite, denn vom Betriebssystem ausgeschlossene Nutzungsformen der Hardware sind keiner Programmiersprache mehr zugänglich und alle programmiersprachlichen Konzepte müssen von den Compilern durch Basiskonzepte implementiert werden.

10.1.3 Auf Zugriffsausweisen basierende Systeme

Multics hat gezeigt, daß bei geeigneter Betriebssystemstruktur und entsprechender Hardwareunterstützung große Teile, die in einem monolithischen

Betriebssystem enthalten sind, aus dem privilegierten Adreßraum herausgenommen werden können. Als Vorteil ergibt sich, daß die verschiedenen Betriebssystemdienste stärker gegeneinander abgeschirmt sind und daher leichter neue Dienste hinzugefügt oder vorhandene durch verbesserte Versionen ersetzt werden können. Insbesondere sind keine unerwünschten Rückwirkungen auf den Systemkern zu erwarten. In Verfolgung dieser Strukturform erweist sich die lineare Anordnung in Schutzringen als nicht genügend flexibel.

Ein weiterer Schwachpunkt, der besonders bei Parallelverarbeitung innerhalb einer Anwendung deutlich wird, sind die zahlreichen Strategiealgorithmen, die in ein Betriebssystem integriert sind. So sollten z.B. in einem Mehrprozessorsystem eng kooperierende Aktivitätsträger möglichst gleichzeitig zugeordnet sein, während sich bei Mehrbenutzerbetrieb die Bevorzugung der Aktivitätsträger mit der geringsten verbrauchten Rechenzeit bewährt hat. Ein zweites Beispiel sind die Strategien, die die Reihenfolge bei der Durchführung von Datentransporten zwischen Arbeits- und Hintergrundspeicher festlegen. Für Datenbanksysteme ist beispielsweise eine Beeinflussung der Abarbeitungsreihenfolge von Transportaufträgen wünschenswert, auch wenn dadurch nicht die optimale Transportrate erreicht wird. Aus solchen Gründen wird die Trennung von Mechanismus und Strategie derart angestrebt, daß die Strategiealgorithmen außerhalb des Kerns implementiert werden können.

Hydra, das in den Jahren von 1972 bis 1976 an der Carnegie-Mellon-University entwickelt wurde, ist eine der ersten erfolgreichen Antworten auf diese Anforderungen. Die grundlegende Idee, deren Ausführung Wulf u.a. in [41] näher beschreiben, besteht in der konsequenten Nutzung von *Zugriffsausweisen* (capabilities), die im Projekt MAC, einem Vorläufer von Multics, entwickelt und 1966 von Dennis und Van Horn in [12] dargelegt wurden. Das Konzept läßt sich grob so umreißen: Kleinste Verwaltungseinheiten für Daten und Befehlsfolgen sind Segmente. Zugriffsausweise enthalten eine Komponente, die ein Segment benennt, und eine zweite mit Zugriffsattributen, die festlegen, zu welchem Gebrauch des Segmentes der Zugriffsausweis berechtigt. Typische Beispiele für Rechte sind Leserecht, Modifikationsrecht und Ausführungsrecht (d.i. die Berechtigung, den Segmentinhalt als Befehlsfolge zur Ausführung zu bringen). Adreßräume werden durch Listen von Zugriffsausweisen dargestellt und Aktivitätsträger können durch Vorlage eines Zugriffsausweises aus ihrem Adreßraum von Segmenten Gebrauch machen oder sie zur Ausführung bringen.

Unter den zahlreichen Aspekten des Systems Hydra ist hier hervorzuheben, daß durch geschickte Definition einer Reihe von Zugriffsattributen der Betriebssystemkern in seinem Umfang reduziert werden kann auf die Realisierung von Aktivitätsträgern, Adreßräumen und Prozeduren sowie einen Mechanismus zur Inanspruchnahme von Zugriffsattributen eines Zugriffsausweises. Der Kern stellt also nur noch eine geringe Zahl von Basiskonzepten und Basismechanismen zur Verfügung und ist weitestgehend frei von integrierten Strategien. Derartig reduzierte Kerne werden häufig als *Minimalkerne* bezeichnet. Das Konzept setzt voraus, daß Zugriffsausweise fälschungssicher sind, eine Eigenschaft, die für die Implementierung eine erhebliche Herausforderung darstellt.

10.1.4 Instanzorientierte (objektorientierte) Systeme

Ausgelöst durch die Fortschritte der Hardware setzt um 1980 eine rasche Verbreitung vernetzter Arbeitsplatzrechner ein, die für die Betriebssystementwicklung neue Anforderungen mit sich bringen und zwar im wesentlichen aus zwei Gründen:

1. In der Bürokommunikation und in ähnlichen, auf Kooperation angelegten Anwendungen entsteht das Verlangen, von jedem Arbeitsplatzrechner aus auf Ressourcen (Dateien, Spezialgeräte u.ä.) anderer Rechner so zugreifen zu können, als handle es sich um eigene Ressourcen.

2. Bei Anwendungen mit hohem Rechenbedarf, wie bei technisch-wissenschaftlichen Berechnungen, soll die Fähigkeit zur Parallelarbeit genutzt werden können, um kostengünstig hohe Rechenleistung zu erzielen. Da es sich um NORMA-Architekturen handelt, sind die für Multiprozessoren entwickelten Vorgehensweisen nicht unmittelbar übertragbar.

Beide Fragestellungen erfordern, Programmsysteme auf mehrere, im Prinzip autonome Rechner zu verteilen. Es stellt sich die Frage, wie Teilaufgaben, die als *Verteilungseinheit* dienen sollen, strukturiert sein müssen und welche Möglichkeiten ihrer Kooperation benötigt werden.

Die Vielfalt der beschrittenen Wege, läßt sich grob in zwei Klassen einteilen:

1. Ausgehend vom Mehrprogrammbetrieb wählt man Prozesse als Verteilungseinheiten. Zur Kooperation stellt man die üblichen Nachrichtenmechanismen zur Verfügung, die so implementiert sind, daß sie auch über Rechnergrenzen hinweg benutzt werden können. Neu benötigt werden Mechanismen zur netzweiten Adressierung von Prozessen.

2. Ausgehend von den Systemen, die auf Zugriffsausweisen aufbauen, und unter Verallgemeinerung der Ideen objektorientierter Programmierung, wählt man als Verteilungseinheiten *Instanzen*. Sie verfügen wie Objekte über einen Datenteil und über Methoden zu seiner Bearbeitung, besitzen aber zusätzlich Aktivitätsträger. Sie bilden also im bisherigen Sinn ein Team, das von seiner Umgebung durch Methodenaufrufe beeinflußt werden kann. Benötigt werden zur Realisierung dieser Idee systemweit gültige Zugriffsausweise und rechnerübergreifende Methodenaufrufe, sogenannte *Fernaufrufe* (remote procedure call, RPC), die von Nelson in [30] entwickelt wurden.

Die erste der beiden Methoden wird meist als natürlicher empfunden, da sie unmittelbar an die Vorstellungen von einem Rechnernetz anknüpft und vom Mehrprogrammbetrieb her wohlbekannt ist. Nachteilig wirkt sich aus, daß lokale Ressourcen im allgemeinen aus Effizienzgründen nicht über Nachrichtenmechanismen angesprochen werden und deshalb lokale und ferne Ressourcen unterschiedlich gehandhabt werden müssen.

Der zweite Ansatz läßt sich bei prozedurorientierter Auffassung des Betriebssystems leicht vereinheitlichen, hat aber erhebliche Probleme bei der Parameterübergabe.

Derzeit ist eine gewisse Tendenz zu erkennen, in Betriebssystemen beide Mechanismen anzubieten.

Nach diesem Überblick über die wichtigsten Konzepte, die in Betriebssystemen für Parallelrechner eine Rolle spielen, und über die Gründe für ihre Entwicklung werden im nächsten Abschnitt die Mechanismen genauer behandelt, die für eine gute Nutzung von Parallelrechnern einer Ergänzung oder Modifikation bedürfen.

10.2 Anforderungen und Lösungskonzepte

10.2.1 Grundstrukturen von Betriebssystemen

In Abschnitt 10.1 wurde die historische Entwicklung verschiedener Betriebssystemkonzepte dargestellt. Im wesentlichen haben sich bis heute zwei Grundstrukturen für den Aufbau eines Betriebssystems durchgesetzt: der monolithische Betriebssystemkern und Minimalkern-basierte Systeme. Typische Vertreter hierfür werden in Abschnitt 10.3.1 noch näher vorgestellt. Objektorientierte Betriebssysteme sind heute Gegenstand intensiver Forschung, haben aber noch längst nicht Produktreife erlangt.

Die Anforderungen an ein Parallelrechner-Betriebssystem unterscheiden sich vor allem in zwei Punkten von denen an Monoprozessor-Betriebssysteme:

- Parallelrechner werden im allgemeinen nur für sehr rechenintensive Anwendungen eingesetzt, die den Rechner (Prozessor und meist auch Speicher) zu einem sehr großen Prozentsatz nutzen. Effizienzverlust durch Betriebssystemfunktionen ist daher erheblich kritischer als bei Anwendungen, die den Rechner ohnehin nicht vollständig ausnutzen. In üblichen Universalbetriebssystemen vorhandene Betriebssystemfunktionen, die von der vorgesehenen Anwendung nicht benötigt werden, sind somit unerwünscht.

- Soll das Betriebssystem nicht zu einem störenden Engpaß werden, ist die nebenläufige Ausführung von Betriebssystemmechanismen erforderlich. Gute Strukturierung und Modularisierung des Betriebssystems ist bei Monoprozessoren zwar sehr wünschenswert, ist bei Nebenläufigkeit aber eine absolute Grundvoraussetzung für ein stabiles, wartbares System.

Auch wenn in Einzelfällen spezielle Betriebssysteme für Parallelrechner entwickelt wurden, zwingt die kurze Zeitspanne, die zwischen Fertigstellung erster Hardware-Prototypen und Fertigstellung der Betriebssystemsoftware zur Verfügung steht, die Hersteller dazu, existierende Systeme zu portieren.

In den folgenden Abschnitten sollen monolithische Kerne, Minimalkernbasierte Betriebssysteme und objektorientierte Ansätze jeweils kurz charakterisiert und auf ihre Eignung für Parallelrechner hin bewertet werden.

10.2.1.1 Monolithische Betriebssystemkerne

In monolithischen Betriebssystemkernen sind alle Betriebssystemfunktionen zusammengefaßt. Dazu gehören sowohl Basisdienste an der Schnittstelle zur Hardware, wie Treiberfunktionen, als auch umfangreiche Dienstleistungsmodule, wie beispielsweise:

- Prozeßverwaltung

- Speicherverwaltung

- Dateisystem

- Netzwerkkommunikation

Manche Systeme umfassen darüber hinaus noch erheblich umfangreichere Funktionen, wie

- Datenbankmechanismen

- Kommandointerpreter

- eine Reihe von Basiskommandos (z.B. für Informationen über das Dateisystem oder über Prozesse)

Mechanismen, die von einem monolithischen Betriebssystemkern bereitgestellt werden, können im allgemeinen nicht ausgewechselt werden — sie sind somit für alle Benutzer des Systems zwingend festgelegt. Meistens kann man auf nicht benötigte Teile des Betriebssystems auch nicht verzichten — diese Teile verbrauchen dadurch unnötig Speicher und teilweise sogar Rechenzeit.

Eine weitere typische Eigenschaft dieser Systemkerne ist, daß alle Kernfunktionen im Systemzustand (privilegiert) ausgeführt werden und alle Systemdaten in einem Adreßraum zusammengefaßt sind. Dadurch wird erreicht, daß die Betriebssystemmechanismen problemlos und effizient auf alle notwendigen Informationen zugreifen können und auch alle privilegierten Maschinenbefehle direkt ausführen können. Objektorientierte Prinzipien wie Datenabstraktion oder 'information hiding' können dadurch nicht erzwungen werden — und wurden in der Praxis auch selten eingesetzt. Die Folge war, daß innerhalb der Systemkerne viel mit Seiteneffekten gearbeitet wurde und häufig auch unbeabsichtigte Seiteneffekte entstanden.

Da in der Regel alle Funktionen des Systemkerns zusammengebunden werden, können sich die Funktionen durch direkte Prozeduraufrufe gegenseitig sehr effizient aufrufen. Gegenüber Anwenderprogrammen, die im Benutzermodus (Anwendungszustand) ablaufen, ist der Systemkern durch eine

Adreßraumgrenze abgeschottet. Systemaufrufe von Anwenderprogrammen erfolgen mit Unterstützung spezieller Maschinenbefehle (supervisor calls), die einen kontrollierten Einsprung in den Systemkern garantieren. Umgekehrt gibt es keinen Schutz für Anwenderprogramme gegenüber dem Systemkern. Den Aufwand für einen Systemaufruf kann man grob geschätzt auf das 10-fache eines Prozeduraufrufs beziffern[1].

Die wesentlichen Nachteile eines monolithischen Betriebssystemkerns sind somit:

- Die Mechanismen sind strikt vorgegeben, ein Anpassen oder Weglassen von Betriebssystemkomponenten ist nur schwer möglich. Nicht benötigte Komponenten führen zu unnötigen Kosten, die gerade für Parallelrechner-Anwendungen störend sind.

- Die Strukturierung innerhalb des Systemkerns ist häufig schlecht. Er ist damit änderungsunfreundlich und fehleranfällig. Die Anpassung solch eines Betriebssystems von einem Monoprozessor an einen Parallelrechner wird dadurch sehr aufwendig. Die Koordinierung von Datenstrukturen für eine nebenläufige Ausführung von Betriebssystemfunktionen ist dabei besonders kritisch.

Als Vorteil steht diesen Punkten die effiziente Kommunikation innerhalb des Systemkerns gegenüber.

Ende der 60er Jahre wurde mit der Unix-Entwicklung bereits einmal versucht, den Umfang des Betriebssystemkerns zu verkleinern. Nachdem sich auch Unix in den 80er Jahren zu einem sehr ansehnlichen monolithischen Kern entwickelt hatte, wurden erneut Versuche zur Verkleinerung des Betriebssystemkerns aufgenommen — quasi eine Rückbesinnung auf die ursprüngliche Unix-Philosophie. Hierzu wurde untersucht, welche Teile aus einem monolithischen Betriebssystemkern entfernt werden können. Die Ergebnisse dieser Arbeiten waren Minimalkerne mit ausgelagerten Betriebssystemfunktionen.

---

[1]Dieser Wert stellt nur eine Größenordnung dar, das Verhältnis ist sehr stark architekturabhängig!

10.2.1.2 Minimalkerne (Low-Level-Kernel) mit ausgelagerten Betriebssystemkomponenten

Die Entwicklung eines Minimalkerns erzwingt die Bildung von gekapselten Betriebssystem-Funktionsgruppen mit klaren Schnittstellen. Die Möglichkeit, direkt auf alle Informationen des Betriebssystems zugreifen zu können, entfällt dadurch zwar, durch weniger Seiteneffekte gewinnt man aber deutliche Vorteile in bezug auf die Wartbarkeit des Systems.

Grundsätzlich können nach einer Modularisierung des Betriebssystems alle Funktionsgruppen aus dem eigentlichen Systemkern herausgenommen werden, die nicht privilegierte Befehle ausführen müssen. Darunter fallen auch große Teile der Prozeßverwaltung, des Dateisystems und der Netzwerkkommunikation.

Ausgelagerte Betriebssystemteile können dann wie normale Anwenderprozesse bearbeitet werden. Eine Auswechslung von Systemteilen bzw. das Weglassen nicht benötigter Module wird dadurch erleichtert. Man ist auch nicht mehr so stark wie in monolithischen Kernen an die einmal bereitgestellte Funktionalität gebunden. Während in einem monolithischen Kern beispielsweise alle Anwendungen gezwungen sind, gemeinsam die in diesem Kern bereitgestellten Dateisystemmechanismen zu benutzen, kann bei einem Minimalkern mit ausgelagertem Dateisystem relativ einfach ein neues, zusätzliches Dateisystem mit anderen Eigenschaften erzeugt werden. Dieses neue Dateisystem liegt in einem eigenen Adreßraum und kommuniziert genauso wie das ursprüngliche mit dem Minimalkern, um z.B. Hintergrundspeicherbereiche anzufordern. Die Dateisysteme können nebeneinander existieren und eine Anwendung kann sich aussuchen, welches sie benutzt. Für Anwendungen mit speziellen Anforderungen[2], die von Universalbetriebssystemen nicht erfüllt werden, bietet sich dadurch eine interessante Perspektive.

Nachteil einer solchen Betriebssystemarchitektur ist, daß Aufrufe zwischen ausgelagerten Betriebssystemmodulen wegen der zu überwindenden Adreßraumgrenzen zeitaufwendiger sind. Es muß ein Systemaufruf erfolgen und es sind Daten zwischen Adreßräumen zu transferieren. In monolithischen Systemkernen können die einzelnen Funktionsgruppen auch jeweils einfacher und schneller auf Ereignisse reagieren, weil keine aufwendigen Kontext-Umschaltungen notwendig werden.

---

[2]Beispielsweise eine Anwendung, die sehr große Datenmengen schnell ein- und auslagern muß.

Die Kommunikation zwischen ausgelagerten Systemmodulen bzw. zwischen solchen Modulen und dem Minimalkern wird in der Regel durch Fernaufrufe oder vergleichbare Mechanismen realisiert. Der Aufwand für einen Interadreßraum-Aufruf bei einer typischen Implementierung von Fernaufrufen liegt zwischen dem 70- und 2000-fachen eines Prozeduraufrufs. Wie Bershad u.a. in [8] zeigen, lassen sich auf einer günstigen Architektur[3] die Mehrkosten von dem 70- auf das 20-fache reduzieren (lightweight remote procedure call, LRPC). Diese Zahlen verdeutlichen, daß sich Adreßraumgrenzen an Schnittstellen zwischen intensiv kommunizierenden Betriebssystemfunktionen sehr negativ auf die Effizienz des Gesamtsystems auswirken. In den meisten Minimalkern-Entwicklungen wird deshalb ein Kompromiß gesucht und ein nicht unerheblicher Teil von Funktionen aus Effizienzgründen im Systemkern belassen. Die ausgelagerten Funktionen können dann in unterschiedlichen Adreßräumen plaziert werden. Die Kommunikationsmechanismen zwischen Minimalkern und ausgelagerten Modulen sowie zwischen den ausgelagerten Modulen untereinander sind bei guter Konzeption einheitlich. Innerhalb des Kerns und innerhalb der Module wird aber in der Regel aus Effizienzgründen mit anderen Mechanismen (Prozeduraufruf) gearbeitet. Eine Aufteilung von Funktionsgruppen ist damit meist nicht ohne Probleme (Schaffung neuer Schnittstellen) machbar.

Die erfolgreichste Minimalkern-Entwicklung bis heute ist Mach, das inzwischen gute Chancen hat, einmal eine ähnliche Verbreitung wie Unix zu erreichen [31] (vgl. Abschnitt 10.3.1, [1], [34], [35]).

Die wichtigsten Eigenschaften lassen sich folgendermaßen zusammenfassen:

- Dynamische Erweiterungen und Änderungen an Systemfunktionen sind einfacher einzubringen. Eine Anpassung an spezielle Anforderungen von Parallelrechner-Anwendungen ist damit eher durchführbar.

- Die Modularisierung ist besser, aus Effizienzgründen aber nur grobgranular. Nebenläufigkeit zwischen verschiedenen Modulen ist relativ unproblematisch, da höchstens an den Modulschnittstellen koordiniert werden muß. Da die Module sehr umfangreich sein können, können

---

[3]Firefly C-VAX unter dem System Taos mit einer optimierten RPC-Implementierung: SRC-RPC [37]. SRC RPC benötigt 464 μs für einen leeren RPC-Aufruf, LRPC dagegen nur 157 μs [8]. Weitere Effizienzsteigerungen wurden für Interadreßraumaufrufe im Mikrokern Spring (auf SPARCstation 2) erzielt [19].

sie ohne modulinterne Nebenläufigkeit schnell zu Engpässen werden. Nebenläufigkeit innerhalb eines umfangreichen Moduls wirft ähnliche Probleme wie bei monolithischen Kernen auf.

- Die Kommunikation zwischen Modulen über Adreßraumgrenzen ist teurer und führt damit häufig zu Effizienzverlust.

Charakteristisch für die Minimalkern-Entwicklung ist eine grobe Modularisierung der monolithischen Betriebssystemkerne. Die dabei entstandenen Module sind gegenüber anderen Betriebssystemfunktionen gekapselt — unbeabsichtigte Seiteneffekte sind nicht möglich. Innerhalb der Module existieren prinzipiell aber noch die gleichen Probleme wie in monolithischen Kernen — durch disziplinierte Programmierung ist zwar auch hier eine gute Strukturierung erreichbar, das System enthält aber keine Mechanismen, diese Strukturierung zu erzwingen.

Es stellt sich nun die Frage, ob sich die in der Entwicklung von den monolithischen Systemkernen zu den Minimalkernen sichtbare Richtung nicht weiter verfolgen läßt.

10.2.1.3 Objektorientierte, offene Betriebssysteme

Die konsequente Fortführung des aufgezeigten Weges bedeutet eine weitere, feiner granulare Modularisierung von Betriebssystemfunktionen. Die Kommunikationsmechanismen müssen dabei grundsätzlich einheitlich sein.

Bei dieser Vorgehensweise ist die separate Plazierung kleiner Module in unterschiedlichen Adreßräumen entsprechend der Argumentation im vorangehenden Abschnitt nicht mehr aufrechtzuerhalten. Es wird notwendig, mehrere Module in Adreßräumen zusammenzulegen, wenn diese Module intensiv miteinander kommunizieren. Auch innerhalb eines Adreßraums wird man nach wie vor die gleichen Kommunikationsmechanismen wie zwischen Adreßräumen verwenden — die Mechanismen lassen sich innerhalb eines Adreßraums aber effizienter implementieren.

Durch Vermeidung einer Adreßraumkapselung für Module gibt man gleichzeitig den Mechanismus auf, der die Einhaltung der Modul-Kapselung garantierte. Man muß diese Kapselung deshalb auf andere Weise sichern. Als eine Möglichkeit bietet sich an, bereits zur Übersetzungszeit zu prüfen, ob alle Operationen nur Daten innerhalb des Moduls betreffen bzw. Aufrufe von

Kommunikationsmechanismen mit anderen Modulen sind. Auf diese Weise erhält man zwar keinen vollständigen Ersatz der Kapselung durch Hardwaremaßnahmen (z.B. bei der Behandlung dynamischer Felder und Zeiger), aber die Möglichkeiten erscheinen bei Anwendungen, wie sie für Parallelrechner typisch sind, doch genügend umfassend.

Bislang wurden Betriebssysteme entweder in Assemblersprache oder in maschinennahen, höheren Programmiersprachen (z.B. C) formuliert. Diese Programmierumgebungen enthalten nicht genügend Möglichkeiten, das gewünschte Ziel zu erreichen.

Die objektorientierte Programmierung bietet dagegen die gewünschten Hilfsmittel zur Garantie von Kapselung und Bildung von Kommunikationsschnittstellen. Auf die Bildung unterschiedlicher Adreßräume zur Errichtung von Schutzwällen zwischen Modulen kann damit für alle objektorientiert programmierten Module verzichtet werden. Man kann somit prinzipiell wieder alle Betriebssystemobjekte in einen Adreßraum zusammenlegen, hat aber im Gegensatz zu den monolithischen Systemkernen nach wie vor die Kapselung der einzelnen Baugruppen bewahrt. Lediglich Module, für die keine Garantien bestehen, daß sie die Kapselung nicht verletzen, müssen, wenn die Schutzanforderungen des Systems dies erfordern, in separaten Adreßräumen untergebracht werden.

Auf diese Weise vermeidet man die Strukturierungsprobleme monolithischer Systemkerne. Durch die klar sichtbaren Schnittstellen ist es auch einfacher, einzelne Objekte zu ersetzen bzw. ganz wegzulassen, wenn sie nicht benötigt werden. Die im vorigen Abschnitt aufgezeigte Perspektive, anwendungsspezifische Betriebssystemmechanismen zusätzlich zu den vorhandenen Modulen zu installieren, wird durch eine stärkere Modularisierung ebenfalls erweitert. Eine Anpassung an die Anwendung kann in wesentlich feineren Einheiten erfolgen.

Bei feingranularen Objekten kann man meist auf objektinterne Nebenläufigkeit verzichten, ohne daß es zur Bildung von Engpässen kommt. Bei objektexterner Nebenläufigkeit beschränkt sich die Koordinierung auf die Objektschnittstellen.

10.2.2   Speicherverwaltung in parallelen Systemen

Speicherverwaltung in Parallelrechnern muß nicht notwendigerweise komplexer sein, als in Monoprozessorsystemen. Aufgrund der — besonders im numerischen, rechenintensiven Bereich — oft sehr speziellen Nutzungsweise, können Annahmen getroffen werden, die die Speicherverwaltung sehr vereinfachen.

Universalrechner verfügen heute über Betriebssysteme, die keine Annahmen über das Verhalten der auf ihnen ablaufenden Anwendersysteme treffen dürfen. Ihre Aufgabe besteht darin, die vorhandenen Hardwareeigenschaften dem Anwender in einer handhabbaren Form und in effizienter Weise zugänglich zu machen und dabei zu allen Benutzern gleichermaßen fair zu sein. Das bedeutet, dem einzelnen Benutzer eine Welt vorzuspiegeln, die ihn glauben macht, eine Maschine mit nahezu unerschöpflichen Ressourcen (hier insbesondere Speicherraum) exklusiv zu besitzen.

Diesen Zielsetzungen kann man sehr nahekommen, wenn die einzelne Aktivität (im weiteren Sinn: Transaktion) in hinreichend kurzer Zeit bearbeitet werden kann. Bei der heute zur Verfügung stehenden Prozessorleistung von bis zu 10^9 Operationen pro Sekunde sind dies weit über 90% aller anfallenden Aufgaben. Für Parallelrechner sind gerade die restlichen 10% interessant. Bei Aufgaben aus der Numerik handelt es sich vor allem um die sogenannten „Großen Herausforderungen", bei ein-/ausgabeintensiven Aufgaben um große transaktionsorientierte Systeme wie Fileserver oder Datenbanksysteme.

Die aus Betriebssystemsicht einfachste Klasse von Parallelrechnern sind die NORMA-Architekturen, die nur über Bediensysteme zugänglich sind. Bei den Betriebssystemkomponenten auf den einzelnen Rechnerknoten (eigentlich besser als Laufzeitsystem zu bezeichnen) handelt es sich um ein Einprozeßbetriebssystem mit statischer Speicherzuteilung zur Unterstützung der Ladevorgänge. Die Programme bzw. Programmteile müssen vollständig in den vorhandenen Speicher passen, dynamische Speicheranforderungen können nicht realisiert werden.

Das typische — aber nicht notwendigerweise einzige — Programmiermodell für diese Klasse von Systemen ist *SPMD* (single programm multiple data); der Betrieb wird als Stapelbetrieb (siehe 10.2.6) abgewickelt.

In NORMA-Systemen mit verteiltem Betriebssystem wird auf den lokalen Knoten jeweils eine monoprozessorspezifische Speicherverwaltung durchgeführt. Im allgemeinen wird aus Aufwandsgründen (hohe Kommunikationslast, relativ langsame Anbindung der Ein-/Ausgabe) auf Speicheraustauschverfahren (swapping, paging) verzichtet. Da häufig die Mechanismen in den Systemen inhärent vorhanden sind, werden sie zur Unterstützung von Ladevorgängen eingesetzt.

Die Rechner mit UMA-Architektur finden eher in dem oben angeführten Bereich der ein-/ausgabeintensiven Applikationen Anwendung. Sie sind aus Betriebssystemsicht moderne Universalrechner und haben dementsprechend ein virtuelles Speicherkonzept mit Seitenwechselverfahren. Das System ist dem von Monoprozessoren sehr ähnlich, wenn im Monoprozessorbetriebssystem von verschiedenen Aktivitätsträgern aus auf gemeinsame Speichersegmente zugegriffen werden kann. Die Tatsache, daß auf solche Segmente bei Monoprozessorsystemen quasi parallel und bei Multiprozessorsystemen echt parallel zugegriffen wird, ist für die Speicherverwaltung selbst irrelevant.

Die wichtige Frage der Cachekohärenz wird in diesen Systemen auf Hardwareebene sichergestellt.

Die aus Betriebssystemsicht interessanteste Klasse sind die NUMA-Architekturen, die dem Benutzer das gleiche Programmiermodell offerieren wie bei UMA-Architekturen. Dieses Konzept ist als 'virtual shared memory' bekannt geworden.

Triebfeder für diese Entwicklung ist der Wunsch, auch auf NORMA-Architekturen das als einfacher handhabbar eingeschätzte 'shared memory' Programmiermodell zu unterstützen. Dieses Modell ist auch als 'distributed shared memory' bzw. als 'shared virtual memory' bekannt.

Erste Realisierungen auf einem Verbund von Arbeitsplatzrechnern wurden in den Projekten DASH [2] und Ivy [25] versucht. Das Intelsystem PARAGON bietet dieses Programmiermodell als eine Alternative an.

Es ist offensichtlich, daß ein softwarerealisiertes (kohärentes) 'shared memory' System in disjunkten Adreßräumen einen erheblichen Kommunikationsaufwand zur Folge hat, der bedingt durch die relativ hohen Aufsetzzeiten (latency) in 'message-passing' Systemen nur zu vergleichsweise ineffizienten Lösungen führen kann. Diese Erkenntnis führte dazu, neue Hardwareansätze zu entwickeln mit dem Ziel, verteilte Adreßräume mit geeigneter Hardwareunterstützung zu einem globalen Adreßraum zu vereinigen. Zwei Vertreter dieser Architekturen sind Kendall Square Research (KSR) mit einem 'all cache' Konzept und Convex (SPP-1) mit einem hierarchischen Speichersystem.

Um wirklich effiziente Programmsysteme entwickeln zu können, muß das Betriebssystem geeignete Speicherkonstrukte bereitstellen, die es dem Benutzer gestatten, Rücksicht auf die zugrundeliegende Architektur zu nehmen. So kann man z.B. verschiedene Klassen von Speichersegmenten definieren, abhängig von der Möglichkeit des Zugriffs auf die Segmente und von der zeitlichen Verzögerung, die ein Zugriff mit sich bringt. In Anlehnung an die Speicherverwaltung der Convex-SPP-1 wäre folgende Klassifikation denkbar:

1. PROZESS-PRIVAT: Zu diesem Segment haben nur die Aktivitätsträger eines Prozesses Zugriff. Es wird in den Speicher plaziert, der für die Aktivitätsträger den schnellsten Zugriff garantiert (lokaler Speicher).

2. KNOTEN-PRIVAT: Zu diesem Segment haben alle Aktivitätsträger eines Rechenknotens (oder Clusters mit mehreren Prozessoren) Zugriff. Das Segment wird an den lokalen Speicher des Knotens gebunden.

3. NAHE-GEMEINSAM: Auf dieses Segment kann von Aktivitätsträgern des gesamten Systems zugegriffen werden, es wird jedoch an den lokalen Speicher des kreierenden Aktivitätsträgers gebunden.

4. ENTFERNT-GEMEINSAM: Auf dieses Segment kann von Aktivitätsträgern des gesamten Systems zugegriffen werden. Das Segment wird auf der Basis von Speicherseiten im globalen Speicher gleichverteilt.

5. BLOCKWEISE-GEMEINSAM: Auf dieses Segment kann von Aktivitätsträgern des gesamten Systems zugegriffen werden. Die Gesamtgröße wird durch die Anzahl der verfügbaren lokalen Speicher geteilt und blockweise in die einzelnen lokalen Speicher gelegt (data partitioning).

Die Speicherverwaltung von NUMA-Architekturen muß also gegenüber der von UMA-Architekturen um Plazierungsmechanismen, gesteuert durch Plazierungsattribute der Segmente, erweitert werden.

10.2.3   Interaktionsmechanismen

Wenn — wie bei Parallelverarbeitung notwendig — zur Lösung einer Aufgabe mehrere Aktivitätsträger benutzt werden, müssen sie über Fähigkeiten zur Interaktion verfügen. Im Bereich der Programmiersprachen steht bei der Suche nach einschlägigen Mechanismen die problemgerechte Formulierung von Programmen im Vordergrund. Die Konzeption von Benutzerschnittstellen für Betriebssysteme ist hingegen stärker davon getragen, möglichst wenige Mechanismen vorzusehen, auf deren Basis Compiler programmiersprachliche Formulierungen in eine effizient ausführbare Form transformieren können. Da bei der Entwicklung von Betriebssystemen die Gesamtheit der in Frage kommenden höheren Programmiersprachen unbekannt ist, läßt man sich bei der Wahl der Basismechanismen von sehr allgemeinen Überlegungen zur Gestaltung von Interaktionen leiten.

Nach der Analyse von Wettstein in [40] lassen sich Interaktionen auf die folgenden drei Grundformen zurückführen:

1. Koordination,

2. Kommunikation und

3. Kooperation.

Koordination bezieht sich auf den zeitlichen Aspekt von Programmabläufen. Unter diesem Begriff werden alle Mechanismen zusammengefaßt, mit denen ein Aktivitätsträger bei Erreichen einer bestimmten Stelle seines Ablaufs auf die Fortführung oder Verzögerung anderer Aktivitätsträger Einfluß nehmen kann.

Kommunikation liegt vor, wenn ein Aktivitätsträger veranlassen kann, daß Daten aus einem ihm zugänglichen Speicherbereich in einen Speicherbereich hineinverknüpft werden, zu dem ein anderer Aktivitätsträger Zugang hat. Es handelt sich also vom Grundsatz her um eine unsymmetrische Beziehung.

Von *Kooperation* spricht man, wenn mehrere Aktivitätsträger im gleichen oder in überlappenden Adreßräumen arbeiten und diese Tatsache zur gegenseitigen Beeinflussung nutzen. Es handelt sich vom Prinzip her um eine symmetrische Beziehung.

10.2.3.1 Koordination

Jedes Betriebssystem, das Nebenläufigkeit unterstützt, benötigt Koordinierungsmechanismen, weshalb sie seit langem Bestandteil von Benutzerschnittstellen sind. Als Beispiel für traditionelle Mechanismen seien die wohlbekannten, von Dijkstra eingeführten, P- und V-Operationen erwähnt. Aus ihnen wurde eine Vielzahl von Varianten entwickelt, um für Koordinierungsaufgaben, die sich häufig stellen, einfache und übersichtliche Lösungen angeben zu können [21]. Ein weiterer, ebenfalls seit langem benutzter Mechanismus unterstützt die sogenannte *Ausnahmebehandlung* (exception handling), in Unix z.b. durch die KILL-Operation zum Senden eines Signals und die SIGNAL-Operation zur Festlegung der Reaktion auf ein Signal. Neben diesen Mechanismen kommt im Zusammenhang mit Betriebssystemen für Parallelrechner den *Sperren* (locks) und *Barrieren* (barriers) besondere Bedeutung zu. Die ersteren werden als der wichtigste Mechanismus zum koordinierten Gebrauch von Betriebsmitteln angesehen. Letztere werden typischerweise benutzt, wenn die Fortsetzung von Aktivitätsträgern davon abhängig gemacht werden muß, daß alle in ihrem Ablauf eine bestimmte Stelle erreicht hat. Sperren lassen sich als Objekte auffassen, die zwei Methoden anbieten:

1. Die Methode SPERREN entscheidet darüber, ob der aufrufende Aktivitätsträger seine Aktivitäten fortsetzen kann oder daran gehindert wird.

2. Durch die Methode FORTSETZEN wird mitgeteilt, daß der Grund für Blockierungen ganz oder teilweise entfällt und eventuell bislang an der Fortsetzung gehinderte Aktivitätsträger ihre Aktivitäten fortsetzen können.

In klassischen Betriebssystemen wird ein Aktivitätsträger, der an seiner Fortsetzung gehindert werden soll, blockiert. In UMA- und NUMA-Parallelrechnern kann es sinnvoll sein, den Aktivitätsträger in einer „Warteschleife" kreisen zu lassen. Der erste Fall wird als *passives Warten* bezeichnet, der zweite als *aktives Warten*. Aktives Warten kann vorteilhaft sein, wenn die Durchführung einer Blockierung und Deblockierung länger dauert als der Hinderungsgrund. Untersuchungen von Mukherjee und Schwan zeigen in [29], daß Sperren mit aktivem Warten selbst bei Hinderungsgründen, die für einige hundert Takte andauern, zeitliche Vorteile bringen, wenn die Zahl der Aktivitätsträger die der Prozessoren nicht übersteigt. Zu beachten ist, daß aktives Warten bei manchen Architekturen zu einer erhöhten Speicherbelastung führt und die Wirksamkeit von Cachespeichern beeinträchtigen kann. Mellor-Crummey zeigt in [27], daß durch Verwendung von Datenstrukturen und Algorithmen, die auf die Hardware abgestimmt sind, sich diese negativen Auswirkungen weitgehend vermeiden lassen. Durch ihre Integration in das Betriebssystem läßt sich bei Anwendungsprogrammen ohne Verlust von Effizienz ein höheres Maß an Portabilität erzielen. Ob passives oder aktives Warten besser ist, hängt sehr stark vom dynamischen Verhalten der Anwendung ab. Dem kann dadurch Rechnung getragen werden, daß die Wahl dem Anwendungsprogramm überlassen wird und dynamisch änderbar ist.

Barrieren sind der geeignete Mechanismus, um bei iterativen numerischen Verfahren sicherzustellen, daß jeweils alle Aktivitätsträger mit dem gleichen Iterationsschritt befaßt sind. Die Entscheidung für aktives oder passives Warten hängt in diesem Fall von der Dauer eines Iterationsschrittes ab. Bei kurzen Iterationszeiten — die durch Verwendung massiv paralleler Systeme angestrebt werden — verschärfen sich die oben angeführten Probleme des aktiven Wartens noch dadurch, daß unmittelbar vor Eintritt in die nächste Iteration fast alle Aktivitätsträger aktiv warten. Von Mellor-Crummey und Scott werden in [27] auch für diesen Fall Implementierungen der Barrieren vorgestellt, die durch geschickt gewählte Datenstrukturen die Belastung durch aktives Warten sehr stark reduzieren. Hinsichtlich der Wahl der Implementierung von Barrieren gilt das gleiche wie bei den Sperren.

In derzeitigen Betriebssystemen wird das oben aufgezeigte Spektrum an Koordinierungsmöglichkeiten nur teilweise und mit geringer dynamischer Variationsbreite bereitgestellt.

10.2.3.2 Kommunikation

Im Rahmen einer *Kommunikation* sollen Daten aus einem Datenbereich in einen anderen transportiert werden. Die Transporteinheiten werden als *Nachrichten* bezeichnet. Der Transport obliegt einem *Kommunikationsobjekt* (pipe, queue, port, link, mailbox), das Methoden zum Senden und Empfangen — im weiteren SENDEN und EMPFANGEN genannt — bereitstellt. In Betriebssystemen für Parallelrechner findet sich bei der Konkretisierung dieser Vorstellungen eine große Variationsbreite, da die Art des Datenaustausches bei parallelen Programmen erheblichen Einfluß auf erzielbare Laufzeitverkürzungen ausübt. Wesentlichste Klassifikationsmerkmale sind:

1. Art der Koordination: Da im allgemeinen ein geregelter Nachrichtenaustausch mit Koordinierungsmaßnahmen verbunden ist, betrachten nahezu alle Implementierungen Kommunikation und zugehörige Koordination als Einheit. Als typische Verhaltensweisen der Operationen SENDEN und EMPFANGEN finden sich folgende Koordinierungsformen:

   - *versuchend*, d.h. die Methoden SENDEN bzw. EMPFANGEN sind wirkungslos, falls keine Annahmebereitschaft bzw. Sendeabsicht vorliegt.

   - *asynchron*, wenn der Aufrufende sofort nach Hinterlegung seiner Sendeabsicht bzw. Annahmebereitschaft fortgesetzt wird.

   - *umlenkend*, wenn die Koordinierung asynchron ist, aber nach Wirksamwerden der Sendeabsicht bzw. der Annahmebereitschaft der Sender bzw. Empfänger an einer in der Sende- bzw. Empfangsoperation angebbaren Stelle fortgesetzt wird.

   - *synchron*, wenn der Aufrufende erst nach Abschluß der entsprechenden Kommunikation fortgesetzt wird.

2. Adressierung: Die Adressierung kann implizit erfolgen, indem die Zuordnung von Sendern und Empfängern bei Einrichtung des Kommunikationsobjektes festgelegt wird, oder explizit, indem beim Aufruf die Empfänger bzw. Absender angegeben werden.

3. Art der Verbindung: Eine weitere Klassifikation von Kommunikationsobjekten orientiert sich daran, ob sie einen oder mehrere Sender und Empfänger zulassen, ob ein Aktivitätsträger bezüglich eines Kommunikationsobjektes gleichzeitig Sender und Empfänger sein kann und ob eine Nachricht vervielfacht und an mehrere Empfänger weitergeleitet werden kann (multicast, broadcast).

4. Pufferung und Flußkontrolle: Kommunikationsobjekte können so gestaltet sein, daß sie Nachrichten bis zu ihrer Abnahme zwischenspeichern können. Bei Überlauf des Zwischenspeichers kann der aufrufende Aktivitätsträger blockiert oder die Operation mit einer entsprechenden Rückgabeinformation beendet werden.

Häufig treten Interaktionen in einer Art auf, die einem Methodenaufruf gleicht und zu deren Realisierung sich die schon erwähnten Fernaufrufe (siehe 10.1.4) anbieten. Die meisten neueren Betriebssysteme für Parallelrechner unterstützen Fernaufrufe, da sie durch Integration in das Betriebssystem deutlich effizienter implementiert werden können, als es bei Rückführung auf übliche Nachrichtenmechanismen möglich ist. Zu den besonderen Vorteilen von Fernaufrufen zählt, daß ihre Darstellung als Befehlsfolge so gestaltet werden kann, daß sie unabhängig davon ist, ob der Aufruf über Prozessoren hinweg erfolgt oder lokal in einem Prozessor bleibt, und im lokalen Fall der Laufzeitaufwand mit dem für übliche Methodenaufrufe vergleichbar ist. Wegen der dynamischen Vorteile und der Ähnlichkeit mit gewöhnlichen Methodenaufrufen wurde der Fernaufruf, wie Anderson u.a. in [5] betonen, die bevorzugte Methode zur Interaktion zwischen Adreßräumen.

10.2.3.3 Kooperation

In manchen Rechnerarchitekturen haben mehrere Prozessoren Zugang zu einem gemeinsamen Speicher, indem das Rechensystem über einen globalen Speicher verfügt — wie bei Multiprozessoren — oder indem lokal gemeinsame Speicher existieren — wie bei MEMSY [22]. In derartigen Systemen können Aktivitätsträger, die auf Prozessoren mit gemeinsamem Speicher ablaufen, ohne Vermittlung durch das Betriebssystem interagieren, indem sie gemeinsam nutzbare Speicherbereiche einrichten — d.h. sie arbeiten in überlappenden Adreßräumen. Zweifellos ist dies die effizienteste und (von Einschränkungen durch die Struktur der Hardware abgesehen) flexibelste Interaktionsmöglichkeit. Es ist allerdings auch die fehleranfälligste, da bei der parallelen Bearbeitung gemeinsamer Speicherbereiche unerwünschte Interferenzen auftreten können. Zu ihrer Vermeidung müssen Koordinierungsmaßnahmen zum gegenseitigen Ausschluß ergriffen werden, die sich evtl. durch aktives Warten mit den in 10.2.3.1 erwähnten Methoden erledigen lassen.

10.2.4 Aktivitätsträger und ihre Verwaltung

Für Parallelrechner-Anwendungen benötigt man einen Mechanismus, der es erlaubt, nebenläufige Ausführung verschiedener Aufgaben innerhalb einer

Anwendung zu programmieren. Um mehrere Prozessoren für eine Anwendung optimal nutzen zu können, sind natürlich mindestens so viele Fäden notwendig, wie Prozessoren verfügbar sind. Da viele Algorithmen nicht für jede Prozessorzahl in entsprechend viele gleichgroße Teile aufzuspalten sind (oder möglicherweise nur mit erheblichem Programmieraufwand), liegt es nahe, eine möglichst große Anzahl an Fäden zu erzeugen und den tatsächlichen Parallelisierungsgrad dem Betriebssystem zu überlassen. Dabei ist besonders eine hohe Effizienz der Erzeugung und Vernichtung von Fäden sowie der Zuordnungsstrategien wichtig.

Unterstützung für Fäden ist heute bereits in vielen Betriebssystemen zu finden. Hierbei können zwei Grundkonzepte unterschieden werden: Je nachdem, ob die Verwaltungsstrukturen der Fäden im Betriebssystemkern (kernel threads) oder im Benutzeradreßraum (user level threads) implementiert sind. Beide Konzepte sollen hier kurz beschrieben und die Vor- und Nachteile diskutiert werden.

	'kernel threads'	'user level threads'
Einbindung in das Betriebssystem	+ gut	− schlecht
Benutzerimplementierbarkeit von Zuordnungstrategien	− nein	+ ja
dynamischer Verwaltungsaufwand	− groß	+ klein

Tab. 10.1: Vor- & Nachteile von Fäden auf Kern- & Anwendungsebene

10.2.4.1 Verwaltung von Fäden im Betriebssystemkern (kernel threads)

Bei 'kernel threads' wird die Verwaltung der Fäden vom Kern vorgenommen. Im Vergleich zu traditionellen Unix-Prozessen ist die Umschaltung zwischen den Fäden erheblich billiger, solange diese innerhalb eines Adreßraums liegen. Für eine massive Parallelisierung von Anwendungen sind sie aber trotzdem ungeeignet, da die Erzeugung, Vernichtung und Umschaltung zwischen Fäden durch die notwendige Interaktion mit dem Systemkern immer noch zu ineffizient ist. Wegen der vollen Einbindung in das Betriebssystem — jeder Faden kann vom Kern direkt blockiert bzw. deblockiert werden —

ist dieses Verfahren jedoch bei vielen neueren Betriebssystemen (z.B. Mach [10], Abschnitt 10.3.1.2, oder Windows-NT [11]) realisiert.

10.2.4.2 Fäden auf Anwendungsebene (user level threads)

Fäden innerhalb einer Anwendung (z.B. FastThreads [4] oder QuickThreads [23]) werden durch Bibliotheksfunktionen implementiert, die zu der Anwendung hinzugebunden werden. Für die Faden-Verwaltung ist dadurch keinerlei Interaktion mit dem Systemkern erforderlich. Von der Applikation werden virtuelle Prozessoren (z.B. in der Form von traditionellen Prozessen oder Fäden im Kern) belegt, die dann innerhalb der Anwendung auf Anwendungs-Fäden verteilt werden können. Die Verwaltungsstrukturen liegen vollständig im Anwendungsadreßraum. Die Erzeugung, Vernichtung und Umschaltung von Fäden ist sehr schnell, da sie ohne Interaktion mit dem Betriebssystem erfolgt. Die Zuordnungsstrategie kann der Benutzer selbst implementieren, da sie Teil der Anwendung ist.

Da die Verwaltung der Fäden nicht in das Betriebssystem eingebunden ist, bekommt der Kern auch keine Informationen über sie. Wenn nun ein Faden beispielsweise eine Aktion ausführt, die zu seiner Blockierung durch den Kern führt (z.B. bei einem blockierenden Systemaufruf oder einem Seitenfehler), blockiert der Kern statt dessen den Prozeß bzw. Kernfaden, der dem Anwendungsfaden auf Anwendungsebene gerade zugeordnet ist. Die Anwendung verliert also die Kontrolle über die Zuordnung und besitzt weniger virtuelle Prozessoren, als sie angefordert hat. Das gleiche Problem entsteht, wenn der Kern im Rahmen seiner Zuordnung einen Prozeß oder Kernfaden verdrängt.

Anderson u.a. stellen in [3] Lösungsvorschläge für diese Probleme vor, indem sie spezielle Schnittstellen des Systemkerns für die Fadenverwaltung auf Anwendungsebene vorsehen. Durch Kommunikation zwischen Kern und Fadenverwaltung werden in allen relevanten Situationen Informationen ausgetauscht, z.B. wenn der Kern die Anzahl der virtuellen Prozessoren, die der Anwendung zugeordnet sind, ändert oder sich die Anzahl der von der Anwendung benötigten virtuellen Prozessoren ändert.

10.2.5   Verteilung

Um einen Parallelrechner bei der Lösung einer Aufgabe effizient zu nutzen, ist die Aufteilung der Berechnungsaufgabe auf mehrere Aktivitätsträger erforderlich. Im allgemeinen wird man sich bei dieser Aufteilung von der Anwendung leiten lassen, so daß die Zahl der Aktivitätsträger und der verfügbaren Prozessoren nicht übereinstimmt. Als Forderung an das Betriebssystem resultiert daraus die Notwendigkeit, auf den Prozessoren Mehrprogrammbetrieb zu unterstützen. Eine besondere Herausforderung stellt dann die gleichmäßige Auslastung aller Prozessoren dar. Zu dieser Problematik gesellt sich bei NUMA- und NORMA-Architekturen wegen des nichtuniformen Speicherzugriffs noch die Schwierigkeit, daß die Rechnerleistung, die in einer Anwendung nutzbar ist, wesentlich davon abhängt, wie die Aktivitätsträger und die Speicherorte von Adreßräumen auf die Hardwaregegebenheiten verteilt werden. In Extremfällen kann es sogar günstiger sein, mehrere an sich parallel ausführbare Teilaufgaben auf einem einzigen Knoten zu bearbeiten oder auf mehreren Knoten die gleiche Berechnung auszuführen, wenn dadurch Datenaustausch vermieden werden kann. Da nicht zu erwarten ist, daß das Betriebssystem von sich aus die günstigste Verteilung mit eventuell teilweiser Replikation von Aktivitäten ermitteln kann, bleibt nur der Weg, vom Betriebssystem her geeignete Verteilungsmechanismen bereitzustellen. Zur Beschreibung dieser Mechanismen unterscheidet Fäustle in [16] zwischen dem *Rechnersystem*, dem *Ablaufsystem* und dem *Anwendungssystem*.

Das *Rechnersystem* besteht aus Prozessoren und (Arbeits-)Speichern, die über Interaktionsfähigkeiten verfügen.

Das *Ablaufsystem* ist sozusagen die virtuelle Maschine, die durch das Rechensystem zusammen mit dem Betriebssystem realisiert wird. Es stellt Systemobjekte und Orte, wie Knoten und Adreßräume bereit, denen die Systemobjekte statisch oder dynamisch zugeordnet werden. Es ermöglicht die Interaktion der Komponenten einer Anwendung innerhalb eines Ortes und über Ortsgrenzen hinweg.

Das *Anwendungssystem* ist ein System, das aus mehreren kooperierenden Komponenten besteht, die auf Systemobjekte des Ablaufsystems abgebildet werden. Die Kooperation wird durch die Interaktionsmechanismen des Ablaufsystems realisiert.

Am weitesten verbreitet sind Ablaufsysteme mit Prozessen als Systemobjekten und Prozessoren als Orten, wobei zur Interaktion Sperren, Barrieren und Nachrichtenmechanismen angeboten werden. Eine spezielle Nutzung durch Anwendungssysteme stellt das *'single program multiple data'* *Modell* (SPMD) dar, bei dem das Anwendungssystem aus Prozessen identischer Beschreibung (also gleichem Programm) besteht. Die Prozesse des Anwendungssystems werden eins zu eins auf Prozesse des Ablaufsystems abgebildet. Die Differenzierung des Verhaltens der Prozesse erfolgt dynamisch durch Rückgriff auf die Identifikation der Prozessoren, auf denen die Prozesse laufen.

Differenziertere Nutzung verteilter Hardware erfordert die Definition eines Verteilungsmodells, das als Grundlage für die Beschreibung der statischen und dynamischen Verteilung dient. Als notwendige Voraussetzung muß das Programmiermodell der Anwendungsebene verteilbare (Struktur-)Einheiten kennen und das Strukturmodell der Ablaufebene Orte, denen diese Einheiten zugeordnet werden können. Die *Verteilungsbeschreibung* kann in die Beschreibung des Anwendungssystems integriert sein (z.B. bei Benutzung von FORTRAN und PVM [18]) oder durch eine getrennte Beschreibung erfolgen. Ersteres läßt sich leicht mit bestehenden Programmiersprachen durch Schaffung geeigneter Bibliotheken realisieren, letzteres hat den Vorzug, Berechnungs- und Verteilungsaspekte klar zu trennen und dadurch die Wiederverwendbarkeit von Komponenten zu begünstigen. Beiden Vorgehensweisen gemeinsam ist, daß ihre effiziente Implementierbarkeit davon abhängt, inwieweit sich die Struktureinheiten des Anwendungssystems und des Ablaufsystems entsprechen. Als Struktureinheiten bieten sich Aktivitätsträger, Adreßräume, Teams und Instanzen an. In manchen Fällen erweist es sich als zweckmäßig einen Adreßraum in (adreßmäßig zusammenhängende) Bereiche, sogenannte Segmente, aufzuteilen und diese als Verteilungseinheiten zu betrachten. In NORMA-Architekturen ist es unerläßlich, die Befehlsfolgen, die das Verhalten eines Aktivitätsträgers bezüglich eines Datensegmentes beschreiben, zumindest während ihrer Ausführung zusammen mit dem Datensegment am gleichen Rechnerknoten zu speichern. Als weitere Verteilungseinheiten werden deshalb *Aktivitäten* eingeführt, die in Form von Befehlsfolgen einen Teil des Verhaltens eines Aktivitätsträgers beschreiben. Programmiermodelle, die in derzeitigen Systemen Unterstützung finden, können grob in drei Klassen eingeteilt werden:

1. Modelle mit verteilbaren Aktivitätsträgern: Verteilungseinheiten sind die Aktivitätsträger. Soweit auf Grund der Hardware erforderlich, werden Daten und Aktivitäten statisch oder dynamisch an den Ort des sie

bearbeitenden Aktivitätsträgers gebracht (data shipping). Bei UMA-Architekturen ist das die gebräuchlichste Vorgehensweise. In diesem Falle erübrigt sich die Verlagerung von Datensegmenten und über die Verteilung der Aktivitätsträger kann für eine gleichmäßige Belastung der Prozessoren gesorgt werden. Ein Beispiel für diese Vorgehensweise ist DYNIX [38], das aus Unix für Sequent-Multiprozessoren entwickelt wurde.

2. Modelle mit verteilbaren Daten: Verteilungseinheiten sind Adreß-räume oder Datensegmente. Sie bearbeitende Aktivitätsträger werden statisch oder dynamisch zu den Prozessoren gebracht, die am effizientesten zugreifen können (function shipping). Da sich die Aktivitäten im Verlaufe einer Programmausführung nicht ändern, können zur Verminderung des Aufwandes für die Verlagerung von Aktivitätsträgern an verschiedenen Speicherorten Kopien von Aktivitäten angelegt werden. Insbesondere bei NUMA-Architekturen bietet sich diese Modellklasse an. Beispiele sind die Systeme, die nach dem schon erwähnten SPMD-Modell arbeiten.

3. Modelle mit verteilbaren Daten und Aktivitätsträgern: Diese Modelle stellen eine Kombination aus den beiden vorangehenden dar. Sie werden vorwiegend bei NORMA-Architekturen eingesetzt und bei Systemen mit lokal gemeinsamem Speicher (z.B. MEMSY [22]). Im ersten Fall werden Teams als Verteilungseinheiten bevorzugt, d.h. Daten und Aktivitätsträger werden gemeinsam verteilt. Im zweiten Fall werden Datensegmente, Aktivitäten und Aktivitätsträger als Verteilungseinheiten betrachtet, deren Verteilung allerdings der Struktur der Hardware Rechnung tragen muß. Ein Beispiel für den ersten Fall ist Chorus (wobei 'actors' von Chorus die Teams darstellen und 'threads' die Aktivitätsträger [36]). Beispiel für den zweiten Fall ist das Betriebssystem von MEMSY [22].

10.2.6 Betriebsmodi und Systempartitionierung

Der klassische Betriebsmodus beim Einsatz von Hochleistungsrechnern bei Problemstellungen aus dem Bereich der technisch, naturwissenschaftlichen Numerik ist der sogenannte *Stapelbetrieb* ('batch' Modus). Ziel ist es, den in der Regel sehr teuren Rechner optimal hinsichtlich des Durchsatzes zu betreiben. Diesem Ziel haben sich Forderungen wie Benutzerfreundlichkeit, einfache Testmöglichkeiten, kurze Reaktionszeiten bei Kurzläufern, unterzuordnen (siehe 10.1). Entsprechend sind auch die Betriebssysteme einfach gehalten. So werden dem Stapelbetrieb adäquat die Betriebsmittel nur statisch verwaltet und vielfach wird nur physikalisch adressiert. Auf keinen Fall kann der Adreßraum eines Benutzerprogramms größer sein als der vorhandene physikalische Arbeitsspeicher. Systeme mit seitenorientierter Speicherverwaltung werden nicht eingesetzt; nur ein *Umräumen* (swapping) des gesamten Auftrags (job) wird unterstützt. Diese Gegebenheiten verhindern einen effizienten Dialogbetrieb. Für die Programmentwicklung sind diese Rechensysteme nur bedingt geeignet.

Mit dem Aufkommen der Parallelverarbeitung stellt sich bei Parallelrechnern wiederum die Frage der effizienten Nutzung. Nicht jede Anwendung kann sinnvoll die volle Anzahl der vorhandenen Prozessoren nutzen. Die effektive Leistungsausbeute ist also nicht mit einem einfachen Stapelsystem realisierbar. Ein weiteres Problem entsteht dadurch, daß die Entwicklung von Parallelsoftware spätestens ab der Testphase auf einem adäquaten Rechner erfolgen muß.

Der einfachste und auch erste Ansatz war, die Parallelmaschine in mehrere weitgehend unabhängige Teilsysteme — meist statisch — aufzuteilen. Dieses Verfahren wird oft als *'space sharing'* bezeichnet. Die zur Ausführung anstehenden Aufträge werden in Anforderungsklassen hinsichtlich Prozessorbedarf und Laufzeit eingeteilt und es bleibt den Benutzern überlassen, die geeignetste Teilmaschine zuzuordnen. Dabei betreibt man in der Regel eine kleinere Teilmaschine im Dialogbetrieb und alle anderen Teilmaschinen im Stapelbetrieb.

Mit dieser Vorgehensweise läßt sich der *Prozessorverschnitt* zwar kleiner halten, jedoch werden immer ungenutzte Prozessoren im System vorhanden sein.

Heutige Betriebssysteme für Parallelrechner stehen gemessen an Zielsetzungen, wie sie in 10.1 dargelegt wurden, erst am Anfang ihrer Entwicklung.

Um die Systeme noch besser zu nutzen und auch dem Wunsch der Benutzer nachzukommen, Entwicklungsumgebungen vorzufinden, die denen auf modernen Arbeitsplatzrechnern nicht nachstehen, ist eine dynamische Betriebsmittelverwaltung auch im Hinblick auf die Prozessorvergabe unabdingbar.

Prozessormengen (Teilmaschinen) müssen dynamisch den Auftragsanforderungen gemäß konfigurierbar sein; geeignete Rechnerkernzuteilungsstrategien müssen dafür Sorge tragen, daß Prozesse eines Auftrags als Prozeßmenge gemeinsam verwaltet werden (gang scheduling).

Eine weitere Forderung wäre, daß sich Prozessormengen überlagern bzw. überschneiden dürfen und daß zwischen Aufträgen ein echter Mehrbenutzer-(Dialog-)Betrieb möglich ist. Es ist zu berücksichtigen, daß die Lokalität der Prozesse aufgrund der negativen Verlagerungsfolgen, wie Cacheinvalidierung und Seitenverlagerungsaufwand, für die zu erreichende Leistung von größter Bedeutung ist. Das Betriebssystem muß offenbar mit einer ungeheuren Fülle von Freiheitsgraden im Sinne einer fairen Strategie zurecht kommen.

Selbstverständlich hat dieser Komfort auch seinen Preis. Bei den heute zur Verfügung stehenden Leistungspotentialen ist die Zeit reif, auch einige Prozente der Leistung eines Rechners für den komfortablen Betrieb zu investieren und Wissenschaftlern damit die Chance zu geben, mehr Zeit ihren eigentlichen Probleme widmen zu können. Ansätze, sich diesem Idealzustand zu nähern sind vorhanden; es ist zu erwarten, daß die nächste Generation von Betriebssystemen wesentlich davon geprägt sein wird, ihn Wirklichkeit werden zu lassen.

10.3   Realisierung in existierenden Systemen

10.3.1   Strukturen klassischer Basisbetriebssysteme

10.3.1.1 Unix

Seit Mitte der 80er Jahre findet in technisch-naturwissenschaftlichen Bereichen eine nahezu ausschließliche Ausrichtung auf Unix [6] statt. Es liegt somit nahe, den Anwendern von Parallelrechnern keine grundsätzlich neue Betriebssystemumgebung zu präsentieren, sondern Bestehendes so zu erweitern, daß bisherige Betriebssysteme und Programmierumgebungen möglichst unverändert beibehalten werden. Allenfalls werden Prozedurbibliotheken bereitgestellt, die die Fähigkeiten von Parallelrechnern zugänglich machen. Eine wesentliche Voraussetzung zum Ablauf paralleler Prozesse war im Unix-System schon inhärent vorhanden, nämlich die Kapselung verschiedener Prozesse in disjunkten Adreßräumen und der Mehrbenutzerbetrieb.

Bei Systemen mit einer prozeduralen Aufrufschnittstelle wird eine Betriebs-systemfunktion im Kontext des aufrufenden Prozesses ausgeführt. Dies ent-spricht einem normalen Prozeduraufruf mit dem Wechsel in den Adreßraum des Betriebssystems. Rufen mehrere Prozesse parallel Systemdienste auf, so befinden sie sich in einem gemeinsamen Adreßraum. Die Zugriffe auf globale Daten müssen koordiniert werden (siehe 10.2.3).

Bei Beschränkung auf ein Monoprozessorsystem ist dies relativ einfach zu realisieren, indem man den Betriebssystemkern so konstruiert, daß er sich konzeptionell hinsichtlich der Koordinierung wie ein Monitor [20] verhält. Dabei muß dafür Sorge getragen werden, daß Verdrängung und Neuzuord-nung innerhalb des Betriebssystems nur an „natürlichen" Wartestellen zu-gelassen wird, eine Verdrängung von Prozessen, die sich im Betriebssystem-kontext befinden, also nicht möglich ist.

Der einfachste Weg der Realisierung eines Unix-Multiprozessorsystems be-steht darin, die Monitoreigenschaft des Betriebssystemkerns aufrechtzuer-halten. Für rechenintensive, sich fast ausschließlich im Benutzermodus be-findliche Anwendungen führt dieser Ansatz zu guten Ergebnissen. Der Eng-paß Betriebssystem wird allerdings schnell ersichtlich, wenn man Ein-/Aus-gaben auf peripheren Geräte anstößt oder andere Betriebssystemdienste anfordert. Bei „normaler" Nutzung eines Unix-Systems befinden sich die Prozesse etwa zu einem Drittel ihrer Laufzeit im Systemmodus. Es ist of-fensichtlich, daß bei diesem Ansatz eine Durchsatzsteigerung nur für kleine Zahlen von Prozessoren erreichbar ist.

Es führt also kein Weg an der Parallelisierung des Unix-Kerns vorbei. Als die ersten Arbeiten hierzu begannen [26], hatte Unix bereits eine Entwicklungs-zeit von 12 Jahren hinter sich, war aber im Vergleich zu heutigen Systemen noch ausgesprochen kompakt, nicht zuletzt erzwungen durch die kleinen zur Verfügung stehenden Arbeitsspeicher.

Will man historisch gewachsene monolithische Systeme parallelisieren, muß man in einem ersten Schritt Systemteile finden, die sich leicht isolieren lassen, also wenig Querbezüge zu anderen Systemteilen haben. Ein grob-granularer Ansatz wäre z.B. die Restrukturierung und Kapselung der Be-triebssystemkomponenten Speicherverwaltung, Dateiverwaltung, Koordinie-rungs- und Kommunikationsdienste und Gerätetreiber im Ein-/Ausgabesy-stem. Diese Komponenten werden als Monitore behandelt. Weitere zentrale Funktionen, wie z.B. die Prozeßverwaltung werden feingranular parallelisiert und stellen eine Basisschicht an Funktionen für die darüberliegenden Komponenten dar. Erweitert wird das System um Funktionen, die es gestatten, mehreren Aktivitätsträgern gemeinsame Speicherbereiche (shared memory) zugreifbar zu machen, und um Koordinierungsmechanismen, wie z.B. Semaphore, die für Multiprozessoren geeignet sind. Schritt für Schritt können im Zuge der Weiterentwicklung des Systems die einzelnen Monitore dann weiter feingranular parallelisiert werden.

Erste kommerziell erfolgreiche, feingranulare Unix-Betriebssysteme für Multiprozessorsysteme waren die Systeme von Sequent und Encore Mitte der 80er Jahre. Parallelrechnersysteme mit symmetrischen Multiprozessorbetriebssystemen auf der Basis von UNIX SVR4 findet man heute bei Sun (Solaris), Sequent (ptx), Silicon Graphics (IRIX) und HP (hpux). Vorzugsweise werden diese 'shared memory' Systeme mit beschränkter Ausbaubarkeit (von HP 9000/T500 mit max. 12 Prozessoren bis Silicon Graphics Challenge mit max. 36 Prozessoren) als Universalmaschinen, 'fileserver' und Datenbanksysteme eingesetzt, weniger zur parallelen Berechnung numerischer Probleme.

Multiprozessorbetriebssysteme auf NORMA-Architekturen lassen sich bedingt durch die disjunkten Adreßräume nur als verteilte Systeme realisieren. Die Kommunikation ist mit Hilfe von Nachrichten möglich. Eine Realisierung solcher Systeme ist relativ einfach, da auf den einzelnen Rechnerknoten keine parallelen Prozesse ablaufen können. Der Einsatz von Monoprozessorbetriebssystemen (oder -kernen) bietet sich also an. Aufgesetzt auf die lokalen Basissysteme wird eine Kommunikationsschicht, die den Austausch von Nachrichten und die Steuerung des globalen Prozeßsystems sicherstellt. Die Systemschnittstelle dieses verteilten Systems wird dem Benutzer in Form einer Bibliothek bereitgestellt. Ein Beispiel für ein solches System sind das PVM-System (parallel virtual machine) [18] und das MPI-System [14] (message passing interface), das vom 'Message Passing Interface' Forum entwickelt wird, um einen portablen, effizienten und flexiblen Standard für nachrichtenorientierte Programmierung zu schaffen. Ein globales Ein-/Ausgabesystem ist leicht mit einem Netzwerkdateisystem wie das NFS (network file system) bereitzustellen.

Die Vorteile dieser Systeme liegen in der leichteren Realisierbarkeit sowohl der Hardware- als auch der Betriebssystemkomponenten. Der Nachteil ist, daß der hohe Kommunikationsaufwand — viele Systemschichten, relativ langsame Kommunikationswege, Ein- und Auspacken von Datenpaketen, häufiges Zwischenspeichern — nur grobgranulare parallele Programmsysteme effizient abzuwickeln gestattet. Außerdem ist durch die Vervielfachung der lokalen Betriebssystemkomponenten der Speicherbedarf erheblich. Sinnvoll ist die geschilderte Vorgehensweise und Realisierung nur dann, wenn die Hauptnutzung der Systeme von lokaler Natur ist, wie z.B. in Verbunden von Arbeitsplatzrechnern.

Um die oben genannten Vorteile insbesondere beim Aufbau der Hardware zu nutzen und die beschriebenen Nachteile zu reduzieren, ging man bei Systemen, die für numerische Hochleistung gedacht sind, den Weg, die Kommunikationsmechanismen weitgehend in spezielle Hardwarekomponenten zu verlagern und die lokale Funktionalität der Betriebssystemkomponenten auf ein Minimum zu reduzieren. Genau genommen handelt es sich lokal in der Regel nur um eine Laufzeitumgebung mit einigen Kommunikationsprimitiven und einer rudimentären (meist 'single task') Prozeß- und Speicherverwaltung, die den eigentlichen Parallelrechner wie einen Koprozessor behandelt. Diese Laufzeitumgebung wird dynamisch zur Laufzeit oder auch statisch zum Programmsystem gebunden. Zugänglich sind diese Systeme nur über einen eigenen Bedienrechner (Frontend) — häufig ein Unix-Arbeitsplatzrechner oder ausgezeichnete Einzelprozessoren des Systems. Sämtliche vorbereitenden Arbeiten werden auf dem Bedienrechner oder anderen Workstations abgewickelt. Gleiches gilt auch für das Ein-/Ausgabesystem, wobei hier das Plattensystem in der Regel an ausgezeichnete Prozessoren des Parallelrechnersystem angeschlossen ist. Das eigentliche Parallelprogrammsystem wird als ausführbares Ladeobjekt auf das Parallelrechnersystem heruntergeladen und über eine geeignete Schnittstelle durch den Austausch von Kontrollinformationen gesteuert. Der Betrieb ist nur im 'single user' Modus bzw. im Stapelmodus möglich. Häufig findet sich die Möglichkeit, die Maschine statisch zu partitionieren. Jede Partition hat dann unter Umständen ihren eigenen Bedienrechner. Eine Umkonfiguration ist meistens nur nach Absprache unter den Benutzern möglich.

Der hier möglicherweise entstehende negative Eindruck der geschilderten Vorgehensweise wird dadurch relativiert, daß mindestens bei numerischen Produktionsläufen auf herkömmlichen Hochleistungs(vektor)rechnern aus Benutzersicht nicht anders verfahren wird.

Vertreter der über Unix-Bedienrechner betriebenen Parallelrechner sind Parsytec (Parix), Meiko-Transputersysteme (CS-Tools), nCUBE (Operating

Environment) und Cray 3TD (UNICOS-MAX), wobei hier der Bedienrechner eine Cray YMP oder C90 ist.

10.3.1.2 Mach

Die im vorausgehenden Abschnitt geschilderten Probleme zeigen auf, daß der klassische Unix-Betriebssystemkern nur bedingt für den Einsatz als Multiprozessorbetriebssystem geeignet ist. Dies führte schon frühzeitig zu neuen Ansätzen, bei denen von Beginn an die Bedürfnisse von Multiprozessorsystemen berücksichtigt wurden. Allen Systemen war der modulare Aufbau und die Trennung von Mechanismen und Strategien als Entwurfsziel gemeinsam. Es entstanden die sogenannten Mikrokern-Betriebssystem-Architekturen. Eine kommerzielle Chance haben diese Systeme jedoch nur, wenn sie als Systemaufrufebene eine Unix-konforme Schnittstelle anbieten können. Eines dieser Systeme ist Mach [7, 15, 39], das an der Carnegie Mellon University, Pittsburg, gefördert von der DARPA, entwickelt wurde und dessen Wurzeln auf das RIG-System (Rochester Intelligent Gateway) [33] zurückgehen.

Erste Versionen standen bereits 1987/88 zur Verfügung, wobei der Unix-Server (4.2 BSD) — im Gegensatz zur Mikrokern-Philosophie — in den Kern integriert war. Mit der Wahl der OSF (Open Software Foundation), ein eigenes — von AT&T unabhängiges — Betriebssystem auf Mach 2.5 aufbauend zu entwickeln, war die kommerzielle Einführung gesichert. Auch hier war der OSF/1-Server zunächst in den Kern integriert.

Erst mit der Version Mach 3.0 ist die vollständige Trennung zwischen Mach-Kern und den Betriebssystem-Servern vollzogen worden. Konzeptionell können nun mehrere verschiedene Server dem Benutzer verschiedene Systemschnittstellen präsentieren; auch ist es durchaus denkbar, andere Betriebssysteme als Unix zu emulieren (siehe 10.2.1.2).

Die folgende Beschreibung stützt sich auf die Version Mach 3.0[4].

---

[4]Zur besseren Erhaltung des Bezugs zur Originalliteratur werden in diesem Abschnitt weitgehend die englischsprachigen Ausdrücke beibehalten.

Der Mach-Kern Der Mach-Kern stellt Funktionen für ein Task-(Prozeß-)/ Threadmanagement, ein Speicherverwaltungsmanagement (memory objects) und für ein Ein-/Ausgabesystem zur Verfügung. Darüber hinaus bietet er Grundoperationen (port/message) zur Realisierung von Kommunikationsmechanismen an.

Der Aktivitätsträger bei Mach ist ein Faden (thread). Er ist durch einen eigenen Befehlszähler, einen Registersatz und einen eigenen Stack-Bereich ausgezeichnet. Ansonsten teilt er sich sämtliche Betriebsmittel mit allen anderen, der gleichen Schutzumgebung angehörenden Threads. Ein Thread kann genau einer Schutzumgebung angehören. Diese Schutzumgebung wird in der Mach-Terminologie als Task bezeichnet. Unglücklicherweise ist der Begriff Task in so vielfältigem (mißverständlichem) Gebrauch, daß vielfach in Anlehnung an Unix hierfür auch der Begriff Prozeß verwendet wird. Der klassische Unix-Prozeß ist eine Mach-Task mit genau einem Thread als Aktivitätsträger.

'Task/Thread' Verwaltung Eine Mach-Task definiert also eine Ausführungsumgebung, sie ist passiv. In dieser Schutzumgebung kann eine im Prinzip beliebige Anzahl von Aktivitätsträgern existieren, die dynamisch kreiert werden und beliebig terminieren können. Jeder Mach-Task ist eine Anzahl von Kommunikationsendpunkten (ports) zugeordnet. Über diese Ports kann z.B. die Kommunikation mit dem Mach-Kern (task port) oder anderen Tasks (registered ports) abgewickelt werden. Der Mach-Kern seinerseits verwendet den 'exception port', um Fehlermeldungen an die Mach-Task zu melden. Eine Mach-Task kann lauffähig oder blockiert sein. Nur wenn die Task lauffähig ist, können ihre Threads vom Scheduler aufgegriffen und einem Prozessor zugewiesen werden. Taskspezifisch sind auch einige Schedulingparameter. So kann z.B. festgelegt werden, auf welcher Prozessormenge die Threads einer Task aktiv werden dürfen. Außerdem hat jede Mach-Task eine Priorität. Diese Priorität wird von einem Thread angenommen, wenn er kreiert wird.

Um den Unterschied zu einem Unix-Prozeß deutlich zu machen, sei hier explizit aufgeführt, was eine Mach-Task nicht hat: Datei-Deskriptoren, Zeiger auf das aktuelle Dateiverzeichnis (directory), 'user identifier' (uid), 'group identifier' (gid), etc. Diese Abstraktionen stellt ein entsprechender Unix-Server (Emulator) bereit.

Folgende wesentliche Kern-Primitive stellt Mach für die Taskverwaltung bereit:

- CREATE: Kreieren einer neuen Mach-Task. Die neue Task ist die Kopie einer Prototyptask, sie hat keine Threads und verfügt initial über den Task-, Bootstrap- und Exception-Port. In Anlehnung an das Unix-Fork ist es auch möglich, eine Kopie der Schutzumgebung der kreierenden Mach-Task zu erben.

- TERMINATE: Terminieren einer Mach-Task.

- SUSPEND: Inkrementieren des 'suspend counter'; falls sein Wert danach größer 0 ist, wird die Mach-Task blockiert.

- RESUME: Dekrementieren des 'suspend counter'; falls er danach den Wert 0 hat, wird die Mach-Task deblockiert.

- PRIORITY: Setzen der initialen Priorität der Threads einer Mach-Task.

- ASSIGN: Definieren der Prozessormenge, auf der die Threads ablaufen sollen.

- INFO: Mach-Task-spezifische Informationen an den Aufrufer geben.

- THREADS: Auflisten der Threads einer Mach-Task.

Aktivitätsträger im Mach-System sind die Threads. Jeder Thread gehört genau zu einer Mach-Task. Analog zur Task kann ein Thread bereit oder wartend sein. Jedem Thread zugeordnet ist ein Port, über den die Threads untereinander oder mit dem Kern kommunizieren können. Im allgemeinen werden die Kernfunktionen über Bibliotheken dem Benutzer zugänglich gemacht, wie z.B. mit der P-thread- (posix), OSF-threads- oder C-threads-Bibliothek. Die Bibliotheksfunktionen sind in der Regel weniger zahlreich, dafür aber mächtiger als die eigentlichen Kernfunktionen und bequemer handhabbar. Typische Funktionen sind:

- FORK: Kreieren eines neuen Thread.

- EXIT: Terminieren des aufrufenden Thread.

- JOIN: Suspendieren des aufrufenden Thread solange, bis ein spezifizierter Thread terminiert ist.

- YIELD: Aufgeben des Prozessors.

- SELF: Erfragen des eigenen Thread-Identifikators.

Die Abbildung Benutzerthreads/Kernelthreads sollte 1:1 erfolgen, obwohl dies nicht notwendigerweise so sein muß. Mehrere Benutzerthreads auf einen Kernelthread abzubilden ist im Prinzip ein Coroutinenkonzept. Will man auf Multiprozessorsystemen für eine einzelne parallele Applikation ein Optimum an Leistung erreichen, so wird die Regel sein, genau so viele laufbereite Threads vorzuhalten, wie Prozessoren in der zugeordneten Prozessormenge vorhanden sind.

Zur Unterstützung der Koordinierung stellt der Mach-Kern Lock-Variablen (lock, unlock, trylock) und Bedingungsvariablen (signal, wait, broadcast) zur Verfügung.

Scheduling Der Mach-Kern unterstützt bei Multiprozessorsystemen die Aufteilung der verfügbaren Prozessoren in Prozessormengen (processor sets). Für jede Prozessormenge getrennt werden die Threads in lokale, prozessorspezifische oder in einer globalen Warteschlange, gemäß ihrer Priorität (0-31), eingereiht. Threads, die in einer lokalen Warteschlange eingereiht sind, besitzen höhere Priorität als Threads in der globalen Warteschlange. Mit dieser Vorgehensweise versucht man, die Migration von Threads dann zu vermeiden, wenn noch relevante Informationen im lokalen Cache vorhanden sind (hot cache).

Die Verlagerung eines Threads auf einen anderen Prozessor ist immer mit dem Laden des neuen Cache verbunden und unter Umständen aus Konsistenzgründen auch mit der Invalidierung des alten Cache - bei den heute üblichen Cachegrößen von mehr als einem Megabyte eine extrem teure Operation. Der Benutzer kann durch Affinitätsparameter zusätzlich dafür Sorge tragen, daß die Freiheitsgrade des Schedulers eingeschränkt werden.

Jeder Thread hat eine Basispriorität und eine dynamisch berechnete Priorität. Ähnlich wie beim Unix-System wird ausgehend von der Basispriorität in regelmäßigen Abständen eine Neuberechnung der aktuellen Prioritäten durchgeführt, wobei die verbrauchte CPU-Zeit und die verbrachten Wartezeiten derart berücksichtigt werden, daß eine faire Gleichbehandlung aller Threads bei guter Reaktionszeit des Gesamtsystems gewährleistet ist. Eine Prozessorzuteilung dauert jeweils ein Zeitquantum. Eine Verdrängung von Threads ist möglich. Das Threadscheduling wird unabhängig von der Taskzugehörigkeit vorgenommen, ein applikationsabhängiges Scheduling wird also nicht unterstützt. Es läßt sich nur erzwingen, wenn man ausgewählte Prozessormengen mit Hilfe z.B. des NQS (network queuing system) im Stapelbetrieb betreibt.

Speicherverwaltung   Bei der Speicherverwaltung wird im Mach-System streng unterschieden zwischen Mechanismen, die Bestandteil des Kerns sind, und Strategien, die auf der Anwendungsebene formuliert werden. Des weiteren wird sie in einen hardwareabhängigen und einen hardwareunabhängigen Teil untergliedert.

Dies führt zu einer dreiteiligen Anordnung:

1. Der hardwareabhängige Teil im Mach-Kern realisiert den Betrieb der 'memory management unit' (MMU) und bearbeitet die Unterbrechungen, die durch Seitenfehler (page faults) ausgelöst werden.

2. Der auf diese Schicht aufbauende maschinenunabhängige Teil bearbeitet die Seitenfehlerunterbrechungen, stößt den Seitenaustausch an und stellt die Mechanismen für Adreßabbildungsfunktionen (address mapping) bereit.

3. Die logische Speicherverwaltung (memory manager) ist als Mach-Server im Benutzeradreßraum realisiert und im Prinzip austauschbar bzw. an besondere Anforderungsprofile (z.B. Datenbanksysteme) anpaßbar.

Der realisierte lineare virtuelle Adreßraum ist abhängig von der Breite der von den Prozessoren generierten Adressen und heute in der Regel mindestens 2^{32} Byte groß. Er ist seitenstrukturiert, wobei die Seitengröße wiederum hardwarespezifisch ist. Da eine einfache lineare Abbildung zwischen Verwaltungsstrukturen (Seiten-/Kacheltabellen) und Speicherraum, vor allem im Hinblick auf weiter wachsende Adreßräume, wenig sinnvoll ist, müssen Mechanismen geschaffen werden, die es gestatten, die notwendigen Verwaltungsstrukturen kompakt zu halten. Ein Beispiel ist die hierarchische Gliederung von Seiten-/Kacheltabellen.

Mach geht hier einen anderen Weg und führt Speicherregionen (regions) ein, die eine Mach-Task bei der Speicherverwaltung als zur Benutzung gewünschten Ausschnitt aus dem gesamten virtuellen Adreßraum anfordern kann. So werden nur Verwaltungsstrukturen für tatsächlich benutzte Adreßräume angelegt.

Verwaltungseinheit der Speicherverwaltung ist das Speicherobjekt (memory object). Das Speicherobjekt kann aus einer Anzahl von Speicherseiten bestehen, kann aber auch eine Datei sein. Durch die Abbildung einer Datei in den virtuellen Adreßraum einer Mach-Task (file mapping) kann eine Datei durch Schreiben und Lesen in den virtuellen Speicher sehr effizient bearbeitet werden. Die implementierten Seitenaustauschstrategien gelten dann für normale Dateien analog. Terminiert z.B. eine Mach-Task, so werden die geänderten Bereiche der Dateien auf Seitenbasis in die Datei zurückgeschrieben. Die E-/A-Pufferverwaltung wird also direkt durch das Seitenaustauschsystem wahrgenommen. Betreiben verschiedene Mach-Tasks gemeinsame Dateien, so läßt sich dies ebenfalls durch einfache Abbildungsfunktionen realisieren.

Da das Mach-System als Multiprozessorbetriebssystem konzipiert wurde, bietet es natürlich auch die Möglichkeit, gemeinsame Speicherbereiche (shared memory) verschiedenen Aktivitätsträgern zugänglich zu machen.

Wie bereits in den vorhergehenden Abschnitten beschrieben, gibt es für die Aktivitätsträger (threads) innerhalb einer Mach-Task keine Einschränkungen hinsichtlich des Zugriffs auf die Speicherbereiche der Task. Mach stellt darüberhinaus auch ein 'shared memory' Konzept auf der Basis von Mach-Tasks, ähnlich dem von Unix bekannten, zur Verfügung.

Gleichfalls ähnlich ist die Lösung beim Kreieren einer neuen Mach-Task. Unter Unix ist der Kindprozeß (child process) beim 'fork' Systemaufruf ein Clone des kreierenden Prozesses, früher immer durch Kopieren der gesamten Prozeßumgebung realisiert. Bei nur lesendem Zugriff auf Speicherbereiche ist ein wirkliches Kopieren überflüssig, hier genügt es, durch geeignete Adreßabbildungsfunktionen die Speicherbereiche gemeinsam zugreifbar zu machen.

Im Mach-System ist das Kreieren einer neuen Mach-Task noch weiter hinsichtlich der notwendigen Kopiervorgänge optimiert und funktionell etwas erweitert. Speicherregionen werden mit Vererbungsattributen versehen:

1. Die Speicherregion wird von der Kindtask nicht benutzt.

2. Die Speicherregion wird gemeinsam benutzt von Prototyptask und Kindtask.

3. Die Speicherregion der Kindtask ist eine Kopie der Region der Prototyptask.

Im dritten Fall, der „Unix-Variante", wird allerdings auch nicht direkt kopiert, sondern es wird ein 'copy on write flag' gesetzt. Der eigentliche Kopiervorgang wird seitenbezogen ausgelöst, wenn tatsächlich schreibend zugegriffen wird. Die gleiche Technik wird auch in einer Reihe von Unix-Systemen angewendet.

Kommunikation   Kommunikation wird im Mach-System unter Verwendung von Ports abgewickelt, die jeweils durch eine Datenstruktur im Kern repräsentiert werden. Über einen Port können nur unidirektional Nachrichten übertragen werden, d.h. für einen Nachrichtenaustausch mit Quittungsübertragung sind mindestens zwei Ports erforderlich. Durch einen Port wird ein zuverlässiger Nachrichtenfluß implementiert, wobei garantiert wird, daß die gesendete Nachrichtensequenz mit der empfangenen übereinstimmt, wenn genau ein Sender an den Port sendet. Der Nachrichtenaustausch wird asynchron abgewickelt, empfangende Aktivitätsträger können blockiert werden. Servertasks, also empfangende Tasks, können mehrere Ports zu Port-Sets zusammenfassen. Jeder Port kann nur genau einem Port-Set angehören. Wird empfangend auf einen Port-Set zugegriffen, wird der Aktivitätsträger nur dann blockiert, wenn an keinem der Ports eine Nachricht vorliegt. Über die Reihenfolge der empfangenen Nachrichten werden keine Zusicherungen gegeben.

Mach-Tasks (und damit alle ihren Aktivitätsträger) haben Rechte auf Ports. Es wird unterschieden zwischen einem Senderecht, einem Empfangsrecht und einem Sende-Einmal-Recht (send once). Zu jedem Port gibt es genau eine Mach-Task, die das Empfangsrecht besitzt. Diese Task hat dann auch immer das Senderecht. Rechte können an andere Tasks unter Kernkontrolle weitergegeben werden, wobei dann die abgebende Task ihr Recht verliert. Eine Besonderheit ist das Sende-Einmal-Recht, mit dem eine Task für eine spezifische Antwort für eine Nachricht das Senderecht erteilen kann.

Die Rechte sind jeweils an die Task gebunden und werden in der Port-Kontrollstruktur in einer Rechteliste (capability list) geführt. Mit dem Terminieren einer Task werden sämtliche an die Task gebundenen Rechte in den Ports gelöscht. Handelt es sich dabei um ein Empfangsrecht, wird der Port zerstört — auch dann, wenn noch Nachrichten vorhanden sind. Gemäß den oben beschriebenen Mechanismen werden am Port u.a. zwei Warteschlangen geführt, eine Nachrichtenwarteschlange und eine für die an die-

sem Port blockierten Aktivitätsträger. Für Port-Sets wird jeweils nur eine
Warteschlange geführt.

Wie schon in den vorausgegangenen Kapiteln erwähnt, gibt es einige ausgezeichnete Ports. Über diese Ports wird die Kommunikation der Mach-Tasks
mit dem Mach-Kern abgewickelt. Einer dieser Ports ist der Task-Port, über
den fast alle Systemaufrufe — in Form einer gesendeten Nachricht — abgewickelt werden. Fehlermeldungen des Kerns empfangen Tasks über einen
Exception-Port.

Das Senden und Empfangen von Nachrichten wird über eine Bibliotheks-
prozedur mit Namen mach_msg vorgenommen. Als Parameter werden übergeben:

1. Ein Zeiger auf den Pufferbereich, in dem sich die zu sendende Nachricht befindet, bzw. in den die zu empfangende Nachricht kopiert werden soll.

2. Optionen, wie z.B. Sende-Nachricht, Empfange-Nachricht; sind beide
   gesetzt wird ein Fernaufruf abgesetzt (siehe 10.2.3.1). Weitere Optionen sind das Setzen von Zeitschranken (timeout) oder die Beschreibung der Reaktion, falls Fehler auftreten sollten.

3. Die Nachrichtenlänge, die gesendet werden soll bzw. die Größe des
   bereitgestellten Pufferplatzes für eine zu empfangende Nachricht.

4. Identifikatoren für den Port und einen 'notify-port'. Letzterer dient
   der Entgegennahme von Statusmeldungen. Die Identifikatoren erhält
   man als Ergebnisparameter bei der Einrichtung von Ports.

Die Nachricht selbst besteht aus einem Nachrichtenkopf mit einer Anzahl
systemrelevanter Steuer- und Statusdaten und einem Nachrichtenrumpf. Die
detaillierte Darstellung der Formate kann man [7, 15] entnehmen.

10.3.2 Ausgewählte Parallelrechnersysteme

Nachfolgend wird eine Reihe von Paralellrechnern, die das gesamte Spektrum gemäß der Taxonomie in Abbildung 10.1 abdecken, kurz charakterisiert.

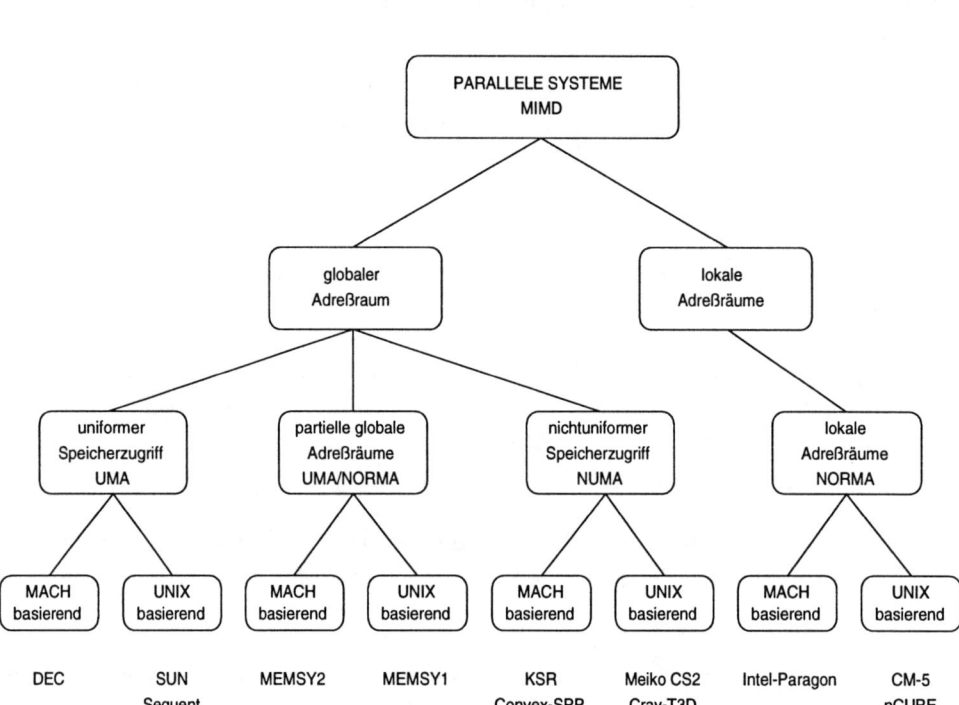

Abb. 10.1: Taxonomie moderner Parallelrechner

10.3.2.1 Ausgewählte UMA-Systeme

10.3.2.1.1 Sun-SPARCCenter 2000; Solaris

- HW-Architektur

  - 'shared memory' System mit systemweiter Cache-Kohärenz
  - Maximal 20 Prozessoren (SuperSPARC)
  - Cache: 1 oder 2 MB pro Prozessor
  - Globaler Speicher 64 MB bis 5120 MB
  - Speicher- und Peripheriezugriff über paketorientierten Bus

- Betriebssystem

  - Solaris 2.3, basierend auf USL System V Rel. 4
  - Symmetrisches Betriebssystem
  - Betriebssystem intern 'multithreaded'
  - Beeinflußbare Zuordnungsstrategie (durch Prioritätensteuerung und 'real time scheduling')

- Systempartitionierung/Betriebsmodi

  - Keine Möglichkeit zur Partitionierung
  - Mehrbenutzerbetrieb

- Programmiermodelle

  - 'shared memory' Modell
  - Thread-Library zur Unterstützung paralleler Programmierung
    * Unterscheidung zwischen User-Level-Threads und Kernel-Threads; ein Kernel-Thread kann einen oder mehrere User-Level-Threads ausführen.
    * Bindung der Threads an einzelne Prozessoren möglich
  - Programmiersprachen: Fortran 77, C, C++

10.3.2.1.2 Sequent Symmetry 2000; ptx

- HW-Architektur

  - 'shared memory' System mit systemweiter Cache-Kohärenz
  - Maximal 32 Prozessoren (Intel 80386, 80486 oder Pentium); Mischbetrieb möglich
  - Unterstützung verschiedener numerischer Coprozessoren
  - Cache-Größe abhängig von Prozessormodul (256 KB bei 80486)
  - Globaler Speicher: Max. 1500 MB
  - Speicherzugriff über gemeinsamen Bus

- Betriebssystem

  - DYNIX/ptx — basierend auf USL System V Rev. 3 mit Berkeley Erweiterungen
  - Symmetrisches Betriebssystem
  - 'shared memory' Segmente und 'memory mapped' Dateien
  - Standard Unix-Zuordnungsstrategie mit Multiprozessorerweiterungen
  - Kein Gang- oder Jobscheduling

- Systempartitionierung/Betriebsmodi

  - Keine Möglichkeit zur Partitionierung
  - Mehrbenutzerbetrieb

- Programmiermodelle

  - 'shared memory' Modell
  - Parallele Programmierung über Parallel Programming Library
    * Parallelität auf Prozeßebene
    * Segment-Typen: 'global shared' und 'private'
  - Public Domain User Level Thread Library
  - Unterstützte Programmiersprachen: C, C++ und Fortran

10.3.2.1.3 SGI Power Challenge

- HW-Architektur

  - 'shared memory' System mit systemweiter Cache-Kohärenz
  - Maximal 18 Prozessoren (MIPS-SSR)
  - 2-stufiges Cachesystem: 32/16 kB auf dem Chip, 2 MB extern
  - Globaler Speicher 64 MB bis 2 (16) GB
  - Speicher- und Peripheriezugriff über paketorientierten Bus

- Betriebssystem

  - IRIX 5.0, basierend auf USL System V Rel. 4
  - Symmetrisches Betriebssystem
  - Betriebssystem intern multithreaded
  - 'shared memory' Segmente und 'memory mapped' Dateien

- Systempartitionierung/Betriebsmodi

  - Keine Möglichkeit zur Partitionierung
  - Mehrbenutzerbetrieb

- Programmiermodelle

  - 'shared memory' Modell
  - Thread-Library zur Unterstützung paralleler Programmierung
  - Programmiersprachen: Fortran, C, Pascal, C++ - Preprozessor, Parallelisierender Compiler: Power Fortran Accelerator (PFA), Power C Accelerator (PCA); Skalare Optimierung, Loop-Parallelisierung

10.3.2.1.4 Digital 2100 Server A500MP

- HW-Architektur

  - 'shared memory' System mit systemweiter Cache-Kohärenz.
  - Z.Zt. maximal 4 Prozessoren, 190 MHz.

- Cache ('onchip/onboard') 8 KB + 8 KB / 1 MB pro Prozessor.
- Globaler Speicher maximal 2 GB.

- Systempartitionierung/Betriebsmodi

  - Keine Möglichkeit der Partitionierung.
  - Mehrbenutzerbetrieb.

- Betriebssystem

  - OSF/1 Rel. 3.0.
  - Symmetrisches Betriebssystem.
  - Betriebssystem intern 'multi threaded'.
  - Beeinflussung der Zuordnungsstrategie gemäß Mach-Kernel Rev. 2.5.

- Programmiermodelle

  - 'shared memory' Modell.
  - 'Thread Library' zur Unterstützung paralleler Programmierung
  - Programmiersprachen: C, C++, Fortran 77, Fortran 90, HPF

10.3.2.2 Ausgewählte NUMA-Systeme

10.3.2.2.1 Convex-SPP (Exemplar-Series); SPP-UX

- HW-Architektur

  - 'shared memory' System mit systemweiter Cache-Kohärenz
  - Maximal 128 Prozessoren HP-PA, 100MHz
  - 2-stufige Cache-Hierarchie
    1. Stufe: Prozessorcache; 2 x 1 MB
    2. Stufe: Nodecache; variable Größe, realisiert im knotenlokalen Speicher
  - Arbeitsspeicher: Maximal 2 GB pro Knoten (= 8 Prozessoren)
  - 2-stufige Speicherzugriffshierarchie:

1. Stufe: knotenlokale Zugriffe; 8 Prozessoren greifen über einen Kreuzschienenverteiler auf einen gemeinsamen Speicher zu (UMA)

2. Stufe: knotenübergreifende Zugriffe; z.Zt. sind max. 16 Rechnerknoten (Hypernodes) über ein breitbandiges Netzwerk (SCI-Ring) verbunden. Zugriffsverlängerung: Etwa 1:5

- Betriebssystem

  - Auf Mach 3.0 basierendes symmetrisches Betriebssystem. Ein UNIX-Server realisiert eine HP-UX-(binary) Kompatibilität und ist damit zu POSIX 1003.1 und zu X/OPEN XPG3 konform.

  - NUMA-Architektur wird durch verschiedene Segmenttypen (data object classes) Rechnung getragen.

    * *near_shared*: Global zugreifbare Datenobjekte, die vollständig in einem bestimmten Hypernode plaziert sind.

    * *far_shared*: Global zugreifbare Datenobjekte, die auf Seitenbasis — round robin — über die Hypernodes einer Teilmaschine verteilt werden.

    * *block_shared*: Global zugreifbare Datenobjekte, die blockweise über die Hypernodes einer Teilmaschine verteilt werden. Sie werden dynamisch zur Laufzeit allokiert.

  - Die Zuordnungsstrategie unterstützt die in Mach 3.0 übliche Strategie, Threads an Prozessoren zu binden, solange noch relevante Daten im Cache vorhanden sind. Ein Gang-Scheduling auf Applikationsbasis ist z.Zt. nicht realisiert; läßt sich jedoch im Stapelbetrieb auf einer Teilmaschine erzwingen.

  - Für nachrichtenorientierte Anwendungen sind Kommunikationsprimitive mit architekturtypischen kurzen Aufsetzzeiten (delays) über gemeinsame Speicher realisiert.

- Systempartitionierung/Betriebsmodi

  - Die Maschine kann beliebig, ohne auf Hypernodegrenzen Rücksicht nehmen zu müssen, in Teilmaschinen (subcomplexes) gegliedert werden. Dies ist dynamisch ohne Bootvorgang möglich, wobei Prozessoren, Speicherzuordnung und Intra-Node-Cache variabel konfigurierbar sind.

- Mehrbenutzerbetrieb auf Teilmaschinenbasis

- Stapelbetrieb auf Teilmaschinenbasis wird durch NQS (network queuing system) realisiert.

- Programmiermodelle

  - 'shared memory' Modell: Mach 3.0/HP-UX-konform. Durch verschiedene Klassen von Datenobjekten kann die NUMA-Architektur berücksichtigt werden.

  - Nachrichten-Modell: Durch PVM realisiert und vom Betriebssystem durch geeignete Nachrichten-Primitive unterstützt.

  - Programmiersprachen: Fortran- und C-Compiler unterstützen architekturadäquate Optimierung in 5 Stufen einschließlich Parallelisierung (loops).

10.3.2.2.2 Kendall Square Research KSR; KSR-OS

- HW-Architektur

  - 'shared memory' System mit systemweiter Cache-Kohärenz

  - Maximal 1088 proprietäre superskalare RISC-Prozessoren, gegliedert in 34 Cluster

  - 32 MB Hauptspeicher pro Prozessor

  - 4 stufige Speicherzugriffshierarchie mit ALLCACHE Speicherverwaltung:

    1. Stufe: Prozessorsubcache 2×0.25 MB
    2. Stufe: Hauptspeicher des Prozessors mit 32 MB, der als 16-fach Mengen assoziativer Cache verwaltet wird
    3. Stufe: ALLCACHE group 0 mit maximal 32 Prozessoren
    4. Stufe: ALLCACHE group 1 mit 3-34 Clustern (ALLCACHE group 0)

  - Alle Knoten einer ALLCACHE group sind über ein 'slotted ring' Netzwerk miteinander verbunden.

- Betriebssystem

  - KSR OS (OSF/1 enhanced), auf Mach 2.5 basierendes Betriebssystem; zu POSIX 1003.1 und zu X/OPEN XPG3 konform.
  - Der Architektur wird durch 2 zusätzliche Speicherklassen Rechnung getragen: *thread_private* und *thread_shared*.
  - Das Scheduling unterstützt die in Mach 2.5 übliche Strategie, Threads an Prozessoren zu binden, solange noch relevante Daten im lokalen Prozessor-Cache enthalten sind (cache affinity). Bislang kein Gang-Scheduling auf Applikationsbasis; läßt sich jedoch im Stapelbetrieb auf einer Teilmaschine erzwingen.

- Systempartitionierung/Betriebsmodi

  - Die Prozessoren können dynamisch in Prozessor-Mengen (processor sets) zusammengefaßt werden. Threads können nur innerhalb einer Prozessor-Menge migrieren.
  - Mehrbenutzerbetrieb auf Teilmaschinenbasis
  - Stapelbetrieb auf Teilmaschinenbasis wird durch NQS (network queuing system) realisiert.

- Programmiermodelle

  - 'shared memory' Modell: OSF/1 konform
  - Nachrichten-Modell: Kommunikationsprimitive über 'shared memory' realisiert (tcgmsg, PVM, PARMACS)
  - Programmiersprachen: C, C++,FORTRAN, COBOL; Parallelisierung in C und C++ mittels Pthread-Library-Aufrufe

10.3.2.2.3 Cray T3D; UNICOS-MAX

- HW-Architektur

  - 'global memory' System ohne systemweite Cache-Kohärenz
  - Zugang über Bedienrechner (Y-MP oder C90); E/A über Bedienrechner
  - Maximal 1024 Knoten mit je 2 DEC-Alpha-Prozessoren, 150 MHz

- Cache: 8 kB

- Arbeitsspeicher: 16 oder 64 MB pro Prozessor

- Verbindungsnetzwerk: Über Switches realisiertes 3-D-Netzwerk (Torus) für Daten, Latenzzeiten abhängig von der Entfernung des Zugriffs; baumförmiges Netzwerk für Synchronisation

- Betriebssystem

  - UNICOS-MAX: Anwendersysteme laufen unter der Kontrolle eines auf dem Bediensystem residierenden MPP-Agenten ab.

  - Die auf den Knoten notwendigen Minimalmechanismen sind durch einen Chorus-basierten Mikrokern implementiert.

  - E-/A-Vorgänge werden über das Bediensystem (UNICOS) kontrolliert; der E-/A-Datentransfer wird direkt über einen am T3D-System angeschlossenen I/O-Cluster abgewickelt.

- Systempartitionierung/Betriebsmodi

  - Das System kann in sogenannte Resource-Pools partitioniert werden.

  - Interaktiver Betrieb auf Teilmaschinenbasis

  - Stapelbetrieb auf Teilmaschinenbasis wird durch NQS (network queuing system) realisiert.

- Programmiermodelle

  - 'global memory' Modell (ohne Cachekohärenz): 'single programm multiple data' (SPMD)

  - Nachrichten-Modell: PVM 3.0 - Schnittstelle

  - Programmiersprachen: FORTRAN 77 und FORTRAN 90 mit systemspezifischen Erweiterungen

10.3.2.2.4 Meiko Computing Surface 2

- HW-Architektur

    - 'distributed (global) memory' System, ohne systemweite Cache-Kohärenz; (keine direkte Adressierung des gesamten Adreßraums, Adressen werden von einem speziellen Kommunikationsprozessor aus dem Paar [Prozessoradresse, lokale Adresse] gebildet).
    - Maximal 256 Knoten, bestehend aus SuperSPARC, 40 MHz und 2 Vektorprozessoren, 50MHz, als Koprozessoren
    - Optional auch nur Skalarprozessoren möglich, E-/A-Prozessoren immer Skalarproz
    - Arbeitsspeicher: 32–128 MB pro Knoten
    - Verbindungsnetzwerk: Paketorientiertes, hierarchisches Kreuzschienenverteiler-Netzwerk, maximal 7 Hierachiestufen

- Betriebssystem

    - Solaris-Erweiterung, basierend auf USL System V Rel. 4
    - Vollständige Umgebung auf allen Prozessoren

- Systempartitionierung/Betriebsmodi

    - Partitionierung in Domains
    - Dialog Modus
    - Stapelbetrieb mit NQS (network queuing system)

- Programmiermodelle

    - 'global memory' Modell (ohne Cachekohärenz):
        * 'single program multiple data' (SPMD)
        * 'multiple instruction multiple data' (MIMD) auf Prozeß-Basis
    - Nachrichten-Modell:
        * 'multiple instruction multiple data' (MIMD)
        * PVM 3.0, PARMACS, CSN(Meiko), NX/2(Intel)-Schnittstellen
    - Programmiersprachen: Fortran 77, HPF, Fortran90,Vectorizing Fortran 77,C, C++

10.3.2.3   Ausgewählte NORMA-Systeme

10.3.2.3.1 Intel Paragon; Paragon OSF/1

- HW-Architektur

    - 'distributed memory' System ohne Bediensystem mit funktional drei verschiedenen Knotentypen: Serviceknoten, Rechenknoten, E-/A-Knoten

    - Z.Zt. maximal ca. 1000 Intel i860XP Prozessoren, 50 MHz

    - Cache: 2 x 16 kB

    - 16 bis 128 MB Hauptspeicher pro Knoten

    - Verbindungsnetzwerk: 2-D-Mesh mit eigenen Nachrichtenprozessoren, keine 'Clusterung'

- Betriebssystem

    - PARAGON OSF/1, Betriebssystem basierend auf Mach 3.0; zu POSIX 1003., X/OPEN XPG3 und OSF AES konform

    - Mach-Kern auf jedem Knoten, Server gemäß Knotenfunktionalität verschieden

- Systempartitionierung/Betriebsmodi

    - Die Maschine ist zunächst funktional partitioniert in eine Servicepartition, eine Computepartition und eine I/O-Partition. Serverknoten und Computeknoten sind beliebig konfigurierbar, sie unterscheiden sich nur durch die eingesetzten Mach-Server. Auf einem Serverknoten steht dem Benutzer die volle Entwicklungsumgebung zur Verfügung. Die Computepartition kann weiter in Subpartitionen unterteilt werden.

    - Die I/O-Partition stellt das I/O-System des Gesamtsystems dar und ist keiner anderen Partition fest zugeordnet.

    - Mehrbenutzerbetrieb (Dialog) ist in der Compute- und Servicepartition möglich. Im Stapelbetrieb (NQS) werden nur Subpartitionen der Computepartition betrieben.

- Programmiermodelle

  - Nachrichten-Modell:

    * 'single program multiple data' (SPMD)
    * 'multiple instruction multiple data' (MIMD), PVM, PAR-MACS, NX(Intel)

  - 'distributed shared memory':

    * 'shared virtual memory', mit Speicher-zu-Speicher-Seitenumlagerung über Netzwerk

  - Programmiersprachen: Fortran77, HPF, C, C++

10.3.2.3.2 CM-5; CMost

- HW-Architektur

  - 'distributed memory' System ohne Bediensystem mit funktional drei verschiedenen Knotentypen: Control-(Service-)knoten, Rechenknoten, E-/A-Knoten

  - Maximal 16384 (theoretisch) Knoten mit SuperSparc-Prozessor, 40 MHz; die Rechenknoten verfügen (optional) zusätzlich über 4 Vektor-Coprozessoren

  - 32 oder 128 MB Hauptspeicher pro Knoten

  - Verbindungsnetzwerk: zwei separate baumförmige Netzwerke, nämlich Control-Netzwerk und Daten-Netzwerk; letzteres als 'FAT-Tree' Netzwerk ausgelegt

- Betriebssystem

  - CMost, ein auf Sun-Solaris basierendes Betriebssystem; resident nur auf den Kontrollknoten, die aus Betriebssystemsicht als Partitionsverwalter agieren.

  - Auf den Rechenknoten stehen nur Mikrokerne zur Verfügung, in denen die Mechanismen implementiert sind, die der Partitionsverwalter zur Steuerung seines Teilsystems benötigt.

- Externe Kommunikation und E/A werden mit Unix-Kommunikations-Primitiven über das Datennetzwerk abgewickelt, der Ablauf einer parallelen Applikation (z.B. Synchronisation, Steuerung des Datenaustauschs, etc.) wird über das Control-Netzwerk vom Partition-Manager gesteuert.

- Der Datenaustausch zwischen verschiedenen Aktivitätsträgern innerhalb eines Prozesses wird direkt ohne Beteiligung des Partitionsverwalters realisiert.

• Systempartitionierung/Betriebsmodi

- Die Maschine kann (in der Regel) in Vielfache von 32 Rechenprozessoren partitioniert werden, wobei jeder Partition ein zusätzlicher Kontrollprozessor als Partitionsverwalter zugeordnet wird.

- Die E-/A-Prozessoren werden separat als Partition organisiert und erbringen ihren Dienste global für das Gesamtsystem.

- Mehrbenutzerbetrieb (Dialog) ist möglich. Der Stapelbetrieb wird mit NQS (network queuing system) realisiert.

• Programmiermodelle

- Nachrichten-Modell: 'single program multiple data' (SPMD)

- Kompatibilitätsmodus für CM2-Programme in SIMD

- Programmiersprachen: CMF (Fortran90), HPF, Fortran77, C*, C, C++

10.3.2.3.3 nCUBE 2S, Parallel Software Environment(PSE), nCX

• HW-Architektur

- 'distributed memory' System mit 2 Knotentypen: Rechenknoten, E-/A-Knoten

- Zugang über Bediensystem: Sun oder SGI Workstations

- maximal 8192 proprietäre Prozessoren, 25 MHz

- Arbeitsspeicherausbau: 8 oder 64 MB

- Verbindungsnetzwerk: Hypercube-Verbindungsnetzwerk, Funktionskomponenten sind in den Prozessor integriert.

- Betriebssystem

  - Parallel Software Environment, nCX: Anwendersysteme laufen unter der Kontrolle eines auf dem Bedienrechner residierenden Kontrollprozesses ab.
  - Die auf den Knoten notwendigen Minimalmechanismen sind durch einen Mikrokern (nCX) implementiert.
  - E-/A-Vorgänge werden über eigene, in das System integrierte E-/A-Knoten abgewickelt.

- Systempartitionierung/Betriebsmodi

  - Das System kann in Sub-Cubes partitioniert werden.
  - Interaktiver Betrieb auf Teilmaschinenbasis
  - Stapelbetrieb auf Teilmaschinenbasis wird durch nQS, ein von nCUBE adaptiertes NQS (network queuing system) realisiert.

- Programmiermodelle

  - Nachrichten-Modell:
    * 'single program multiple data' (SPMD),
    * 'multiple programm multiple data' (MIMD)
  - Programmiersprachen: FORTRAN 77 (mit Erweiterungen), C, C++ - Precompiler

10.3.2.3.4 Parsytec GC/Power Plus; Parix

- HW-Architektur

  - 'distributed memory' System
  - Zugang über Bediensystem: Sun
  - Z.Zt. 64 Knoten mit je 2 Power PC-Prozessoren installiert, 80 MHz; konzeptionell 512 Knoten möglich
  - 16 bis 128 MB Hauptspeicher pro Knoten
  - Verbindungsnetzwerk: 2-D-Mesh (Fat Grid; dynamisch konfigurierbare Topologien)

- Betriebssystem

  - Parix, eine auf Unix aufbauende Systemerweiterung. Nur auf dem Bediensystem steht eine volle Betriebssystemfunktionalität zur Verfügung; mehrere Bediensysteme möglich.

  - Auf den Rechenknoten stehen Mikrokerne zur Verfügung, die die Mechanismen bereitstellen, die auf dem Rechenknoten unverzichtbar sind, wie z.B. Ladeunterstützung, 'Threadscheduling', Kommunikationsprimitive.

  - PVM

- Systempartitionierung/Betriebsmodi

  - Die Maschine kann partitioniert werden, kleinste Einheit 4 Prozessoren

  - Die E-/A-Prozessoren sind in das System integriert.

  - Nur Einbenutzerbetrieb per Partition möglich

- Programmiermodelle

  - Nachrichten-Modell: 'single program multiple data' (SPMD)

  - Es besteht die Möglichkeit dynamisch Programme nachzuladen und auszuführen (load and execute)

  - Programmiersprachen: C, C++, Fortran 77

10.3.2.4   Mischarchitekturen

10.3.2.4.1 MEMSY; MEMSOS

- HW-Architektur

  - 'distributed shared memory' System ohne Bediensystem

  - Prozessoren: Motorola 88K, 25 MHz, Anzahl konzeptionell unbegrenzt, aufgebautes System: 80 Prozessoren in 20 'shared memory' Knoten

  - 32 bis 128 MB Hauptspeicher pro Knoten

- Verbindungsnetzwerk: Lokal gemeinsame Speicher in 'nearest neighbour' Topologie, zum Torus geschlossen; globales Synchronisationsnetzwerk

- Betriebssystem

  - MEMSOS, Multiprozessorsystem basierend auf Unix (System V Rel.3)
  - Volle UNIX-Funktionalität auf jedem Knoten
  - Z. Zt. Entwicklung eines 'Mach 3.0' basierten Systems

- Systempartitionierung/Betriebsmodi

  - Keine Partitionierung möglich
  - Voller Mehrbenutzerbetrieb, Gangscheduling
  - Stapelbetrieb über NQS (network queuing system) möglich
  - E-/A-System ist systemglobal

- Programmiermodelle

  - 'shared memory' Modell: Unter Berücksichtigung der Zugriffsmöglichkeiten, stückweise
  - Nachrichten-Modell:
    * Nachrichtenaustausch unter Nutzung der gemeinsamen Kommunikationsspeicher
    * Nachrichtenaustausch mit PVM 3.0 über globales Bussystem realisiert
  - Programmiersprachen: C, C++

Glossar

Alle Begriffsbildungen sind im Zweifelsfall immer im Kontext von Parallelrechnersystemen zu interpretieren.

Adreßraum
> Der Programmadreßraum setzt sich aus den Adressen zusammen, die in Befehlen als gültige Adressen betrachtet werden, d.h. denen ein Speicherort zugeordnet ist oder bei ihrem Ansprechen zugeordnet wird.
>
> Der Speicheradreßraum eines Rechensystems besteht aus den Adressen seiner Speicherorte (im Zentral- und evtl. in Hintergrundspeichern).
>
> Unter Adreßraum wird die Abbildung eines Programmadreßraums in einen Speicheradreßraum verstanden.

Aktivitätsträger
> Einem Aktivitätsträger wird die Fähigkeit zugeschrieben, Anweisungen (Befehle) sequentiell abzuarbeiten. Er bringt Anweisungen (Befehle) in einer vorgebbaren Reihenfolge zur Ausführung. Die Auswirkung einer Anweisung ist durch ihre Beschreibung und den →Kontext, in dem der Aktivitätsträger arbeitet, festgelegt.

Dialogbetrieb
> Siehe →Mehrbenutzerbetrieb bzw. →interaktiver Betrieb.

Diensteumgebung
> Ein Aktivitätsträger kann neben der Benutzung eines Adreßraums noch Dienste wie Dateisystem, Nachrichtensystem u. ä. in Anspruch nehmen. Die Gesamtheit der einem Aktivitätsträger zugänglichen Dienste bilden seine Diensteumgebung. Meist wird der Zugang zu Diensten durch einen Namensdienst vermittelt.

'distributed memory'
> Arbeitsspeichersystem, das ausschließlich über disjunkte lokale →Adreßräume verfügt.

'distributed shared memory'
> Arbeitsspeichersystem, das nur über lokale →Adreßräume verfügt, jedoch mit Hilfe von Betriebssystemmechanismen ein →'shared memory'-Programmiermodell bereitstellt.

Faden (thread)

Paar bestehend aus einem →Aktivitätsträger und einem →Kontext.

Gang-Scheduling

Die Fähigkeit eines Betriebssystems allen →Aktivitätsträgern eines parallelen Programmsystems auf einem Parallelrechnersystem, synchron alle notwendigen Betriebsmittel zuzuteilen.

'global memory'

Arbeitsspeichersystem, das über einen gemeinsamen →Adreßraum verfügt, ohne daß Mechanismen zur Erhaltung der Datenkohärenz vorgesehen sind. Adreßabbildungsmechanismen zur Beherrschung großer →Adreßräume sind zulässig.

Interaktiver Betrieb

Nutzung eines Systems im Dialog exklusiv durch einen Benutzer.

Kontext

Der Kontext eines →Aktivitätsträgers setzt sich zusammen aus einer Arbeitsumgebung (repräsentiert durch Prozessorregister, Caches u. ä.), einem →Adreßraum und einer →Diensteumgebung (im allgemeinen repräsentiert durch Namensdienste).

Mehrbenutzerbetrieb

Nutzung eines Systems oder Teilsystems durch mehrere Benutzer gleichzeitig, wobei die Programmsysteme im Mehrprogrammbetrieb ablaufen, wenn ein →Gang-Scheduling implementiert ist, andernfalls wird der Mehrprogrammbetrieb nur auf →Aktivitätsträgerebene angewendet. Ziel der Betriebssystemstrategien im Mehrbenutzerbetrieb ist ein gutes Antwortverhalten des Gesamtsystems.

Mehrprogrammbetrieb/'time sharing'-Betrieb

Nutzung eines Systems durch mehrere Programme (→Aktivitätsträger), die zeitlich verzahnt abgearbeitet werden, in der Regel gesteuert über ein Zeitscheibenverfahren.

'message passing'-Programmiermodell

Programmiermodell, in dem der Datenaustausch zwischen verschiedenen →Aktivitätsträgern sowie die Ablaufkoordinierung durch Nachrichtenaustausch realisiert werden.

MIMD-Programmiermodell ('multiple instruction multiple data')
Programmiermodell, in dem alle →Aktivitätsträger auf verteilte Daten
zugreifen, indem sie verschiedenen Programmcode asynchron abarbeiten. Dieses Modell läßt sich sowohl als 'shared memory'-Modell als
auch als 'message passing'-Modell realisieren.

Partitionierung
Zerlegung eines Gesamtsystems in weitgehend voneinander unabhängige Teilsysteme. Aus Benutzersicht sind die Teilsysteme eigenständige
Systeme. Interferenzen zwischen den Teilsystemen sind im allgemeinen
durch die gemeinsame Nutzung der Datenwege und des Ein-/Ausga-
besystems bedingt.

Prozeß
→Faden, in dessen zugeordenetem →Adreßraum sich keine weiteren
Fäden befinden können.

Schutzumgebung
Menge von Regeln, die die Ausführbarkeit von Anweisungen in einem
→Kontext beschränken.

'shared memory'-Programmiermodell
Programmiermodell, das es gestattet, auf gemeinsame Speicherbereiche von verschiedenen →Aktivitätsträgern aus zuzugreifen.

'shared memory'-System
Arbeitsspeichersystem, das über einen für alle Prozessoren gemeinsamen →Adreßraum verfügt, wobei bei konfliktfreiem Zugriff die Zugriffszeiten einheitlich sind. Falls Cache-Speicher vorhanden ist, wird
durch Hardwaremaßnahmen Datenkohärenz sichergestellt.

'shared virtual memory'
→'distributed shared memory' SIMD-Programmiermodell ('Single Instruction Multiple Data'), in dem identische →Aktivitätsträger auf
verteilte Daten in befehlssynchroner Weise zugreifen. Auf SIMD-
Architekturen das einzig mögliche Programmiermodell.

'space sharing'
Die Fähigkeit partitionierte Systeme, durch (einzelne) parallele Programmsysteme gleichzeitig nutzen zu können.

SPMD-Programmiermodell ('Single Program Multiple Data')
Programmiermodell, in dem alle →Aktivitätsträger auf verteilte Daten zugreifen, indem sie den gleichen Programmcode asynchron und nicht notwendigerweise auf gleichen Programmpfaden abarbeiten. Dieses Modell läßt sich sowohl als →'shared memory'-Modell als auch als →'message passing'-Modell realisieren.

Stapelbetrieb
Nutzung eines System oder Teilsystems jeweils exklusiv nur für ein Programmsystem. Wird der Stapelbetrieb im Mehrprogrammbetrieb abgewickelt, so sind die Zeitscheiben im Vergleich zum Mehrbenutzerbetrieb sehr groß und die Anzahl der Programmsysteme eher klein. Sie hängt stark von dem zur Verfügung stehenden Arbeitsspeicher bzw. von den Speicheranforderungen der Programmsysteme ab. Ziel der Betriebssystemstrategien im Stapelbetrieb ist eine gute Systemauslastung.

Team
Menge von →Fäden, deren →Kontexte den gleichen →Adreßraum und die gleiche →Diensteumgebung enthalten.

'thread'
Siehe →Faden.

'virtual shared memory'
Arbeitsspeichersystem, das über einen für alle Prozessoren gemeinsamen →Adreßraum verfügt, bei dem jedoch die Zugriffszeiten mit dem Ort des Zugriffs variieren. Falls Cache-Speicher vorhanden ist, wird durch Hardwaremaßnahmen Datenkohärenz sichergestellt.

Literaturverzeichnis

[1] Accetta, M.; Baron, R.V.; et al.: Mach: A New Kernel Foundation for UNIX Development. *Proceedings of the Summer 1986 Usenix Conference*, S. 93-112, Jul. 1986.

[2] Anderson, D.P.; Ferrari, D.: The Dash Project: An Overview, *Technical Report No. UCB/Computer Science Dpt. 88/405*, EECS, UCB, Berkeley, CA, Feb. 1988.

[3] Anderson, T.; Bershad, B.; et al.: Scheduler Activations: Effective Kernel Support for the User-Level Management of Parallelism. *ACM Transactions on Computer Systems*, Bd. 10, Nr. 1, S. 53–79, Feb. 1992.

[4] Anderson, T.; Lazowska, E.; Levy, H.: The Performance Implication of Thread Management Alternatives for Shared-Memory Multiprocessors. *ACM Transactions on Computers*, Bd. 38, Nr. 12, S. 1631–1644, Dez. 1989.

[5] Anderson, T.E.; Levy, H.M.; et al.: The Interaction of Architecture and Operating System Design. *Proc. 4th Int. Conf. on Architectural Support for Programming Languages and Operating Systems*, Santa Clara, CA., 1991, S. 108-120.

[6] Bach, M.J.: *The Design of the UNIX Operating System*, Englewood Cliffs, NJ: Prentice Hall, 1987.

[7] Baron, R.V.; Black, D.; et al.: *MACH Kernel Interface Manual*, Department of Computer Science, Carnegie-Mellon University, Pittsburgh.

[8] Bershad, B.N.; Anderson, T.E.; et al.: Lightweight Remote Procedure Call. *ACM Transactions on Computer Systems*, Bd. 8, Nr. 1, S. 37-55, Feb. 1990.

[9] Birrell, A.D.; Nelson, B.J.: Implementing Remote Procedure Calls. *ACM Transactions on Computer Systems*, Bd. 2, Nr. 1, S. 39-59, Feb. 1984.

[10] Black, D.L.: Scheduling Support for Concurrency and Parallelism in the Mach Operating System. *IEEE Computer*, Bd. 23, Nr. 5, S. 35–43, Mai 1990.

[11] Custer, H.: *Inside Windows NT. Microsoft Press*, Redmond, Washington, 1993.

[12] Dennis, J.B.; Van Horn, E.C.: Programming Semantics for Multiprogrammed Computations. *CACM*, Bd. 9, Nr. 3 (1966), S. 143-155.

[13] Dijkstra, E.W.: The Structure of the THE-Multiprogramming System. Comm. *ACM*, Bd. 11, Nr. 5, Mai 1968, S. 341-346.

[14] Dongarra, J.; Walker, D.: *MPI: A Message-Passing Interface Standard.* University of Tennessee, Knoxville, Ten., May, 1994.

[15] Draves, R.P.; Jones, M.B.; Thompson, M.R.: *MIG–The MACH Interface Generator*, Department of Computer Science, Carnegie-Mellon University, Pittsburgh.

[16] Fäustle, M.: Beschreibung der Verteilung in objektorientierten Systemen. *Arbeitsberichte des Instituts für Mathematische Maschinen und Datenverarbeitung der Universität Erlangen-Nürnberg*, Bd. 25, Nr. 8, Sep. 1992.

[17] Fotheringham, J.: Dynamic Storage Allocation in the Atlas Computer, Including an Automatic Use of Backing Store. *CACM*, Bd. 4 (1961), S. 435-436.

[18] Geist, A.; Beguelin, A.; et al.: *PVM 3 User's Guide and Reference Manual*, Oak Ridge National Laboratory, Oak Ridge, Ten., Mai 1993.

[19] Hamilton, G.; Kougiouris, P.: The Spring nucleus: A microkernel for objects. *Summer USENIX, June 21-25, 1993, Cincinnati, OH*, S. 147-159.

[20] Hoare, C.A.R.: Monitors, An Operating System Structuring Concept, *Commun. of the ACM*, Bd. 17, S. 549–557, Okt. 1974; *Erratum in Commun. of the ACM*, Bd. 18, S. 95, Feb. 1975.

[21] Hofmann, F.: *Betriebssysteme: Grundkonzepte und Modellvorstellungen*. Leitfäden der angewandten Informatik, 2. Auflage, B.G. Teubner Stuttgart, 1991.

[22] Hofmann, F.: MEMSY — Ein modulares erweiterbares Multiprozessor-System. In *Euro Arch '93, München, 18.-19.10.1993 (Hrsg. P.P. Sies)*, Informatik aktuell, Springer-Verlag, 1993, S. 567–577.

[23] Keppel, D.: *Tools and Techniques for Building Fast Portable Threads Packages*. Technical Report UWCSE 93-05-06, University of Washington, Mai 1993.

[24] Lauer, H.C.; Needham, R.M.: On the Duality of Operating System Structures. In *Proc. Second International Symposium on Operating Systems*, IRIA, Okt. 1978, reprinted in *ACM SIGOPS*, 13, 2 April 1979, S. 3–19.

[25] Li, K.: IVY: A Shared Virtual Memory System for Parallel Computing; *Proceedings of the 1988 International Conference on Parallel Processing*, Bd. II Software; Aug. 1988; S. 94–101.

[26] Linster, C.U.: Sympos/Unix — Ein Betriebssystem für homogene Polyprozessorsysteme, *Arbeitsberichte des IMMD*, Friedrich-Alexander-Universität Erlangen-Nürnberg, Bd. 14/3, Juni 1981.

[27] Mellor-Crummey, J.; Scott, M.: Algorithms for Scalable Synchronization on Shared-Memory Multiprocessors. *ACM Transactions on Computer Systems*, Bd. 9, Nr. 1, Feb. 1991, S. 21–65.

[28] Mukherjee, B.; Schwan, K.: Experiments with a configurable lock for Multiprocessors. *Proc. of the 1993 Int. Conf. on Parallel Processing*, Bd. 2, Aug. 16-20, 1993, S. 205–208.

[29] Mukherjee, B.; Schwan, K.; Gopinath, P.: *A Survey of Multiprocessor Operating System Kernels*. College of Computing, Georgia Institute of Technology, Technical Report GIT-CC-92/05, Nov. 1993.

[30] Nelson, B.J.: *Remote Procedure Call*. Dissertation, Department of Computer Science, Carnegie-Mellon University, Mai 1981.

[31] *Open Software Foundation. The Design of the OSF/1 Operating System*. Open Software Foundation Inc., USA, 1990.

[32] Organick, E.L.: *The Multics System*. MIT Press, 1972.

[33] Rashid, R.F.:From RIG to Accent to Mach: The Evolution of a Network Operating System, *Fall Joint Computer Conference, AFIPS*, S. 1128–1137, 1986.

[34] Rashid, R.F.: *Threads of a New System.* Unix Review, Aug. 1986.

[35] Rashid, R.F.: From RIG to Accent to Mach: The Evolution of a Network Operating System. *ACM/IEEE Computer Society - Proceedings of the Fall Joint Computer Conference*, Nov. 1986.

[36] Rozier, M.; Legatheaux, J.M.: The Chorus Distributed Operating System: Some Design Issues. Y. Parker, J.P. Banatre, and M. Bozyigit, (eds.) *Proc. of the NATO Advanced Study Institute on Distributed Operating Systems: Theory and Practice*, Springer-Verlag, New York, Aug. 1986, S. 261–289.

[37] Schroeder, M.D.: Burrows, M.: Performance of the Firefly RPC. *ACM Transactions on Computing Systems*, Bd. 7, Nr. 1, Feb. 1990.

[38] Sequent Computer Systems, Inc.: *Symmetry Technical Summary*, Rev. 1.4, 1987.

[39] Tanenbaum, A.S.: *Modern Operating Systems*, S. 637–681, Englewood Cliffs, NJ: Prentice Hall, 1992.

[40] Wettstein, H.: *Systemarchitektur.* Hanser Studienbücher der Informatik, Carl Hanser Verlag München Wien, 1993.

[41] Wulf, W.; Levin, R.; Harbison, S.: *Hydra/C.mmp: An Experimental Computer System.* McGraw-Hill Advanced Computer Science Series, 1981.

11 Parallele Programmiersprachen

11.1 Einleitung

> *The simplicity and elegance [of systematic program development]*
> *would have been destroyed by requiring the derivation of determi-*
> *nistic programs only.*
>
> *E.W. Dijkstra [26]*

Die Programmiersprachen befinden sich in einem Spannungsfeld zwischen
Berechenbarkeitsmodell, Anwendungsgebiet, Problemlösungsmethodik und
Rechnerstruktur. Die Entwicklung der höheren Programmiersprachen, auch
der problemorientierten, wurde zuerst von den Möglichkeiten der Rechnerstruktur bestimmt. Der Einfluß der Programmiersprache auf den Problem-
lösungsprozeß ist erst spät erkannt und dann beim Entwurf neuer Sprachen
berücksichtigt worden. Er beruht darauf, daß es programmiersprachliche
Formulierungen sind, in denen Programmentwickler über Lösungen nach-
denken. Sie sind die Grundlage für das Verfeinern und Präzisieren, für das
Überprüfen und Korrigieren der Lösungsansätze. *Lamport* hat in diesem Zusammenhang darauf hingewiesen, daß jede Programmieraufgabe im Grunde
aus zwei Teilaufgaben besteht [64]: Zum einen muß das Problem in eine formale Gestalt gebracht werden, zum andern muß dann die beste Implementierung ausgewählt werden, die diese Spezifikation erfüllt und auf der gegebenen Maschine laufen kann. Üblicherweise nennt man das Ergebnis dieses For-
malisierungsschrittes bereits Programm, obwohl es erst noch übersetzt werden muß, bis es auf einem konkreten Rechner laufen kann. Je mehr Information beim Formalisierungsschritt verloren geht, desto weniger Möglichkeiten
hat der nachfolgende Übersetzungsschritt bei der Auswahl einer Implementierung; möglicherweise sind sogar für den konkreten Rechner günstige Implementierungen ausgeschlossen worden. Eine optimale Problemlösung kann
demnach nur so aussehen, daß der Algorithmus auf einer problemnahen Ebene formalisiert wird und keine problemfremde Information enthält, insbesondere keine problemfremde Sequentialisierung. Die nachfolgende Überset-

zung kann dann zu Implementierungen auf unterschiedlichen Architekturen führen. Denkt man hierbei an Implementierungen auf Parallelrechnerarchitekturen, so heißt dies, daß das Programm keine sequentielle Formulierung enthalten darf, die nicht problembedingt ist. Gleiches gilt für den Parallelitätsgrad. Programmiersprachen zur Beschreibung paralleler Algorithmen müssen sich also an den Parallelitätsstrukturen orientieren, die durch die Probleme vorgegeben sind. Orientieren sich die Sprachen dagegen an der Architektur eines bestimmten Rechensystems, so mag dies die Übersetzung vereinfachen, aber in jedem Fall leidet die Portabilität. Prinzipiell handelt es sich dabei um einen Rückfall in das Zeitalter der maschinenorientierten Programmierung vor der Entwicklung von FORTRAN. Denn der Fortschritt von FORTRAN lag gerade darin, daß die Programme unabhängig von einem bestimmten Rechensystem formuliert werden konnten, dessen optimale Ausnutzung man dem Compiler überließ.

Gelegentlich sind Äußerungen der Art zu hören, daß man eigentlich nicht an Parallelismus als solchem interessiert sei, sondern nur am Durchsatz. Dies ist umso verwunderlicher, als diese Äußerungen oft aus dem Bereich der numerischen Anwendungen kommen, wo die meisten Probleme ihrer Natur nach bereits parallel sind, jahrzehntelang aber sequentiell gelöst werden mußten, weil es keine andere Möglichkeit gab. Sinnvollerweise muß man wieder zum ursprünglichen Problem zurückkehren, wenn man die Frage beantworten will, welche strukturellen Merkmale eine Programmiersprache aufweisen muß, die parallele Algorithmen angemessen beschreiben kann. Die Struktur einer Aufgabenstellung und ihrer (parallelen) Lösung läßt sich durch die Granularität, die Struktur und den Kommunikationsmechanismus charakterisieren.

Die Granularität des Parallelismus in einer Lösung hängt vom Problem ab. Die gewählte Programmiersprache sollte die problemspezifische Granularität unterstützen. Man kann Parallelität auf der Ebene von Prozessen, Objekten, Anweisungen und einzelnen Operationen betrachten. Prozesse sind logische Universalprozessoren mit eigenem Zustand und eigenen Daten, die eine Teilaufgabe abarbeiten.[1] Objekte sind logische Spezialprozessoren, die ebenfalls einen Zustand und Daten besitzen und empfangene Aufträge in eigener Verantwortung ausführen. Parallele Anweisungen (Ausdrücke, Klauseln) sind sprachliche Formulierungen, die innerhalb eines sequentiellen Ablaufs

---

[1]Meist wird vorausgesetzt, daß die Prozesse selbst sequentiell arbeiten, aber es gibt auch hierarchisch aufgebaute Prozeßsysteme.

bestimmte, unterschiedliche Anweisungen als parallel ausführbar kennzeichnen. Schließlich beschreiben parallele Operationen die komponentenweise Anwendung einer Operation auf alle Elemente eines Datensatzes.

Unabhängig von der Granularität der parallelen Einheiten kann die Lösung eine statische oder eine dynamische Struktur besitzen. Im ersten Fall ist die Anzahl gleichzeitig ablaufender Aktivitäten fest und zu Beginn des Programmlaufes bekannt. Im zweiten Fall werden bei Bedarf während des Programmlaufs (u.U. abhängig von Zwischenergebnissen) neue Einheiten geschaffen und Einheiten, die ihre Aufgabe erfüllt haben, gelöscht. Soll eine Problemlösung mit dynamischer Struktur auf einem konkreten Rechensystem ausgeführt werden, so müssen einzelne Hardware-Komponenten ggf. mehrfach genutzt werden, und es ergeben sich Probleme der Reihenfolgeplanung und der Synchronisierung. Stellt bereits die Programmiersprache nur statische Strukturen zur Verfügung, so muß diese Transformation vom Programmierer realisiert werden; erlaubt sie dagegen dynamische Strukturen, kann ein großer Teil dieser Arbeit vom Übersetzer übernommen werden.

Die verschiedenen Aktivitätsträger müssen miteinander kommunizieren. Auch in diesem Punkt reagieren die Programmiersprachen auf unterschiedliche Lösungskonzepte. Auf der syntaktischen Ebene unterscheiden sie sich in der Art der Benennung des oder der Kommunikationspartner, auf der semantischen Ebene in der Frage, ob der sendende Prozeß auf eine vollständige Antwort oder nur auf eine Bestätigung wartet oder, ohne zu warten, gleich weiterarbeitet. Bei starren Strukturen ist die explizite Benennung des Kommunikationspartners möglich und i.a. auch ausreichend. Geht die Programmiersprache von gleichberechtigten Aktivitätsträgern aus, so müssen beide Seiten in den Kommunikationsanweisungen den Partner benennen. Liegt der Programmiersprache jedoch das Konzept vom Auftraggeber und Auftragnehmer zugrunde, so genügt es, daß der Auftraggeber den Auftragnehmer benennt. Ist die Prozeßstruktur veränderlich, können also Aktivitätsträger neu geschaffen oder beendet werden, so bietet es sich an, den Kommunikationspartner nur indirekt anzugeben. Dies kann durch Zeiger auf Prozesse oder durch die Bezeichnung von Kanälen geschehen. Welcher Prozeß am anderen Ende des Kanals tatsächlich als Partner wirkt, bleibt bei der Beschreibung des Prozesses offen. Im letzten Abschnitt dieses Kapitels werden wir mit LINDA ein Sprachkonzept vorstellen, bei dem die auszutauschenden Mitteilungen selbst eine Information enthalten, für wen sie interessant sind. Programmiersprachlich kann die Kommunikation zwischen verschiedenen Aktivitätsträgern aber auch ohne explizite Übergabeanweisungen beschrieben werden, nämlich durch den Zugriff auf gemeinsame Daten: Ein Aktivitätsträger kann die Werte lesen, die ein anderer abgelegt hat. Das Konzept sieht auf den ersten Blick einfach aus, weil es einen Mechanismus benutzt, der bereits seit den Anfängen der Programmierung bekannt ist, und ist beispielsweise beim kooperativen Aufbau zusammengesetzter Datenstrukturen nützlich. Es erfordert aber besondere Vorsichtsmaßnahmen zur Sicherung der Konsistenz dieser gemeinsamen Daten.

Zur Semantik einer Kommunikationsanweisung gehört die Frage, wann diese beendet ist und wann deshalb der Aktivitätsträger mit der Bearbeitung der nächsten Anweisung beginnen darf. Handelt es sich um eine Kommunikationsanweisung, die Daten „lesen" soll, so muß der Prozeß selbstverständlich warten, falls die gewünschten Daten noch nicht vorliegen. Will der Prozeß im Rahmen der Kommunikationsanweisung Daten an einen Partner übergeben, so kann prinzipiell weitergearbeitet werden (asynchrone Kommunikation); die Semantik der Programmiersprache kann aber auch vorsehen, daß der Prozeß warten muß, bis der Partner die Daten übernommen oder gar bearbeitet hat (synchrone Kommunikation).

In diesem Kapitel des vorliegenden Bandes konzentrieren wir uns ausschließlich auf die programmiersprachlichen Aspekte. Wir klammern daher alle Konzepte aus, die lediglich im Aufruf von Betriebssystemprimitiven bestehen, z.B. die Kommunikation durch Senden und Empfangen von Botschaften (Selbstverständlich kann in jeder traditionellen Programmiersprache, die die Unterprogrammtechnik kennt, der Zugriff auf die vom Betriebssystem bereitgestellten Dienste realisiert werden.). Wir behandeln im nächsten Abschnitt das Konzept der Datenparallelität. Danach wenden wir uns der Funktionsparallelität zu und widmen den drei Kommunikationskonzepten, die die Struktur einer Lösung bestimmen, jeweils einen Unterabschnitt; Programmiersprachen, die ihrem Wesen nach mehrere dieser Konzepte unterstützen, runden den Abschnitt ab. Der letzte Abschnitt ist innovativen Sprachkonzepten gewidmet, die die Parallelität in Zusammenhang mit der funktionalen, logischen und objektorientierten Programmierung sehen. Das bereits erwähnte LINDA-Konzept ist mit verschiedenen Sprachen kombinierbar. Jedes dieser Sprachkonzepte wird durch ein oder zwei typische Sprachen genauer erläutert.

11.2 Datenparallelität

It is amusing to observe the juxtaposition of the newest supercomputers with one of the oldest programming languages, especially when newer languages, such as PASCAL and C, can be implemented very efficiently, and when many newer languages have built-in constructs for parallelism and tasking.

A.I. Wasserman [108]

Parallelismus auf der Ebene einzelner Operationen bedeutet, daß jeweils eine Operation auf mehrere, eventuell alle Elemente eines Datensatzes gleichzeitig angewandt wird. Betrachtet man traditionelle, sequentielle Programme und die Sprachelemente, aus denen sie aufgebaut sind, so kommen für eine Parallelisierung auf dieser Ebene in erster Linie Schleifen in Frage, bei denen die einzelnen Durchläufe voneinander unabhängig sind: Die bei einem Schleifendurchgang berechneten Daten dürfen also nicht im nächsten Durchlauf weiterverarbeitet werden. Es gibt in der Mathematik zwei Datenstrukturen, auf denen Operationen dieser Art häufig auftreten: Die Vektoren und Matrizen (Vektoren von Vektoren) auf der einen und die Mengen auf der anderen Seite. Sehr viele Vektor- und Matrixoperationen der numerischen Mathematik erfüllen diese Voraussetzung der Datenunabhängigkeit, auch wenn sich durch den Einfluß der sequentiellen Programmierung für viele Algorithmen Varianten herausgebildet haben, bei denen diese Unabhängigkeit aus Optimierungsgründen nicht mehr gegeben ist. Im Bereich der nichtnumerischen Programmierung gilt gleiches für die Operationen auf Mengen. Hierzu ist allerdings die Anmerkung zu machen, daß die mengentheoretischen Operationen bei der Entwicklung höherer Programmiersprachen überwiegend recht stiefmütterlich behandelt wurden; der hohe Bedarf an Rechenleistung im Bereich numerischer Anwendungen hat dazu geführt, daß sich die Vektor- und Matrixoperationen größerer Aufmerksamkeit erfreuten.[2]

Die eigentlich problemorientierte Lösung ist eine Programmiersprache, die Vektor- und Matrixoperationen bzw. Mengenoperationen unmittelbar mit der in der Mathematik üblichen Semantik bereitstellt und es dem Compilerkonstrukteur und dessen Kenntnis der Hardwarestruktur überläßt, eine optimale Parallelisierung herauszufinden. Dieser Ansatz erlaubt als einziger die direkte Formalisierung auf der Problemebene und erhält außerdem

---

[2]Amerikanische Fachleute erwarten eine Verschiebung dieser Sicht, nachdem jetzt weltweit die Gelder für Rüstungsprojekte gekürzt werden.

die Portabilität zu den sequentiellen Rechnern, weil der Compiler die auf
hohem Niveau angegebenen Operationen durch optimale Algorithmen ersetzen kann, die der Anwender möglicherweise gar nicht beherrscht. Daß
diese Lösung in keiner verbreiteten Programmiersprache auftritt, liegt wohl
in erster Linie daran, daß die Denkgewohnheiten erheblich von der benutzten
Programmiersprache beeinflußt werden. Hierfür gibt es einen bemerkenswer-
ten Beleg in der Umfrage, über die *C. Wetherell* berichtet [111]. Die befragten Benutzer sprachen sich für eine elementweise Übertragung der skalaren
FORTRAN-Operationen auf Matrizen aus, was bekanntlich bei der Multiplikation nicht zu der mathematischen Interpretation führt. Bei Operationen,
zu denen es in der Basissprache keine Entsprechung gibt, bevorzugten sie
jedoch eine enge Anlehnung an die mathematische Interpretation.

Die Grundidee des Parallelismus von Vektor- und Array-Rechnern ist die
gleichzeitige Anwendung einer festen Operationsfolge auf Komponenten eines Vektors oder einer Matrix. Programmiersprachen, die für diese Rech-
nerfamilien als besonders geeignet angesehen werden, stellen deshalb diese
Datenstrukturen in den Vordergrund und erlauben eine „natürliche" Formulierung paralleler Operationen auf den Komponenten der Vektoren und
Matrizen. Diese Sprachen müssen Konstrukte

- zur Kennzeichnung der parallel bearbeitbaren Datenstrukturen,

- zur komponentenweisen Ausführung von Anweisungen,

- zur Kennzeichnung des maximalen Parallelitätsgrades,

- zur Kennzeichnung des tatsächlichen Parallelitätsgrades und

- zum Transport der Daten in den Speicher des jeweiligen Prozessors

bereitstellen.[3] Als Beispiel betrachten wir einen typischen Algorithmus aus
dem Anwendungsbereich der Numerik, nämlich die Multiplikation zweier
quadratischer Matrizen, und formulieren diesen in ACTUS II [80]:

```
        var
(1)        A,B,C: array [1:N,1:N] of REAL;
(2)        K: INTEGER;
        index
(3)        I,J: INTEGER;
        begin
            for  K := 1 to (N-1) do
```

---

[3]Die letzte Forderung ist typischerweise maschinenorientiert. Dem folgenden Beispiel
liegt die Struktur der SIMD-MC^2-Rechner zugrunde.

```
        begin
(4)         using I := (K+1):N, J := 1:N do A[I,J] := A[I, J rotate 1];
            using I := 1:N, J := (K+1):N do B[I,J] := B[I rotate 1, J]
        end;
(5)     using I := 1:N, J := 1:N do
        begin
            C[I,J] := 0;
            for K := 1 to N do
            begin
(6)             C[I,J] := C[I,J] + A[I,J] * B[I,J];
(7)             A[I,J] := A[I, J rotate 1];
(8)             B[I,J] := B[I rotate 1, J]
            end
        end
    end.
```

Die Syntax von ACTUS baut auf den Programmentwicklungsprinzipien auf, die sich bei PASCAL und seinen Nachfolgern bewährt haben. Dabei tritt die Parallelität als eine zweite Dimension des Programmablaufes neben die Sequentialität.

ACTUS kennzeichnet in der Deklaration von Vektoren und Matrizen die parallel verarbeitbaren Dimensionen durch Angabe eines Doppelpunktes zwischen unterer und oberer Grenze, während die sequentiell zu verarbeitenden — wie in der Basissprache PASCAL — durch zwei aufeinanderfolgende Punkte charakterisiert werden. In unserem Beispiel sind alle Komponenten der Matrizen A, B und C parallel verarbeitbar, also beide Dimensionen durch Doppelpunkt gekennzeichnet (1). Die eigentliche Berechnung ist in Zeile (6) beschrieben: Alle Komponenten $C[I, J]$ der Ergebnismatrix werden um den Wert $A[I, J] * B[I, J]$ erhöht. Daß diese Anweisung parallel auf allen Komponenten ausgeführt werden soll, erkennt man daran, daß auf die Komponenten der Matrizen nicht durch gewöhnliche ganzzahlige Werte zugegriffen wird, sondern mit Hilfe speziell deklarierter Indizes; in unserem Beispiel sind I und J solche Indizes (3). Ein Index beschreibt eine Menge von Werten, deren Umfang durch eine *using*-Konstruktion festgelegt wird (5). Der ausgezeichnete Indexbereich darf selbstverständlich den deklararierten maximalen Parallelitätsgrad nicht übersteigen. Er kann aber gegenüber der Deklaration eingeschränkt werden: In Zeile (4) werden nur diejenigen Elemente der Matrix betrachtet, deren erster Index größer als K ist. Die übrigen Komponenten bleiben unberührt. Während bei einer sequentiellen Berechnung des Produktes die eine Matrix zeilenweise, die andere spaltenweise durchlaufen wird, werden hier die Matrizen zyklisch durch die Speicher der Prozessoren geschoben (7, 8): die Matrix A zeilen-, die Matrix B spaltenweise. Die K-Schleife wiederholt diesen Vorgang (Rechnen und Verschieben) N-mal. Damit beim ersten Rechenschritt die zu multiplizierenden Komponenten im Speicher des gleichen Prozessors liegen, ist eine Vorbereitung nötig. Dabei müssen die unteren Zeilen weiter nach links geschoben werden als die oberen (4); entsprechendes gilt für die Spalten.

Die explizite Angabe des Parallelitätsgrades ist sowohl in der Indexdeklaration — dann für den gesamten Gültigkeitsbereich des Index — als auch für einzelne Anweisungen möglich. Daneben gibt es noch eine implizite, vom Rechenverlauf abhängige Festlegung des Parallelitätsgrades. Diese erreicht man durch Varianten der sequentiellen Ablaufstrukturen für Alternative (*if*) und Schleife (*while*). Erkennbar sind diese Varianten daran, daß die Abfrage parallel verarbeitbare Komponenten betrifft und auf diese mit parallelen Indizes zugegriffen wird. Der Rumpf einer solchen Ablaufstruktur wird dann parallel ausgeführt. Bei einem parallelen *if* erfolgt die Auswertung des *then*-Teiles genau für diejenigen Indizes, für die die Bedingung gilt; für die übrigen wird — ebenso parallel — der *else*-Teil ausgeführt.[4] Analog kann das parallele *while* interpretiert werden, wobei sich der Parallelitätsgrad mit jedem Schleifendurchlauf ändern darf. In dem Beispiel

```
using I := 1:N, J := 1:N do
    while abs(A[I,J] - B[I,J]) > ε do
    begin B[I,J] := A[I,J];
        A[I,J] := (A[I shift - 1, J] + A[I shift + 1, J]
            + A[I, J shift -1] + A[I, J shift + 1])/4
    end
```

werden neue Werte für die $A[I, J]$ errechnet, wobei in jedem Iterationsschritt nur diejenigen Komponenten neu berechnet werden, die noch nicht genau genug sind. Der Parallelitätsgrad wird sich also – bei Konvergenz des Verfahrens – schrittweise immer weiter verringern, bis schließlich keine Komponente mehr die Bedingung erfüllt und die Schleife somit endet.

Zur Anordnung von Daten im Zugriffsbereich eines Prozessors stehen die *rotate*- und die *shift*-Operation zur Verfügung. Sie verschieben alle Komponenten, die durch die aktiven Werte der Indizes ausgewählt sind, um eine bestimmte (für alle Komponenten gleiche) Distanz, die aber nicht unbedingt eine Compilezeit-Konstante sein muß. Dabei bedeuten positive Distanzen

---

[4]Bei SIMD-Rechnern: anschließend.

ein Verschieben nach „links", d.h. die Komponenten mit höheren Indizes werden dem Prozessor zur Verfügung gestellt, während negative Distanzen analog ein Verschieben nach „rechts" veranlassen (Im Gegensatz zu *shift* handelt es sich bei *rotate* um ein zyklisches Verschieben, wobei ausschließlich der aktive Indexbereich berücksichtigt wird, das heißt, daß die letzte *aktive* Komponente die erste aktive ersetzt bzw. umgekehrt.). Die inaktiven Komponenten haben mit dem Verschieben nichts zu tun.

Charakteristisch für die Mehrzahl der Sprachentwicklungen auf dem Gebiet der Datenparallelität ist die Maschinennähe. Praktisch jeder Rechner hat zu einer neuen Sprache geführt, wobei es sich in den meisten Fällen um Dialekte von FORTRAN handelt. Dabei bleibt die Struktur der Basissprache erhalten; zusätzliche Sprachelemente gestatten es, die maschinentypische Parallelität auszudrücken. Als Vorzug dieses Ansatzes gilt einmal die Möglichkeit, existierende FORTRAN-Programme unverändert weiterverwenden zu können; zum andern erlaubt die Maschinennähe eine einfache Erzeugung effizienter Zielprogramme. Die Anbindung an die Maschinenstruktur behindert aber andererseits die Portabilität, weil die Programmiersprache den Benutzer auf Formulierungen beschränkt, die mit der Architektur der konkreten Maschine verträglich sind. So erwartet beispielsweise CFD, daß die erste Dimension einer Matrix parallel verarbeitet wird und aus 64 Komponenten besteht [94]. Bei der Verwendung von IVTRAN kann der Benutzer eine beliebige Dimension für die parallele Verarbeitung auswählen, die dann aber ebenfalls 64 Komponenten umfassen muß [74]. DAP-FTN erlaubt — entsprechend der matrixartigen Anordnung der Prozessoren —, daß die beiden ersten Dimensionen parallel verarbeitet werden können, erwartet aber ebenfalls ein 64 × 64-Raster [52, Kap. 4]. Da diese Sprachen von einem Parallelitätsgrad von 64 ausgehen, muß der Benutzer sein Problem an den vorgegebenen Parallelitätsgrad anpassen. *Perrott* und *Stevenson* berichten, daß selbst erfahrene Programmierer dies als ein besonderes Problem empfinden, das die Programmierung unnötig kompliziert macht [81]. Die einfachste Lösung ist die fiktive Erhöhung des Parallelitätsgrades auf ein Vielfaches von 64, wodurch jedoch Effizienz verloren geht. Wenn schon die Festlegung des maximalen Parallelitätsgrades Aufwand erfordert, so wird dies bei wechselndem Parallelitätsgrad nicht leichter. Dann muß der Programmierer nämlich detailliert angeben, welche Komponenten in welchem Arbeitsschritt behandelt werden sollen. Hierzu muß er sogenannte Aktivitätsvektoren mit Nullen und Einsen besetzen.

Von einem konkreten Parallelitätsgrad unabhängig ist FORTRAN 90, aber auch diese Sprache verarbeitet Vektoren und Matrizen stets elementweise. *J. Reid* gibt einen Überblick über die Elemente dieser FORTRAN-Weiterentwicklung und berichtet insbesondere auch über die Schwierigkeiten bei dem Versuch, weitergehende Parallelitätskonzepte zu berücksichtigen [85]. *G.L. Steele jr.* beschreibt einen Ansatz, der über FORTRAN 90 hinausgeht und die dort verworfenen Sprachelemente einbezieht (High Performance Fortran, HPF) [93]. Mit FORTRAN D haben *Hiranandani et al.* eine Sprache vorgeschlagen, die sich an Vektorrechnern mit verteiltem Speicher orientiert [49]. In die Gruppe der maschinenabhängigen Sprachen gehört auch die auf ALGOL 60 basierende Sprache GLYPNIR, die aber nicht gewöhnliche Reihungen parallel verarbeitet, sondern für die Parallelverarbeitung einen speziellen Datentyp (*swords*) einführt [65]; somit muß man Daten doppelt speichern, auf die sowohl sequentiell als auch parallel zugegriffen werden soll, und hat das Problem konsistenter Aktualisierung. Wie dieses Beispiel zeigt, sind auch andere Programmiersprachen als FORTRAN erweitert worden: So beschreibt *M.E. Zosel* eine ALGOL-68-Erweiterung für den CDC STAR [116]. Ebenfalls an der ALGOL-Familie orientiert sind die Formulierungen, die *W.D. Hillis* und *G.L. Steele jr.* für die CONNECTION MACHINE verwenden [48]. Für diesen Rechner gibt es auch eine Erweiterung von C [100]. PASCAL wurde von *Reeves et al.* mit datenparallelen Reihungen ergänzt [84]. Eine Erweiterung von COBOL wurde von *H.K. Resnick* und *A.G. Larson* unter dem Namen DMAP vorgestellt [87].

Allen bisher erwähnten Ansätzen ist gemeinsam, daß sie von den Reihungen als der Datenstruktur ausgehen, die die parallel zu verarbeitenden Komponenten enthält.[5] In der Mathematik gibt es jedoch eine andere, ihrem Wesen nach parallele Datenstruktur: die Menge, deren Elemente üblicherweise als nichtgeordnet aufgefaßt werden. Dadurch sind die Operationen auf den einzelnen Elementen voneinander unabhängig und somit bereits definitionsgemäß parallel ausführbar. Allerdings ist die Menge als Basisdatenstruktur in den klassischen Programmiersprachen nie konsequent eingeführt worden. Programmiersprachen, die auf dem Mengenkonzept basieren, — wie beispielsweise SETL[6] — erlaubten auf dem von-Neumann-Rechner keine sehr

---

[5]Mit CEDAR-FORTRAN haben *Guzzi et al.* eine Variante vorgeschlagen, bei der die Do-Schleife als Basis der Parallelisierung genommen wird [42].

[6]Eine Zusammenstellung der Sprachelemente findet sich beispielsweise bei *Dewar et al.* [23]

effiziente Implementierung. Unter dem Namen CANTOR haben wir eine Erweiterung von MODULA-2 vorgeschlagen, die sich effizient implementieren läßt [92, 112]. Eine auf Mengen basierende Implementierung von PROLOG wurde von *Kacsuk* und *Bale* beschrieben [55]. Daß Mengen bzw. Multimengen einen natürlichen Zugang zur parallelen Programmierung ermöglichen, haben kürzlich auch *Banâtre* und *Le Métayer* demonstriert [9].

Ein anderer Ansatz, der erfolgversprechend ist, ist die Erweiterung funktionaler Programmiersprachen, da auch diese wegen ihrer Nebeneffektfreiheit der Erkennung parallel ausführbarer Operationen entgegenkommen. Während traditionelle Programmiersprachen die Anwendung einer Operation auf eine Menge von Daten iterativ beschreiben, bieten beispielsweise die Sprachen der LISP-Familie Funktionen höherer Ordnung an, die jeder für Elemente definierten Verknüpfung eine Verknüpfung von Elementsequenzen zuordnen wie beispielsweise die *map*-Funktion. Da die rein funktionale Programmierung keine Seiteneffekte kennt, enthält diese Konstruktion ein hohes Maß an feingranularer Parallelität, obwohl sie standardmäßig sequentiell interpretiert wird. Der Gedanke liegt nahe, entsprechende Funktionen höherer Ordnung mit paralleler Semantik zu definieren, die zu einer gegebenen elementweisen Verknüpfung eine Mengenverknüpfung im strengen Sinne (d.h. unabhängig von der Reihenfolge der Mengenelemente) konstruieren. *J. W. Backus* hat deshalb dem Datentyp Sequenz eine parallele Semantik gegeben [7]. *Marino* und *Guzzi* verwenden an Stelle der Sequenzen den 'Bag' [70]. *Freeman* und *Friedman* haben die Programmiersprache SCHEME in diesem Sinne erweitert [31].

An dieser Stelle sollte noch erwähnt werden, daß sich in den letzten Jahren der Datenparallelismus von den einzelnen Instruktionen zu Instruktionsfolgen hin verlagert hat. Eine Programmiersprache, die dies berücksichtigt, ist pC++ [34].

11.3   Funktionsparallelität

Funktionsparallelität bedeutet, daß verschiedene Funktionen nebenläufig ausgeführt werden. Auf der Ebene der höheren Programmiersprachen genügt prinzipiell eine Formulierung, die deutlich macht, daß einzelne Anweisungen oder Anweisungsgruppen nicht unbedingt nacheinander, sondern „gleichzeitig" ausgeführt werden dürfen. ALGOL 68 verwendet in diesem Fall das

Komma statt des Semikolons als Trennzeichen. Allerdings ist diese Lösung schon typographisch nicht sehr dokumentationsfreundlich. Deutlicher wird die Prozeßstruktur, wenn man die parallel ausführbaren Abschnitte durch spezielle Symbole klammert, beispielsweise durch *parbegin* und *parend*, oder durch Einrückung kennzeichnet. Wenn alle Einzeloperationen beendet sind, kann dahinter fortgesetzt werden. Programmiersprachen, die vom Modulkonzept her kommen, kennzeichnen bestimmte Moduln als Prozesse (*task*), die separat von anderen ablaufen können. In diesen Fällen wird die Nebenläufigkeit also nicht im Programmablauf, sondern im Deklarationsteil festgelegt. Bei dieser Lösung kann man noch einmal unterscheiden, ob jeder Deklaration genau eine Inkarnation entspricht, oder ob die Deklaration nur ein Muster darstellt, nach dem zur Laufzeit (beliebig viele) Exemplare geschaffen werden können.

Nebenläufige Prozesse, die nichts miteinander zu tun haben, werfen auch keine über die sequentielle Programmierung hinausgehenden Probleme auf. Erst wenn ihr Ablauf an bestimmten Stellen synchronisiert werden muß, ergibt sich die Notwendigkeit für programmiersprachliche Vorkehrungen. Dabei muß man beachten, daß sich der Begriff *Synchronisieren* auf zwei unterschiedliche, aber miteinander verwandte Aufgaben bezieht: der gegenseitige Ausschluß und die bedingte Synchronisation. Bei gegenseitigem Ausschluß müssen bestimmte Anweisungsfolgen in zwei Prozessen sequentialisiert werden; sie dürfen nicht „uberlappend" ausgeführt werden. Ein Prozeß darf nur dann seinen kritischen Abschnitt betreten, wenn sich kein anderer Prozeß in seinem kritischen Abschnitt befindet. Damit kann beispielsweise verhindert werden, daß gemeinsam benutzte Daten in inkonsistenter Weise verändert werden. Bei bedingter Synchronisation geht es darum, daß ein Prozeß ein Objekt referenzieren will, das sich im Augenblick in einem Zustand befindet, der die auszuführende Operation nicht zuläßt. Der Prozeß muß solange blockiert werden, bis eine Situation eintritt, die die auszuführende Operation wieder ermöglicht; diese Änderung kann nur von einem anderen Prozeß veranlaßt werden.[7] Das Standardbeispiel hierfür ist der Puffer, aus dem ein Prozeß nur lesen kann, wenn zuvor andere Prozesse Informationen hineingelegt haben. Trotz unterschiedlicher Zielsetzung von gegenseitigem Ausschluß und bedingter Synchronisation lassen sie sich programmiersprachlich einheitlich behandeln.

---

[7]Falls dieser seinerseits auf etwas warten muß, kann eine Verklemmung eintreten.

Wir behandeln in diesem Abschnitt drei Sprachkonzepte, wie man die Kommunikation — und damit auch die Synchronisation — zwischen Prozessen beschreiben kann: Kommunikation mittels Ein- und Ausgabeanweisungen, die sich auf Kommunikationskanäle beziehen, Kommunikation durch Lesen und Schreiben gemeinsam benutzter Datenbereiche und schließlich die Kommunikation über zwischengeschaltete Dienstleistungsprozesse. Wir lassen Konzepte weg, die programmiersprachlich lediglich Unterprogrammaufrufe von Betriebssystemdiensten sind.[8]

11.3.1   Kommunikation über Kanäle

> *Input, output, and concurrency should be regarded as primitives of programming.*
>
> *C.A.R. Hoare [51]*

Bei der Programmierung sequentieller Algorithmen hat sich schon früh die Erkenntnis durchgesetzt, daß Programme leichter durchschaubar und damit auch leichter beherrschbar sind, wenn man bei der Programmentwicklung neben der Hintereinanderausführung nur Schleifen und Alternativen mit einem Ein- und einem Ausgang verwendet. Ein ähnlich einfaches Konzept zur Entwicklung paralleler Programme hat *C.A.R. Hoare* unter dem Namen CSP (Communicating Sequential Processes) vorgestellt [51]. Ein CSP-Prozeßsystem entsteht dadurch, daß eine beliebige Ansammlung von Anweisungen als parallel ausführbar gekennzeichnet wird. Bei Erreichen dieser Ansammlung kann mit jedem ihrer Elemente begonnen werden; die Ansammlung als Ganzes ist beendet, wenn alle in ihr enthaltenen Anweisungen beendet sind. Prinzipiell kann bereits eine einzelne Anweisung Element einer solchen Ansammlung und somit ein Prozeß sein, aber auch jede zusammengesetzte Anweisungsstruktur ist zulässig. Die Anzahl der Prozesse und die Verbindungen zwischen ihnen liegen zur Übersetzungszeit fest. Sie kommunizieren untereinander durch Ein- und Ausgabeanweisungen, wobei sowohl der sendende als auch der empfangende Prozeß den jeweiligen Partner explizit benennen muß. Die Daten können nur übertragen werden, wenn beide Partner korrespondierende E-/A-Anweisungen erreicht haben (synchrone Kommunikation). Nichtdeterministisches Verhalten des Prozeßsystems

---

[8]Deshalb taucht das Botschaftenkonzept nicht als solches auf, sondern nur im Kontext des Rendez-vous.

kann durch selektives Warten auf eine von mehreren möglichen Kommunikationsoperationen erreicht werden. Programmiersprachlich liegt diesem Nichtdeterminismus das Konzept der dijkstraschen Wächter zugrunde [26]. CSP hat als Konzept eine Reihe anderer Sprachentwicklungen beeinflußt, darunter insbesondere OCCAM. Neben dieser Sprache betrachten wir DNP als Beispiel einer Sprache mit dynamischer Kreierung von Prozessen.

OCCAM wurde erstmals 1983 von *D. May* beschrieben [73]. Seine Verfügbarkeit für die Transputer-Netze verhalf dieser Programmiersprache zu einer weiten Verbreitung. Erfahrungen mit ihr konnten auf unterschiedlichen Anwendungsgebieten gesammelt werden: Sie eignet sich zur Programmierung integrierter Steuerungen mit Parallelität auf der Ebene einzelner Anweisungen ebenso wie für naturwissenschaftliche Berechnungen, wo umfangreiche Teilalgorithmen parallel ablaufen. Das von *Bal et al.* [8] kritisierte Fehlen eines Typkonzeptes wurde mit der Entwicklung von OCCAM-2 behoben. Nach wie vor fehlt aber ein Modulkonzept. Einen Überblick über OCCAM-2 gibt *R. Wayman*, dessen Arbeit auch folgendes Beispiel entnommen ist, das die Struktur eines Graphiksystems beschreibt und in dem fünf numerische Algorithmen parallel ablaufen (PAR) [109]:

```
SEQ
    initialize.database
    WHILE going
        SEQ
            PAR
                view(database, viewpoint, view.out)
                clip(view.out, clip.out)
                perspective(clip.out, persp.out)
                hidden.surface(persp.out, surface.out)
                display(surface.out, screen)
            update.database
```

Die Struktur eines OCCAM-Programms ist zunächst durch die sequentiellen Ablaufelemente Alternative (IF, CASE), iterative Schleife (WHILE) und induktive Schleife (replicated SEQ) gegeben; hinzu kommt die PAR-Konstruktion zur Beschreibung der Nebenläufigkeit. Die Einrückungen sind übrigens syntaktisch relevant und charakterisieren den Gültigkeitsbereich der Ablaufangaben.[9] Die Schleife enthält also fünf asynchron ablaufende Prozesse, die sich als Ganzes mit der Aktualisierung der Datenbasis abwechseln.

---

[9]Es entfallen also die in anderen Sprachen erforderlichen begin-end-Paare.

Die Kommunikation zwischen Prozessen ist synchron und erfolgt über Kanäle, die in diesem Beispiel mit *.out* gekennzeichnet sind. Die fünf Prozesse arbeiten also nach dem Fließbandprinzip: Sobald ein Prozeß Ergebnisse erarbeitet hat, gibt er sie an den „nachfolgenden" weiter, der sie seinerseits in seine Berechnungen einfließen läßt. Dabei muß derjenige Prozeß, der zuerst die entsprechende Ein- bzw. Ausgabeanweisung erreicht, auf den anderen warten. Was für Daten übergeben werden, wird bei der Deklaration der Kanäle in einem „Protokoll" festgelegt: das ist ein Datentyp, der die Struktur der übertragenen Objekte beschreibt, so daß auch zusammengesetzte Objekte in einem einzigen Kommunikationsschritt von einem Prozeß zum nächsten weitergegeben werden können.

Als zweites Beispiel betrachten wir die fünf Philosophen, die abwechselnd denken und essen, wozu sie zwei Gabeln benötigen. Zwischen je zwei Philosophen liegt aber jeweils nur eine Gabel, so daß benachbarte Philosophen nicht gleichzeitig essen können:[10]

```
PROC phil(CHAN OF BYTE pickleft, putleft, pickright, putright)
  WHILE TRUE
    SEQ
      think()
      pickleft ! anychar
      pickright ! anychar
      eat()
      putleft ! anychar
      putright ! anychar
```

Dieser Prozeß läuft sequentiell ab: Nach Unterbrechen des Denkens fordert der Philosoph durch Ausgabe eines beliebigen Zeichens auf den Kanal *pickleft* die linke, danach analog die rechte Gabel an. Nach dem Essen signalisiert er über den Kanal *putleft*, daß die links von ihm liegende Gabel wieder frei ist.[11] Entsprechendes geschieht rechts.

Die Verwaltung einer Gabel verläuft dagegen nichtdeterministisch. Ein solches Verhalten kann in OCCAM durch die ALT-Konstruktion erreicht werden. Bei dieser Form der Alternative wird jeder Zweig mit einer Eingabeanweisung der Form *Kanal ? Variable* als „Wächter" versehen. Eine Alternative kann nur ausgeführt werden, wenn der Prozeß „am anderen Ende" des

---

[10] Es handelt sich um eine Modifikation der von *Hoare* angegebenen Fassung [51].

[11] Man kommt auch mit einem Kanal aus, wodurch das Programm allerdings weniger gut lesbar wird.

Kanals seine Ausgabeanweisung erreicht hat. Sind innerhalb einer ALT-Konstruktion mehrere Zweige möglich, so wird einer davon nichtdeterministisch
ausgewählt.[12]

```
PROC fork(CHAN OF BYTE pickright, putright, pickleft, putleft)
    WHILE TRUE
        ALT
            pickright ? anychar
            putright ? anychar
            pickleft ? anychar
            putleft ? anychar
```

Der Gabelprozeß wartet also auf eine Eingabe entweder vom linken Nachbarn oder vom rechten. Kommt zuerst die Anforderung *pickright* vom linken
Nachbarn, so wird die erste der beiden Alternativen ausgewählt, d.h. die be-
wachende Eingabeanweisung kann ausgeführt werden. In dieser Alternative
wartet der Prozeß dann, bis auf dem Kanal *putright* eine Eingabeanweisung
ausgeführt werden kann, der links von der Gabel sitzende Philosoph also die
entsprechende Ausgabeanweisung erreicht. Anschließend ist der Gabelprozeß wieder für beide Alternativen offen.

Für das „Hauptprogramm" nehmen wir an, daß der i-te Philosoph mit seiner
linken Gabel durch das i-te Kanalpaar, mit der rechten durch das $(i + 1)$-te
verbunden ist, wobei modulo der Anzahl der Philosophen gezählt wird:

```
[5] CHAN OF BYTE pickright, putright, pickleft, putleft:
INT i, j, k:
PAR i = 0 FOR 4
    SEQ
        j := i+1 REM 5
        k := i+4 REM 5
        PAR
            phil(pickleft(i), putleft(i), pickright(j), putright(j))
            fork(pickright(k), putright(k), pickleft(i), putleft(i))
```

Das innere PAR besagt, daß der i-te Philosophenprozeß und der i-te Gabelprozeß parallel ablaufen. Das äußere PAR legt dies für die verschiedenen
Indizes fest. Am Anfang wird für jeden der Indizes von 0 bis 4 ein Quadru-

---

[12]Dabei handelt es sich nicht um eine zufällige Auswahl, und auch die Fairneß ist nicht
von OCCAM her garantiert. Dem Programmierer steht zur Realisierung fairer Algorithmen
die Möglichkeit offen, die Wächter durch boolesche Ausdrücke zu ergänzen.

pel von Kanälen deklariert, das jeweils einen Philosophen mit den von ihm benötigten Gabeln verbindet.[13]

Die Prozeßstruktur von OCCAM ist sehr flexibel. Auf der einen Seite kann jede einzelne Operation als Prozeß aufgefaßt werden, andererseits können ganze Prozeduren in PAR-Anweisungen auftreten. Mehrfache Referenzierung einer Prozedurbezeichnung führt dabei zu unterschiedlichen Exemplaren; eine andere Möglichkeit zur Schaffung mehrerer gleichartiger Prozesse ist das Bilden einer Reihung. Allerdings gibt es einige Einschränkungen: So dürfen die Prozeduren nicht rekursiv sein und auch weder als Parameter anderer Prozeduren noch in Kommunikationsanweisungen auftreten.

OCCAM und das ihm zugrundeliegende CSP gehen von einer statischen, d.h. zur Übersetzungszeit festliegenden Prozeßstruktur aus. Wir wollen nun ein Beispiel betrachten, dessen probleminhärente Parallelität von der Anzahl der Eingabedaten abhängt. Solche Beispiele lassen sich wesentlich einfacher in Sprachen beschreiben, die eine dynamische Prozeßstruktur zulassen.[14] Ein dafür geeignetes Sprachkonzept wurde bereits 1974 von *G. Kahn* vorgestellt (DNP) [57, 58]. Wir erläutern es an einem parallelen Sortierverfahren, das eine nicht a priori bekannte Anzahl von nichtnegativen Zahlen aufsteigend sortiert, und verwenden hierfür die Schreibweise von *A. de Bruin* und *W. Böhm* [22]:

```
sort(unsorted, subsequence; sorted, irrelevant) ←
begin read(x, unsorted);
    if x ≥ 0 then
        expand [ sort(unsorted, subsequence1; sorted, irrelevant1)
            ‖ keep sort(irrelevant1, subsequence; subsequence1, irrelevant)
        ];
        read(y, subsequence);
        while (y ≥ 0 ∧ y ≤ x)
        do write(y, sorted);
            read(y, subsequence)
        od;
        write(x, sorted)
    else read(y, subsequence)
    fi;
```

---

[13]Die Richtungen sind aus der Sicht des Philosophen angegeben, weswegen die Indizes in der letzten Programmzeile vertauscht erscheinen.

[14]Andernfalls muß man eine feste, im allgemeinen zu große obere Grenze festlegen. Vgl. das Primzahlprogramm bei *Hoare* [51].

```
    while y ≥ 0
    do write(y, sorted);
        read(y, subsequence)
    od;
    write(-1, sorted)
end,

bottom(irrelevant; subsequence) ←
begin write(-1, subsequence)
end,

main(unsorted, sorted) ←
begin
    expand [ sort(unsorted, subsequence; sorted, irrelevant)
        || bottom(empty; subsequence)
    ]
end
:
main(in; out)
```

Die Sortierung läuft folgendermaßen ab: Jeder Sortierprozeß *sort* verfügt über zwei Ein- und zwei Ausgabekanäle, auf die er mit *read* bzw. *write* zugreifen kann und die in der Deklaration durch Semikolon voneinander getrennt sind. Von dem Eingabekanal *unsorted* liest er eine Zahl und über den Kanal *subsequence* erhält er (von der anderen Seite) eine sortierte Teilfolge, die er an *sorted* weiterreicht und in die er den anfangs gelesenen Wert an der richtigen Stelle einfügt. Zur Bearbeitung weiterer Eingabewerte kreiert er zwischen dem Eingabekanal und sich selbst ein neues Exemplar von *sort*, während er selbst fortgesetzt wird (*keep sort*). Die *expand*-Anweisung muß dabei auch die Kommunikationsstruktur aktualisieren: Der bisherige Eingabekanal *unsorted* und der bisherige Ausgabekanal *sorted* sind nun mit dem vorgeschalteten Prozeß verbunden. Um die sortierte Teilfolge an diesen weiterzugeben, wird ein Kanal *subsequence1* als Ausgabekanal eingefügt, der für den neuen Prozeß Eingabekanal ist. In der umgekehrten Richtung werden die beiden Prozesse durch einen Kanal verbunden, über den keine Daten fließen.[15] Der Randprozeß *bottom* sendet die „leere" sortierte Teilfolge, bestehend nur aus -1.

Wie bereits erwähnt, hat CSP eine große Zahl weiterer Sprachentwicklungen angeregt. So behandeln beispielsweise *Kieburtz* und *Silberschatz* eine Verall-

---

[15]Dieser ist syntaktisch notwendig, weil *sort* mit zwei Eingabekanälen definiert ist.

gemeinerung der Alternativenkonstruktion [62], und *Strom* und *Yemini* haben unter dem Namen NIL eine Sprache mit asynchroner Kommunikation entwickelt [95]. Ein Konzept, um über solche Kommunikationsmechanismen abstrakt sprechen zu können und damit der formalen Verifizierbarkeit näher zu kommen, haben *Francez et al.* vorgeschlagen [30]. Theoretisch sauber fundierte Sprachstrukturen zur Beschreibung von dynamischen Prozeßsystemen wurden auch von der *Milner*-Schule vorgelegt. In diesem Zusammenhang sind CCS und der π-Kalkül zu erwähnen [75, 106].

11.3.2   Kommunikation über gemeinsame Datenbereiche

> *A primary aim of an operating system is to share a computer installation among many programs.*
>
> C.A.R. Hoare [50]

Wie bereits in der Einleitung erwähnt, ist die kooperative Bearbeitung von Datenstrukturen ein naheliegender Strukturierungsgedanke bei der Konstruktion parallel arbeitender Lösungen. Dem entspricht programmiersprachlich der lesende und schreibende Zugriff auf Daten, die allen beteiligten Prozessen bekannt sind. Wir betrachten auch hier das Beispiel des Puffers. Greifen die verschiedenen Prozesse unmittelbar auf dessen Daten zu, so führt dies zu Synchronisationsproblemen. Auf elementarer Ebene lassen sich diese durch Semaphor-Variable behandeln; eine Beispielsprache für diese Vorgehensweise ist PEARL. Geht man dagegen von den Prinzipien der Datenabstraktion aus, d.h. die zugreifenden Prozesse wissen nicht, wie der Puffer im Detail implementiert ist und greifen nur über spezielle Routinen auf die Daten des Puffers zu, so gelangt man zum Monitorkonzept, wie es beispielsweise von CHILL bereitgestellt wird.

Die Synchronisation der Zugriffe auf gemeinsam benutzte Daten mit Hilfe der Semaphorvariablen geht auf *Dijkstra* zurück [24]. Auf diesen Variablen sind nur zwei Operationen definiert: das Prüfen und das Freigeben.[16] Die binäre Semaphorvariable kann nur die Werte 0 und 1 annehmen; mit ihr läßt sich in einfacher Weise der gegenseitige Ausschluß realisieren: 0 bedeutet, daß sich bereits ein Prozeß den Zugriff zu den Daten gesichert hat, während der Wert 1 signalisiert, daß die Daten frei sind. Der allgemeinen

---

[16]Entsprechend der holländischen Schreibweise werden sie in theoretischen Arbeiten meist mit P und V abgekürzt.

Semaphorvariablen steht dagegen der gesamte Bereich der nichtnegativen ganzen Zahlen offen; wir werden am Beispiel der Pufferverwaltung sehen, daß sich damit in „natürlicher" Weise die bedingte Synchronisation formulieren läßt. Führt ein Prozeß die P-Operation aus, so wird geprüft, ob die Variable positiv ist. In diesem Fall wird sie um 1 erniedrigt, und der Prozeß kann fortgesetzt werden (Test und Erniedrigen müssen als unteilbare Einheit ausgeführt werden.[17]). Ist sie dagegen 0, wird der Prozeß blockiert. Die V-Operation prüft, ob es blockierte Prozesse gibt, die auf das Freiwerden dieser Semaphorvariablen warten. Ist dem so, wird einer der Prozesse deblockiert. Wartet kein Prozeß, so wird die Semaphorvariable um 1 erhöht.

Die Programmiersprache PEARL stellt die Semaphorvariablen als Sprachelement bereit [32]. Die P-Operation wird dabei durch *request* und die V-Operation durch *release* bezeichnet:

```
DECLARE
    puffer(1:groesse) CHARACTER,
    pufferzugriff SEMA PRESET (1),
    leer SEMA PRESET (groesse),
    voll SEMA PRESET (0),
    (z_ein, z_aus) FIXED INIT (0,0);
anfuege:
    PROCEDURE (e CHARACTER) REENT;
        REQUEST leer;
        REQUEST pufferzugriff;
            puffer(z_ein) := e;
            z_ein := REM(z_ein, groesse) + 1;
        RELEASE pufferzugriff;
        RELEASE voll;
    END;
entnimm:
    PROCEDURE RETURNS CHARACTER REENT;
        DECLARE v CHARACTER;
        REQUEST voll;
        REQUEST pufferzugriff;
            v := puffer(z_aus);
            z_aus := REM(z_aus, groesse) + 1;
        RELEASE pufferzugriff;
        RELEASE leer;
        RETURN (v);
    END;
```

---

[17]Die Implementierung ist ohne Hardware-Unterstützung schwierig.

Ruft ein Auftraggeber die Prozedur *anfuege* auf, so wird zuerst mit Hilfe der Semaphorvariable *leer* geprüft, ob noch Plätze im Puffer frei sind. Diese Variable wurde mit der Anzahl der Pufferplätze initialisiert und gibt somit stets die Zahl der verfügbaren Plätze an. Ist kein Platz frei, wird der aufrufende Prozeß blockiert (bedingte Synchronisation). Andernfalls muß getestet werden, ob ein anderer Prozeß mit den Pufferdaten beschäftigt ist (*request pufferzugriff*). Wenn dies nicht der Fall ist, kann er ein Element eintragen und den Index aktualisieren. Danach gibt er den Puffer wieder frei und erhöht die Semaphorvariable *voll*, die die Anzahl der belegten Speicherplätze zählt, so daß ein eventuell mit *request voll* wartender Prozeß nunmehr weiterarbeiten kann.

Man beachte die Reihenfolge der *request*-Anweisungen: Ein Prozeß muß zuerst erfragen, ob die von ihm gewünschte Operation auf Grund des aktuellen Pufferzustandes überhaupt möglich ist. Erst anschließend kann er sich um das Zugriffsrecht bemühen. Die umgekehrte Reihenfolge würde zu einer Systemverklemmung führen: Würde sich ein Prozeß zuerst den (exklusiven) Pufferzugriff sichern und dann erst feststellen, daß die gewünschte Operation nicht möglich ist, so könnte kein anderer Prozeß den Zustand des Puffers ändern.

Auf höherem Niveau lassen sich gemeinsam benutzte Daten mit Hilfe des Monitorkonzeptes verwalten. Ein Monitor ist eine abgeschlossene Einheit, die die gemeinsam benutzten Daten intern verwaltet und nach außen Prozeduren bereitstellt, mit denen die auftraggebenden Prozesse diese Daten manipulieren können. Sobald ein Prozeß eine Monitorprozedur aufgerufen hat, kann kein anderer Prozeß eine Prozedur dieses Monitors aufrufen. Die Operationen laufen also unter gegenseitigem Ausschluß ab. Die bedingte Synchronisation wird durch monitorinterne Bedingungsvariablen realisiert. Sobald ein Prozeß bei der Ausführung einer Monitorprozedur auf eine nichterfüllte Bedingung läuft, wird er blockiert, bis ein anderer Prozeß das Erfülltsein der Bedingung signalisiert. (Während er blockiert ist, gibt er den Monitor für andere Prozesse frei.)

Das Monitorkonzept geht auf *Dijkstra* zurück [25]. Wesentliche Beiträge wurden auch von *Hoare* [50] und *Brinch Hansen* geleistet, der es für seinen Sprachentwurf CONCURRENT PASCAL verwandte [15]. Eine weitere Programmiersprache, die Prozesse über dieses Konzept synchronisiert, ist CHILL [89]. Wir betrachten auch hier den Puffer, obwohl dieser in CHILL als

Sprachelement standardmäßig definiert ist und somit gar nicht programmiert werden muß:

```
pufferverwalter: REGION
        GRANT anfuege, entnimm;
        SEIZE element, groesse;
        DCL puffer ARRAY (1:groesse) element,
            nichtvoll, nichtleer EVENT,
            anzahl INT INIT := 0,
            z_ein, z_aus INT INIT := 1;
        anfuege: PROC (e element);
            IF anzahl = groesse THEN DELAY (nichtvoll) FI;
            puffer(z_ein) := e;
            z_ein := (z_ein MOD groesse) + 1;
            anzahl := anzahl + 1;
            CONTINUE (nichtleer);18
        END anfuege;
        entnimm: PROC (LOC v element);
            IF anzahl = 0 THEN DELAY (nichtleer) FI;
            v := puffer(z_aus);
            z_aus := (z_aus MOD groesse) + 1;
            anzahl := anzahl -1;
            CONTINUE (nichtvoll);
        END entnimm;
END pufferverwalter;
```

In CHILL wird der Monitor durch das Symbol *region* gekennzeichnet. Zur bedingten Synchronisation dienen die EVENT-Variablen. Will ein Prozeß etwas in einen vollen Puffer eintragen, so wird er verzögert (*delay*), bis das Ereignis *nichtvoll* eintritt. Dies geschieht stets am Ende einer Entnahme-Operation (CONTINUE). Im Kopf einer REGION-Deklaration wird festgelegt, welche Objekte nach außen bekannt sein sollen (GRANT) und welche von außen importiert werden (SEIZE). Alle anderen sind lokal.

11.3.3   Kommunikation über Dienstleistungsprozesse

> *Ich gäb was drum, wenn ich nur wüßt,*
> *Wer heut der Herr gewesen ist!*
>
> *J.W. v. Goethe, Faust I, Szene VIII*

---

[18]Wartet kein Prozeß auf dieses Signal, so hat die Anweisung keine Wirkung.

Bei den Sprachen, die auf dem Monitorkonzept beruhen, kommunizieren die Prozesse, die die eigentliche Aufgabe lösen, über „passive" Moduln: Der Monitor stellt Operationen bereit, die als Prozeduren der aufrufenden Prozesse ablaufen. Eine andere Lösung finden wir beispielsweise in ADA[117]: Die Kommunikation zwischen den Anwendungsprozessen geschieht über eigenständige Dienstleistungsprozesse. Diese nehmen Aufträge der Anwendungsprozesse entgegen und führen sie so aus, daß die „gemeinsam benutzten" Daten stets in einem konsistenten Zustand sind. In der Sprachdefinition wird natürlich nicht zwischen Anwendungs- und Dienstleistungsprozessen unterschieden; sie stehen vielmehr scheinbar gleichberechtigt nebeneinander. Die Gleichberechtigung endet aber bei der Kommunikation. Das bevorzugte Konzept von ADA zur Kommunikation ist nämlich ein unsymmetrischer Rendezvous-Mechanismus: Ein Prozeß stellt Eingänge bereit, die von anderen Prozessen aufgerufen werden können. Diese Aufrufe entsprechen syntaktisch gewöhnlichen Prozeduraufrufen, wobei über die Parameter Daten in beiden Richtungen ausgetauscht werden können:

> pufferverwaltung.anfuege(etwas);

Die Unsymmetrie liegt darin, daß der Auftraggeber den Auftragnehmer — in diesem Fall die Pufferverwaltung — explizit benennen muß, diese den Auftraggeber jedoch nicht kennt.

Bei ADA zerfällt die Deklaration eines Prozesses in eine Schnittstellen- und eine Ablaufbeschreibung, die nicht unbedingt textuell benachbart sein müssen. Die Schnittstellenbeschreibung spezifiziert die nach außen bekannten Angaben, insbesondere also die Kommunikationspunkte und Kommunikationsprotokolle, aber auch andere Angaben wie Konstanten oder spezielle Datentypen.[19] Die Schnittstelle der Pufferverwaltung könnte folgendermaßen aussehen:

> **task** pufferverwaltung **is**
>   **entry** anfuege(e: **in** element);
>   **entry** entnimm(v: **out** element);
> **end**;

Was algorithmisch in dem Prozeß geschehen soll, wird durch die Ablaufbeschreibung konkretisiert; ihre Einzelheiten sind nach außen verborgen,

---

[19]Daß auch die Angabe von Variablen erlaubt ist, ist unschön, weil diese Möglichkeit dem Synchronisationskonzept der Sprache eigentlich widerspricht und unsichere Programme erlaubt.

dürfen also von anderen Prozessen nicht benutzt werden. Dies gilt insbesondere für die im Innern deklarierten Objekte.[20] Im Beispiel der Pufferverwaltung könnte die Ablaufbeschreibung folgendermaßen aussehen:

```
task body pufferverwaltung is
    groesse:        constant integer := 10;
    puffer:         array (1..groesse) of element;
    z_ein, z_aus:   integer range 1..groesse := 1;
    anzahl:         integer range 0..groesse := 0;
begin
    loop
        select
            when anzahl < groesse =>
                accept anfuege(e: in element) do
                    puffer(z_ein) := e;
                end;
                z_ein := (z_ein mod groesse) + 1;
                anzahl := anzahl + 1;
        or
            when anzahl > 0 =>
                accept entnimm(v: out element) do
                    v := puffer(z_aus);
                end;
                z_aus := (z_aus mod groesse) + 1;
                anzahl := anzahl - 1;
        end select;
    end loop;
end pufferverwaltung;
```

Die Ablaufbeschreibung eines Prozesses bestimmt, an welchen Stellen Kommunikation mit anderen Prozessen stattfinden soll. Insbesondere legt der Auftragnehmerprozeß fest, an welcher Stelle seines Ablaufs er bereit ist, einen Auftrag entgegenzunehmen (*accept*). Liegt von keinem anderen Prozeß ein Auftrag für den Eingang vor, den der Prozeß erreicht hat, so muß er warten. Andererseits muß auch der Auftraggeber bei Aufruf eines Eingangs warten, bis der Auftragnehmer den Auftrag akzeptiert (Existieren mehrere Aufträge für den erreichten Eingang, so werden sie nach der FIFO-Strategie bedient.). Man beachte, daß die Synchronisation der beteiligten Prozesse lediglich für die Dauer der Datenübergabe erforderlich ist. Im Programm-

---

[20]Bei diesen Objekten darf es sich wiederum um Prozesse handeln, so daß hierarchisch aufgebaute Prozeßsysteme möglich sind, deren innere Struktur anderen Prozessen nicht bekannt ist.

text wird dieser Bereich durch das Symbolpaar *accept* und *end* geklammert. Zwar hat der Pufferverwalter anschließend noch Tätigkeiten zu absolvieren, die für die Konsistenz der von ihm verwalteten Daten erforderlich sind, aber der Auftraggeber braucht die Beendigung dieser Arbeiten nicht abzuwarten; er kann bereits weiterarbeiten.

Nichtdeterminismus entsteht auch in dieser Sprache dadurch, daß ein Prozeß selektiv auf Aufträge warten kann, die unterschiedliche Eingänge ansprechen; liegen für mehrere von diesen Eingängen Aufträge vor, wird einer von ihnen ausgewählt.[21] Im Beispiel gilt dies für das Anfügen an den Puffer und das Entnehmen aus ihm; normalerweise ist es gleichgültig, welche dieser Operationen als nächste an die Reihe kommt. In einzelnen Fällen ist es allerdings nötig, Aufträge zurückzustellen: Wenn beispielsweise der Puffer voll ist, kann die Operation *anfuegen* nicht mehr akzeptiert werden. Diese bedingte Synchronisation kann in ADA dadurch realisiert werden, daß die Eingänge mit Wächtern (*when*) versehen werden, die boolesche Ausdrücke abfragen. Im Beispiel wird der Eingang *anfuegen* durch eine Bedingung bewacht, die ihn nur freigibt, wenn die Anzahl der gespeicherten Elemente kleiner ist als die Puffergröße.[22]

Benötigt man mehrere Exemplare eines bestimmten Prozeßtyps, so kann man die Schnittstellenbeschreibung als Typdeklaration (*task type*) kennzeichnen. Dann kann man beispielsweise statisch (durch eine Deklaration) eine Reihung von gleichartigen Prozessen oder dynamisch (mit Hilfe der Kreierungsanweisung) eine verkettete Liste von Prozessen konstruieren. Im zweiten Fall kann auf die einzelnen Exemplare durch Zeiger Bezug genommen werden. Allerdings ist es nicht möglich, neugeschaffenen Exemplaren Parameter mitzugeben.

Eine Programmiersprache, die mit einem so allumfassenden Anspruch entwickelt wurde wie ADA, wird natürlich vielfältiger Kritik ausgesetzt. Es würde zu weit führen, hier alle einschlägigen Arbeiten aufzuzählen. Erwähnt sei nur, daß sich *Liskov et al.* mit den Implikationen befaßt haben, die aus

---

[21] Auch in diesem Punkt ist das Konzept asymmetrisch, da es einem Auftraggeber nicht möglich ist, Aufträge selektiv abzusetzen.

[22] Ein anderer Gesichtspunkt in ADA, der bei der Realisierung paralleler Algorithmen eine wichtige Rolle spielen kann, auf den hier aber nicht eingegangen wird, ist die Ausnahmefallbehandlung. Eine umfassende Darstellung der Ausnahmefallbehandlung findet sich bei [27].

der Kombination von statischer Prozeßstruktur und synchroner Kommunikation herrühren [67].

CONCURRENT C, von *Gehani* und *Roome* entwickelt [35], basiert auf dem gleichen Konzept, vermeidet aber einige der Kritikpunkte.[23] So sind Prozesse Objekte, die Variablen zugewiesen werden können; über diese kann der Prozeß erreicht werden. Außerdem dürfen einem Prozeß bei der Kreierung Parameter übergeben werden. Auch bei der Auswahl zwischen den anstehenden Transaktionen auf der Seite des Auftragnehmers stellt die Sprache mehr Möglichkeiten bereit als ADA. Zusätzlich zu den üblichen Wächtern können die *accept*-Anweisungen mit booleschen oder arithmetischen Ausdrücken versehen werden, die die Parameter der Transaktion enthalten. Auf diese Weise kann die Bedienung ausstehender Transaktionen von deren Parametern abhängig gemacht werden: Ein boolescher Ausdruck muß erfüllt sein, ein arithmetischer wird als Priorität interpretiert. Beispielsweise kann eine Ressourcenverwaltung sich auf diejenigen Anforderungen beschränken, die sich auf freie Ressourcen beziehen und die übrigen Anforderungen sofort blockieren:[24]

```
select
{
    accept get_resource(id) suchthat (isfree(id))
        { xid = id; }
    lock(xid);
or
    accept release_resource(id);
        { xid = id; }
    unlock(xid);
}
```

Ursprünglich war das Rendezvous-Konzept von CONCURRENT C — wie das von ADA — synchron konzipiert, später wurde die asynchrone Kommunikation als Alternative zusätzlich eingeführt [36].

Auf der Seite des Auftraggebers wird beim Rendezvous-Konzept der Auftrag syntaktisch wie ein Prozeduraufruf formuliert. Der Auftragnehmer ist ein Prozeß, der an einer geeigneten Stelle seines eigenen Ablaufs diesen Auftrag

---

[23] *Tsujino et al.* haben unter dem gleichen Namen einen anderen Sprachentwurf vorgelegt, der sowohl das Rendezvous-Konzept als auch das Monitor-Konzept bereitstellt [102].
[24] Da der formale Parameter *id* nur im Rumpf der *accept*-Anweisung verfügbar ist, wird er in eine im ganzen Prozeß bekannte Variable *xid* kopiert.

entgegennimmt. Ein damit syntaktisch verwandtes Konzept ist der Fernaufruf von Prozeduren, den *P. Brinch Hansen* 1978 vorgeschlagen hat [16]. In der von ihm entworfenen Programmiersprache DP (Distributed Processes) besteht jedes Programm aus einer zur Übersetzungszeit festen Anzahl von Prozessen, von denen jeder — entsprechend dem Prinzip der Datenabstraktion — lokale Variablen, öffentliche Prozeduren und einen Rumpf[25] enthält. Ein Prozeß kann mit einem anderen nur dadurch kommunizieren, daß er die öffentlichen Prozeduren des anderen aufruft. Ein Prozeß startet mit der Ausführung seines Rumpfes und bearbeitet diesen, bis er beendet ist oder auf eine noch nicht eingetretene Bedingung warten muß. Dann wendet er sich einer der zwischenzeitlich aufgerufenen Prozeduren zu und bearbeitet diesen Aufruf, ebenfalls bis er abgearbeitet ist oder auf eine Bedingung warten muß. Im Gegensatz zum ADA-Rendezvous können dabei innerhalb eines Prozesses nebenläufige Aktivitäten entstehen, da mehrere der Prozeduraufrufe erst teilweise ausgeführt wurden und später noch fortgesetzt werden müssen. Das Pufferbeispiel liest sich in DP folgendermaßen:[26]

```
process buffer;
    s:  seq [n] char
    proc send (c: char) when not s.full:
        s.put(c)
    end
    proc receive (#v: char) when not s.empty:
        s.get(v)
    end
    s := [ ]
```

Ein DP-Prozeß realisiert das Konzept des abstrakten Datentyps: er vereint eine Datenstruktur mit allen Operationen, die darauf ausgeführt werden dürfen, ohne daß außenstehende Komponenten auf die Details der Implementierung zugreifen können. Auf die Operationen kann von außen überlappend zugegriffen werden, wobei jedoch ein „Prozeduraufruf" ganz oder teilweise zurückgestellt (eine *when*-Bedingung ist nicht erfüllt) oder gar abgebrochen werden kann. Den zweiten Fall berücksichtigt DP durch eine veränderte Semantik der *if*-Anweisung: Ist keine der angegebenen Alternativen erfüllt, so führt dies zum Abbruch:

```
process resource;
```

---

[25] *Brinch Hansen* nennt diesen Initialisierungsanweisung.

[26] In dem Sprachentwurf zu DP sind *put, get, full* und *empty* vordefinierte Operationen auf dem Datentyp **seq**.

```
free: bool
proc request when free:
    free := false
end
proc release if not free:
    free := true
end
free := true
```

Wird die Ressource angefordert, während sie belegt ist, wird diese Anforderung zurückgestellt; wird dagegen in diesem Beispiel der Versuch unternommen, die nicht belegte Ressource erneut freizugeben, wird dies als Fehlverhalten interpretiert und führt zum Abbruch.

Auch der Fernaufruf, wie ihn *Brinch Hansen* eingeführt hat, ist ein synchrones Kommunikationskonzept, d.h. der aufrufende Prozeß wird blockiert, bis der gerufene Prozeß den Aufruf vollständig ausgeführt hat. Nichtsdestotrotz ist dieses Konzept auch für eine asynchrone Interpretation geeignet. Eine Übersicht über asynchrone Implementierungen geben *Ananda* und *Koh* [4]. Obwohl der Fernaufruf betriebssystemseitig sehr gut untersucht ist, hat er keinen Eingang in die verbreiteten Programmiersprachkonzepte gefunden.

11.3.4   Kombination verschiedener Konzepte in einer Sprache

Normalerweise entscheiden sich die Entwickler einer Programmiersprache für einen bestimmten Synchronisations- bzw. Kommunikationsmechanismus. *G.R. Andrews et al.* haben mit SR (Synchronizing Resources) eine Programmiersprache entwickelt, die verschiedene Konzepte bereitstellt und so den Programmierern die Auswahl eines problemangepaßten Mechanismus erlaubt, wobei benutzende und implementierende Seite jeweils separat entscheiden können [5, 6]. Diese Flexibilität wird durch eine sprachliche Vereinheitlichung erreicht. SR weist aber noch einen weiteren Aspekt der Vereinheitlichung auf: Während beispielsweise ADA für die Aufgaben der Prozeßinteraktion und der Datenabstraktion zwei unterschiedliche Sprachbausteine zur Verfügung stellt, nämlich *task* und *package*, vereinigt SR diese Aspekte in einer Einheit: der Ressource. Diese Ressourcen entsprechen dem Prinzip der Datenabstraktion. Die Schnittstellenbeschreibung

```
resource puffer
    op anfuege(e: element)
    op entnimm() returns v: element
end
```

definiert — neben Konstanten und Typen — die Operationen, die die Ressource ausführen kann. Ressourcen können dynamisch kreiert werden:

```
p := create puffer(100).
```

Es wird aber vorausgesetzt, daß jedes Exemplar auf einem bestimmten physikalischen Knoten abläuft, das ist ein Einzelprozessor oder eine Gruppe von Prozessoren mit gemeinsamem Speicher (Damit ist die Kommunikation der Prozesse innerhalb einer Ressource auch über gemeinsame, lokale Daten möglich.).

Die Schnittstellenbeschreibung legt nicht fest, in welcher Weise die Operationen implementiert werden. Eine Möglichkeit läuft auf den Fernaufruf von Prozeduren hinaus:

```
body puffer(groesse: int)
    # Deklaration der lokalen Variablen
    proc anfuege(e)
        . . .
    end
    proc entnimm() returns v
        . . .
    end
    initial27
        # Festlegung der Anfangswerte
    end
end puffer
```

Die Prozedurrümpfe müssen in diesem Fall Festlegungen für den Fall enthalten, daß in einen vollen Puffer eingetragen oder aus einem leeren Puffer gelesen werden soll. Dies kann der Implementierer aber vermeiden, wenn er — wie wir es in der ADA-Version gesehen haben — Aufrufe nur akzeptiert, wenn sie auch bedienbar sind. Dies läuft dann auf eine Rendezvous-Technik hinaus:

---

[27]Entsprechend gibt es auch die Möglichkeit, mit dem Symbol **final** Anweisungen zu definieren, die beim Aufgeben der Ressource ausgeführt werden sollen (Kontrolliertes Herunterfahren).

```
body puffer(groesse: int)
    op pufferprozess()
    proc pufferprozess()
        # Deklaration der lokalen Variablen
        do true →
            in anfuege(e) and anzahl < groesse →
                . . .
            [ ] entnimm() returns v and anzahl > 0 →
                . . .
            ni
        od
    end
    initial send pufferprozess()
    end
end
```

Auf der Implementierungsseite stehen also die Möglichkeiten **proc** und **in**
zur Verfügung. Aber auch der Auftraggeber, also der Prozeß, der die Ressource nutzen will, kann zwischen zwei Möglichkeiten wählen, wie er die
Dienste aufrufen will: **call** führt zu einer synchronen Kommunikation, **send**
zu einer asynchronen.[28]

Betrachten wir zunächst die Implementierung der Operationen durch mit
in gekennzeichnete Eingänge. Ruft der Auftraggeber diese mit **call** auf, so
handelt es sich um ein Rendezvous. Beispielsweise wird bei

> **call** p.einfuege(e)

der Auftraggeber blockiert, bis die hier durch Pünktchen gekennzeichneten
Aktionen ausgeführt sind. Dagegen führt der Aufruf

> **send** b.einfuege(e)

nur solange zu einer Blockierung, bis die Parameter auf dem Prozessor an-
gelangt sind, wo der Pufferprozeß residiert. Ist eine Operation mit **in** implementiert, so kann der Auftraggeber also zwischen synchroner Kommunikation über ein Rendezvous und semisynchroner über gepufferten Botschaftenaustausch wählen.[29]

Auch bei der Implementierung einer Dienstleistung mit Hilfe von **proc** bestehen zwei Aufrufmöglichkeiten: Die synchrone Version (**call**) entspricht

---

[28]In der Literatur findet sich auch die Bezeichnung *semisynchron*, da im Fall der bedingten Synchronisation eine Blockierung des Auftraggebers möglich ist.

[29]Die **in**-Konstruktion kann durch **receive** abgekürzt werden, wenn nur auf einen Eingang gewartet werden soll.

dem Fernaufruf von Prozeduren. **send** dagegen führt dazu, daß eine neue Prozeßinkarnation geschaffen wird, die dann unabhängig vom rufenden Prozeß abläuft. In der zweiten Version des Puffers wird diese Kombination genutzt, um anfangs einen Prozeß zur Pufferverwaltung zu starten.

Wenn Programmiersprachen, deren Synchronisationskonzept auf gemeinsamen Variablen beruht, für den Einsatz in verteilten Systemen erweitert werden, ergibt sich zwangsläufig die Notwendigkeit, beide Varianten zu vereinigen. Beispiele für solche Weiterentwicklungen von PEARL sind das verteilte und das Mehrrechner-PEARL [28, 46, 99]. Diese Sprache übernimmt von PEARL die Technik der gemeinsamen Variablen für die auf einem Knoten mit gemeinsamem Speicher ablaufenden Komponenten. Auf den Verkehr zwischen Komponenten, die sich auf verschiedenen Knoten befinden und als *collections* bezeichnet werden, wird das Konzept benannter Kanäle verwandt:

> TRANSMIT botschaft TO port;
> TRANSMIT botschaft TO port WAIT;
> TRANSMIT botschaft TO port WAIT antwort;

Die erste Variante entspricht dem gepufferten Botschaftskonzept; der Sender wird also nicht blockiert. Bei der zweiten wird der Sender solange blockiert, bis der Empfänger die Botschaft übernommen hat (Rendez-vous). Schließlich kann mit der dritten Variante auf eine Antwort gewartet werden.[30] Analoge Varianten kennt die *receive*-Anweisung.

PEARL und Mehrrechner-PEARL sind auch deshalb für die Progammierung paralleler Anwendungen interessant, weil sie ein sehr ausgefeiltes Konzept zur Beschreibung der Beziehungen zwischen Software- und Hardware-Architektur bereitstellen. Schon PEARL unterscheidet zwischen der logischen und der physikalischen Beschreibung der Schnittstelle zum technischen Prozeß: Im algorithmischen Teil des Programms werden abstrakte Datenstationen definiert, an die sich alle Ein- und Ausgaben richten. In einem separaten Systemteil werden diese logischen Kanäle mit konkreten Verbindungen zur Prozeßperipherie identifiziert. In Erweiterung dieses Konzeptes führt ein Architekturteil, der vom algorithmischen Teil völlig getrennt ist und somit ohne Eingriff in den algorithmischen Teil an eine andere Hardware-Struktur angepaßt werden kann, symbolische Bezeichnungen für die physikalischen Knoten (*stations*) ein und legt die physikalischen Verbindungen fest. Schließlich

---

[30]In den beiden letzten Fällen kann die Anweisung durch die Angabe einer maximalen Wartezeit ergänzt werden.

wird die Zuordnung von Softwaremoduln zu den Stationen angegeben, die bei Ausfall einzelner Komponenten auch geändert werden kann. Es würde hier zu weit gehen, ein vollständiges Beispiel vorzustellen.[31]

Schließlich soll als dritte Beispielsprache in diesem Abschnitt die Sprache ARGUS vorgestellt werden, die ebenfalls die beiden Kommunikationskonzepte kombiniert, bei der aber etwas anderes im Mittelpunkt steht, nämlich der Aspekt der Ausfallsicherheit. In verteilten Systemen muß man sicher sein, daß eine Operation einmal und nur einmal ausgeführt wurde. Es besteht nämlich die Möglichkeit, daß der Auftrag von einem Prozeß an einen anderen oder dessen Antwort verloren geht.[32] Im ersten Fall wäre ein Wiederholungsaufruf angemessen, im zweiten würde er dagegen bei vielen Anwendungen (z.B. Buchungen) zu einem Fehler führen. *B. Liskov* und *R. Scheifler* haben diese Überlegung in den Mittelpunkt ihrer Sprachentwicklung gestellt [66, 68]. Die zentrale Strukturierungseinheit ist ein Objekt, hier als *guardian* bezeichnet. Diese Objekte enthalten lokale Variablen, die den Zustand einer Ressource beschreiben und auf die nur über die in der Schnittstelle beschriebenen Operationen (*handler*) zugegriffen werden kann. Innerhalb eines Objektes können durchaus mehrere Prozesse ablaufen, die auf die lokalen Daten Zugriff haben. Wird eine der Operationen von außen aufgerufen, so wird ein neuer Prozeß kreiert, der den Auftrag ausführt. Diese Auftragsprozesse erfüllen — wie eventuell in dem Objekt ablaufende Hintergrundprozesse — die erwähnten Sicherheitsanforderungen. So ist die Wirkung einer Gruppe „gleichzeitig" ablaufender Aufträge die gleiche, wie wenn die Aufträge nacheinander ausgeführt worden wären (Beispielsweise können mehrere Prozesse auf lokale Variablen gleichzeitig lesend zugreifen, aber nicht schreibend.). Außerdem muß die Implementierung so erfolgen, daß ein Auftrag genau einmal durchgeführt wird.[33] Selbstverständlich ist es auch möglich, für Objekte der gängigen Standardtypen festzulegen, daß Operationen auf ihnen atomar, also ungeteilt, ablaufen sollen. Der Kopf des folgenden Briefkastenbeispiels (aus [66]) macht das Konzept deutlich:

```
maildrop = guardian is create
            handles send_mail, read_mail, add_user
box_list  = atomic_array[mailbox]
```

---

[31]Ein Beispiel zu diesem Konzept kann der interessierte Leser bei Thiele finden [99].

[32]Außerdem kann der Auftragnehmer „hängen bleiben".

[33]Man kann sich die Implementierung so vorstellen, daß die Veränderung auf einer Kopie erfolgt, die erst beim erfolgreichen Abschluß der Operation die ursprüngliche Version ersetzt.

```
mailbox  = struct[mail: msg_list, user: user_id]
msg_list = atomic_array[message]
stable boxes: box_list := box_list$new()
```

Dieser Kopf legt fest, daß Objekte des Typs *maildrop* durch Aufruf der Prozedur *create* geschaffen werden können und anschließend die Operationen *send_mail, read_mail* und *add_user* bedienen. Objekte der hilfsweise eingeführten Datentypen *box_list* und *msg_list* können nur durch unteilbare Operationen verändert werden. Darüberhinaus wird das Objekt *boxes* als stabil gekennzeichnet. Das bedeutet, daß es auch einen Systemausfall überleben muß: Der Übersetzer muß es in geeigneter Weise speichern.

11.4 Unkonventionelle Sprachkonzepte

11.4.1 Parallele funktionale Programmierung

> *Pankake: At the end of the decade, what will be the most significant obstacle to parallel software development among scientific and technical users?*
> *Smith: Variables.*
>
> *From a discussion of an Industry Advisory Board [118]*

Die funktionale Programmierung faßt jedes Programm — und jede Anweisung — als Funktion auf, die einem Satz von Eingabedaten ein eindeutig bestimmtes Ergebnis zuordnet. Die Wirkung einer Funktion ist die Schaffung eines neuen Objektes, nicht die Veränderung eines bereits bestehenden. Wegen des Fehlens variabler Objekte steht die (rein) funktionale Programmierung[34] schon ihrem Wesen nach der Parallelität viel näher als die zuweisungsorientierte. Funktionsorientierte Programme bestehen aus einer Ansammlung nebeneinanderstehender Funktionsdefinitionen. Dabei wird jedem Funktionssymbol ein Ausdruck zugeordnet; dieser beschreibt, wie das Ergebnisobjekt aus elementaren Objekten durch Anwendung anderer Funktionen errechnet werden kann. Wegen des Fehlens von Variablen — und damit auch des Fehlens von Seiteneffekten — können die Parameter einer Funktionsanwendung stets parallel ausgewertet werden. Das eigentlich Interessante an der funktionalen Programmierung ist allerdings die Tatsache,

---

[34]Die klassischen Versionen von LISP haben durch die Hintertür der set-Form die Variable doch eingeführt, was auf Von-Neumann-Rechnern zu effizienteren Programmen führt.

daß Funktionen selbst wieder Parameter und Ergebnisse von Funktionen sein können. Am deutlichsten wird das Konzept des „Programmierens durch Gleichungen" in den Sprachen der ML-Familie, etwa in MIRANDA.[35]

Schon im Abschnitt über Programmiersprachen zur Beschreibung der Datenparallelität war auf Spracherweiterungen verwiesen worden, die diesen inhärenten Parallelismus der funktionalen Programmierung auf der Ebene feiner Granularität ausnutzen, wo dies in naheliegender Weise möglich ist. Schwieriger wird die Situation auf der Ebene der Funktionsparallelität, denn die rein funktionale Programmierung kennt keine Vorgeschichte: Der Aufruf einer Funktion mit den gleichen Parametern führt zum gleichen Ergebnis.[36] Grundsätzlich gibt es zwei Möglichkeiten, die für Prozeßsysteme wesentliche Vorgeschichte zu berücksichtigen. Die erste Möglichkeit ist die Einführung von Prozessen, Kanälen und Kommunikation als separate Sprachbausteine (CML), was dann möglicherweise zu einem Bruch in der Programmentwicklung zwischen sequentiellen und parallelen Systemen führt, weil die Seiteneffekte von der Ausnahme zum Regelfall werden. Ein anderer Weg, der den funktionalen Charakter eher beibehält, besteht darin, den Prozeßbegriff auf Fortsetzungen aufzubauen (Multi-LISP, CD-SCHEME). Darunter hat man sich Objekte vorzustellen, die aus einem Programmablauf und lokalen Daten bestehen. Sie können fortgesetzt und dann wieder unterbrochen werden, um bei Bedarf erneut fortgesetzt zu werden (Da die lokalen Daten zum Objekt selbst gehören, sind sie bei der Fortsetzung noch verfügbar.).

Der erste Weg wurde bei einer Reihe von Erweiterungen der Programmiersprache ML beschritten. Die Charakteristika dieser Sprache bleiben erhalten: Funktionen sind Objekte, mit denen operiert werden kann, und sie sind polymorph (für Parameter unterschiedlichen Typs verwendbar), aber die Typen können zur Übersetzungszeit bestimmt werden. Beispielsweise hat *J.H. Reppy* eine solche Erweiterung von Standard ML um Typen und Funktionen zur Behandlung der Funktionsparallelität angegeben (Concurrent ML) [86]. In Anlehnung an die von *D. Berry et al.* verwendete Formulierung [10] könnte ein Modul, der diese definiert, folgendermaßen aussehen:[37]

---

[35]Eine umfassende Darstellung dieses Programmierstils findet der Leser in dem Buch von *Bird* und *Wadler* [12].

[36]Dies haben sie mit den Datenflußsprachen gemeinsam, auf die hier nicht eingegangen wird.

[37]*Reppy* verwendet *event* an Stelle von *com* und betrachtet diese Typen und Funktionen als vordefiniert.

```
signature Concurrency =
sig
    type 'a chan
    type 'a com
    val channel:  unit → '_a chan [38]
    val transmit: 'a chan * 'a → 'a com
    val receive:  'a chan → 'a com
    val choose:   'a com list → 'a com
    val wrap:     'a com * ('a → 'b) → 'b com
    val fork:     (unit → 'a) → unit
    val sync:     'a com → 'a
```

Wie man an dieser Formulierung erkennen kann, führt die Typbindung von ML zu einer Lösung mit typgebundenen Kanälen ('a und 'b stehen für irgendwelche Typen.). Die Objekte eines Typs 'a com bezeichnen noch hängende Kommunikationsvorgänge zur Übergabe von Objekten des Typs 'a. Ein *accept* kann beispielsweise als Hintereinanderausführung der Funktionen *receive* und *sync* definiert werden. Ein Hauptkritikpunkt gegen die Verwendung funktionaler Programmiersprachen zur Beschreibung parallel ablaufender Prozesse ist immer wieder die dem Funktionsbegriff innewohnende Determiniertheit. Diese wird hier durch die *choose*-„Funktion" umgangen, die aus mehreren möglichen Kommunikationsoperationen eine auswählt. *Wrap* dient dazu, eine Kommunikationsoperation mit einer Nachverarbeitung zu einer Einheit zu verpacken, so daß nach außen noch der Eindruck einer Kommunikationsoperation erweckt wird. *Reppy* gibt das folgende einfache Beispiel an: Es wird ein Wert gelesen, entweder von Kanal 1 oder von Kanal 2; im ersten Fall wird der Wert verdoppelt, im zweitem um 1 erhöht:

```
sync
(choose [
            wrap (receive ch1, fn x => (2 * x)),
            wrap (receive ch2, fn x => (x + 1))
])
```

Es kommt diejenige Operation zum Zuge, an deren Kanal ein Wert anliegt. Gilt dies für beide, so wählt *choose* nichtdeterministisch aus.[39]

Es hat eine Vielzahl von Vorschlägen gegeben, wie man Prozesse, Kommu-

---

[38] *unit* ist der Typ der 0-Tupel und wird verwandt, wenn die Funktion keinen Parameter hat. Der unterstrichene Zwischenraum kennzeichnet eine sog. schwache Typprüfung.

[39] Der Prozeß, der diese Funktion ausführt, wird blockiert, wenn an keinem der beiden Kanäle ein Wert anliegt.

nikation und Nichtdeterminismus in funktionale Sprachen einbetten kann.
So haben beispielsweise *A.K. Goswami* und *L.M. Patnaik* den Ansatz von
CSP übernommen und die Backussche FP-Notation um bewachte Kommu-
nikationsanweisungen erweitert [41]. *P. Hudak* und *L. Smith* erweitern den
Gedanken der Definition von Programmen durch nebeneinanderstehende
Gleichungen und ergänzen diese Definitionen durch Angaben, wie die Glei-
chungsgruppen auf eine bestimmte Hardware-Architektur abgebildet werden
sollen [53]. Ihr Ansatz zielt auf die Parallelisierung numerischer Algorithmen
und muß daher nicht die Probleme lösen, die sich bei Prozeßsystemen mit
Nichtdeterminismus ergeben. Ein naheliegender Ansatz, den Prozeßbegriff
funktional zu definieren, besteht in der Identifizierung mit Abbildungen zwischen unendlichen Sequenzen. Diese Idee, die schon bei *Kahn* und *McQueen*
auftaucht, eignet sich aber nur zur Beschreibung eines deterministischen
Prozeßverhaltens [58].[40] Dies kann einmal dadurch umgangen werden, daß
man die Informationen in den Sequenzen mit Zeitstempeln versieht (vgl.
auch den Vorschlag von *M. Broy* [17]), zum andern durch die Einführung von
„inkonsistent definierten" Funktionen. Diese Gesichtspunkte werden am Beispiel der funktionalen Beschreibung von Betriebssystemkomponenten von
D. Turner etwas ausführlicher diskutiert [103]. Auch die von *A. Giacalone
et al.* vorgeschlagene Sprache FACILE verbindet die funktionale Programmierung mit dem Prozeßkonzept [39].

Ein völlig anderer Ansatz geht von dem Konzept der Fortsetzungen als
selbständigen Objekten aus. Diese „continuations" finden wir in SCHEME
als eine Möglichkeit, Koroutinen und *'lazy evaluation'* zu simulieren. Bei der
Fortsetzung handelt es sich um eine Umgebung, die außer lokalen Daten auch
einen Algorithmus enthält. Durch eine spezielle call-Anweisung (*call-with-
current-continuation*) kann von einer Umgebung in eine andere gesprungen
werden. Dabei wird der aktuelle Status der verlassenen Umgebung gesichert, und der Programmablauf kann später wieder aufgenommen werden.[41]
R.H. Halstead jr. beschreibt mit MULTILISP eine Möglichkeit, diese Fortsetzungen in natürlicher Weise zur Beschreibung paralleler Prozesse zu nutzen
[44, 45]. Der Aufruf *(future x)* kreiert einen Prozeß zur Auswertung des
Ausdruckes x, der aber im Unterschied zu *(call x)* parallel zum aufrufenden

---

[40]Von den Autoren wurde die Lösung auch nur im Zusammenhang mit Koroutinen
vorgeschlagen.
[41]Es handelt sich im Prinzip um eine symmetrische Erweiterung des unsymmetrischen
Unterprogrammkonzeptes.

Prozeß abläuft. Als Ergebnis wird sofort ein Platzhalter zurückgeliefert, der
für das erst noch zu bestimmende Ergebnis steht. Wenn die Auswertung
von x zu einem Ergebnis geführt hat, wird diese „Zukunft" durch das Ergebnis ersetzt. Sollte der aufrufende Prozeß das Ergebnis oder Teile davon
schon vor deren Verfügbarkeit benötigen, wird er solange suspendiert.[42] Zur
Illustration betrachten wir einen Prozeß aus einem Erzeuger-Verbraucher-
Beispiel in einer Formulierung von *L. Moreau*, die explizit deutlich macht
(*touch*), an welcher Stelle ein Prozeß mit einem anderen wegen der Berechnung der benötigten Ergebnisse Fühlung aufnehmen muß [76]. Der folgende
Erzeugerprozeß

```
(define producer
    (lambda (producer-job)
        (lambda (consumer-value)
            (letrec (
                (loop (lambda (n pair)
                    (let* ( (pair (future (resume (car (touch pair)) n)))
                            (new-value (producer-job n)))
                        (loop new-value pair)))
            ))
            (loop 0 consumer-value)
)   )   )   )
```

führt fortlaufend die Funktion *producer-job* aus. In dieser wird mit *letrec*
eine rekursive Funktion *loop* definiert, die den neuberechneten Wert jeweils
an den nächsten Aufruf weitergibt.[43] Außerdem wird als zweiter Parameter
(*pair*) die in der Zukunft auszuführende Rechenvorschrift

```
(future (resume (car (touch pair)) n))
```

weitergereicht.[44] *Moreau* hält diesen Weg deshalb für besonders günstig,
weil man nach Entfernen der beiden unterstrichenen, die Parallelität regeln-
den Programmbausteine unmittelbar eine sequentielle Version erhält: statt
asynchroner Prozesse wechseln sich Koroutinen ab.

Auch dieser Weg der Erweiterung funktionaler Sprachen in Richtung auf
Parallelität ist von einer großen Anzahl von Autoren gegangen worden. So

---

[42]Mit dem Aufruf *(delay x)* kann eine Zukunft geschaffen werden, die erst dann arbeitet,
wenn Teile des Ergebnisses benötigt werden.

[43]Im Gegensatz zu *letrec* verlangt *let**, daß die beiden Festlegungen für *pair* und *new-
value* in der hingeschriebenen Reihenfolge vorgenommen werden.

[44]Nicht-Lisp-Kenner verwirrt hier, daß eine lokale Größe (*pair*) mit dem gleichen Namen
wie der formale Parameter definiert wird.

haben beispielsweise *R.R. Kessler* und *M.R. Swanson* die Sprache SCHEME
in einer ähnlichen Weise erweitert [61]. Sie definieren explizit neue Kon-
trollpfade, die wie *future* in MULTILISP einen Platzhalter zurückliefern. Ihr
closure-Konzept kann darüberhinaus als elementarer Baustein für eine Erweiterung in Richtung auf objektorientierte Programmierung dienen. Auch
C. Queinnec geht von SCHEME aus [83]: Sein CD-SCHEME erlaubt eine
Gruppenbildung bei den Prozessen, kennt die Möglichkeit der Migration
und ein atomares Austauschen von Werten. Die Objekte existieren in einem globalen, verteilten Raum. In QLISP sehen *R. Goldman et al.* eine
spawn-Anweisung vor, die ihren Rumpf abhängig von dem Ergebnis eines
booleschen Ausdruckes entweder als gewöhnliche Funktion oder als asynchron ablaufenden Prozeß ausführt. Im zweiten Fall liefert auch diese Anweisung zunächst einen Platzhalter zurück [40]. Schließlich sei noch auf die
Arbeit von *R. Hieb* und *R.K. Dybvig* hingewiesen, die die Brauchbarkeit
dieses Programmierstiles für die parallele Implementierung baumstruktu-
rierter Suchvorgänge überzeugend demonstrieren [47]. Einen ganz anderen
Weg geht CONCURRENT CLEAN, das von *E.G.J.M.H. Nöcker et al.* vorgestellt wurde [79]. Diese Sprache betrachtet die Termgraphen als Objekte;
die Grundoperation ist die Termgraphersetzung.

11.4.2   Parallele logische Programmierung

> *The power of logic programming comes from the synergism between*
> *the logic (declarativeness) and the programming (procedurality).*
>
> D.S. Warren [107]

Ein logisches Programm besteht aus einer Menge von Sätzen in einer be-
stimmtem Logik, im Fall von PROLOG aus einer Menge von Horn-Klauseln.[45]
Dieses „Programm" legt lediglich fest, welche Schlußfolgerungen in bestimmten Situationen gezogen werden können, aber es sagt nichts darüber aus,
ob und wann diese Situationen eintreten. In der üblichen mathematischen
Schreibweise sind Horn-Klauseln von der Form $N_1 \wedge N_2 \wedge \ldots \wedge N_r \Rightarrow P$
oder in gängiger PROLOG-Schreibweise: $P :- N_1, N_2, \ldots, N_r$. Dabei sind P
und die N_i Literale, die aus Prädikatsymbolen bestehen, die auf Argumente

---

[45]In jedem PROLOG-Buch findet man eine Einführung in diesen Programmierstil. Als
Beispiel sei der Band von *Kleine Büning* und *Schmitgen* genannt [63]. Lesenswert ist auch
der Überblick von *Robinson* [88].

angewandt werden. Als Argumente sind Terme zulässig, die aus Funktionssymbolen und Variablen aufgebaut werden. Die gängigen logischen Programmiersprachen verwenden die umgekehrte Notation, die mit der Konsequenz beginnt. Derartige Programme sind im Prinzip nichtdeterministisch,[46] wie das folgende Beispiel zur Verschmelzung zweier Listen zeigt:

merge_consumer([u|x], y, [u|z]) :- merge_consumer(x,y,z).
merge_consumer(x, [v|y], [v|z]) :- merge_consumer(x,y,z).
merge_consumer([],y,y).
merge_consumer(x,[],x).
?- producer1(x), producer2(y), merge_consumer(x,y,z).

Die erste Zeile des Beispiels, in dem wir aus Gründen der besseren Lesbarkeit die Variablen — abweichend von der Syntax der logischen Programmiersprachen — klein geschrieben haben, besagt folgendes: Wenn z die Verschmelzung zweier Listen x und y ist, so ist die aus dem Kopfelement u und dem Rest z bestehende Liste Verschmelzung einer aus u und x bestehenden Liste mit y. Umgekehrt besagt die zweite Zeile, daß man die Verschmelzung auch dadurch gewinnen kann, daß man mit dem Kopfelement des zweiten Argumentes beginnt. Die dritte und vierte Zeile legen schließlich fest, daß bei der Verschmelzung mit einer leeren Liste nichts passiert. Die letzte Zeile enthält eine Anfrage, ob z durch Verschmelzung zweier Listen gewonnen werden kann, die von den Prädikaten *producer1* und *producer2* „erzeugt" werden.[47]

Die logische Programmierung bietet bereits von ihrem Stil her verschiedene Möglichkeiten an, Programmteile parallel auszuführen. Auf Programmebene sind dabei der OR-Parallelismus und der AND-Parallelismus von Interesse.[48] OR-Parallelismus bedeutet in unserem Beispiel, daß die vier Horn-Klauseln, die die Verschmelzung zweier Listen definieren, gleichzeitig auf ihre Anwendbarkeit geprüft und ggf. gleichzeitig bearbeitet werden. AND-Parallelismus, also die parallele Bearbeitung der Literale auf der rechten Seite, ist hier nur bei der Abfrage möglich, da die übrigen Horn-Klauseln jeweils nur eine Voraussetzung besitzen. Die von *K. Clark* und *S. Gregory* vorgestellte parallele logische Programmiersprache PARLOG ordnet jedem der drei Prädikate der letzten Zeile unseres Beispiels einen eigenen Rechenprozeß zu [20].

---

[46]Die deterministische Interpretation dieser Regeln durch PROLOG verschmilzt die Folgen nicht, sondern hängt die zweite an die erste an.

[47]Es ist jedoch typisch für die logische Programmierung, daß die Anfrage auch umgekehrt interpretiert werden kann: Welches x muß *producer1* erzeugen, damit ein gegebenes z das Ergebnis der Verschmelzung von x und y ist?

[48]Unterhalb der Programmebene kann außerdem die Unifikation parallelisiert werden.

Er hat die Aufgabe, das entsprechende Prädikat zu verifizieren. Allerdings können diese Prozesse die Variablen nicht unabhängig voneinander belegen, da für eine Variable an allen Stellen der Klausel der gleiche Term substituiert werden muß. PARLOG interpretiert deshalb die gemeinsamen Variablen als Kommunikationskanäle, deren Verwendungsrichtung (ein Erzeuger, mehrere Verbraucher) aus dem Programm hervorgehen muß. Hierfür stellt PARLOG die Modusdeklaration zur Verfügung, die die Möglichkeiten der Unifikation einschränkt. Mit

mode merge_consumer(list1?, list2?, merged_list^).

wird festgelegt, daß *merge_consumer* die beiden ersten Parameter als „Eingabewerte" erwartet und den dritten erzeugt. Dies ist so zu verstehen, daß beispielsweise die erste Regel nur anwendbar ist, wenn der erste Parameter die Form $[u|x]$ hat. Das Prädikat *merge_consumer(x,y,z)* in der Anfrage unseres Beispiels kann in PARLOG also mit keinem Kopf einer der vier Horn-Klauseln unifiziert werden! Der Versuch, eine der vier Regeln anzuwenden, wird zurückgestellt, bis x und y durch die Auswertung der beiden anderen Prädikate in der Anfrage hinreichend detailliert vorbesetzt sind. Man beachte, daß PARLOG nicht verlangt, daß die Eingabevariablen vollständig bekannt sind! Im Beispiel genügt eine Belegung für das Kopfelement der ersten Liste, um die erste der vier Horn-Klauseln anwendbar zu machen. Dies zeigt, daß man in PARLOG die gemeinsamen Variablen als Kommunikationskanäle benutzen kann, längs denen Information weitergegeben werden kann.

Die Ablaufstruktur von PARLOG unterscheidet sich ganz wesentlich von der von PROLOG. Die gleichzeitige Bearbeitung aller in Frage kommenden Klauseln führt dazu, daß eine Sackgassenverwaltung mit Zurücknahme irrtümlicher erfolgter Variablenbindungen nicht nötig ist. Andererseits kann diese Kombination von OR- und AND-Parallelismus zu einer sehr hohen Zahl unnötig angestoßener Prozesse führen. PARLOG stellt daher einige Hilfsmittel bereit, mit denen hierauf Einfluß genommen werden kann. Dies sind einmal die dijkstraschen Wächter, zum andern die explizite Sequentialisierung. Bei letzterer wird die Konjunktion durch & (statt durch ein Komma) dargestellt. Im folgenden Ausschnitt aus einem Quicksort-Programm [20, S. 14] wird explizit festgelegt, daß nur die beiden rekursiven Aufrufe parallel durchgeführt werden sollen. Die Zerlegung soll zuvor und das Aneinanderfügen der gefunden Teillösungen danach erfolgen:

mode sort(list?, sorted_list^).

```
sort([hd | tail], sorted_list) ←
    partition(hd, tail, list1, list2)
    & (sort(list1, sorted_list1), sort(list2, sorted_list2))
    & append(sorted_list1, [hd | sorted_list2], sorted_list).
```

Die andere Möglichkeit, auf den Ablauf Einfluß zu nehmen, besteht darin, am Beginn der rechten Seite einer Klausel Wächter anzugeben, deren Erfülltsein zunächst geprüft wird. Erst danach und nur, wenn die Wächter erfüllt sind, werden die restlichen Prädikate bearbeitet. Beispielsweise kann diese Technik ausgenutzt werden, um in dem Quicksort-Beispiel vorab zu entscheiden, ob ein Element in die erste oder zweite Liste gehört:

```
mode partition(pivot?, list?, less_list^, greater_list^).
partition(u, [v | x1], [v | y1], z) ← v < u:   partition(u, x1, y1, z).
partition(u, [v | x1], y, [v | z1]) ← u <= v: partition(u, x1, y, z1).
partition(u, [], [], []).
```

Bei der Auswertung der Wächter, die vor dem Doppelpunkt stehen, wird — wie auf der linken Seite der Klausel — vorausgesetzt, daß keine Bindungen an die Eingabevariablen des Aufrufs erfolgen. Es sind aber Bindungen an Variablen möglich, die (lokal) im Rumpf der Klausel benutzt werden, wovon in diesem Beispiel kein Gebrauch gemacht wird. Zu beachten ist noch der Zeitpunkt, zu dem Bindungen für die Ausgabeparameter erfolgen. Dies geschieht, wenn die Wächter einer Klausel positiv getestet sind. Ein Aufruf

```
partition(4, [2,6,1,3], list1, list2).
```

führt dazu, daß nach dem Test $2 < 4$, bevor der nächste Zerlegungsschritt erfolgt, der Term $[2|y1]$ an die Variable *list1* gebunden wird. Wie $y1$ aussieht, ergibt sich erst bei der weiteren Auswertung. Man erkennt hieraus einen interessanten Aspekt von PARLOG, nämlich die kooperative Konstruktion der Resultatterme.

Es gibt eine Reihe weiterer Sprachentwürfe in dieser Richtung, die PARLOG mehr oder weniger ähneln. Eine Sprache, die besonders eng damit verwandt ist, ist die *Guarded Horn Clauses* (GHC) von *K. Ueda* [104]. Im Gegensatz zu PARLOG erlaubt GHC nicht, daß die Wächter Variablen aus der Umgebung des Aufrufs binden. Diese Verwandtschaft hat *H. Taylor* veranlaßt, den größten gemeinsamen linguistischen Nenner in einer *Lingua franca* herauszuarbeiten [98]. Sie ist so konzipiert, daß eine einfache Übersetzung zwischen dieser Sprache einerseits, sowie PARLOG und GHC andererseits möglich ist. Im Gegensatz zu PARLOG kennt CONCURRENT PROLOG keine festen Modusdeklarationen. Die Art der Parameterbehandlung wird beim Aufruf festgelegt und kann so von Aufruf zu Aufruf wechseln. *A. Ta-keuchi* und *K. Furukawa* haben die damit möglichen Kommunikationsmechanismen dargestellt [97]. *I.T. Foster* und *S. Taylor* haben mit STRAND eine Sprache vorgeschlagen, die ebenfalls mit bewachten Horn-Klauseln arbeitet, aber versucht, mit einem Minimum an Konzepten auszukommen [29]. Im hier betrachteten Zusammenhang sind natürlich auch die PROLOG-Implementierungen zu erwähnen, die — ohne Änderung der Sprachsyntax — den OR-Parallelismus in PROLOG ausnutzen. Sie finden in natürlicher Weise alle Lösungen, während PARLOG, soweit oben beschrieben, nur eine Lösung liefert und eine besondere Schreibweise für den allgemeinen Fall benötigt.

Einen anderen Weg, logische Programmiersprachen um Parallelität zu ergänzen, gehen *I. Futo* und *P. Kacsuk*. Ihr Cs-PROLOG ist mehr an OCCAM und CSP orientiert [33, 56]. Die Kommunikation erfolgt nicht über gemeinsame Variable, sondern mit Hilfe eines Botschaftenkonzeptes und expliziter Benennung der Partner. Schließlich bietet die logische Programmierung mit Einschränkungen (constraint logic programming) einen interessanten Ansatzpunkt, Aufgabenstellungen parallel zu lösen. Eine Einführung in diesen Programmierstil findet der Leser bei *J. Cohen* [21]. Ein Sprachvorschlag ist von *V.A. Saraswat et al.* gemacht worden, siehe z.B. [59, 90].

11.4.3   Parallele objektbasierte Programmierung

Auch die objektbasierten und die objektorientierten Sprachen[49] bieten in natürlicher Weise eine Möglichkeit Parallelität einzuführen. Die Objekte können in diesen Sprachen wegen ihrer Abgeschlossenheit sowohl als selbständige Programmbausteine als auch als Kommunikationseinheiten aufgefaßt werden. Sie sind syntaktisch durch eine Menge von Operationen beschrieben und kommunizieren nur durch Aufruf dieser Operationen miteinander, wobei Parameter- und Ergebnisobjekte übergeben werden. Lokale Variablen beschreiben den Objektzustand und können durch Aufruf der Operationen verändert werden. Diese Abgeschlossenheit erlaubt es, in einem verteilten System Objekte bestimmten Knoten zuzuordnen und zwischen

---

[49]Als *objektbasiert* bezeichnet man die Sprachen, die die Konstruktion des abgeschlossenen, selbständigen Objektes unterstützen. Bei objektorientierten Sprachen kommt noch die Klassenhierarchie mit Vererbung von Schnittstellen bzw. Implementierungen hinzu. Wir folgen mit dieser Unterscheidung *P. Wegner* [110]. Auch ADA und ARGUS sind objektbasiert.

Knoten zu verlagern. Charakteristisch für die objektbasierte Programmierung ist auch, daß unterschiedliche Implementierungen der gleichen Schnittstelle im System nebeneinander existieren können, was beispielsweise der
Implementierung auf inhomogenen Netzen entgegenkommt. Nebenläufigkeit
kann nun in einfacher Weise dadurch eingeführt werden, daß Objekte mit
einer prozeßinternen Aktivität versehen werden, die unabhängig von even-
tuellen Aufrufen ausgeführt wird.[50] Ferner ist es möglich, die Semantik der
Kommunikation zu erweitern: Ein Objekt ruft zwar eine Operation in einem
anderen auf, wartet aber dessen Antwort nicht ab, sondern arbeitet weiter.
Symmetrisch dazu kann auch dem gerufenen Objekt erlaubt werden, nach
Absenden einer Antwort weiterzuarbeiten.

Dieses Konzept haben *A. Black et al.* in der Sprache EMERALD verwirklicht
[13, 14]. In dieser Sprache besitzt jedes Objekt unabhängig von seinem
Ort eine eindeutige Identität (Namen), so daß es von anderen Objekten
angesprochen werden kann. Der Objektzustand wird durch „lokale" Daten
repräsentiert (genauer: Referenzen auf andere Objekte). Ferner enthält das
Objekt eine Menge von Operationen, die es ausführen kann und die den
Zustand ändern dürfen. Es ist Sache der Objektdefinition, welche von diesen
Operationen exportiert werden und somit von anderen Objekten aufgerufen
und welche nur vom Objekt selbst aufgerufen werden dürfen. Eine dieser
Operationen ist als Initialisierung gekennzeichnet und wird bei der Kre-
ierung angestoßen. Schließlich darf ein Objekt (optional) noch einen internen
Prozeß enthalten, der nach der Initialisierung gestartet wird. Die Autoren
geben verschieden Beispiele passiver Objekte an, von denen wir hier einen
Ausschnitt aus der Definition einer speicherinternen Datei wiedergeben:

```
const inCoreFile == object inCoreFile
    export Read, Seek, Write
    monitor
        const maximumSize == 200
        const CharacterVector == Vector.of[Character]
        var contents: CharacterVector
        var position: Integer

        operation Read → [c: Character]
            ...
        end Read
```

---

[50]Andere Ansätze sind, die Prozesse selbst zu Objekten zu machen [11, 91] oder die
Prozesse orthogonal zu den Objetken einzuführen [43, 77].

```
            operation Seek[p: Integer]
               . . .
            end Seek

            operation Write[c: Character]
               . . .
            end Write

            initially
                contents ← CharacterVector.create[maximumSize]
                position ← 0
            end initially
         end monitor
      end inCoreFile
```

Normalerweise können verschiedene Objekte die Operationen, in diesem Fall
Read, Seek und *Write*, überlappend aufrufen, so daß mehrere Prozesse gleichzeitig in dem Objekt ablaufen. Soll dies ganz oder teilweise verhindert werden, so sind die betroffenen (gemeinsamen) Daten bzw. Operationen als
Monitor zusammenzufassen. In diesem Fall erfolgt der Zugriff unter gegenseitigem Ausschluß. Dies gilt dann übrigens auch für eine eventuelle objektinterne Aktivität. Sie läuft üblicherweise außerhalb des Monitors und kann
die durch den Monitor geschützten Daten nur über dessen Operationen manipulieren.

Wegen der eindeutigen Identifizierbarkeit aller Objekte können sie system-
weit angesprochen werden, ohne daß die genaue Position bekannt ist. Das
EMERALD-System ist dafür verantwortlich, daß der Aufruf an die richtige
Stelle gelangt. Insbesondere ist es möglich, daß ein Objekt zwischen zwei
Aufrufen verlagert wird. Dies kann beispielsweise beim Aufruf von Operationen in entfernten Objekten den Zugriff zu den Parametern erleichtern:
Zusammen mit dem Aufruf werden die Parameterobjekte auf den Knoten
verlagert, wo sich das gerufene Objekt befindet (*call-by-move*). Dies gilt
natürlich auch für das Ergebnis einer Operation und ist beispielsweise beim
Kreieren gleichartiger Objekte erforderlich. Solange sich diese Objekte auf
demselben Netzknoten befinden, werden jedoch nur die Zustandsvariablen,
nicht die Operationen, mehrfach gespeichert. Effizienz- und Verfügbarkeits-
gesichtspunkte haben die Sprachentwerfer aber veranlaßt, neben der impliziten Zuordnung der Objekte zu Knoten auch eine explizite Lokalisierung
durch das Programm vorzusehen. Hierfür stehen Anweisungen zum Verla-

gern (*move*), zum Erfragen der Position (*locate*), sowie zum Fixieren bzw. wieder Lösen der Position (*fix, unfix*) zur Verfügung.

Bei der Entwicklung einer neuen Sprache lassen sich natürlich die Konzepte leichter verdeutlichen als beim Einbau in eine bereits existierende. Für die Verbreitung der Konzepte ist aber der zweite Weg meist der nützlichere. Auch auf dem Gebiet der objektorientierten Programmierung gibt es daher Erweiterungen gängiger Programmiersprachen um Sprachelemente, die nebenläufige Programme erlauben. So haben beispielsweise *Yokote* und *Tokoro* eine Erweiterung von *Smalltalk* vorgeschlagen [113]. Sie erreichen die Nebenläufigkeit dadurch, daß — im Gegensatz zum herkömmlichen *Smalltalk* — Objekte nach Absenden einer Botschaft weiterarbeiten dürfen, ohne die Antwort abzuwarten, und Objekte, die eine Botschaft empfangen haben, ihre Arbeit nach Absenden der Antwort nicht einstellen müssen. Die dafür notwendige Veränderung der *Smalltalk*-Syntax ist sehr gering: Im ersten Fall wird an den Methodenaufruf ein & angehängt, im zweiten Fall werden dem Rückgabewert statt eines Pfeiles deren zwei vorangestellt. Im Gegensatz zu *Emerald* kennt *ConcurrentSmalltalk* keine objektinterne Nebenläufigkeit. Mehrere Botschaften an ein und dasselbe Objekt müssen daher serialisiert werden (FIFO). Die betroffenen Objekte werden als „atomar" gekennzeichnet.[51]

Auch die auf C basierende Sprache PROCOL, die von *van den Bos* und *Laffra* vorgestellt wurde [105] kennt keine objektinterne Nebenläufigkeit. Das Botschaftskonzept ist dem von CSP verwandt. Die Verarbeitung des Botschaftsinhaltes erfolgt erst, nachdem das sendende Objekt wieder freigegeben wurde. Die Synchronisation ankommender Botschaften wird durch ein Protokoll beim empfangenden Objekt geregelt: Die Reihenfolge, in der Aufträge entgegengenommen werden, wird durch reguläre Ausdrücke festgelegt. Es werden nur Aufträge akzeptiert, die nicht durch dijkstrasche Wächter gesperrt sind. C++, die objektorientierte Weiterentwicklung von C, hat als Basis einer ganzen Reihe von Sprachentwürfen zur Behandlung der Parallelität gedient. Hier seien nur einige erwähnt. *Kale* und *Krishnan* haben unter dem Namen CHARM++ eine Erweiterung vorgestellt [60], die zwischen „gewöhnlichen" und nebenläufigen Objekten unterscheidet. Für letztere gibt es die *chare*-Klassen. Die Sprache unterstützt die dynamische Lastverteilung und erlaubt eine Vorrangregelung über die Botschaften. Auch die von

---

[51]Die Klassendefinition verwendet *atomicSubclass* statt *subclass*.

Chandra et al. entworfene Sprache COOL ist eine C++-Erweiterung und hat die dynamische Lastverteilung im Auge [19].[52] Hier kreieren die Objekte durch den Aufruf einer als parallel gekennzeichneten Funktion neue Prozesse. Die Kommunikation geschieht über monitorgesicherte gemeinsame Variable. Näher an der Datenparallelität liegt das von *D. Gannon* und *J.K. Lee* entworfene pC++ [34]. Eine Erweiterung von EIFFEL hat *Löhr* vorgeschlagen [69]. Auch den umgekehrten Weg gibt es: Bei der Weiterentwicklung von ADA erhält eine parallele Sprache zusätzlich eine objektorientierte Komponente [96].

Aus der Vielzahl weiterer Ansätze seien hier nur einige erwähnt. Eine Reihe von Arbeiten benutzen als theoretische Grundlage die Aktoren. Hierzu ist das Buch von *G. Agha* empfehlenswert [1]. *Yonezwa et al.* haben in ABCL/1 unterschiedliche Typen für die Botschaftsübergabe verwendet [114]. So können Expreßbotschaften gewöhnliche überholen. Ferner werden vergangene, gegenwärtige und zukünftige Botschaften unterschieden. Vergangene heißen so, weil das Absenden beendet ist, bevor das empfangende Objekt etwas davon bemerkt. Die gegenwärtigen Botschaften entsprechen einem synchronen Verhalten, und bei den zukünftigen wird eine virtuelle Antwort erzeugt, auf die in Zukunft zugegriffen werden kann.[53] Da die Vererbung ein ganz wesentliches Merkmal der objektorientierten Programmierung ist, haben sich viele Autoren damit befaßt, wie die Vererbung von Synchronisationsmechanismen behandelt werden kann. In diesem Zusammenhang seien stellvertretend die Arbeiten von *P. America* und *F. van der Linden* [3], *O. Nierstrasz* und *M. Papathomas* [78], *C. Tomlinson* und *V. Singh* [101], sowie *S. Matsuoka et al.* [72] erwähnt.

11.4.4   Linda

Die bisher besprochenen Sprachkonzepte gehen alle davon aus, daß bei einem Kommunikationsvorgang zumindest der absendende Partner den Empfänger kennt und benennt. Von diesem Prinzip weicht nun *D. Gelernter* ab und entwickelt in LINDA das Konzept der „generativen Kommunikation" [37], d.h. wenn zwei Prozesse kommunizieren wollen, legt der sendende Prozeß eine Botschaft in einem sog. Tupel-Raum ab, aus dem ein daran interessierter

---

[52]Dieses Konzept darf nicht mit dem früher erwähnten gleichen Namens verwechselt werden.

[53]Vgl. die *future*-Konstruktion in MULTILISP.

Prozeß sie entnehmen kann. LINDA ist keine Programmiersprache im eigentlichen Sinne, sondern ein Konzept, das zu vielen Sprachen orthogonal hinzugefügt werden kann. Deshalb beschränkt sich LINDA auch auf ganz wenige Operationen, die Objekte im Tupel-Raum zu generieren bzw. aus ihm zu lesen gestatten. Die Objekte im Tupel-Raum existieren unabhängig vom sendenden und empfangenden Prozeß; es handelt sich um persistente Objekte. Der Tupelraum kann als verteilter Assoziativspeicher aufgefaßt werden, auf dessen Objekte die Prozesse nach dem Prinzip der Musterübereinstimmung zugreifen, wobei zwischen nur lesendem und verbrauchendem Zugriff unterschieden wird. Die Generierung neuer Prozesse erfolgt nach dem gleichen Schema: Der generierende Prozeß erzeugt ein — in diesem Fall aktives Objekt — im Tupel-Raum, das eine Zeitlang arbeitet und sich nach eventueller Beendigung seiner Arbeit in ein passives (als Ergebnis) verwandelt.[54] Kommunikation und Prozeßgenerierung sind also nur zwei Aspekte ein und derselben Operation.

Mit der Anweisung *out* legt der sendende Prozeß ein passives Objekt im Tupel-Raum ab, das aus einer bestimmten Anzahl von Komponenten besteht.[55] Diese Komponenten können tatsächliche oder formale Parameter (Konstanten oder Variablen), die typgebunden sind, sein. Den Prozessen, die auf Tupel warten, stehen hierfür die Anweisungen *in* und *rd* zur Verfügung. Die Anweisung *in* entfernt das Objekt beim Lesen aus dem Tupel-Raum, während *rd* zwar liest, aber das Objekt im Tupel-Raum beläßt. Die Lese-Anweisung beschreibt wie die Ausgabe-Anweisung ein Tupel und legt somit eine Schablone fest, die bestimmt, welche Objekte des Tupelraumes dazu passen. Enthält die Leseschablone auf einer Position eine Variable, so paßt dazu ein Objekt, das an der gleichen Position eine Konstante desselben Typs aufweist; die Variable wird mit dem Wert der Konstanten besetzt. Dies ist der eigentliche Lesevorgang. Weist die Leseschablone eine Konstante auf, so passen alle Objekte dazu, die an dieser Position die gleiche Konstante aufweisen. (Damit ist in gewisser Weise eine „Adressierung" der Tupel möglich.) Außerdem passen alle Tupel dazu, die an dieser Stelle eine Variable vom gleichen Typ aufweisen, wobei diese jedoch nicht verändert wird. Diese Regelung ermöglicht dem Absender, die Komponente als unwesentlich zu kennzeichnen. Zwei Variablen passen dagegen nicht zusammen, ebensowenig Tupel, deren Länge von der der Schablone abweicht.

---

[54] Es kann natürlich auch zuvor schon Ergebnisse erzeugen und im Tupel-Raum ablegen.
[55] Mit *eval* wird ein aktives Objekt abgelegt.

Zur Verdeutlichung betrachten wir ein Beispiel, das *Carriero* und *Gelernter* angegeben haben und das LINDA in C einbettet [18][56]:

```
client()
{   int index;
    some_type request; some_other_type response;
    /* Vorbereitung einer Anforderung */
    in("server index", ?index);
    out("server index", index+1);
    out("request", index, request);
    in("response", index, ?response);
    /* Verarbeitung der Antwort */
}
```

Das Beispiel setzt mehrere Auftraggeber dieses Typs voraus, die sich an einen Auftragnehmer wenden, der die Aufträge in der Reihenfolge des Eingangs bearbeiten soll. Deshalb wird ein Tupel mit der Kennung *server index* angenommen, das in seiner zweiten Komponente die nächste freie Auftragsnummer enthält. Der Kunde liest diese, erhöht sie und sendet seine Anforderung mit der gelesenen Nummer ab. Der Auftragnehmer achtet beim Lesen auf die richtige Reihenfolge der Aufträge:

```
server()
{   int index = 1;
    some_type request; some_other_type response;
    /* Initialisierung */
    while (1) {   in("request", index, ?request);
                  /* Bearbeitung der Anfrage */
                  out("response", index++, response);
}         }
```

Selbstverständlich müssen die Typdeklarationen in diesen Prozessen übereinstimmen. Werden nun weitere Auftragnehmer in das System eingeschleust, so können diese symmetrisch zu den Auftraggebern programmiert werden. Diese bemerken von einer solchen Änderung nichts.

Carriero und *Gelernter* erwähnen Einbettungen von LINDA in C, FORTRAN, C++, SCHEME und MODULA [18]. *S. Zenith* beschreibt eine Implementierung von C-LINDA auf Transputern [115]. Eine Anpassung der Tupel-Raum-Idee an das Klassenkonzept der objektorientierten Programmierung wurde von *Matsuoka* und *Kawai* vorgeschlagen und auf CONCURRENT SMALLTALK

---

[56]Dieser Aufsatz hat regen Widerspruch ausgelöst, wie die Leserbriefe zeigen (*Communicat. Associat. Comput. Mach.* 32, 10 (1989), S. 1244–1258)

aufgesetzt [71]. Dieser Ansatz führt zu einer Strukturierung des ursprünglich unstrukturierten Tupel-Raumes. Eine solche Strukturierung hat zwischenzeitlich auch *Gelernter* bei der Weiterentwicklung von LINDA vorgenommen [38]. Tupel-Räume als selbständige Objekte („First-class objects"), die dadurch auf die jeweilige Anwendung zuschneidbar sind, finden wir bei *S. Jagannathan* [54]. Auch *G. Agha* und *C.J. Callsen* gehen in ihrer Sprache *ActorSpace* aus Effizienzgründen von einer Unterteilung des Aktor-Raumes aus [2]. In diesem System legt der Sender einen Aktor-Raum fest und spezifiziert darin eine Menge potentieller Empfänger an Hand eines Musters. Dieses wird mit den Attributen derjenigen Aktoren verglichen, die in dem vorgegebenen Aktorenraum sichtbar sind, wobei ein Aktor durchaus mehreren Räumen gleichzeitig angehören kann. Bei der *send*-Anweisung wird einer der Aktoren, auf die das Muster zutrifft, nichtdeterministisch als Empfänger ausgewählt, bei *'broadcast'* wird das gesendete Objekt allen diesen Empfängern zugestellt.

11.5   Schluß

Der Anwender ist in erster Linie daran interessiert, in vernünftiger Zeit ein Programm zu erstellen, das sein Problem möglichst optimal löst, von ihm keine detaillierten Kenntnisse über Rechner-, Betriebssystem- und Compilerstrukturen verlangt und an verwandte Probleme leicht anpaßbar ist. Schon in der Einleitung haben wir auf die wichtige Rolle hingewiesen, die die Programmiersprache und das ihr zugrundeliegende Strukturierungsparadigma bei der Konstruktion des Programmes spielen. Problemorientierte Programmiersprachen verdienen ihren Namen, wenn sie sich an die Denkgewohnheiten und Problemstrukturen des Anwendungsgebietes anlehnen. Es war das historische Verdienst von FORTRAN, auf dem Gebiet der sequentiellen Programmierung numerischer Probleme hier den ersten Schritt gegangen zu sein. Auf dem Gebiet der parallelen Programmierung haben die Sprachentwickler lange Zeit nur auf die verfügbaren Systemstrukturen durch Ergänzung bzw. Modifikation bekannter Sprachen reagiert. Die Programmiersprachen zur Behandlung probleminhärenter Parallelität haben sich dagegen mit Blick auf spezielle Anwendungsbereiche entwickelt. Sie kommen den Denkgewohnheiten dieser Anwendungen entgegen und werden deshalb von Anwendern aus anderen Bereichen als exotisch empfunden. Dies ist aber eher ein Problem der syntaktischen Formulierung als der grundsätzlichen Eignung. Hier sind Änderungen möglich und zu erwarten.

Wertvolle Anmerkungen, die in dieses Manuskript eingeflossen sind, stammen von den Damen I. Fischer und Dr. R. Schorr und den Herren P. Arius, Dr. T. Hasbargen, Dr. P. Holleczek, C. Jacob, Dr. M. Minas, Dr. G. Schied, M. Schneider und G. Viehstaedt.

Literaturverzeichnis

[1] G. Agha: *Actors – A model of concurrent computation in distributed systems*, Cambridge, Mass.: MIT Press, 1986

[2] G. Agha/C.J. Callsen: ActorSpace – An open distributed programming paradigm, *ACM Sigplan Not.* 28, 7 (1993), S. 23-32

[3] P. America/F. van der Linden: A parallel object-oriented language with inheritance and subtyping, *ACM Sigplan Not.* 25, 10 (1990), S. 161-168

[4] A.L. Ananda/E.K. Koh: A survey of asynchronous remote procedure call, *ACM Sigops* 26, 2 (1992), S. 92-109

[5] G.R. Andrews: Synchronizing resources, *Transact. Programming Languages Systems* 3,4 (1981), S. 405-430

[6] G.R. Andrews et al.: An overview of the SR language and implementation, *Transact. Programming Languages Systems* 10,1 (1988), S. 51-86

[7] J.W. Backus: Can programming be liberated from the von Neumann style? – A functional style and its algebra of programs, *Communicat. Associat. Comput. Mach.* 21, 8 (1978), S. 613-641

[8] H.E. Bal et al.: Programming languages for distributed computing systems, *ACM Comput. Surveys* 21,3 (1989), S. 261-322

[9] J.P. Banâtre/D. Le Métayer: Programming by multiset transformation, *Communicat. Associat. Comput. Mach.* 36, 1 (1993), S. 98-111

[10] D. Berry et al.: A semantics for ML concurrency primitives, *Proc. 19th Ann. ACM Symposium on Principles of Programming Languages (Albuquerque, 1992)*, S.119-129

[11] B. Bershad et al.: PRESTO – A system for object-oriented parallel programming, *Software - Practice & Experience* 18,8 (1988), S. 713-732

[12] R. Bird/P. Wadler: *Introduction to functional programming*, New York: Prentice-Hall, 1988

[13] A. Black et al.: Object structure in the Emerald System, *ACM Sigplan Not.* 21, 11 (1986), S. 78-86

[14] A. Black et al.: Distribution and abstract types in Emerald, *IEEE-Transact. on Software Eng.* 13, 1 (1987), S. 65-76

[15] P. Brinch Hansen: The programming language Concurrent Pascal, *IEEE-Transact. on Software Eng.* 1, 2 (1975), S. 199-207

[16] P. Brinch Hansen: Distributed Processes – A concurrent programming concept, *Communicat. Associat. Comput. Mach.* 21, 11 (1978), S. 934-941

[17] M. Broy: Applicative real time programming, *Information Processing 83 (Ed.: R.E.A. Mason)*, Amsterdam: Elsevier, 1983, S. 259-264

[18] N. Carriero/D. Gelernter: LINDA in context, *Communicat. Associat. Comput. Mach.* 32, 4 (1989), S. 444-458

[19] R. Chandra et al.: Data locality and load balancing in COOL, *ACM Sigplan Not.* 28, 7 (1993), S. 249-259

[20] K. Clark/S. Gregory: PARLOG – Parallel programming in logic, *Transact. Programming Languages Systems* 8,1 (1986), S. 1-49

[21] J. Cohen: Constraint logic programming languages, *Communicat. Associat. Comput. Mach.* 33, 7 (1990), S. 52-68

[22] A. de Bruin/W. Böhm: The denotational semantics of dynamic networks of processes, *Transact. Programming Languages Systems* 7,4 (1985), S. 656-679

[23] R.B.K. Dewar et al.: Programming by refinement, as exemplified by the SETL representation sublanguage, *Transact. Programming Languages Systems* 1, 1 (1979), S. 27-49

[24] E.W. Dijkstra: Cooperating sequential processes, in: F. Genuys (ed.), *Programming Languages*, New York: Academic Press, 1968, S. 43-112

[25] E.W. Dijsktra: Hierarchical ordering of sequential processes, *Acta Informatica 1*, 2 (1971), S. 115-138

[26] E.W. Dijsktra: Guarded commands, nondeterminacy and formal derivation of programs, *Communicat. Associat. Comput. Mach.* 18, 8 (1975), S. 453-457

[27] C. Feder: Ausnahmebehandlung in objektorientierten Programmiersprachen, *Informatik-Fachberichte 235*, Berlin: Springer, 1990

[28] A. Fleischmann et al.: Synchronisation und Kommunikation verteilter Automatisierungsprogramme, *Angewandte Informatik 25*, 7 (1983), S. 290-297

[29] I.T. Foster/S. Taylor: STRAND – *New concepts in parallel processing*, Englewood Cliffs, N.J.: Prentice-Hall, 1990, S. 323

[30] N. Francez et al.: SCRIPT - A communication abstraction mechanism and its verification, *Science of Computer Programming 6 (1986)*, S. 35-88

[31] E.T. Freeman/D.P. Friedman: Characterizing the paralation model using dynamic assignment, *Lect. Notes Comp. Science Bd.* 605 (1992), S. 483-496

[32] L. Frevert: *Echtzeit-Praxis mit* PEARL, Stuttgart: Teubner, 1985

[33] I. Futo/P. Kacsuk: Cs-PROLOG *on Multi-Transputer systems*, Microprocessors and Microsystems (Special Issue), März 1989

[34] D. Gannon/J.K. Lee: Object oriented parallelism – pC++ ideas and experiments, *Proc. 1991 Japan Soc. for Parallel Processing*, 1993, S. 13-23

[35] N.H. Gehani/W.D. Roome: Concurrent C, *Software - Practice & Experience* 16, 9 (1986), S. 821-844

[36] N.H. Gehani: Message passing in CONCURRENT C – Synchronous versus asynchronous, *Software - Practice & Experience* 20,6 (1990), S. 571-592

[37] D. Gelernter: Generative communication in LINDA, *Transact. Programming Languages Systems* 7, 1 (1985), S. 80-112

[38] D. Gelernter: Multiple tuple spaces in LINDA, *Lect. Notes Comp. Science Bd.* 366 (1989), S. 20-27

[39] A. Giacalone et al.: FACILE – A symmetric integration of concurrent and functional programming, *Int. J. Parallel Programming 18*, 2 (1989), S. 121-160

[40] R. Goldman et al: Qlisp – An interim report, *Lect. Notes Comp. Science Bd.* 441 (1990), S. 161-181

[41] A.K. Goswami/L.M. Patnaik: A functional style of programming with CSP-like communication mechanisms, *New Generation Computing 7 (1990)*, S. 341-364

[42] M.D. Guzzi et al.: CEDAR FORTRAN and other vector and parallel FORTRAN dialects, *J. Supercomputing 4*, 1 (1990), S. 37-62

[43] S. Habert et al.: COOL – Kernel support for object-oriented environments, *ACM Sigplan Not.* 25,10 (1990), S. 269-277

[44] R.H. Halstead jr.: Multilisp – A language for concurrent symbolic computation, *Transact. Programming Languages Systems* 7,4 (1985), S. 501-539

[45] R.H. Halstead jr.: New ideas in Parallel Lisp – Language design, implementation, and programming tools, *Lect. Notes Comp. Science Bd.* 441 (1989), S. 2-57

[46] E. Heilmeier et al.: Verteilte Programme zur ausfallsicheren Datenerfassung mit redundanten Mikrorechnern, *Automatisierungstechnische Praxis atp 28*, 7 (1986), S. 336-340

[47] R. Hieb/R.K. Dybvig: Continuations and Concurrency, *ACM Sigplan Not.* 25,3 (1990), S. 128-136

[48] W.D. Hillis/G.L. Steele jr.: Data parallel algorithms, *Communicat. Associat. Comput. Mach.* 29, 12 (1986), S. 1170-1183

[49] S. Hiranandani et al.: Compiling FORTRAN D for MIMD distributed-memory machines, *Communicat. Associat. Comput. Mach.* 35, 8 (1992), S. 66-80

[50] C.A.R. Hoare: Monitors – An operating system structuring concept, *Communicat. Associat. Comput. Mach.* 17, 10 (1974), S. 549-557

[51] C.A.R. Hoare: Communicating sequential processes, *Communicat. Associat. Comput. Mach.* 21, 8 (1978), S. 666-677

[52] R.W. Hockney/C.R. Jesshope: *Parallel computers - Architecture, Programming and Algorithms*, Bd. 2, Bristol: Adam Hilger, 1988

[53] P. Hudak/L. Smith: Para-functional Programming – A paradigm for programming multiprocessor systems, *Proc. 13th Ann. ACM Symposium on Principles of Programming Languages (St. Petersburg Beach, 1986)*, S. 243-254

[54] S. Jagannathan: Customization of first-class tuple-spaces in a higher-order language, *Lect. Notes Comp. Science Bd.* 506 (1991), S. 254-276

[55] P. Kacsuk/A. Bayle: DAP PROLOG – A set-oriented approach to PROLOG, *Comput. J.* 30, 5 (1987), S. 393-403

[56] P. Kacsuk et al.: Implementation of Cs-PROLOG and CSO-PROLOG on transputers, in [82], S. 293-314

[57] G. Kahn: The semantics of a simple language for parallel programming, *Information Processing 74 (Ed.: J.L. Rosenfeld)*, Amsterdam: North-Holland, 1974, S. 471-475

[58] G. Kahn/D.B. McQueen: Coroutines and networks of parallel processes, *Information Processing 77 (Ed.: B. Gilchrist)*, Amsterdam: North-Holland, 1977, S. 993-998

[59] K.M. Kahn/V.A. Saraswat: Actors as a special case of concurrent constraint programming, *ACM Sigplan Not.* 25, 10 (1990), S. 57-66

[60] L.V. Kale/S. Krishnan: CHARM++ – A portable concurrent object oriented system based on C++, *ACM Sigplan Not.* 28, 10 (1993), S. 91-108

[61] R.R. Kessler/M.R. Swanson: Concurrent Scheme, *Lect. Notes Comp. Science Bd.* 441 (1990), S. 200-234

[62] R.A. Kieburtz/A. Silberschatz: Comments on „Communicating Sequential Processes", *Transact. Programming Languages Systems* 1, 2 (1979), S. 218-225

[63] H. Kleine Büning/S. Schmitgen: PROLOG - Grundlagen und Anwendungen, Stuttgart: Teubner, 1986, S. 304

[64] L. Lamport: On programming parallel computers, *ACM Sigplan Not.* 10,3 (1975), S. 25-33

[65] D.H. Lawrie et al.: GLYPNIR – A programming language for ILLIAC IV, *Communicat. Associat. Comput. Mach.* 18, 3 (1975), S. 157-164

[66] B. Liskov/R. Scheifler: Guardians and actions – Linguistic support for robust, distributed programs, *Transact. Programming Languages Systems* 5, 3 (1983), S. 381-404

[67] B. Liskov et al.: Limitations of synchronous communication with static process structure in languages for distributed computing, *Proc. 13th Ann. ACM Symposium on Principles of Programming Languages (St. Petersburg Beach, 1986)*, S. 150-159

[68] B. Liskov: Distributed programming in ARGUS, *Communicat. Associat. Comput. Mach.* 31, 3 (1988), S. 300-312

[69] K.P. Löhr: Concurrency annotations, *ACM Sigplan Not.* 27, 10 (1992), S. 327-340

[70] G. Marino/G. Succi: Data structures for parallel execution of functional languages, *Lect. Notes Comp. Science Bd.* 366 (1989), S. 346-356

[71] S. Matsuoka/S. Kawai: Using tuple space communication in distributed object-oriented languages, *ACM Sigplan Not.* 23, 11 (1988), S. 276-284

[72] S. Matsuoka et al.: Highly efficient and encapsulated re-use of synchronization code in concurrent object-oriented languages, *ACM Sigplan Not.* 28, 10 (1993), S. 109-126

[73] D. May: OCCAM, *ACM Sigplan Not.* 18, 4 (1983), S. 69-79

[74] R.E. Millstein: Control structures in ILLIAC IV FORTRAN, *Communicat. Associat. Comput. Mach.* 16, 10 (1973), S. 621-627

[75] R. Milner: A calculus of communicating systems (*Lect. Notes Comp. Science Bd.* 92), Berlin: Springer, 1980, S. 171

[76] L. Moreau: An operational semantics for a parallel functional language with continuations, *Lect. Notes Comp. Science Bd.* 605 (1992), S. 415-430

[77] O. Nierstrasz: Active objects in HYBRID, *ACM Sigplan Not.* 22,12 (1987), S. 243-253

[78] O. Nierstrasz/M. Papathomas: Viewing objects as patterns of communicating agents, *ACM Sigplan Not.* 25, 10 (1990), S. 38-43

[79] E.G.J.M.H. Nöcker et al.: CONCURRENT CLEAN, *Lect. Notes Comp. Science Bd.* 506 (1991), S. 202-219

[80] R.H. Perrott: The design and implementation of a PASCAL-based language for array processor architectures, *J. Parall. Distrib. Comput.* 4 (1987), S. 266-287

[81] R.H. Perrot/D.K. Stevenson: Considerations for the design of array processing languages, *Software - Practice & Experience* 11 (1981), S. 683-688

[82] R. H. Perrot (Ed.): *Software for Parallel Computers*, London: Chapman & Hall, 1992

[83] C. Queinnec: A concurrent and distributed extension of SCHEME, *Lect. Notes Comp. Science Bd.* 605 (1992), S. 431-446

[84] A.P. Reeves et al.: The programming language PARALLEL PASCAL, *Proc. 1980 Int. Conf. Parallel Processing*, IEEE Comput. Soc., 1980, S. 5-6

[85] J. Reid: The advantages of FORTRAN 90, *Computing 48*, 3-4 (1992), S. 219-238

[86] J.H. Reppy: CML – A higher-order concurrent language, *Proc. 18th Ann. ACM Symposium on Principles of Programming Languages (Orlando, 1991)*, S. 293-305

[87] H.K. Resnick/A.G. Larson: DMAP – A COBOL extension for associative array processors, *ACM Sigplan Not.* 10, 3 (1975), S. 54-61

[88] J.A. Robinson: Logic and logic programming, *Communicat. Associat. Comput. Mach.* 35, 3 (1992), S. 40-65

[89] W. Sammer/H. Schwärtzel: CHILL – *Eine moderne Programmiersprache für die Systemtechnik*, Berlin: Springer,1982

[90] V.A. Saraswat/M. Rinard: Concurrent constraint programming, *Proc. 17th Ann. ACM Symposium on Principles of Programming Languages (San Francisco, 1990)*, S. 232-245

[91] H.J. Schneider: Objektorientierte Strukturierung verteilter Software und statische Typprüfung, *Informatik-Fachberichte 167*, Berlin: Springer, 1988, S. 546-555

[92] H.J. Schneider: Set-theoretic concepts in programming languages and their implementation, *Lect. Notes Comp. Science Bd.* 100 (1981), S. 42-54

[93] G.L. Steele jr.: High performance FORTRAN - Status report, *ACM Sigplan Not.* 28,1 (1993), S. 1-4

[94] K. Stevens: CFD – A FORTRAN-like language for the ILLIAC IV, *ACM Sigplan Not.* 10,3 (1975), S. 72-80

[95] R.E. Strom/S. Yemini: NIL - An integrated language and system for distributed programming, *ACM Sigplan Not.* 18,6 (1983), S. 73-82

[96] S.T. Taft: Ada9x – From abstraction-oriented to object-oriented, *ACM Sigplan Not.* 28, 10 (1993), S. 127-136

[97] A. Takeuchi/K. Furukawa: Bounded buffer communication in CONCURRENT PROLOG, *New Generation Computing 3 (1985)*, S. 145-155

[98] H. Taylor: A Lingua franca for concurrent logic programming, *IEEE-Transact. on Software Eng.* 18, 3 (1992), S. 225-236

[99] G. Thiele: *Software-Entwurf in PEARL-orientierter Form*, Stuttgart: Teubner, 1993

[100] W.F. Tichy et al.: A critique of the programming language $C^\star$, *Communicat. Associat. Comput. Mach.* 35, 6 (1992), S. 21-24

[101] C. Tomlinson/V. Singh: Inheritance and synchronization with enabled-sets, *ACM Sigplan Not.* 24, 10 (1989), S. 103-112,

[102] V. Tsujino et al.: Concurrent C — A programming language for distributed multiprocessor systems, *Software - Practice & Experience* 14, 11 (1984), S. 1061-1078

[103] D. Turner: Functional programming and communicating processes, *Lect. Notes Comp. Science Bd.* 259 (1987), S. 54-74

[104] K. Ueda: Guarded Horn clauses, *Lect. Notes Comp. Science Bd.* 221 (1986), S. 168-179

[105] J. van den Bos/C. Laffra: PROCOL - A parallel object language with protocols, *ACM Sigplan Not.* 24,10 (1989), S. 95-102

[106] D. Walker: Some results on the π-calculus, *Lect. Notes Comp. Science Bd.* 491 (1991), S. 21-35

[107] *Communicat. Associat. Comput. Mach.* 35,3 (1992), S. 94

[108] *ACM Comp. Surveys 18*,1 (1986), S.1

[109] R. Wayman: OCCAM 2 - An overview from a software engineering perspective, *Microprocessors and Microsystems 11*, 8 (1987), S. 413-422

[110] P. Wegner: *The object-oriented classification paradigm*, Research Directions in Object-Oriented Programming (Eds.: B. Shriver/P. Wegner), S. 479-560, Cambridge, Mass.: MIT Press, 1987

[111] Ch. Wetherell: Design considerations for array processing, *Software - Practice & Experience* 10 (1980), S. 265-271

[112] P. Wilke: *Entwurf und Implementierung der mengentheoretischen Programmiersprache* CANTOR, Dissertation, Univ. Erlangen-Nürnberg, 1988

[113] Y. Yokote/M. Tokoro: The design and implementation of ConcurrentSmalltalk, *ACM Sigplan Not.* 21, 11 (1986), S. 331-340

[114] A. Yonezawa et al.: Object-oriented concurrent programming in AB-
      CL/1, *ACM Sigplan Not.* 21, 11 (1986), S. 258-268

[115] S. Zenith: LINDA coordination language; subsystem kernel architecture
      (on transputers), in: [82], S. 335-350

[116] M.E. Zosel: A modest proposal for vector extensions to ALGOL, *ACM
      Sigplan Not.* 10,3 (1975), S. 62-71

[117] Anonym: The Programming Language Ada – Reference Manual, *Lect.
      Notes Comp. Science Bd.* 155 (1983)

[118] *Communicat. Associat. Comput. Mach.* 34, 11 (1991), S. 60

12 Leistungsbewertung von Parallelrechnersystemen

12.1 Einleitung

Die Notwendigkeit einer sorgfältigen Leistungsabschätzung haben wir bereits in Kapitel 3 allgemein und an typischen Problemstellungen diskutiert. Wir haben ferner gesehen, daß es zwei grundsätzlich unterschiedliche Wege in der Methodik gibt, Leistungsbewertung über das Meßexperiment und über die Modellbildung. Beide Methoden haben ihre Vor- und Nachteile; sie werden deshalb in unterschiedlichen Phasen des Entwicklungsprozesses, z.T. aber auch kombiniert und sich ergänzend eingesetzt.

Zunächst geben wir einen Überblick über die unterschiedlichen Methoden des Monitoring, insbesondere Hardware-, Software- und Hybrid-Monitoring. Ferner unterscheiden wir zwei Arten von Messungen und Meßergebnissen: die Leistungsmessung, d.h. das Messen charakteristischer Leistungsgrößen und die Beobachtung des dynamischen Ablaufgeschehens, d.h. die Untersuchung des Zusammenspiels der einzelnen Systemkomponenten, um eine Begründung für gemessene Leistung zu finden.

Zur Leistungsmodellierung gibt es ebenfalls mehrere Methoden, die sich in Beschreibungsart und -aufwand, sowie in Modellierungsgenauigkeit und Analyseaufwand unterscheiden. Wir geben zunächst eine Übersicht über Graph- und Warteschlangenmodelle für Parallelrechner, die sich aus den klassischen Standardmodellen entwickelt haben. Daran anschließend behandeln wir neuere Ansätze, insbesondere Stochastische Petrinetze, bei denen die Modellierung der wichtigen (und oft kritischen) Koordinierungsprobleme im Vordergrund steht.

12.2 Leistungsmessung

Obwohl Hardware und Software eines digitalen Rechensystems präzise definiert sind, und somit auch alle Abläufe prinzipiell wohlbestimmte Ursachen haben, ist das tatsächlich beobachtete dynamische Ablaufgeschehen eines modernen Rechensystems alles andere als leicht zu verstehen.

Ein Anwender, aber auch ein Systemprogrammierer, weiß in der Regel nicht, welche Laufzeiten aus den von ihm programmierten Algorithmen resultieren. Die dynamischen Ablaufeigenschaften zu durchschauen ist noch schwieriger, insbesondere, wenn man abschätzen will, welchen Einfluß die dabei explizit und implizit zu Hilfe genommenen System-, Kommunikations- und Bibliotheksroutinen haben werden. Eine geeignet konzipierte Leistungsmessung kann helfen, die nötigen Einblicke zu bekommen. Hier kommt der Technik der ereignisgesteuerten Messung besondere Bedeutung zu.

Solche Leistungsmessungen empfehlen sich insbesondere für die Analyse der Abläufe auf Parallelrechnern, denn dort besteht das Ablaufgeschehen aus einer Fülle von parallelen, gelegentlich interagierenden Aktivitäten, deren Reihenfolge, Dauer und zeitliche Überlappung von der Wechselwirkung der Rechnerhardware sowie der System-, Bibliotheks-, Kommunikations- und Anwendersoftware abhängen.

12.2.1 Monitoringmethoden

Grundsätzlich stehen für die Leistungsmessung die drei Monitoringmethoden[1] *Hardware-, Software- und Hybridmessung* zur Verfügung. Zur Gegenüberstellung der drei Methoden ist es günstig, sich das zu beobachtende Rechensystem, das wir im folgenden als *Objektrechner*[2] bezeichnen wollen, als *Schichtenmodell* aus Hardware (HW), Betriebssystem (BS) und Anwendersoftware (A-SW) vorzustellen, vgl. Abbildung 12.1. Die drei Monitoringmethoden sind nachstehend stichwortartig definiert.

---

[1] Die Monitoringmethode *Firmwaremessung* ist wegen der Unzugänglichkeit der Mikroprogramme in modernen VLSI-Prozessoren bedeutungslos geworden.

[2] Als *Objektrechner* oder *Objektsystem* bezeichnen wir ein zu beobachtendes Rechensystem inklusive Last. Burkhart verwendet stattdessen den Begriff *Target* [13], Mink et al. sprechen von '*system under test*'[71].

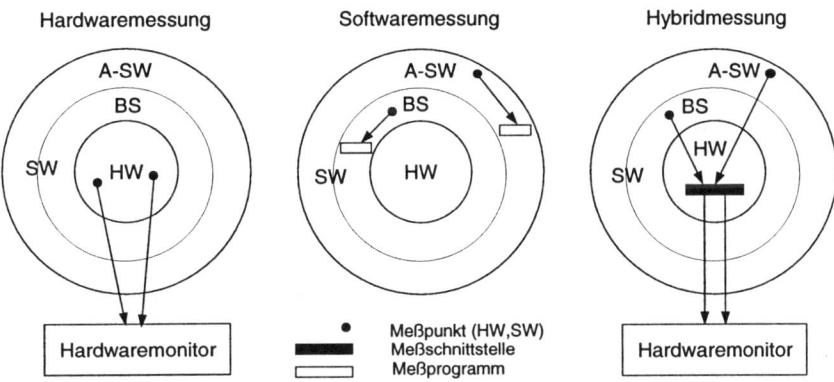

Abb. 12.1: Die drei verschiedenen Monitoringmethoden

Hardwaremessung

Eine Messung, bei der ein externes elektronisches Meßgerät, ein sog. HARD-WAREMONITOR, *über elektronische Meßfühler die Zustände der beobachteten Meßpunkte im Objektrechner registriert und aufzeichnet, bezeichnet man als* HARDWAREMESSUNG.

Manche Hardwaremonitore nehmen zugleich auch einfache Auswertungen vor und ermöglichen so die 'on-line'-Beobachtung und -Ergebnisanzeige. Der Vorteil einer Hardwaremessung liegt darin, die Abläufe im Objektrechensystem nicht zu beeinflussen. Von Nachteil ist die Schwierigkeit, in bzw. an modernen hochintegrierten Prozessoren überhaupt geeignete Meßpunkte zu finden und beobachtete Hardwaresignale den sie verursachenden Programmen zuzuordnen.

Softwaremessung

Eine Messung, bei der ein zusätzliches Meßprogramm, ein sog. SOFTWARE-MONITOR, *Zustände im Objektrechner und der dort ablaufenden Programme beobachtet und aufzeichnet, bezeichnet man als* SOFTWAREMESSUNG.

Die Vorteile von Softwaremessungen liegen darin, daß der Objektrechner ohne zusätzliche Meßhardware (im Gegensatz zum Hardwaremonitor) beobachtet werden kann und daß sich relativ leicht ein problemorientierter Bezug zwischen Meßergebnissen und den sie verursachenden Programmen herstellen läßt. Von Nachteil ist die erhebliche Verzögerung der zu beobachtenden Abläufe durch die Softwaremessung, die i.a. auch zu qualitativen

Veränderungen der Abläufe führt. Softwaremessungen, die generelle Aussagen (z.B. auf Prozessorebene) über alle Softwareabläufe liefern sollen, siedelt man sinnvollerweise im Betriebssystem an. Messungen, die auf Besonderheiten einzelner Anwenderprogramme eingehen sollen, müssen auch dort vorgenommen werden.

Hybridmessung

Eine Messung, bei der die Erkennung interessierender Zustände und Ereignisse per Software erfolgt, ihre Erfassung und Aufzeichnung aber per Hardware, nennt man HYBRIDMESSUNG. *Softwaremeßpunkte im Objektsystem senden Ereigniskennungen an eine Meßschnittstelle, wo sie ein Hardwaremonitor abgreift und aufzeichnet.*

Die Meßschnittstelle kann eine speziell für Messungen bereitgestellte Schnittstelle sein [53]. Häufiger werden entweder vorhandene E-/A-Schnittstellen oder 'virtuelle Schnittstellen'[3] verwendet.

Die Hybridmessung verbindet die Vorteile von Software- und Hardwaremessungen. Sie beeinflußt den beobachteten Programmablauf nur minimal und liefert wie die Softwaremessung einen problemorientierten Bezug von den Meßergebnissen auf die sie verursachenden Programme.

Wahl der geeigneten Meßmethode und Vorgehensweise

Mit der Hardware-, Software- und Hybridmessung wurden drei Techniken zur Erkennung, Erfassung und Aufzeichnung relevanter Daten aus meßtechnischer Sicht vorgestellt. Diese Sicht ist wichtig. Bedeutsamer aber als die Frage *wie* man mißt, erscheint die Frage, *was* man *wissen, was man durch die Messung erfahren* möchte, ehe man sich daran macht, eine Messung durchzuführen. Wir gehen konform mit Nutt [82], der sich 1975 dafür engagierte, vor jeder Messung, die eigene Interessenlage abzuklären: *„The most important questions to be answered before attempting to monitor a machine are what to measure and why the measurement should be taken"*. Nutts Auffassung erscheint selbstverständlich, sie ist es aber durchaus nicht immer. Die von Bell [8] bissig als üblich bezeichnete Vorgehensweise

> *„choose a monitor → perform some measurement → wonder what to do with the data"*

---

[3]Mit virtuellen Schnittstellen sind 'angezapfte' Busschnittstellen gemeint, auf denen gelegentlich Ereigniskennungen erscheinen, die ein Meßinterface erkennen und herausfiltern muß.

muß auch heute noch als abschreckendes Beispiel erwähnt werden.

Mit welcher Zielvorstellung soll nun gemessen werden, wenn es um Leistungsmessungen in Parallelrechnern geht? Globale Leistungsgrößen wie Durchsatz oder mittlere Antwortzeit konstatieren eine Leistung, aber erklären sie nicht. Will man die Leistung paralleler Systeme steigern, sind Messungen erforderlich, die Einsicht in das dynamische Ablaufgeschehen gewähren und so die internen Ursachen beobachteter Leistung aufdecken.

Wir schließen uns daher McKerrow [70] an, der auf Hammings Forderung verweist: *„The purpose of measurement is insight, not numbers"*. Mit dieser Zielperspektive vor Augen seien nun die beiden Alternativen *zeitgesteuerte* und *ereignisgesteuerte Messung* betrachtet.

Zeitgesteuerte Messung und ereignisgesteuerte Messung

Als ZEITGESTEUERTE MESSUNG *bezeichnet man eine vom Beobachter aus gesteuerte Messung, bei der der Zustand des Objektsystems zu extern gewählten Beobachtungszeitpunkten betrachtet bzw. erfaßt wird.*

Die zeitgesteuerte Messung ist eine geeignete Methode, um globale Leistungsgrößen zu ermitteln. Man erkennt damit z.B., wie häufig man ein Objektsystem im System- bzw. im Anwendermodus antrifft oder wie häufig gewisse Rechnerkomponenten bzw. Programmabschnitte aktiv sind, und kann daraus summarische Auslastungsaussagen ableiten. Mit geeigneten Hardware- und Softwaremonitoren bietet die zeitgesteuerte Messung die Möglichkeit, die erfaßten Meßwerte schon während der Messung zu den gesuchten globalen Leistungsgrößen aufzusummieren und damit die Flut der Meßwerte drastisch zu reduzieren.

Als EREIGNISGESTEUERTE MESSUNG *bezeichnet man eine vom Objektrechner aus gesteuerte Messung, bei der Ereignisse im Objektsystem (i.a. sind es Zustandswechsel oder Beginn und Ende interessierender Programmabschnitte) den jeweiligen Meß- oder Beobachtungsvorgang auslösen.*

Meist beschränkt sich die ereignisgesteuerte Messung auf die Aufzeichnung einer Kennung des aufgetretenen Ereignisses und des Zeitpunktes, an dem es auftrat.

Die zunächst auf die Gewinnung von Einsicht abgestellten ereignisgesteuerten Messungen liefern, wenn sie neben Ereigniskennung auch Zeitstempel aufzeichnen, alle Daten, die man zur Berechnung der globalen Leistungsgrößen braucht, sozusagen als Abfallprodukt nebenbei mit. So müssen nicht noch zusätzliche zeitgesteuerte Messungen ausgeführt werden, wenn globale Leistungsgrößen von Interesse sind. Daher wollen wir im folgenden nur noch auf ereignisgesteuerte Messungen eingehen.

Ereignis und Aktivität

Der Begriff Ereignis (event) wird viel verwendet und erscheint auf den ersten Blick unmittelbar verständlich. Wie Mohr 1992 [75] darlegt, überwiegen in der Literatur jedoch eher vage Definitionen. Wir nennen exemplarisch drei Definitionsvorschläge:

- Lazzerini: "Events represent important types of system behavior" [61],

- Ferrari et al: ". . . inserting a special code in specific places . . . " [27],

- Haban/Wybranietz: "We define an event as a special condition that occurs during normal system activity" [40].

Mohr regt deshalb an, davon auszugehen, welche Funktion ein Ereignis im Kontext einer Einsicht bietenden Messung hat. Er betrachtet Ereignisse aus der Sicht der Beobachtungsstützpunkte im Programm, die es gestatten, das vollständige dynamische Ablaufgeschehen auf eine Verhaltensabstraktion zu reduzieren, ein Gedanke, den Bates und Wileden [5] mit dem Begriff 'behavioral abstraction' umschreiben. Wir schließen uns dieser Sichtweise an und definieren:

Als POTENTIELLES EREIGNIS *bezeichnen wir einen Beobachtungsstützpunkt im Programm.* Die Menge aller potentiellen Ereignisse ist so zu wählen, daß eine Messung eine ausreichende Sicht auf das interessierende System liefert.

Als EREIGNIS *bezeichnen wir das Durchlaufen eines Beobachtungsstützpunktes im Programm (Software- und Hybridmonitoring) sowie Zustandswechsel im System, die per Hardware erkannt werden.*

Zur Klärung des Begriffs Ereignis sei vermerkt, daß wir das Auftreten eines Ereignisses als zeitlosen Vorgang betrachten. Wird einem Ereignis dennoch eine Zeitangabe, der sog. Zeitstempel zugeordnet, dann ist dies der Zeitpunkt, an dem es auftrat. Hingegen sprechen wir von AKTIVITÄTEN, wenn ein andauernder Zustand oder ein Rechenprozeß endlicher Dauer vorliegt. Ereignisse dienen dazu, Beginn und Ende interessierender Aktivitäten zu kennzeichnen. Ihre Zeitstempel gestatten es, aus der Zeitstempeldifferenz die Dauer der Aktivität zu berechnen, sowie eine kausale Beziehung zu anderen Ereignissen und Aktivitäten herzustellen.

Die Definition potentieller Ereignisse ist insofern ein Abstraktionsvorgang als von der Fülle aller möglichen Beobachtungsstützpunkte eine i.a. sehr kleine Zahl ausgewählt wird, nämlich gerade jene Stützpunkte, die ausreichen, um die den „Leistungbewerter" interessierenden Fragen beantworten zu können. Aus der Sicht der betrachteten Ereignisse, also des durch die Ereignisdefinition gewählten Abstraktionsgrades, ergibt sich mit ereignisgesteuerter Messung eine vollständige Ablaufgeschichte, dargestellt durch die Spur der tatsächlich aufgetretenen Ereignisse.

Da das Durchlaufen eines potentiellen Ereignisses für die Verhaltensabstraktion je nach Kontext unterschiedliche Bedeutung haben kann, ist es sinnvoll, die Ereignisklassen *Elementarereignisse*, *bedingte* Ereignisse und Ereignisse *höherer Ordnung* zu unterscheiden.

Man spricht von einem ELEMENTAREREIGNIS, *wenn im Programmablauf eine der als potentielles Ereignis ausgezeichneten Stellen erreicht und somit ein Ereignis generiert wird.*

Man spricht von einem BEDINGTEN ELEMENTAREREIGNIS, *wenn das generierte Ereignis nur bei Vorliegen einer Nebenbedingung aufgezeichnet, also zur Bildung der Verhaltensabstraktion herangezogen wird.*

Man spricht von einem EREIGNIS HÖHERER ORDNUNG, *wenn erst das Auftreten einer gewissen Abfolge von Elementarereignissen für die Verhaltensabstraktion von Interesse ist. Dann wird das Auftreten einer derartigen Sequenz von Elementarereignissen als ein Ereignis höherer Ordnung gewertet und aufgezeichnet.*

Ereignisgesteuerte Hybridmessungen

Ein wichtiger Weg[4], eine ereignisgesteuerte Messung vorzunehmen, ist die PROGRAMMINSTRUMENTIERUNG oder kurz INSTRUMENTIERUNG mit

---

[4]Grundsätzlich können Ereignisse auch per Hardware erkannt werden. Von praktischer Bedeutung ist jedoch zuvörderst die Ereigniserkennung per Programminstrumentierung.

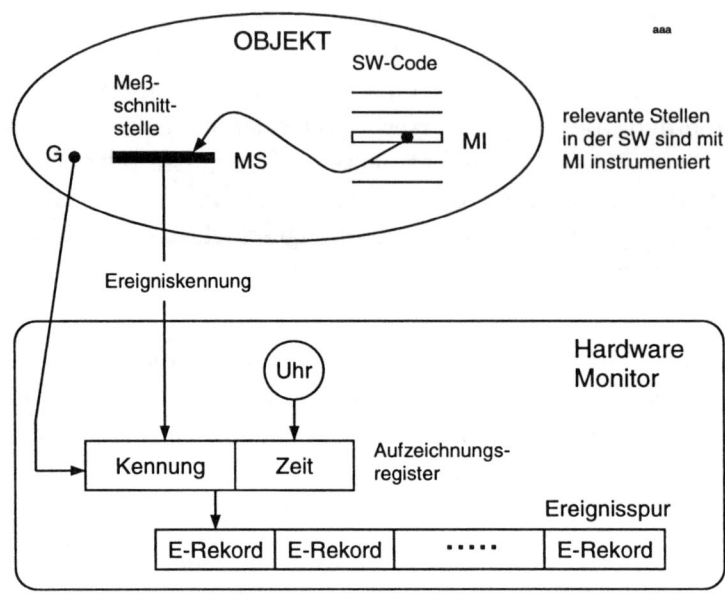

Abb. 12.2: Ereignisgesteuerte Hybridmessung

anschließender Aufzeichnung der Ereigniskennungen per Hardwaremonitor. Die Instrumentierung besteht darin, in die zu beobachtenden Programme an interessierenden Stellen MESSINSTRUKTIONEN oder allgemeiner MONITORINGANWEISUNGEN[5] **MI** einzufügen und damit einen Beobachtungsstützpunkt, ein potentielles Ereignis[6], zu definieren:

$$\text{MI: load} < \text{Kennung} > \text{to MS}$$

Dabei ist MS eine Hardware-Meßschnittstelle. Bei der Ausführung von MI wird nicht nur die Kennung nach MS geladen, es wird auch ein Gültigkeitsbit G erzeugt, das dem Hardwaremonitor die Ereignisankunft signalisiert, vgl. Abbildung 12.2.

Aus Abbildung 12.2 geht auch die Arbeitsteilung bei der Hybridmessung hervor: das instrumentierte Objektsystem liefert die Ereigniskennung an die

---

[5]Man spricht auch von Trace-Anweisung oder 'monitoring hook'.

[6]Ein Vorteil der ereignisgesteuerten Messung liegt darin, daß man sich schon beim Einfügen der Monitoringanweisungen MI die Frage vorlegen muß, ob das Durchlaufen von MI aufschlußreich sein dürfte. Auf diese Weise gelangen nur Ereigniskennungen nach MS, die auch relevant sind; die Messung beschränkt sich aufs Wesentliche.

Meßschnittstelle und zeigt mit G deren Gültigkeit an. Alles weitere ist Aufgabe des Hardwaremonitors. Er prägt jedem Ereignis einen Zeitstempel auf, der im Monitor aus der Monitoruhr abgeleitet wird und faßt diesen mit der Kennung zu einem EREIGNISRECORD zusammen. Schließlich trägt der Monitor den Ereignisrecord, kurz: E-Record, in die entstehende Ereignisspur ein. Man sagt, es ist ein Ereignis aufgetreten.

Anmerkung zur Programmierung der Meßschnittstelle

So einfach, wie das Verfahren in Abbildung 12.2 aussieht, ist es nicht. Schon das elegante Instrumentieren der Objektsoftware an den richtigen Stellen mit problemorientierten Kennungen ist nicht trivial. Wir werden später unter dem Stichwort *automatisches Instrumentieren* auf dieses Problem eingehen. Nicht trivial ist auch das „unbürokratische" Ansprechen der Meßschnittstelle MS, weil in vielen Rechensystemen zwar Hardwareschnittstellen vorhanden sind, aber keine einfachen Rechnerbefehle *load <Kennung> to MS*. Vielmehr erwarten die meisten Rechensysteme an solchen Hardwareschnittstellen ein E-/A-Gerät, das der Flußkontrolle bedarf und somit erst nach einem Prozeßwechsel über ein aufwendiges E-/A-Protokoll angesprochen werden kann. Ein derartig abgesicherter Umgang mit Ausgabeschnittstellen ist zwar bei E-/A-Verkehr notwendig, nicht aber gegenüber einem stets aufnahmebereiten Hardwaremonitor. Ein volles E-/A-Protokoll würde die hybride Messung unnötig schwerfällig machen.

Zusammenfassend kann man sagen, eine Hybridmessung wird dann besonders erfolgreich sein, wenn folgende drei Attribute vorhanden sind:

1. Meßschnittstelle MS genügender Wortlänge und mit Gültigkeitsbit G,

2. Schnelle, „unbürokratisch" ausführbare Monitoringanweisungen MI,

3. Elegante Instrumentierungswerkzeuge.

Ereignisgesteuerte Softwaremessungen

Ereignisgesteuert per Software zu messen, heißt grundsätzlich denselben Weg einzuschlagen wie bei der hybriden ereignisgesteuerten Messung. Es ist also eine Instrumentierung der zu beobachtenden Software mit Monitoringanweisungen MI an interessierenden Stellen vorzunehmen.

$$MI: \text{store} <Kennung> \text{to} <adr>$$

Da bei Softwaremessungen die Ressourcen des beobachteten Rechensystems für Messung und Aufzeichnung der Ereignisspur herangezogen werden, wird statt einer einfachen Monitoringanweisung häufig der Aufruf MI einer Meßprozedur MP

$$\text{MI: call MP} <\text{Kennung}>$$

mit der Ereignis<Kennung> als Parameter erforderlich sein.

Ein ereignisgesteuerter SOFTWAREMONITOR *besteht aus einer Menge solcher Meßprozeduren MP, die zu dem zu beobachtenden Objektprogramm hinzugebunden werden.*

12.2.2   Monitoring in parallelen und verteilten Systemen

Bei parallelen und verteilten Systemen können bereits kleine Zeitunterschiede bei der Abarbeitung paralleler Teilaufgaben oder von Kommunikationsanweisungen zu völlig unterschiedlichen Programmabläufen führen. So liegt es nahe, wegen der höheren Komplexität der Abläufe aus parallel laufenden, kommunizierenden und sich synchronisierenden Aktivitäten gerade hier Messungen einzusetzen. Damit kommt Messungen neben der Leistungsanalyse auch die Aufgabe zu, die Fehlersuche *'parallel debugging'* zu unterstützen. Offensichtlich eignen sich dazu ereignisgesteuerte Messungen besonders.

Wir betrachten im folgenden ausschließlich ereignisorientierte Messungen und verstehen unter dem Meßergebnis *Ereignis* die in einem E-Record zusammengefaßten Angaben *Ereigniskennung* und *Zeitstempel*. Betrachtet man gleichzeitig Ereignisströme von mehreren Knoten eines Parallelrechners mit der Absicht, das Gesamtablaufgeschehen zu erfassen und zu verstehen, so ergibt sich gegenüber den Monoprozessormessungen ein neues Problem. In fast allen Parallelrechnern haben die einzelnen Knoten eigene lokale Uhren, die nur ausnahmsweise global synchronisiert sind. Eine Messung an einem Parallelrechner wird also zunächst aus jedem der n beobachteten Knoten eine lokale Ereignisspur liefern und ggf. weitere Spuren v mit Ereignissen aus dem Verbindungssystem, vgl. Abbildung 12.3.

Damit bekommt man Spur für Spur bei geeigneter Ereignisdefinition alle interessierenden Aussagen über Reihenfolge und Dauer von Aktivitäten *in* den einzelnen Rechenknoten. Gerade bei der Analyse von Parallelarbeit

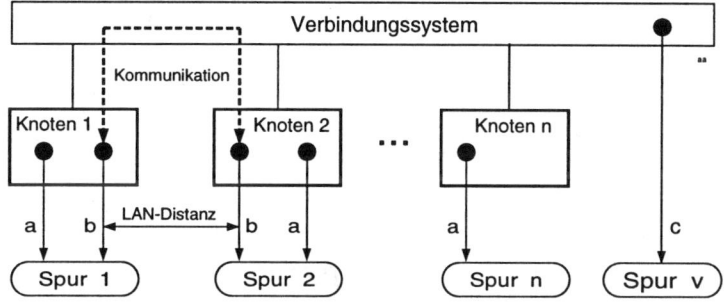

Abb. 12.3: Idealtypische Konfiguration eines parallelen oder verteilten Systems zur Messung von a) Knoteninterna, b) Interknotenkommunikation, c) Aktivitäten des Verbindungssystems

aber genügt das nicht. Dort interessiert besonders der Parallelisierungserfolg, häufig ausgedrückt als 'speedup'. Will man den 'speedup' steigern, so muß man die ihn begrenzenden Faktoren[7] kennen. Diese hängen nicht nur von den Knoteninterna, sondern auch davon ab, daß es gelingt, den Verwaltungs- und Kommunikationsaufwand klein zu halten und die Arbeit so zu verteilen, daß Teilaufgaben, die zu ihrer Bearbeitung die Ergebnisse anderer Teilaufgaben benötigen, die parallel auf anderen Rechenknoten laufen, nicht oder nicht zu lange warten müssen. Ob dies gelingt, kann mit einer Messung nur dann festgestellt werden, wenn eine genaue kausale und zeitliche Relation zwischen den Ereignissen in *verschiedenen* Spuren hergestellt werden kann [87].

Die zwei wesentlichen Forderungen an ein Meßsystem sind also:

1. Die korrekte Reihenfolge von Ereignissen, die von verschiedenen Objektknoten herrühren, muß zuverlässig ermittelt werden. Dies ist Voraussetzung zur Gewinnung *funktionaler* Einsicht. Dabei ist es besonders wichtig, kausale Abhängigkeiten zwischen Ereignissen zu kennen, um eventuelle Ursachen von Warteverlusten herauszufinden.

---

[7]Um die Fülle begrenzender Faktoren beherrschbar zu machen, haben Burkhart et al. [13] vorgeschlagen, sie zu Verlustklassen zusammenzufassen. Typische Verlustklassen sind Zugriffsverluste (z.B. erhöhte Zugriffszeit auf Daten, wenn über ein Verbindungsnetz zugegriffen wird) oder Warteverluste (z.B. Warten auf Resultate anderer Teilaufgaben).

2. Die richtigen Zeitabstände zwischen Ereignissen in beliebigen Objektknoten müssen zeitlich präzise ermittelt werden. Dies ist Voraussset-
   zung zur Gewinnung *leistungsbezogener* Einsicht.

In der Leistungsmessung wird beiden Forderungen mit der Definition logischer und physikalischer Zeitstempel Rechnung getragen.

Skalare logische Zeitstempel

Für verteilte Systeme, die mit SEND-/RECEIVE-Mechanismen kommunizieren, hat Lamport 1978 [59] das Verfahren der skalaren logischen Uhr angegeben, das zwischen allen Ereignissen wie folgt eine chronologische Halb-
ordnung aufbaut: Jedem Prozeß wird eine logische Uhr C_i zugeordnet, deren Zählerstand bei jedem intern auftretenden Ereignis um 1 inkrementiert
wird. Eine globale Ordnungsrelation über den Ereignissen aus allen Prozessen entsteht dadurch, daß den SEND- und RECEIVE-Ereignissen jeweils der
lokale Zeitstempel beigefügt wird. Das Verfahren der skalaren logischen Uhr
fand Eingang in Arbeiten über Monitoring und Debugging, z.B. in das von
LeBlanc und Robbins 1985 [62] angegebene Software-Monitorsystem Radar
und das verteilte Software-Monitorsystem der Entwicklungsumgebung JA-
DE, das Joyce et al.1987[57] publizierten.

Logische Vektorzeitstempel

Unabhängig voneinander haben 1989 Fidge[29] und Mattern [69] das Verfahren logischer Vektoruhren entwickelt. Es geht über die skalaren logischen
Uhren insoweit hinaus, als alle Uhren $C_i, i = 1, 2, \ldots, n$, im System nicht nur
die eigene lokale Zeit fortschreiben, sondern auch den Kenntnisstand über
die Zeit $c_{ij}, j = 1, 2, \ldots, n$, in allen anderen Prozessen in einem Zeitvektor
verwalten.

$$C_i = (c_{i1}, c_{i2}, \ldots, c_{in})$$

Dabei ist c_{ii} die eigene lokale Zeit.

Das lokale Wissen wird wie bei der skalaren logischen Uhr über die SEND-
/RECEIVE-Kommunikation weitergereicht. Das Verfahren der logischen
Vektorzeitstempel haben neben Fidge und Mattern auch van Dijk et al. [23]
in einem Monitoringprojekt eingesetzt.

Physikalische Zeitstempel

Während bei Softwaremessungen Methoden wie die der logischen skalaren
und vektoriellen Zeitstempel herangezogen werden müssen, um Ereignisse

aus den parallel gemessenen Spuren kausal und zeitlich zu ordnen, kann man bei Hardware- und Hybridmessungen den Hardwaremonitor so konzipieren, daß er mit einer globalen Monitoruhr allen Ereignissen in den lokalen Spuren global gültige physikalische Zeitstempel aufprägt.

Auch wenn globale physikalische Monitoruhren nicht mit beliebig feiner Zeitauflösung arbeiten können, bieten sie doch mit Meßgenauigkeiten von ca. 100ns bis $1\mu s$ aus praktischer Sicht die Möglichkeit, die Reihenfolge kausal wirksamer Ereignisse korrekt darzustellen und die Dauer von Intra- und Interprozessoraktivitäten präzise zu ermitteln. Hingegen können logische Uhren nur eine kausale Ordnung herstellen, zur Ermittlung von Leistungsaussagen eignen sie sich nicht.

Name des Monitors	Institution	Autoren	Zeitauf-lösung	Fund-stelle
NETMON-II	Univ. Karlsruhe	Zieher/Zitterbart	$8\mu s$	[97, 25]
RelaX	GMD Bonn	Kröger et al.	640-5120 ns	[58]
SPY	ABB, Turgi, CH	Danuser et al.		
TMP	Univ. Kaiserslautern	Haban/Wybranietz	$1\mu s$	[39]
Trams	NIST	Mink et al.	100ns	[71]
TOPSYS	TU München	Bemmerl et al.	$1\mu s$-1ms	[9]
ZM4	Univ. Erlangen	Hofmann et al.	100 ns	[54, 20]

Tab. 12.1: Einige Hardware-Monitorsysteme

Einen ausführlichen Vergleich der logischen und physikalischen Zeitstempel hat Hofmann [52] angestellt. Der Weg, physikalische Monitoruhren bei Messungen an Multiprozessorsystemen einzusetzen, ist seit Mitte der achtziger Jahre häufiger beschritten worden. Wir erwähnen in Tabelle 12.1[8] einige Monitorsysteme zur Beobachtung paralleler und verteilter Systeme, die mit physikalischen Uhren und global gültigen Zeitstempeln arbeiten.

---

[8]Die überraschend hohe Zahl europäischer Entwicklungen reflektiert die Tatsache, daß auf dem Gebiet des Hardwaremonitoring von keinem europäischen Nachholbedarf gesprochen werden kann.

Ein verteilter Hardwaremonitor mit globaler Monitoruhr

Exemplarisch seien die Fragen des Hardwaremonitoring paralleler und verteilter Systeme an dem Hardwaremonitor ZM4 dargestellt. Dieser Monitor zeichnet sich dadurch aus, daß er skalierbar ist, sich in Industrie [31, 63] und Hochschule [90, 83] bewährt hat und grundsätzlich für beliebige Mehrrechnersysteme einsetzbar ist. So wurden z.B. Meßinterfaces für SUPRENUM [91], MEMSY [53] und Transputer-Link/-Bus [53] geschaffen und eingesetzt.

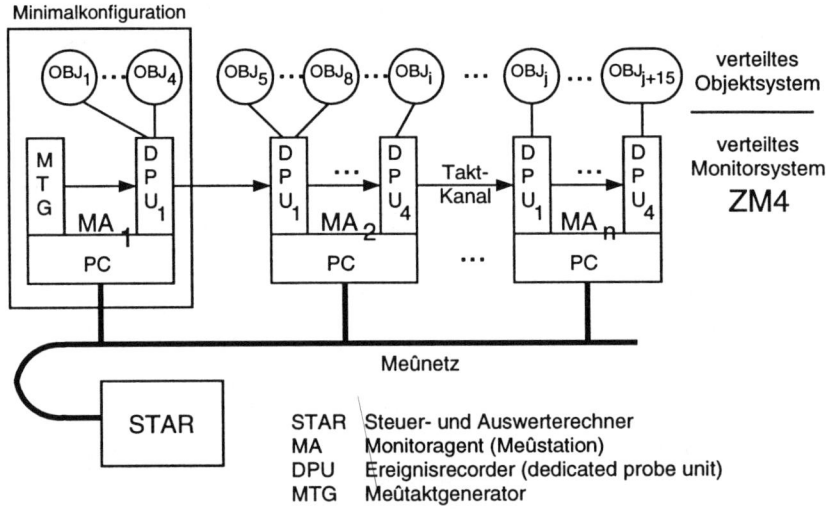

Abb. 12.4: Architektur des verteilten Monitors ZM4

Die Architektur von ZM4 ist in Abbildung 12.4 dargestellt. Die Skalierbarkeit wird dadurch erreicht, daß eine beliebige Zahl von Monitoragenten MA (PCs, in die spezielle Meßplatinen, sogenannte Ereignisrecorder 'DPU' gesteckt sind) an ein Meßnetz (ein Ethernet) angeschlossen werden können. Jeder Ereignisrecorder übernimmt von den Meßschnittstellen in den Objektknoten die dort anliegenden Ereigniskennungen, prägt ihnen einen globalen Zeitstempel auf und puffert die so gebildeten E-Records in einen FIFO-Puffer. Eine zweite Pufferung findet im PC auf dessen Platte statt. Die so lokal entstehenden Ereignisspuren werden zu beliebiger Zeit über das Meßnetz an den zentralen Steuer- und Auswerterechner STAR übermittelt, der sie zu einer wohlgeordneten globalen Spur zusammenfaßt. Diese repräsentiert eine zeitlich korrekte Abstraktion des gesamten Ablaufgeschehens.

Die verwendete Methode der global gültigen Zeitstempel stützt sich auf viele lokale Quarzoszillatoren (einer in jedem Ereignisrecorder DPU), die von einem globalen 100-kHz-Takt, den der zentrale Meßtaktgenerator MTG über den Taktkanal aussendet, in Gleichlauf gehalten werden. Die Übermittlung des globalen Takts erfolgt in manchestercodierter Form, was die Übertragung von Zusatzinformation zu gleichzeitigem Start und Stop der Messung in allen Monitoragenten und zur Fehlerkorrektur in evtl. divergierenden lokalen Uhren ermöglicht.

12.2.3   Ereignisbasierte Auswertemethoden

Leistungsfähige Auswertesysteme sind teuer[9], man konzipiert sie deshalb so, daß ihr Einsatz nicht auf einen Monitor oder ein Objektsystem beschränkt ist. Um dieses Ziel zu erreichen gibt es zwei Alternativen:

1. Erzeugung einer Standard-Spurdatei, die zu Standard-Auswertewerkzeugen paßt.

2. Schaffung einer flexiblen Schnittstelle, die den Standard-Auswertewerkzeugen beliebige Spuren zugänglich macht, vgl. Abbildung 12.5.

Die erste Alternative läßt sich entweder dadurch verwirklichen, daß man einen Hardware- oder Softwaremonitor verwendet, der unmittelbar eine Standardspur erzeugt oder daß man eine gemessene Spur über ein Konvertierungsprogramm in eine Standardspur transformiert. Obwohl beide Vorgehensweise mit gewissem Erfolg beschritten wurden [33, 93, 66, 67], ist ein festes Spurformat ein inflexibler Ansatz, weil entweder zu den Standard-Auswertewerkzeugen passende HW- oder SW- Monitore entwickelt werden müssen oder zu jedem Monitor ein Konvertierungsprogramm. Der wesentliche Nachteil ist jedoch, daß kein Standardformat umfassend genug sein kann, um alle Aspekte und Varianten von Meßdatenformaten abzudecken. Deutlich wird dieses Problem an dem sehr erfolgreichen Verfahren PARAGRAPH [45], das viel leistet, aber auf die Darstellung von SEND-/RECEIVE-Kommunikationsprimitiven beschränkt ist.

Die zweite Alternative, nicht das Spurformat, sondern die Zugriffsschnittstelle vom Auswertesystem auf die gemessene Spur zu standardisieren, erscheint günstiger, weil sie Monitor und Auswertesystem am konsequentesten

---

[9]Gemeint ist der hohe Softwareentwicklungsaufwand für gute Auswertesysteme

entkoppelt. Dem Auswertesystem wird eine Standardschnittstelle vorgelagert, die auf drei verschiedene Weisen auf beliebige Spurformate zugreifen
kann, vgl.Abbildung 12.5.

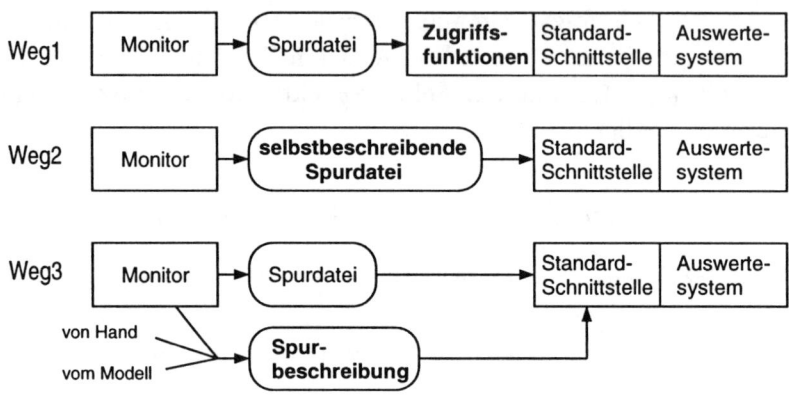

Abb. 12.5: Drei Wege, mit einer Standard-Schnittstelle zu arbeiten

Beim Weg 1 ähneln die Zugriffsfunktionen funktional einem Gerätetreiber,
welcher Spezifika des „Gerätes Spurdatei" vor der Standard-(E-/A)-Schnitt-
stelle verbirgt. Der Nachteil dieses Weges liegt darin, daß für jedes neue
Spurformat neue Zugriffsfunktionen (ein neuer „Treiber") geschrieben werden müssen.

Der Weg 2 sieht vor, daß jede Spur eine Selbstbeschreibung ihres Formates mit sich führt, die der Standard-Schnittstelle die Spurinterpretation
ermöglicht. Dieser Weg ist dann besonders elegant, wenn bereits der Monitor den Meßdaten die Selbstbeschreibung des eigenen Formates beifügt.
Dieser Weg ist z.B. von Malony et al. in TRACEVIEW [65] verwirklicht
worden.

Der dritte Weg schließlich beschreibt die Spurformate völlig getrennt von
der Spur und bietet diese Spurbeschreibung der Standardschnittstelle als
Spurinterpretation an. Falls nicht schon der Monitor eine Spurbeschreibung
liefert, kann diese auch „von Hand" erstellt werden. Noch eleganter ist es,
die Messung von Anfang an durch Modelle zu unterstützen und schon von
dem die Messung vorbereitenden Modell eine Spurbeschreibung erstellen zu
lassen, vgl. Abschnitt 12.4. Ein weiterer Vorteil von Weg 3 liegt darin, daß

sowohl beliebig formatierte Meßspuren als auch Simulationsspuren auf diese
Weise der standardisierten Auswertung zugänglich werden.

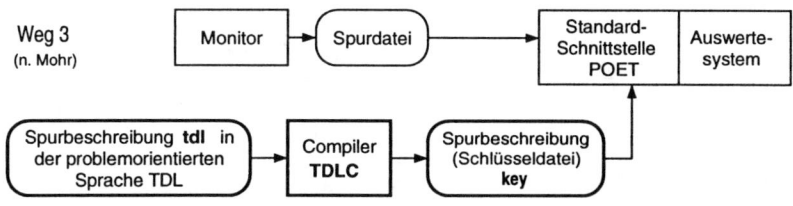

Abb. 12.6: Weg 3 in SIMPLE: Problemorientierte Spurbeschreibung

Der Weg 3 ist von Mohr bei der Konzeption der ereignisbasierten Auswer-
teumgebung SIMPLE [74] entwickelt worden. Eine Spurbeschreibungsspra-
che TDL [76] erlaubt es, zu einer interessierenden Spur in problemorientierter Weise eine Spurbeschreibung TDL zu schreiben. Der zugehörige Compiler (TDLC) übersetzt TDL in eine maschinenverständliche Schlüsseldatei,
die der Standardschnittstelle POET [10] [76] die physischen Formate der gemessenen Spur erläutert und dem Auswertesystem die problemorientierten
Namen vermittelt.

Typische Auswertewerkzeuge in solchen Umgebungen sind Werkzeuge[11] die
statistische Aussagen über Häufigkeit von Ereignissen, Häufigkeit und Dauer von Aktivitäten aus der Spur ableiten und solche, die ablauforientierte
Ergebnisse wie Gantt–Diagramm oder Hasse-Diagramme [18], [19] liefern.

Ein einfaches Beispiel für den Einsatz des Werkzeuges 'GANTT' bei der
Analyse des Ablaufgeschehens von drei parallelen Prozessen zeigt der obere
Teil von Abbildung 12.7. Jeder der Prozesse kennt nur zwei Zustände, aktiv
(busy) oder wartend (idle). Ein Gantt-Diagramm zeigt also über einer gemeinsamen Zeitachse, wann Aktivitäten/Zustände beginnen und enden und
wann Prozesse parallel aktiv sind.

In jeder Aktivitätsphase können sich viele Ereignisse verbergen, solche, die
zum Verständnis des Prozesses selbst dienen und solche, die Interaktionen
mit anderen Prozessen verursachen. Möchte man nun die Interaktionen zwischen den Prozessen genauer auf Kausalitätsbeziehungen hin untersuchen,

---

[10]Problem-Oriented Event-Trace Interface
[11]Es handelt sich um eine ganze Werkzeugumgebung, die unter dem Akrynom SIMPLE
zusammengefaßt ist.

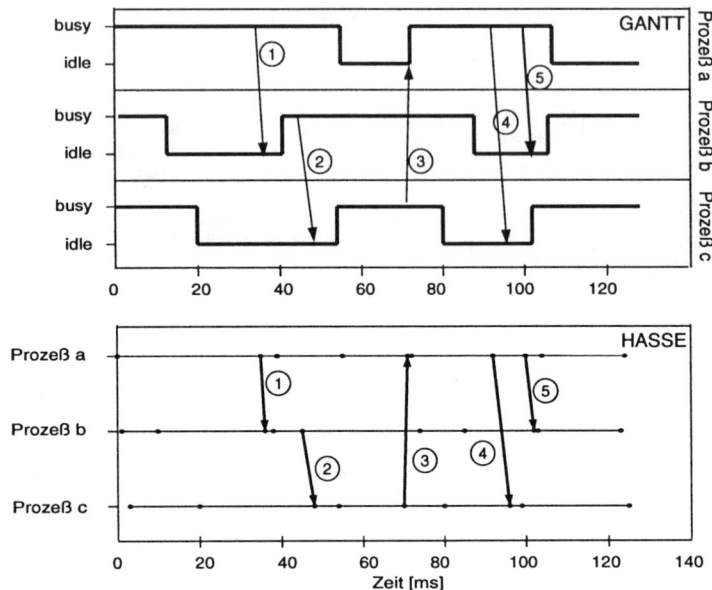

Abb. 12.7: Ausschnitt aus einem Prozeßablaufgeschehen

empfiehlt es sich, das Werkzeug 'HASSE' zu Hilfe zu nehmen, das zum einen alle in einem Prozeß auftretenden Ereignisse als Punkt über eine Zeitachse aufträgt und zusätzlich die Kausalrelationen zwischen Ereignissen in verschiedenen Prozessen als Pfeile darstellt, vgl. Abbildung 12.7 unten. Im vorliegenden Beispiel beeinflußt erst Prozeß a den Prozeß b (1), dann dieser den Prozeß c (2), der sich dann wieder an Prozeß a wendet (3), usw.

In der Abbildung 12.7 oben sind zusätzlich die mit 'HASSE' ermittelten Kausalrelationen als dünne Pfeile eingetragen. Man erkennt deutlich, wo *und wann* die für die Interprozessorkommunikation kausal relevanten Ereignisse auftreten und welche Aktivitätswechsel sie verursachen.

12.3   Leistungsmodellierung

Wir haben — insbesondere in Kapitel 3 — gesehen, daß Leistungsmessung und -modellierung nebeneinander stehen und in unterschiedlichen Phasen des Entwicklungsprozesses, z.T. aber auch sich ergänzend, eingesetzt werden.

Leistungsmodellierung ist immer dort sinnvoll und hilfreich, wo konzeptionell gearbeitet wird und die Leistung neuartiger oder großer, noch nie realisierter Rechner abgeschätzt werden soll. Modellierung ist besonders wichtig, wenn wir Komponenten oder Gesamtsysteme entwerfen, konfigurieren und optimieren wollen.

Leistungsbewertung hat eine lange Tradition. Grundlegende Ergebnisse kommen aus unterschiedlichen Bereichen der Fernsprechverkehrstheorie, dem Operations Research und in jüngerer Zeit aus der Informatik.

Bei den klassischen Anwendungen (Fernsprechnetze, Operations Research, Einprozessorsysteme) konnte man normalerweise davon ausgehen, daß

- Vorgänge, die gleichzeitig ablaufen, und Anforderungen, die gleichzeitig dieselbe Ressource belegen wollen, weitgehend voneinander unabhängig sind, und

- Abläufe und Anforderungen, die von anderen abhängig sind, nacheinander und nicht parallel oder überlappend ausgeführt werden.

Ganz anders bei den neuartigen Parallelrechnerkonzepten: Hier versucht man, große Anwenderprogramme in möglichst viele Teilaufgaben zu zerlegen, die gleichzeitig auf mehreren Prozessoren bearbeitet werden können. Die Folge sind schwierige Koordinierungsprobleme, d.h.

- es gibt starke Abhängigkeiten zwischen den einzelnen Teilaufträgen,

- Teilaufträge können sequentiell oder parallel bearbeitet werden,

- Teilaufträge können sich gleichzeitig um dieselben Ressourcen bewerben

Es gibt eine Vielfalt von Möglichkeiten, Kode- und Datensegmente auf die einzelnen Prozessoren und Speicherbereiche zu verteilen (mapping), es gibt viele Strategien für die Bearbeitung der Teilaufträge durch die einzelnen Prozessoren (scheduling) und es gibt oft zahlreiche Varianten, die Teilabläufe aufeinander abzustimmen (Koordinierung, Synchronisation). Mapping, Scheduling und Koordinationsmechanismen beeinflussen das dynamische Ablaufgeschehen und die Gesamtleistung des Systems entscheidend.

Die klassischen Modellierungstechniken versuchen, alle Einflußgrößen in einem Gesamtmodell zu erfassen. Variierbar sind dann nur noch wenige Parameter. Diese Methode war sinnvoll und erfolgreich bei Einprozessorsystemen, denn es gab nur wenige Variationsmöglichkeiten.

Ganz anders bei Parallelrechnern. Die unterschiedlichen Kombinationsmöglichkeiten von Architektur, Anwendung, Verteil- und Ablaufentscheidungen haben einen starken Einfluß auf die Modellstruktur und auf die Gesamtleistung. Zur Reduzierung des Modellierungssaufwands hat sich eine Drei-Schritt-Methodik durchgesetzt, vgl. Abbildung 12.8:

1. Die Systemlast wird implementierungsunabhängig, jedoch mit Berücksichtigung potentieller Parallelität und Datenabhängigkeiten beschrieben (Lastmodell). Getrennt davon wird die Architektur des Parallelrechners mit den Prozessoren, Speichern und Kommunikationsmöglichkeiten beschrieben (Architekturmodell). Ein drittes Teilmodell (Managementmodell) beschreibt die Mapping- und Scheduling-Strategie[12].

2. Last- und Architekturmodell werden mit Hilfe des Managementmodells zu einem Systemmodell zusammengefaßt. Das Systemmodell beschreibt deshalb das tatsächliche dynamische Ablaufgeschehen und zeigt, wie die Bearbeitung der Anwenderaufträge durch die konkrete Implementierung beeinflußt wird.

3. Die Analyse des Systemmodells zur Leistungsprognose[13] erfolgt mit Hilfe analytischer, numerischer und/oder simulativer Methoden.

Der Vorteil gegenüber der klassischen Vorgehensweise liegt darin, daß die anspruchsvollen und zeitaufwendigen Teilaufgaben — Modellierung der Last, der Architektur und des Managements — nur einmal durchgeführt werden müssen, und die Analyse von Implementierungsvarianten durch Entwurfswerkzeuge unterstützt werden kann.

---

[12]Diese Methodik hat sich in den Achtzigerjahren entwickelt; dabei werden Architektur- und Managementmodell meist zu einem Maschinenmodell zusammengefaßt. Die in [3, 68, 38] vorgeschlagene Dreiteilung ist eine konsequente Erweiterung dieser modularen Beschreibungsweise.

[13]Neuere Modellklassen, z.B. Petri-Netze, ermöglichen neben der quantitativen Analyse gleichzeitig auch qualitative Aussagen, z.B. über das Deadlockverhalten.

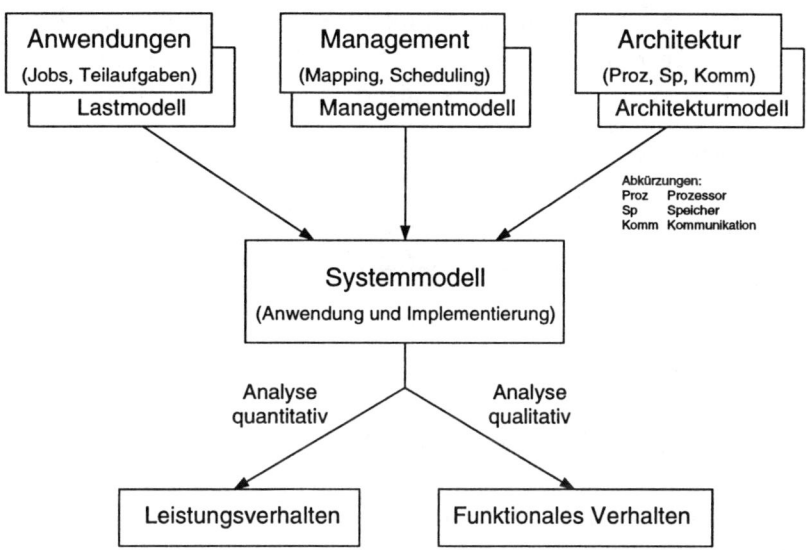

Abb. 12.8: Drei-Schritt Methodik zur Verhaltensbeschreibung und -analyse von Parallelrechnern und verteilten Systemen.

Prinzipiell möglich ist auch, eine Hierarchie von Last-, Architektur- und Managementmodellen aufzubauen, wie sie Browne [11] mit seiner Hierarchie abstrakter Maschinen vorschlägt; dazu sind aber noch viele grundsätzliche Fragen der hierarchischen Modellierung zu lösen. Wir geben im folgenden einen Überblick über die wichtigsten Modellierungs- und Auswertetechniken. Literaturhinweise ermöglichen ein vertiefendes Studium der unterschiedlichen Ansätze.

12.3.1 Modellierungstechniken

Bei der Untersuchung des dynamischen Ablaufgeschehens in Rechensystemen versuchen wir Aussagen über deren Leistungsverhalten abzuleiten, Systemengpässe aufzudecken und optimale Konfigurationen und Ablaufstrategien zu entwerfen. Die dabei erzielten Ergebnisse werden entscheidend von der Sorgfalt bei der Modellerstellung beeinflußt: Je genauer die Modelle den tatsächlichen Verhältnissen entsprechen, desto besser stimmen die Ergebnisse mit Messungen an realen Systemen überein.

Teilweise ist es möglich, eine bestimmte Modellierungsgenauigkeit mit unterschiedlichen Techniken zu erreichen. Man wird sich dann für jene mit dem effizientesten Auswerteverfahren (s. hierzu Abschnitt 13.3) entscheiden.

Die bei der Auswertung eines bestimmten Modells gewonnenen Ergebnisse hängen oft stark vom Wert der Eingabeparameter ab. Für eine realistische Modellierung müssen wir diese deshalb sorgfältig abschätzen oder — wenn möglich — aus Meßergebnissen ableiten [47].

12.3.1.1   Graphmodelle

Graphen bestehen aus einer Menge von Verbindungspunkten (Knoten), bestimmte Paare davon sind durch Verbindungslinien (Kanten) untereinander verbunden; Informationen oder Güter (Flüsse) werden entlang der Kanten transportiert. Die Übertragungskapazität der einzelnen Kanten sowie die Aufnahmekapazität der Knoten kann begrenzt sein. Eine Kante des Graphen wird als gerichtet bezeichnet, wenn ein Knoten als Sender und der andere als Empfänger interpretiert werden.

Die Theorie der Graphen ist gut fundiert und zahlreiche Ergebnisse sind bekannt (s. z.B. [32] und [34]). Die Modelle sind gut geeignet, um strukturelle Eigenschaften und funktionale Abhängigkeiten zu beschreiben, vgl. Abbildung 12.9.

Die Ergebnisse aus der klassischen Graphentheorie-Engpaßanalyse, maximaler Fluß etc., sind jedoch häufig nur erste Abschätzungen, da normalerweise ein konstanter Netzwerkfluß oder eine konstante Bearbeitungszeit für die einzelnen Knoten angenommen wird. Das zeitlich schwankende Ablaufgeschehen wird bei den Stochastischen Graphmodellen berücksichtigt; auch hier gibt es eine Vielzahl von interessanten Ergebnissen (s. z.B. [44, 3, 43]), die oft direkt im Zusammenhang mit der Modellierung von Parallelrechnern abgeleitet wurden.

12.3.1.2   Synchronisierende Warteschlangenmodelle

Warteschlangenmodelle sind eine spezielle Klasse von Bedienmodellen, die – ähnlich wie Graphmodelle — aus einer Menge von Knoten (Bedienstationen)

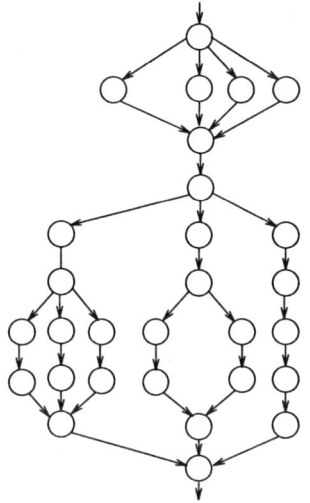
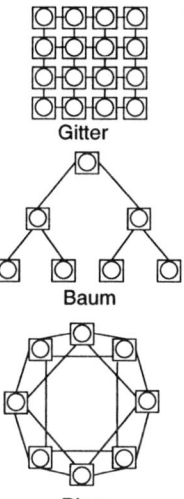

Abb. 12.9: Graphmodelle: Algol-Programmstruktur zur Erzeugung symmetrischer Matrizen (links, [79]) und rechts Beispiele für Multiprozessor-Topologien, mit DIRMU-Bausteinen [41]

und gerichteten Kanten (Verbindungspfade, Laufwege) aufgebaut werden.[14] Zwei wesentliche Unterschiede:

Informationen und Güter (Anforderungen, Kunden, Jobs) werden individuell und als diskrete Einheiten beschrieben. Darüberhinaus erhalten Stationen eine oder mehrere *Bedieneinheiten*; sind alle Bedieneinheiten belegt, können zusätzliche Anforderungen in *Warteschlangen* zwischengespeichert werden. Ankunfts-, Warte- und Bearbeitungszeiten für einzelne Anforderungen werden mit Hilfe von Zufallsvariablen beschrieben. Je nach Komplexität des Modells werden analytische, numerische oder simulative Auswertemethoden eingesetzt.

Abbildung 12.10 zeigt ein synchronisierendes Warteschlangenmodell für hierarchisch organisierte Multiprozessoren mit Einprogrammbetrieb [49].

---

[14]Die graphische Darstellung dieser Grundelemente ist weitgehend standardisiert. Zur Verfeinerung der Modelle werden darüberhinaus weitere Beschreibungselemente eingeführt, die z.B. Synchronisationsanforderungen, Zugangsbeschränkungen, Routinginformation symbolisch andeuten.

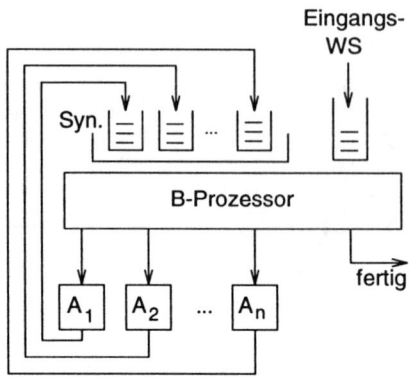

Abb. 12.10: Synchronisierendes Warteschlangenmodell für Einprogrammbetrieb (anstelle der Synchronisationsklammer wird häufig auch eine Synchronisationsraute verwendet)

- Der Koordinierungsprozessor (B-Prozessor) übernimmt einen Auftrag aus der Eingangswarteschlange und analysiert ihn.

- Nach dieser Vorbereitungsphase übergibt er Steuerinformation und Daten an die Arbeitsprozessoren der unteren Ebene (A-Prozessoren).

- Die Teilprogramme laufen unabhängig und parallel auf den n Arbeitsprozessoren.

- Die Teilergebnisse werden zusammengefaßt, aufbereitet und ausgegeben durch den Koordinierungsprozessor. Ggf. schließt sich ein weiterer Verteil- und Bearbeitungszyklus an.

Das vorgestellte Modell ist das einfachste synchronisierende Warteschlangenmodell. Für unterschiedliche Programmstrukturen und hierarchische Multiprozessoren wurde eine ganze Klasse synchronisierender Warteschlangenmodelle entwickelt, s. [49] und [50]. Dieses Prinzip wurde in zahlreichen Veröffentlichungen verallgemeinert, s. z.B. [46, 77, 78, 24, 22]. Werden neben dem klassischen FIFO-Prinzip (First-in, First-out) auch andere Bedienstrategien untersucht, so kann man beachtliche Leistungsunterschiede feststellen, s. z.B. [42, 88].

12.3.1.3 Stochastische Petrinetze

Ein Petrinetz ist ein gerichteter Graph, bei dem wir zwei Mengen von Knoten, „Stellen" und „Transitionen" unterscheiden. Stellen und Transitionen lassen sich vielfältig deuten. In der Basisinterpretation werden die Stellen als *Bedingungen* und die Transitionen als *Ereignisse* aufgefaßt. Stellen können durch eine oder mehrere *Marken* belegt sein. Die Anzahl und die Verteilung der Marken zu einem gegebenen Moment, die sog. *Markierung*, charakterisiert den Zustand eines Petrinetzes. Eindeutige Regeln beschreiben, wann eine Transition schalten (feuern) kann; damit hat man die Möglichkeit, Koordinierungsprobleme elegant zu modellieren.

Petrinetze ermöglichen deshalb die Beschreibung einzelner Systemzustände und das Erfassen der Dynamik von Ereignisfolgen. Abbildung 12.11 zeigt ein einfaches Beispiel, umfangreiche Modelle zur Beschreibung von Systemsoftware findet man in der Arbeit von Balbo u.a. [4].

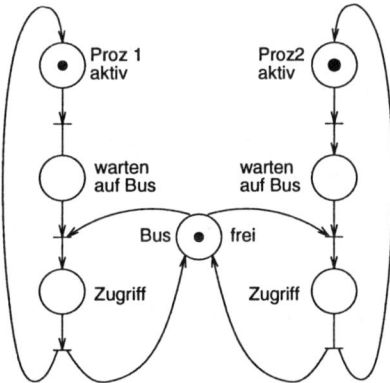

Abb. 12.11: Generalized Stochastic Petri Net (GSPN) zur Beschreibung eines Zweiprozessor-Systems mit Bus zum gemeinsamen Speicher [2]

Petrinetze wurden zunächst ausschließlich zur Beschreibung und Analyse des funktionalen Verhaltens von Systemen benutzt. Durch das Einführen von „zeitbehafteten Transitionen" (oder Stellen) kann man heute auch qualitative Aspekte erfassen. Zeitbehaftete Petrinetze, insbesondere Stochastische Petrinetze, werden heute häufig zur Modellierung des Leistungs- und Ausfallverhaltens von Parallelrechnern benutzt, siehe dazu zum Beispiel das

Standardwerk von Ajmone Marsan, Balbo und Conte [1] sowie neuere Arbeiten von Trivedi [94], Bause [6] oder Balbo u.a. [4].

12.3.1.4   Aktuelle Weiterentwicklungen und Forschungsergebnisse

Die vorgestellten Modellierungstechniken — Graphen, Warteschlangenmodelle und Petrinetze — werden häufig und erfolgreich zur Beschreibung des dynamischen zeitabhängigen Ablaufgeschehens von Parallelrechnern eingesetzt. Um die unterschiedlichen Vorteile zu verbinden (und die Nachteile möglichst zu umgehen) werden auch gemischte Modelle vorgeschlagen, beispielsweise kombinierte Petri- und Warteschlangennetze von Bause [6] und Szczerbicka [92].

Fast immer wird die quantitative Bewertung — durch Messung und/oder Modellierung — von Spezialisten durchgeführt und vom funktionalen Entwurf vollkommen getrennt. Leistung wird oft als zweitrangige Eigenschaft betrachtet. Häufig wird eine Analyse erst dann durchgeführt, wenn es nach der Realisierung von Hard- und Software Probleme gibt. Zeit- und arbeitsaufwendige Nachbesserungen sind die Folge.

Für diese strikte Trennung und die mangelnde Akzeptanz gibt es zahlreiche Gründe [26, 36], die wichtigsten sind

- die Abstraktheit der Modelle und die Vielfalt der Modellannahmen und -parameter

- der Auswerteaufwand, insbesondere bei fehlender Werkzeugunterstützung

- die Unsicherheit über die erzielbare Aussagesicherheit

Immer häufiger versucht man deshalb Leistungsaspekte in funktionale Beschreibungen einzubetten und (halb-)automatisch auszuwerten. Ein typisches Beispiel dafür ist die Entwicklungsumgebung für Transputersysteme von Mitschele-Thiel [73]: Aus einer C-ähnlichen Sprache zur Lastbeschreibung und Laufzeitmessungen an einem einzelnem Transputer wird automatisch ein Graphmodell entwickelt. Mit Berücksichtigung vorgegebener Randbedingungen (z.B. Maximalzahl von Transputern, Leistungsvorgaben) wird eine optimale Transputerkonfiguration mit dazugehörigen Mapping- und Scheduling-Strategien abgeleitet. Der Compiler erzeugt dann — aus

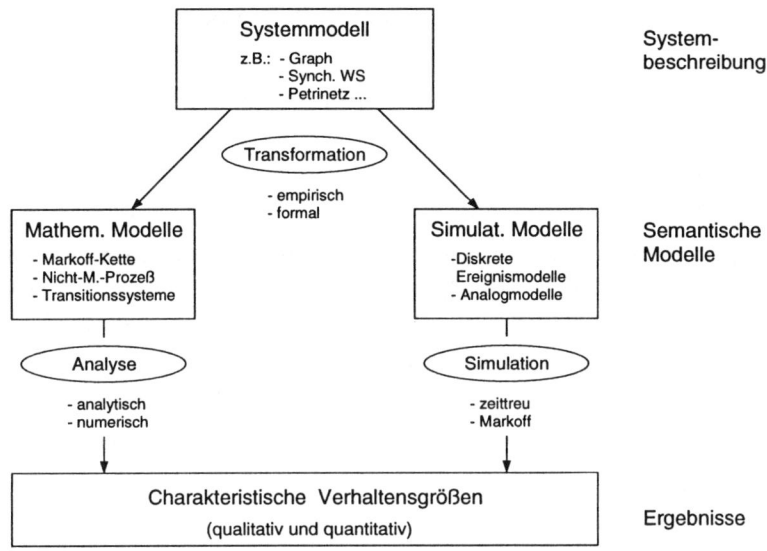

Abb. 12.12: Übersicht über die Auswertetechniken

der funktionalen Beschreibung und den Optimierungsergebnissen — direkt den Programmcode für die einzelnen Prozessoren.

Eine derartige Vorgehensweise kommt der Denkweise von Systementwicklern und Programmierern sehr entgegen und könnte wesentlich zu einer erheblichen Steigerung der Produktivität der Parallelrechnerentwicklung und -anwendung beitragen.

Unabhängig von der gewählten Modellierungstechnik kann man auch hier wieder mehrere Phasen unterscheiden, vgl. Abb. 12.12.

Das Systemmodell stellt eine graphische (z.T. auch sprachliche) Beschreibung des realen Systems dar; es beinhaltet die modellierte Last, die gewählte Rechnerarchitektur sowie die konkrete Implementierung (vgl. auch Abb. 12.8).

12.3.2 Auswertetechniken — Analyse und Synthese

Diese Systembeschreibung wird — abhängig von der Komplexität und Kompliziertheit — in ein für die Auswertung geeignetes mathematisches oder simulatives Modell transformiert. Daraus werden dann charakteristische Verhaltensgrößen mit Hilfe analytischer, numerischer oder simulativer Techniken abgeleitet.

Bei der Synthese optimaler Hardware- und Software-Strukturen wird nicht nur ein bestimmtes Systemmodell betrachtet, sondern der gesamte Lösungsraum, d.h. die Menge aller Systemmodelle. Entsprechend der festgelegten Optimierungskriterien wird dann versucht, die beste Lösung auszuwählen.

Die Transformation eines Systemmodells in ein mathematisches oder simulatives Modell erfolgt meist empirisch und halbformal; sie ist deshalb zeitaufwendig, teilweise sind unterschiedliche Interpretationen möglich. Deshalb versucht man heutzutage formale Techniken zu entwickeln, die eine Systembestimmung auf eindeutige Weise in ein semantisches Modell transformieren[15].

Im folgenden charakterisieren wir kurz die mathematischen und simulativen Modell- und Auswertetechniken.

12.3.2.1   Simulation

Die Simulation der Struktur und Dynamik von Parallelrechnern wird heute fast ausschließlich auf Digitalrechnern mit diskreten Ereignismodellen durchgeführt; wir diskutieren deshalb nur diese Technik und verweisen darüberhinaus auf die Spezialliteratur [30, 37, 60].

Im Digitalrechner werden durch Listen und Felder die einzelnen Komponenten des Systemmodells, seine Verbindungsstruktur und die den Systemzustand beschreibenden Zufallsvariablen nachgebildet. Programmierte Zufallsgeneratoren ermöglichen die Erzeugung beliebig verteilter Zeitintervalle und Auswahlwahrscheinlichkeiten. Ein zentrales Steuerprogramm koordiniert die für die Simulation notwendigen Teilaufgaben, wie z.B. Zeitfortschritt, Ereignisausführung und Sammeln statistischer Daten.

Im Rechner wird deshalb die Struktur des Systemmodells und der Momentanzustand gespeichert und die Systemdynamik durch den Simulationsablauf nachgebildet.

Hauptvorteile der Simulation gegenüber den mathematischen Methoden sind

---

[15]Ein typisches Beispiel sind stochastische Prozeßalgebren, bei denen der Stil einer strukturellen Operationellen Semantik erfolgreich angewendet werden kann; dies ist einer der Forschungsschwerpunkte in Erlangen [36, 35].

- die prinzipiell beliebig genaue Modellbarkeit der Realität und

- die relativ problemlose Modellerstellung, sowie

- die leicht verständliche Auswertetechnik durch die (statistische oder ablauforientierte) Beobachtung des Simulationsablaufs.

Das Vertrauen in Simulationsergebnisse ist deshalb bei Systementwicklern und Anwenderprogrammierern recht hoch. Simulation ist auch sehr wichtig zur Bewertung mathematischer Modelle.

Grobe Simulationsmodelle ermöglichen oft zeitlich gerafft gegenüber der Wirklichkeit die Nachbildung realer Abläufe. Die Simulation detaillierter Parallelrechnermodelle kann dagegen sehr zeitaufwendig sein und selbst Großrechner tagelang beschäftigen.

Aufgabe der Leistungsbewertung ist — wie wir gesehen haben — nicht nur die Analyse, sondern vor allem auch die Synthese, also der Entwurf von optimalen Strukturen und Betriebsarten. Optimierung ist jedoch mit Hilfe der Simulation schlecht möglich. Durch systematische Variation von charakteristischen Last- und Systemparametern kann man wirtschaftliche Lösungen finden, wegen der enormen Rechenzeiten stößt man jedoch bald an eine Grenze. Echte Optimierung und Parametervariation über weite Bereiche ist mit sinnvollem Aufwand nur bei den Mathematischen Verfahren möglich.

12.3.2.2   Mathematische Verfahren

Als mathematisches Modell bezeichnen wir jede Beschreibung, die mit mathematischen Mitteln gewisse Aspekte der materiellen oder geistigen Welt darstellt, d.h. mathematische Beschreibungen erhalten eine konkrete Interpretation.

Bei der Modellierung von Rechensystemen spielen Hilfsmittel aus unterschiedlichen Disziplinen eine Rolle: Wahrscheinlichkeitsrechnung, Analysis, Numerik, Algebra und Logik sind die wichtigsten Teilgebiete.

Die bekannteste Klasse mathematischer Modelle für Rechensysteme bilden die Markoff-Ketten. Sie werden eindeutig charakterisiert durch die Struktur $(S, \bar{Q}, \bar{p}(0))$, d.h. durch den Zustandsraum S, die Zustandsübergangsraten bzw. die Generatormatrix $\bar{Q}$ und die Anfangsbedingungen $\bar{p}(0)$, d.h. die Zustandswahrscheinlichkeiten zum Zeitpunkt 0.

Markoff-Ketten, aber auch verschiedene Nicht-Markoff-Prozesse sind sehr gut untersucht. Die Literatur ist reichhaltig, für zahlreiche Grundstrukturen sind die charakteristischen Leistungsgrößen analytisch ableitbar. Im Bereich der Parallelrechnermodellierung ergeben sich — durch die Koordinierungsprobleme — oft unstrukturierte oder nur teilweise strukturierte Markoff-Ketten. Zur Analyse werden deshalb oft

- die klassischen numerischen Techniken (direkt, iterativ),

- spezielle Techniken wie z.B. die Matrix-Analytische Methode [81] oder die Spektralmethode [72, 64],

- moderne Mehrgittertechniken zur Lösung von linearen und differentiellen Gleichungssystemen [95, 55]

angewendet. Die Analyse ist schwierig, häufig ist man mit dem Problem der *Zustandsexplosion* konfrontiert, d.h. für realistische Modelle wächst die Anzahl der Zustände (und deshalb der Rechenschritte) exponentiell. Eine wichtige Strategie ist es deshalb, Teilstrukturen und Symmetrien zu erkennen und bei der Auswertung auszunutzen. Dies geschieht insbesondere bei den vielfältigen Dekompositions- und Aggregationstechniken, z.B. bei den Techniken mit

- äquivalenten Ersatzsystemen und Teilstrukturen [16, 22, 89]

- fast vollständig zerlegbaren Teilsystemen [17]

- modular aufgebauten Tensordarstellungen [84, 12, 89]

Die Vielfalt der alternativen Techniken ist für den Systemingenieur und Anwenderprogrammierer schwierig zu durchschauen. Einschränkende Modellierungsannahmen bei den exakten Ansätzen und fehlende Güteabschätzungen bei heuristischen Techniken sind oft verwirrend. Die mathematische Modellierung rangiert deshalb heute in der Wertschätzung — nach Messungen und Simulation — erst an dritter Stelle. In vielen Situationen (konzeptioneller Entwurf, Optimierung) hat jedoch die mathematische Modellierung beachtliche Vorteile gegenüber der Simulation, sie wird deshalb immer häufiger eingesetzt [10]. Eine besondere Bedeutung kommt dabei Werkzeugen zu, die die Auswertung und Ergebnisinterpretation automatisch unterstützen [96].

12.3.2.3 Synthese optimaler Architekturen, Managementfunktionen und Implementierungen

Alle Teilschritte der Entwicklung von Parallelrechnern, ihrer Realisierung und Anwendung können als mathematisches Optimierungsproblem aufgefaßt und beschrieben werden. Realistische Optimierungsmodelle sind jedoch so komplex, daß die heute zur Verfügung stehenden mathematischen Techniken und Werkzeuge nicht ausreichen, sie in einem Schritt zu lösen. Wieder verwendet man Dekompositionstechniken und bestimmt die Gesamtlösung in einem Mehrphasenprozeß iterativ. Natürlich muß man die gegenseitige Abhängigkeit von Teillösungen dabei sehr sorgfältig untersuchen und berücksichtigen.

Wir unterscheiden zwischen den exakten mathematischen Optimierungsverfahren, dazu gehören die

- Verfahren der linearen Optimierung, insbesondere der klassischen Simplex-Methode und deren Modifikationen aber auch die neuartigen 'interior-point' Methoden

- Verfahren der nichtlinearen Optimierung, angefangen bei Lagrange, Kuhn-Tucker und Gradientenverfahren bis zu den Schnittebenenverfahren, stochastischen Suchstrategien und kombinatorischen Techniken und den heuristischen Optimierungsverfahren.

Heuristische Verfahren benutzen Grundelemente exakter Techniken, die intuitiv modifiziert werden und gute suboptimale Lösungen versprechen. Eine knappe Übersicht mit zahlreichen Literaturhinweisen finden wir in [48, 56], Standardwerke sind beispielsweise die beiden Bücher von Hillier/Liebermann und Neumann [51, 80].

12.4 Integration von Messung und Modellierung

Die Abstraktion des vollständigen dynamischen Ablaufgeschehens paralleler Programme auf eine Abfolge ausgewählter interessierender Ereignisse [86] oder auf Zustandsfolgen [15] kann als Klammer zur wechselseitigen Unterstützung von Modellen und Messungen dienen, weil dann Modell und

Messung mit denselben Begriffen arbeiten. Diese Wechselwirkung kann uni-
oder bidirektional sein.

Eine offensichtlich unidirektionale Wechselwirkung ist die Versorgung ab-
lauforientierter Modelle mit Parametern, die aus Messungen abgeleitet sind.
Gemessene Leistungsparameter verleihen Modellen höhere Realitätsnähe.

Eine relativ junge Disziplin ist die in umgekehrter Richtung wirkende Verwendung von Modellen zur systematischen Vorbereitung, Ausführung und
Auswertung ereignisgesteuerter Messungen an parallelen und verteilten Prozessen.

Da in der Regel eine sorgfältige Leistungsbewertung paralleler Programme
auf Mehrrechnersystemen nicht in einem Durchgang, nicht mit einer Bewer-
tungsmethode allein auskommen wird, kommt der bidirektionalen Wechselwirkung besondere Bedeutung zu.

Zur Bedeutung einer Methodenintegration vermerkt Rob Pooley in einem
Editorial:

*"Integration of tools within multiphase tools or environments is now emer-
ging as an important challenge. Along with integration of aspects of performance analysis, we now see examples of integration of performance techniques with those of software engineering, such as formal specification"* [85].

Den Modellen kommt hier die Rolle einer Spezifikation zu, die angibt, aus
welchen Programmabschnitten/Teilaufgaben ein Programm besteht und in
welchen Präzedenzrelationen diese untereinander stehen. Ein solches Modell
stellt insoweit eine umfassende Spezifikation des Programms dar, als es alle
(z.B. bei verschiedenen Datensätzen oder Programmparametern) denkbaren
Programmläufe beinhaltet.

Eine ereignisgesteuerte Messung oder eine Simulation hingegen liefern eine
Ereignisspur, die exemplarisch für eine gegebene Parameter-/Datenkonstel-
lation *genau einen* Programmlauf repräsentiert.

Die Integration von Verfahren zur Messung und zur Modellierung bedeutet
also, eine systematische Wechselwirkung zu etablieren, wie sie die Abbildung
12.13 zeigt.

Das Modell kann unterschiedliche Form haben. In Abbildung 12.13 ist exemplarisch ein Modell in Form eines Präzedenzgraphen angedeutet, genausogut
könnte es eine SDL-Beschreibung sein [7, 14]. Auch für die Repräsentation
eines Programmlaufes gibt es unterschiedliche Darstellungsmöglichkeiten. In

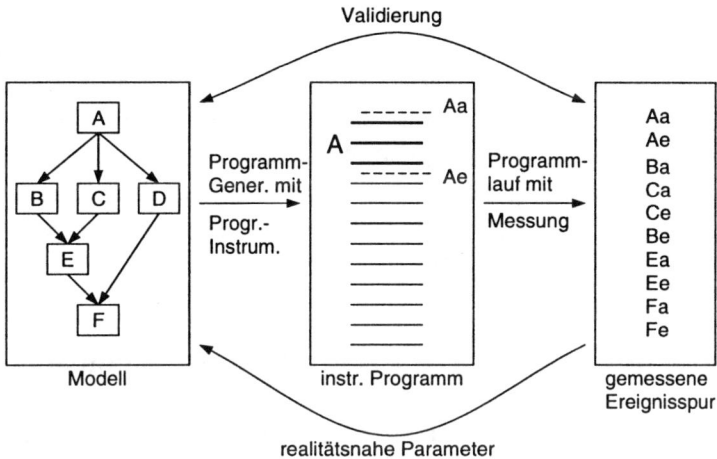

Abb. 12.13: Wechselwirkung zwischen Modell, Programm und Spur

Abbildung 12.13 ist rechts exemplarisch eine Ereignisspur angedeutet, die aus einer Messung des instrumentierten Programmes hervorgegangen ist. Ebensogut könnte der Programmlauf auch mit 'message sequence charts' (MSC) dargestellt werden. Dann allerdings ist der so dargestellte Programmlauf eher als eine Anforderung an das Programm im Sinne des sog. 'requirement engineering' zu verstehen.

Um nicht bei allgemeinen Betrachtungen stehen zu bleiben, sei der Integrationsgedanke am Beispiel von Graphmodellen und Ereignisspurmessungen weiterverfolgt, denn für Präzedenzgraphmodelle hat sich der Gedanke zur Integration von Messung und Modellierung bereits als tragfähig erwiesen, es gibt hierfür erste erfolgreich eingesetzte Verfahren und Werkzeuge.

Wir wollen am Beispiel der

- modellgesteuerten Programminstrumentierung

- modellgesteuerten Validierung gemessener Spuren

- modellgesteuerten Spurauswertung

diese Verfahren kurz skizzieren.

Mit Hilfe von Graphmodellen wird ein zu untersuchendes paralleles Programm derart beschrieben, daß man sequentielle Programmabschnitte bzw.

Teilaufgaben durch Knoten darstellt, denen Namen und Laufzeitverteilungen zugeordnet sind. Die Abhängigkeiten zwischen den Teilaufgaben sind durch gerichtete Kanten dargestellt. Wählt man nun die Knotennamen so, daß sie mit den Namen der entsprechenden Teilaufgaben (z.B. Prozeduren) in einem zu beobachtenden parallelen Programm übereinstimmen, dann kann mit einem solchen Graphen spezifiziert werden, welche Stellen im Programm als potentielle Ereignisse zu betrachten sind. Wir vertiefen diese Idee in den folgenden drei Abschnitten.

12.4.1　Modellgesteuerte Programminstrumentierung

Die in Abschnitt 12.2.1 eingeführte Programminstrumentierung, also das Einfügen von Monitoringanweisungen in das zu beobachtende Programm, wird hier nicht mehr manuell im Programmcode vorgenommen, sondern in einem Graphmodell spezifiziert und mittels eines Instrumentierungswerkzeuges vollzogen.

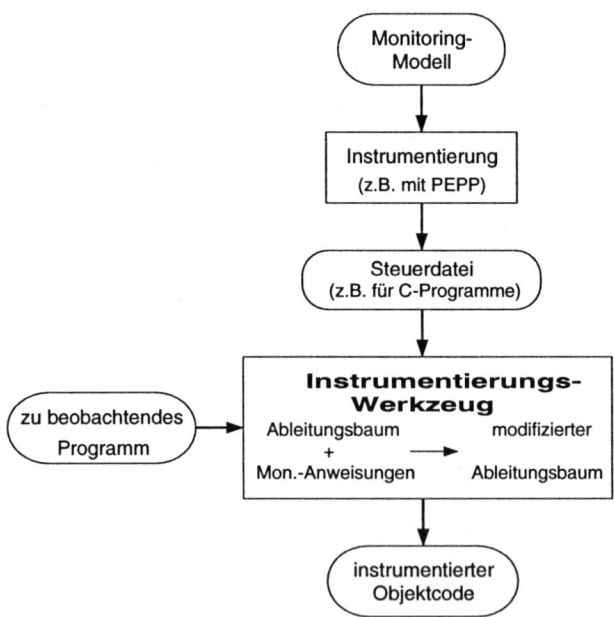

Abb. 12.14: Modellgesteuerte Instrumentierung mittels generisch erzeugter Steuerdateien

In Abbildung 12.14 ist dies exemplarisch für Programme dargestellt, die in C geschrieben sind. Für andere Programmiersprachen gilt dieselbe Vorgehensweise, nur wird statt AICOS[16] ein dieser Sprache gewidmetes Werkzeug erforderlich.

Der Vorteil der modellgesteuerten Instrumentierung ist offensichtlich: Der Quellcode des zu beobachtenden Programms bleibt unverändert, alle meßspezifischen Angaben stecken in einem Modell, dessen Granularität der angestrebten Abstraktion entspricht. Methodisch ist es sowohl möglich, spezielle *Stellen*[17] im Graphen als auch ausgewählte *Anweisungsfolgen*[18], z.B. Prozeduren zu instrumentieren. Letzteres bedeutet, daß diese Anweisungsfolge unabhängig von ihrer Lage im Graphen oder der Zahl ihres Auftretens instrumentiert wird, wo immer sie auftritt.

12.4.2 Validierung

Das Modell gibt alle möglichen (korrekten) Programmläufe wieder. Die Validierungswerkzeuge prüfen, ob ein gemessenes dynamisches Programmverhalten konsistent mit dem Modell ist. Setzt man voraus, daß das Modell korrekt ist, dann dient die Validierung der Aufdeckung eventueller Programmierfehler. Typische Validierungswerkzeuge[19] überprüfen

- die korrekte Vorgänger-/Nachfolgerbeziehung zwischen Ereignissen durch Vergleich von Knotennamen und Ereignisnamen in der Meßspur

- korrekte Zuordnung von Ereignissen zu Prozessoren

- die Konsistenz der im Ereignisrecord angegebenen Quellprogrammnamen mit den im Modell angegebenen.

Das Ergebnis der Validierung wird im Graphmodell markant sichtbar gemacht, so daß man leicht die Stelle im Gesamtablauf erkennt, an der Messung und Modell divergieren [21].

---

[16]Automatic Instrumentation of C-programs
[17]positionsorientierte Instrumentierung
[18]inhaltsorientierte Instrumentierung
[19]Wir beziehen uns hier auf existierende Validierungswerkzeuge in PEPP (Performance Evaluation of Parallel Programs) [21].

12.4.3   Modellgesteuerte Spurauswertung

Im Abschnitt 12.2.3 hatten wir die Auswertung von Ereignisspuren mit Hilfe einer Spurbeschreibung (Weg 3 in Abbildung 12.5) dargestellt. Eine derartige Spurbeschreibung in der Sprache TDL läßt sich automatisch aus dem Modell ableiten. Dies ist zusammen mit dem modellgesteuerten Aufruf von Auswertewerkzeugen eine spürbare Entlastung bei der Gewinnung von Resultaten aus einer Ereignisspur.

Diese knappen Hinweise auf fruchtbare Verbindungen von Messungen und Modellen sind als Anregung zu verstehen, sie sprechen keinesfalls alle Einsatzmöglichkeiten[20] integrierten Vorgehens an. Solche Hilfsmittel sind jedoch ein wichtiger Beitrag, die von Ferrari beklagte Selbstisolation der Leistungsbewertungsforschung in einem Elfenbeinturm [28] zu durchbrechen.

---

[20]So sind die Möglichkeiten, von Modellen aus die Einstellung von Monitoren und Interfaces vorzunehmen oder Spezifikationssprache als Modellierungshilfsmittel einzubinden, aus Platzgründen nicht angesprochen worden.

Glossar

Die Erklärungen spezieller Begriffe für dieses Kapitel sind im Glossar von Kapitel 3 zu finden.

Literaturverzeichnis

[1] M. Ajmone Marsan, G. Balbo, and G. Conte. A Class of Generalized Stochastic Petri Nets for the Performance Evaluation of Multiprocessor Systems. *ACM Transactions on Computer Systems*, 2(2):93–122, Mai 1984.

[2] M. Ajmone Marsan, G. Balbo, and G. Conte. *Performance Models of Multiprocessor Systems*. MIT Press, 1986.

[3] F. Baccelli, A. Jean-Marie, and Z. Liu. Proposal of INR for the Classification of Performance Evaluation Models of Parallel and Distributed Systems. *Arbeitsberichte des IMMD, Universität Erlangen–Nürnberg*, 26(14):29–31, Sept. 1993.

[4] G. Balbo, S. Bruell, and M. Sereno. Arrival Theorems for Product-Form Stochastic Petri Nets. In *Sigmetrics '94*, 1994.

[5] P.C. Bates and J.C. Wileden, editors. *A Basis for Distributed System Debugging Tools*, Hawaii, 1982. Hawaii International Conference on System Sciences 15.

[6] F. Bause. Queueing Petri Nets - A Formalism for the Combined Qualitative and Quantitative Analysis of Systems. In *Proceedings of the 5th International Workshop on Petri Nets and Performance Models*, S. 14–23, Toulouse, Okt. 1993.

[7] F. Belina, D. Hogrefe, and A. Sarma. *SDL with Applications from Protocol Specification*. Prentice-Hall, 1991.

[8] T.E. Bell. Choose your tools to check your computer. *Computer Decisions*, 4(11):12–15, Nov. 1972.

[9] T. Bemmerl and T. Treml. Ein Monitorsystem zur verzögerungsfreien Überwachung von Multiprozessoren. In *Proc. 5. GI/ITG–Fachtagung Messung, Modellierung und Bewertung von Rechensystemen und Netzen, 26–28 Sept. 1988*, S. 51–59, Braunschweig, 1989.

[10] R. Bordewisch. Fallbeispiele aus industrieller Praxis (case studies out of industrial practice). GI-ITG Tutorium on Measurement, Modelling and Performance Analysis of Computing Systems, Sep. 1991.

[11] J.C. Browne. Framework for formulation and analysis of parallel computation structures. *Parallel Computing*, 3:1–6, 1986.

[12] P. Buchholz. Numerical Solution Methods Based on Structured Descriptions of Markovian Models. In G. Balbo and G. Serazzi, editors, *Proceedings of the 5th International Conference on Modelling Techniques and Tools for Computer Performance Evaluation*, S. 242–258. Elsevier Science Publisher B.V., 1992.

[13] H. Burkhart and R. Millen. Performance Measurement Tools in a Multiprocessor Environment. *IEEE Transactions on Computers*, 38(5):725–737, Mai 1989.

[14] CCITT. *Recommendation Z.100: Specification and Description Language SDL, Blue Book*. ITU General Secreteriat — Sales Section, Place des Nations, CH-1211 Geneva 20, 1992.

[15] CCITT. *Recommendation Z.120: Message Sequence Charts (MSC)*. ITU General Secreteriat — Sales Section, Place des Nations, CH-1211 Geneva 20, 1992.

[16] K.M. Chandy, U. Herzog, and L. Woo. Parametric Analysis of Queuing Models. *IBM Journal of Research of Development*, 19(1):36–42, Jan. 1975.

[17] P.J. Courtois. *Decomposability, queueing and computer system applications*. ACM monograph series, 1977.

[18] P. Dauphin. *GANTT Reference Manual, SIMPLE User's Guide Version 5.4*. IMMD, Martensstr. 3, 91058 Erlangen, April 1994.

[19] P. Dauphin. *HASSE Reference Manual, SIMPLE User's Guide Version 5.4*. IMMD, Martensstr. 3, 91058 Erlangen, April 1994.

[20] P. Dauphin, R. Hofmann, R. Klar, B. Mohr, A. Quick, M. Siegle, and F. Sötz. ZM4/SIMPLE: a General Approach to Performance–Measurement and –Evaluation of Distributed Systems. In T.L. Casavant and M. Singhal, editors, *Readings in Distributed Computing Systems*. IEEE Computer Society Press, 1992.

[21] P. Dauphin, M. Kienow, and A. Quick. Model-driven Validation of Parallel Programs Based on Event Traces. In Bemmerl Topham, Ibbett, editor, *Proceedings of the Working Conference on Programming Environments for Parallel Computing, Edinburgh 6–8 April*, S. 107–125, 1992.

[22] V. de Nitto Personé and G. Iazeolla. Performance Analysis of the Parallel Cyclic Two-Stage Queueing Network. *Performance Evaluation*, 19:167–193, März 1994.

[23] G.J.W. van Dijk and A.J. van der Wal. Partial Ordering of Sychronization Events for Distributed Debugging in Tightly-coupled Multiprocessor Systems. In A. Bode, editor, *Distributed Memory Computing 2nd European Conference, EDMCC2, Munich, FRG, Proceedings*, LNCS 487, pages 100–109. Springer-Verlag, April 1991.

[24] A. Duda and T. Czachorski. Performance Evaluation of Fork and Join Synchronization Primitives. *Acta Informatica*, 24:525–553, 1987.

[25] O. Endriss, M. Steinbrunn, and M. Zitterbart. NETMON-II — a monitoring tool for distributed and multiprocessor systems. In *Proceedings of the 4th International Conference on Data Communication and their Performance, Barcelona*, Juni 1990.

[26] D. Ferrari. Considerations on the Insularity of Performance Evaluation. *IEEE Transactions on Software Engineering*, SE–12(6):678–683, Juni 1986.

[27] D. Ferrari, G. Serazzi, and A. Zeigner. *Measurement and Tuning of Computer Systems*. Prentice Hall, Inc., Englewood Cliffs, 1983.

[28] D. Ferrari and S. Zhou. A load index for dynamic load balancing. In *In Proc. 1986 Fall Joint Computer Conference*, pages 684–690, Nov. 1986.

[29] C.J. Fidge. Partial Orders for Parallel Debugging. *ACM SIGPLAN Notices*, 24(1):183–194, Jan. 1989.

[30] G.S. Fishman. *Concepts and Methods in Discrete Event Simulation*. J. Wiley and Sons, New York, 1973.

[31] W. Föckeler and H. Willeke. Der Software „auf die Finger" geschaut. *Elektronik*, 43(5):74–84, 1994.

[32] R. Gallager and D. Bertsekal. *Data Networks*. Prentice Hall, Englewood Cliffs NJ, 1987.

[33] G.A. Geist, M.T. Heath, B.W. Peyton, and P.H. Worley.   PICL: A Portable Instrumented Communication Library. Technical Report ORNL/TM-11130, Oak Ridge National Laboratory, Tennessee, Juli 1990.

[34] A. Girard. *Routing and Dimensioning in Circuit-Switched Networks*. Addison-Wesley, 1990.

[35] N. Goetz. *Stochastische Prozeßalgebren – Integration von funktionalem Entwurf und Leistungsbewertung Verteilter Systeme*. Dissertation, Universität Erlangen–Nürnberg, Martensstraße 3, 91058 Erlangen, April 1994.

[36] N. Goetz, U. Herzog, and M. Rettelbach. Multiprocessor and Distributed System Design: The Integration of Functional Specification and Performance Analysis Using Stochastic Process Algebras. In *Proc. of the 16th International Symposium on Computer Performance Modelling, Measurement and Evaluation, PERFORMANCE 1993, Tutorial*. Springer LNCS 729, 1993.

[37] G. Gordon. *Systemsimulation*. Oldenbourg, München, Wien, 1972.

[38] M.M. Gutzmann. *Leistungsbewertung von massiv parallelen Rechnermodellen*. Dissertation, Universität Erlangen–Nürnberg, Sept. 1993. Arbeitsberichte des IMMD, Bd. 26, Nr. 13.

[39] D. Haban. *The Distributed Test Methodology DTM*. Dissertation, University of Kaiserslautern, FRG, 1988.

[40] D. Haban and D. Wybranietz. Hardware Supported Monitoring in Distributed Computer Systems. Technical Report 23/86, Universität Kaiserslautern, Fachbereich Informatik, Feb. 1986.

[41] W. Händler, E. Maehle, and K. Wirl. DIRMU Multiprocessor Configurations. In *International Conference on Parallel Processing, St. Charles, Proceedings*, 1985.

[42] F. Hartleb. *Multiprozessorsysteme im Multiuser-Betrieb — Leistungsbewertung mit analytischen Verfahren*. Dissertation, Universität Erlangen-Nürnberg, IMMD VII, Dez. 1992.

[43] F. Hartleb. Stochastic Graph Models for Performance Evaluation of Parallel Programs and the Evaluation Tool *PEPP*. Technical Report 3/93, Universität Erlangen-Nürnberg, IMMD VII, 1993.

[44] F. Hartleb and V. Mertsiotakis. Bounds for the Mean Runtime of Parallel Programs. In R. Pooley and J. Hillston, editors, *Proceedings of the Sixth International Conference on Modelling Techniques and Tools for Computer Performance Evaluation*, S. 197–210, Edinburgh, 1992.

[45] M.T. Heath and J. A. Etheridge. ParaGraph: A Tool for Visualizing Performance of Parallel Programs. Technical report, Oak Ridge National Laboratory, Tennessee, Nov. 1991.

[46] P. Heidelberger and K.S. Trivedi. Analytic Queuing Models for Programs with Internal Concurrency. *IEEE Transactions on Computers*, C-32:73 – 82, Jan. 1983.

[47] U. Herzog. Leistungsbewertung und Modellbildung für Parallelrechner. *Informationstechnik (it)*, 31(1):31–38, 1989.

[48] U. Herzog. *Distributed Systems and Network Management*, chapter Network Planning and Performance Engineering. Addison-Wesley, 1994. M. Sloman and K. Kappell, eds. (chapter 13).

[49] U. Herzog and W. Hofmann. Synchronization Problems in Hierarchically Organized Multiprozessor Computer Systems. In M. Arato, A. Butrimenko, and E. Gelenbe, editors, *Performance of Computer Systems – Proceedings of the , 4th International Symposium on Modelling and Performance Evaluation of Computer Systems*, Vienna, Austria, Februar, 6–8 1979.

[50] U. Herzog, W. Hofmann, and W. Kleinöder, editors. *Performance Modeling and Evaluation for Hierarchically Organized Multiprocessor Computer Systems*, Bellaire/USA, 21.-24. Aug. 1979. Int. Conf. on Parallel Processing.

[51] F.S. Hillier and G.J. Liebermann. *Introduction to Operations Research.* Holden Day Inc., San Francisco, 1973.

[52] R. Hofmann. *Gesicherte Zeitbezüge für die Leistungsanalyse in parallelen und verteilten Systemen.* Dissertation, Universität Erlangen–Nürnberg, Martensstraße 3, 91058 Erlangen, 1993.

[53] R. Hofmann. The Distributed Hardware Monitor ZM4 and Its Interface to MEMSY. In A. Bode and M. Dal Cin, editors, *Parallel Computer Architectures: Theory, Hardware, Software, Applications*, S. 66–79. Springer Lecture LNCS 732, Berlin et al., März 1993.

[54] R. Hofmann, R. Klar, N. Luttenberger, B. Mohr, and G. Werner. An Approach to Monitoring and Modeling of Multiprocessor and Multicomputer Systems. In T. Hasegawa et al., editors, *Int. Seminar on Performance of Distributed and Parallel Systems*, S. 91–110, Kyoto, 7.–9. Dez. 1988.

[55] G. Horton and S. Leutenegger. A Multi-Level Solution Algorithm for Steady-State Markov Chains. Technical Report 9/93, Universität Erlangen-Nürnberg, IMMD III, 1993.

[56] E.L. Johnson and G.L. Nemhauser. Recent developments and future directions in mathematical programming. *IBM Systems Journal*, 31(1):79–92, 1992.

[57] J. Joyce, G. Lomow, K. Slind, and B. Unger. Monitoring Distributed Systems. *ACM Transactions on Computer Systems*, 5(2):121–150, 1987.

[58] R. Kröger et al. The RelaX Concepts and Tools for Distributed Systems Evaluation. GMD-Studien 168, GMD, 1989.

[59] L. Lamport. Time, Clocks, and the Ordering of Events in a Distributed System. *Communications of the ACM*, 21(7):558–565, Juli 1978.

[60] H. Langendörfer. *Leistungsanalyse von Rechensystemen: Messen, Modellieren, Simulation.* Hanser, München, 1992.

[61] B. Lazzerini and C.A. Prete. Event–driven Debugging for Distributed Software. *Microprocessing and Microprogramming*, 12(1):33–39, Jan./Feb. 1988.

[62] R. J. LeBlanc and Arnold D. Robbins. Event-Driven Monitoring of Distributed Programs. In *Int. Conf. on Distributed Computing*, S. 515–522, Denver, 1985.

[63] N. Luttenberger and R.v. Stieglitz. Performance Evaluation of a Communication Subsystem Prototype for Broadband–ISDN. In *Proceedings of the 2nd Workshop on Future Trends of Distributed Computing Systems in the 1990's*, Kairo, 1990.

[64] I. Mitrani M. Ettl. Applying Spectral Expansions in Evaluating the Performance of Multiprocessor Systems. In *Proceedings of the QMIPS Workshop on Solution Methods, Torino, September 1993*, Torino, Italy, Sep. 1993. QMIPS. Report.

[65] A.D. Malony. Event–Based Performance Perturbation: A Case Study. In *ACM SIGPLAN Symposium on Principles and Practise of Parallel Programming*, S. 201–212, April 1991.

[66] A.D. Malony and K. Nichols. Standards in Performance Instrumentation and Visualization for Parallel Computer Systems. In M. Simmons and R. Koskela, editors, *Performance Instrumentation and Visualization*, chapter 6, S. 261–278. ACM Press, Frontier Series, Addison–Wesley Publishing Company, New York, 1990.

[67] A.D. Malony, D.A. Reed, and D.C. Rudolph. Integrating Performance Data Collection, Analysis, and Visualization. In M. Simmons and R. Koskela, editors, *Performance Instrumentation and Visualization*, chapter 6, S. 73–98. ACM Press, Frontier Series, Addison–Wesley Publishing Company, New York, 1990.

[68] J. L. Martin and D. Müller-Wichards. Supercomputer Performance Evaluation. *The Journal of Supercomputing*, 1(-):87–104, 1987.

[69] F. Mattern. *Verteilte Basisalgorithmen*. Springer Verlag, IFB 226, Berlin, 1989.

[70] P. McKerrow. *Performance Measurement of Computer Systems*. Addison Wesley, Sydney, 1988.

[71] A. Mink, R. Carpenter, G. Nacht, and J. Roberts. Multiprocessor Performance–Measurement Instrumentation. *Computer*, 23(9):63–75, September 1990.

[72] I. Mitrani and D. Mitra. A Spectral Expansion Method for Random Walks on Semi-Infinit Strips. In R. Beauwens and P. de Groen, editors, *Iterative Methods in Linear Algebra*, S. 141–149, Brussels, 1992. North-Holland.

[73] A. Mitschele-Thiel. *Die DSPL–Entwicklungsumgebung*, volume 315 of *Fortschritt-Bericht VDI Reihe 10*. VDI-Verlag, Düsseldorf, 1994.

[74] B. Mohr. Entwurf und Implementierung eines Systems zur Entschlüsselung von Monitordaten. Diplomarbeit, Universität Erlangen–Nürnberg, IMMD VII, April 1987.

[75] B. Mohr. *Ereignisbasierte Rechneranalysesysteme zur Bewertung paralleler und verteilter Systeme*. Dissertation, Universität Erlangen–Nürnberg, 1992. VDI Verlag, Fortschritt-Berichte, Reihe 10, Nr. 221.

[76] B. Mohr. *SIMPLE — User's Guide Version 5.3.*
Part A: TDL Reference Guide
Part B: POET Reference Manual
Part C: Tools Reference Manual
Part D: FDL / VARUS Reference Guide, März 1992.

[77] R. Nelson and A. Tantawi. Approximate Analysis of Fork/Join Synchronization in Parallel Queues. *IBM Research Report*, RC 1148, 1985.

[78] R. Nelson, D. Towsley, and A. Tantawi. Performance Analysis of Parallel Processing Systems. In *Proc. ACM Sigmetrics Conference*, S. 93–94, 1987.

[79] E. Nett. On further applications on the HU-algorithm to scheduling problems. In *Proc. Int. Conf. on Parallel Processing*, S. 317–325. Wayne-State-University, 1976.

[80] K. Neumann. *Operations Research Verfahren*, volume 1,2. Hanser-Verlag, München, 1975.

[81] M.F. Neuts. *Matrix–Geometric Solutions in Stochastic Models.* Johns Hopkins Series in Mathematical Sciences. Johns Hopkins University Press, 1981.

[82] G.J. Nutt. Tutorial: Computer System Monitors. *IEEE Computer,* 8(11):51–61, Nov. 1975.

[83] C.-W. Oehlrich and A. Quick. Performance Evaluation of a Communication System for Transputer–Networks Based on Monitored Event Traces. *ACM SIGARCH,* 19(3):202–211, Mai 1991. Proc. of the 18th Int. Symp. on Computer Architecture, Toronto, 27.–30. Mai 1991.

[84] B. Plateau. On the Synchronization Structure of Parallelism and Synchronization Models for Distributed Algorithms. In *Proceedings of the ACM Sigmetrics Conference on Measurement and Modeling of Computer Systems,* S. 147–154, Austin, TX, Aug. 1985.

[85] R. Pooley, editor. *Working Conference on Programming Environments for Parallel Computing.* Edinburgh Parallel Computing Centre, Edinburgh, 6.–8. April 1992.

[86] A. Quick. *Der M^2-Zyklus: Modellgesteuertes Monitoring zur Bewertung paralleler Programme.* Dissertation, Universität Erlangen–Nürnberg, Nov. 1993.

[87] R. Schwarz and F. Mattern. Detecting causal relationships in distributed computations: in search of the holy grail. *Distributed Computing,* 7:149–174, 1994.

[88] K. C. Sevcik. Application scheduling and processor allocation in multiprogrammed parallelprocessing systems. *Performance Evaluation,* 19(2-3):107–140, März 1994.

[89] M. Siegle. Reduced Markov Models of Parallel Programs with Replicated Processes. In *2nd EUROMICRO Workshop on "Parallel and Distributed Processing",* S. 126–133, Malaga, Spanien, Jan. 1994.

[90] M. Siegle and R. Hofmann. Monitoring Program Behaviour on SUPRENUM. *Computer Architecture News,* 20(2):332–341, Mai 1992.

[91] M. Siegle, R. Hofmann, and K.-H. Werner. Messungen an SUPRENUM. *Informatik–Spektrum,* 14(6):356, Dez. 1991.

[92] H. Szczerbicka. A combined queueing network and stochastic Petri-net approach for evaluating the performability of fault-tolerant computer systems. *Performance Evaluation*, 14:217–226, 1992.

[93] E. Tärnvik. Collecting Message Passing Events. Technical Report UMINF-91.05, University of Umea, Umea, Sweden, Feb. 1991.

[94] K.S. Trivedi and M. Malhotra. Reliability and Performability Techniques and Tools: A Survey. In B. Walke and O. Spaniol, editors, *Messung, Modellierung und Bewertung von Rechen- und Kommunikationssystemen*, S. 27–48, Aachen, Sep. 1993. Springer.

[95] U. Trottenberg and K. Solchenbach. Parallele Algorithmen und ihre Abbildung auf parallele Rechnerarchitekturen. *Informationstechnik it*, 30(2):71–82, 1988.

[96] H.J. van Norman. WAN-Design Tools: The New Generation. In *Data Communications International*, S. 105–112, Okt. 1990.

[97] M. Zieher and M. Zitterbart. NETMON — a distributed performance evaluation system. Technical report, University of Karlsruhe, Institute for Telematics, 7500 Karlsruhe, 1987.

13 Werkzeuge zur Entwicklung paralleler Programme

13.1 Phasen der Entwicklung paralleler Programme

Die Entwicklung von Programmen, die die vorgesehene Funktion zuverlässig erfüllen, ist schwierig. Dies wird dokumentiert durch die „Softwarekrise", von der seit Ende der 70er Jahre gesprochen wird, und durch die Tatsache, daß seit etwa dieser Zeit beim Einsatz von Rechnern die Kosten für die Software die Kosten für die Hardware übersteigen. Die neu aufgekommene Disziplin des Software-Engineering versucht, durch geeignete Methoden und Werkzeuge den gesamten Prozeß der Erstellung von Software rechnerunterstützt effektiver zu gestalten.

Noch wesentlich schwieriger als das Erstellen sequentieller Programme ist die Entwicklung paralleler Programme. Zwei wesentliche Gesichtspunkte sind hierfür ausschlaggebend:

- Parallele Programme enthalten mehrere — sich im allgemeinen asynchron verhaltende — Aktivitätsträger (z.B. gleichzeitig ausgeführte Prozesse)

- Programme für Parallelrechner lösen im allgemeinen anspruchsvolle, rechenzeitaufwendige Probleme, sie sind daher selbst sehr komplex.

Die Koordination der parallelen Aktivitätsträger muß bei Systemen mit expliziter Parallelität durch den Anwender bereits beim Programmentwurf vorgesehen werden. Asynchrones Verhalten der den einzelnen Aktivitätsträgern zugrundeliegenden Hardware muß dabei berücksichtigt werden, z.B. bei asynchronen Uhren in massiv parallelen Systemen. Die Determiniertheit des Anwendungsalgorithmus muß gesichert werden. Dies bedeutet, daß das Ergebnis des Algorithmus unabhängig vom Ablauf der einzelnen Aktivitätsträger auf der parallelen Architektur sein muß. Dabei ist das asynchrone Verhalten von Algorithmus und Architektur durchaus zulässig. Verklemmungssituationen müssen verhindert werden.

Bei Systemen mit impliziter Parallelität wird die Generierung der parallelen Aktivitätsträger durch Übersetzungssysteme vorgenommen. Für den Anwendungsprogrammierer taucht hier das Problem der Berücksichtigung der parallelen Aktivitätsträger erst in der Testphase auf. Vor allem bei hoch optimierenden Compilern ist die Fehlererkennung mit Quellbezug eine wesentliche Anforderung an Systeme, die diese im allgemeinen nicht erfüllen.

Die in Kapitel 11 dieses Buchs beschriebenen modernen problemorientierten Programmiersprachen versuchen, durch ihre Eigenschaften den Programmierer beim Entwurf paralleler Programme zu unterstützen. Darüber hinaus ist jedoch auch die Anwendung einer größeren Anzahl von Werkzeugen im Sinne einer Entwurfsumgebung, die die Programmiersprache unterstützt, notwendig. Solche Werkzeuge sind teilweise direkt aus klassischen sequentiellen Werkzeugen abgeleitet, teilweise sind sie parallelrechner-spezifisch. Die Werkzeuge müssen den gesamten Prozeß von der Spezifikation des Programms bis hin zur Ausführung unterstützen.

Abbildung 13.1 zeigt die Phasen der Entwicklung paralleler Programme im Sinne eines abgewandelten Phasenmodells aus dem Bereich des Software-Engineering. Die einzelnen Phasen bzw. Arbeitsschritte beziehen sich in der dargestellten Form auf grobkörnig parallele Systeme mit Nebenläufigkeit und/oder 'pipelining' auf der Ebene von Programmen oder Prozessen und explizite Parallelität (Bode, 1994 [6]). Bei feinkörnig parallelen Systemen und impliziter Parallelität können einzelne der Schritte entfallen, weil sie automatisch durch Teile der Systemsoftware, im allgemeinen durch Compiler und Optimierer, übernommen werden (vgl. Karl, 1993 [23]).

Für die meisten Arbeitsschritte stehen spezifische Werkzeuge zur Verfügung, die als Ergänzung zur Programmiersprache die Entwicklungsumgebung des Parallelrechners ausmachen. Vor allem für die frühen Phasen des Entwurfs (z.B. die Verifikation) müssen praktisch einsetzbare Werkzeuge erst noch entwickelt werden. Je nach Leistungsfähigkeit der Entwicklungsumgebung erfolgt die Erstellung des parallelen Programmes:

- Manuell

- Halbautomatisch

- Automatisch.

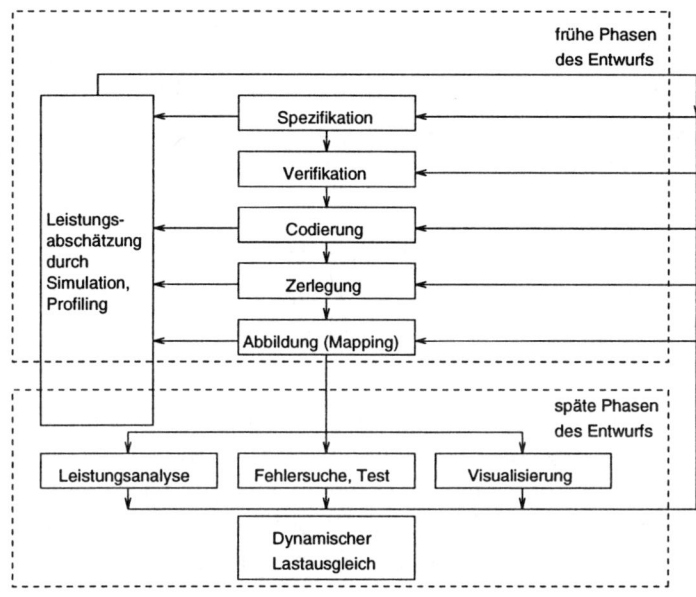

Abb. 13.1: Phasen des Entwurfs paralleler und verteilter Programme

Mit manueller Programmerstellung wird die Vorgehensweise beschrieben, daß der Programmierer die Parallelisierung explizit vornimmt, das 'mapping' (und damit die Ressourcenauslastung) selbst vorschreibt und das Testen und Leistungsdebugging mittels geeigneter Werkzeuge durchführt. Beim halbautomatischen Vorgehen existieren Werkzeuge, die einen Parallelisierungsvorschlag erarbeiten, der jedoch vom Programmierer überprüft und ergänzt werden muß. Dabei besteht eine enge Kooperation zwischen dem menschlichen Entwickler und den Werkzeugen. Automatische Vorgehensweise liegt vor, wenn ein Werkzeug — wie bei impliziter Parallelität — einen endgültigen Parallelisierungsvorschlag erarbeitet, der nicht vom Programmierer bestätigt werden muß. Diese Vorgehensweise ist für grobkörnige Parallelität nur in Einzelfällen erreichbar, bei feinkörniger Parallelität ist sie Stand der Technik. Im folgenden wird hauptsächlich grobkörnige Parallelität betrachtet. Die meisten behandelten Werkzeuge sind für die Unterstützung einer manuellen Arbeitsweise entwickelt worden. Ausnahmen, wie Werkzeuge zum dynamischen Lastausgleich, werden explizit gekennzeichnet.

Die Darstellung in Abbildung 13.1 ist vergleichbar mit dem im Software-

Engineering verwendeten Phasenmodell. Die in diesem Kapitel dargestellten Phasen berücksichtigen jedoch vorwiegend die besonderen Bedürfnisse der Programmierung paralleler Architekturen. Deshalb werden allgemeine Phasen des Entwurfs wie Dokumentation, Versionenverwaltung und CASE-Werkzeuge (Computer Assisted Software Engineering) hier nicht berücksichtigt.

Die Programm-Spezifikation erlaubt die formale Beschreibung von Programmen, ihrer Teileelemente und ihrer Beziehungen mittels graphischer und/oder sprachlicher Hilfsmittel. Spezielle Spezifikationssprachen haben den Charakter sehr hoher Programmiersprachen.

Die Programmcodierung wird mittels einer höheren Programmiersprache durchgeführt, die explizite oder implizite Parallelität unterstützt. Maschinennahe Programmierung in Assemblersprachen wird bei Parallelrechnern aus Effizienzgründen bisweilen für die Codierung laufzeitaufwendiger Programmkerne (spezielle Programmbibliotheken) verwendet.

Die Programmverifikation versucht, auf formale Weise die Korrektheit von Programmen zu beweisen. Dabei wird sichergestellt, daß für alle Eingaben korrekte Ausgaben produziert werden. Bezugsrahmen hierfür ist die Spezifikation des Programms. Das Testen eines Programms überprüft dagegen lediglich für eine — im allgemeinen beschränkte — Anzahl von Eingaben die Korrektheit der zugehörigen Ausgaben.

Die Programmzerlegung oder Parallelisierung in nebenläufig ausführbare, kommunizierende Prozesse kann entweder bereits bei der Spezifikation bzw. Codierung erfolgen, oder — vor allem bei bereits existierenden Programmen — als eigenständige Phase durchgeführt werden. Die Zerlegung des Programms soll eine Verteilung der Rechenlast auf die parallelen Elemente der Architektur möglichst so realisieren, daß das gewünschte Optimierungskriterium für die Parallelisierung erreicht wird. Typische Optimierungskriterien sind entweder *kürzeste Ausführungszeit* (Latenzzeit) für das einzelne betrachtete Programm oder *höchster Gesamtdurchsatz* für eine gegebene Menge von Programmen. Bei Eingebetteten- und Echtzeit-Systemen, die ebenfalls zunehmend als verteilte und parallele Architekturen entwickelt werden, stehen die Kriterien *Rechtzeitigkeit* und *Korrektheit* im Vordergrund. Diese stehen teilweise in Konflikt mit den Optimierungskriterien kürzeste Latenz und maximaler Durchsatz. Die Kriterien für Eingebettete- und Echtzeitsysteme müssen sowohl beim Programmentwurf als auch bei der Programmausführung durch das Betriebssystem und die Architektur gewährleistet werden. Es wurden daher spezielle Betriebssysteme (z.B. das System MARUTI der University of Maryland) für diese Zwecke entworfen, die beispielsweise bestimmte maximale Unterbrechungsbehandlungslatenzen garantieren. Hardwaremaßnahmen zur Realisierung einer globalen Zeit sind ebenfalls erforderlich.

Bei der Programmzerlegung muß die Kommunikation zwischen den parallelen Komponenten und ihre Synchronisation berücksichtigt werden, sofern dies nicht bereits bei der Spezifikation oder Codierung vorgesehen wurde. Die Programmzerlegung setzt im allgemeinen eine Lösung des Problems durch einen parallelen Algorithmus voraus, der einer der in Abschnitt 2.3 genannten Parallelisierungsarten folgt.

Wird ein paralleles Programm für die Lösung einer Anwendung neu entwickelt, so liegt es nahe, den besten parallelen Algorithmus zu wählen und die Parallelität der Zielarchitektur zu berücksichtigen. Aus Kostengründen werden jedoch auch oft existierende Programme bzw. Programmpakete, die ursprünglich für sequentielle Rechner entworfen wurden, mit möglichst geringem Aufwand parallelisiert. Dabei wird der sequentielle Algorithmus beibehalten, lediglich z.B. bei Datenparallelisierung eine Aufteilung der Daten auf die Prozessoren des Systems durchgeführt. Die so gefundene Lösung wird im allgemeinen suboptimal in bezug auf Anwendung und Parallelrechner sein, da parallele Algorithmen oft bessere Lösungen liefern als parallelisierte sequentielle Algorithmen. Man spricht in diesem Zusammenhang vom 'dusty deck' Problem (in Anspielung an frühere Programme: „Verstaubte Kartenstapel"): vor allem große Anwendungsprogrammpakete, die über Jahre von unterschiedlichen Programmierern entwickelt wurden, schlecht dokumentiert und strukturiert sind, aber in denen sehr hohe Entwicklungskosten stecken, sollen ohne großen Aufwand optimal parallelisiert werden: dies ist eine Fiktion!

Weiterhin erfordert die Zerlegung des Programms in parallel ausführbare Komponenten zumindestens eine grobe Abschätzung der Anforderungen an Betriebsmittel (vor allem Laufzeit, Speicherbedarf, Umfang der Ein-/Ausgabe, Kommunikation). Diese Abschätzung kann durch Simulatoren oder Profiler gewonnen werden, die jedoch z.T. ein lauffähiges Programm voraussetzen. Bei der werkzeugunterstützten Parallelisierung existierender Programme wird auf Basis einer Datenabhängigkeitsanalyse eine Transformation des

Programms zum Zwecke der geeigneten Zerlegung durchgeführt. Dabei werden zum Beispiel scheinbare Datenabhängigkeiten aufgelöst, wie sie bei mit gleichen Identifikatoren gekennzeichnete Laufschleifenindices unabhängiger Schleifen vorliegen.

Die Prozeß-Prozessor-Abbildung (mapping) stellt eine (initiale) Abbildung von Programm und Daten auf die vorhandenen Betriebsmittel her. Diese Abbildung wird im allgemeinen durch einfache Konfigurationssprachen realisiert.

Alle bisher geschilderten Phasen des Entwurfs paralleler Programme finden vor der erstmaligen Ausführung des Programms auf der Zielarchitektur statt (Ausnahme: Leistungsabschätzung durch Simulatoren und Profiler). Man spricht oft von den „frühen" Entwurfsphasen. Die nachfolgend geschilderten Phasen setzen zumindest die einmalige Ausführung des Programms auf der Zielarchitektur voraus, wobei im allgemeinen die Ausführung nicht zum Zweck der Berechnung eines konkreten Resultats, sondern noch zum Zweck der Programmentwicklung erfolgt. Man spricht von den „späten" Phasen des Entwurfs. Erst wenn diese Entwicklungsschritte abgeschlossen sind, wird das Programm zum Zweck der Berechnung anwendungsspezifischer Resultate eingesetzt. Man spricht dann vom „Produktionslauf". Wegen der schwierigen Erstellung paralleler Programme müssen Entwicklungsläufe im allgemeinen häufig ausgeführt werden, bevor der erste Produktionslauf erfolgen kann. Um die — meist sehr teuren — Zielarchitekturen von solchen Entwicklungsläufen zu entlasten, wird oft versucht, diese entweder auf spezielle Entwicklungs-Teilkonfigurationen der Zielarchitektur, auf spezielle Entwicklungsrechner oder sogar auf Software-Simulatoren auszulagern. Bezüglich Simulatoren muß unterschieden werden zwischen verschiedenen Abstraktionsebenen: erfolgt die Simulation auf Basis der Spezifikation auf einem abstrakten Maschinenmodell, so ist diese den früheren Phasen des Entwurfs zuzurechnen (ein lauffähiges Programm muß nicht vorliegen). Bei Simulation auf Maschinenbefehlsebene wird mit lauffähigen Programmen gearbeitet. Diese Simulation für Entwicklungsläufe verhält sich bezüglich der Entwurfsphasen wie die Ausführung des Programms auf der Zielarchitektur. Sie ist daher den späten Phasen des Entwurfs zuzuordnen.

Die Fehlersuche bzw. das Testen von Programmen geschieht unter Verwendung spezieller Eingaben, die sowohl repräsentativ für die Anwendung sein sollen als auch spezielle Extremwerte berücksichtigen sollen. Interaktive

Hilfsmittel (Debugger) ermöglichen dabei die Beobachtung und Modifikation von Programm- und Maschinenzuständen. Der Benutzer definiert hierzu Ereignisse, die zu einem Anhalten der Ausführung des Programms führen. Der Debugger bietet die Zugriffsmöglichkeiten auf die Betriebsmittel der Zielarchitektur, insbesondere auf die Zustände von Registern und Speichern. Neben der Inspektion solcher Größen ist auch ihre Modifikation gewünscht, um — ohne den Umweg über die Veränderung des Quellprogramms, Compilation, 'mapping' und Ausführung — Korrekturversuche durchführen zu können. Die Spezialität paralleler Debugger ist, daß sie in der Lage sein müssen, verteilte Ereignisse zu erkennen und auf diese geeignet zu reagieren.

Parallele und verteilte Architekturen werden vorwiegend mit dem Ziel eingesetzt, für die gegebene Anwendung möglichst hohe Rechenleistung zu erzielen. Bei Realzeit- und Steuerungsanwendungen müssen dabei noch die korrekten Zeitbedingungen eingehalten werden. Es liegt daher nahe, daß die Überprüfung dieser Ziele durch die Phase der Leistungsanalyse besonders wichtig ist. Empirische Untersuchungen zeigen, daß für die Leistungsanalyse und das Debugging bei parallelen Programmen ca. 50% der Entwicklungszeit benötigt werden. Leistungsanalyse beruht auf der Beobachtung der Auslastung der einzelnen Betriebsmittel der Zielarchitektur durch die Komponenten des parallelen Programmes. Für die Darstellung von Programm und Betriebsmitteln werden verschiedene Formen — auch animierter — Graphik verwendet. Vor allem bei massiv parallelen Systemen ist dabei eine sehr große Anzahl von Komponenten zu visualisieren. Dennoch muß durch geeignete Auswahl der dargestellten Daten die Übersichtlichkeit für den Benutzer gewahrt werden. Hierarchische Darstellungen und Zooming-Techniken, Methoden zur Einschränkung der aufzuzeichnenden Datenmenge, Datenvorverarbeitung usw. werden hier häufig verwendet. Weiterhin muß für möglichst geringe Meßbeeinflussung gesorgt werden.

Die Phase der Visualisierung des Programmflusses, der Kommunikations- und Synchronisationsereignisse erfolgt zur Unterstützung der Fehlersuche, des Testens und der Leistungsanalyse auf hohem Abstraktionsniveau. Die im allgemeinen animierte graphische Darstellung erlaubt dem Benutzer den Nachvollzug des dynamischen Geschehens bei der Programmausführung in der Zeitlupe. Diese Form der Visualisierung ist zu unterscheiden von der Visualisierung der Ergebnisse (Ausgaben) des Programms. Die Visualisierung von Ergebnissen wird hier nicht als Phase des Entwurfs paralleler Programme aufgefaßt, da sie — abgesehen von der Frage der Extraktion der Daten aus der Parallelrechnerstruktur — nicht parallelrechnerspezifisch ist.

Fehlersuche, Test, Leistungsanalyse und Programmfluß-Visualisierung führen in der Entwicklungsphase paralleler Programme zu einer Modifikation der ursprünglichen Version des Quellprogrammes. Dabei können alle „frühen" Phasen des Entwurfs durch die Modifikation beeinflußt sein. Der gesamte Entwurfsprozeß erfordert also nicht nur ein einmaliges Durchlaufen der bisher genannten Phasen, sondern wird im allgemeinen zyklisch erfolgen. Sind die Zyklen nicht durch Fehler, sondern durch Schritte der Leistungsoptimierung bedingt, spricht man von interaktivem Leistungsdebugging.

Werkzeuge zum dynamischen Lastausgleich versuchen, auf der Basis der Beobachtung der aktuellen Belastung der Betriebsmittel paralleler Architekturen und ohne explizite Einwirkung von Anwendungsprogramm und Programmierer durch Umverteilung der Last eine Leistungsoptimierung für das Gesamtsystem durchzuführen (die häufig eingesetzten Verfahren zum anwendungs-internen Lastausgleich sind Teil des Anwendungsprogramms und werden daher hier nicht als Werkzeug im weiteren Sinne betrachtet). Diese vollautomatische dynamische Verwaltung, die die durch das statische 'mapping' festgelegte initiale Zuordnung modifiziert, wird aus verschiedenen Gründen benötigt:

- Dynamisches, nicht vorhersagbares Lastverhalten des einzelnen Programmes (z.B. datenabhängige Kreierung neuer Prozesse)

- Statisch nicht antizipierbares Gesamtsystemverhalten bei Mehrbenutzerbetrieb, Realzeitumgebungen etc.

Alle genannten Werkzeuge für die „späten" Phasen des Entwurfs paralleler Programme setzen die Beobachtung der Ausführung des Programms voraus. Diese Beobachtung erfolgt durch Monitore, die in Hardware, Software oder hybrid realisiert sein können und eine Laufzeit- oder post mortem-Analyse ermöglichen.

Die meisten Werkzeuge setzen aus Gründen der Übersichtlichkeit und der leichten Erlernbarkeit und Bedienbarkeit graphische Benutzungsoberflächen ein.

Interaktive Werkzeuge für die Entwicklung paralleler Programme lassen sich als hierarchisch implementierte, kooperierende Komponenten darstellen, deren Ausführung auf unterschiedlichen Systemen erfolgen kann (vgl. Abbildung 13.2).

Die unterste Schicht — unmittelbar über der Knotenprozessor-Hardware und dem Betriebssystem — bildet der Knotenmonitor, der als Komponente der beobachteten Zielarchitektur oder als getrenntes Werkzeug mit Zugang auf die Zielarchitektur realisiert sein kann. Die einzelnen Knotenmonitore müssen zum Zwecke des Datenaustausches über eine Verbindungsstruktur verfügen. Diese kann entweder monitor-spezifisch sein oder durch die Verbindungsstruktur der Knotenprozessoren realisiert sein. Die vom Monitor gemessenen Daten werden über eine Vermittlungsschicht an die Werkzeuge weitergegeben. In umgekehrter Richtung ermöglicht die Vermittlungsebene die Spezifikation, Verarbeitung und Weitergabe von Anweisungen aus den Werkzeugen (z.B. Vereinbarung von Prädikaten zu Ereignissen, Programmmodifikation durch den Debugger). Diese Vermittlungsebene kann Teil der beobachteten Zielarchitektur sein, Teil eines speziellen Monitors oder Teil des Entwicklungsrechners, an dem der Benutzer die Programmentwicklung durchführt. Die nächsthöhere Schicht bilden die Werkzeuge für die oben aufgezählten Phasen des Entwurfs. Ausführungsort dieser Werkzeuge ist entweder die Zielarchitektur oder — häufiger — ein Entwicklungsrechner, der über Netz den Zugang zur Zielarchitektur ermöglicht. Oberstes Element der Hierarchie der Entwicklungsumgebung ist — zumindest für die interaktiven Werkzeuge — die graphische Benutzungsoberfläche, über die der Programmentwickler mit den Werkzeugen kommuniziert.

Folgende Anforderungen an die Implementation von Entwurfswerkzeugen für parallele Programme sind zu nennen:

- Portabilität in bezug auf Architekturen, Programmiersprachen, Programmiermodelle und Betriebssysteme
- Skalierbarkeit, insbesondere Unterstützung massiv paralleler Systeme
- Benutzerfreundlichkeit, insbesondere leichte Erlernbarkeit
- Möglichst geringe Beeinflussung des beobachteten Objektes (paralleles Programm).

Portabilität der Werkzeuge wird gefordert, um dem Benutzer angesichts der Vielfalt verschiedener paralleler und verteilter Systeme (vgl. Kapitel 1 und 2) eine möglichst einheitliche Entwicklungsumgebung zu bieten. Die Realisierung dieses Ziels ist jedoch wegen der Verschiedenartigkeit der Systeme sehr schwierig und bisher kaum gegeben.

Eine besonders schwierige Aufgabe ist die Programmierung massiv paralleler Systeme, weil die Kooperation einer Vielzahl gleichzeitiger Aktivitätsträger

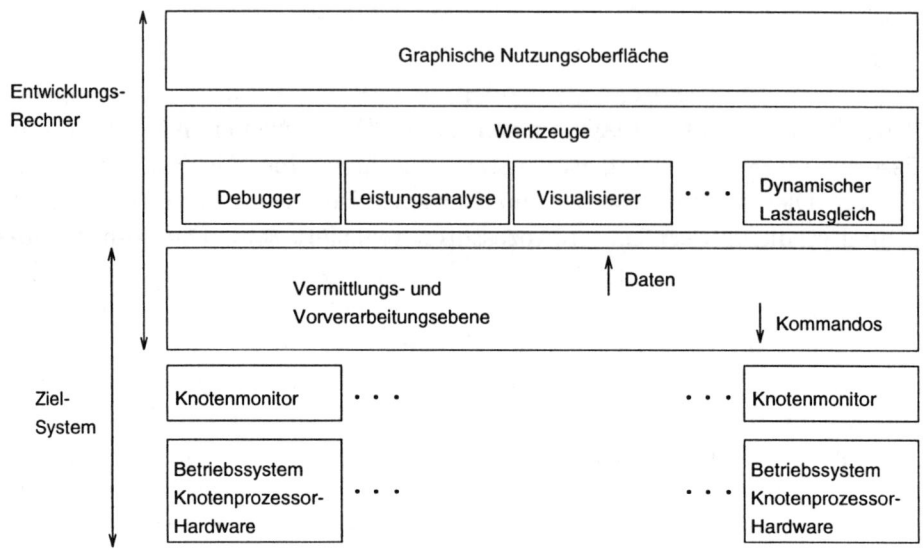

Abb. 13.2: Hierarchischer Aufbau einer integrierten Entwicklungsumgebung für parallele Programme

schwer überschaubar und verständlich ist. Auch die Darstellungsmöglichkeiten graphischer Benutzungsoberflächen auf Entwicklungsrechnern sind beschränkt. Werkzeuge müssen daher selektiv und hierarchisch Zugriff auf die Fülle der Daten ermöglichen: Die Vorverarbeitung von Einzeldaten zu kompakt darstellbarer Übersichtsinformation, die für den Benutzer wichtig ist, ist erforderlich.

Die — möglichst nicht beeinflußte — Beobachtung paralleler Programme ist notwendig, weil vor allem für die Phasen der Fehlersuche und der Leistungsanalyse ansonsten unzutreffende Informationen über die Ausführung paralleler Programme vorliegen. Ein typischer Fall ist, daß beim Zuschalten des Debuggers die Verklemmungssituation im Programm nicht mehr auftritt (nicht-deterministisches Programmverhalten). Andererseits ist eine völlig unbeeinflussende, rein hardwaremäßige Beobachtung des parallelen Programms aus Kostengründen im allgemeinen nicht möglich.

In diesem Kapitel werden als Werkzeuge alle Komponenten der Hardware und Software verstanden, die zusätzlich zum Betriebssystem und den Programmiersprachen mit ihren Compilern die Erstellung paralleler Programme unterstützen. Dabei kann unterschieden werden zwischen Werkzeugen im engeren Sinne, die den interaktiven Prozeß des Erstellens von Programmen mit entsprechender Schnittstelle zum Benutzer unterstützen. Solche Werkzeuge sind Debugger, Leistungsanalysatoren, Visualisierer, etc. Werkzeuge im weiteren Sinne sind Komponenten, die keine unmittelbare Schnittstelle zum Benutzer haben, aber dennoch den Entwurfs- und Ausführungsprozeß von Programmen unterstützen. Beispiele dieser Art sind Monitore, Systeme zum dynamischen Lastausgleich, Systeme zur Software-Fehlertoleranz durch Replikation, etc.

Die effiziente Unterstützung des Anwenders beim Entwurf paralleler Programme ist nur durch Anwendungsbezug der Werkzeuge zu erreichen. Werkzeuge müssen daher die folgenden Forderungen erfüllen:

- Bezug zu Objekten der Quellsprache und des Anwendungsprogramms

- Erfüllung anwendungsspezifischer Funktionen.

Der Quellsprachbezug bedeutet, daß der Benutzer von Werkzeugen nicht Objektidentifikatoren auf Assembler- bzw. Maschinenniveau benutzt, sondern die in der Quellsprache definierten und bezeichneten Objekte. Dieser Rückbezug muß in den Werkzeugen über die bei der Compilation erstellte Symboltabelle hergestellt werden. Der Quellsprachbezug ist in vielen Werkzeugen heute Stand der Technik. Für optimierten Code ist der Quellbezug noch Forschungsgegenstand (Wismüller, 1994 [47]).

Unter Programmbezug soll verstanden werden, daß der Benutzer Zugriff auf spezifische Daten seines Programms erhält. Bei einem Werkzeug für die Leistungsanalyse genügt es beispielsweise nicht, einen Prozentsatz für die CPU-Auslastung darzustellen. Bei der Programmoptimierung ist die Information wichtig, welche Anteile der CPU-Benutzung sich auf die Ausführung des Anwendungsprogramms und welche sich auf die Ausführung des Betriebssystems beziehen. Neben der prinzipiellen Trennung der Anteile in System- und Anwendungsprogramm sind auch detaillierte Informationen aus dem Anwendungsprogramm erforderlich: welche Verweilzeit ergibt sich in speziellen Funktionen des Programms, welche Wartezeiten entstehen bei speziellen Kommunikationsvorgängen, etc.

Anwendungsspezifische Anforderungen an die Leistungsfähigkeit von Werkzeugen ergeben sich nicht nur aus der Programmstruktur, sondern auch aus der Betriebsart und der Anwendungsklasse. Werkzeuge für Systeme mit

Mehrbenutzerbetrieb haben andere Anforderungen als solche mit Einbenutzerbetrieb (z.B. Darstellung der Aufteilung der Betriebsmittel auf die verschiedenen Benutzer im Space-Sharing bei Mehrbenutzerbetrieb). Werkzeuge für Realzeitanwendungen und eingebettete Systeme haben andere Anforderungen als solche für wissenschaftlich-technische oder kommerzielle Anwendungen. Für Realzeitsysteme wird beispielsweise die Einhaltung konkreter Zeitbedingungen besonders wichtig sein. Werkzeuge für die SPMD-Programmierung haben andere Anforderungen als universelle Werkzeuge. So wird man bei Anwendung von High Performance FORTRAN vor allem die Verteilung und Zugriffe auf Daten beobachten wollen (die i.ü. auch bei Architekturen mit impliziter Kommunikation besonders wichtig ist).

Die Abhängigkeit der Verwendung von Werkzeugen von der Benutzerfreundlichkeit und Anwendungsorientierung zeigt eine interessante Studie von Pancake und Cook, 1994 ([33]). ca. 500 Anwender wurden zur Entwicklung paralleler Programme befragt. Die wesentlichen Ergebnisse sind:

- Parallele Programme werden entworfen durch:

  - Modifikation serieller Programme (49%)

  - Modifikation paralleler Programme (18%)

  - Nutzung vorhandener Programmbibliotheken (10%)

  - Völlig neue Programmentwicklung (31%).

- Der bei der Entwicklung verbrachte Zeitaufwand teilt sich auf die Entwicklungsphasen wie folgt auf (der Gesichtspunkt der frühen Phasen des Entwurfs, Spezifikation und Verifikation, wurde dabei nicht berücksichtigt):

  - Verbessern des seriellen Programms (15%)

  - Codieren des parallelen Programms (24%)

  - Verbesserung des grundlegenden Modells (12%)

  - Fehlersuche im parallelen Programm (21%)

  - Leistungsverbesserung des parallelen Programms (17%)

  - Vorbereitung der Programmausführung (10%).

Etwa 5% der Befragten waren Mathematiker, je 20% Ingenieure und Naturwissenschaftler, ca. 40% Informatiker, der Rest andere. Trotz des hohen Aufwands für Entwicklungsphasen, die typischerweise durch Werkzeuge unterstützt werden könnten, werden diese nur von ca. 60% der Befragten eingesetzt. Benutzerfreundlichere und leistungsfähigere Tools müssen daher in Zukunft entwickelt werden. Pancake und Cook schließen ihre Studie daher mit 3 Empfehlungen für die weitere Entwicklung von Werkzeugen ab:

- Werkzeuge sollten den tatsächlichen Prozess der Entwicklung paralleler Programme besser unterstützen: Da sehr viele Programme durch Modifikation serieller Programme erzielt werden, sollten die Werkzeuge den Entwickler beim Vergleich des Verhaltens, der Leistung und der Ergebnisse serieller und paralleler Programmversionen unterstützen.

- Die Bedienbarkeit der Werkzeuge muß wesentlich einfacher werden (dies wird aus der Tatsache abgeleitet, daß sehr viele Entwickler anstelle von Standard-Werkzeugen auf eigenentwickelte Ad hoc-Hilfsmittel zurückgreifen)

- Werkzeuge sollten vor allem diejenigen Phasen des Entwurf stärker unterstützen, die für den Programmierer besonders zeitaufwendig sind (Programmcodierung, Fehlersuche und Leistungsanalyse).

13.2   Laufzeitbeobachtung mittels Monitoring

Die Aufzeichnung von Laufzeitdaten bei der Ausführung von Programmen ist Voraussetzung für die Funktion der Werkzeuge zur Unterstützung der späten Phasen des Entwurfs paralleler Programme. Die Beobachtung paralleler Systeme mittels Monitoring wird daher in diesem Unterabschnitt als „Querschnittstechnologie" für die nachfolgend geschilderten Werkzeuge beschrieben. Eine größere Anzahl von Projekten im Bereich der Werkzeuge für Parallelrechner hat die Entwicklung einer integrierten Werkzeugumgebung, bestehend aus Monitor und Werkzeug zum Ziel. Typische Beispiele sind die Werkzeugumgebungen TOPSYS (Bemmerl, Bode, 1991 [1]), ZM 4/SIMPLE (vgl. auch Kapitel 5) etc. Wegen der großen Anzahl möglicher Zielsysteme/Sprachen steht jedoch die Portabilität einzelner Werkzeuge und Monitortechniken, die insbesondere durch standardisierte Schnittstellen ermöglicht wird, im Vordergrund (vgl. unten). Es erscheint daher gerechtfertigt, die Monitore zunächst unabhängig von den Werkzeugen zu beschreiben.

Monitore sind Aufzeichnungselemente, die zum Zwecke der Rechnerbeobachtung die Verkehrsverhältnisse im Rechner während des normalen Betriebs untersuchen. Dabei werden Inhalte von Registern, Flags, Puffern oder Belegungen von Datenwegen aufgezeichnet. Monitore ermöglichen oft auch die Beeinflussung des gemessenen Objektes, beispielsweise um beim Debugging gewisse Werte in Register o.ä. zu laden. Man unterscheidet:

- Hardware-Monitor
- Software-Monitor
- Hybrid-Monitor.

Ein Hardware-Monitor ist ein unabhängiges Meßinstrument, das physikalisch an die zu untersuchenden Stellen des Zielsystems angeschlossen wird. Ein Hardware-Monitor umfaßt Komparatoren und Zähler zur Datengewinnung, Speicher zur Datenaufzeichnung und Busse für den Datentransport. Ein Software-Monitor ist ein zu Meßzwecken erstelltes Programm, das durch in das Betriebssystem, die Programmiersprachen und das Anwendungsprogramm (vom Anwender erstellter Code und Code aus benutzten Bibliotheksroutinen) integrierte Meßstellen die Beobachtung von Rechnern ermöglicht. Die Datengewinnung, -abspeicherung, der Datentransport und die spätere Verarbeitung erfolgen hier auf Betriebsmitteln des beobachteten Systems, das folglich in seinem Verhalten beeinflußt wird. Ein Hybrid-Monitor ist eine Mischung aus Hard- und Software-Monitor , bei dem z.B. einfache Aufzeichnungselemente (Speicher, Komparatoren, Zähler) in Hardware realisiert sind, der Rest der Beobachtungsfunktionen in Software.

Während bei Hardware- und teilweise bei Hybrid-Monitoren die aufgezeichneten Daten in speziellen Speichern abgelegt werden, muß bei Software-Monitoring die Ablage dieser Daten im Speicher des beobachteten Systems erfolgen. Im Optimalfall ist das Monitoring beim Entwurf des zu beobachtenden Systems in dessen Hardware und/oder Software bereits integriert. Stand der Technik ist allerdings, daß Monitore erst nach Abschluß der Entwicklung des zu beobachtenden Systems entwickelt werden. Einige Ausnahmen sind bei neueren Mikroprozessoren gegeben, z.B. DEC Alpha, Intel Pentium; ebenso in parallelen Systemen, z.B. KSR, PARAGON. Hardware-Monitore sind bei ihrer Erstellung teuer, haben aber den Vorteil der geringen Beeinflussung des zu beobachtenden Objektes. Software-Monitore sind billiger,

können aber das Laufzeitverhalten der beobachteten Systeme wesentlich beeinflussen (der Monitor mißt sich selbst, das beobachtete Programm ändert
sein Verhalten).

Wesentliche Probleme des Monitoring sind:

- Zugriff auf Information

- Rückwirkungsfreiheit

- Menge der aufgezeichneten Daten und Weiterverarbeitung.

Für eine Reihe von Zwecken bei der Beobachtung von Rechnern, insbesondere das Debugging, ist eine Beobachtung mit hoher Auflösung erforderlich. Für die exakte Analyse von Fehlersituationen muß der Fehler bis auf
die Ebene des einzelnen Maschinenbefehls rückverfolgbar sein. Für andere
Zwecke, z.B. die globale Leistungsanalyse, ist eine gröbere Analyse ausreichend. Sollen Monitore jedoch universell eingesetzt werden, so muß deren
Auflösungsfähigkeit an der feinkörnigsten Fragestellung bemessen werden.
Die Entwicklung der Halbleitertechnologie führt beispielsweise durch die Integration von Cache-Speichern und von Verfahren des Pipelining des Maschinenbefehlszyklus dazu, daß durch hardware-mäßige Beobachtung des externen Systembusses nicht mehr automatisch auf die Abläufe innerhalb des
Mikroprozessorbausteins zurückgeschlossen werden kann. Abhilfe schaffen
hier nur zusätzliche Ausgabeanschlüsse des Bausteins, die zu jedem Takt
den internen Zustand des Mikroprozessors auszugeben gestatten. Sind solche
Anschlüsse (sogenannte 'bond-out' Versionen der Mikroprozessoren) nicht
vorhanden, kann der Internzustand nur durch externe Simulation der Prozes-
sorinternstruktur nachvollzogen werden. Es ist zu wünschen, daß zukünftige
Mikroprozessorgenerationen entsprechende Monitorausgaben zur Verfügung
stellen.

Eine optimale Beobachtung des Systems würde die Abläufe auf diesem nicht
beeinflussen. Eine vollständig rückwirkungsfreie Beobachtung von Systemen
ist jedoch nicht möglich. Allerdings ist die Beeinflussung durch Hardware-
Monitore (kapazitive Last) im allgemeinen so gering, daß sie für die Zwecke
der Werkzeuge vernachlässigt werden kann. Bei Hybrid- oder Software-
Monitoring wird je nach Art der zu erfassenden Daten jedoch eine deutliche
Beeinflussung des gemessenen Objektes erfolgen (vgl. Treml, 1994 [46] und
Bemmerl, 1992 [2]).

Die im Prinzip wünschenswerte Aufzeichnung beobachteter Daten auf der
Ebene der Ausführung von Maschinenbefehlen würde Spurdateien (Traces)

produzieren, die im Umfang deutlich größer wären als der Speicheraufwand für das beobachtete Programm (z.B. wegen der zusätzlichen Protokollierung von Zeitinformationen, Mehrfachprotokollierung überschriebener einzelner Speicherinhalte, etc.). Eine vollständige Spurdatenaufzeichnung kommt aus Gründen der Kosten für die Abspeicherung und wegen der Schwierigkeiten, die großen Datenmengen zu verarbeiten, nicht in Frage. In der Folge werden daher Verfahren aufgezeigt, die das Spurdatenaufkommen verringern können, z.B. durch selektives An-/Abschalten der Protokollierung, durch Stichprobenverfahren (nicht kontinuierliches, sondern nur statistisches Aufzeichnen) oder durch Online-Reduktion bzw. Verarbeitung der Daten (z.B. Akkumulation von Werten in Zählern anstelle der Einzeldatenaufzeichnung etc.).

Alle bisher genannten Probleme sind bereits beim Monitoring sequentieller Rechnerarchitekturen und Programme gegeben. Das Monitoring paralleler und verteilter Systeme ergibt zusätzlich die folgenden Probleme:

- Determiniertheit und Reproduzierbarkeit paralleler Programmabläufe

- Sammlung und Verarbeitung dezentral erfaßter Daten.

Bei parallelen Architekturen und Programmen muß das Monitoring die Parallelität der ausführenden Betriebsmittel berücksichtigen. Damit sind Verbindungsmonitore (für die Beobachtung der Aktivitäten auf dem Verbindungsnetzwerk) und Knotenmonitore (für die Beobachtung der einzelnen aktiven Komponenten der parallelen Architektur) notwendig (Bemmerl, 1992 [2]). Werden die bei der Aufzeichnung der Daten in den einzelnen Knotenmonitoren verwendeten Zeitstempel nicht durch eine global synchron getaktete Uhr produziert, was insbesondere in massiv parallelen Systemen nicht vorausgesetzt werden kann, ist eine totale Ordnung der aufgezeichneten Ereignisse aus den Spurdateien im nachhinein nicht möglich. Anstelle totaler Ordnung fordert man daher im allgemeinen nur partielle Ordnung (Synchronisation unter Berücksichtigung von Kommunikationsereignissen). Dies ist im allgemeinen für verteiltes Debugging hinreichend. Ferner müssen Methoden entwickelt werden, um den Nicht-Determinismus paralleler Programmabläufe auszuschalten bzw. mit ihm umzugehen. Man spricht von reproduzierbaren Programmabläufen in bezug auf Zeitmodell und Ordnungsrelation (vgl. Methode des 'instant replay').

Bezüglich der Aufzeichnung von Daten durch Monitore lassen sich die folgenden Verfahren unterscheiden:

- Erzeugung von Ereignisspuren (vollständige Aufzeichnung von Ereignissen und Zeitstempeln in gewissen Grenzen)

- Ereignis-basierte Erzeugung von Durchschnittswerten (Vorverarbeitung durch Zähler)

- Stichprobenverfahren (Aufzeichnung in festen oder variablen Zeitabständen)

- Indirekte Meßwerterfassung (Protokollierung und Auswerten von grobkörnigen Meta-Operationen).

Die beiden letztgenannten statistischen Verfahren finden etwa Anwendung in dem UNIX-Tool *Prof* und im System PCN.

Um die nachfolgende Auswertung zu ermöglichen, müssen die aufgezeichneten Einzelereignisse oder summarischen Werte mit Zeitinformationen, sogenannten Zeitstempeln, versehen werden. In parallelen Systemen tritt dabei das Problem der verteilten Uhren auf, das prinzipiell mit Hilfe der nachfolgenden Verfahren behandelt werden kann:

- Nachträgliche Ordnung durch kausale Beziehungen

- Synchronisation der verteilten Uhren über Nachrichtenaustausch

- Synchronisation der verteilten Uhren über regelmäßiges Taktsignal

- Global synchrone Uhr.

Für die Aufzeichnung der gemessenen Daten existieren verschiedene Lösungen. Für die Portabilität ist zunächst das Datenformat ausschlaggebend. Man unterscheidet Datenaufzeichnung nach:

- Standardformat (PICL, SDF)

- Metasprache zur Definition von Datenformaten (SDDF, TDL)

- Werkzeugspezifischem Aufzeichnungsformat.

Die Abspeicherung und Weiterverarbeitung der Daten kann prinzipiell

- zentral oder

- verteilt

erfolgen. Im allgemeinen wird der Benutzer einen Gesamtüberblick über das System wünschen, weswegen zumindest die Werkzeugoberflächen zentral verwaltet werden müssen.

Stand der Technik ist die Sammlung aller erfaßten Daten an zentraler Stelle. Die Sammlung erfolgt dabei über:

- Die Verbindungsstruktur des beobachteten Systems (beeinflußt das Zeitverhalten des beobachteten Anwendungsprogramms)

- Eine monitor-spezifische Verbindungsstruktur.

Schließlich kann noch bezüglich der Ablage der Daten unterschieden werden zwischen:

- Sequentieller Abspeicherung der Spurdatei

- Ablage der Einzeldaten in geordneter Reihenfolge (Datenbank mit verbesserten Zugriffsmöglichkeiten).

Bezüglich der Spurdaten-Kombination und Weiterverarbeitung kann unterschieden werden zwischen:

- Spurdaten-Vorverarbeitung (Sammlung und Kompression)

- Aufzeichnung der vollständigen Spurdatei.

Die Auswertung von Meßdaten kann erfolgen

- Bezogen auf eine Messung

- Messungsübergreifend.

Schließlich kann prinzipiell zwischen Verarbeitung von Meßdaten

- Zur Laufzeit (Online) und

- „Post mortem" (Offline) unterschieden werden .

Bei Software- und Hybrid-Monitoring müssen die beobachteten Programme instrumentiert werden. Man versteht darunter das Einfügen zusätzlicher Anweisungen in das zu beobachtende Programm, das die software-mäßige Protokollierung von Ereignissen steuert. Es werden verschiedene Verfahren der Instrumentierung bezüglich des Grads der Automatisierung und des Ortes der Instrumentierung unterschieden:

- Manuelle oder automatische Instrumentierung des Quellprogramms

- Automatische Instrumentierung des Objektprogramms durch den Compiler

- Manuelle oder automatische Instrumentierung durch Hinzubinden instrumentierter Kommunikationsbibliotheken

- Einfügen von Monitoraufrufen in das bereits geladene Programm

- Instrumentierung des Laufzeitsystems.

Ein Beispiel für ein dediziertes Hardware-Monitorsystem auf Basis von Personalcomputern und Offline-Analyse ist das System ZM 4 und SIMPLE. Ein Beispiel für ein integriertes Software- und Hybrid-Monitorsystem für die Online-Analyse ist das System TOPSYS. Im Multiprozessor INTEL PARAGON XPS wurde großer Wert auf hardware-unterstütztes Hybrid-Monitoring gelegt. Hier ist in jedem Knotenprozessor ein eigener Hardware-Monitor vorgesehen, der im Sekundentakt die aufgezeichneten Daten des einzelnen Knotens über das Verbindungsnetzwerk an die Service-Partition übermittelt.

13.3 Werkzeuge für die frühen Phasen des Entwurfs

Die frühen Phasen des Entwurfs (vgl. auch Abbildung 13.1) setzen in der Entwicklung des parallelen oder verteilten Programms zwar gegebenenfalls die explizite Berücksichtigung der Parallelität der Zielarchitektur voraus, nicht jedoch eine Ausführung des Programms zum Zweck der Programmbeobachtung. Werkzeuge für diese Phasen sind daher nicht notwendigerweise auf die physikalische Existenz der Zielarchitektur angewiesen. Vor allem „Werkzeuge" für die Spezifikation und Verifikation sind z.T. Methoden, die auch ohne Rechnerunterstützung ausgeführt werden können. Auf Werkzeuge für die Codierung wird an dieser Stelle nicht getrennt eingegangen, da diese nicht parallelrechner-spezifisch sind.

13.3.1 Werkzeuge zur Spezifikation und Verifikation

Bezüglich der Spezifikationswerkzeuge kann unterschieden werden zwischen pragmatischen Ansätzen und streng formalen Vorgehensweisen. Pragmatische Spezifikationswerkzeuge haben im allgemeinen den Charakter sehr hoher interaktiver Programmiersprachen, die mit graphischen Hilfsmitteln die teilweise automatische Generierung paralleler Programme ermöglichen. Sie sind daher auch Werkzeuge zur automatischen Codierung. Beispiele solcher Systeme sind POKER (Notkin et al., 1988 [32]), CODE/TOAD (Sobek et al., 1988 [43]) und MUPPET (Mühlenbein et al., 1988 [30]). Das Anwendungsproblem samt Kommunikationsstruktur kann dabei meist abstrakt graphisch dargestellt werden. Die Systeme erlauben im allgemeinen jedoch nur die Berücksichtigung statischer Prozeßgraphen (vgl. Bemmerl, 1992 [2]). Der Programmrahmen und die Kommunikation wird dann weitgehend vollautomatisch erstellt. Die Code-Rümpfe müssen vom Programmierer nach der üblichen Methode eingegeben werden.

Ziel von Ansätzen zur werkzeugunterstützten Spezifikation und Codierung von parallelen und verteilten Programmen sind die vereinfachte und korrekte Programmgenerierung, Architekturunabhängigkeit und Möglichkeiten zur Wiederbenutzung von Software. Ein typisches Beispiel ist die Entwicklung von PDE (Program Development Environment) des CSCS in Manno (vgl. Decker, Dvorak, Rehmann, 1994 [13]) . Die eigentliche Programmentwicklung beruht dabei auf einem dreistufigen Vorgehen, das teilweise interaktiv werkzeugunterstützt, teilweise vollautomatisch erfolgt:

- Problemorientierte Spezifikation unter Verwendung einer formalen Spezifikationssprache

- Interaktive Verfeinerung der Spezifikation (falls nötig)

- Vollautomatische Generierung eines übersetzbaren Anwendungsprogramms durch ein Programmsynthesesystem.

Der erste Schritt wird dabei in einer deklarativen Spezifikationssprache erfolgen, der eine skelettorientierte Formulierung des Algorithmus ermöglicht (vgl. Gutzwiller, 1993 [17]). Der zweite Schritt ist ebenfalls interaktiv, wobei, unterstützt durch eine Wissensbasis, die Verfeinerung der Algorithmusdefinition erfolgt. Der Algorithmus ist dabei weiterhin skelettorientiert, enthält also nur dessen Grobstruktur. Die Bearbeitung wird durch Visualisierer, Browser, entscheidungsunterstützende Werkzeuge unterstützt.

Vergleichbare Ansätze finden sich auch bei Burkhart et al., 1994 [11], im System BACS. Weitere Ansätze zur werkzeugunterstützten Spezifikation von Programmen, die auf der Nutzung visueller Programmiersprachen beruhen, wie HeNCE und CODE 2.0, werden im Abschnitt über Visualisierungswerkzeuge behandelt (vgl. auch Newton, 1994 [31]).

Formale Spezifikationsmethoden beruhen auf der Verwendung abstrakter Formalismen zur Beschreibung verteilter Abläufe, wie algebraische oder Petrinetz-Methoden. Mittels dieser Methoden wird die automatische Behandlung des produzierten Programms ermöglicht. Damit kann beispielsweise die Korrektheit des Programms formal verifiziert werden, durch Simulation können Laufzeitabschätzungen gegeben werden etc. Beispiele solcher Systeme sind FOCUS (vgl. Dederichs et al., 1993 [14]) und Petrinetz-Techniken (vgl. Gomm, Kindler, 1993 [16]). Besondere Beachtung findet in diesen Systemen die Programmerstellung durch Verfeinerung.

13.3.2   Werkzeuge zur Zerlegung und Parallelisierung

Werkzeuge zur Zerlegung oder automatischen Parallelisierung von sequentiellen Programmen sollen diese in parallel ausführbare Teile zerlegen. Dabei kann im allgemeinen lediglich der vorgegebene Algorithmus parallelisiert werden, nicht jedoch ein günstigerer paralleler Algorithmus gefunden werden. Hauptaufgabe solcher Parallelisierungssysteme ist es, die Programme unter Berücksichtigung der existierenden Datenabhängigkeiten zu restrukturieren. Halbautomatische Parallelisierer bestehen daher im allgemeinen aus den folgenden Komponenten:

- Profiler zur Darstellung der Laufzeiten in den einzelnen Programmkomponenten des sequentiellen Programms

- Graphische Hilfsmittel zur Darstellung der Datenabhängigkeiten im Programm

- Interaktive Werkzeuge zur Umbenennung von Variablen etc. (insbesondere zur Auflösung von Pseudo-Datenabhängigkeiten)

- Compiler zur Übersetzung der aufgeteilten Struktur

- Simulatoren zur Laufzeitabschätzung.

Typische Beispiele sind die Systeme FORGE 90 der Firma Applied Parallel Research und VAST der Firma Pacific Sierra, für die automatische Datenparallelisierung z.B. mittels HIGH PERFORMANCE FORTRAN vgl. Kapitel 14.

13.3.3   Werkzeuge für das Mapping

Die Abbildung von Code und Daten paralleler Programme auf die Betriebsmittel der parallelen Architektur werden im allgemeinen durch Spezifikationswerkzeuge oder Flußsprachen ermöglicht.

13.3.4   Werkzeuge für Simulation und Profiling

Die Simulation der Leistungsfähigkeit von Rechenanlagen ist ein weites Feld, das im Rahmen dieses Kapitels nicht vollständig abgehandelt werden kann. Hier sollen lediglich Simulatoren betrachtet werden, die eine Laufzeitabschätzung für gegebene Anwendungen ermöglichen. Simulatoren können das nachzubildende System auf verschiedenen Abstraktionsstufen behandeln. Sehr häufig verbreitet sind Simulatoren auf Maschinenbefehlsebene, die die Ausführung lauffähiger Programme für die entsprechende Zielarchitektur ermöglichen. Solche softwaremäßigen Simulatoren sind für fast alle kommerziell verfügbaren Systeme erhältlich. Sie ermöglichen eine Leistungsabschätzung auch ohne physikalisches Vorhandensein des Zielsystems. Ihr wesentliches Problem ist jedoch die hohe Laufzeit für die Ausführung des Programms, da die Zielmaschine in Software nachgebildet wird. Ausnahmen sind CAE-Systeme, die z.B. die Integration hardwaremäßig vorhandener Bausteine in eine Software-Simulation ermöglichen, um komplexe Beschreibungen zu vereinfachen und Laufzeiten zu reduzieren. Für die reine Software-Simulation sind jedoch im allgemeinen nur kurze Programme ausführbar.

Neben Simulatoren auf Maschinenbefehlsebene existieren vor allem zum Zweck der Unterstützung des Entwurfs von Rechnern Simulatoren auf niedriger Betrachtungsebene (Gatterebene, physikalische Ebene etc.). Diese Form der Simulation ist sehr aufwendig. Die Simulation vollständiger paralleler Architekturen ist daher unrealistisch. Simulatoren oberhalb der Maschinenbefehlsebene versuchen, auf Basis größerer System- und Programmeinheiten Laufzeitabschätzungen zu generieren. Auf diese Weise kann etwa das Kommunikationsverhalten paralleler Programme untersucht werden. Diese Klasse von Simulatoren setzt kein ausführungsfähiges Programm voraus und ermöglicht die Laufzeitabschätzung teilweise abgeleitet aus der abstrakten Spezifikation des Programms. Ein Beispiel ist das Werkzeug HAMLET/HASTE (vgl. Pouzet et al, 1994 [35]).

13.4 Werkzeuge für die späten Phasen des Entwurfs

Werkzeuge für die späten Phasen des Entwurfs setzen die Ausführung des Programms auf Zielarchitektur oder Simulator voraus. Dabei müssen mittels Monitoring (vgl. Abschnitt 13.2) Daten über das Verhalten des Programms gewonnen werden, die eine Korrektur/Verbesserung ermöglichen. Für alle nachfolgend geschilderten Werkzeuge gilt die prinzipielle Unterscheidung zwischen

- Laufzeitorientierter (online) Beobachtung
- Nachträglicher (post mortem oder offline) Beobachtung.

Bei laufzeitorientierter Beobachtung kann der Programmentwickler mittels Monitoring und Werkzeugen die Ausführung des Programms unmittelbar beobachten und gegebenenfalls beeinflussen (z.B. durch Vereinbarung verteilter Haltepunkte). Bei nachträglicher Beobachtung wird zunächst das gesamte Programm bis zu seiner Beendigung ausgeführt und dabei alle relevanten Laufzeitdaten durch den Monitor in Spurdateien aufgezeichnet. Diese können dann nachträglich durch Analysewerkzeuge für den Benutzer aufbereitet werden.

Es ist unmittelbar einleuchtend, daß die laufzeitorientierte Beobachtung flexibler bezüglich der Eingriffsmöglichkeiten ist, eine raschere Arbeitsweise ermöglicht und gegebenenfalls die Aufzeichnung großer Mengen von Spurdaten überflüssig macht. Andererseits sind laufzeitorientierte Werkzeuge schwieriger zu implementieren, da das beobachtete Programm und das beobachtende Werkzeug gleichzeitig ausgeführt werden müssen, der Datengewinnungs- und Aufbereitungsvorgang durch Monitor und Werkzeug schnell geschehen muß und dennoch eine möglichst geringe Beeinflussung des Objektes durch die Beobachtung stattfinden soll. Aus diesen Gründen sind daher die meisten im folgenden geschilderten Werkzeuge für die nachträgliche Beobachtung entworfen worden. Ausnahmen, wie die Werkzeugumgebung TOPSYS (Bemmerl, Bode, 1991 [1]) werden explizit gekennzeichnet.

13.4.1 Werkzeuge für das Debugging

Prinzipiell können die folgenden Techniken zum Debugging paralleler Programme unterschieden werden:

- Offline-Debugging

- Online-Debugging

- Deterministische Wiederausführung (instant replay)

- Statische Analyse und automatische Laufzeitanalyse.

Beim 'online-debugging' kann im Gegensatz zum 'offline-debugging' das laufende Programm unmittelbar beeinflußt werden. ARIADNE von Cuny et al. 1993 [12] ist ein Beispiel für einen Offline-Debugger. Online-Debugger sind XIPD und IPD für den Multiprozessor Intel PARAGON (Breazeal et al, 1991 [8] und Ries et al, 1993 [40]), Panorama (May, Berman, 1993 [27]) und DETOP (Bemmerl, Wismüller, 1994 [3]) als zumindest in Ansätzen portable Varianten. Deterministische Wiederholungstechniken beruhen auf einer Aufzeichnung von Ereignisspuren und sichern dabei die Ausschaltung des Nichtdeterminismus, der durch die nicht vollständige Synchronisation paralleler Programme entstehen kann. Eine Übersicht geben Le Blanc und Mellor-Crummey, 1987 [25]. Statische Analysetechniken bzw. automatische Laufzeitanalyse können als Komponenten des Übersetzungssystems aufgefaßt werden. Ein Beispiel für Race-Erkennung mit solchen Hilfsmitteln beschreibt Mellor-Crummey, 1993 [28]. Bei dem Analysesystem INSIGHT (Parasoft, 1994 [34]) werden bestimmte Analysen, wie die Untersuchung von Speicherallokationsfehlern, erst zur Laufzeit des durch das Werkzeug automatisch quellcode-instrumentierten Programms durchgeführt. Die nachfolgenden Ausführungen beziehen sich vorwiegend auf Online-Debugger.

Der Debugger unterstützt die Fehlersuche durch interaktive Eingriffsmöglichkeit in die Ausführung des Programms. Debugger ermöglichen daher im allgemeinen die folgenden Kommandos:

- Beeinflussung der Ausführung von Programmen (Start, Stop, Einzelschritt)

- Beobachtung des Programmzustandes (existierende Objekte, Abbildung der Objekte auf Knoten des Systems, Ablaufzustand von Prozessen, Inhalte von Warteschlangen für Kommunikations- und Synchronisationsereignisse, Wert und Typ von Variablen)

- Modifikation des Programmzustands durch Modifikation von Variablenwerten

- Vereinbarung von Haltepunkten und Spurdatenerzeugung (Erzeugung verteilter Haltepunkte auf Basis von verteilten Ereignissen, Aufzeichnung benutzerdefinierter Ereignisse)

- Aufdecken von Races/Zugriffsanomalien

- Diverse Hilfsfunktionen, wie z.B. Konfigurationsmenüs, spezielle Darstellungen in Fenstern (z.B. Quellcode, Ereignisse, Ausführungszustand von Prozessen).

Als Prädikate für Ereignisse, die zu Aktionen in der Fehlersuche führen, können im allgemeinen die folgenden Ereignisklassen unterschieden werden:

- Ausführungsereignisse (Ausführung von Prozessen, Prozeduren, Programmzeilen)

- Datenereignisse (schreibende oder lesende Zugriffe auf Variablen, Erkennen von spezifischen Werten in Variablen)

- Kommunikations- und Synchronisationsereignisse (jeweils unterschieden nach Senden und Empfangen).

Parallele Debugger erlauben die Spezifikation paralleler Ereignisse in Systemen, wobei die oben geschilderten Ereignistypen durch Operatoren (z.B. Und, Oder, Folge) miteinander verknüpft werden können. Die Überwachung von allgemeinen parallelen Ereignissen ist kritisch (vgl. Schwarz, Mattern 1994 [42]), da das Überwachungswerkzeug die Verknüpfung der Ereignisse herstellen muß. Die Autoren behandeln ausführlich die Problematik verteilter Uhren in parallelen Architekturen und ihre Auswirkung auf Werkzeuge für parallele Programme.

Es ist die Aufgabe der Vermittlungsschicht, die vom Benutzer spezifizierten verteilten Ereignisse so in Anforderungen an die lokalen Knotenmonitore zu zerlegen, daß diese die geeignete Überwachung der parallelen Aktivitätsträger durchführen können und entsprechende Aktionen im einzelnen Knoten auslösen (Start, Stop, Modifizieren von Werten). Der Implementation der Vermittlungsschicht kommt dabei große Bedeutung in bezug auf die Effizienz des Verfahrens zu: Die Überwachung verteilter Ereignisse darf nicht dazu führen, daß das Verbindungsnetz des Rechners vollständig durch den Debugger monopolisiert wird und die zu überwachende Anwendung in ihrem Verhalten modifiziert wird (Bemmerl, Wismüller, 1994 [3]).

13.4.2   Werkzeuge für die Visualisierung

Braun, 1994 [7] unterscheidet den Einsatz von Visualisierungssystemen nach verschiedenen Entwurfsphasen der Programmentwicklung. Visualisierung von Software

- Beim Entwurf
- Bei Implementierung, Optimierung, Analyse (Programmvisualisierung)
- Bei der Wartung.

Die Visualisierung des Entwurfs von Programmen durch erweiterte CASE-Werkzeuge, Diagramme, Animation von Spezifikation, Programmsimulation und graphisches Programmieren soll hier nicht weiter betrachtet werden (vgl. Abschnitt 13.3). Die Visualisierung von Software zu Wartungszwekken durch Änderungsstatistiken, Darstellungen von Alter und Größe von Modulen sowie von Querverweisen ist ebenfalls nicht Gegenstand dieses Abschnittes.

Hier soll vorwiegend die eigentliche Programmvisualisierung berücksichtigt werden, bei der sich

- Datenorientierte Visualisierung
- Visualisierung des Programmablaufs
- Algorithmusanimation

unterscheiden lassen.

Die datenorientierte Visualisierung dient der Veranschaulichung und Animation von Daten, die in einem (parallelen) Programm berechnet wurden. Zu diesem Zweck existieren seit längerer Zeit eingeführte leistungsfähige Programmpakete wie AVS (Berger 1991 [4]), Khoros (Rasure, 1991 [37]) etc. PHIGS (Hopgood et al., 1992 [21]) ist ein Graphikstandard, der für die Datenvisualisierung verwendet werden kann. Da diese Systeme vorwiegend Ergebnisse visualisieren und nicht den eigentlichen Programmfluß, werden sie hier nicht weiter betrachtet.

Zweck der Algorithmusanimation ist die Veranschaulichung von Algorithmen durch bewegte Graphiken. Hierzu entwickelte Systeme setzen voraus, daß der Quellcode durch Annotationen ergänzt wird, die diese Graphiken erzeugen bzw. verändern. Das bekannteste Algorithmusanimationssystem ist

BALSA (Brown, Sedgewick, 1984 [9]). Beispiele für Systeme für die Animation paralleler Algorithmen sind Tango (Stasko, 1991 [44]), Polka (Stasko, Patterson, 1992 [45]) und Zeus (Brown, 1992 [10]). Da das Hauptziel der Algorithmusanimation die Darstellung des Anwendungsalgorithmus ist, werden diese Systeme hier nicht weiter behandelt.

Ziel der Visualisierung des Programmablaufs ist die Beobachtung der Programmausführung auf abstraktem Niveau durch graphische Hilfsmittel. Braun, 1994 [7] unterscheidet zwischen programmorientierter Visualisierung (Beobachtung des Anwendungsprogramms) und systemorientierter Visualisierung (Beobachtung der Hardware und Software des ausführenden Rechensystems). Beiden Varianten gemeinsam sind die Zwecke der Visualisierung:

- Erhöhung des Verständnisses des Programmablaufs bei der Fehlersuche oder zu Dokumentationszwecken

- Darstellung des Leistungsverhaltens paralleler Programme.

Da durch diese Art der Visualisierungssysteme anwendungsunabhängige Ereignisse dargestellt werden, stellen diese universelle Werkzeuge dar, die gut in Kombination mit Systemen zur Leistungsanalyse und zur Fehlersuche verwendet werden können.

Die bekanntesten Systeme sind VISTOP (Braun, 1994 [7]) aus der TOPSYS-Umgebung (Bode, 1994 [6]), PECAN (Reiss, 1985 [39]), PROVIDE (Moher, 1988 [29]), TRAPPER (Scheidler et al., 1993 [41]), Belvedere (Hough, Cuny, 1987 [22]), ParaGraph (Heath, Etheridge, 1991 [19]), PARADISE (Kohl, Casavant, 1991 [24]) und PABLO (Reed et al., 1991 [38]).

Nach Braun, 1994 [7] ermöglichen Systeme zur Visualisierung des Programmablaufes die folgenden graphischen Darstellungen:

- Prozeßgraph

- Prozeduraufrufgraph

- Topologiegraph

- Zeit-Ereignis-Diagramme

- Statistische Anzeigen

- Datenstrukturen

- Anwendungsspezifische Anzeigen.

Die Darstellung der Prozeßgraphen unterstützt die Visualisierung von Programmen mit Funktionsparallelität, der Prozeduraufrufgraph wird für Programme mit Datenparallelität verwendet. Bei beiden Varianten erfolgt die Darstellung meist unabhängig von der Zielarchitektur. Topologiegraphen sind dagegen an der Topologie der parallelen Architektur orientiert und erlauben die Beobachtung spezieller Systemengpässe. Zeit-Ereignis-Diagramme visualisieren spezielle Ereignisse (Kommunikation, Prozeßstatus, Prozeßzuordnung) über der Zeit. Die Visualisierung von Datenstrukturen unterstützt vor allem die Beobachtung komplexer Daten (Felder, Matrizen usw.). Statistische Anzeigen liefern Überblicksdaten zur Bewertung der Ausführung des parallelen Programms, die durch Auswertung von Einzeldaten gewonnen wurden (Summenbildung, Maxima, Minima z.B. von Kommunikationsmenge, -latenz etc.). Anwendungsspezifische Anzeigen beziehen sich auf Informationen zu einem spezifischen Programm und dessen zugehörigen Daten. Hierfür werden Meta-Werkzeuge angeboten, die es dem Benutzer ermöglichen, mittels einer geeigneten Eingabesprache eigene Visualisierungstypen zu definieren. Diese Art der Visualisierung ist jedoch mit hohem Aufwand für den Anwender verbunden.

Als Beispiel für die Vielfalt der möglichen Darstellungsformen ist ein Teil der mehr als 25 verschiedenen möglichen Diagramme des weit verbreiteten Systems ParaGraph (Heath, Etheridge, 1991 [19]) in Abbildung 13.3 zu sehen.

Trotz der Vielfalt der Systeme sind jedoch auch Einschränkungen bezüglich deren Anwendbarkeit und Handhabbarkeit zu machen, die dafür verantwortlich sind, daß die Programmierer diese Werkzeuge nur wenig annehmen (vgl. die eingangs des Kapitels geschilderte Studie von Pancake und Cook, 1994 [33]). So faßt Braun, 1994 [7] zusammen:

- Die meisten Visualisierungssysteme arbeiten post mortem. Laufzeitorientierte Werkzeuge sind wegen ihrer besseren Eingriffsmöglichkeiten vorzuziehen, jedoch auch schwieriger zu implementieren

- Visualisierungssysteme sind oft Einzelsysteme und nicht in eine volle Werkzeugumgebung integriert

- Die Systeme gehen i.a. von einem statischen Prozeßmodell aus, das für viele (dynamische) Anwendungen nicht ausreicht

- Die Darstellungen erfolgen oft auf zu niedriger Abstraktionsebene, die Skalierbarkeit ist nicht gegeben

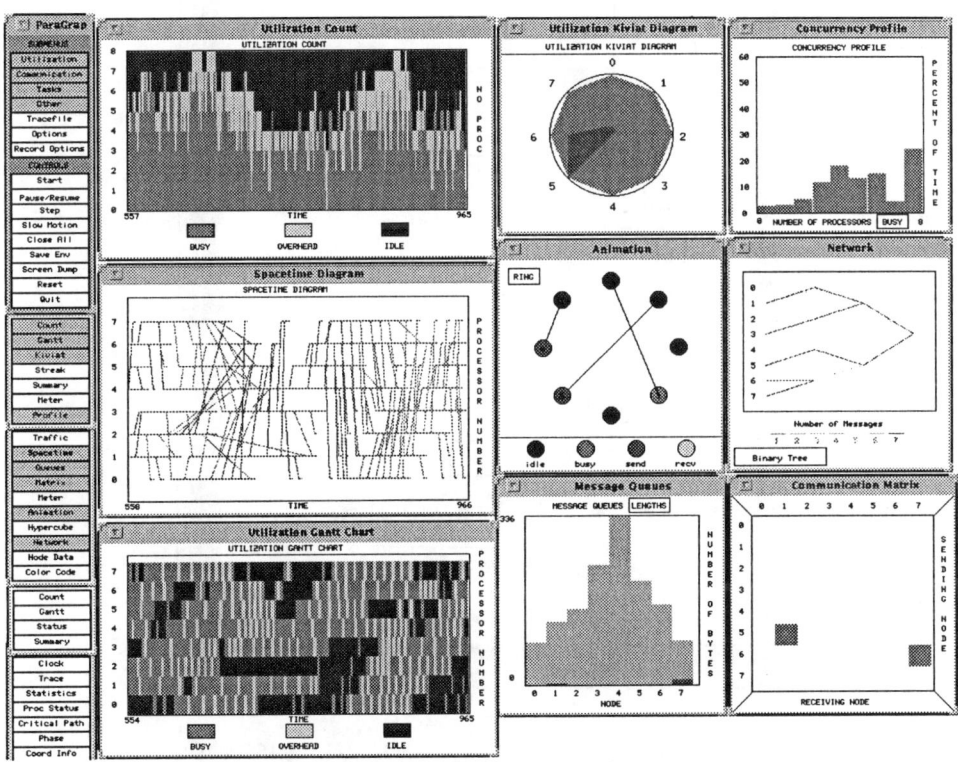

Abb. 13.3: Ausschnitt aus verschiedenen Darstellungsformen von ParaGraph

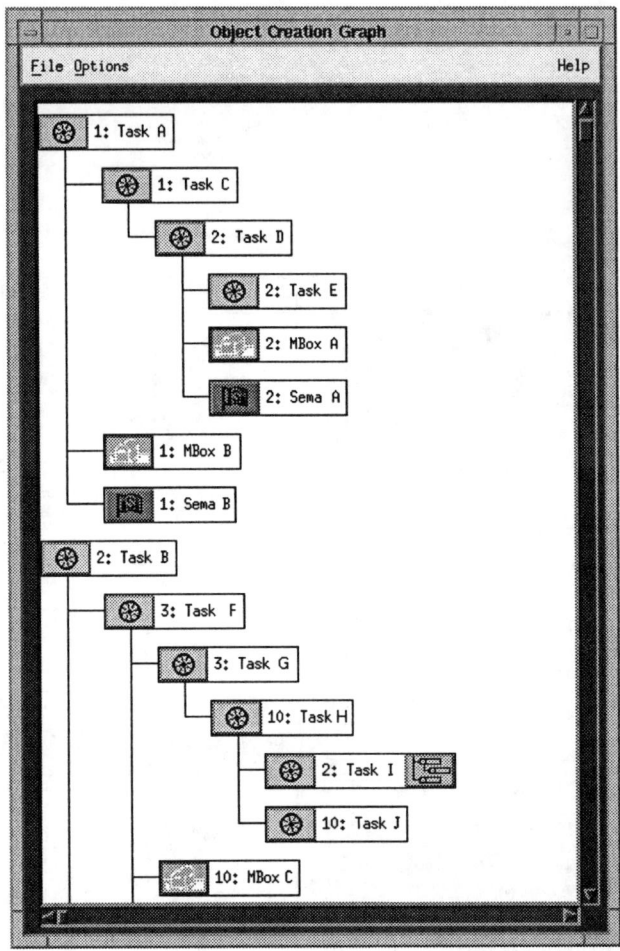

Abb. 13.4: Objekterzeugungssicht in VISTOP

- Die Anwendungsorientierung der Systeme ist mangelhaft.

Eine Ausnahme stellt das von Braun, 1994 [7] entwickelte Visualisierungssystem VISTOP dar, das als laufzeitorientiertes Werkzeug in die Werkzeugumgebung TOPSYS integriert ist und damit die Verbindung zu Debugger, Leistungsanalyse und weiteren Elementen im interaktiven Programmentwicklungsprozeß ermöglicht. VISTOP unterstützt dynamische Prozeßmodelle. Die Objekterzeugungssicht (vgl. Abbildung 13.4) dient der animierten Darstellung dynamischer Prozeßerzeugung. Die Kommunikationssicht von VI-STOP erlaubt die Darstellung von Kommunikations- und Synchronisationsereignissen auf verschiedenen Abstraktionsniveaus (Prozeß, Mailbox, Semaphor) für nachrichtenorientierte Programmiermodelle (vgl. Abbildung 13.5). Die Systemsicht (vgl. Abbildung 13.6) ermöglicht die Beobachtung der (dynamischen) Zuordnung von Programmobjekten zu (virtuellen) Prozessoren auf hoher Abstraktionsebene. Damit werden Mechanismen der Prozeßverwaltung für den Anwender beobachtbar, z.B. der dynamische Lastausgleich.

13.4.3   Werkzeuge zur Leistungsanalyse

Werkzeuge zur Leistungsanalyse erlauben die Bewertung der Leistung bei der Ausführung von Programmen auf parallelen Architekturen. Ziel der Analyse ist die Anpassung des Programms an die Architektur durch Beseitigung von Inaktivitätszuständen bestimmter Betriebsmittel, vor allem der Prozessoren (bei Realzeitanwendungen steht die Garantierung bestimmter Zeitbedingungen im Vordergrund). Diese Anpassung erfolgt entweder durch den Programmierer (Leistungsdebugging) oder automatisch durch das System (dynamischer Lastausgleich, vgl. nächsten Abschnitt). Für das Leistungsdebugging ist vor allem die graphische Darstellung der Auslastung der Betriebsmittel wichtig. Leistungsanalysewerkzeuge sind daher auch spezielle Werkzeuge zur Visualisierung.

Werkzeuge zur Leistungsanalyse erlauben die Darstellung von Leistungsmerkmalen des Systems in möglichst verschiedenen Formen (Hansen, 1994 [18]) wie

- Meter (Wert einer Größe)
- Kurvendiagramm (zeitlicher Verlauf)
- (Farb-)Balkendiagramm (zeitlicher Verlauf durch Farbe dargestellt)
- Gantt-Diagramm
- Kiviat-Diagramm (skalierte Durchschnitte in zweidimensionaler graphischer Darstellung, vgl. auch Abbildung 2.1)
- N-dimensionale Graphiken
- Verteilungsdiagramm (Verteilung von Werten auf Wertebereiche)
- Matrix-Diagramm (Durchschnittswerte verschiedener Größen).

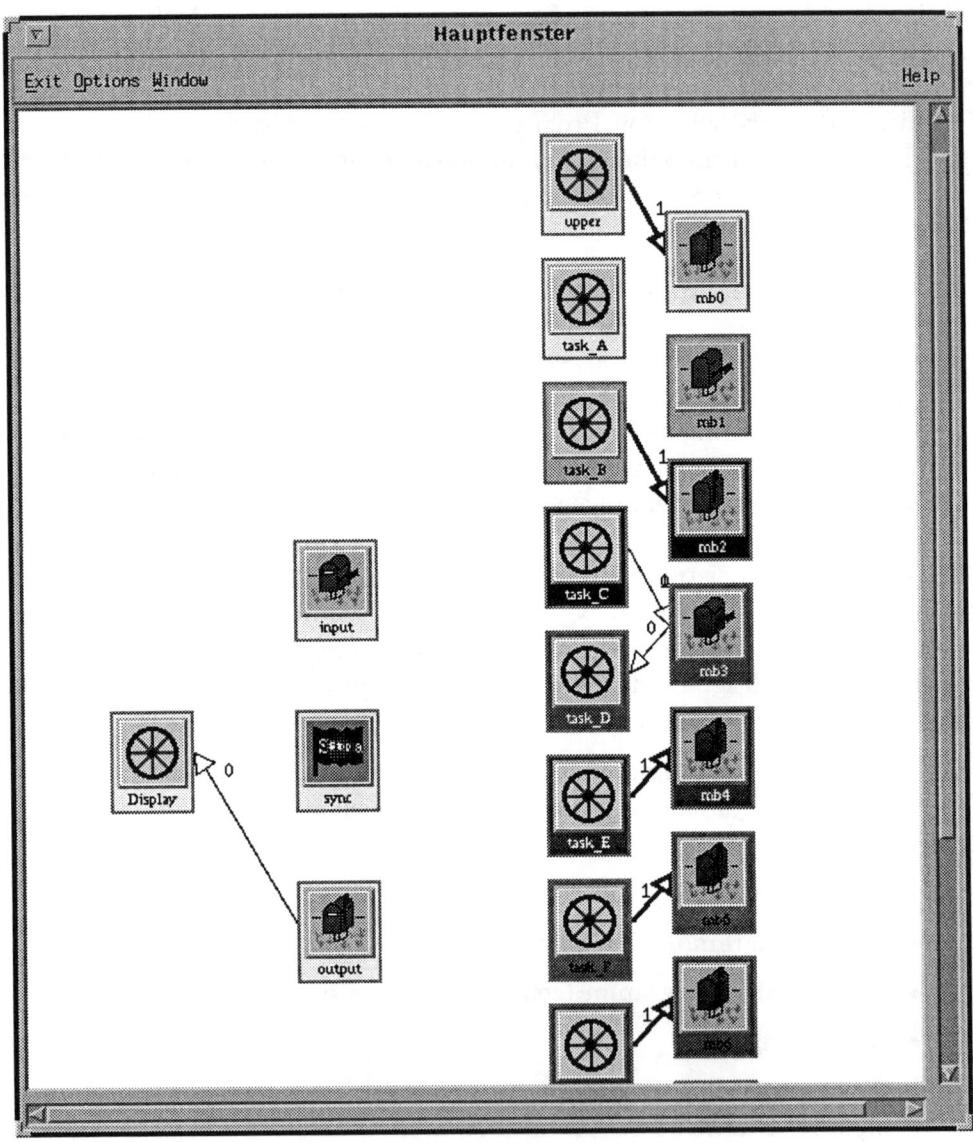

Abb. 13.5: Kommunikationssicht in VISTOP

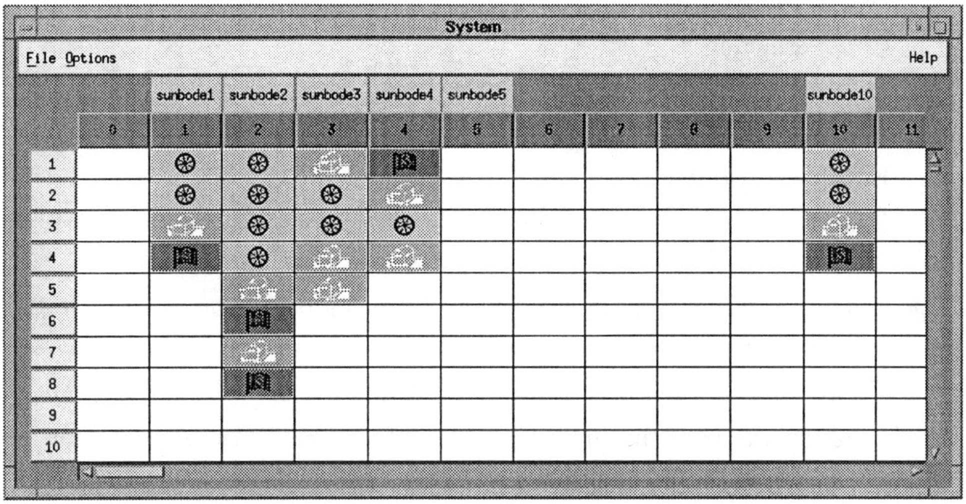

Abb. 13.6: Systemsicht in VISTOP

Je nachdem, ob das Werkzeug eine laufzeitorientierte oder Post mortem Beobachtung unterstützt, erfolgt die zeitliche Darstellung schritthaltend mit der Ausführung des Programms (animiert) oder statisch als vollständige Verhaltensinformation. Komfortable Systeme für Post mortem Beobachtung erlauben eine animierte Darstellung der Leistungsmessungen auf Basis eines benutzergesteuerten oder systeminternen Taktes unter Berücksichtigung der bei der Spurdatenaufzeichnung gelieferten Zeitstempel. Die Zeitsteuerung durch den Benutzer kann dabei durch eine Tonbandtastatur-ähnliche Eingabe mit der Möglichkeit des Vor- und Rücklaufes sowie der Geschwindigkeitssteuerung erfolgen. Hat der Benutzer mehrere Diagramme (Fenster) der Leistungsmessung gleichzeitig aktiviert, schreiten dabei die einzelnen Darstellungen simultan fort, so daß jeweils ein Schnappschuß des Gesamtverhaltens beobachtet werden kann. Auf die Problematik der Herstellung einer exakten „globalen Zeit" soll an dieser Stelle nicht eingegangen werden. Die Vorgehensweise setzt diese jedoch voraus (als logische oder physikalische Zeit).

Die notwendigen Informationen werden durch Spurdatenaufzeichnung (Monitoring) folgender Arten von Ereignissen gewonnen:

- Aktivieren von Prozessen und Prozessoren

- Eintritt bzw. Verlassen von Kommunikationsfunktionen, Funktionen, Codebereichen

- Erzeugung und Zerstörung von Objekten

- Benutzerdefinierte Ereignisse (je nach Mächtigkeit der zugehörigen Kommandosprache).

Aus diesen Ereignissen lassen sich z.B. folgende Typen von Größen ableiten, die in graphischer Darstellung dem Benutzer zur Verfügung stehen:

- Aktivitätszeiten von Prozessen und Prozessoren und sonstigen Betriebsmitteln

- Verweilzeiten von Programmen in Funktionen und Unterbereichen

- Verzögerung in Kommunikations- und Synchronisationsereignissen

- Volumen des Datenaustausches bei Kommunikationsereignissen.

Abbildung 13.7 zeigt ein Beispiel für das Leistungsanalysesystem PATOP.

Die oben genannten Arten aufgezeichneter Ereignisse sowie die daraus ableitbaren Größen sind Beispiele für typische Leistungsmessungen. Je nach Rechnerarchitektur, Programmiersprache, Betriebssystem und Leistungsanalysewerkzeug treten weitere unterschiedliche beobachtbare Größen auf. Schwerpunkt der Betrachtung sind in parallelen Programmen jedoch im allgemeinen Kommunikations- und Synchronisationsereignisse, da diese die Rechengeschwindigkeit wesentlich beeinflussen.

13.5   Werkzeuge für den dynamischen Lastausgleich

Werkzeuge für dynamischen Lastausgleich dienen nicht als interaktive Werkzeuge für die Erstellung paralleler Programme, sondern sorgen als transparente Systemkomponenten automatisch für eine gute Verteilung der Last. Komponenten zur Realisierung eines dynamischen Lastausgleichs können auch als Teil des Betriebssystems betrachtet werden, da die Betriebsmittelvergabe dessen Aufgabe ist. Betriebssysteme für Multiprozessoren mit gemeinsamem Speicher führen diese Funktion als Teil des Schedulers durch. Für Systeme mit verteilten Speichern wird der Lastausgleich jedoch im allgemeinen durch vom Betriebssystem getrennte Komponenten realisiert, die daher hier als Werkzeuge im weiteren Sinne behandelt werden.

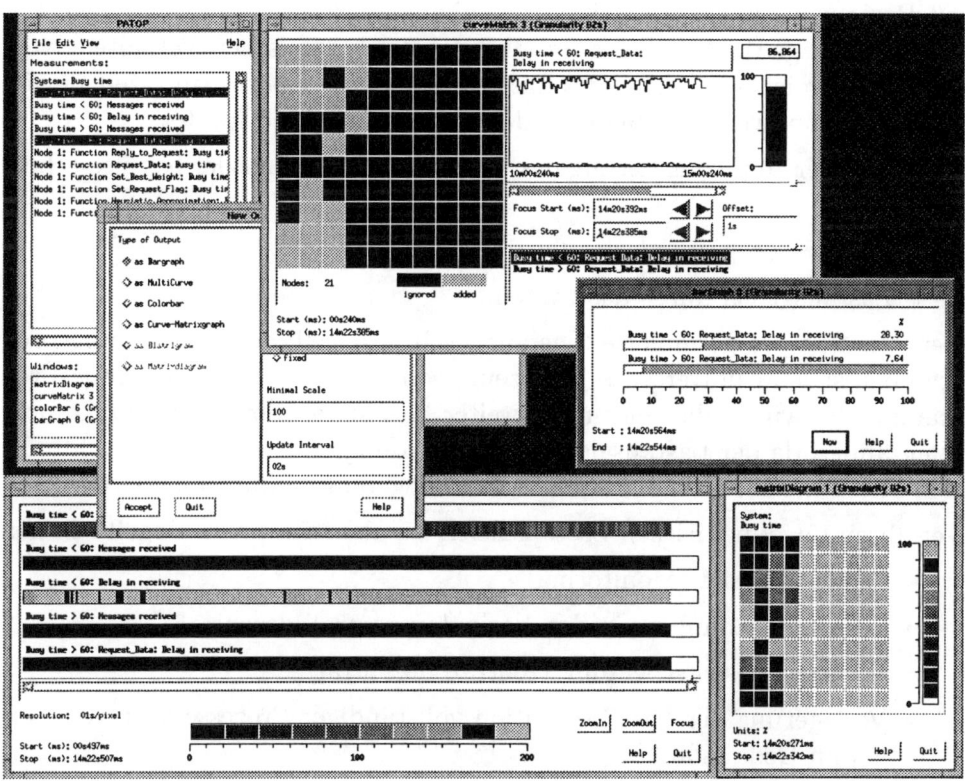

Abb. 13.7: Leistungsanalyse mit dem Werkzeug PATOP

Die Methoden und Verfahren für den Lastausgleich sind vielfältig (Bode, 1991 [5], Heiss, 1994 [20], Ludwig, 1993 [26]). Man unterscheidet:

- Dynamischer Lastausgleich
- Statischer Lastausgleich.

Unter statischem Lastausgleich versteht man die beste Zuordnung von Komponenten der Last zu den Betriebsmitteln des Systems zur Übersetzungszeit auf Basis von Laufzeitabschätzungen über das Programm (Werkzeuge für die Abbildungen). Wegen des im allgemeinen dynamischen Verhaltens von Programmen ist diese Form des Lastausgleichs zur Übersetzungszeit nur in Sonderfällen anwendbar. Sie wird daher nicht weiter betrachtet.

Bezüglich der Implementierung des dynamischen Lastausgleichs unterscheidet man:

- Benutzerprogrammierter Lastausgleich
- Lastausgleich durch das System.

Der benutzerprogrammierte Lastausgleich als Teil des Anwendungsprogramms ist kein universelles Werkzeug, sondern Teil des Anwendungsprogramms. Er wird daher hier nicht weiter betrachtet, obwohl er oft Anwendung findet, da der Lastausgleich als anwendungstransparente Systemfunktion bisher meist nur in experimentellen Umgebungen implementiert wurde.

Verfahren für dynamischen Lastausgleich beruhen auf einem Regelkreis aus

- Lastermittlung (Monitoring)
- Lastdatensammlung in den Varianten zentral, dezentral
- Verlagerungsentscheidung (zentral, dezentral)
- Verlagerung der Last (Migration vollständiger Prozesse bzw. von Teilen im Bedarfsfall)
- Zentrale Überwachung der Stabilität des Verfahrens.

Der Aufwand für die Implementierung von Verfahren für die dynamische Lastverteilung ist nicht unerheblich, da eine kontinuierliche Überwachung der Last und Entscheidungsfindung erfolgen muß. Bei Feststellung der Lastungleichheit muß eine zu verschiebende Lastkomponente ausgewählt und schließlich verschoben werden. Da es sich bei der zu verschiebenden Lastkomponente um Prozesse handelt, sind die Verschiebungszeiten entsprechend groß, insbesondere wenn der vollständige Prozeßkontext verschoben werden muß. Ferner muß der Zustand des Gesamtsystems konsistent gehalten werden, insbesondere z.B. Nachrichten an eine derzeit in Verschiebung befindliche Lastkomponente aufgehoben und später weitergeleitet werden. Verfahren für die dynamische Lastverwaltung auf Prozeßebene benötigen daher für die Lastverschiebung im allgemeinen einige Sekunden, weswegen sie nur für langlaufende Programme geeignet sind. Anhand mehrerer Beispiele konnte jedoch gezeigt werden, daß für solche Anwendungen der Lastausgleich durchaus hohe Leistungsgewinne bringt (vgl. Ludwig, 1993 [26]).

13.6 Sonstige Werkzeuge

Werkzeuge im weiteren Sinne sind:

- Werkzeuge zur Verteilung von Batch-Aufträgen auf Netze von Rechnern (Beispiele: CODINE (GENIAS, 1994 [15]), CONDOR (Pruyne, Livny, 1994 [36]))

- Werkzeuge für die Software-Fehlertoleranz

- Werkzeuge für den Zugriff auf verteilte Peripherie.

13.7 Überblick

Tabelle 13.1 gibt einen Überblick über den Entwurfsraum von Entwicklungswerkzeugen für parallele Programme. Dabei werden die in den vorhergehenden Abschnitten besprochenen Funktionen und Eigenschaften der Implementierung verwendet.

Entwurfswerkzeuge für die Erstellung paralleler und verteilter Programme

Frühe Entwurfsphasen	Späte Entwurfsphasen	Werkzeuge im weiteren Sinne
Spezifikation	Leistungsanalyse	Verteilung von Batch-Aufträgen
Verifikation	Fehlersuche, Test	Fehlertoleranz
Codierung	Visualisierung	Verteilte Peripherie
Zerlegung	Simulation	
Abbildung (Mapping)	Profiling	
Simulation	Dynamischer Lastausgleich	

Eigenschaften von Werkzeugen

Grad der Benutzerunterstützung	Implementationsmerkmale
Manuell	Portabilität
Halbautomatisch	Skalierbarkeit
Automatisch	Erlernbarkeit
	Beeinflussungsfreiheit

Monitoring

Arten	Datenaufzeichnung	Behandlung verteilter Uhren
Hardware-Monitor	Erzeugung von Ereignisspuren	Ordnung durch kausale Beziehungen
Software-Monitor	Erzeugung von Durchschnittswerten	Synchronisation durch Nachrichtenaustausch
Hybrid-Monitor	Stichprobenverfahren	Synchronisation durch regelmäßigen Takt
	Indirekte Meßwerterfassung	Global synchrone Uhr

Spurdaten

Format	Absicherung/Verarbeitung	Sammlung	Speicherung
Standardformat	Zentral	System-Verbindungsstruktur	Sequentiell
Metaformat	Verteilt	Monitor-Verbindungsstruktur	Datenbank
Werkzeugspezifisch	Vorverarbeitung		
	Vollständige Spur		
	Einzelmessung		
	Messungs-übergreifend		

Tab. 13.1: Entwurfsraum von Entwicklungswerkzeugen für parallele und verteilte Programme

Instrumentierung

Manuell/Automatisch im Quellprogramm
Automatisch im Objektprogramm
Manuell/Automatisch in instrumentierten Kommunikationsbibliotheken
Einfügen von Monitoraufrufen in geladenes Programm
Instrumentierung des Laufzeitsystems

Werkzeuge für späte Entwurfsphasen

Werkzeugtypen	Debuggertypen	Debuggerkommandos	Ereignisse
Online	Online	Programmausführung	Ausführung
Offline	Offline	Programmbeobachtung	Daten
	Deterministische	Programmmodifikation	Kommunikation
	Wiederausführung	Haltepunkte	Synchronisation
	Statische Analyse/	Races/Anomalien	
	Laufzeitanalyse	Hilfsfunktionen	

Visualisierungswerkzeuge	Programmvisualisierung	Graphische Darstellung	Leistungsanalyse
Entwurf	Datenorientiert	Prozeßgraph	Aktivitätszeiten
Programmvisualisierung	Programmablauf	Prozeduraufrufgraph	Programmverweilzeiten
Wartung	Algorithmusanimation	Topologiegraph	Kommunikationsverzögerungen
		Zeit-Ereignis-Diagramm	Austauschvolumen
		Statistische Anzeige	
		Datenstruktur	
		Anwendungsspezifisch	

Tab. 13.1 (Fortsetzung): Entwurfsraum von Entwicklungswerkzeugen für parallele und verteilte Programme

Glossar

Debugger

Werkzeug zur Fehlersuche in Programmen. Verteilte Debugger erlauben im Gegensatz zu sequentiellen Debuggern die Beobachtung paralleler und verteilter Programme, deren Steuerung und Modifikation z.B. durch verteilte Haltepunkte.

Dynamische Analyse

Analyse des Programmverhaltens zur Laufzeit, wobei Online- oder Offline-Analyse als Varianten möglich sind.

Entwurfswerkzeug

Methode oder Programm zur Unterstützung der Entwicklung paralleler und verteilter Programme. Entwurfswerkzeuge beziehen sich auf den gesamten Prozeß der Entwicklung von der Spezifikation bis zur Ausführung.

Hardware-Monitor

Meßgerät zum Aufzeichnen von Laufzeitdaten verteilter Programme. Der verteilte Hardware-Monitor muß die Beobachtung der verteilten Komponenten paralleler Hardware ermöglichen. Neben Komparatoren zum Erkennen von Ereignissen verfügt er im allgemeinen über Zähler und Speicher zur Aufzeichnung von Daten.

Hybrid-Monitor

Meßgerät zur Aufzeichnung von Laufzeitdaten verteilter Programme, das teilweise in Hardware, teilweise in Software realisiert ist.

Instrumentierung

Einfügen von Monitor-Aufrufen in ein verteiltes Programm zum Zwecke der Aufzeichnung von Laufzeitdaten.

Mapping

Abbildung der Komponenten paralleler bzw. verteilter Programme auf Betriebsmittel der parallelen Architektur, insbesondere Prozessoren und Speicher.

Offline-Analyse

Beobachtung des Laufzeitverhaltens verteilter Daten durch Spurdatenaufzeichnung (Trace). Auswertung des Verhaltens durch Analyse der Spurdaten nach Beendigung des Programmlaufes.

Online-Analyse

Analyse des verteilten Programms zur Laufzeit. Die Laufzeitanalyse ermöglicht die unmittelbare Beeinflussung des beobachteten Programms. Eine Reduktion der bei der Beobachtung aufzuzeichnenden Datenmenge im Vergleich zur Offline-Analyse ist daher möglich. Die Skalierbarkeit von Online-Werkzeugen ist daher höher.

Post mortem-Analyse

Vergleiche Offline-Analyse.

Profiler

Softwarewerkzeug zur Abschätzung der Laufzeit verschiedener Programmteile zur Übersetzungszeit.

Quellbezug

Arbeitsweise von Programmentwicklungswerkzeugen, die dem Programmierer bei Beobachtung des Objektcodes den Bezug zum Quellcode ermöglicht.

Rückwirkungsfreiheit

Eigenschaft von Programmbeobachtungswerkzeugen, die das Laufzeitverhalten des beobachteten Objektes nicht beeinflussen.

Software-Monitor

Programm zur Aufzeichnung von Laufzeitdaten verteilter Programme. Der Software-Monitor setzt die Instrumentierung des zu beobachtenden Programms voraus, um die zu beobachtenden Ereignisse programmtechnisch aufzuzeichnen.

Statische Programmanalyse

Analyse des Programms zur Übersetzungszeit.

Trace

Spurdatenaufzeichnung des Laufzeitverhaltens eines verteilten Programms. Traces umfassen im allgemeinen das beobachtete Ereignis und einen Zeitstempel.

Literaturverzeichnis

[1] T. Bemmerl/A. Bode: An Integrated Environment for Programming Distributed Memory Multiprocessors, in: A. Bode (ed): *Distributed Memory Computing*, Springer LNCS Bd. 487, S. 130-142, 1991

[2] T. Bemmerl: *Programmierung skalierbarer Multiprozessoren*, BI Wissenschaftsverlag, Reihe Informatik, Bd. 84, 1992

[3] T. Bemmerl/R. Wismüller: Online Distributed Debugging on Scaleable Multicomputer Architectures, in: Gentzsch, Harms (eds): *High Performance Computing and Networking*, II Springer LNCS Vol 797, S. 394-400, 1994

[4] M. Berger: Application Visualization System (AVS), in: R. Moeller (ed.): *Visualisierung in der Simulationstechnik*, Springer Verlag, S. 110-118, 1991

[5] A. Bode: Load Balancing in Distributed Memory Multiprocessors, *Proc. Comp. Euro 91*, S. 131-132, IEEE, 1991

[6] A. Bode: Parallel Program Performance Analysis and Visualization, in: Dongarra, Tourancheau (eds.): *Environments and Tools for Parallel Scientific Computing*, S. 246-253, SIAM, 1994

[7] P. Braun: *Visualisierung des Ablaufverhaltens paralleler Programme*, TU München, Dissertation, 1994

[8] D. Breazeal/K. Callaghan/W.D. Smith: IPD: A Debugger for Parallel Heterogeneous Systems, in: *Proc. WPDD '91*, S. 216-218, Santa Cruz, 1991

[9] M.H. Brown/R. Sedgewick: A System for Algorithm Animation, *Computer Graphics 18*, 3, S. 177-186, 1984

[10] M.H. Brown: An Introduction to Zeus: Audiovisualization of some Elementary and Parallel Sorting Algorithms, in: *Proc. of Human Factors in Computing Systems*, pp. 663-664, ACM, 1992

[11] H. Burkhart/S. Gutzwiller: Steps Towards Reusability and Portability in Parallel Programming, in: *Proc. IFIP Working Conference WG*

10.3 on Programming Environments for Massively Parallel Distributed Systems, S. 147-157, Birkhäuser, 1994

[12] L.E. Cuny/G. Forman/A. Hoogh/J. Kundu/C. Lin/L. Snyder: The Ariadne Debugger: Scalable Application of Event-Based Abstraction, in: *ACM/OWR Workshop on Parallel and Distributed Debugging WPDD '93*

[13] K.M. Decker/J.J. Dworak/R.M. Rehmann: Use-Driven Development of a Novel Programming Environment for Distributed Memory Parallel Processor Systems, in: Massively Parallel Systems, *Proc. Priority Programme Informatics Research*, S. 40-47, Zürich, 1994

[14] F. Dederichs/C. Dendorfer/R. Weber: FOCUS: a Formal Design Method for Distributed Systems, in: Bode, DalCin: *Parallel Computer Architectures*, Springer LNCS Bd. 732, S. 190-202, 1993

[15] Genias: *CODINE Handbuch*, Genias GmbH, Neutraubling, 1994

[16] D. Gomm/E. Kindler: Causality Based Proof of a Distributed Shared Memory System, in: Bode, DalCin: *Parallel Computer Architectures*, Springer LNCS Bd. 732, S. 133-149, 1993

[17] S. E. Gutzwiller: *Werkzeuge und Methoden des skelettorientierten Programmierens von Parallelrechnern*, Dissertation, Universität Basel, 1993

[18] O. Hansen: *Werkzeuge zur Optimierung von Programmen auf massiv parallelen Rechensystemen*, TU München, Dissertation, 1994

[19] M.T. Heath/J.A. Etheridge: Visualizing the Performance of Parallel Programs, in: *IEEE Software 8*, 9, S. 29-39, 1991

[20] H.U. Heiss: *Prozessorzuteilung in Parallelrechnern*, BI Wissenschaftsverlag, Reihe Informatik, Bd. 98, 1994

[21] D. Hopgood/D. Duce/D. Johnston: *A Primer for PHIGS-C Programmers Edition*, John Wiley and Sons, 1992

[22] A.A. Hough/J.E. Cuny: Belvedere, Prototype of a Pattern-Oriented Debugger for Highly Parallel Computations, in: Sahni, S.K. (ed.) *Proc. ICPP '87*, S. 735-738, 1987

[23] W. Karl: *Parallele Prozessorarchitekturen*, BI Wissenschaftsverlag, Reihe Informatik, Bd. 93, 1993

[24] J.A. Kohl/T.L. Casavant: Use of PARADISE: A Meta-Tool for Visualizing Parallel Systems, in: *Proc. of the 5th Parallel Processing Symposium*, S. 561-567, IEEE, 1991

[25] T.J. Le Blanc/J. Mellor-Crummey: Debugging Parallel Programs with Instant Replay, in: *IEEE Transactions on Computer*, Bd. C-35, 4 pp.471-481, 1987

[26] T. Ludwig: *Automatische Lastverwaltung für Parallelrechner*, BI Wissenschaftsverlag, Reihe Informatik, Bd. 94, 1993

[27] J. May/F. Berman: A Portable Extensible Parallel Debugger, in: *Proc. WPDD '93*, S. 96-106, San Diego, 1993

[28] J. Mellor-Crummey: Compile-Time Support for Efficient Data-Race Detection in Shared Memory Parallel Programs, in: *Proc. WPDD '93*, S. 129-139, 1993

[29] T.G. Moher: PROVIDE, A Process Visualization and Debugging Environment, *IEEE TSE 14*, 6, S. 849 - 857, 1988

[30] H. Mühlenbein/O. Krämer/et al.: MUPPET - A Programming Environment for Message-Based Multiprocessors, *Parallel Computing 8*, S. 201-221, 1988

[31] P. Newton: Visual Programming and Parallel Computing, in: Dongarra, Tourancheau (eds.): Environments and Tools for Parallel *Scientific Computing*, S. 254-263, SIAM, 1994

[32] D. Notkin/L. Snyder/D. Socha: Experiences with Poker, in: *Proc. ACM SIGPLAN PPEALS*, S. 10-20, 1988

[33] C. Pancake/C. Cook: What Users Need in Parallel Tool Support: Survey Results and Analysis, *Proc. Scalable High-Performance Computing Conference*, S. 40-47, IEEE, 1994

[34] Parasoft Corp.: *Perfect your Product with Insight for Total Quality Software*, Parasoft, Pasadena, 1994

[35] P. Pouzet/J. Paris/V. Jorrand: Parallel Application Designs: The Simulation Approach with HASTE, in: Gentzsch, Harms (eds.): *High Performance Computing and Networking*, Bd. II, S. 379-393, Springer LNCS, 797, 1994

[36] J. Pruyne/M. Livny: Providing Resource Management Services to Parallel Applications, in: Dongarra,Touroucheau (eds.): *Environments and Tools for Parallel Scientific Computing*, S. 152-161, SIAM, 1994

[37] W. Rasure: An Integrated Visual Language and Software Development Environment, *Journal of Visual Languages and Computing*, 2, pp. 217-24, 1991

[38] D.A. Reed/R.D. Olsen/R.A. Aydt/et al.: Scalable Performance Environments for Parallel Systems, in: *Proc. 6th DMCC*, S. 562-569, IEEE, 1991

[39] S.P. Reiss: PECAN, Program Development Systems that Support Multiple Views, *IEEE TSE 11*, 3, S. 276-285, 1985

[40] B. Ries/R. Anderson/W. Auld/et al.: The Paragon Performance Monitoring Environment, in: *Proc. Supercomputing '93*, S. 850-859, Portland, 1993

[41] C. Scheidler/L. Schäfers/O. Krämer-Fuhrmann: TRAPPER, A Graphical Environment for Industrial High-Performance Applications, in: Bode, A., Reeve, M., Wolf, G. (eds.): *PARLE '93 - Parallel Architectures and Languages Europe*, S. 403-413, 1993

[42] R. Schwarz/F. Mattern: Detecting Causal Relationships in Distributed Computations, in: *Search of the Holy Grail*, Distributed Computing, 7, pp. 149-174, 1994

[43] S. Sobek/J.C. Brown/M. Azam: Architecture and Language Independent Parallel Programming - A Feasibility Demonstration, in: Sturgis (ed.): *Proc. ICPP*, Bd. II, 80-83, 1988

[44] J.T. Stasko: Using Direct Manipulation to Build Algorithm Animation by Demonstration, in: *Proc. of Human Factors in Computing Systems*, S. 307-314, ACM, 1991

[45] J.T. Stasko/C. Patterson: Understanding and Characterizing Software Visualization Systems, in: *Proc. 1992 IEEE Workshop on Visual Languages*, S. 3 - 10, 1992

[46] T. Treml: *Monitoring paralleler Programme*, TU München, Dissertation, 1994

[47] R. Wismüller: *Quellsprachorientiertes Debugging von optimierten Programmen*, TU München, Dissertation, 1994

14 Automatische Parallelisierung Sequentieller Programme

14.1 Einleitung

Dieses Kapitel befaßt sich mit der Parallelisierung von Programmen für *massiv parallele Rechensysteme*. Dies sind Architekturen, deren Speicher auf die einzelnen Prozessoren aufgeteilt ist. Beispiele für solche Systeme sind iPSC/860 und Paragon von Intel, Transputer Arrays, nCUBE, CM-5 von Thinking Machine Corporation, und das Meiko CS-2 System. Massiv parallele Maschinen erfreuen sich wachsender Akzeptanz durch wissenschaftliche Anwender, da sie relativ kostengünstig und gleichzeitig in hohem Maße skalierbar sind, was es ermöglicht, sie auf die Lösung sehr großer Anwendungsprobleme hin zu strukturieren.

Das Problem mit diesen Maschinen liegt in der Schwierigkeit der Programmierung, die durch die Inhomogenität des Speichers bedingt wird: Zugriffe zum lokalen Speicher eines Prozessors können um Größenordnungen schneller sein als Zugriffe zum Speicher eines anderen Prozessors, die grundsätzlich nur über Nachrichtenübertragung (message passing) bewirkt werden können. Um die gewünschte Leistung zu erhalten, muß die Programmierung das Ziel größtmöglicher *Lokalität* von Speicherzugriffen mit dem Ziel einer möglichst *gleichförmigen Lastverteilung* (load balancing) in Einklang bringen.

Wir werden Methoden für die automatische Parallelisierung von Fortran-Programmen behandeln. Der Grund für die Konzentration auf Fortran liegt darin, daß immer noch etwa 80% der weltweit existierenden numerischen Algorithmen in dieser Sprache formuliert sind und wir uns auf Methoden beschränken wollen, die unmittelbar für die praktische Anwendung nützlich sind. Die beschriebenen Verfahren lassen sich jedoch auf andere prozedurale Sprachen wie C oder Pascal übertragen.

Die in dieser Arbeit behandelte Parallelisierungsstrategie beruht auf einer Erweiterung der Basissprache (Fortran 77) durch Konstrukte zur Spezifikation der Datenaufteilung auf die Prozessoren des Programms. Solche Spracherweiterungen sind unter anderem in *Vienna Fortran* [43, 9] und *High Performance Fortran (HPF)* [20] — als den bedeutendsten Entwicklungen auf diesem Gebiet — formalisiert worden.

Wir beginnen mit einer Einführung in das datenparallele SPMD Programmierparadigma und die Programmierung massiv paralleler Maschinen auf der Basis expliziter Nachrichtenübertragung in Abschnitt 14.2. Das Compilationsmodell wird, zusammen mit der benötigten Terminologie, im darauffolgenden Abschnitt eingeführt. Abschnitt 14.4, der zentrale Teil dieser Arbeit, beschreibt die Grundlagen der Transformationsstrategie, die sequentielle Programme in explizit parallele Programme mit Nachrichtenübertragung (SEND/RECEIVE) einschließlich Optimierung überführt. Eine Erweiterung dieser Methode, mit der sich irreguläre Probleme behandeln lassen, wird in Abschnitt 14.5 beschrieben. Nach der Diskussion der wichtigsten relevanten Entwicklungen und Ideen in Abschnitt 14.6 schließt die Arbeit mit einer kritischen Erörterung des heutigen Forschungs- und Entwicklungsstandes und der Diskussion möglicher zukünftiger Entwicklungen.

14.2   Massiv Parallele Maschinen und ihre Programmierparadigmen

```
REAL UNEW(1:N,1:N), U(1:N,1:N), F(1:N,1:N)
CALL INIT (U, F, N)
   ...
DO   J = 2, N-1
   DO   I = 2, N-1
      UNEW(I,J)=0.25*(F(I,J)+U(I-1, J)+U(I+1,J)+U(I,J-1)+U(I,J+1))
   ENDDO
ENDDO
   ...
```

Abb. 14.1: Sequentieller Code für Jacobi-Relaxation.

Massiv parallele Maschinen sind wegen des Nichtvorhandenseins eines globalen Speichers weit schwieriger als konventionelle Rechner, auch schwieriger als Vektorrechner, zu programmieren. Wir führen in das Problem anhand eines einfachen Beispiels, der Jacobi-Relaxation (Abbildung 14.1), ein.

Die Jacobi-Methode wird dazu verwendet, die Lösung von partiellen Differentialgleichungen zu berechnen, die auf einem Gitter diskretisiert werden. In jedem Schritt wird die mit einem Gitterpunkt assoziierte Approximation neu berechnet, indem man einen gewichteten Mittelwert über die Werte der Nachbarpunkte bildet. Abbildung 14.1 zeigt den Code für eine Iteration.

Die *manuelle Parallelisierung* dieses Verfahrens wird in der Regel auf der Basis des *SPMD (Single-Program-Multiple-Data)* Paradigmas vorgenommen. Dies stellt ein datenparalleles Modell dar, in dem die Arrays des Programms partitioniert und auf die lokalen Speicher der Prozessoren aufgeteilt werden. Dies wird als eine *Datenaufteilung* (data distribution) bezeichnet. Man sagt dann, daß ein Prozessor die ihm zugeteilten Daten *besitzt* (owns); diese Daten werden in seinem lokalen Speicher abgelegt. Auf der Basis der Datenaufteilung wird nun eine *Arbeitsaufteilung* so erzeugt, daß jeder Prozessor genau diejenigen Zuweisungen ausführt, auf deren linker Seite eine Variable steht, die er besitzt. Dies nennt man das *owner-computes* Paradigma. Im wesentlichen bedeutet es, daß jeder Prozessor die gleiche Anweisungsfolge ausführt, jeder auf seinen lokalen Daten.

Im allgemeinen wird ein Prozessor auch auf Daten zugreifen müssen, die sich nicht in seinem lokalen Speicher befinden. Zugriff zu solchen, nichtlokalen Daten wird durch *Kommunikation* bewirkt. Die entsprechende Nachrichtenübertragung durch SEND und RECEIVE Anweisungen muß explizit in das Programm eingefügt werden.

Die auf diese Weise entstehenden explizit parallelen Programme sind in der Regel wesentlich länger und komplexer als die ursprünglichen sequentiellen Programme und hängen entscheidend von der gewählten Datenaufteilung ab; jede Änderung der Datenaufteilung kann zu großen Änderungen im Programm führen. Die Laufzeit eines solchen Programms wird wesentlich durch die für die Kommunikation erforderliche Zeit mitbestimmt; abhängig von der Problemgröße und der Datenaufteilung kann die Kommunikationszeit sogar die Gesamtlaufzeit dominieren.

```
/* Es wird die Prozessor-Struktur PROC(M,M) angenommen /*
/* Das Programm beschreibt den Code für Prozessor  (P1,P2) /*

    PARAMETER ( M = ... , N = ... )
    PARAMETER ( LEN = (N+M-1)/M )

/* Deklaration der lokalen Arrays zusammen mit dem Überlappungsbereich /*
/* Der lokale Bereich für U ist durch  U(1:LEN,1:LEN) gegeben. /*
/* Analoges gilt für UNEW und F /*

    REAL  U(0:LEN+1,0:LEN+1), UNEW(1:LEN,1:LEN), F(1:LEN,1:LEN)

    CALL  LOCALINIT(U,F,LEN)
       ...
/* Sende Daten zu den anderen Prozessoren /*

    IF  (P1.GT.1)  SEND (U(1,1:LEN))  TO  PROC(P1-1,P2)
    IF  (P1.LT.P)  SEND (U(LEN,1:LEN))  TO  PROC(P1+1,P2)
    IF  (P2.GT.1)  SEND (U(1:LEN,1))  TO  PROC(P1,P2-1)
    IF  (P2.LT.P)  SEND (U(1:LEN,LEN))  TO  PROC(P1,P2+1)

/* Empfange Daten für nichtlokale Zugriffe und lege sie im /*
/* Überlappungsbereich für U ab/*

    IF  (P1.GT.1)  RECEIVE U(0,1:LEN)  FROM  PROC(P1-1,P2)
    IF  (P1.LT.P)  RECEIVE U(LEN+1,1:LEN)  FROM  PROC(P1+1,P2)
    IF  (P2.GT.1)  RECEIVE U(1:LEN,0)  FROM  PROC(P1,P2-1)
    IF  (P2.LT.P)  RECEIVE U(1:LEN,LEN+1)  FROM  PROC(P1,P2+1)

/* Berechne neue Werte — alle Zugriffe sind jetzt lokal /*

    DO  I = 1, LEN
       DO  J = 1, LEN
          UNEW(I,J)=0.25*(F(I,J)+U(I-1,J)+U(I+1,J)+U(I,J-1)+U(I,J+1))
       ENDDO
    ENDDO
       ...
```

Abb. 14.2: Manuell parallelisiertes Programm für Jacobi-Relaxation

Abbildung 14.2 zeigt das Resultat der Parallelisierung des Jacobi Codes, wobei aus Gründen der Vereinfachung vorausgesetzt wird, daß das parallele Programm auf M^2 Prozessoren ausgeführt wird, die als ein zweidimensionales Array *PROC(M,M)* organisiert sind.[1] Darüber hinaus wird vorausgesetzt, daß die Länge der Arraydimensionen ein Vielfaches von M ist. Das Programm ist in dem Sinne optimiert, daß Kommunikation vor die Schleife gezogen und vektorisiert ist. Eine weitere potentielle Optimierung unter Ausnutzung der Tatsache, daß Kommunikation und Rechnen einander überlappen können, ist nicht berücksichtigt.

Jeder Prozessor besitzt einen rechtwinkeligen Teilbereich der ursprünglichen Arrays; dies wird durch die entsprechend eingeschränkten lokalen Deklarationen reflektiert. Für Array U ist zuzüglich zu den für die lokalen Variablen benötigten Speicherplätzen noch ein Streifen der Tiefe 1 rund um den lokalen Bereich reserviert: dies wird als *Überlappungsbereich* (overlap area) bezeichnet und dient als Pufferbereich für die Speicherung von kommunizierten Daten.

14.3   Modell

Wir beschreiben die Transformation von einer machinenunabhängigen Fortran-Erweiterung, die wir *DPF* (datenparalleles Fortran) nennen, in *MPF* (message passing Fortran), eine Erweiterung der Sprache um Kommunikationsanweisungen. Diese Sprachen werden nur für den Zweck dieser Arbeit, und nur im nötigen Umfang beschrieben. Wir lehnen uns bei der Diskussion von DPF syntaktisch an Vienna Fortran [43, 9] an.

Die zentralen Konzepte der Spracherweiterung sind *Prozessoren* und *Datenaufteilungen*: Die Menge P der Prozessoren, die ein paralleles Programm ausführen, wird durch ein (abstraktes) *Prozessorarray* definiert. Das Prozessorarray spezifiziert so viele Prozessoren wie physisch vorhanden sind, ignoriert jedoch die Verbindungstopologie. Datenaufteilungen bilden die Elemente von Datenarrays auf nichtleere Prozessormengen ab.

Wir setzen voraus, daß ein Programm von einem massiv parallelen System entsprechend dem SPMD-Modell ausgeführt wird. Jeder Prozessor führt das

---

[1]Diese Struktur müßte in der Realität vom Benutzer explizit umgesetzt werden.

gleiche Programm aus; Parallelität wird dadurch erreicht, daß die Berechnung gleichzeitig auf verschiedenen Teilen des Datenbereichs abläuft.

Die grundlegenden Operationen zur Übertragung von Daten zwischen Prozessoren in MPF sind SEND und RECEIVE. Wir setzen voraus, daß SEND nichtblockierend ist — der sendende Prozessor also sofort nach Übergabe der zu sendenden Daten an das Übertragungssystem weiterarbeiten kann —, während RECEIVE blockiert, das heißt der empfangende Prozessor auf das Einlangen der benötigten Daten warten muß.

14.3.1   Der Datenraum eines Programms

Definition 1 *Ein* Indexbereich der Dimension n *ist eine Menge* I, *die sich als Cartesisches Produkt in der Form* $I = \Pi_{i=1}^{n} D_i$, *darstellen läßt, mit* $n \geq 1$ *und für alle* $i, 1 \leq i \leq n$, $D_i = [l_i : u_i]$, *wobei* $l_i \leq u_i$ *and* $[l_i : u_i]$ *das Intervall mit den Zahlen* $l_i, l_i + 1, \ldots, u_i$ *repräsentiert.*

Jedes deklarierte Array A ist assoziiert mit einem Indexbereich I^A und einer Menge von *Elementen*, $\mathcal{E}^A$. Zwischen $\mathcal{E}^A$ und I^A existiert eine eineindeutige Beziehung; wir sprechen vom *Index*, $i \in I^A$ des entsprechenden Elements $e \in \mathcal{E}^A$. Die Elemente eines Arrays repräsentieren die dem Array während der Programmausführung zugeordneten Speicherplätze.

Eine ähnliche Terminologie benutzen wir für Prozessoren: Wenn R ein deklariertes Prozessorarray ist, dann bezeichnet I^R den zugehörigen Indexbereich.

Im folgenden betrachten wir den *Datenraum* $\mathcal{A}$ aller in einem bestimmten Gültigkeitsbereich zugreifbaren nichtformalen Arrays. Die Menge aller zugehörigen Elemente wird mit $\mathcal{E}$ bezeichnet. Jedes Element $e \in \mathcal{E}$ ist mit genau einem Element von $\mathcal{A}$ assoziiert. Skalare Objekte können in diesem Zusammenhang als passend vereinbarte einelementige Arrays aufgefaßt werden.

Eine zusätzliche Klasse von Objekten sind die *privaten Variablen*. Jede private Variable ist lokal für genau einen Prozessor und nur in diesem Prozessor zugreifbar. Private Variablen können daher niemals Kommunikation verursachen.

14.3.2 Datenaufteilungen

Definition 2 *Seien* I, J *zwei Indexbereiche. Eine* Indexabbildung *von* I *nach* J *ist eine totale Funktion* $\iota : I \to \mathcal{P}(J) - \{\phi\}$*, wobei* $\mathcal{P}(J)$ *die Potenzmenge von* J *bezeichnet.*

Definition 3 *Sei A ein Array und R ein Prozessorarray. Eine Indexabbildung* δ_R^A *von* I^A *nach* I^R *heißt eine* (Daten)aufteilung *für A in bezug auf* R.

Eine Aufteilung δ_R^A — die für die Indexbereiche definiert ist — induziert eine entsprechende *element-basierte Aufteilung*, die Elemente von A auf Prozessoren in P abbildet. Da Mehrdeutigkeiten ausgeschlossen sind, werden wir δ_R^A mit beiden Bedeutungen verwenden. Wann immer A oder R aus dem Kontext bekannt sind, können sie weggelassen werden.

Definition 4 *Sei* $A \in \mathcal{A}$*, und* δ_R^A *eine Aufteilung. A ist* (total) *repliziert gdw.* $\delta_R^A(i) = R$ *für alle* $i \in I^A$*.*

Definition 5 Lokale Variablen

1. *Sei* $\lambda : P \to \mathcal{P}(\mathcal{E})$ *eine totale Funktion, die wie folgt definiert ist: für jeden Prozessor* $p \in P, \lambda(p) = \{e \in \mathcal{E} \mid p \in \delta(e)\}$*.* $\lambda(p)$ *beschreibt die Menge der* lokalen Variablen *von p. Man sagt auch, daß p diese Variablen* besitzt*.*

2. *Für jedes* $A \in \mathcal{A}$ *und jedes* $p \in P$ *bestimmt* $\lambda^A : P \to \mathcal{P}(\mathcal{E}^A)$ *die Menge aller Elemente von A, die p besitzt. Es gilt für jedes* $p \in P$ *:* $\lambda^A(p) := \lambda(p) \cap \mathcal{E}^A$*.*

14.3.3 Standardaufteilungen

Wir illustrieren in diesem Abschnitt einige Aspekte der Annotationssyntax sowie zwei Typen von *Standardaufteilungen* — Blockaufteilungen und zyklische Aufteilungen — anhand eines Programmfragments (Abbildung 14.3).

- Die Prozessordeklaration — beginnend mit dem Schlüsselwort **PROCESSORS** — führt das eindimensionale Prozessorarray $R1$ mit vier Elementen ein.

- Die Deklarationsannotationen spezifizieren eine *Blockaufteilung* für A und eine *zyklische Aufteilung* für C; die Elemente beider Arrays werden mit $R1$ assoziiert. Array B wird total repliziert.

Eine Blockaufteilung partitioniert eine Array-Dimension in möglichst gleichlange Abschnitte, während zyklische Aufteilungen die Elemente einer Dimension zyklisch auf die Prozessoren aufteilen. Das Symbol ':' zeigt an, daß die entsprechende Arraydimension nicht aufzuteilen ist. Zum Beispiel legt die Annotation für D fest, daß die Spalten der Matrix blockverteilt werden sollen.

- Array A wird in 4 Blöcke der Länge 3 aufgeteilt. Es gilt für alle $i, 1 \leq i \leq 12$, $\delta_{R1}^A(i) = \{\lceil \frac{i}{3} \rceil\}$. Zum Beispiel besitzt Prozessor $R1(1)$ die Elemente $A(1)$, $A(2)$ und $A(3)$.

- Array B ist repliziert: $\delta^B(i) = R1$ für alle i.

- Für alle $i, 1 \leq i \leq 12$, $\delta_{R1}^C(i) = \{MODULO(i-1,4)+1\}$.

- Die erste Dimension von D ist nicht verteilt, während die zweite Dimension blockverteilt ist, wobei die Blocklänge 25 beträgt:

  Für alle i und $j, 1 \leq i,j \leq 100$, $\delta_{R1}^D(i,j) = \{\lceil \frac{j}{25} \rceil\}$. Zum Beispiel besitzt Prozessor $R1(3)$ die Spalten 51 bis 75 von D.

Eine Methode zur Aufteilung der Daten des Jacobi Codes wird in Abbildung 14.4 gezeigt.

14.3.4   Allgemeine Blockaufteilungen

Ein Array A besitzt eine *allgemeine Blockaufteilung*, wenn sich die Menge der lokalen Elemente von A in jedem Prozessor p durch ein rechtwinkeliges Teilfeld (array section), das wir *Segment* nennen, beschreiben läßt, und darüber hinaus die zu verschiedenen Prozessoren gehörenden Segmente eines Arrays entweder identisch oder disjunkt sind. Wir beschreiben dies genauer:

Definition 6 Allgemeine Blockaufteilungen
Sei $A \in \mathcal{A}$, mit $I^A = \Pi_{i=1}^n D_i$ und $D_i = [l_i : u_i]$ für alle i. Dann nennt man eine Aufteilung von A eine allgemeine Blockaufteilung gdw. die folgenden beiden Bedingungen erfüllt sind:

PROCESSORS R1(1:4)

   ...

REAL A(12) **DIST** (*BLOCK*) **TO** R1
REAL B(5)
REAL C(12) **DIST** (*CYCLIC*) **TO** R1
REAL D(100,100) **DIST** (:, *BLOCK*) **TO** R1

   ...

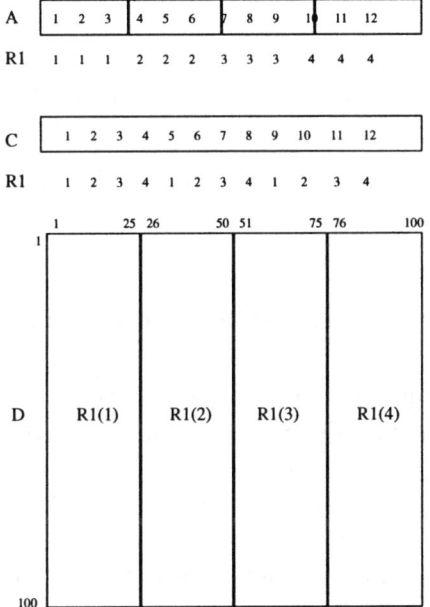

Abb. 14.3: Standardaufteilungen

1. *Für jedes $p \in P$, $\lambda^A(p) = A(l'_1 : u'_1, \ldots, l'_n : u'_n)$ mit $l_i \leq l'_i \leq u'_i \leq u_i$
   für alle $i = 1, \ldots, n$.*

2. $\lambda^A(p) \cap \lambda^A(p') \neq \phi$ *für $p, p' \in P \Rightarrow \lambda^A(p) = \lambda^A(p')$.*

*Wenn A eine allgemeine Blockaufteilung besitzt, dann heißt ein Segment A'
mit $A' = \lambda^A(p)$ das zu A und p gehörende* Aufteilungssegment.

```
PARAMETER (M=2,N=16)
PROCESSORS R(M,M)
REAL UNEW(1:N,1:N), U(1:N,1:N), F(1:N,1:N) DIST(BLOCK,BLOCK)
   ...
DO   J = 2, N-1
   DO   I = 2, N-1
        S: UNEW(I,J)=0.25*(F(I,J)+U(I-1,J)+U(I+1,J)+U(I,J-1)+U(I,J+1))
   ENDDO
ENDDO
   ...
```

Abb. 14.4: Jacobi Knotenprogramm.

Eine Blockaufteilung im Sinne von Abschnitt 14.3.3 ist ein Spezialfall einer allgemeinen Blockaufteilung.

14.4   Elemente der Transformationsstrategie

Wir beschreiben in diesem Abschnitt die Grundelemente der Transformationsstrategie, indem wir die Realisierung einer Abbildung von DPF auf MPF unter der Annahme skizzieren, daß nur (reguläre und allgemeine) Blockaufteilungen sowie Replikation erlaubt sind. Skalare Variablen sind grundsätzlich repliziert. Diese Übersetzung wird im Rahmen des 'owner computes' Paradigmas beschrieben, das aus einer gegebenen Datenaufteilung automatisch die entsprechende Arbeitsaufteilung ableitet. Die wesentlichen Schritte werden anhand der Transformation des Jacobi Codes aus Abbildung 14.4 illustriert.

Man kann die Transformation durch eine Folge von vier *Phasen* darstellen, die in den folgenden Unterabschnitten behandelt werden.

14.4.1   Phase 1: Analyse und Normalisierung

Phase 1 führt drei Aufgaben durch:

- das Quellprogramm wird in eine *interne Repräsentation* überführt,

- es wird die *initiale Analyse* des Programms durchgeführt, und

- das Programm wird *normalisiert*.

Phase 1 schließt damit die konventionelle lexikalische, syntaktische und semantische Analyse wie in Übersetzern für sequentielle Programmiersprachen ein, und führt zusätzlich Kontrollflußanalyse, Datenflußanalyse und Abhängigkeitsanalyse durch; außerdem wird der Aufrufgraph konstruiert. Standardtransformationen wie Konstantenverbreitung und Eliminierung nutzlosen Codes (dead code elimination) können in dieser Phase angewandt werden [1, 4, 44]. Normalisierungen haben den Zweck, nachfolgende Compilertransformationen einfacher zu gestalten; sie schließen Schleifennormalisierung, If-Konversion und Indexnormalisierung ein. Details hierzu werden ausführlich in [31, 44] behandelt. Als Resultat von Phase 1 erhalten wir ein *normalisiertes Programm*.

14.4.2   Phase 2: Programmzerlegung

Phase 2 zerlegt das normalisierte Programm in zwei Komponenten. Die erste dieser Komponenten faßt die gesamte Ein-/Ausgabe und globale Managementaufgaben zusammen. Es wird in der Regel auf einem speziellen Prozessor (host processor) ausgeführt, der dem Parallelrechner vorgelagert ist. Die zweite Komponente, das *Knotenprogramm*, enthält die eigentlich durchzuführende Berechnung; Ein-/Ausgabe ist durch Kommunikation mit der ersten Programmkomponente realisiert. Das Knotenprogramm ist ein sequentielles Programm.

Diese Phase orientiert sich an der Struktur älterer Architekturen wie zum Beispiel Intel iPSC/860. Sie ist in neueren Maschinen, in denen in der Regel Knoten autonom Ein-/Ausgaben durchführen können, nicht erforderlich.

14.4.3   Phase 3: Initiale Parallelisierung

Phase 3 bildet das Knotenprogramm auf ein *definierendes paralleles Programm* ab. Dies wird durch Verarbeitung der Datenaufteilungen in zwei Schritten erreicht, nämlich *Maskierung* und Einsetzung von Kommunikation.

14.4.3.1   Maskierung

Die *Maskierung* setzt das 'owner computes' Paradigma durch, indem jeder Anweisung eine *Maske* (ein boolescher „Wächter") vorangestellt wird, die entscheidet, ob eine bestimmte Instanz der Anweisung — abhängig von der Datenaufteilung — in einem Prozeß auszuführen ist oder nicht.

Genauer: Jede Anweisung S des Programms wird durch die *maskierte Anweisung*

$$\textbf{IF } mask(S) \textbf{ THEN } S \textbf{ ENDIF}$$

ersetzt. Hierbei gilt:

- *mask(S)* ist $OWNED(A(\mathbf{x}))$, wenn S von der Form $A(\mathbf{x}) = \dots$ ist, wobei A ein nicht-repliziertes Array und $\mathbf{x}$ eine Liste von Indexausdrücken ist. Für ein Datenobjekt y liefert die Ausführung von $OWNED(y)$ in Prozessor p genau dann *true*, wenn p y besitzt.

- *mask(S)* ist konstant *true* in allen anderen Fällen.

Aus dem Gesagten folgt, daß die Maske immer dann konstant *true* ist, wenn S entweder keine Zuweisung (zum Beispiel eine Kontrollanweisung) oder eine Zuweisung an eine replizierte Variable ist. In solchen Fällen wird S von *allen* Prozessoren ausgeführt; das Programm enthält demnach redundante Berechnungen. Die Motivation hinter dieser Regel ist die, daß Redundanz im Hinblick auf den Zeitbedarf billiger sein kann als Kommunikation.

Die Maskierung der Zuweisung im Jacobi Code resultiert in der Anweisung

IF OWNED(UNEW(I,J))

   THEN   UNEW(I,J) = 0.25*(F(I,J)+U(I-1,J)+U(I+1,J)+U(I,J-1)+U(I,J+1))

ENDIF

14.4.3.2   Einsetzung von Kommunikation

Für jeden potentiell nichtlokalen Zugriff zu Daten wird *Kommunikation* generiert:

Sei S eine Anweisung mit Maske $m=mask(S)$. Dann wird für jeden in S benutzten Operanden y von der Form $B(\mathbf{x})= ...$, wo B ein nicht-repliziertes Array ist, ein Aufruf **CALL** *EXCH0(m,y,temp)* erzeugt, der vor S in das Programm eingeschoben wird. Hier ist *temp* eine private Variable des ausführenden Prozessors, die als Puffer für einen über Kommunikation zu empfangenden nichtlokalen Wert dient. Die Reihenfolge verschiedener Aufrufe von *EXCH0*, die für eine Anweisung generiert werden, ist irrelevant.

Die Definition von *EXCH0* ist in Abbildung 14.5 gegeben. Der in diesem Programm auftretende Aufruf von MY_PROC liefert die Identifikation des ausführenden Prozessors, während MASTER(y) derjenige Prozessor ist, der im Bedarfsfall für das Senden von y die Verantwortung trägt. Dies ist ein systemspezifischer Prozessor in der Menge aller Prozessoren, die y besitzen.

```
IF OWNED(y)
  THEN temp := y;
       IF  (MY_PROC = MASTER(y))
          THEN FOR EVERY p SUCH THAT m∧(y∉ λ(p))
                    SEND temp TO p
                  ENDFOR
       ENDIF
  ELSE
    IF ¬ OWNED(y) ∧ m
      THEN  RECEIVE temp FROM MASTER(y)
    ENDIF
ENDIF
```

Abb. 14.5: Effekt eines Aufrufs EXCH0(m,y,temp).

Wir illustrieren nun die Einsetzung der erforderlichen Kommunikationsanweisungen in den Jacobi Code von Abbildung 14.4; dies ist in Abbildung 14.6 dargestellt.

Zunächst sieht man leicht ein, daß die Benutzung von $F(I, J)$ keine Kommunikation verursachen kann, daher auch keine *EXCH0* Anweisung nötig macht.

Analoges gilt *nicht* für die anderen angesprochenen Datenobjekte. Betrachtet man etwa die in Prozessor $R(2, 1)$ exekutierten Anweisungsinstanzen mit $I = 9$ und $2 \leq J \leq 8$, dann läßt sich erkennen, daß die Berechnung von Werten am „oberen Rand" *UNEW(9:16,1:8)* nichtlokale Zugriffe zu dem Teilarray *U(8,2:8)* erfordert, das Prozessor $R(1, 1)$ besitzt. Analog benötigt Prozessor $R(2, 2)$ nichtlokalen Zugriff zu *U(8,9:15)*, das zu Prozessor $R(1, 2)$ gehört.

Betrachten wir Anweisung $C1$. TEMP1 ist eine private Variable, die eine Kopie des aktuellen Werts von $U(I - 1, J)$ erhält — unabhängig davon, ob der ausführende Prozessor $U(I - 1, J)$ besitzt oder nicht. Die Ausführung von $C1$ bewirkt folgende Kommunikation:

- In allen Iterationen (I, J) mit $I = 9$ und $2 \leq J \leq 8$ sendet $R(1, 1)$ den Wert von $U(I - 1, J)$ zu $R(2, 1)$, und $R(2, 1)$ empfängt den Wert von $U(I - 1, J)$ von Prozessor $R(1, 1)$.

- In allen Iterationen (I, J) mit $I = 9$ und $9 \leq J \leq 15$ sendet $R(1, 2)$ den Wert von $U(I - 1, J)$ zu $R(2, 2)$, und $R(2, 2)$ empfängt den Wert von $U(I - 1, J)$ von Prozessor $R(1, 2)$.   □

14.4.4   Phase 4: Optimierung und Objektcode-Generierung

Phase 4 generiert ein optimiertes Programm.[2]

Das von Phase 3 gelieferte definierende parallele Programm erzeugt genau die durch die Datenaufteilung induzierte Arbeitsaufteilung und Kommunikation. Es wäre jedoch aus den folgenden Gründen extrem ineffizient, dieses Programm tatsächlich auszuführen:

1. Die Kommunikation wird elementweise durchgeführt. Die Anlaufzeit (latency) zu Beginn jeder Kommunikation wirkt sich also auf die Übertragung jedes einzelnen Elements aus.

---

[2]Man beachte, daß dies ein MPF Programm, also selbst wieder ein Quellprogramm ist.

```
PARAMETER (M=2,N=16)
PROCESSORS R(M,M)
REAL UNEW(1:N,1:N), U(1:N,1:N), F(1:N,1:N) DIST(BLOCK,BLOCK)
PRIVATE REAL TEMP1, TEMP2, TEMP3, TEMP4
   ...
   DO J = 2, N-1
      DO I = 2, N-1
         C1: CALL EXCH0(OWNED(UNEW(I,J)),U(I-1,J),TEMP1)
         C2: CALL EXCH0(OWNED(UNEW(I,J)),U(I+1,J),TEMP2)
         C3: CALL EXCH0(OWNED(UNEW(I,J)),U(I,J-1),TEMP3)
         C4: CALL EXCH0(OWNED(UNEW(I,J)),U(I,J+1),TEMP4)
            IF OWNED(UNEW(I,J)) THEN
               S: UNEW(I,J)=0.25*(F(I,J)+TEMP1+TEMP2+TEMP3+TEMP4)
            ENDIF
      ENDDO
   ENDDO
   ...
```

Abb. 14.6: Jacobi Code nach der Initialen Parallelisierung.

2. Die mit einer Anweisung verbundene Maske wird in jeder Instanz der Anweisung berechnet.

Phase 4 optimiert Kommunikation und Maskierung. Wann immer möglich, werden Kommunikationsanweisungen *vor* eine Schleife gezogen und zu Aggregat-Anweisungen zusammengefaßt. Dadurch läßt sich die teure Anlaufzeit auf die Kommunikation mehrerer Elemente verteilen. Darüber hinaus kann in vielen Fällen der Effekt der Masken in den Iterationsbereich der Schleifen eingearbeitet werden, so daß die Abfrage der Masken in den einzelnen Anweisungen entfallen kann.

Notwendige Voraussetzungen für viele Optimierungen ist genaue Datenfluß- und Datenabhängigkeitsinformation — wie in Phase 1 beschrieben — sowie die Analyse von *Überlappungsbereichen* (overlap analysis), die im Zusammenhang mit regulären Kommunikationsmustern entstehen. Darauf aufbauend läßt sich die Kommunikation dann effizient reorganisieren. Diese Analyse verhilft auch dazu, den minimalen Speicherbedarf für den lokalen Datenbereich von Prozessoren zu bestimmen.

Das beschriebene Konzept versagt, wenn der Code indirekte Indizes enthält oder die Kommunikationsstruktur irregulär ist. In solchen Fällen muß ein anderer Ansatz gewählt werden (siehe dazu Abschnitt 14.5).

Wir zeigen zum Abschluß die endgültige Form des Jacobi Codes in Abbildung 14.7.

```
PARAMETER (N=16)
REAL  UNEW($L1(p)-1:$U1(p)+1,$L2(p)-1:$U2(p)+1)
REAL  U($L1(p)-1:$U1(p)+1,$L2(p)-1:$U2(p)+1)
REAL  F($L1(p):$U1(p),$L2(p):$U2(p))
      ...
   C1T: CALL EXCH(U(1:N-2,2:N-1),[1:0,0:0])
   C2T: CALL EXCH(U(3:N,2:N-1),[0:1,0:0])
   C3T: CALL EXCH(U(2:N-1,1:N-2),[0:0,1:0])
   C4T: CALL EXCH(U(2:N-1,3:N),[0:0,0:1])
      DO J = MAX(2,$L1(p)),MIN(N-1,$U1(p))
        DO I = MAX(2,$L2(p)),MIN(N-1,$U2(p))
          S: UNEW(I,J)=0.25*(F(I,J)+U(I-1,J)+U(I+1,J)+U(I,J-1)+U(I,J+1))
        ENDDO
      ENDDO
      ...
```

Abb. 14.7: Jacobi Code — Endversion (Code für Prozessor p).

Das Programm ist mit dem ausführenden Prozessor (p) parametrisiert. Wir nehmen hier an, daß $\lambda^U(p) = U(\$L1(p) : \$U1(p), \$L2(p) : \$U2(p))$. Zum Beispiel ist $\$L2(R(1,2)) = 9$ und $\$U2(R(1,2)) = 16$. Die lokalen Deklarationen reservieren Speicher für die lokalen Segmente, die um den Überlappungsbereich erweitert sind.

Die Ausführung der ersten *EXCH*-Anweisung, *CALL EXCH(U(1:N-2,2:N-1),[1:0,0:0])*, in Prozessor p hat den folgenden Effekt: zunächst werden alle Elemente von *U(1:N-2,2:N-1)*, die p besitzt und die gleichzeitig zum Überlappungsbereich eines anderen Prozessors p' gehören, zu p' gesandt. Zweitens werden alle Elemente von *U(1:N-2,2:N-1)*, die sich im Überlappungsbereich von p bezüglich U befinden, vom jeweiligen Besitzer empfangen. Zum Beispiel sendet $R(2,1)$ *U(9:14,8)* zu $R(2,2)$, und $R(1,2)$ empfängt *U(1:8,8)* von $R(1,1)$. Diese Kommunikationsanweisungen können parallel ausgeführt werden.

Die Maske von Anweisung S kann in die Schleifengrenzen eingearbeitet werden: jeder Prozessor iteriert dann genau über den Bereich, in dem er Arbeit leistet.

14.4.5   Prozeduren

Wir schließen diesen Abschnitt mit einer kurzen Diskussion von Prozeduren ab. Hierbei betrachten wir nur den Fall, daß die Aufteilungen formaler Parameter von denen der Argumente *ererbt* werden. Die entsprechende Strategie wird im Detail in [17] beschrieben.

Das SPMD Paradigma wird auf Prozeduren in einer offensichtlichen Weise übertragen: ein Prozeduraufruf in einem Knotenprogramm wird von allen mit der Programmausführung assoziierten Prozessoren exekutiert. Maskierung und Kommunikation werden wie oben beschrieben realisiert. Das Problem hier ist, daß verschiedene Inkarnationen der gleichen Prozedur den gleichen formalen Parameter an verschieden verteilte Argumente binden können. Der erzeugte Code muß alle möglichen Fälle berücksichtigen; seine Qualität hängt entscheidend davon ab, wieviel Information zur Compilierzeit vorhanden ist und wie effizient Laufzeitinformation organisiert werden kann. Eine interprozedurale Optimierungsstrategie läßt sich auf dem Aufrufgraphen des Programms — der die Aufrufrelation der Prozeduren spezifiziert — aufbauen. Für jede Inkarnation einer Prozedur wird ein *Aufteilungsvektor* berechnet, der eine Bindung zwischen formalen Parametern und den Aufteilungen der entsprechenden Argumente herstellt. Konflikte lassen sich durch *Klonen* lösen: wenn der gleiche formale Parameter sowohl an replizierte als auch an nicht-replizierte Argumente gebunden ist, werden automatisch Kopien der Prozedur erzeugt.

Die gleiche interprozedurale Analyse läßt sich dazu verwenden, um Kommunikation in dem Falle zu optimieren, in dem die Aufteilung von formalen Parametern nicht ererbt, sondern durch eine explizite Spezifikation erzwungen wird.

Detaillierte Darstellungen zu den in diesem Abschnitt besprochenen Übersetzungsstrategien finden sich in [18, 45]. Die wichtigsten Grundlagen wurden in den Dissertationen von Gerndt [17] und Koelbel [23] gelegt.

14.5   Laufzeitanalyse für Schleifen mit irregulären Zugriffen

Die im vergangenen Abschnitt besprochenen Methoden erlauben die Generierung von sehr effizientem Code, wenn das Zugriffsmuster zu den Daten regulär und statisch analysierbar ist. In diesen Fällen ist die Qualität des erzeugten Codes durchaus vergleichbar mit manuell transformierten Programmen. Experimentelle Messungen haben sogar superlinearen Speed-up für Programme, die mit dem Vienna Fortran Compilation System automatisch parallelisiert wurden, ergeben[12].

Die oben diskutierten Verfahren versagen (in einem praktischen Sinne), wenn der Compiler nicht in der Lage ist, die Datenabhängigkeiten und das Kommunikationsmuster zu erkennen. Das erzeugte Programm entspricht dann einem definierenden parallelen Programm ohne weitere Optimierung, in dem die Abbildung von globalen auf lokale Adressen im wesentlichen zur Laufzeit vorgenommen und die Kommunikation elementweise in der Schleife durchgeführt wird, auch wenn im Prinzip ähnliche Transformationen wie im letzten Abschnitt besprochen realisierbar wären. Dieses Problem tritt zum Beispiel bei Manipulationen mit dünnbesetzten Matrizen oder bei Algorithmen, die auf unstrukturierten oder adaptiven Gittern arbeiten, auf. Ein einfaches Beispiel ist das folgende Programmfragment, in dem auf Array A unter Benutzung eines Indexarrays X zugegriffen wird:

```
DO I = 1, N
    A(X(I)) = ...
END DO
```

Wenn hier die Werte von X alle paarweise verschieden sind, dann gibt es in der Schleife keine schleifengetragenen Abhängigkeiten (loop-carried dependences) [44] und alle Iterationen können parallel ausgeführt werden. Der Compiler kann dies allerdings im allgemeinen nicht erkennen.

Um mit einer solchen Situation umgehen zu können, führen wir FORALL-Schleifen als zusätzliches Konstrukt ein.[3] Mit einer FORALL-Schleife, deren Syntax sich weitgehend an die sequentieller DO Schleifen anlehnt, ist

---

[3]Ein ähnliches Sprachkonzept bietet High Performance Fortran mit seinen 'independent loops'.

die Zusicherung verbunden, daß keine schleifengetragenen Abhängigkeiten existieren. Die obige Schleife kann dann wie folgt umgeschrieben werden:

FORALL I = 1, N

    A(X(I)) = ...

END FORALL

FORALL-Schleifen werden im Rahmen einer Integration von Compiler- und Laufzeittechniken verarbeitet. Das im folgende beschriebene Verfahren wird auch als *Inspektor-Exekutor Paradigma* bezeichnet. Die Schleife wird in zwei Phasen zerlegt. Die erste Phase, der *Inspektor*, analysiert (zur Laufzeit) das Kommunikationsmuster der Schleife, während die zweite Phase, der *Exekutor*, auf der Basis der vom Inspektor aufbereiteten Information die aktuelle Kommunikation und die Iterationen der Schleife durchführt.

Bezeichne im folgenden *SENDS(p,q)* die Menge aller lokalen Daten von Prozessor *p*, die aufgrund nichtlokaler Zugriffe in Prozessor *q* von *p* nach *q* gesandt werden müssen. Umgekehrt sei *RECEIVES(p,q)* die Menge aller Datenobjekte, die aufgrund nichtlokaler Zugriffe in *p* von *q* nach *p* gesandt werden müssen. Es gilt *SENDS(p,q)=RECEIVES(q,p)* für jedes Paar *p*, *q* von Prozessoren. Diese beiden Mengen werden *Kommunikationsmengen* genannt.

Wir werden die weitere Diskussion auf der Grundlage des Beispiels in Abbildung 14.8 führen.

    PROCESSORS R(M)
     ...
    REAL A(N), B(N) **DIST** (...)
    INTEGER X(N), Y(N)
       · · ·
    FORALL I = 1,N **ON** OWNER(A(X(I)))
        A(X(I)) = B(Y(I))
       · · ·
    END FORALL

Abb. 14.8: FORALL-Schleife mit irregulären Berechnungen

14.5.1   Der Inspektor

Der Inspektor implementiert die erste Phase der Ausführung einer FORALL-Schleife. Er analysiert die Schleife und berechnet die Kommunikationsmengen. Der Inspektor besteht aus drei Schritten:

Schritt 1 implementiert die Arbeitsaufteilung, indem für jeden Prozessor p die Menge aller Iterationen der Schleife berechnet wird, die von p auszuführen sind. Diese Menge wird mit $exec(p)$ bezeichnet.

Die Arbeitsaufteilung kann explizit durch die ON-Klausel bestimmt werden. Das Beispiel in Abbildung 14.8 legt etwa fest, daß $I \in exec(p)$ genau dann gilt, wenn p das Datenobjekt $A(X(I))$ besitzt.

Schritt 2 führt eine dynamische Analyse der Schleife durch. Es wird eine vereinfachte Version der Schleife ausgeführt, in der nur die für die Kommunikation relevanten Komponenten analysiert werden. Jede Iteration in *exec(p)* wird als *lokal* oder *nichtlokal* klassifiziert, abhängig davon, ob in der Iteration nur lokale Daten angesprochen werden. Für jede nichtlokale Iteration werden die angesprochenen nichtlokalen Datenobjekte und die sie besitzenden Prozessoren bestimmt: dies liefert die Mengen *RECEIVES(p,q)* für alle p und q.

Schritt 3 benutzt die Beziehung zwischen den Kommunikationsmengen zur Berechnung der Mengen *SENDS(p,q)*. Hierzu ist eine globale Kommunikationsphase erforderlich.

Obwohl der Inspektor wesentlich höhere Effizienz als ein definierendes paralleles Programm erzielt, so ist doch der Laufzeitaufwand beträchtlich. Es ist daher wichtig, Situationen zu erkennen, in denen eine einzige Ausführung des Inspektors mit mehreren Ausführungen des Exekutors verbunden werden kann. Dies erfordert wieder eine Kombination von Compiler- mit Laufzeitanalyse. Eine Reihe neuer Architekturen, insbesondere von Kendall Square, Cray und Convex, bietet für dieses Problem Hardwareunterstützung an.

14.5.2   Der Exekutor

Der Exekutor ist die zweite Phase in der Ausführung der FORALL-Schleife; er führt die eigentliche Berechnung durch. Wenn der Exekutor beginnt, sind sämtliche benötigten Kommunikations- und Iterationsmengen im Inspektor vollständig berechnet worden. Der Exekutor besteht aus vier Schritten; er ist in Abbildung 14.9 dargestellt.

Der erste Schritt sendet (in Prozessor p) alle lokalen Daten, die von anderen Prozessoren benötigt werden. In der Folge werden die lokalen Iterationen ausgeführt. Parallel dazu werden die von p benötigten nichtlokalen Daten empfangen und in einem temporären Puffer abgelegt. Schließlich führt der Exekutor alle nichtlokalen Iterationen — also diejenigen mit mindestens einem nichtlokalen Zugriff — aus, wobei er die in den Puffern abgelegten lokalen Kopien dieser Daten liest.

Schritt 1: Senden
Wenn SENDS(p,q)$\neq \phi$: **SEND** SENDS(p,q) **TO** q

Schritt 2: Ausführung der lokalen Iterationen

Schritt 3: Empfangen
Für jedes $q \in P$ mit RECEIVES(p,q)$\neq \phi$: **RECEIVE** temps **FROM** q

Schritt 4: Ausführung der nichtlokalen Iterationen

Abb. 14.9: Executor Code für Prozessor p.

14.5.3   PARTI und CHAOS

Die in ICASE, NASA Langley Research Center, und an der Universität Maryland von J. Saltz und Mitarbeitern entwickelten *PARTI-Routinen* [36, 40] konstituieren eine Bibliothek von Unterprogrammen, mit deren Hilfe das Inspektor-Exekutor Paradigma direkt realisiert werden kann. Die PARTI-Routinen unterstützen insbesondere die Berechnung der Kommunikationsmengen, die Erzeugung eines *Kommunikationsplans* (schedule), den Datentransfer über *Gather* und *Scatter* Routinen, sowie die Organisation der lokalen Pufferspeicher.

Das *CHAOS* System [33] stellt eine Erweiterung der PARTI-Routinen dar, die Unterstützung für die dynamische Umverteilung von Arrays zur Verfügung stellt.

Beide Bibliotheken sind in existierende Compiler, darunter das Vienna Fortran Compilation System (VFCS), integriert worden.

14.6   Übersicht relevanter Entwicklungen

SUPERB ist ein interaktives Parallelisierungssystem, das an der Universität Bonn von 1985 bis 1989 entwickelt wurde. SUPERB übersetzt Fortran 77-Programme in explizit parallele Programme entsprechend der in Abschnitt 14.4 diskutierten Strategie, und war das erste System, das Fortran in Objektcode für eine massiv parallele Maschine (den Suprenum Rechner) übersetzte. Die Beschreibung von SUPERB [42] ist die erste Publikation auf diesem Gebiet; die Dissertation von Gerndt beschreibt die Strategie im Detail [17]. Das *Vienna Fortran Compilation System* [7] ist eine Weiterentwicklung von SUPERB.

Ein kommerziell verfügbares System ist der *MIMDizer* [29], der einen ähnlichen Ansatz wie SUPERB verfolgt und besonders darauf spezialisiert ist, Fortran-spezifische Programmiertechniken zu unterstützen. Der MIMDizer wurde in das Forge90 System weiterentwickelt.

Die Programmiersprache *High Performance Fortran (HPF)* [20] beruht wesentlich auf CM Fortran [37], Vienna Fortran und Fortran D [15]. HPF ist eine Erweiterung von Fortran 90 [16] und wurde als de-facto Standard von einem Gremium definiert; mehrere kommerzielle Compiler werden derzeit entwickelt.

Prozessorarrays wurden als Hilfsmittel zur Spezifikation der Datenaufteilung zuerst in den Programmiersprachen *BLAZE* [24] und *Kali* [27] eingeführt; diese Sprachen haben sowohl Vienna Fortran als auch HPF entscheidend beeinflußt.

Die *PARTI*-Routinen und der *ARF* Compiler [36, 40] realisieren Werkzeuge zur Behandlung irregulärer Zugriffe, wie in Abschnitt 14.5 diskutiert.

Crystal ist eine funktionale Sprache mit datenparallelen Konstrukten. Die Besonderheit des an der Yale University entwickelten Compilers [26] liegt in den spezifischen Optimierungen im Hinblick auf das Kommunikationsverhalten des Objektprogramms.

Wir schließen mit einer Aufzählung einer Reihe weiterer relevanter Projekte. Diese schließen ein die von Cray entwickelte Sprache *MPP Fortran* [32], *Pandore* [3], ein C-basiertes System, *Id Nouveau* [34], ein Compiler für eine funktionale Sprache, *Oxygen* [35], *ASPAR* [22] und *Adapt* [28].

Andere Ansätze zur Entwicklung paralleler Programme für massiv parallele Architekturen werden durch *Linda*[2] und *Strand*[14] repräsentiert.

Wissensbasierte Techniken sind von Bose [5, 6] sowie Wang und Gannon untersucht worden [38, 39].

14.7   Grenzen gegenwärtiger Compiler und aktuelle Forschung

Die in den vergangenen beiden Abschnitten besprochenen Übersetzungsstrategien stellen im wesentlichen den konkreten Stand der Technik im Hinblick auf existierende Implementierungen dar. Sie können erfolgreich auf Programmme mit statischen Datenaufteilungen angewandt werden und führen zu guter Effizienz der erzeugten explizit parallelen Programme, wenn entweder die Problemstruktur einfach ist oder der Restrukturierungsprozeß interaktiv gesteuert werden kann. Es gibt jedoch eine ganze Reihe offener Probleme, die von der Funktionalität über die Effizienz des generierten Codes bis zur Qualität der Interaktion mit dem Benutzer reicht.

Die *Funktionalität* existierender Systeme muß in einigen Bereichen verbessert werden. Eines der interessantesten der gegenwärtig untersuchten Forschungsprobleme ist hier die *automatische Datenaufteilung*. Die Festlegung der Datenaufteilung — die in dem in dieser Arbeit besprochenen Ansatz dem Benutzer überlassen bleibt — gehört zu den schwierigsten Problemen der Parallelisierung, da durch die Datenaufteilung die Lastverteilung und die Kommunikation in dem generierten Objektprogramm und damit die Qualität des Codes bestimmt wird. Die verwendeten Techniken hängen von den Eigenschaften der betrachteten Programme ab und erfordern Unterstützung durch Leistungsanalyse [26, 19, 12, 8].

Ein Schwachpunkt heutiger Systeme ist die Absenz von explizitem strukturierten Wissen. Das bedeutende Volumen an Techniken, Strategien und

Wissen über Architekturen, Programmiersprachen, Programmiertechniken und Anwendungen ist in diesen Systemen in der Regel unstrukturiert und implizit vorhanden und für den Benutzer wie auch für das System nicht direkt zugreifbar und abfragbar. Nur auf sehr niedriger Ebene — wie zum Beispiel der des Kontrollflußgraphen oder Abhängigkeitsgraphen — ist Information zugänglich. In einigen wenigen Forschungsprojekten [38, 30] wird die Organisation eines Parallelisierungssystem als wissensbasiertes System untersucht.

Schließlich ist festzuhalten, daß ein Compiler im konventionellen Sinn nicht ausreicht, um der schwierigen Aufgabe effizienter Codegenerierung für parallele Maschinen gerecht zu werden. Zukünftige Compiliersysteme werden vielmehr in eine *integrierte Programmierumgebung* eingebettet sein, die eine Vielzahl von Softwarewerkzeugen zur Unterstützung der Programmentwicklung bereithalten. Diese Werkzeuge werden benötigt, um einem breiten Anforderungsspektrum aus der Sicht der Benutzer genügen zu können. Während die Mehrzahl der Benutzer ein möglichst vollautomatisch compilierendes System bevorzugt, gibt es eine signifikante Gruppe von hochspezialisierten Anwendern, die auf der Basis spezifischer Analyseinformation und eines zur Verfügung gestellten Transformationskatalogs selbst die strategischen Entscheidungen zur Umsetzung des Programms treffen wollen. In beiden Fällen ist es erforderlich, geeignete Werkzeuge zur Leistungsanalyse und Leistungsvoraussage zur Verfügung zu stellen und dies auf drei Ebenen: für die Analyse des sequentiellen Quellprogramms, die Voraussage des Verhaltens des explizit parallelen Programms, und die Analyse der konkreten Programmausführung auf der Zielarchitektur.

Zusätzliche Softwarewerkzeuge sind unter anderem für die graphische Eingabe, zum Beispiel von Datenaufteilungen, für die Visualisierung von Resultaten, zur Generierung von Testdaten und zur Unterstützung des Programmtests notwendig.

Für gewisse Anwendungen ermöglicht das datenparallele SPMD-Paradigma keine ausreichende Spezifikation der Lastverteilung. Beispiele hierfür sind multidisziplinäre Anwendungen, wie sie etwa bei der Modellierung der Interaktion von Ozeanen der Erde oder bei der Konstruktion von Flugzeugen auftreten. Um solche Probleme adäquat ausdrücken zu können, werden Sprachelemente für die explizite Kreierung und Manipulation von *Tasks* sowie eine Integration von Taskparallelität und Datenparallelität benötigt. Dieser Problemstellung wird in einigen Projekten nachgegangen [13, 41, 10].

Ein weitere, heute noch völlig offene Fragestellung bezieht sich auf die Ein-/Ausgabe. Die in Abschnitt 14.4 beschriebene Methode, in der ein dem parallelen System vorgelagerter Rechner die gesamte Ein-/Ausgabe zentralisiert bewältigt, wird in modernen Systemen zunehmend durch ein verteiltes Ein-/Ausgabesystem ersetzt, in dem jeder Knoten autonom Ein-/Ausgabe durchführen kann. Für die entsprechenden Sprach- und Implementierungsprobleme sind vorerst noch keine allgemeinen Lösungen bekannt.

Literaturverzeichnis

[1] A.V. Aho,R. Sethi,J.D. Ullman. *Compilers.Principles,Techniques and Tools*. Addison-Wesley, 1986

[2] S. Ahuja, N. Carriero, D. Gelernter. Linda and friends. *IEEE Computer*, 19:26–34, August 1986.

[3] F. André, J.-L. Pazat, H. Thomas. PANDORE: A system to manage data distribution. In *International Conference on Supercomputing*, S. 380–388, Juni 1990.

[4] U. Banerjee. *Dependence Analysis for Supercomputing*. Kluwer, Boston, 1988.

[5] P. Bose. Heuristic rule-based program transformations for enhanced vectorization. In *Proceedings of the International Conference on Parallel Processing*, 1988.

[6] P. Bose. Interactive program improvement via EAVE: an expert adviser for vectorization. In *Proceedings of the International Conference on Supercomputing*, St. Malo, 1988.

[7] B. Chapman, S. Benkner, R. Blasko, et al. *Vienna Fortran Compilation System Version 1.0 User's Guide*. Technical Report, Institute for Software Technology and Parallel Systems, University of Vienna, Jan. 1993.

[8] B. Chapman, H. Herbeck, H.P. Zima. Automatic Support for Data Distribution. In *Proceedings of the Sixth Distributed Memory Computing Conference*, 51-58, 1991.

[9] B. Chapman, P. Mehrotra, H. Zima. Programming in Vienna Fortran. *Scientific Programming 1*, 1

[10] B. Chapman, P. Mehrotra, J. Van Rosendale, H. Zima. *A Software Architecture for Multidisciplinary Applications: Integrating Task and Data Parallelism*. Technical Report TR 94-1, Institute for Software Technology and Parallel Systems, University of Vienna, März 1994.

[11] M. Chen, J. Li. *Optimizing Fortran 90 programs for data motion on massively parallel systems.* Technical Report YALE/DCS/TR-882, Yale University, January 1992.

[12] T. Fahringer. *Automatic Performance Prediction for Parallel Programs on Massively Parallel Computers.* Dissertation. Technical Report TR 93-3, Institute for Software Technology and Parallel Systems, University of Vienna, Sep. 1993.

[13] I.T. Foster, K.M. Chandy. *Fortran M: A Language for Modular Parallel Programming.* Technical Report MCS-P327-0992 Revision 1. Mathematics and Computer Science Division, Argonne National Laboratory, Juni 1993.

[14] I. Foster, S. Taylor. *Strand: New Concepts in Parallel Programming.* Prentice-Hall, Englewood Cliffs, NJ, 1990.

[15] G. Fox, S. Hiranandani, K. Kennedy, C. Koelbel, U. Kremer, C. Tseng, M. Wu. *Fortran D language specification.* Department of Computer Science Rice COMP TR90079, Rice University, März 1991.

[16] Fortran 90. *ANSI X3J3 Internal Document* S.8.118, Mai 1991.

[17] H. M. Gerndt. *Automatic Parallelization for Distributed-Memory Multiprocessing Systems.* Dissertation, Universität Bonn, Dez. 1989.

[18] H.M. Gerndt. Updating Distributed Variables in Local Computations. *Concurrency: Practice and Experience*, Bd. 2(3),S. 171-193, Sep. 1990.

[19] M. Gupta, P. Banerjee. Automatic Data Partitioning on Distributed Memory Multiprocessors. In *Proceedings of the Sixth Distributed Memory Computing Conference*, 1991.

[20] High Performance Fortran Forum. High Performance Fortran Language Specification Version 1.0. *Scientific Programming 2(1-2)*:1-170, 1993.

[21] S.Hiranandani, K.Kennedy, C.-W.Tseng. Compiling Fortran D for MIMD-Distributed-Memory Machines. *Comm.ACM*, Bd. 35,Nr. 8, S. 66–80, Aug. 1992.

[22] K. Ikudome, G. Fox, A. Kolawa, J. Flower. An automatic and symbolic parallelization system for distributed memory parallel computers. In *Proceedings of the The Fifth Distributed Memory Computing Conference*, S. 1105–1114, Charleston, SC, April 1990.

[23] C. Koelbel. *Compiling programs for nonshared memory machines.* Dissertation, Purdue University, Aug. 1990.

[24] C. Koelbel, P. Mehrotra, J. Van Rosendale. Semi-automatic process partitioning for parallel computation. *International Journal of Parallel Programming*, 16(5):365–382, 1987.

[25] Jingke Li. *Compiling Crystal for Distributed–Memory Machines.* Dissertation, Yale University, Technical Report DCS/RR-876, Okt. 1991.

[26] J. Li, M. Chen. Compiling Communication-Efficient Programs for Massively Parallel Machines. *IEEE Transactions on Parallel and Distributed Systems*, Bd. 2(3), 361-376, Juli 1991.

[27] P. Mehrotra, J. Van Rosendale. Programming distributed memory architectures using Kali. In A. Nicolau, D. Gelernter, T. Gross, D. Padua, editors, *Advances in Languages and Compilers for Parallel Processing*, S. 364–384. Pitman/MIT-Press, 1991.

[28] J. H.Merlin. ADAPTing Fortran 90 Array Programs for Distributed Memory Architectures. In H.P.Zima, editor,*Parallel Computation. Proc.First International ACPC Conference, Salzburg, Austria*, S. 184–200. Lecture Notes in Computer Science 591, Springer Verlag, 1991

[29] *MIMDizer User's Guide, Version 8.0.* Applied Parallel Research Inc., Placerville, CA., 1992.

[30] E. Paalvast, H. Sips. A high-level language for the description of parallel algorithms. In *Proceedings of Parallel Computing 89*, Leyden, Netherlands, Aug. 1989.

[31] D.A. Padua, M.J. Wolfe. Advanced compiler optimizations for supercomputers. In *Communications of the ACM*, 29, S. 1184-1201.

[32] D. Pase. MPP Fortran programming model. In *High Performance Fortran Forum*, Houston, TX, January 1992.

[33] R. Ponnusamy, J. Saltz, A. Choudhary. Runtime Compilation Techniques for Data Partitioning and Communication Schedule Reuse. In: *Proc. Supercomputing'93 (Portland, Oregon)*, S. 361–370.

[34] A. Rogers, K. Pingali. Process decomposition through locality of reference. In *Conference on Programming Language Design and Implementation*, S. 69–80. ACM SIGPLAN, Juni 1989.

[35] R. Rühl, M. Annaratone. Parallelization of Fortran code on distributed-memory parallel processors. In *Proceedings of the ACM International Conference on Supercomputing*, Juni 1990.

[36] J. Saltz, K. Crowley, R. Mirchandaney, H. Berryman. Run-time scheduling and execution of loops on message passing machines. *Journal of Parallel and Distributed Computing*, 8(2):303–312, 1990.

[37] *CM Fortran Reference Manual, Version 5.2.* Thinking Machines Corporation, Cambridge, MA, 1989.

[38] K.Y. Wang. *A framework for intelligent parallel compilers.* Tech. Report CSD-TR-1044, Computer Science Dept., Purdue University, 1990.

[39] K.Y. Wang, D. Gannon. Applying AI techniques to program optimization for parallel computers. *Parallel Processing for Supercomputers and Artificial Intelligence*, 12, 441-485, McGraw-Hill, 1989.

[40] J. Wu, J. Saltz, H. Berryman, S. Hiranandani. Distributed memory compiler design for sparse problems. *ICASE Report 91-13*, January 1991.

[41] J. Subhlok, J. Stichnoth, D. O'Hallaron, T. Gross. Exploiting Task and Data Parallelism on a Multicomputer. *Proc. ACM SIGPLAN Symposium on Principles and Practice of Parallel Programming (PPOPP'93).*

[42] H. Zima, H. Bast, M. Gerndt. Superb: A tool for semi-automatic MIMD/SIMD parallelization. *Parallel Computing*, 6:1–18, 1988.

[43] H. Zima, P. Brezany, B. Chapman, P. Mehrotra, A. Schwald. Vienna Fortran — a language specification. *ICASE Internal Report 21, ICASE*, Hampton, VA, 1992.

[44] H. Zima, B. Chapman. Supercompilers for Parallel and Vector Computers. *ACM Press Frontier Series*, Addison-Wesley, 1990.

[45] H. Zima, B. Chapman. Compiling for Distributed-Memory Systems. *Proceedings of the IEEE*. Special Section on Languages and Compilers for Parallel Machines, S. 264–287, Feb. 1993.

Index

Erhard/Fey
Parallele digitale optische Recheneinheiten

In den letzten Jahren wurden verstärkt Anstrengungen unternommen, Methoden der Optik für die Datenverarbeitung einzusetzen. Erste Anwendungen wurden insbesondere im Bereich der Kommunikation realisiert. Verstärkt wird aber auch versucht, die Verarbeitung von Daten optisch zu realisieren. Neben dem Nahziel, optische Datenübertragung und elektronische Datenverarbeitung in einem im weiteren als »hybrid« bezeichneten Rechensystem zu koppeln, wird in diesem Buch auch das Fernziel einer *rein optischen* Datenverarbeitung untersucht.
Die Schwerpunkte der Darstellung liegen in der Darstellung und Bewertung der unterschiedlichen Möglichkeiten optischer Datenverarbeitung. Dabei werden neben der reinen Hardware auch Bezüge zu darauf zu realisierenden Algorithmen hergestellt. Das Buch integriert neueste Forschungsergebnisse auf diesem Gebiet und ist im deutschen Sprachraum bisher in dieser Form und mit diesem Inhalt einmalig. Es ist aus der interdisziplinären Arbeit zwischen Informatikern und Physikern entstanden.

Von Prof. Dr.
Werner Erhard
und Dr.-Ing.
Dietmar Fey
Friedrich-Schiller-
Universität Jena

1994. 293 Seiten.
16,2 x 22,9 cm.
Kart. DM 42,–
ÖS 328,– / SFr 42,–
ISBN 3-519-02293-1

Preisänderungen vorbehalten.

B. G. Teubner Stuttgart

Erhard/Gutzmann
ASL – Portable Programmierung massiv paralleler Rechner

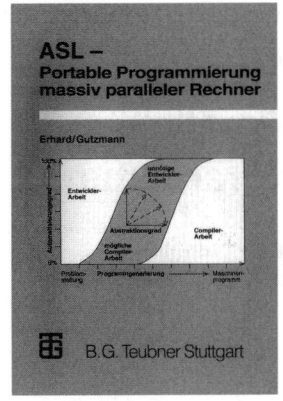

Dieses Buch vermittelt einen Eindruck moderner Programmiertechniken für massiv parallele Rechner. Im Vordergrund steht die rechner- und problemgrößenunabhängige, abstrakte Algorithmusspezifikation. Bewährte Programmiertechniken aus dem Bereich der systolischen Array Rechner und der Datenflußarchitekturen werden für die Konzeption von ASL (Algorithm Specification Language) herangezogen. Die Definition von ASL bildet den Hauptteil des Buches: ASL wurde primär für SIMD-artige Rechner entworfen, zeigt aber auch Vorteile bei der Programmierung anderer Parallelrechnertypen. Zahlreiche praxisnahe Beispiele runden das Buch nach der Konzeption und Definition von ASL ab.

Das Buch ist interessant für all diejenigen, die nicht länger für jeden Parallelrechner und jede Problemgröße ein neues effizientes Programm schreiben wollen. Dabei werden grundlegend andere Konzepte als bei neueren Fortran-Dialekten verfolgt.

Von Prof. Dr.-Ing.
Werner Erhard
und Dr.-Ing.
Michael M. Gutzmann
Universität Jena
unter der Mitwirkung von
Dipl.-Inf.
Uwe Heise
und Dipl.-Inf.
Uwe Henkelmann
Universität Erlangen-Nürnberg

1995. XIV, 241 Seiten.
16,2 x 22,9 cm.
Kart. DM 42,–
ÖS 328,– / SFr 42,–
ISBN 3-519-02294-X

B. G. Teubner Stuttgart

Vollmar/Worsch

Modelle der Parallelverarbeitung

Eine Einführung

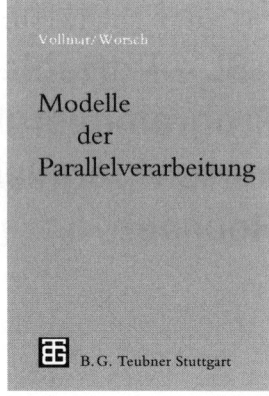

Parallelverarbeitung spielt bei der Bewältigung großer Berechnungsprobleme eine zunehmend wichtige Rolle. Mit der Entwicklung dafür geeigneter Hardware ging die Untersuchung prinzipieller Möglichkeiten und Grenzen anhand einer Reihe unterschiedlich abstrakter Modelle einher. In diesem Buch werden einige von ihnen vorgestellt. Die jeweils erzielbaren Geschwindigkeitssteigerungen werden anhand einfacher Beispiele und mit Hilfe komplexitätstheoretischer Methoden aufgezeigt. Die behandelten Modelle wurden so ausgewählt, daß ihre Verwandtschaft mit verschiedenen Entwürfen und Realisierungen von Parallelrechnern, die im zweiten Teil des Buches skizziert werden, erkennbar ist.

Aus dem Inhalt

Turingmaschinen (Ausgangsmodell und Varianten) – Zellularautomaten – Systeme von Turingautomaten – verschiedene Varianten paralleler Registermaschinen – Schaltkreisfamilien – Pipelineverarbeitung in systolischen und zellularen Automaten – Parallele Berechnungshypothese – Beispiele von SIMD-, MIMD- und Pipeline-Rechnern.

Von Prof. Dr.-Ing.
Roland Vollmar
und Dr.
Thomas Worsch
Universität Karlsruhe

1995. VIII, 215 Seiten
mit 68 Abbildungen und
5 Tabellen.
16,2 x 22,9 cm.
Kart. DM 36,–
ÖS 281,– / SFr 36,–
ISBN 3-519-02138-2

(Leitfäden der Informatik)

Preisänderungen vorbehalten.

B. G. Teubner Stuttgart